绿色环保新兴领域
"十四五"高等教育教材

U0771162

土壤污染控制与修复

朱利中　李芳柏　高彦征　编

中国教育出版传媒集团

高等教育出版社·北京

内容提要

本书列入战略性新兴领域"十四五"高等教育教材体系建设项目绿色环保领域。

本书共分五章,重点介绍了土壤的组成与基本性质,土壤污染物多介质界面行为及生物有效性,土壤中污染物的迁移转化,农田土壤污染阻控与修复,场地土壤污染风险管控与修复等。本书紧密结合我国土壤污染防治的重大需求,在介绍土壤污染控制与修复基本原理及技术的同时,适当反映了该领域的最新研究进展。

本书可作为高等学校环境科学与工程类专业的教材或参考书,也可作为环境保护工作者的参考读物。

图书在版编目(CIP)数据

土壤污染控制与修复/朱利中,李芳柏,高彦征编.

北京:高等教育出版社,2024.8. -- ISBN 978-7-04
-062677-3

Ⅰ. X53

中国国家版本馆 CIP 数据核字第 202419Q20U 号

Turang Wuran Kongzhi yu Xiufu

| 策划编辑 | 陈正雄 | 责任编辑 | 黄惠倩 曹 瑛 | 封面设计 | 李树龙 | 版式设计 | 马 云 |
| 责任绘图 | 李沛蓉 | 责任校对 | 刁丽丽 | 责任印制 | 刘思涵 | | |

出版发行	高等教育出版社		网 址	http://www.hep.edu.cn
社 址	北京市西城区德外大街4号			http://www.hep.com.cn
邮政编码	100120		网上订购	http://www.hepmall.com.cn
印 刷	高教社(天津)印务有限公司			http://www.hepmall.com
开 本	787mm×1092mm 1/16			http://www.hepmall.cn
印 张	21.75			
字 数	520 千字		版 次	2024 年 8 月第 1 版
购书热线	010-58581118		印 次	2024 年 8 月第 1 次印刷
咨询电话	400-810-0598		定 价	46.50 元

前　言

　　土壤是人类赖以生存的最重要自然资源之一,是地球关键带的核心要素、物质循环和能量交换的重要场所。土壤是污染物的重要储库和来源,各种污染物可通过大气干湿沉降及污水灌溉、农药化肥施用、废弃物填埋渗滤等途径进入土壤。污染物进入土壤后,通过地表径流或下渗可能对地表水、地下水造成次生污染,还会影响植物生长及土壤内部生物群落变化,并通过土壤-植物系统进入作物,影响农产品安全。土壤中挥发性有机物可迁移至大气,或进入室内环境,影响人居安全。土壤中污染物也可发生物理化学转化或微生物降解。此外,土壤是地球陆地生态系统中最大的碳库,也是 CO_2、CH_4 和 N_2O 等温室气体的重要来源。因此,土壤安全是保障粮食安全、人居安全和生态环境安全,乃至经济社会发展的重要基础。

　　土壤污染控制与修复是我国深入打好污染防治攻坚战、建设美丽中国的重要基础与关键。我国土壤污染防治基础薄弱,历史欠账较多,研究起步较晚,但发展速度较快。自 2016年国务院发布《土壤污染防治行动计划》(“土十条”)以来,我国在土壤污染防治研究领域,特别是在农田和场地土壤污染成因、风险管控修复材料、技术及装备等方面取得了重要进展,有力支撑了“净土保卫战”。全国土壤污染加重趋势初步得到遏制,土壤环境质量总体保持稳定,农用地和建设用地安全得到基本保障。当前我国土壤污染防治面临新的问题与挑战,亟需实现土壤污染防治技术的变革与创新。从土壤污染防治、土壤环境安全到土壤生态健康还有许多工作要做。

　　土壤污染控制与修复教学是我国环境类专业教育中相对薄弱的一个环节。为此,我们在多年从事土壤污染防治科研与教学工作的基础上,编写《土壤污染控制与修复》一书,希望为我国土壤污染防治教学工作提供素材。

　　全书共分五章。第一章为土壤组成与基本性质,简要介绍土壤的形成、组成及功能,重点介绍土壤分类与空间分布及土壤的物理化学和生物学性质。第二章为土壤污染物多介质界面行为及生物有效性,简要介绍土壤重金属、有机物及生物污染,重点介绍土壤污染物的界面分配行为及表征方法、污染物的生物有效性及其调控原理。第三章为土壤中污染物的迁移转化,简要介绍土壤中氮和磷的迁移转化,重点介绍土壤中重金属及有机污染物的迁移转化,并简要阐述土壤温室气体的释放和减排机制。第四章为农田土壤污染阻控与修复,重点介绍农田土壤重金属和有机物污染缓解阻控与修复技术及应用。第五章为场地土壤污染风险管控与修复,简要介绍污染场地土壤风险管控措施,重点介绍重金属及有机物污染场地修复技术和修复后场地土壤的安全利用等。

　　本书由朱利中、李芳柏、高彦征主编。高彦征为主编写第一、二章,李芳柏为主编写第三章,朱利中、李芳柏合作编写第四、五章,周文军参加了第五章的编写;全书由朱利中审阅统稿。南开大学陈威教授审阅了全书,并提出了许多宝贵意见。高等教育出版社陈正雄编审对本书编写出版给予了热情的指导与帮助。作者谨在此一并致谢。

本书可作为高等学校环境科学与工程类专业土壤污染防治类课程的教材或参考书,也可作为环境保护工作者的参考读物。因编者学识和水平有限,书中错误与不妥之处在所难免,敬请读者批评指正。

朱利中

2023 年 6 月 17 日

目　　录

第一章 土壤组成与基本性质

土壤是地球陆地表面能够生长植物的疏松层,是成土母质在一定水热条件和生物的作用下,经过一系列物理、化学和生物过程形成的独立的历史自然体,具有层次分明的土壤剖面,并具有肥力特点。土壤类型的形成和分布与所处的自然环境密切相关。我国地域辽阔,地质、地貌、气候等自然因素在空间上分异明显,土壤分布具有明显的规律性。同时,土壤作为一种自然体,具有本身的组成特征和基本性质。本章主要介绍土壤形成与组成、土壤分类与空间分布,以及土壤基本性质。

第一节 土壤形成与组成

土壤是由成土母质在成土因素作用下发生一系列物质、能量转换而形成的。形成过程涉及原生矿物风化、黏土矿物形成,以及物质迁移等多个阶段,并受诸多因素影响,各因素之间相互联系,共同推动了土壤的形成和演变。土壤形成过程中,岩石风化产生的矿物质构成土壤的无机体,动植物残体的分解和再合成产物及土壤微生物共同构成土壤的有机质,土壤无机体和有机质构成土壤固相物质,不同形状和大小的固相物质之间形成的孔隙中含有空气和水分。因此,土壤由固相、液相和气相三相组成。本节主要介绍土壤形成与组成。

一、土壤形成

土壤与其他自然体一样,具有自身特有的发生和发展规律。土壤形成是一个综合性过程,既有内在规律,又有外界环境的影响。下面主要介绍土壤形成过程和影响成土的因素。

(一)土壤形成过程

1. 土壤形成的基本过程

土壤形成是物质的地质大循环与生物小循环综合作用的结果(图1-1)。

(1)地质大循环:是指大陆和海洋之间的物质循环过程。陆地岩石层的风化产物经淋溶、搬运,沉积到湖、海中,经成岩作用形成沉积岩,随地壳运动又回到陆地上。这是地球表面周而复始的物质地质大循环过程。参与地质大循环的物质涵盖地壳中的所有元素,循环范围涉及大气圈、岩石圈和水圈。地质大循环范围大、周期长,是土壤形成的前提和基础。

(2)生物小循环:是指营养元素在生物体与土壤之间的循环。植物吸收利用地质大循环过程中释放的可溶性养分形成有机体,经食物链传递,促进动植物生长,动植物死亡后的有机残体又回归到土壤中,在微生物作用下分解转化成营养元素供动植物重新吸收利用。生物小循环是在一定地域内生物与周围环境之间进行的周期性循环,与地质大循环相比,其范围小、周期短,但生物小循环抑制了可溶性物质的淋失,同时促进了可溶性养分在土壤中的积累及肥力的形成和发展。

物质的地质大循环与生物小循环共同作用为土壤形成提供了基础。地质大循环产生的

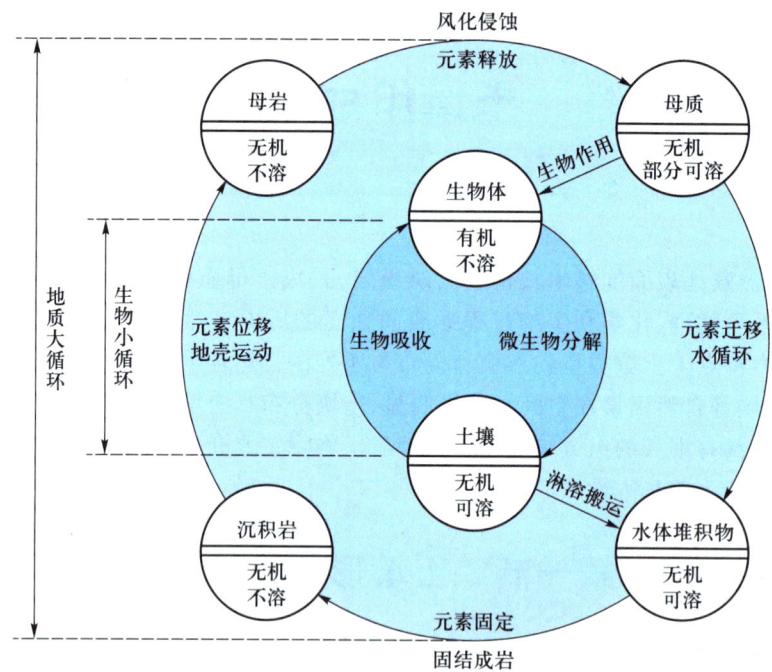

图 1-1　土壤形成过程中地质大循环与生物小循环关系示意图

（资料来源：孙向阳，2021）

可溶性物质为生物小循环提供了物质基础，生物小循环固定的有机物开启了土壤形成过程，两者涉及的物理、化学和生物过程及其中的能量转化为物质循环提供了动力。在土壤形成过程中，两种循环过程相互渗透且不可分割地同步进行。

（3）主要的成土过程：根据成土过程中涉及的对象及发生的物理化学反应，可将基本成土过程划分为三类，① 土体内矿物的形成和破坏（如黏化过程、富铁铝过程、灰化过程、白浆化过程、潜育化过程和潴育化过程）；② 有机质的积聚和分解（如原始成土过程、有机质累积过程）；③ 元素的交换和迁移及土体结构的形成和破坏（如钙化过程、盐化过程、碱化过程）。

黏化过程是指一定深度土层在特定的生物气候条件下，原生矿物分解变质形成的次生矿物在原地聚积（残积黏化），或表层黏粒向下移动淀积，形成黏粒积累的黏化层（淀积黏化）。该过程是土壤剖面中黏粒形成和积累的过程。富铁铝过程又称为脱硅过程、脱硅富铝化过程，是热带和亚热带地区土壤物质由于矿物风化，形成弱碱性条件，从而促进可溶性盐基及硅酸大量流失，造成铁铝在土体内相对富集的过程。灰化过程是指在湿冷的针叶林生物气候条件下，土壤中铁铝与有机酸性物质螯合淋溶淀积的过程。在强酸性淋溶作用下，土壤中矿物遭受破坏，铁、铝和有机质发生迁移并形成淀积层，二氧化硅在表层残留，形成灰白色的淋溶层（称灰化层）。白浆化过程是指在季节性还原淋溶条件下，土壤表层铁锰还原并随水侧向流失或向下淀积，干季时部分在深层就地形成铁锰结核，导致表层逐渐脱色，形成粉砂含量高、铁锰含量贫乏的淡色白浆层的过程。潜育化过程是指土壤长期水分过饱和，铁锰化合物在厌氧条件下还原，使土壤形成灰蓝色至青灰色层或具红棕色锈斑、锈纹和铁锰结核层的过程。潴育化过程则是指土壤渍水带经常上下移动，土体处于明显的干湿交替状态，促使土壤中氧化还原条件反复交替，最终导致土体内出现锈纹、锈斑等现象的过程。

原始成土过程是指生物开始在裸露岩面或风化的崩解物上着生,并进行生物积累的过程,它是土壤发育的开始。该过程主要包括岩漆阶段、地衣阶段和苔藓阶段。有机质积累过程是指在木本或草本植被下,有机质在土体上部积累的过程。该过程存在于各类土壤中。

钙积过程是指在干旱和半干旱地区土壤中碳酸盐发生迁移积累的过程。脱钙过程则是在降雨量大于蒸发量的生物气候条件下,土壤中的碳酸钙转变为重碳酸钙并从土体中淋失的过程。盐化过程是指地表水、地下水和母质中所含易溶性盐分,在强烈蒸发下于地表或土体中聚积形成盐化层的过程。脱盐过程则是指土壤中可溶性盐通过降水迁移到下层或排出土体的过程。碱化过程是指在季节性积盐和脱盐频繁交替下,钠离子等在土壤胶体交换位上积累、形成碱化层(或钠质层)的过程,此过程可使土壤呈强碱性,土壤物理性质变差,不利于作物生长。脱碱过程是指由于淋洗等作用,土壤碱化层中钠离子等减少、胶体钠饱和度降低的过程。

2. 土壤形成过程中的物质转化和迁移

土壤形成是一个复杂的动力学过程,包含许多基本作用,成土过程是在一定环境条件下由多个基本作用共同完成的。按照反应类型,基本作用可以分为物理作用、化学作用和生物作用。物理作用包括团聚、迁移、富集、剥落堆积、膨胀收缩等;化学作用包括溶解、水解、合成分解、氧化还原、吸附解吸等;生物作用包括固氮、有机质转化等。诸多基本作用相互交织,产生各种成土现象,其中主要包括原生矿物风化、黏土矿物形成和物质迁移等。

(1) 原生矿物风化:是土壤形成的始发环节,为整个地质大循环创造条件。根据其变化实质可分为物理风化、化学风化和生物风化。

物理风化是指岩石在温度变化、冻融、重力等物理机械作用下崩解、破碎成大小不一的碎屑和颗粒的过程。物理风化只改变矿物形态和体积大小,不改变风化产物的化学组成。

化学风化是指岩石在水、氧气、二氧化碳等环境因素作用下,发生一系列化学变化,引起岩石和矿物的分解及化学成分变化,并形成新矿物或新物质的过程。化学风化促使原生矿物向次生矿物转变,可将不溶性物质变成水溶性物质,在一定程度上减轻物理风化的阻力,并为物质迁移提供基础。

生物风化是指生物及其代谢活动对岩石、矿物产生破坏的过程,具体表现为机械破碎作用和化学分解作用。机械破碎作用是指植物通过根劈作用对土壤矿物进行穿插和剥落,从而加速矿物分解。化学分解作用是由于有机体对营养元素吸收打破了土壤中的离子平衡,或者由于有机体分泌活性物质,促使矿物分解。

(2) 黏土矿物形成:黏土矿物是具有层状构造的含水硅铝酸盐矿物,属于次生矿物。由原生矿物形成黏土矿物可以分为转变和新生两种方式。

转变是指同一结构类型的层状硅酸盐矿物之间的互变,其中包括2:1型黏土矿物向1:1型黏土矿物的转变。例如,云母脱钾形成蒙脱石,蒙脱石脱去硅氧片形成1:1型高岭石。

新生是指原有矿物晶体结构瓦解后形成新矿物的过程,并受多种环境因素的影响,如盐基物质、温度、湿度、pH等。

(3) 物质迁移:土壤中的物质以不同形态随土壤发育和演化过程而进行转移和再分配,其中以地质大循环和生物小循环驱动可溶性物质向下淋溶、沉淀及养分元素和易溶性盐类向上富集的过程为主。迁移过程可分为物理迁移、化学迁移和生物迁移。

物理迁移主要是悬粒迁移,是指土体中的硅酸盐黏粒由于带有负电荷,互斥力强,因此易分散于水中,形成悬液从而进行迁移。悬液可随渗漏水下移或侧流,也可随毛细管水上升。与元素的迁移不同,悬粒迁移主要是黏粒的移动。在降水充沛的地区,过度的悬粒迁移会造成土壤中上部黏粒贫竭和土体沙化,导致土壤肥力下降、土色变白,引起土壤白浆化。

化学迁移包括溶解迁移、还原迁移和螯合迁移等。溶解迁移是指土壤中的可溶性物质在土壤渗透水的作用下形成溶液,并随土壤水迁移的过程。发生溶解迁移的主要物质有 Na^+、K^+、Ca^{2+}、Mg^{2+} 等盐基阳离子和 Cl^-、SO_4^{2-}、NO_3^-、HCO_3^- 等阴离子。还原迁移通常发生在淹水、缺氧的土壤环境(如水成土和半水成土)中。由于缺少氧气,厌氧微生物和兼性厌氧微生物成为土壤中的优势种,两者分解有机质,将电子传递给土壤中还原物质生成低价离子或化合物,增强其迁移能力,其中以土壤中铁锰最为明显。在非还原条件下,即使在强酸性(pH 为 $4.0 \sim 4.5$)土壤中,土壤溶液中铁和锰的浓度依然很低。然而在还原条件下,铁和锰会形成较多的亚铁离子和亚锰离子,在土壤中更易迁移。螯合迁移是指土壤中的金属离子以螯合物和配合物形态进行的迁移过程。土壤中金属离子在通常 pH 条件下呈难溶态,当有机质或某些阴离子存在时,配合作用使金属离子的溶解度和迁移能力大大增强,如有机质配合可增强 Fe^{3+} 和 Al^{3+} 的迁移性。配合物最终可以非活性或难溶状态淀积在土壤中。

生物迁移是指生物体生命活动过程中土壤物质组分在土壤-生物之间的迁移过程。从养分流动方向来看,生物迁移过程促使养分向地表聚积,长期作用能够增强土壤肥力,因此生物迁移是土壤形成的重要环节。

以上各种迁移过程相互联系,密不可分,同时存在于土壤环境中。不同土壤类型的迁移过程及强度存在差异,例如,淋溶土中悬粒容易发生迁移,而潮土中则更容易出现还原迁移。

(二)影响成土的因素

成土因素是影响土壤形成和发育的基本因素。一方面,土壤是在母质、生物、气候、地形、时间等作用下形成的,是成土因素综合作用的产物,各种因素在土壤形成中起着同等重要且不可替代的作用。另一方面,随着社会发展,人类活动对土壤形成的影响越趋显著。下面介绍自然成土因素和人类活动因素对土壤形成过程的影响。

1. 自然成土因素

(1)母质因素:母质是指与土壤发生直接联系的块状固结岩体的风化物及其再积物。它是形成土壤的物质基础,是成土过程的直接参加者。母质是组成土壤矿物质的基本材料,也是植物矿质养分元素的最初及主要来源。母质在土壤形成中的作用表现为两个方面:首先,母质影响成土过程。不同母质的矿物组成和理化性状不同,会直接影响成土过程的速度、性质和方向。其次,母质影响土壤质地和养分状况。土壤质地与成土母质的结构密切相关,例如,存在于砂岩中的石英风化后形成砂粒,形成的土壤质地较轻。片麻岩和片岩中的云母、角闪石风化形成黏土矿物,形成的土壤质地较为黏重。不同母质形成的土壤之间养分状况也存在很大差异。砂粒形成的土壤偏酸性、养分含量较低。黏土矿物形成的土壤中含有盐基成分,养分含量相对较高。

(2)气候因素:气候决定了土壤的演变过程和发育方向,其中温度和湿度对成土过程的影响最大。气候不仅直接影响土壤的水热状况及物质的转化与迁移,而且还可通过改变生物群落(如植被类型、动植物生态等)影响土壤的形成。

(3)地形因素:在土壤形成过程中,地形对土壤与环境之间的物质能量交换有重要影响。地形是通过影响其他成土因素间接影响土壤形成过程,其中通过调节水热条件影响植被和母质最为显著。

(4)生物因素:生物因素包括动物、植物和微生物,它们是土壤形成过程中最活跃的部分,直接参与成土过程,起到了重要作用。生物生命活动将无机物转变为有机物,将分散的营养元素向地表汇集,并赋予土壤肥力。土壤动物具有庞大的土壤区系和多样性,土壤动物的生命活动能够搬运疏松土体,影响土壤的理化性质,促进土壤养分迁移转化、增加土壤腐殖质。植物则通过分泌有机酸、利用根系伸展和机械作用来促进岩石风化和裂解,植物还可以利用太阳能合成有机质,向土壤提供养分和能量。土壤微生物可通过分解有机质释放养分、合成土壤腐殖质增强土壤胶体性能、固定大气中氮素增加土壤含氮量等来影响土壤的形成。

(5)时间因素:时间和空间是一切事物存在的基本形式。土壤形成后,便在母质、气候、地形和生物的综合作用下随时间不断向前发展,所以时间在成土作用中是非常关键的影响因子。

2. 人类活动的影响

人类活动在土壤形成过程中与自然成土因素有同样的重要性。例如,人类利用和改造土壤、培肥土壤等。同时,人类活动对土壤的影响具有双重性,合理利用有助于提高土壤质量,反之则会破坏土壤。我国不同地区土壤退化和局部地区土壤污染主要是由人类不合理利用造成的。

二、土壤组成

土壤是由固相、液相和气相三相物质组成的疏松多孔体。

(一)土壤固相

1. 土壤矿物质

土壤矿物质是土壤中各种原生矿物和次生矿物的总称。土壤矿物质是土壤固相的主要组成部分,一般占土壤固相质量的 95%~98%,构成土壤骨架。土壤矿物质的组成、结构和性质对土壤理化性质与生物学性质有重要影响,对鉴定土壤类型、识别土壤形成过程有重要作用。

(1)土壤矿物质的组成:以下主要从土壤矿物质的化学组成和矿物组成两个方面介绍。

(i)土壤矿物质的化学组成。矿物是地壳中化学元素在各种地质作用下形成的具有一定化学成分和物理性质的自然产物。土壤矿物与地壳的化学组成既密切相关又存在差异。图1-2列出了地壳和土壤的平均化学组成,氧(O,49.00%)和硅(Si,33.00%)是土壤中含量最多的两种元素,铝(Al,7.13%)、铁(Fe,3.80%)次之,四者相加共占92.93%。因此,含氧化合物特别是硅酸盐化合物是土壤的主要化学组分。此外,土壤中一些植物生长所必需的磷(P)、硫(S)、氮(N)等营养元素含量高于地壳,进而满足植物营养的需求。

(ii)土壤矿物质的矿物组成。按矿物来源,土壤矿物可分为原生矿物和次生矿物。土壤原生矿物是指那些经过不同程度的物理风化,未改变其化学组成和晶体结构的原始成岩矿物,主要分布在土壤砂粒和粉砂粒中,以硅酸盐和铝硅酸盐占绝对优势,常见的有石英、长石、云母、辉石、角闪石等。表1-1列出了土壤中主要的原生矿物组成。土壤次生矿物是原生矿物经化学风化或生物风化作用分解转化而成的新生矿物,其化学组成和结构都发生了改变。次生矿物主要存在于土壤黏粒组分中,也称之为次生黏粒矿物或黏土矿物、黏粒矿物。土壤中次生矿物种类繁多,包括次生层状硅酸盐类、晶质和非晶质的含水氧化物类及少量残存的简单盐类(如碳酸盐、重碳酸盐等)。

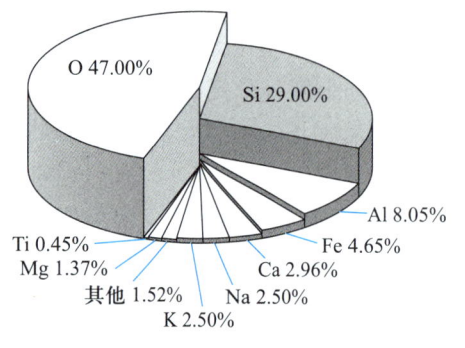

(a) 地壳平均化学组成(质量百分数)

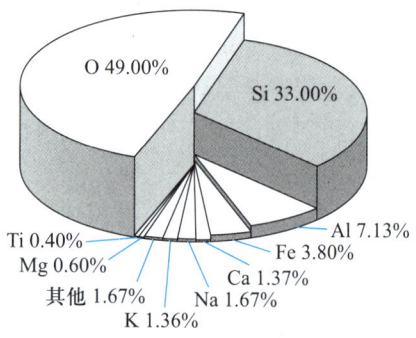

(b) 土壤平均化学组成(质量百分数)

图 1-2　地壳和土壤平均化学组成

(资料来源:徐建明,2019)

表 1-1　土壤中主要的原生矿物组成

原生矿物	稳定性	常量元素	微量元素
橄榄石	易风化	Fe、Mg、Si	Mn、Ni、Co、Li、Zn、Cu、Mo
角闪石		Mg、Fe、Ca、Al、Si	Ni、Co、Mn、Li、Se、V、Zn、Cu、Ga
辉石		Ca、Mg、Fe、Al、Si	Ni、Co、Mn、Li、Se、V、Pb、Cu、Ga
黑云母		K、Mg、Fe、Al、Si	Rb、Ba、Ni、Co、Se、Li、Mn、V、Zn、Cu
斜长石		Ca、Al、Si	Sr、Cu、Ga、Mo
钠长石		Na、Al、Si	Cu、Ga
石榴子石	较稳定	Cu、Mg、Fe、Al、Si	Mn、Cr、Ga
正长石		K、Al、Si	Ra、Ba、Sr、Cu、Ga
白云母		K、Al、Si	F、Rb、Sr、Ga、V、Ba
钛铁矿		Fe、Ti	Co、Ni、Cr、V
磁铁矿		Fe	Zn、Co、Ni、Cr、V
电气石		Cu、Mg、Fe、Al、Si	Li、Ga
锆英石		Si	Zn、Hg
石英	极稳定	Si	—

资料来源:黄昌勇,徐建明,2010。

(2) 层状硅酸盐黏土矿物:层状硅酸盐黏土矿物的晶体结构主要由硅氧四面体和铝氧八面体晶片两个基本结构单元组成。

硅氧四面体中,位于结构中心的 1 个硅原子被 4 个氧原子包围,构成假想的四面体结构,如图 1-3 所示。若用构造图示法表示则为图 1-4 的形式。铝氧八面体中,位于结构中心的 1 个铝原子被 6 个氧原子包围,铝离子位于两层氧的中心孔穴内,形成假想的八面体结构,如图 1-5 所示,若用构造图示法表示则为图 1-6 的形式。

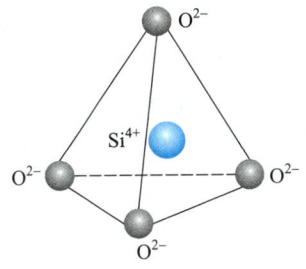

图 1-3 硅氧四面体

（资料来源：邵明安，2006）

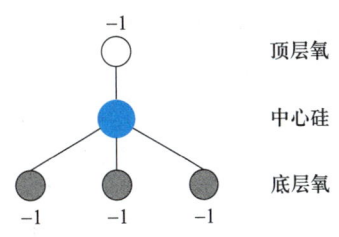

图 1-4 硅氧四面体的构造图示法

（资料来源：邵明安，2006）

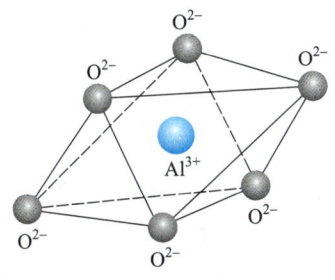

图 1-5 铝氧八面体

（资料来源：邵明安，2006）

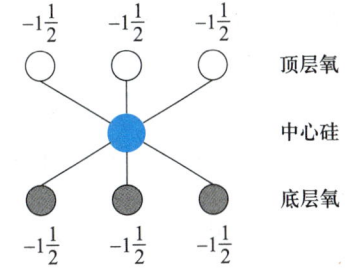

图 1-6 铝氧八面体的构造图示法

（资料来源：邵明安，2006）

由于硅片和铝片都带有负电荷，不稳定，必须通过重叠化合才能形成稳定的化合物。硅片和铝片以不同的方式在 c 轴方向上堆叠，形成层状铝硅酸盐的单位晶层。两种晶片的不同配合比例可构成三种层状硅酸盐黏土矿物晶型：① 1:1 型，单位晶层由一个硅片和一个铝片构成。该类层状硅酸盐黏土矿物结构简单，包括高岭石、珍珠陶土和埃洛石等，所带电荷数量少。② 2:1 型，单位晶层由两个硅片夹一个铝片构成。该类黏土矿物包括蒙脱石、绿脱石、拜来石、伊利石和蛭石等，所带电荷数量多。③ 2:1:1 型，在 2:1 单位晶层的基础上多了 1 个八面体镁片或铝片，因此 2:1:1 型单位晶层由两个硅片、一个铝片和一个镁片（或铝片）构成。以绿泥石为代表，是富含镁、铁及少量铬的层状硅酸盐黏土矿物。

同晶置换，又称同晶替代，是指矿物形成时，性质相近元素在矿物晶格中相互替换而不破坏晶体结构的现象。在黏土矿物形成过程中，Al^{3+} 可以替代二氧化硅层中的 Si^{4+}，氧化铝中多达 1/4 的 Al^{3+} 可以被 Zn^{2+}、Mg^{2+} 或 Fe^{2+} 替代。用低价阳离子取代高价阳离子（同晶置换）使黏土矿物在氧原子上带有局部负电荷，吸引并保持水和带正电的土壤阳离子。同晶置换发生在黏土矿物形成过程中，不随时间变化。同晶置换现象在 2:1 和 2:1:1 型的黏土矿物中较为普遍，而在 1:1 型的黏土矿物中则相对少见。

（3）土壤矿物质的分布特征：不同气候、生物、母质、地形等环境因素的影响可导致土壤矿物组成的差异性。同时由于气候和生物分布随着纬度的变化而改变，黏土矿物具有垂直和水平地带性分布规律。

一定垂直高度范围内，随着海拔增加和生物气候条件变化，我国黏土矿物风化程度减弱，种类和含量呈现一定的垂直分布规律。例如，湖南衡山山脚到山顶土壤中高岭石占比降低，而一些风化程度较低的水云母、绿泥石、水黑云母等占比逐渐增加。在海拔低于 600 m 的地区，黏土矿物以高岭石为主；在海拔处于 600~1 200 m 的地区，以三水铝石和水云母为主。

根据我国黏土矿物的水平分布规律,可将其划分为7个区:① 水云母区,包括新疆、内蒙古高原西部、柴达木盆地和青藏高原大部分地区。② 水云母-蒙脱石区,包括内蒙古高原东部、大小兴安岭、长白山和东北平原大部,该地区蒙脱石含量明显增多。③ 水云母-蛭石区,主要包括青藏高原东南边缘山地、黄土高原和华北平原,华北平原西部含有绿泥石、东部有蛭石和蒙脱石。④ 水云母-蛭石-高岭石区,主要包括秦岭山地和长江中下游平原狭长地带。⑤ 蛭石-高岭石区,主要包括四川盆地、云贵高原和喜马拉雅东南部,该区东部多蛭石和三水铝石;西部多氧化物,含蛭石少。⑥ 高岭石-水云母区,主要包括浙江、福建、湖南和江西大部分地区及广东北部和广西北部。⑦ 高岭石区,主要包括贵州南部、广东和福建、南海诸岛及台湾。

(4) 土壤矿物对污染物迁移转化的影响:土壤矿物可影响重金属、有机污染物和生物污染物的迁移转化过程。

(ⅰ) 土壤矿物影响重金属的环境行为。黏土矿物作为土壤的重要组成部分,对重金属环境行为的影响主要表现为金属离子在黏土矿物-水界面的吸附-解吸和沉淀-溶解作用。黏土矿物因其特殊的分子结构与不规则晶格缺陷,对重金属具有吸附性。重金属离子与土壤表面—OH 或—OH$_2$ 基团形成配位络合,以专性吸附的方式被吸附在土壤表面。被专性吸附的重金属离子往往不是交换态,而是铁、锰氧化物结合态或残留态,不同结构矿物的吸附点位数目与活性均有差异。例如,镉、铅等重金属元素吸附量与伊利石呈正相关,与高岭石、绿泥石呈负相关。铁矿物作为土壤的重要组成成分,一般可通过吸附、配合、共沉淀等方式影响重金属的生物有效性和毒性。例如,在铁矿物发生还原、溶解和重结晶反应过程中,吸附在铁矿物表面或固定在铁矿物晶格内的重金属被重新分配(胡世文,2022)。

(ⅱ) 土壤矿物影响有机污染物的环境行为。土壤矿物具有较大的阳离子交换量和比表面积,对土壤中有机污染物吸附等行为的影响不容忽略。农药等有机污染物与土壤矿物主要通过范德瓦尔斯力、疏水作用、氢键、配体交换等发生相互作用(Li 等,2003)。例如,当土壤中黏土矿物含量较高时,三嗪、氨基甲酸酯、硝基酚等农药在矿物中的吸附量可等于甚至大于其在有机质上的吸附量。不同黏土矿物组成结构存在差异,对有机污染物的吸附能力不同。例如,Al^{3+} 饱和黏土矿物对苯的吸附量是 Ca^{2+} 饱和黏土矿物的 3 倍(Rogers 等,1980)。

(ⅲ) 土壤矿物影响生物污染物的环境行为。土壤生物污染物包括病原菌、病毒及抗生素抗性基因(antibiotic resistance genes,ARGs)等,生物污染物不仅能够引起作物病害,还可对人群健康产生严重威胁。土壤是 ARGs 的重要储存库之一。土壤中 ARGs 主要来自粪肥和农用污水灌溉等,而获得抗性的植物、动物、微生物死亡后会向土壤环境释放大量携带ARGs 的脱氧核糖核酸(deoxyribonucleic acid,DNA)(Martínez,2008)。土壤矿物对 DNA 分子的吸附作用影响其在土壤环境中的长期稳定性。如黏土矿物可以通过 DNA 配体交换与羟基共价结合、阳离子桥键、静电作用等方式吸附抗生素抗性质粒。不同类型和粒径的黏土矿物对 DNA 吸附能力不同,这是由它们不同数量的吸附位点及吸附机制决定的,其中蒙脱石对土壤吸附 DNA 起着重要作用。随蒙脱石浓度的增加,ARGs 向受体微生物的水平转移先增强后减弱,蒙脱石粒径越小,对 ARGs 水平转移的影响越大(Hu 等,2020)。

2. 土壤有机质

土壤有机质泛指各种来源并以各种形态或状态存在于土壤中的有机物。主要是由动植物死亡后遗留在土壤里的新鲜残体(如植物的根茎叶、动物或微生物的残体)、施入的有机肥料(如绿肥、厩肥、堆肥等)及这些物质经过微生物分解的产物和其重新聚合的腐殖质组成。也有学者认为,土壤有机质指一定含水量的原状土,未经风干磨碎,在一定压力下通过一定筛孔后测得的土壤中有机物质的总量(李学垣,2001)。土壤有机质既是土壤的重要组成部分,又是土壤固相中较为活跃的部分,同时也是土壤肥力的重要物质基础,对土壤性质有很大的影响(陈怀满,2018)。

(1)土壤有机质的来源:植物、动物及微生物残体是土壤有机质的主要来源。原始土壤中,最早出现在母质中的有机体是微生物。随着生物的进化和成土过程的进行,土壤有机质基本来源于动、植物残体及其分泌物。在自然土壤中,土壤有机质主要来源于树木、灌丛、草类等残落物和根系。在农业土壤中,土壤有机质来源较多,主要有作物根茬、秸秆还田、绿肥、人畜粪尿、土壤微生物、动物残体及其分泌物、人为施加的各种有机肥料等。

(2)土壤有机质的含量及组成:不同土壤中有机质的含量差异很大,含量高的可达20%以上(如泥炭土、森林土壤等),含量低的不足1%。一般把耕层有机质含量大于20%的土壤称为有机质土壤,有机质含量低于20%的土壤称为矿质土壤。耕地土壤表层有机质的含量通常在5%以下。

土壤有机质的主要元素组成为 C、O、H、N,分别占 52%~58%、34%~39%、3.3%~4.8% 和 3.7%~4.1%。C/N 约为 10~12:1。土壤有机质中的主要化合物包括类木质素、蛋白质、半纤维素、纤维素、醛、醇、酮、脂质等。

(3)土壤有机质的分类:一类是非腐殖质(non-humic substances),主要是组成有机体的各种物质,如生物残体、蛋白质、糖、树脂、有机酸等。另一类是腐殖质(humic substances),是土壤有机质中各种淡棕色至暗褐色的天然缩聚高分子有机化合物的总称,主要是在微生物主导作用下,由酚类和醌类物质聚合而成的含芳香环状结构和含氮化合物、糖类的复杂多聚体,一般占土壤有机质的 60%~80%。通常将土壤腐殖质分为胡敏酸、富里酸和胡敏素等组分,分类如图 1-7 所示。其中胡敏酸可溶于碱,不溶于水和酸,颜色和分子量中等。富里酸可溶于水、酸、碱,颜色最浅、分子量最小。胡敏素不可溶于水、酸、碱,颜色最深、分子量最大。

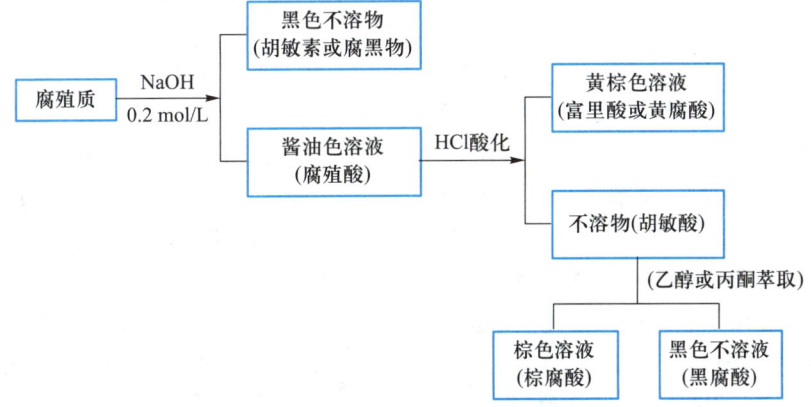

图 1-7 土壤腐殖质的分类示意图

(资料来源:黄昌勇,徐建明,2010)

（4）有机质的转化及其影响因素：土壤有机质在水分、空气、土壤动物和微生物的作用下，发生复杂的转化过程，这些过程可归结为矿质化过程和腐殖化过程。矿质化过程是指有机残体在土壤微生物和酶的作用下发生氧化反应，最终彻底分解而释放出二氧化碳、水和能量，所含氮、磷、硫等营养元素在经过一系列特定反应后，释放成为植物可利用矿质物料的过程。腐殖化过程则是各种有机质通过土壤微生物合成或在原植物组织中聚合，转变为组成和结构更为复杂的腐殖质的过程。有机残体矿质化和腐殖化两个过程同时发生，矿质化过程是进行腐殖化过程的前提，而腐殖化过程是有机残体矿质化过程的延续。微生物是土壤有机质分解和转化的主要驱动力，凡是能影响微生物活动及其生理作用的因素，如温度、土壤水分和通气状况、植物残体特性、土壤特性等都会影响有机质的转化。图1-8列出了土壤腐殖质形成过程中的4条转化途径。

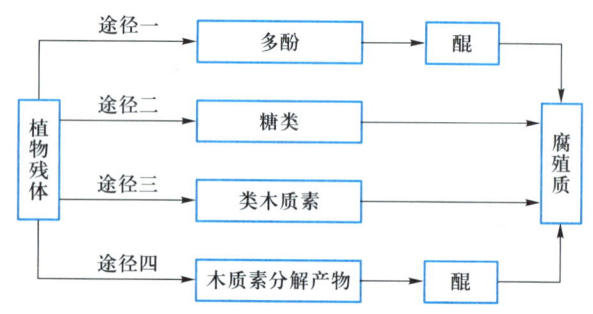

图1-8　土壤腐殖质形成过程中的转化途径

（资料来源：陈怀满，2018）

（5）土壤有机质对污染物迁移转化的影响：土壤有机质组分中富含多种官能团，对土壤中重金属、有机污染物、生物污染物的生物活性及残留、降解等迁移转化过程有重要影响。

（ⅰ）土壤有机质影响重金属的环境行为。主要表现在两方面：① 土壤中重金属容易被有机官能团及有机质分解后产生的小分子有机物及腐殖酸所配合，形成稳定的化合物，固相有机质吸附能力大于土壤矿物，吸附后重金属在土壤中的迁移受到抑制。例如，施加有机肥可增加土壤pH，使得重金属主要以结合态存在，从而增强土壤吸附固定重金属的能力（Kwiatkowska，2018）。② 有机质彻底分解后又会使重金属解脱出来，增加土壤中重金属的活性。

（ⅱ）土壤有机质影响有机污染物的环境行为。土壤有机质对土壤中多环芳烃（PAHs）、农药等有机污染物具有强烈的亲和力，是土壤中固定有机污染物的重要组分，可增强有机污染物与土壤的相互作用，随着作用时间的延长，有机污染物逐渐出现"老化现象"，进而影响其生物有效性、降解等环境行为（Alexander，2000）。土壤中有机污染物的迁移转化与有机质含量有关。Chiou提出了分配理论，发现非离子型有机污染物在土壤/沉积物-水间的分配系数与其有机质或有机碳含量正相关（Chiou等，1979）。一般认为极性和离子化有机污染物可以通过离子交换和质子化、氢键、范德瓦尔斯力、配体交换、阳离子桥等与土壤有机质结合（朱利中，2015）。非极性有机污染物则主要通过疏水分配作用与有机质结合。可溶性腐殖质可通过与PAHs、多氯联苯（PCBs）等结合，促使它们从土壤向地下水迁移。部分腐殖质可作为还原剂影响PAHs等有机污染物的转化，相关反应与腐殖质中羧基、酚羟基、醇羟基、杂环、半醌等有关。一些有机污染物与腐殖质结合并发生反应后毒性会降低或消失。

（ⅲ）土壤有机质对 ARGs 等生物污染物的环境行为有重要影响（Li 等，2022）。土壤有机质含量是驱动 ARGs 丰度和组成变化的关键因素。土壤中 ARGs 丰度与有机质含量显著负相关，有机质含量降低可增加土壤中可移动基因元件的丰度，促进土壤中 ARGs 的传播。有机质也能帮助部分细菌病原体抵御氧化，如高有机质可提高土壤中细菌病原体的存活率。

（二）土壤液相

1. 土壤液相的组成与性质

（1）土壤液相的组成：土壤液相由土壤水及其所含溶质组成。土壤水是土壤的重要组成之一，根据水的存在状态可以分为固态水、液态水和气态水。液态水含量最多，可分为束缚水和自由水，其中束缚水又可分为吸湿水和膜状水，而自由水可分为毛管水、重力水和地下水，其含义如下：① 吸湿水。土壤颗粒表面的分子引力、土壤胶体双电层中带电离子及带电固体表面静电引力与水分子作用，使土壤具有吸湿性，吸湿水是基于土壤吸湿性所束缚的水分。② 膜状水。土壤颗粒在吸湿水饱和后，仍有多余的吸收力，足以吸附一部分液态水，在土壤颗粒周围的吸湿水外围形成一层水膜，即为膜状水。③ 毛管水。靠毛管孔隙产生的毛管引力而被保持在土壤孔隙中，并可从毛管力小的方向朝大的方向移动的液态水。④ 重力水。当土壤水分含量超过土壤吸持能力时，土壤的剩余引力基本已经饱和，多余水分会受重力作用沿土壤大孔隙向下渗漏。⑤ 地下水。当土壤或母质中存在不透水层时，向下渗透的重力水会在它上面的土壤孔隙中积聚起来，形成一定厚度可流动的水分饱和层。

溶质种类和含量的改变会导致土壤溶液组成成分和浓度的变化，并影响土壤液相和土壤自身的性质。土壤溶液中溶质主要包括以下四类：① 二氧化碳等溶解性气体；② 有机物类，如各种可溶性氨基酸、腐殖酸、单/多糖、蛋白质及其衍生物等；③ 无机盐类，主要包括钙、镁、钠等无机盐；④ 配合物类，主要包含铁、铝有机配合物。土壤溶液溶质组成类型、状态及数量与土壤组成、性质、酸碱度、氧化还原状况等有关。

（2）土壤液相的性质：主要包括土壤溶液的酸碱性、导电性、氧化还原性等。土壤溶液的酸碱性是由其中的 H^+、Al^{3+}、Na^+、HCO_3^-、CO_3^{2-} 等离子引起的，是土壤溶液的一个重要性质。土壤溶液的导电能力可以反映土壤溶液中离子的组成及浓度状况，用电导率 EC_w 表示。氧化还原性是土壤溶液的重要性质之一，土壤中可参与氧化还原反应的有 C、H、O、N、S、Fe、Mn 等元素，在污染土壤中还有 As、Se、Cr、Hg、Pb 等元素。

（3）土壤含水量及其有效性：土壤含水量又称为土壤水分含量、土壤含水率等，是研究土壤水分运动及其在各方面作用的基础。土壤含水量有多种表示方法，常用的有以下几种：① 质量含水量，是指土壤中水分的质量与干土质量的比值，可采用小数及百分数方式表示，其中干土是指 105~110 ℃条件下烘干的土壤。② 容积含水量，是指单位土壤总体积中水分所占的容积分数，可采用小数及百分数方式表示。③ 相对含水量，是指土壤实际含水量占该土壤田间持水量或饱和含水量的比例，可用百分比表示，是农业生产中常用的土壤含水率表示方法。

土壤含水量不仅关乎土壤本身的物理性质，还与土壤污染物迁移、微生物活动息息相关。准确测定土壤水分含量有利于研究和了解土壤水分动态变化规律、空间立体分布特征，从而为土壤污染物迁移预报提供依据。烘干法是目前国际上仍在沿用的土壤含水量测定标准方法，其基本的测定过程为：选择代表性取样点，采集土样，将土样放入铝盒并立即盖好盖；然后打开盒盖，置于 105 ℃烘箱中烘干至恒重，此时土壤中的自由水和吸湿水全被去除；

计算土壤失水质量与烘干土质量的比值,即为土壤质量含水量,以小数或者百分数来表示。

土壤水的有效性是指土壤中的水能否被植物吸收利用及其难易程度,不能被植物吸收利用的水称之为无效水,反之则称为有效水。

(4)土水势:是土壤水在所受力的作用下,与相同条件下的纯自由水相比所具有的势能。国际土壤学会 1963 年对土水势的定义为,"在规定高度和大气压下,从纯水池中把极少量水恒温、可逆地移动到土壤中某一点,单位数量纯水所做的功"。根据引起土水势变化原因或动力不同,可将土水势分为若干分势,即基质势、压力势、溶质势、重力势等。基质势是指受土壤基质(固相颗粒)的吸附力和毛管力制约的土水势,土壤含水量与基质势密切相关,含水量越低,基质势越小,反之亦然。压力势是指土壤水在饱和状态下由于受压力而产生的土水势,为正值;饱和土壤中越深层的土壤水所受压力越大,压力势也越大。溶质势是指由于土壤水中溶解的溶质产生的渗透压而引起的土水势,也称渗透势,一般为负值;土壤水中溶解的溶质越多,溶质势越低。重力势是指由水重力作用引起的土水势变化,重力势为正值;高度越高重力势越大,反之亦然。土壤水总是从土水势高处流向土水势低处。

2. 土壤液相的功能

土壤液相是土壤形成过程发生的场所,是土壤与环境之间物质交换的载体,是物质迁移与运动的基础。土壤液相的主要作用包括溶质迁移功能、化学和生化反应场所、生物养分来源等。

(1)溶质迁移功能:土壤中溶质的运动十分复杂,可随着土壤水分运动而迁移,或是在不同浓度水相间迁移。部分溶质可以被土壤吸附,或被植物吸收,或者当浓度超过其在水中溶解度后析出沉淀。

(2)化学和生化反应场所:土壤中总是存在着各种物质的吸附解吸、氧化还原、沉淀溶解等化学反应及微生物和酶参与的生物化学反应过程,这些化学和生化反应大多离不开土壤溶液的参与,且大多数是在土壤溶液中进行的。

(3)生物养分来源:土壤溶液是植物及土壤生物赖以生存的基础,是众多生物的养分来源。土壤溶液是养分循环的开端,土壤动物可以从土壤溶液中直接获取生长所需的某些营养物质及水分,而植物则通过根系从土壤溶液中吸收营养物质。对生活在土壤中的微生物而言,土壤溶液不仅可以为其提供生长所需的营养物质,也为某些微生物生长活动提供场所。

(三)土壤气相

1. 土壤气相的组成与性质

(1)土壤气相的组成:土壤气相是土壤的基本物质组成之一,主要存在于未被水分占据的土壤孔隙中。表 1-2 列出了土壤空气与近地表大气组成的数量差异。

表 1-2   土壤空气与近地表大气组成的数量差异   单位:体积分数/%

气体	近地表大气中的含量	土壤空气中的含量
N_2	78.05	78.80~80.24
O_2	20.94	18.00~20.03
CO_2	0.03	0.15~0.65
其他气体	0.98	0.98

资料来源:黄昌勇,2000。

由表可见,土壤空气的组成有以下特点:土壤生物呼吸作用使得土壤空气中二氧化碳含量明显高于大气中二氧化碳的含量,而氧气含量则低于大气。当土壤出现厌氧情况时,微生物对有机质的厌氧分解也会产生较多的还原性气体(如 CH_4、H_2S、NH_3 等),而大气环境中还原性气体极少。

(2)影响土壤空气组成的因素:水分、生物活动、温度、深度、pH 等可影响土壤空气组成。一般来说,随着土壤深度的增加,土壤空气中含氧量逐渐减少且二氧化碳含量逐渐增加。随土壤温度升高,微生物和根系呼吸作用增强,导致土壤空气中二氧化碳含量增加。

(3)土壤空气的运动:土壤空气并非静止的,它会在土壤内部不停地运动。同时,土壤是一个开放的体系,土壤空气也会不断与外界大气进行交换,及时补充氧气并排出二氧化碳。土壤空气运动的方式有对流和扩散两种。① 土壤空气的对流。对流是指土壤空气与大气间在总压力梯度推动下,气流从高压区向低压区进行的整体流动,也称为质流。温度和大气压变化、地表风力、降雨和灌溉水入渗等都会导致土壤空气与大气间产生压力差,推动土壤空气与大气产生对流。② 土壤空气的扩散。扩散是指土壤空气中部分组分的浓度与大气中不同,如二氧化碳的浓度高于大气,而氧气的浓度低于大气,这些组分会因浓度差异产生分压梯度,从而促进它们在土壤和大气间的扩散。扩散作用是土壤与大气交换的主要机制。气体扩散过程中只有个别气体参与,这是气体扩散不同于气体对流的特点。

2. 土壤气相的功能

土壤气相是土壤的重要组成成分之一,它在土壤形成、氧化还原、养分转化、植物生长等过程中都有重要作用。

(1)土壤空气在成土过程中的作用:土壤空气对土壤的化学和生物学过程具有较大影响,在土壤形成过程中发挥重要作用。土壤中的氧可以氧化成土过程的某些矿物,如硫铁矿可在氧的作用下形成溶解态的硫酸铁。土壤氧化过程会改善土壤的团粒结构,当土壤处于氧化过程时,土壤中形成氧化铁的水化物可以胶结土壤颗粒,促进土壤团粒结构形成。而当其处于还原过程时,铁转化为可溶性的化合物,失去其胶结土壤颗粒的能力。

(2)土壤空气在土壤氧化还原及养分转化中的作用:当土壤空气含量过低时,土壤空气扩散作用大大被削弱,土壤可以在短时间内从以氧化过程为主转向以还原过程为主的状态。当土壤空气充足、扩散作用较强的情况下,有机物氧化分解可产生二氧化碳、水及磷酸根、钙、镁、钾、铁等离子,这些物质可为植物生长提供营养。

(3)土壤空气在植物生长过程中的作用:土壤空气主要影响植物种子萌发和根系生长。当土壤中氧分压低于 0.5% 时,植物根系生长较为缓慢,而当氧分压增至 2% 时则正常生长,但当氧分压过高时也会抑制植物根系生长。土壤空气组成也会影响种子萌发。一般认为,种子正常发芽所需的氧浓度为 10% 以上,氧浓度低于 5% 时种子发芽率大大降低,低于 0.5% 则很快死亡。

(4)土壤通气性在污染物迁移转化过程中的作用:土壤通气状况直接影响土壤的氧化还原电位、土壤中溶解氧含量及微生物群落组成和活性,进而影响土壤中污染物的化学和生物化学转化行为。如在长期淹水条件下,水稻土氧化还原电位较低,土壤中 Fe^{2+}、Mn^{2+} 等离子易产生积累,造成植物毒害。

(四)土壤生物和土壤酶

土壤生物是土壤生命力的重要部分,也是评价土壤质量和健康状况的重要指标之一。

土壤生物包括动物、微生物、植物根系等,它们在土壤中的分布不均匀,趋向于聚集在最适宜的环境中。

1. 土壤动物

土壤动物是指在土壤中度过全部或部分生活史的无细胞壁的活有机体,一般肉眼可见。土壤动物按其个体大小可分为微型动物(如原生动物、线虫等)、中型动物(如螨等)、大型动物(如蚯蚓、蚂蚁等)等。

2. 土壤微生物

土壤微生物是指需借助光学显微镜才能看到的生活在土壤中的微小生物。主要包括四类:① 土壤古菌。古菌是一群具有独特基因结构或系统发育生物大分子序列的单细胞生物。古菌可分为产甲烷菌、嗜热嗜酸菌、极端嗜盐菌三大类。② 土壤细菌。主要包括细菌、蓝细菌和放线菌等。土壤细菌是一类单细胞、无完整细胞核的生物,占土壤微生物总数的70%~90%,虽然数量很大,但生物量并不很高。③ 土壤真菌。真菌是指土壤中菌体多呈分枝丝状菌丝体,少数菌丝不发达或缺乏菌丝的具有细胞核的一类微生物。④ 土壤病毒。病毒是指由一个核酸分子(DNA 或 RNA)与蛋白质构成的非细胞形态,靠寄生生活的介于生命体及非生命体之间的有机物种(Williamson 等,2017),是一种活细胞体内的寄生物,必须通过感染进入活的宿主细胞才能完成复制周期。土壤病毒数量很难准确定量,目前地球生物圈中到底有多少病毒还没有准确数据,普遍认为全球病毒数量大于 1×10^{31} 个。

3. 植物根系

高等植物的根是生长在地下的营养器官,单株植物全部的根总称为根系。目前研究较多的有根瘤和菌根。根瘤是指根瘤菌共生于植物根系形成可合成含氮化合物(如蛋白质)的突起的瘤状结构;根瘤可分为豆科植物根瘤和非豆科植物根瘤。菌根是指土壤中某些真菌侵染植物根系所形成的共生体;根据形态和解剖学的特征,菌根可分为外生菌根、内生菌根、内外生菌根。根瘤和菌根在提高作物吸收营养物质、增强植物抗性和污染土壤修复中有广阔的应用前景。

4. 土壤酶

土壤酶是指存在于土壤中的生物催化剂,是一类具有提高土壤生化反应速率功能的蛋白质。土壤酶主要来源于微生物和高等植物,也来自土壤动物和进入土壤的有机物质。目前,在土壤中已经发现 50~60 种酶,按照反应机制可分为氧化还原酶、水解酶、转移酶和裂解酶,按照来源可分为游离酶、胞内酶和胞外酶。

三、土壤功能

土壤圈处于大气、岩石、水和生物圈之间的过渡地带,连接有机界和无机界,是地理环境各要素的置换中心,为人类、动植物提供最重要的生存、生活和生产物质基础,其自身具有极大的稳定性和包容性。土壤有重要的生态、环境和经济功能,维系着整个人类的生存与发展。土壤的主要功能如下所述。

(一)生态环境功能

1. 陆地生态系统中土壤的功能

土壤具有稳定陆地生态平衡和维持生物多样性的功能。首先,土壤中营养元素会被植物吸收利用,再从植物回到土壤,完成一个土壤元素循环。而元素循环过程会伴随物质与能量的迁移转化和输入输出,必然引起陆地生态系统结构和功能的变化,进而促进陆地生态系统的平衡发展。其次,土壤作为覆盖于地球陆地表面且能够支持生命体的一层疏松物质,为土壤中丰富多样的植物根系、微生物和动物提供了栖息地,而健康的土壤环境是保持生物多样性平衡与稳定的基石。

2. 土壤的自净功能

土壤的自净功能是指进入土壤的污染物在土壤矿物质、有机质、微生物等作用下,经过一系列的物理、化学及生物学过程,其浓度降低或形态改变,从而使其毒性降低甚至消除的现象。土壤作为地球上污染物最大的"汇",接纳了全球 50% ~ 90% 的污染物。土壤自身结构特性、物理化学特性及生物学特性使其对滞留在土壤中的污染物具有一定缓冲作用和强大的自净作用。

3. 土壤生态系统固碳功能

土壤生态系统固碳是指通过结合大气中已经存在的二氧化碳,将其转化为一种稳定的含碳化合物,并将其长期储存在土壤中的过程,对土壤功能保持和提升、应对全球气候变化有重要作用。土壤生态系统固碳可增加碳汇,碳的储存可通过多种农艺管理措施得以实现。例如,通过种植生物量大的作物,植物根系、凋落物及人为归还使得植物体中部分碳再次回归到土壤中,增加地下净初级生产力。因此,采取合理的耕作、施肥、灌溉等措施是提高土壤生态系统固碳功能的有效途径。

(二)生产功能

土壤是植物生产的介质。狭义的农业生产包括植物生产和动物生产两部分。土壤不仅是植物生产的基地,也是动物生产的基地,没有植物生产就不可能有动物生产及整个农业生产。植物生产是指植物通过光合作用将太阳能转化为生物有机物质的过程,是动物及人类维持生命活动所需能量和营养物质的最重要来源,也是人类从事农业生产最基本的任务。土壤在植物生长繁育过程中起到了生物支撑、营养供给、稳定环境等作用。一方面,植物之所以能立足于自然界,能经受风雨的袭击而不倒,是因为根系伸展在土壤中获得土壤的机械支撑;另一方面,良好的土壤环境为植物生长提供充分的养分和水分。

(三)其他功能

1. 工程功能

土壤的工程功能体现在三个方面:① 土壤是公路、铁路、机场、桥梁、隧道、水坝等一切建筑物的地基。② 土壤是工程建筑的原始材料,90% 以上的建筑材料是由土壤提供的。③ 土壤是陶瓷工业的基本原材料,陶瓷制品是由特定的土壤经加工制造而成的。

2. 社会功能

土壤是人类社会经济发展的物质基础,人类在生活中消耗的 80% 以上的热量、75% 以上的蛋白质和大部分纤维素都直接来自土壤。而随着全球人口增长和社会对土壤需求的增加,土壤资源在全球环境保护、工农业可持续发展、城市建设等方面发挥着越来越重要的社会作用。

第二节 土壤分类与空间分布

我国地域辽阔,自然条件复杂,不同地理区域的土壤类型和分布不尽相同。土壤分类是认识土壤的基础,是土壤调查、土地评价和利用规划的前提。正确认识土壤分类和空间分布有助于合理开发利用土壤资源,实现农业可持续发展和土壤环境保护。

一、土壤分类概述

土壤分类能够体现不同土壤类型间的联系和区别。土壤分类不仅与土壤科学的发展息息相关,也与地学、农学、环境科学和生态学的发展关系密切。近几十年来,随着土壤科学的发展,土壤分类方法不断进步。当前国际上仍呈多种分类系统并存的现象。

(一) 土壤分类的概念及意义

1. 土壤分类的概念

土壤分类是指根据土壤性质和特征对土壤进行的分门别类,即建立一个符合逻辑的多级系统,每一个级别能够包括一定数量的土壤类型,便于查询,将有共性的土壤划分为同一类型。

2. 土壤分类的意义

土壤是一个复杂的体系,土壤分类有助于全面系统地认识土壤。从理论角度来看,土壤分类是土壤科学的重要基础,反映了土壤演化规律,能够体现不同土壤类型间的差异和联系。从信息交流角度来看,土壤分类是土壤信息的载体,是构建土壤数据库的基石,有助于国内外土壤信息交流。从应用角度来看,土壤分类是土壤调查制图的前提,是开展土壤评价、保护生态环境、合理开发利用土地资源和农业技术推广的重要依据。

(二) 国际土壤分类系统

国际上影响较大的分类系统有国际土壤分类、美国土壤分类、俄罗斯土壤分类等。

1. 土壤分类原则

土壤分类以土壤发生学为理论基础,以诊断层和诊断特性为核心。诊断层是指用于鉴别土壤类别在性质上有一系列定量规定的土层。如果用于分类的不是土层,而是具有定量规定的形态、物理、化学性质,则称之为诊断特性。目前,土壤分类的依据大致可归纳为三类:① 成土因素对土壤形成的影响和作用。② 土壤形成过程的特性特征。③ 土壤属性的差别,土壤属性是土壤分类的最终依据。

2. 国际土壤分类

世界土壤资源参比基础是国际土壤分类。该分类方案于 1998 年在法国蒙彼利埃第 16 届国际土壤学会大会上正式出版。世界土壤资源参比基础是以欧洲土壤学学派学术思想为基础,特别是吸取了俄罗斯、英国、德国和法国土壤分类的一些概念和术语,此方案与美国土壤分类相似、同样以诊断层和诊断特性为基础,但各有侧重,其主要特点包括(龚子同等,2017):① 强调黏粒活性在分类中的重要性。② 坚持水成作用在分类中的意义。③ 确认人为土的分类地位。国际土壤分类几经修改,最终形成了 40 个诊断层,分别为漂白层、火山灰层、水耕表层、人为发生层、黏化层、钙积层、雏形层、暗黑层、寒冻层、硅胶结层、铁铝层、铁质层、落叶层、脆磐层、暗黄层、石膏层、有机层、水耕氧化还原层、厚熟层、灌淤层、火山灰暗黑层、松软层、碱化层、黏绨层、淡色层、石化钙积层、结核状网纹层、石化硅胶结层、石化石膏层、石化聚铁网纹层、草垫层、聚铁网纹层、盐积层、灰化淀积层、含硫层、龟裂层、暗色层、变性层、玻璃质层和干漠层。国际土壤分类着眼于全球,所以土壤分类只采用两级分类单元,一级单元共有 30 个,而二级单元则有 200 多个。由于该方案吸收了世界各国土壤学家的最新研究成果,因而分类报告内容丰富,影响力较大。

3. 美国土壤分类

美国土壤分类遵循土壤发生学思想,其最大的特点是将过去惯用的发生学土层和土壤特性定量化,建立了一系列的诊断层和诊断特性。美国土壤分类最初由马伯特于 1935 年草拟,后又经历了 1938 年和 1949 年的两次修订。根据美国 1998 年发表的第 8 版《土壤系统分类检索》,美国土壤分类系统共设置有 8 个诊断表层和 19 个诊断表下层。8 个诊断表层包括:人为松软表层、落叶有机表层、有机表层、松软表层、淡色表层、黑色表层、厚熟表层和暗色表层,而 19 个诊断表下层包括:耕作淀积层、漂白层、淀积黏化层、钙积层、雏形层、硬磐、脆磐、石膏层、高岭层、碱化层、氧化层、石化钙积层、石化石膏层、薄铁磐层、盐积层、腐殖质淀积层、灰化淀积层、含硫层和舌状层。根据诊断层和诊断特性,美国土壤分类共分土纲、亚纲、大土类、亚类、土族和土系 6 级,而土系之下还可划分土相。

4. 俄罗斯土壤分类

俄罗斯是近代土壤科学的发源地之一。19 世纪末,俄国土壤地理学奠基人道库恰耶夫创立了土壤地理发生分类体系,为世界土壤分类发展作出了杰出贡献。最新俄罗斯土壤分类共建立了 28 个自然诊断层和 6 个人为诊断层。自然诊断层包括:枯枝落叶层、干泥炭化层、泥炭矿质层、贫营养泥炭层、富营养泥炭层、干泥炭层、泥炭原腐殖质层、原腐殖质层、淡腐殖质层、暗腐殖质层、弱发育有机质层、漂灰层、腐殖质残积层、灰化层、淀积黏化层、钙雏形层、火山灰层、钙积层、非淀积黏化层、盐积层、变性层、潜育层、潜在潜育层、网纹层、草垫层、寒冻层、暗积层和淡积层。人为诊断层包括:农用泥炭化层、农用泥炭矿质层、农用淡腐殖质层、农用暗腐殖质层、农用剥蚀层和化学污染层。相比于美国土壤分类系统,俄罗斯土壤分类系统共设置 8 级分类单元,包括土纲、土门、土类、亚类、土族、土种、变种和土相。俄罗斯新的土壤分类系统限于原有框架,强调本国特点,仍处于探索阶段。

二、我国土壤分类

我国近代土壤分类起步相对较晚,自 20 世纪 30 年代共经历了三个时期,分别是早期的马伯特土壤分类、中期的土壤发生分类和后期的土壤系统分类。早期的马伯特土壤分类是我国近代土壤分类的开始,从 20 世纪 30 年代一直延续到 50 年代,主要是根据生物气候条件划分土类,依据土壤实体进一步划分土系。中期的土壤发生分类从 20 世纪 50 年代一直延续到 80 年代,这一阶段的土壤分类是以生物气候条件为依据划分土类、以“土壤发育程度”为依据划分土种的五级分类制。随着土壤调查研究的深入,土壤划分越来越详细,以生物气候条件和成土作用为分类依据的高级单元通常包容了不同发育阶段的土壤类型,而基层分类的土属、土种是在高级单元基础上展开的,因此常常是数量多且不稳定。到第二次土壤普查后期,对土种定义作了较大改进。虽然名义上仍叫“土种”,但内容上都具有土系的某些特点。1984 年我国正式开始了中国土壤系统分类研究,最终形成了以诊断层和诊断特性为基础,以发生学理论为指导,面向世界并充分体现中国特色的谱系式定量化土壤分类体系。

(一) 土壤发生分类

土壤发生分类,也称土壤地理发生分类,是在承认“成土条件-成土过程-土壤属性”三者相互联系、相互统一前提下对土壤进行的分类。土壤发生分类是一种定性分类,因为它缺乏一个严格的定量分类标准,是以土壤中心概念和土壤成土条件作为分类依据而对土壤进行的分类。我国土壤发生分类分为 7 级,分别是:土纲、亚纲、土类、亚类、土属、土种和亚种(龚子同等,2007)。

1. 土壤分类原则

中国土壤发生分类的基本原则包括发生学原则和统一性原则。

(1)发生学原则:土壤是客观存在的自然体,土壤属性是一定成土条件下经历一定土壤形成过程而形成的特性,所以在土壤分类工作中须重视土壤属性。土壤分类时严格贯彻发生学原则,把土壤成土因素、形成过程和土壤属性三者结合起来考虑。只有充分掌握土壤属性的变化,才可进行定量分类。

(2)统一性原则:土壤是一个整体,既是历史自然体,又是人类劳动的产物。自然土壤与耕地土壤有发生上的联系,耕地土壤是在自然土壤基础上通过人类劳作等活动而形成的,两者间既有历史发生上的统一性或联系性,又有发育阶段上的特殊性或差异性。因此,进行土壤分类时需把自然土壤和耕地土壤作为统一的整体,分析自然因素和人为因素对土壤的影响,力求揭示自然土壤与耕地土壤在发生上的联系及其演变规律。

2. 土壤分类表

根据我国土壤分类系统,我国境内土壤共分为 12 个土纲、29 个亚纲、61 个土类、235 个亚类、909 个土属,而对土种和亚种尚少有统计数据。表 1-3 为中国土壤发生分类表,列出土纲、亚纲、土类和亚类及其举例。

表 1-3　中国土壤发生分类表

土纲	亚纲	土类(举例)	亚类(举例)
铁铝土	湿热铁铝土	砖红壤	砖红壤、黄色砖红壤
		红壤	红壤、黄红壤
	湿暖铁铝土	黄壤	黄壤、表潜黄壤
淋溶土	湿暖淋溶土	黄棕壤	黄棕壤、暗黄棕壤
		黄褐土	黄褐土、黄褐土性土
	湿温淋溶土	暗棕壤	暗棕壤、暗棕壤性土
		白浆土	白浆土、草甸白浆土
	湿暖温淋溶土	棕壤	棕壤、潮棕壤
	湿寒湿淋溶土	棕色针叶林土	棕漂灰棕色针叶林土
		灰化土	灰化土
		漂灰土	漂灰土、暗漂灰土
半淋溶土	半湿热半淋溶土	燥红土	燥红土、褐红土
	半湿温半淋溶土	黑土	黑土、草甸黑土
		灰褐土	灰褐土、暗灰褐土
	半湿暖温半淋溶土	褐土	褐土、淋溶褐土
		灰色森林土	灰色森林土、暗灰色森林土

土纲	亚纲	土类（举例）	亚类（举例）
钙层土	半湿温钙层土	黑钙土	黑钙土、淡黑钙土
	半干温钙层土	栗钙土	暗栗钙土、栗钙土
	半干暖温钙层土	栗褐土	栗钙土、暗栗钙土
干旱土	干温干旱土	棕钙土	棕钙土、淡棕钙土
		灰钙土	灰钙土、淡灰钙土
漠土	干温漠土	灰漠土	灰漠土、草甸灰漠土
		灰棕漠土	灰棕漠土、石膏灰棕漠土
	干暖温漠土	棕漠土	棕漠土、盐化棕漠土
初育土	土质初育土	黄绵土	黄绵土
		红黏土	红黏土、积钙红黏土
		新积土	新积土、冲积土
		龟裂土	龟裂土
		风沙土	荒漠风沙土、草原风沙土
	石质初育土	石质土	酸性石质土、中性石质土
		石灰土	红色石灰土、黑色石灰土
		火山灰土	火山灰土、暗火山灰土
		紫色土	酸性紫色土、中性紫色土
		磷质石灰土	磷质石灰土、硬盘磷质石灰土
		粗骨土	酸性粗骨土、中性粗骨土
半水成土	暗半水成土	草甸土	草甸土、石灰性草甸土
	淡半水成土	潮土	潮土、灰潮土
		砂姜黑土	砂姜黑土、黑黏土
水成土	矿质水成土	沼泽土	沼泽土、腐泥沼泽土
	有机水成土	泥炭土	低位泥炭土、中位泥炭土
盐碱土	盐土	草甸盐土	草甸盐土、结壳盐土
		滨海盐土	滨海盐土、滨海沼泽盐土
		酸性硫酸盐土	酸性硫酸盐土、含酸性硫酸盐土
		漠境盐土	漠境盐土、干旱盐土
		寒原盐土	寒原盐土、寒原草甸盐土
	碱土	碱土	草甸碱土、草原碱土
人为土	人为水成土	水稻土	潴育水稻土、淹育水稻土
	灌耕土	灌淤土	灌淤土、潮灌淤土
		灌漠土	灌漠土、灰灌漠土

续表

土纲	亚纲	土类（举例）	亚类（举例）
高山土	湿寒高山土	高山草甸土	高山草甸土、高山湿草甸土
		亚高山草甸土	亚高山草甸土、亚高山草原草甸土
	半湿寒高山土	寒钙土	寒钙土、暗寒钙土
		冷钙土	冷钙土、暗冷钙土
		冷棕钙土	冷棕钙土、淋淀冷棕钙土
	干寒高山土	寒漠土	寒漠土、冷漠土
	寒冻高山土	寒冻土	寒冻土

资料来源：徐建明，2019。

（二）土壤系统分类

1. 土壤系统分类理论基础

我国土壤系统分类是以诊断层和诊断特性为基础的谱系式系统化、定量化土壤分类。土壤系统分类也以土壤发生学为理论基础，以诊断层和诊断特性为核心。历经长达 20 多年的研究、讨论、修订和补充之后，我国在 1985 年完成了《中国土壤系统分类》初稿，1987 年和 1988 年形成二稿和三稿，1991 年首次形成方案，在此基础上于 1995 年提出了《中国土壤系统分类》修订方案，于 1997 年出版《中国土壤系统分类》（龚子同，1999）。

2. 土壤系统分类原则

我国土壤系统分类包括 6 级，分为土纲、亚纲、土类、亚类、土族和土系，各级分类原则简述见表 1-4。我国土壤系统分类共分为 14 个土纲、39 个亚纲、138 个土类和 588 个亚类。据不完全统计，目前我国已建立 839 个土族和大约 5 000 个土系，土族和土系数据仍在不断完善中。

表 1-4　土壤系统分类原则

类别	划分原则
土纲	根据主要成土过程产生的或影响主要成土过程的诊断层和诊断特性划分
亚纲	根据影响现代成土过程的控制因素所反映的性质（水分状况、温度状况和岩性特征）划分
土类	根据反映主要成土过程强度或次要成土过程或次要控制因素的表现性质划分
亚类	根据是否偏离中心概念、是否具有附加过程的特性和是否具有母质残留的特性划分
土族	根据剖面控制层段的土壤颗粒大小级别、不同颗粒级别的土壤矿物组成类型、土壤温度状况、土壤酸碱性、盐碱特性、污染特性及人为活动赋予的其他特性等划分
土系	土系是由若干土壤剖面形态特征相似的单个土体组成的土壤实体，划分时应遵循土系分类的易辨性、主导性、多元性、系统性和生产性

资料来源：龚子同，1999。

（三）土壤系统分类命名及检索

1. 土壤系统分类命名原则与方法

（1）土壤系统分类命名原则：采用分段连续命名。土纲、亚纲、土类、亚类为高级分类单元,土族和土系为低级分类单元。土族是在高级分类单元基础上加上土壤颗粒大小级别、土壤温度状况、矿物组成等因素构成,土系为中国土壤系统分类最低级别的基层分类单元,单独命名。

（2）土壤系统分类命名方法:土壤系统分类名称结构以土纲名称为基础,土纲名称前叠加反映亚纲、土类和亚类性质的术语,以分别构成亚纲、土类和亚类的名称。各级类别名称选用反映诊断层或诊断特性的名称,部分选用有发生意义的性质名称或诊断现象名称。复合亚类在两个亚类形容词之间加连接号"-"。土纲名称均为世界上常用的名称,其中有机土、干旱土、新成土、灰土、火山灰土、变性土与美国土壤系统分类相同,铁铝土、淋溶土、雏形土和潜育土参照联合国世界土壤图图例单元而得出。人为土和富铁土是我国提出来的,均腐土源自法国土壤分类。对于人为土可以简称代替全称以便于应用,如水耕人为土可简称为水耕土。而肥熟、灌淤、泥垫和土垫旱耕人为土,可简称为肥熟土、灌淤土、泥垫土和土垫土。土族命名采用土壤亚类名称前冠以土族主要分异特性连续命名。例如,石灰淡色潮湿雏形土（亚类）的土族可分别命名为蒙脱温性黏质石灰淡色潮湿雏形土,蒙脱混合型温性黏质石灰淡色潮湿雏形土,水云母型温性壤质石灰淡色潮湿雏形土等。土系命名可选用该土系代表性剖面（单个土体）点位或首次描述该土系的所在地标准地名直接定名,或以地名加上控制土层的优势质地定名,如陈集系、固镇系、罗家堡系,或陈集黏土系、固镇砂土系、罗家堡砾土系等。表1-5列出了我国土壤系统分类的土纲、亚纲、土类和亚类及其举例（龚子同,1999）。

表 1-5　中国土壤系统分类表

土纲	亚纲	土类（举例）	亚类（举例）
有机土	永冻有机土	落叶永冻有机土	普通落叶永冻有机土、石质落叶永冻有机土
		纤维永冻有机土	埋藏纤维永冻有机土、石质纤维永冻有机土
		半腐永冻有机土	埋藏半腐永冻有机土、石质半腐永冻有机土
	正常有机土	落叶正常有机土	普通落叶正常有机土、石质正常永冻有机土
		纤维正常有机土	埋藏纤维正常有机土、石质纤维正常有机土
		半腐正常有机土	埋藏半腐正常有机土、石质半腐正常有机土
		高腐正常有机土	埋藏高腐正常有机土、石质高腐正常有机土
人为土	水耕人为土	潜育水耕人为土	变性潜育水耕人为土、含硫潜育水耕人为土
		铁渗水耕人为土	变性铁渗水耕人为土、漂白铁渗水耕人为土
		铁聚水耕人为土	变性铁聚水耕人为土、漂白铁聚水耕人为土
		简育水耕人为土	变性简育水耕人为土、弱盐简育水耕人为土
	旱耕人为土	肥熟旱耕人为土	灌淤肥熟旱耕人为土、石灰肥熟旱耕人为土
		灌淤旱耕人为土	寒性灌淤旱耕人为土、弱盐灌淤旱耕人为土
		泥垫旱耕人为土	酸性泥垫旱耕人为土、普通泥垫旱耕人为土
		土垫旱耕人为土	肥熟土垫旱耕人为土、弱盐土垫旱耕人为土

续表

土纲	亚纲	土类（举例）	亚类（举例）
灰土	腐殖灰土	简育腐殖灰土	普通简育腐殖灰
	正常灰土	简育正常灰土	寒冻简育正常灰土、普通简育正常灰土
火山灰土	寒冻火山灰土	永久寒冻火山灰土	普通永久寒冻火山灰土
		简育寒冻火山灰土	玻璃简育寒冻火山灰土、暗色简育寒冻火山灰土
	玻璃火山灰土	干润玻璃火山灰土	石质干润玻璃火山灰土、普通干润玻璃火山灰土
		湿润玻璃火山灰土	石质湿润玻璃火山灰土、普通湿润玻璃火山灰土
	湿润火山灰土	腐殖湿润火山灰土	石质腐殖湿润火山灰土、普通腐殖湿润火山灰土
		简育湿润火山灰土	石质简育湿润火山灰土、普通简育湿润火山灰土
铁铝土	湿润铁铝土	暗红湿润铁铝土	表蚀暗红湿润铁铝土、腐殖暗红湿润铁铝土
		黄色湿润铁铝土	腐殖黄色湿润铁铝土、斑纹黄色湿润铁铝土
		简育湿润铁铝土	表蚀简育湿润铁铝土、腐殖简育湿润铁铝土
变性土	潮湿变性土	钙积潮湿变性土	多裂钙积潮湿变性土、砂姜钙积潮湿变性土
		简育潮湿变性土	多裂简育潮湿变性土、普通简育潮湿变性土
	干润变性土	钙积干润变性土	表蚀钙积干润变性土、普通钙积干润变性土
		简育干润变性土	表蚀简育干润变性土、普通简育干润变性土
	湿润变性土	腐殖湿润变性土	弱钙腐殖湿润变性土、普通腐殖湿润变性土
		钙积湿润变性土	斑纹钙积湿润变性土、普通钙积湿润变性土
		简育湿润变性土	石质简育湿润变性土、普通简育湿润变性土
干旱土	寒性干旱土	钙积寒性干旱土	石质钙积寒性干旱土、普通钙积寒性干旱土
		石膏寒性干旱土	石质石膏寒性干旱土、普通石膏寒性干旱土
		黏化寒性干旱土	暗色黏化寒性干旱土、普通黏化寒性干旱土
		简育寒性干旱土	龟裂简育寒性干旱土、石质简育寒性干旱土
	正常干旱土	钙积正常干旱土	石质钙积正常干旱土、斑纹钙积正常干旱土
		盐积正常干旱土	石质盐积正常干旱土、钠质盐积正常干旱土
		石膏正常干旱土	石质石膏正常干旱土、斑纹石膏正常干旱土
		黏化正常干旱土	钠质黏化正常干旱土、普通黏化正常干旱土
		简育正常干旱土	斑纹简育正常干旱土、石质简育正常干旱土
盐成土	碱积盐成土	潮湿碱积盐成土	寒冻潮湿碱积盐成土、含硫潮湿碱积盐成土
		龟裂碱积盐成土	普通龟裂碱积盐成土
		简育碱积盐成土	弱盐简育碱积盐成土、普通简育碱积盐成土
	正常盐成土	干旱正常盐成土	洪积干旱正常盐成土、普通干旱正常盐成土
		潮湿正常盐成土	寒冻潮湿正常盐成土、含硫潮湿正常盐成土

续表

土纲	亚纲	土类（举例）	亚类（举例）
潜育土	永冻潜育土	有机永冻潜育土	纤维有机永冻潜育土、普通有机永冻潜育土
		简育永冻潜育土	石质简育永冻潜育土、有机简育永冻潜育土
	滞水潜育土	有机滞水潜育土	纤维有机滞水潜育土、普通有机滞水潜育土
		简育滞水潜育土	石质简育滞水潜育土、普通简育滞水潜育土
	正常潜育土	有机正常潜育土	纤维有机正常潜育土、高腐有机正常潜育土
		暗沃正常潜育土	含硫暗沃正常潜育土、酸性暗沃正常潜育土
		简育正常潜育土	石质简育正常潜育土、酸性简育正常潜育土
均腐土	岩性均腐土	富磷岩性均腐土	肥熟富磷岩性均腐土、潜育富磷岩性均腐土
		黑色岩性均腐土	普通黑色岩性均腐土
	干润均腐土	寒性干润均腐土	黏化寒性干润均腐土、钙积寒性干润均腐土
		堆垫干润均腐土	斑纹堆垫干润均腐土、钙积堆垫干润均腐土
		暗厚干润均腐土	普通暗厚干润均腐土、钙积暗厚干润均腐土
		钙积干润均腐土	斑纹钙积干润均腐土、弱碱钙积干润均腐土
		简育干润均腐土	黏化简育干润均腐土、弱碱简育干润均腐土
	湿润均腐土	滞水湿润均腐土	漂白滞水湿润均腐土、暗厚滞水湿润均腐土
		黏化湿润均腐土	漂白黏化湿润均腐土、斑纹黏化湿润均腐土
		简育湿润均腐土	斑纹简育湿润均腐土、普通简育湿润均腐土
富铁土	干润富铁土	简育干润富铁土	石质简育干润富铁土、普通简育干润富铁土
		黏化干润富铁土	普通黏化干润富铁土
	常湿富铁土	钙积常湿富铁土	腐殖钙积常湿富铁土、淋溶钙积常湿富铁土
		富铝常湿富铁土	石质富铝常湿富铁土、腐殖富铝常湿富铁土
		简育常湿富铁土	石质简育常湿富铁土、表蚀简育常湿富铁土
	湿润富铁土	钙质湿润富铁土	石质钙质湿润富铁土、表蚀钙质湿润富铁土
		强育湿润富铁土	表蚀强育湿润富铁土、腐殖强育湿润富铁土
		富铝湿润富铁土	石质富铝湿润富铁土、表蚀富铝湿润富铁土
		黏化湿润富铁土	表蚀黏化湿润富铁土、腐殖黏化湿润富铁土
		简育湿润富铁土	石质简育湿润富铁土、表蚀简育湿润富铁土
淋溶土	冷凉淋溶土	漂白冷凉淋溶土	潜育漂白冷凉淋溶土、有机漂白冷凉淋溶土
		暗沃冷凉淋溶土	钙积暗沃冷凉淋溶土、石质暗沃冷凉淋溶土
		简育冷凉淋溶土	石质简育冷凉淋溶土、潜育简育冷凉淋溶土
	干润淋溶土	钙质干润淋溶土	暗沃钙质干润淋溶土、暗红钙质干润淋溶土
		钙积干润淋溶土	斑纹钙积干润淋溶土、普通钙积干润淋溶土
		铁质干润淋溶土	表蚀铁质干润淋溶土、普通铁质干润淋溶土
		简育干润淋溶土	石质简育干润淋溶土、普通简育干润淋溶土

续表

土纲	亚纲	土类（举例）	亚类（举例）
淋溶土	常湿淋溶土	钙积常湿淋溶土	腐殖钙积常湿淋溶土、普通钙积常湿淋溶土
		铝质常湿淋溶土	强度铝质常湿淋溶土、腐殖铝质常湿淋溶土
		简育常湿淋溶土	腐殖简育常湿淋溶土、铝质简育常湿淋溶土
	湿润淋溶土	漂白湿润淋溶土	结核漂白湿润淋溶土、普通漂白湿润淋溶土
		钙质湿润淋溶土	腐殖钙质湿润淋溶土、普通钙质湿润淋溶土
		黏磐湿润淋溶土	表蚀黏磐湿润淋溶土、砂姜黏磐湿润淋溶土
		铝质湿润淋溶土	强度铝质湿润淋溶土、石质铝质湿润淋溶土
		酸性湿润淋溶土	铝质酸性湿润淋溶土、铁质酸性湿润淋溶土
		铁质湿润淋溶土	石质铁质湿润淋溶土、漂白铁质湿润淋溶土
		简育湿润淋溶土	石质简育湿润淋溶土、普通简育湿润淋溶土
雏形土	潮湿雏形土	叶垫潮湿雏形土	潜育叶垫潮湿雏形土、弱盐叶垫潮湿雏形土
		砂姜潮湿雏形土	水耕砂姜潮湿雏形土、漂白砂姜潮湿雏形土
		暗色潮湿雏形土	水耕暗色潮湿雏形土、漂白暗色潮湿雏形土
		淡色潮湿雏形土	水耕淡色潮湿雏形土、石灰淡色潮湿雏形土
	干润雏形土	灌淤干润雏形土	水耕灌淤干润雏形土、钙积灌淤干润雏形土
		铁质干润雏形土	石质铁质干润雏形土、酸性铁质干润雏形土
		底锈干润雏形土	弱盐底锈干润雏形土、弱碱底锈干润雏形土
		暗沃干润雏形土	钙积暗沃干润雏形土、斑纹暗沃干润雏形土
		简育干润雏形土	普通简育干润雏形土
	常湿雏形土	冷凉常湿雏形土	腐殖冷凉常湿雏形土、灰化冷凉常湿雏形土
		滞水常湿雏形土	漂白滞水常湿雏形土、有机滞水常湿雏形土
		钙质常湿雏形土	石质钙质常湿雏形土、腐殖钙质常湿雏形土
		铝质常湿雏形土	石质铝质常湿雏形土、有机铝质常湿雏形土
		酸性常湿雏形土	有机酸性常湿雏形土、腐殖酸性常湿雏形土
		简育常湿雏形土	石质简育常湿雏形土、腐殖简育常湿雏形土
	湿润雏形土	钙质湿润雏形土	表蚀钙质湿润雏形土、石质钙质湿润雏形土
		冷凉湿润雏形土	漂白冷凉湿润雏形土、酸性冷凉湿润雏形土
		紫色湿润雏形土	石灰紫色湿润雏形土、酸性紫色湿润雏形土
		铝质湿润雏形土	石质铝质湿润雏形土、表蚀铝质湿润雏形土
		铁质湿润雏形土	表蚀铁质湿润雏形土、红色铁质湿润雏形土
		酸性湿润雏形土	表蚀酸性湿润雏形土、漂白酸性湿润雏形土
		简育湿润雏形土	漂白简育湿润雏形土、暗沃简育湿润雏形土
	寒冻雏形土	永冻寒冻雏形土	有机永冻寒冻雏形土、普通永冻寒冻雏形土
		潮湿寒冻雏形土	有机潮湿寒冻雏形土、暗色潮湿寒冻雏形土

续表

土纲	亚纲	土类（举例）	亚类（举例）
雏形土	寒冻雏形土	草毡寒冻雏形土	钙积草毡寒冻雏形土、石灰草毡寒冻雏形土
		暗沃寒冻雏形土	有机暗沃寒冻雏形土、钙积暗沃寒冻雏形土
		暗瘠寒冻雏形土	有机暗瘠寒冻雏形土、灰化暗瘠寒冻雏形土
		简育寒冻雏形土	表蚀简育寒冻雏形土、钙积简育寒冻雏形土
新成土	人为新成土	扰动人为新成土	酸性扰动人为新成土、石灰扰动人为新成土
		淤积人为新成土	弱盐淤积人为新成土、斑纹淤积人为新成土
	砂质新成土	寒冻砂质新成土	石灰寒冻砂质新成土、酸性寒冻砂质新成土
		潮湿砂质新成土	石灰潮湿砂质新成土、普通潮湿砂质新成土
		干旱砂质新成土	斑纹干旱砂质新成土、石灰干旱砂质新成土
		干润砂质新成土	高热干润砂质新成土、斑纹干润砂质新成土
		湿润砂质新成土	石灰湿润砂质新成土、普通湿润砂质新成土
	冲积新成土	寒冻冲积新成土	永冻寒冻冲积新成土、斑纹寒冻冲积新成土
		潮湿冲积新成土	潜育潮湿冲积新成土、石灰潮湿冲积新成土
		干旱冲积新成土	斑纹干旱冲积新成土、弱盐干旱冲积新成土
		干润冲积新成土	斑纹干润冲积新成土、普通干润冲积新成土
		湿润冲积新成土	斑纹湿润冲积新成土、酸性湿润冲积新成土
	正常新成土	黄土正常新成土	灰色黄土正常新成土、普通黄土正常新成土
		紫色正常新成土	石灰紫色正常新成土、酸性紫色正常新成土
		红色正常新成土	石灰红色正常新成土、饱和红色正常新成土
		寒冻正常新成土	永冻寒冻正常新成土、火山渣寒冻正常新成土
		干旱正常新成土	斑纹干旱正常新成土、石灰干旱正常新成土
		干润正常新成土	石质干润正常新成土、石灰干润正常新成土
		湿润正常新成土	磷质湿润正常新成土、火山渣湿润正常新成土

资料来源：龚子同，1999。

2. 土壤系统分类检索方法

中国土壤系统分类的各级类别是通过诊断层和诊断特性的检索系统确定的。使用者按照检索顺序，自上而下逐一排除那些不符合某种土壤要求的类别，就能找出它的正确分类位置。

检索顺序就是按照土壤类别在检索系统中检出的先后次序。先检出的土壤必然包括具有某诊断层或诊断特性的土壤，后检出的就不允许再出现这些性质。但在自然界中土壤的发生和性质十分复杂，除占优势的过程及其产生的性质外，可能还有其他居次要位置的过程及其产生的性质。所以各土壤类别的主要鉴别性质尽管不同，但其中某种土壤的次要鉴别性质可能和另一土壤的主要鉴别性质相同，如果没有一个合理的检索顺序，这些鉴别性质相同、但优势过程不同的土壤就可能并入同一类别。例如，干润均腐土有两种发育强度不同的土壤,一类已发育到黏化阶段,以黏化过程占优势,另一类只发育到钙积阶段,以钙积过程占优势。但在黏化类别中有的尚处在过渡阶段,在黏化层以下还有由已退居次要位置的钙积过程所产生的钙积层。如先检出有钙积层,则会把有钙积层又有黏化层的土壤归入钙积类别;如先检出有黏化层,就可把所有已进入黏化阶段的土壤归入黏化类别,而把有钙积层但无黏化层的土壤归入钙积类别。可见,检索顺序不完全等同于发生顺序。但前者不是不考虑发生,是为了把相似发生的土壤留在同一级别,而不得不对发生顺序作出适当的调整或重新排列。中国土壤系统分类的 14 个土纲检索表如表 1-6 所示。

表 1-6　中国土壤系统分类 14 个土纲检索简表

诊断层和(或)诊断特性	土纲
A. 土壤中: 　① 土表至 60 cm 或至浅于 60 cm 的石质或准石质接触面之间,有 60% 或更厚的土层中无火山灰特性;和 　② 有符合下列特征的有机土壤物质: 　　a. 覆于火山渣、碎屑或浮石物质之上,或填充其间隙中,并有石质或准石质接触面直接位于这些物质之下;或 　　b. 土表至 50 cm 范围内与火山渣、碎屑或浮石物质相加的总厚度 ≥40 cm;或 　　c. 至石质、准石质接触面范围内有机土壤物质占总土层厚度的 2/3 或更厚; 　　若有矿质土层,其总厚度 ≤10 cm;或 　　d. 大多数年份每年 6 个月或更多时间被水饱和(人为排水除外),而且其上界位于土表至 40 cm 范围内,总厚度如下: 　　若苔藓纤维占体积的 3/4 或更多,或容重 <0.1 g/cm^3,为 ≥60 cm;或 　　若有机土壤物质由高腐或半腐物质组成,或由纤维物质组成,其中苔藓纤维(按体积计)< 3/4 或容重为 0.1~0.4 g/cm^3,则为 ≥40 cm。	有机土
B. 其他土壤中有: 　① 水耕表层和水耕氧化还原层;或 　② 肥熟表层和磷质耕作淀积层;或 　③ 灌淤表层或堆垫表层。	人为土
C. 其他土壤中无人为表层和在灰化淀积层之上的黏化层,但有: 　① 上界在矿质土表至 60 cm 范围内的灰化淀积层;和 　② 在矿质土表,或具火山灰特性的有机层次顶部至 60 cm 范围内或至浅于 60 cm 的石质或准石质接触面之间,占有 60% 或更厚的土层中无火山灰特性。	灰土
D. 其他土壤中占下列 60% 或更厚的土层中有火山灰特性: 　① 若无石质或准石质接触面时,则在矿质土表至 60 cm 或具火山灰特性的有机层次顶部至 60 cm,两者取其较浅薄者;或 　② 若有石质或准石质接触面时,则在矿质土表或具火山灰特性的有机层次顶部至浅于 60 cm 的石质或准石质接触面之间,两者取其较浅薄者。	火山灰土
E. 其他土壤中有上界在矿质土表至 150 cm 范围内的铁铝层。	铁铝土
F. 其他土壤中有: 　① 在矿质土表至 100 cm 范围内有变性特征;和 　② 矿质土表至 50 cm 深度内无石质或准石质接触面。	变性土

续表

诊断层和(或)诊断特性	土纲
G. 其他土壤中有： 　① 干旱表层；和 　② 上界在矿质土表至 100 cm 范围内的下列一个或一个以上诊断层：盐积层、超盐积层、盐磐、石膏层、超石膏层、钙积层、超钙积层、钙磐、黏化层或雏形层。	干旱土
H. 其他土壤中有： 　① 上界在矿质土表至 30 cm 范围内有盐积层；或 　② 上界在矿质土表至 75 cm 范围内有碱积层。	盐成土
I. 其他土壤中在矿质土表至 50 cm 范围内至少有一土层(厚度≥10 cm)呈现潜育特征。	潜育土
J. 其他土壤中有： 　① 暗沃表层；和 　② 均腐殖质特性；和 　③ 在下列任一深度内盐基饱和度≥50%： 　　a. 黏化层上界至 125 cm 范围内；或 　　b. 在矿质层至 180 cm 范围内；或 　　c. 在矿质土表至石质或准石质接触面。	均腐土
K. 其他土壤中有上界在矿质土表至 125 cm 范围内的低活性富铁层。	富铁土
L. 其他土壤中有上界在矿质土表至 125 cm 范围内的黏化层或某些部分有达 0.5 mm 或更厚淀积黏粒胶膜的黏磐。	淋溶土
M. 其他土壤中有： 　① 雏形层；或 　② 矿质土表至 100 cm 范围内有如下任一土层：漂白层、钙积层、超钙积层、钙盘、石膏层、超石膏层；或 　③ 矿质土表下 20~50 cm 范围内至少一个土层(厚度≥10 cm)的 n 值<0.7，或细土部分黏粒含量<80 g/kg；并有有机表层，或暗沃表层，或暗瘠表层；或 　④ 永冻层和 10 年中有 6 年或更多年份一年中至少一个月在矿质土表至 50 cm 范围内有滞水土壤水分状况。	雏形土
N. 其他土壤仅有淡薄表层，且无鉴别上述土纲所要求的诊断层或诊断特性。	新成土

注：n 值是指田间条件下土壤含水量与黏粒和有机质含量之间的关系，用以估测土壤支承负载和排水后的沉陷程度。
　　"其他土壤"是指没有前一级诊断层和(或)诊断特性的土壤。

资料来源：龚子同，1999。

三、我国土壤空间分布

　　土壤类型的形成与分布和其所处的自然条件密切相关，当自然条件发生改变时，土壤的性质也会发生相应变化。由于我国幅员辽阔，地质、气候等自然因素呈现明显的空间分布特征，因此土壤空间分布差异较大，总体呈现出水平地带性、垂直地带性和区域性分布特征。

(一) 水平地带性分布

　　水平地带性分布是土壤发生性状与气候带和生物地带分布相吻合的土壤类型，反映了三维空间变化的相互协调情况。我国土壤的水平地带性分布是由湿润海洋性逐步向干旱大陆性两个带谱演化而成的。东南沿海属于湿润海洋性地带谱,西部位于亚欧大陆中心地带区域则属于极干旱内陆地带谱,两者之间区域为多种类型的过渡性土壤带谱。值得注意的是,由于大地形关系和季风特征综合作用,水平地带性分布并非单纯按照经纬线进行东西或南北向分布,存在一定偏折。

1. 南北向的土壤水平地带性分布

我国东南沿海区域属于湿润海洋性地带谱,也称为土壤的纬度地带性,随着热量逐步递减,土壤类型也发生变化,由南至北分布着砖红壤、赤红壤、红壤、黄壤、黄棕壤、黄褐土、棕壤、暗棕壤、黑土、棕色针叶林土等。

2. 东西向的土壤水平地带性分布

自东向西的土壤分布规律表现为内陆型特点,又称为土壤经度地带性,是从东部湿润温带森林下的暗棕壤开始,先向西到松嫩平原大面积分布的黑土,继续向西到大兴安岭一带的灰色森林土,其后依次向西分布的土壤类型为黑钙土、栗钙土、棕钙土、灰棕漠土等。

(二)垂直地带性分布

我国多山,且海拔达到雪线以上的高大山系较多。随着海拔升高,生物气候因素发生明显的垂直地带变化,导致土壤性状也相应地发生明显的垂直带谱变化。以基带土壤为起始,伴随山体海拔的升高,依次出现一系列与较高纬度带相对应的土壤类型。同时,山体所在气候带、山体高度和形态差异也会导致土壤垂直地带结构产生有规律的变化。总体而言,山体越高、相对高度差越大,土壤的垂直地带谱越完整。

随基带生物气候的不同,土壤垂直地带谱呈规律性变化,可分为湿润海洋性和干旱大陆性两大类,两者之间还有一些过渡类型,例如,半湿润海洋性垂直地带谱和半干旱大陆性垂直地带谱等。表1-7列举了我国主要山地垂直地带谱,从表中可以发现,自热带至寒温带的土壤垂直地带谱结构呈现有规律的变化。热带出现湿润垂直地带谱和半干旱垂直地带谱两种,而在亚热带则出现湿润垂直地带谱、半湿润垂直地带谱和半干旱垂直地带谱三种。暖温带和温带土壤的垂直地带谱结构最为复杂,出现湿润垂直地带谱、半湿润垂直地带谱、半干

表1-7　我国主要山地垂直地带谱

地带	地区	土壤垂直地带谱
热带	湿润地区	砖红壤(<400)→山地砖红壤(400)→山地黄壤(800)→山地黄棕壤(1 200)→山地灌丛草甸土(1 600)(海南岛五指山东北坡1 879)
	半干旱地区	燥红土→山地褐红壤→山地红壤→山地黄壤→山地黄棕壤→山地灌丛草甸土(海南五指山西南坡1 879)
南亚热带	湿润地区	赤红壤(100)→山地黄壤(800)→山地黄棕壤(1 500)→山地棕壤或山地暗棕壤(2 300)→山地灌丛草甸土(2 800)(台湾玉山西坡3 600)
	半湿润地区	赤红壤(<300)→山地赤红壤(300)→山地黄壤(700)(广西十万大山马尔夹南坡1 300)
	半干旱地区	燥红土(500)→赤红壤(1 000)→山地红壤(1 600)→山地黄壤(1 900)→山地黄棕壤(2 600)→山地灌丛草甸土(3 000)(云南哀牢山3 054)

续表

地带	地区	土壤垂直地带谱
中亚热带	湿润地区	红壤(<700)→山地黄壤(700)→山地黄棕壤(1 400)→山地灌丛草甸土(1 800)(江西武夷山西北坡2 120)
	半湿润地区	褐红壤→山地红壤→山地棕壤→山地暗棕壤→山地漂灰土→高山草甸土→高山冰雪覆盖区域(四川木里山)
	半干旱地区	燥红土→山地褐红壤→山地红壤→山地棕壤→山地暗棕壤→高山草甸土(四川鲁南山)
北亚热带	湿润地区	黄棕壤(<750)→山地棕壤(750)→山地灌丛草甸土(1 350)(安徽大别山1 450)
	半湿润地区	山地黄褐土(600)→山地黄棕壤(1 100)→山地棕壤和山地灌丛草甸土(2 300)(大巴山北坡2 570)
	半干旱地区	灰褐土→山地褐土→山地棕壤→山地暗棕壤→高山草地土(松潘山原)
暖温带	湿润地区	棕壤(<50)→山地棕壤(50)→山地暗棕壤(800)(辽宁千山山脉1 100)
	半湿润地区	山地褐土(<600)→山地淋溶褐土(600)→山地棕壤(900)→山地暗棕壤(1 600)→山地草甸土(2 000)(河北雾灵山2 500)
	半干旱地区	黑垆土(1 000)→山地栗钙土→(阳坡)山地灰褐土→山地草甸草原土(甘肃云雾山2 500)
	干旱地区	山地棕漠土(2 600)→山地棕钙土(3 500)→亚高山草原土(4 200)→高山漠(4 500)(昆仑山中段5 200)
温带	湿润地区	白浆土(<800)→山地暗棕壤(800)→山地漂灰土(1 200)→高山寒冻土(1 900)(长白山2 170)
	半湿润地区	黑钙土(<1 300)→山地暗棕壤(1 300)→山地草甸土(1 900)(大兴安岭黄岗山2 000)
	半干旱地区	栗钙土(<1 200)→山地栗钙土或山地褐土(阳坡)(1 200)→山地淋溶褐土(阴坡)或山地黑钙土(阳坡)(1 700)(阳木乌拉山北坡2 200)
	干旱地区	山地栗钙土(<800)→山地黑钙土(1 200)→山地灰黑土(1 800)→高山寒冻土(2 400)(阿尔泰山,布尔津山区3 300)
寒温带	湿润地区	黑土(<500)→山地暗棕壤(500)→山地漂灰土(1 200)(大兴安岭北坡1 700)

注:括号中数据为海拔高度,m。

资料来源:黄昌勇,徐建明,2010。

旱垂直地带谱和干旱垂直地带谱等四种结构类型。到寒温带土壤垂直地带谱,结构又趋简单,仅有湿润垂直地带谱和半干旱垂直地带谱。

除了上述水平和垂直地带性分布以外,还有因地形、母岩与母质、水文地质、成土年龄及人为活动等区域性因素影响所形成的区域分布,主要包括中域分布和微域分布。

土壤中域分布是由于地形、水文地质条件差异所引起的不同土壤类型组合。可分为枝形、扇形、盆形、链形、锥形五种土壤组合类型。枝形土壤组合广泛出现于丘陵山地和高原地区,是由于河谷发育、随水系的树枝状伸展,自丘顶到谷底沿水系形成不同的土壤组合。扇形土壤组合常见于山间盆地与冲积平原,由于沉积物分选随地势降低而由粗变细、地下水位抬升、加上地球化学沉积作用,形成的各种土壤与洪积扇的轮廓相适应,呈扇子状展开,故称为扇形土壤组合。盆形土壤组合多见于湖泊四周、石灰岩溶蚀盆地,由于地形由四周向中心倾斜,水文状况发生相应变化,使各种土壤大致呈同心圆环带状分布,状似脸盆,故称为盆形土壤组合。链形土壤组合是坡地土壤分布的基本形式,广泛分布在相同母岩的丘陵山地上,由于起伏依次更替的土壤犹如链条,故称为链形土壤组合。锥形土壤组合主要见于火山锥及周边,是以火山口为中心的圆锥形土壤组合。

土壤微域分布是指由于微地形的影响或人为作用,多种土壤在小区域范围内表现出较为复杂的聚合,又称土壤复域。因地区与利用方式不同,土壤复域变化差异较大,空间分异形式多样,常以阶梯式土壤复域、框(垛)式土壤复域、棋盘式土壤复域等形式出现。在丘陵山区,为了防止水土流失,建设水平梯田、梯地,改变了原来枝状土壤组合,形成了阶梯式土壤复域,这种土壤复域在南方水耕人为土区尤为明显。在湖荡地区和碟形洼地,人们长期同涝灾作斗争,不断挖低或垫高,创造了特殊的人工地形,即所谓的桑(蔗)基鱼塘、垛田和垸田,有规律地分布着各种肥力水平的水耕人为土,形成了框(垛)式土壤复域。平原地区通过规整比较零散的稻田,进行填平挖沟、改土培肥等措施,使大地田园化,形成了棋盘式土壤复域。

第三节　土壤基本性质

土壤是一个由三相物质组成的复杂系统(Jury 等,2004)。大小、性质和排列不同的土粒构成了土壤固相基质,土粒之间的相互排列和组织形成了形状和大小不同的孔隙,土壤液相和气相在孔隙中保存和传输。土壤中固-液-气三相物质之间相互作用,使其表现出各种性质。本节主要介绍土壤的物理性质、化学性质和生物学性质。

一、土壤物理性质

(一)土壤质地与土壤结构

1. 土壤质地

(1)土壤质地的概念:土壤质地是土壤粒级集合体所表现的粗细程度,是按土壤机械组成划分的。土壤质地与土壤通气、保肥、保水状况及耕作的难易有密切关系,是拟定土壤利用、管理和改良措施的重要依据。肥沃的土壤不仅要求耕层的质地良好,还要求有良好的质地剖面。土壤机械组成是指各粒级在土壤中所占的相对比例或质量分数(或称颗粒组成)。按照土壤中不同粒级土粒的相对比例(土壤机械组成差异),将土壤分成若干组合,每一种组合即为一种土壤质地。土壤颗粒及粒级简要介绍如下。

土壤颗粒简称土粒,指土壤中大小和形状不同且成分和性质迥异的各种颗粒,这些土壤颗粒构成了土壤固相骨架。土粒可分单粒(亦称原生颗粒)和复粒(亦称次生颗粒)两种。单粒是在岩石矿物风化、母质搬运和土壤形成过程中产生的,包括各种矿物碎片、碎屑和胶粒及有机残体碎屑,在完全分散时可以单独存在。复粒是由各种单粒在物理化学和生物化学作用下复合而成的,包括黏团、有机-矿质复合体和微团聚体。

根据土粒的当量粒径(假设土粒为光滑实心圆球的直径)大小把土粒划分为若干组,称为土壤粒级(或粒组)。在对土粒进行划分时,各国对土粒大小分级、粒级个数及各粒级间的分界点并不一致,且缺乏公认的标准,但各国的土壤粒级制中都将大小颗粒分为石砾、砂粒、粉粒和黏粒等四组。目前国内外常见的土壤粒级制有国际制、美国农业部制、卡钦斯基制和中国制(图 1-9)。

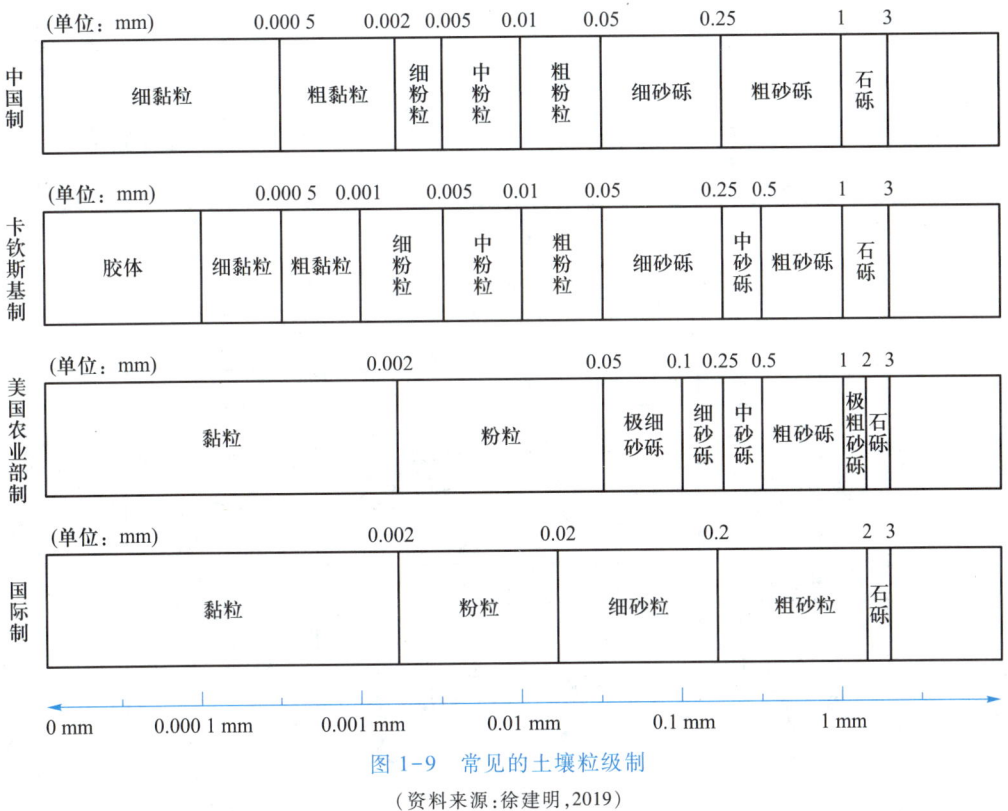

图 1-9　常见的土壤粒级制

(资料来源:徐建明,2019)

(2)土壤质地分类:按照土壤颗粒组成的比例对土壤进行分类,通常划分为砂土、壤土和黏土三大类。最常见的土壤质地分类有国际制、美国农业部制、卡钦斯基制和中国制四种。我国经过不断修订,制定了符合南北方土壤特点的土壤质地分类方案(表 1-8)。

2. 土壤结构

(1)土壤结构的概念:土壤结构是指土壤单粒和复粒的排列和组合形式。这个定义包含两重含义,即土壤结构体和结构性。土壤结构体就是在内外因素的综合作用下,土粒相互团聚成大小和性状不同的团聚体。土壤结构性是指土壤中结构体的形状、大小、排列情况及相应孔隙状况等综合特性。

表 1-8　我国土壤质地分类方案

质地组	质地名称	颗粒组成(粒径:mm)/%		
		砂粒(1~0.05)	粗粉粒(0.05~0.01)	细黏粒(<0.001)
砂土	极重砂土	>80		<30
	重砂土	70~80		
	中砂土	60~70		
	轻砂土	50~60		
壤土	砂粉土	≥20	≥40	<30
	粉土	<20		
	砂壤	≥20	<40	
	壤土	<20		
黏土	轻黏土			≥30且<35
	中黏土			≥35且<40
	重黏土			≥40且≤60
	极重黏土			>60

资料来源:孙向阳,2021。

（2）土壤结构体的类型:根据土壤结构体的形态、大小等外部性质划分的类型,主要包括块状、棱块状、核状、粒状、棱柱状、柱状和片状结构体(图 1-10)。

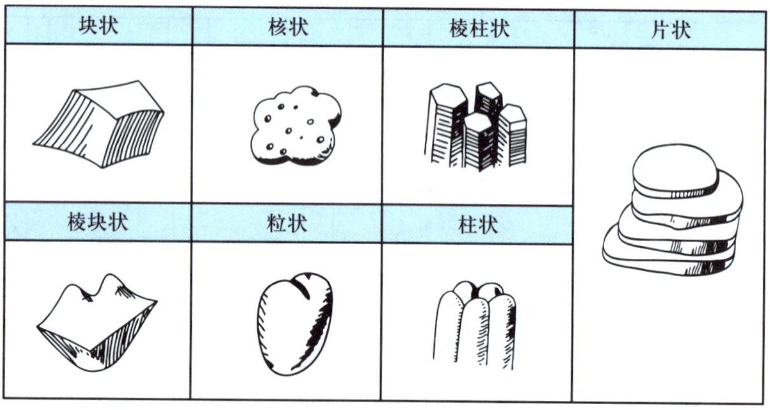

图 1-10　土壤结构体类型示意图

（资料来源:周健民,2013）

（二）土壤孔隙度与通气性

1. 土壤孔隙度

土壤中三相的体积比可反映土壤持水、透气和透水的情况。土壤孔隙是指土壤中除固相部分所占容积以外的空间,主要由土壤水、气所占据。土壤孔隙状况对土壤生物活动、有机质分解转化、水气调节、养分循环、污染物迁移转化等过程有重要影响。

（1）土壤孔隙性质:土壤孔隙性质又称孔性,是指土壤孔隙总量及大、小孔隙分布状况。土壤孔隙性质可直接、真实地反映土壤结构状况。孔隙的数量决定土壤中气、液两相的总量,孔隙大小及大小孔隙比例决定着气、液两相的分配。

（2）土壤孔隙度:自然状况下,一定体积的土壤中孔隙体积所占的比例,可用百分数表示,称为土壤孔隙度。例如,在 1 cm^3 的土壤中,孔隙的体积是 0.55 cm^3,则孔隙度为55%,其余45%的体积被土壤颗粒占据。土壤孔隙状况受质地、结构、有机质含量等影响。黏质土壤水占孔隙较多,而砂质土壤气占孔隙较多。结构好的土壤中水占孔隙和气占孔隙的比例较为协调。有机质特别是粗有机质较多的土壤中孔隙较多。耕作、施肥、灌溉、排水等人为措施对土壤孔隙影响很大。土壤孔隙度可用当量孔径(即与一定的土壤水吸力相当的孔径)、通气孔隙度等表征。

2. 土壤的通气性

（1）土壤通气性的概念:是指土壤中空气与大气进行交换的能力。土壤通气性使得土壤空气中的氧气不断得到补充,并将二氧化碳排出,为土壤生物和根系生长创造良好且相对稳定的空气环境。

（2）土壤通气性的衡量指标:在实际工作中常用土壤通气孔隙度、氧扩散率、土壤氧化还原电位等指标来衡量土壤通气性。土壤中通气孔隙的体积占土壤总体积的百分数,称为通气孔隙度。土壤通气孔隙的数量影响着土壤中气体的扩散,且土壤空气扩散速度与土壤通气孔隙度呈线性相关,所以常用土壤中通气孔隙的百分率作为衡量通气性能好坏的指标。土壤通气孔隙度越大,通气性越好。土壤氧扩散率是指单位时间内通过单位土壤界面氧的质量。它的大小与土壤空气中氧的补给速率密切相关。一般土层深度越深、土壤氧扩散率越低。土壤氧化还原电位高,表明土壤空气中 O_2 含量高,土壤通气良好;相反,土壤氧化还原电位低时,土壤空气中 O_2 含量低,土壤通气不良。

（三）土壤密度和容重

1. 土壤密度

土壤密度是指单位容积土粒(不含粒间孔隙)的烘干质量,单位是 g/cm^3。土壤中大部分矿物的密度为 2.6~2.8 g/cm^3,因此常取平均密度值 2.65 g/cm^3 来计算土壤孔隙度和三相组成,估算土壤矿物组成,其大小取决于土壤矿物质组成和有机质含量。

2. 土壤容重

土壤容重是指单位容积土体的烘干质量,单位为 g/cm^3。一般情况下耕层土壤容重值在 1.1~1.3 g/cm^3。土壤容重受土壤孔隙和土壤密度的影响,前者的影响更大,疏松多孔的土壤容重小,反之则大。土壤容重可用于计算工程土方量和土壤孔隙度。例如,在土工建设和土地整理工程中有 2 000 m^2 面积的土地需挖去 0.2 m 厚度的表土,其容重为 1.3 t/m^3,则应挖去的土方为 400 m^3,土壤质量为 520 t。

（四）土壤的力学性质

土壤受外力作用时表现出一系列力学特性,统称土壤力学性质(又称物理机械性),主要包括黏结性、黏着性、可塑性和胀缩性。

1. 土壤黏结性和黏着性

土壤黏结性是指土粒与土粒之间在各种引力作用下而结合在一起的性能,它反映出土壤抵抗机械破碎的能力。土壤黏着性是指土壤在一定的含水量情况下,土粒黏附于外物的性能。土粒之间的接触面积决定着土壤黏结性和黏着性,并受到土壤质地、水分含量、腐殖质含量、土壤结构等的影响。

2. 土壤可塑性

土壤可塑性指土壤在一定的含水量条件下,受到外力作用下变形,当外力消失或土壤干燥后仍能保持这种形变的特性。土壤只有在特定含水量时,才具有可塑性。土壤可塑性主要受土壤水分、质地、交换性离子组成、有机质等因素影响。

3. 土壤胀缩性

土壤因吸水而发生体积膨胀的性能,称为膨胀性;当土壤因脱水干燥而发生体积减小的性能,称为收缩性;两者统称为土壤胀缩性。这种能力与土壤的胶体含量、种类、有机质、吸附性阳离子等有关。

(五)土壤的其他物理性质

1. 土壤耕性

土壤耕性是指土壤在耕作过程中表现出来的特性,它是土壤物理机械性能的综合表现。土壤耕性的优劣一般从耕作难易程度、耕作质量好坏、宜耕期长短三个方面进行判断。根据土壤耕作时的难易程度可把土壤耕性分为土酥柔软、土轻松散、土重紧密、淀浆板结、紧实僵硬、稀糊陷烂、顶犁跳犁等七种类型。土壤质地、含水量、有机质、交换性阳离子、土壤结构等均可影响土壤耕性。

2. 土壤热容量

土壤在温度上升或降低 1 ℃时所吸收或释放的热量,称为土壤热容量。通常用来反映土壤温度变化的难易程度。一般土壤的热容量越大,土壤升温所需要的热量越多,温度变化速率就越慢,土温不易升降,温差小,俗称"冷性土";反之称为"暖性土"。实际生产过程中可以通过增减土壤水分来调节热容量,进而调控土壤温度。例如,常用涝洼地排水、松土散墒等措施来提高土温,而在夏季则可以通过灌水来降低土温。

3. 土壤导热性

土壤吸收热量后,除用于自身升温外,部分热量还可以向邻近土层传导。土壤具有将所吸收热量传导到邻近土层的性质,称为土壤导热性。土壤含水量较低时,土壤孔隙中空气占比较大,导热率就小;而当土壤含水量较高时,土壤孔隙中水分占比较大,导热率增大。土壤导热率大小影响土壤温度的变化。例如,导热率低的土壤,白天吸收的热量不易传导至下层土壤,导致土壤表层升温快;而当夜间降温时,下层土壤的热量也不易传导至表层,导致表层土壤温度下降快、昼夜温差大。导热率大的土壤则相反,昼夜温差小,土壤温度比较稳定。在实际农业生产中,冬小麦越冬前可以通过灌水来提高土壤热容量和导热率,减小昼夜温差,提高土壤温度,减轻农作物冻害。

4. 土壤电导性

土壤电导性是指当土壤体系中加上一定电压时发生的导电现象。由于土粒和离子都能导电,土壤电导性是两者综合作用的贡献和体现。前者称为胶粒电导,后者称为离子电导。胶粒电导是悬液电导与自由溶液电导之差。不含游离电解质胶体的电导与胶粒电导之差,称为表面电导,是双电层中离子对胶体电导的贡献。由土壤溶液盐分引起的电导称为土壤溶液电导。通过测定土壤电导率,能及时有效地了解土壤的盐分浓度、水分状况等多种性质。

二、土壤化学性质

土壤化学性质包括土壤胶体特性、酸碱性、氧化还原特性、配合和螯合特性等。这些性质对土壤保肥供肥、养分动态、缓冲能力、自净能力、污染物迁移转化等有重要影响。

（一）土壤胶体性质

1. 土壤胶体类型

土壤胶体一般指直径小于 2 μm 的土壤颗粒,是土壤中最活跃的组分之一,也是土壤中参与物理和化学反应的主要物质。土壤胶体由颗粒核和双电层构成,其构造见图 1-11。土壤胶体按照成分和来源,可分为无机胶体、有机胶体和有机-无机复合胶体三类(熊毅,1990)。

（1）无机胶体:无机胶体包括成分简单的晶质和非晶质硅、铁和铝的水氧化物,以及成分复杂的各种类型的层状硅酸盐矿物。

（2）有机胶体:有机胶体主要是腐殖质,还包括少量的木质素、蛋白质、纤维素、树脂和其他复杂化合物。腐殖质含有多种官能团,属于两性胶体,因其等电点较低,所以有机胶体一般带负电,对土壤中无机阳离子特别是重金属阳离子吸附能力强。有机胶体受微生物活动影响较大,不如无机胶体稳定。

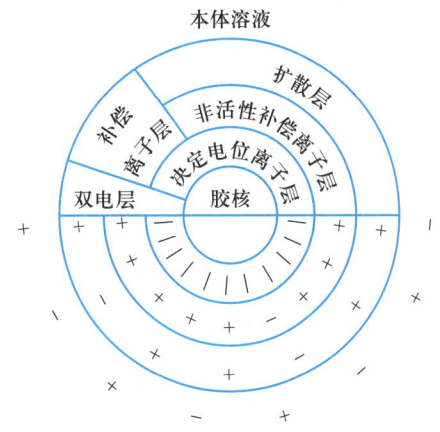

图 1-11 土壤胶体构造示意图
（"+"表示阳离子,"-"表示阴离子）

（资料来源:孙向阳,2021）

（3）有机-无机复合胶体:土壤中有机胶体很少单独存在,可通过表面分子缩聚、阳离子桥键、氢键缔合等多种方式与无机胶体连接在一起形成有机-无机复合体。土壤有机质含量越低,有机-无机复合度越高。

2. 土壤胶体特性

（1）土壤胶体表面特性:土壤胶体具有较大的比表面积,对于相同质量的土壤颗粒,粒径越小、比表面积则越大。土壤胶体表面可分为内表面和外表面,内表面是膨胀性黏土矿物晶层表面和腐殖质分子聚集体内部的表面,外表面是黏土矿物、氧化物和腐殖质分子暴露在外的表面。比表面积一定程度决定了土壤胶体的反应活性,比表面积越大的土壤胶体往往具有更多的能够结合分子和离子的位点。

（2）土壤胶体电荷特性:与一般的胶体类似,土壤胶体也带有电荷。土壤胶体电荷的特性包括电荷正负性、数量和密度等。土壤胶体表面电荷符号控制着土壤胶体表面吸附离子的种类,电荷数量多少则主导吸附离子的数量,而电荷密度则制约着离子吸附的牢固程度。

土壤胶体都带有电荷,不同类型的土壤胶体产生电荷的机理各不相同。根据电荷产生的机理,表面电荷分为永久电荷和可变电荷。永久电荷起源于矿物晶格内部离子的同晶置换,可以分为永久负电荷和永久正电荷。例如,层状硅酸盐矿物内部四面体中的 Si^{4+} 被 Al^{3+} 置换、或八面体中的 Al^{3+} 被 Fe^{2+} 和 Mg^{2+} 置换会造成矿物表面带永久负电荷;矿物晶格中低价阳离子被高价阳离子同晶置换,会产生永久正电荷。可变电荷是由土壤中有机质、矿物表面及层状硅酸盐矿物的断裂表面从介质中吸附 H^+ 或向介质中解离出 H^+ 所产生的,且随介质 pH、电解质种类和浓度的改变而变化,故称之为可变电荷。

土壤的正负电荷之和就是土壤的净电荷。由于多数土壤的负电荷绝对数量一般高于正电荷的数量,所以除少数土壤在较强酸性条件下或者氧化土可能出现净正电荷之外,大部分土壤一般带净负电荷。土壤电荷主要集中在胶体部分。土壤胶体组分是决定土壤电荷数量的物质基础。土壤胶体组分不同,其所带电荷的数量也不同;有机质含量高或蛭石、蒙脱石含量较高的土壤电荷数量一般较高,而高岭石和铁铝氧化物含量较高的土壤中电荷数量较低。

由于土壤胶体的带电特性,土壤胶体表面会吸引相邻溶液中的反号离子,在胶粒周围形成带相反电荷的离子层,它与胶粒表面的电荷层共同构成了双电层,即土壤胶体表面的双电层(图1-12)。

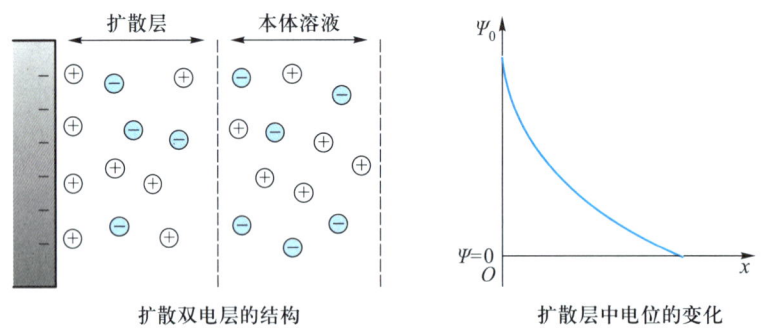

图1-12   古依-查普曼(Gouy-Chapman)双电层模型

(资料来源:李学垣,2001)

(3)土壤胶体吸附性:土壤胶体是两性表面,既可吸附阳离子,也可吸附阴离子。土壤胶体表面通过静电吸附的离子与溶液中离子进行交换反应,也能通过共价键与离子发生配位吸附。土壤吸附性是指土壤固/液界面上离子或分子浓度大于整体溶液中该离子或分子浓度的现象。

阳离子交换量是衡量土壤胶体对阳离子吸附容量的重要指标。土壤胶体表面静电吸附的阳离子,一般可以被溶液中另一种阳离子交换而从胶体表面解吸(实际上是双电层的扩散层中阳离子与溶液中阳离子的交换),这种能相互交换的阳离子叫作交换性阳离子,这种交换反应称为阳离子交换作用,所能吸附和交换阳离子的容量称之为阳离子交换量(cation exchange capacity,CEC),用每千克土壤或其组分所能吸附的一价离子物质的量表示,即cmol/kg。表1-9列出了不同类型土壤胶体的阳离子交换量。

表1-9   不同类型土壤胶体的阳离子交换量

土壤胶体	CEC/(cmol · kg^{-1})
腐殖质	200
蛭石	100~150
蒙脱石	70~95
伊利石	10~40
高岭石	3~15
倍半氧化物	2~4

资料来源:孙向阳,2021。

土壤胶体可吸附的交换性阳离子分为两类:一类是致酸离子,如 H^+、Al^{3+};另一类是盐基离子,如 K^+、Na^+、Ca^{2+}、Mg^{2+}、NH_4^+ 等。土壤盐基饱和度是指土壤交换性盐基离子占阳离子交换量的百分比。当交换性阳离子全是盐基离子时,土壤呈盐基饱和状态,称为盐基饱和土壤。反之,当交换性阳离子含有 H^+ 和 Al^{3+} 时,则称为盐基不饱和土壤。

3. 土壤胶体对污染物环境行为的影响

土壤胶体作为土壤中最活跃的组分之一,对土壤中重金属、有机污染物和生物污染物的环境行为有重要影响(图 1-13)。

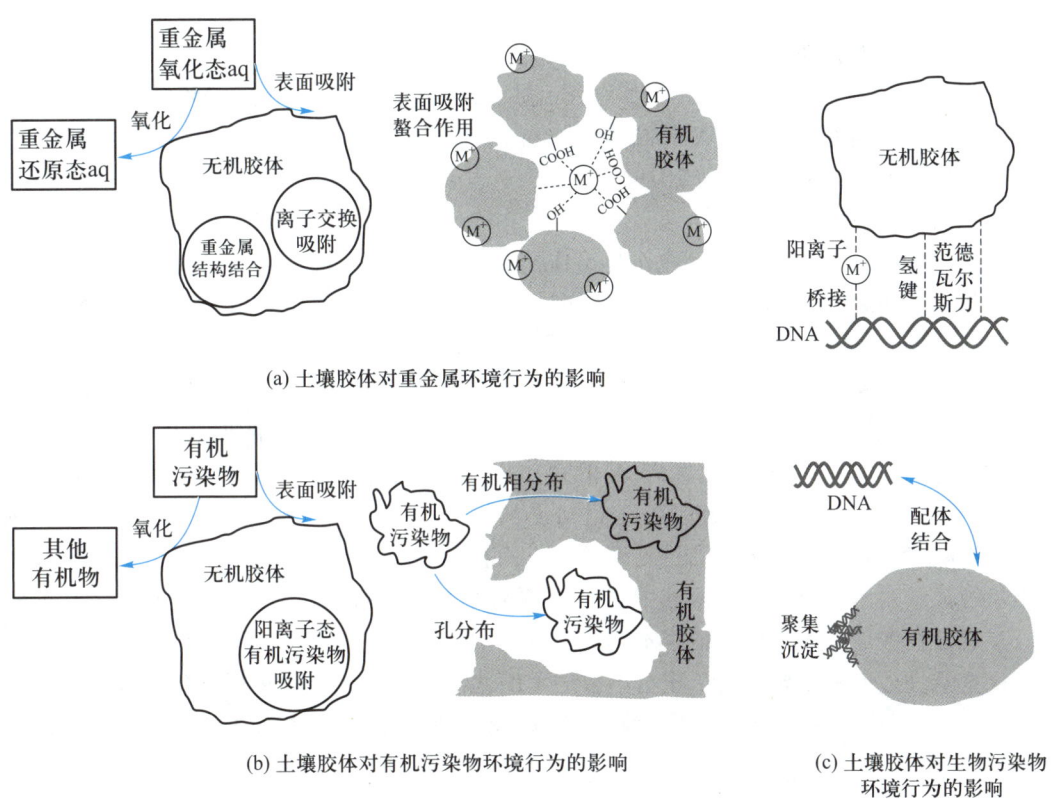

(a) 土壤胶体对重金属环境行为的影响

(b) 土壤胶体对有机污染物环境行为的影响

(c) 土壤胶体对生物污染物环境行为的影响

图 1-13 土壤胶体对污染物环境行为的影响

(1) 土壤胶体对重金属环境行为的影响:土壤胶体的吸附可影响重金属的环境行为(Bradl, 2004)。土壤中的无机胶体如黏土、金属氧化物和氢氧化物、金属碳酸盐和磷酸盐等是吸附重金属的重要载体,此外来自生物碎屑的有机胶体物质如藻类、细菌等也可吸附重金属。土壤胶体对重金属的吸附主要分为专性吸附和非专性吸附。专性吸附主要是基于矿物内表面官能团与重金属发生的配合作用,而金属离子和胶体外表面发生的弱结合及非选择性的吸附属于非专性吸附。土壤胶体对重金属的吸附与胶体负电荷量和比表面积大小有关,例如,蒙脱石相比高岭土具有更多的负电荷和更大的比表面积,对重金属离子的吸附能力强于高岭石。吸附在土壤胶体上的重金属也可随胶体在环境中迁移。

(2) 土壤胶体对有机污染物环境行为的影响:进入土壤中的有机污染物可被土壤胶体吸附,但当环境条件改变时,胶体吸附的部分有机污染物可被释放出来。一般来说,黏土矿物对带有正电荷的有机污染物有较强的吸附作用,对可解离带负电的有机污染物吸附作用弱。不可解离的疏水性有机污染物主要吸附在土壤有机质组分上,黏土矿物对它的吸附非常微弱(Morozov 等,2014)。不同土壤胶体对有机污染物的吸附能力存在差异。例如,农药西维因在不同土壤黏土矿物上的吸附强弱表现为蒙脱石>高岭石>针铁矿(Chen 等,2009)。与钾离子改性蒙脱石相比,钙离子改性蒙脱石对玉嘧磺隆吸附能力更强(Calamai 等,1997)。

一般情况下,有机污染物被土壤胶体吸附后生物有效性和毒性降低,但胶体吸附有时会促进其迁移及生物吸收,并在生物体内释放出来。因此,胶体吸附对污染物环境行为及生物效应的影响十分复杂。

(3)土壤胶体对生物污染物环境行为的影响:土壤胶体对抗生素抗性质粒等生物污染物的吸附作用影响其在土壤中的环境行为。DNA 分子与腐殖酸之间可通过配体结合、疏水作用、聚集或沉淀等方式发生强结合作用,进而影响其在土壤中的迁移转化(Saeki 等,2011)。而黏土矿物则可通过 DNA 配体交换与羟基共价结合、阳离子桥键和静电作用等方式吸附土壤中的 DNA(Sheng 等,2019)。

(二) 土壤的酸碱性

土壤中发生着各种化学和生物化学反应,使土壤表现出不同的酸碱性。酸碱性是土壤的重要化学性质之一,对植物生长、土壤生产力、土壤污染与净化都有显著影响。

1. 土壤酸碱性及分级指标

(1)土壤酸碱性:常用土壤溶液的 pH 来表示土壤酸碱性,可用中和滴定法测定。土壤酸度是指与土壤固相处于平衡状态的溶液中 H^+ 浓度负对数。土壤总酸度是用碱(如氢氧化钙)进行滴定而获得的。根据土壤中 H^+ 的存在方式,土壤酸度可分为活性酸度和潜性酸度两大类。活性酸度又称为有效酸度,是指与土壤固相处于平衡状态的土壤溶液中 H^+ 的浓度。潜性酸度是指吸附在土壤胶体表面的可交换性致酸离子(H^+ 和 Al^{3+}),其可通过解吸进入土壤溶液或水解转化为土壤溶液中的 H^+。活性酸度与潜性酸度处于动态平衡,可相互转化。土壤活性酸度是土壤酸度的根本起点和现实表现。土壤胶体是 H^+ 和 Al^{3+} 的贮存库,潜性酸度是活性酸度的重要储备。土壤溶液中 OH^- 主要来源于钙、镁、钠的碳酸盐和重碳酸盐及胶体表面吸附的交换性钠,由此影响土壤的碱度。形成碱性反应的主要机制是碱性物质如碳酸钙、碳酸钠和交换性钠的水解反应。

(2)土壤酸碱性分级指标:通常把土壤 pH 作为土壤酸度的强度指标。土壤酸度不仅仅取决于土壤胶体上吸附的 H^+ 和 Al^{3+},很大程度上取决于这两种致酸离子与盐基离子的相对比例。石灰位作为土壤酸度的强度指标,不仅反映土壤 H^+ 状况,更反映 Ca^{2+} 的有效性,能够全面地代表土壤盐基饱和度和土壤酸碱状况。土壤碱性除常用 pH 表示以外,总碱度和碱化度是另外两个反映碱性强弱的指标。总碱度是指土壤溶液中的碳酸根和重碳酸根的总量,碱化度是指土壤胶体吸附的交换性钠离子占阳离子交换量的百分数。

土壤的 pH 高低可分为若干级,图 1-14 列出了我国土壤酸碱度分级。我国土壤酸碱度多数为 pH 4.5~8.5,在地理上具有"南酸北碱"的地带性分布特点,即由北向南 pH 逐渐降低,长江以南土壤多数为强酸性,例如,华南、西南地区分布的红壤、砖红壤和黄壤的 pH 一般为 4.5~5.5。长江以北的土壤多数为中性或碱性土壤。华北、西北的土壤含碳酸钙,pH 一般为 7.5~8.5。

(3)土壤酸碱缓冲性能:是指土壤具有缓和其酸碱度,避免发生激烈变化的能力,它可以保持土壤反应的相对稳定。土壤是一个巨大的缓冲体系,具有抗衡外界环境变化的能力。土壤中主要的酸碱缓冲体系主要有三种:① 土壤溶液中的弱酸及其盐类组成的缓冲体系,

强酸性	酸性	中性	碱性	强碱性
~5.0	5.0~6.5	6.5~7.5	7.5~8.5	8.5~

土壤pH

图 1-14　我国土壤酸碱度分级表

（资料来源：孙向阳，2021）

如碳酸、硅酸、腐殖酸和其他有机酸及盐类，对酸、碱具有一定的缓冲作用。②土壤胶体的阳离子交换作用，当酸碱物质进入土壤后，可与土壤胶体表面吸附的交换性阳离子进行交换，生成水和中性盐。③土壤中两性物质的缓冲作用，土壤中含有许多两性物质，如蛋白质、氨基酸、胡敏酸等，这些物质表面的—COOH、—OH、—NH$_2$等，在一定条件下起缓冲作用。

土壤酸碱缓冲能力的大小用缓冲容量表示。土壤酸碱缓冲容量是指将单位质量土壤 pH 提高或降低一个单位所需碱或酸的量，单位为 mol/kg/pH。土壤酸碱缓冲容量与土壤胶体阳离子交换量大小有关，土壤酸碱缓冲容量大小顺序一般为：有机胶体>无机胶体，蒙脱石>伊利石>高岭石>含水氧化铁铝，腐殖质>黏土>壤土>沙土。因此，增加土壤有机质含量和黏粒含量，可提高土壤酸碱缓冲性。

2. 影响土壤酸碱性的因素及其调控

（1）影响土壤酸碱性的因素：土壤在成土因素作用下都具有一定的酸碱度范围，并随成土因素的变迁而发生变化。成土因素如气候、地形、母质、植被和人类耕作活动均可影响土壤酸碱性。例如，在高温多雨的地区，盐基易淋失，容易形成酸性土壤。人类耕作生产对土壤酸碱性影响很大，氮肥的施用是土壤中主要的 H$^+$来源，长期过量施用石灰和草木灰等碱性肥料将导致土壤碱化。

（2）土壤酸碱性的调控：酸性土壤通常通过施用石灰或石灰石粉来调节，以 Ca^{2+}代替土壤胶体吸附的交换性 H$^+$和 Al^{3+}，提高土壤盐基饱和度，既能中和活性酸和潜性酸，又具有促进团聚体形成和增加土壤钙素营养的功能。生物炭还田是近年来发展起来的一种调控土壤酸化的有效措施。生物炭一般呈碱性，在其高温热解过程中能够产生碳酸盐和氧化物，可以与酸性土壤中的 H$^+$和 Al^{3+}反应，进而调控土壤酸性并提高土壤质量。对于碱性土壤，可通过施用酸性化肥调控，磷肥可以采用磷酸二铵或过磷酸钙，从而达到酸性肥料调控土壤碱性目的。除化学方法外，还可同时使用农业、生物、水利等措施来调控土壤酸碱性。例如，改良碱性土壤最好结合灌溉或在雨前施用，同时还要结合增施有机肥才能达到良好的改良效果。

3. 土壤酸碱性对污染物环境行为的影响

土壤酸碱性对微生物活性、矿物质和有机质分解等起重要作用，它可以通过干预各种生化反应而影响土壤组分、污染物电荷特性及其沉淀-溶解、吸附-解吸等过程，进而影响污染物的环境行为。

（1）土壤酸碱性对重金属环境行为的影响：土壤酸碱性主要通过调节重金属的吸附、配合、氧化还原、拮抗和沉淀等反应，影响其在土壤中的环境行为，进而改变其移动性和生物有效性。土壤中大多数金属元素在酸性条件下以游离态或水化离子态存在，迁移性较强，因而具有较强的毒性和生物有效性，而在中、碱性条件下易生成难溶性氢氧化物沉淀，毒性大大降低。以 Cd 为例,在高 pH 和高 CO_2 条件下,Cd 因形成碳酸盐沉淀而使其生物有效性降低。土壤酸碱性变化不仅直接影响重金属的形态,也可改变其吸附、沉淀、配位等反应特性,从而间接改变其毒性。酸碱性还可显著影响土壤溶液中含氧酸根阴离子的赋存形态。例如,在碱性条件下,OH^- 的交换能力强,可增加土壤溶液中 AsO_3^{3-} 含量,进而增强砷的生物毒性。

(2) 土壤酸碱性对有机污染物环境行为的影响:有机污染物在土壤中积累、转化、降解等环境行为受土壤酸碱性的影响和制约。土壤溶液 pH 不仅决定矿物的表面电荷性质,而且会影响土壤溶液中离子型有机污染物的存在形态。例如,α- 和 γ-六氯环己烷(HCH)异构体在弱碱性环境中易于水解,磺酰脲类化合物则在酸性条件下水解更快(Bidleman 等,2021)。土壤溶液 pH 还可通过改变矿物和有机污染物的电荷,影响其对离子型有机污染物的吸附。对可电离的有机污染物(如农药、抗生素、雌激素等),往往可以进行多级电离,当 pH 在矿物零点电位和 pK_a 之间时,矿物表面与有机污染物带反号离子的静电作用增强,吸附量随之增大。土壤酸碱性还可通过影响土壤微生物群落结构,间接影响微生物降解有机污染物。

(3) 土壤酸碱性对生物污染物环境行为的影响:土壤中有害生物及其遗传物质 DNA 的环境行为受 pH 影响很大。例如,当土壤 pH 低于 DNA 的等电点时,腺嘌呤、鸟嘌呤和胞嘧啶上的氨基被质子化而带正电荷,能够与土壤胶体表面的负电基团发生静电吸附作用。当土壤 pH 高于 DNA 的等电点时,DNA 分子的磷酸基团发生去质子化而带负电荷,增加了 DNA 和黏土矿物负电荷之间的静电斥力,降低其对 DNA 的吸附量。

(三) 土壤的氧化还原性质

电子在物质之间的传递引起氧化还原反应,表现为元素价态的变化。土壤中存在大量参与氧化还原反应的元素和物质,如 C、H、O、N、S、Fe、Mn、As、Cr 及其他变价元素,较为重要的是 O、S、Fe、Mn 和某些有机化合物,并以氧和有机还原性物质较为活泼,Fe、Mn、S 等的转化则主要受氧和有机质的影响。土壤氧化还原反应在干湿交替下频繁发生,同时伴随生物机体的活动与有机物质的氧化。土壤氧化还原反应影响土壤形成过程中物质的转化、迁移和土壤剖面发育,控制着土壤养分的形态和有效性,制约着土壤环境中某些污染物的形态、转化和归趋。

1. 土壤氧化还原电位

土壤氧化还原电位是指因土壤溶液中氧化态物质和还原态物质浓度关系变化而产生的电位,用 E_h 表示,单位为伏(V)或毫伏(mV)。氧化还原电位是由氧化剂和还原剂的活度比决定的,所以[氧化态]与[还原态]的比值越大,E_h 越高,氧化强度越大,反之则还原强度越大。土壤中存在多种多样的氧化物质和还原物质,构成了不同的氧化还原体系,常见的氧化还原体系见表 1-10。

2. 土壤中重要的氧化还原反应及其影响因素

(1) 矿物表面的氧化还原反应:矿物表面的氧化还原反应可以看作表面特定的金属离子和吸附分子之间发生电子转移,导致金属离子被还原的过程,这一理论适合解释绝缘体矿物。对一些半导体或导体矿物的氧化还原反应过程,吸附分子的电子转移至矿物,多余的电子会离开固体原位,而不是与特定的金属离子结合。例如,锰氧化物可以将 NO_2^- 氧化为 NO_3^-,而不向溶液释放 Mn^{2+},氧化物从 NO_2^- 接受电子然后离开固体原位,因此没有 Mn^{2+} 的释

表 1-10 土壤中常见的氧化还原体系

体系	E^0(V)		$pe^0 = \lg K$
	pH = 0	pH = 7	
氧体系 $\frac{1}{4}O_2 + H^+ + e^- \rightleftharpoons \frac{1}{2}H_2O$	1.23	0.84	20.8
锰体系 $\frac{1}{2}MnO_2 + 2H^+ + e^- \rightleftharpoons \frac{1}{2}Mn^{2+} + H_2O$	1.23	0.40	20.8
铁体系 $Fe(OH)_3 + 3H^+ + e^- \rightleftharpoons Fe^{2+} + 3H_2O$	1.06	-0.16	17.9
氮体系 $\frac{1}{2}NO_3^- + H^+ + e^- \rightleftharpoons \frac{1}{2}NO_2^- + \frac{1}{2}H_2O$	0.85	0.54	14.1
氮体系 $NO_3^- + 10H^+ + 8e^- \rightleftharpoons NH_4^+ + 3H_2O$	0.88	0.36	14.9
硫体系 $\frac{1}{8}SO_4^{2-} + \frac{5}{4}H^+ + e^- \rightleftharpoons \frac{1}{8}H_2S + \frac{1}{2}H_2O$	0.30	-0.21	5.1
有机碳体系 $\frac{1}{8}CO_2 + H^+ + e^- \rightleftharpoons \frac{1}{8}CH_4 + \frac{1}{4}H_2O$	0.17	-0.24	2.9
氢体系 $H^+ + e^- \rightleftharpoons \frac{1}{2}H_2$	0	-0.41	0

注：E^0(pH=0)：pH 为 0 时，反应式的标准氧化还原电位；E^0(pH=7)：pH 为 7 时，反应式的标准氧化还原电位；pe^0：氧化剂与还原剂的活度相等时，电子活度的负对数；$\lg K$：反应平衡常数 K 的 $\lg$ 值。

资料来源：李学垣，2001。

放（Borch 等，2010）。多数情况下，矿物结构或吸附的铁和锰是氧化剂，矿物仅是催化剂，O_2 才是最终的电子受体。

（2）铁和锰的氧化还原转化：铁和锰是影响氧化还原体系中氧和碳功能的基本元素。地表腐殖化与有机表土层形成过程中，铁和锰起着举足轻重的作用。原生矿物中的 Fe（Ⅱ）经风化、氧化形成低溶解度 Fe（Ⅲ）矿物，后者在铁还原细菌或酸性条件下，释放 Fe（Ⅱ）和 Fe（Ⅲ）。Fe（Ⅱ）通过 O_2、Mn（Ⅳ）、铁氧化细菌、光氧化细菌氧化和微生物介导的反硝化作用转化为 Fe（Ⅲ）（Melton 等，2014）。土壤中的还原性腐殖质、H_2S 和 $\cdot O_2^-$，可以将 Fe（Ⅲ）还原为 Fe（Ⅱ）。Fe（Ⅲ）—有机配体可以发生光还原生成 Fe（Ⅱ）—有机配体。此外，异化铁还原细菌和厌氧铁氨氧化细菌可以在氧化有机物质或无机物质过程中还原 Fe（Ⅲ）生成 Fe（Ⅱ）。Fe 循环过程在自然环境中并不分离，氧化和还原反应循环发生，甚至同时发生（Kappler 等，2021）。Fe（Ⅱ）-Fe（Ⅲ）氧化还原体系的氧化还原电位介于与环境相关的碳、氮、氧和硫氧化体系之间，这意味着铁氧化还原反应直接影响碳、氮、氧和硫的氧化还原状态（图 1-15）。

土壤中的锰可以二、三、四价存在，并保持平衡。不同形态锰的转化主要受氧化锰的水化、脱水、pH 及 E_h 的制约（图 1-16）。Mn（Ⅱ）主要存在于溶液中，它可以由各种易还原的有机物将 Mn（Ⅲ）和 Mn（Ⅳ）还原而产生。微生物分泌特定的酶催化氧化 Mn（Ⅱ）生成

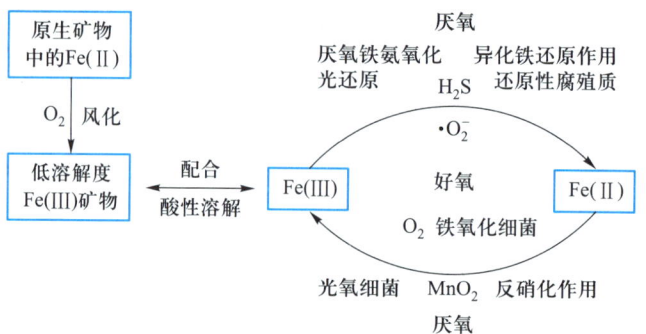

图 1-15 铁氧化还原循环

(资料来源:李学垣,2001)

Mn(Ⅲ),继而通过歧化反应生成 Mn(Ⅳ)。Mn(Ⅲ)和 Mn(Ⅳ)主要存在于各种富氧化物的固相中,Mn(Ⅲ)和 Mn(Ⅳ)是土壤中氧化还原体系的强氧化剂,特别是 Mn(Ⅲ),能氧化 $\cdot O_2^-$ 为 O_2。两个 Mn(Ⅲ)离子经过自发热力学歧化反应可同时产生 Mn(Ⅱ)和 Mn(Ⅳ)。土壤中的 Mn(Ⅳ)通常以胶体氧化物形式存在。锰(Ⅳ)还原是锰氧化物溶解的主要因素,Mn(Ⅳ)还原细菌利用 H_2 和各种有机化合物作为电子供体还原 Mn(Ⅳ),形成可溶性锰(Ⅲ)作为中间产物,这一过程可能会受到其他电子受体(如氧、硝酸盐和硫化物)的阻碍。Mn(Ⅲ,Ⅳ)氧化物氧化还原电位高,能够氧化多种无机物和有机物,如 As(Ⅲ)、Cr(Ⅲ)、酚类化合物、PAHs 等(Ma 等,2020;Xu 等,2017)。

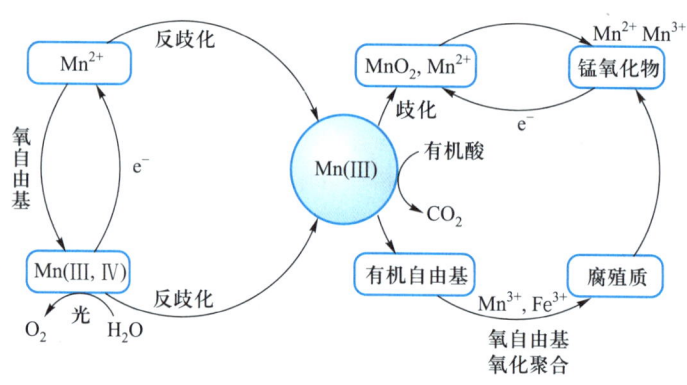

图 1-16 锰氧化还原循环

(资料来源:李学垣,2001)

(3)腐殖质形成与转化中的氧化还原过程:土壤中腐殖质的形成与转化是在暗条件下进行的,许多金属离子尤其是过渡金属具有多种氧化状态,使它们能够在某些氧化还原反应中起到催化剂的作用。金属氧化物尤其是锰氧化物在促进有机质转化方面最具活性,包括多酚环裂解的催化、氨基酸的脱氨基、脱羧和脱烷基、酚类化合物的聚合及其与氨基酸的缩聚等。锰氧化物在腐殖质形成过程中主要起两方面的作用(Keiluweit 等,2015)。首先,Mn(Ⅳ)对 Fe(Ⅱ)氧化,锰氧化物阻碍了 Fe(Ⅱ)和 O_2 与易氧化有机分子的反应,阻止了有机质的降解。Fe(Ⅲ)与酚类形成黑色的抗分解沉淀,是亚稳态腐殖质的一部分。其次,锰氧化物除氧化 Fe(Ⅱ)外,还能参与某些酚类物质的氧化,使其转变为自由基,这些自由基是腐殖质氧化聚合的活跃成分。

（4）影响土壤中重要氧化还原过程的因素：① 土壤通气性。通气良好的土壤与大气之间气体交换迅速，土壤氧浓度较高，E_h 较高。土壤长期淹水，通气状况不断恶化，加之微生物活动和根系呼吸不断消耗氧气，氧浓度较低，E_h 下降。② 微生物活动。土壤中微生物活动消耗土壤空气中游离的气态氧和化合物中化合态氧，微生物活动越强烈，耗氧越多，E_h 越低。土壤溶液或空气中的氧浓度降低，厌氧微生物活动占优势，形成大量有机或无机还原性物质，使 E_h 急剧降低。③ 易分解有机质的含量。有机质本身具有一定的还原性，可显著降低土壤 E_h。有机质的分解主要是耗氧过程，土壤中易分解有机质的含量越多，耗氧量就越多，E_h 越低。④ 植物根系的代谢作用。植物根系分泌物可直接或间接影响根际土壤氧化还原电位。植物根系分泌多种有机酸、碳氢化合物、氨基酸等物质，造成特殊的根际微生物活动条件，影响土壤 E_h。根系分泌物一般导致根际 E_h 降低，但有些植物根际的 E_h 比根外土壤高。例如，水稻根系分泌氧使根际土壤的 E_h 升高。⑤ 土壤 pH。土壤 E_h 和 pH 的关系复杂，一般土壤 E_h 随 pH 的升高而下降。理论上 25 ℃时 pH 每上升一个单位，E_h 随之下降 59 mV，不同类型土壤 pH 和 E_h 的变化幅度不一样。据测定，我国 8 个红壤性水稻土样本的 $\Delta E_h / \Delta pH$ 约为 85 mV，变化范围在 60~150 mV，而 13 个红黄壤平均 $\Delta E_h / \Delta pH$ 约为 60 mV。

3. 土壤氧化还原反应对污染物环境行为的影响

（1）土壤氧化还原反应对重金属环境行为的影响：土壤中重金属的形态、化合价和离子浓度都会随土壤氧化还原电位的变化而改变。土壤中大多数重金属元素都是亲硫元素，外源重金属进入土壤时，能以可溶态存在于土壤溶液中，还原条件下，S^{2-} 可使重金属或重金属氢氧化物以难溶硫化物的形式沉积（Rajendran 等，2019）。当土壤转为氧化状态时（如落干或改旱），难溶硫化物也会转化为易溶硫酸盐，其生物毒性增加，Fe^{3+} 以难溶的氧化物形式沉积（Suda 等，2016；Bone 等，2014）。土壤氧化还原条件的改变还会导致有机质降解或表面官能团化学性质改变，使金属-有机质螯合物发生解离，释放重金属离子，造成重金属的迁移性和活性增加。

（2）土壤氧化还原反应对有机污染物环境行为的影响：在热带、亚热带地区的干湿交替对土壤中厌氧、好氧细菌的生长均有利，比单纯的还原或氧化条件更有利于有机污染物降解，特别是 PAHs 等含有芳香环的有机化合物，因其开环反应需要氧的参与（Gao 等，2015）。土壤的干湿交替导致铁、锰循环和腐殖质形成过程中产生活性氧自由基或有机阳离子自由基，参与有机污染物的降解和转化（Karpov 等，2018）。

（3）土壤氧化还原反应对生物污染物环境行为的影响：土壤氧化还原条件主要通过影响土壤的 pH 和微生物活性等间接影响生物污染物的环境行为。例如，土壤氧化还原反应可改变 pH，影响土壤颗粒对 DNA 的吸附，进而影响抗生素抗性质粒等生物污染物的环境过程。

（四）土壤中的配合和螯合作用

土壤溶液中的离子并不是完全以简单的自由离子状态存在，大部分是以离子对或配合离子形态存在。土壤中的配合和螯合作用对土壤矿物风化、元素淋溶运移、养分转化及有效性、污染物控制及消减过程等有重要意义。

1. 土壤中的配合和螯合反应

（1）配合反应：是指分子或者离子与金属离子结合、形成稳定的新离子的过程，也称络合反应,其产物称为配合物(图1-17)。土壤中配位原子有无机阴离子和有机含 N、O、S 的配体两大类。无机离子中以 OH^- 和 Cl^- 最为重要,其他还有 F^-、I^-、NO_3^-、CN^- 等。有机配体主要通过活性基团与金属离子进行配合,如烯醇基(—O—)、氨基(—NH_2)、偶氮基(—N=N—)、环状氮(≡N)、羧基(—COO—)、磺基(—SO_3H)、巯基(—SH)和磷酸基(—$PO(OH)_2$)等。

(2)螯合反应:是指具有两个或多个配位原子的多齿配体与同一金属离子形成螯合物的过程,螯合作用的产物称为螯合物(图1-17)。具有多齿配体的化合物称为螯合剂。土壤中能被螯合的金属离子主要有 Fe^{3+}、Al^{3+}、Fe^{2+}、Ca^{2+}、Mg^{2+}、Cu^{2+}、Zn^{2+}、Pb^{2+}、Co^{2+}、Ni^{2+} 等。腐殖质与重金属形成的螯合物具有很强的稳定性。土壤腐殖质中,富里酸的螯合作用较胡敏酸强,形成的螯合物溶解度也较大。人工螯合剂和金属阳离子结合形成的螯合物,稳定性较天然有机物形成的螯合物高得多。常见的人工螯合剂主要有乙二胺四乙酸(EDTA)、二次乙基三胺五乙酸(DTPA)、环己烷乙胺四乙酸(CDTA)、羟基乙基乙二胺三乙酸(HEDTA)、乙二胺二羟基苯乙酸(EDDHA)、乙二醇双(2-氨基乙基醚)四乙酸(EGTA)、柠檬酸、草酸等。

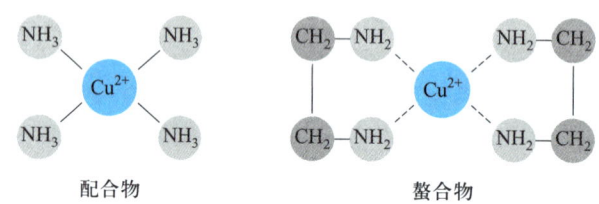

图 1-17   配合物和螯合物的示意图

(资料来源:黄昌勇,徐建明,2010)

2. 影响配合物稳定性的因素

金属离子和配体生成配合物,这一反应在溶液中通常达到动态平衡,凡是影响金属离子和配体的因素,都会影响配合物的稳定性。① 离子种类的影响:碱金属和碱土金属离子的离子半径越小、电荷越高,形成的配合物越稳定。而 Co、Ni、Cu、Zn 等过渡金属形成的配合物稳定性主要取决于二级电离势。② 螯合物环的大小和数目影响:一般螯合物环数越多越稳定,5~6 元环结构较稳定。③ pH 的影响:金属离子在水溶液中会有不同程度的水解。例如,铁离子在水中可以逐步水解,而且 pH 越高,铁离子越容易水解,当 pH 增加到一定程度后则生成 $Fe(OH)_3$ 沉淀。一般来讲,pH 降低会增加配合物的稳定性。④ 氧化还原作用的影响:氧化还原状况改变,影响土壤中有机物质的分解,使其产生的有机酸种类发生变化,进而使土壤中金属的配合-解离平衡发生变化。

3. 土壤配位和螯合作用对污染物环境行为的影响

重金属离子与无机、有机配体形成的配合物对重金属的环境行为有重要影响。例如,在土壤溶液中 Hg 主要以 $Hg(OH)_2$、$HgCl_2$ 等形式存在;在盐碱土中,其可与羟基和氯离子发生配位作用,形成各种复杂的配离子。重金属与羟基和氯离子的配位作用,可提高难溶重金属化合物的溶解度,增加土壤中重金属的迁移转化(朱利中,2011)。土壤中多价阳离子和有机物质形成金属-有机配合物,其迁移转化等特性发生改变,螯合态是其在土壤溶液中的主要形态。例如,Hg 和 Pb 进入土壤可以形成特别稳定的螯合物。土壤溶液中阳离子与有机质形成具有水溶性的配合物或与胡敏酸形成不溶物,螯合后的阳离子被螯合配体包围并表现为负电性,被带负电荷的土壤胶体所排斥,在土壤中保持一定移动性(Stevenson,1972;Boiteau 等,2018)。

三、土壤生物学性质

土壤生物是栖居在土壤中的活有机体的总称,主要包括土壤微生物、土壤动物及高等植物根系等。土壤生物对岩石风化、土壤形成和发育、养分循环、污染控制等均具有十分重要的作用(Crowther 等,2019)。本章第一节简要介绍了土壤生物的组成,下面重点介绍土壤生物的物种和功能多样性及其影响因素。

(一) 土壤动物特性

土壤动物直接或间接参与土壤中物质和能量的转化,是土壤生态系统不可或缺的组成部分(Zhu 等,2019),具有丰富的种类和功能多样性。

1. 土壤动物类型多样性

土壤动物种类繁多、数量庞大,通常依据土壤动物体型大小可分为微型、中型和大型土壤动物。依据其食性可分为植食者、腐食者、菌食者、捕食(其他动物)者和杂食者。下面主要从体型方面介绍土壤动物类型及其作用和功能。

(1) 微型土壤动物:指平均体宽小于 0.2 mm 的原生动物和线虫类土壤动物。微型土壤动物在土壤中主要起着养分转化和指示生物的作用。例如,土壤原生动物一般具有较高的碳氮比,其在取食土壤细菌残体过程中可以释放多余的氮素来促进植物生长。土壤微生物体含有土壤中 70% ~ 80%的易分解碳,所以微型土壤动物可通过捕食微生物来改变土壤中元素的循环转化。微型土壤动物如线虫被广泛用作指示生物,来评价生态系统的土壤生物学效应、土壤健康水平、生态系统演变或受干扰程度等。

(2) 中型土壤动物:指平均体宽为 0.2 ~ 10 mm 生存于土壤和枯枝落叶等充气孔隙中的土壤动物,主要以螨类、弹尾目等小型无脊椎动物为主。中型土壤动物主要对凋落物起到破碎作用,有利于有机质的分解,提高土壤肥力。部分中型土壤动物,如有些种类的跳虫可以取食植物根部的真菌或寄生性害虫来抑制植物病害,跳虫选择性取食的特性在限制某些有害菌分布时可能起重要作用。与微型土壤动物一样,部分中型土壤动物如甲螨和跳虫也可作为指示生物。生活环境的变化致使其生物多样性和种群密度随之下降,群落结构发生变化,因此,部分中型土壤动物的生物多样性、群落结构和密度变化可作为土壤质量变化或污染程度的指示。

(3) 大型土壤动物:指平均体宽大于 10 mm 的土壤动物,主要以蚯蚓、蚂蚁和大型节肢动物等为主。土壤中微型和中型动物对土壤结构的影响较小,而大型土壤动物如蚯蚓、蚂蚁等可以通过非取食作用如翻动、挖洞等活动改变土壤团粒结构、透气性、pH 等,影响土壤理化性质和物理化学过程,通过其肠道过程及活动形成的孔穴来发挥其生态功能。蚯蚓等大型动物还可以与土壤中其他生物合作,共同对土壤中有毒有机污染物进行高效降解,从而可以用于协助重金属污染土壤的修复。

2. 影响土壤动物多样性的因素

土壤是复杂的自然体,生活在土壤中的动物受多种环境因素的影响,包括土壤理化性质(pH、有机质含量、容重等)、环境条件、外源微生物等(Wu 等,2011)。

(1) 土壤理化性质:可直接影响土壤动物多样性,多数土壤动物适宜在微酸性和近中性的土壤中生存,由此土壤 pH 可限制土壤动物分布。

(2)环境条件:空气中二氧化碳含量、温度、降水等均对土壤动物多样性产生影响。空气中二氧化碳浓度升高,直接影响地面上植被多样性,间接影响地面下土壤动物的多样性,如将导致食用碎屑的土壤动物数量增加,而其他土壤动物数量少有变化。土壤温度的微弱变化都会给土壤动物生存造成明显影响,土壤动物所处的生态级别不同对温度的要求也不同,土壤温度长期的升高将导致极地地区线虫数量明显增多。降水则可显著增加土壤线虫的丰度,但不影响不同营养类群的相对丰度。

(3)外源污染物:外源污染物进入土壤后容易在土壤中积累,威胁土壤动物的生存繁衍。如农药污染可降低土壤中某些无脊椎动物数量,污染严重时可能导致种群灭绝。杀虫剂乐果和杀菌剂苯菌灵能够减少微型节肢动物种群数量。重金属则主要通过改变土壤动物抗氧化酶、酸/碱性磷酸酶的活性,进而对机体酶活性、细胞生物膜通透性和自由基反应产生影响,造成重金属的慢性中毒。在受重金属污染的土壤中,土壤动物的类群数、多样性指数、均匀性指数和个体数总体随着重金属综合污染指数的增大而降低。

3. 土壤动物对污染物环境行为的影响

土壤动物的取食、消化、排泄和分泌、挖掘等活动对土壤中重金属、有机污染物和生物污染物的迁移转化产生直接或间接的影响(Sun 等,2020)。

(1)土壤动物对重金属环境行为的影响:以蚯蚓为例,土壤动物对重金属环境行为的影响主要表现在两个方面:① 蚯蚓体内丰富的酶类使得其对重金属具有较强的耐性,重金属进入蚯蚓体内后可通过分隔和固定等作用对重金属进行富集积累,降低其毒性。② 土壤中蚯蚓取食、代谢等活动可以改善土壤结构、增强土壤肥力,间接影响土壤中重金属的生物有效性。

(2)土壤动物对有机污染物环境行为的影响:① 土壤动物如蚯蚓肠道内富含大量高活性的酶,可将污染物与土壤有机质聚合,减弱有机污染物在土壤中的毒性和生物有效性;② 土壤动物还可以通过改变土壤理化性质,影响有机污染物的环境行为,如蚯蚓在土壤中蠕动可以改变土壤的透气性及土壤团聚体结构,增加土壤的通气效率,促进好氧微生物的生长、代谢、繁殖等过程,影响有机污染物降解等环境行为。

(3)土壤动物对生物污染物环境行为的影响:土壤动物通过调控生物污染物在土壤中再分配、或通过自身肠道代谢等方式,影响土壤中生物污染物的环境行为。例如,蚯蚓能够通过土壤剖面重新分配细菌和抗生素抗性质粒(ARPs),或利用肠道消减环丙沙星和 ARPs,降低土壤中 ARGs 扩散风险。而有些土壤动物则可增加生物污染物的传播风险,如跳虫可促进猪粪改良土壤中 ARGs 扩散和传播。某些土壤动物可以刺激细菌产生更多的拮抗物质,抑制病原菌的活性,进而减少病害的发生。

(二)土壤微生物特性

土壤微生物驱动着土壤生态系统物质和能量的流动,可调控养分元素在生态系统中的循环,是陆地生态系统中最重要的生命组分之一。

1. 土壤微生物多样性

土壤微生物多样性是指土壤生态系统中微生物种类差异及其基因多样化程度(Fierer,2017)。土壤微生物多样性是土壤重要的微生物特性之一,主要包括土壤微生物功能多样性、物种多样性、遗传多样性和结构多样性四个方面。

（1）土壤微生物功能多样性：是指土壤微生物群落所能执行的功能范围及这些功能的执行过程，如有机质分解、营养传递、污染物转化、植物促生等功能，这些功能对土壤生态功能及自然界元素循环具有重要意义。如土壤中某些微生物可促进植物残体的分解，进而影响土壤中碳循环过程。某些微生物在环境污染控制与修复方面起着关键作用，如分枝杆菌属（*Mycobacterium*）、鞘氨醇单胞菌属（*Sphingomonas*）、假单胞菌属（*Pseudomonas*）等细菌属类可参与土壤中 PAHs 等有毒有机物的降解。某些重金属抗性细菌能够改变土壤中某些重金属价态或利用其成矿功能间接氧化固定重金属，从而降低其生物有效性和毒性。

（2）土壤微生物物种多样性：是指土壤生态系统中微生物的物种丰富度和均一度，这是微生物多样性的最直接表现形式。细菌和真菌通常是土壤中的优势微生物，它们的生物量是土壤微生物组其他主要组成部分（原生生物、古细菌和病毒）的 $10^2 \sim 10^4$ 倍。1 g 土壤中含有多达 10 亿个细菌细胞，其由数万个类群组成。土壤中真菌种类大约有 220 万 ~ 380 万种。

（3）土壤微生物遗传多样性：是指土壤微生物在基因水平上所携带的各类遗传物质和遗传信息的总和，是微生物多样性的本质和最终反映。遗传多样性包括：基因大小和基因数目的多样性、遗传物质化学组成和 DNA 序列多样性、rRNA 基因序列的差异及由基因序列所揭示的遗传背景多样性等。从本质上讲，生物多样性源于遗传多样性。

（4）土壤微生物结构多样性：是指土壤微生物群落在细胞结构组分上的多样化程度，这是导致微生物代谢方式和生理功能多样化的直接原因。

2. 影响土壤微生物多样性的因素

影响土壤微生物群落结构组成和多样性的因素主要包括自然因素和人为因素两大类。自然因素包括植被、土壤类型、温度、水分、pH 等，人为因素包括施药、施肥、土壤耕作方式等。下面简要介绍土壤理化性质、植被、温度、水分及人为因素等对微生物多样性的影响（Zhou 等，2020）。

（1）土壤理化性质对微生物多样性的影响表现在两个方面：一是直接作用，土壤通过提供特殊的生存环境，影响微生物的群落结构。二是间接作用，土壤通过影响根系分泌物的产生而改变微生物群落结构。每种微生物都有其最适宜的 pH 和一定的适应范围。大多数细菌、藻类和原生动物的最适 pH 为 6.5~7.5，酵母菌和霉菌则适宜于 pH 为 5.0~6.0 的酸性环境。大多数土壤的 pH 为 4~9，能维持各类微生物的生长发育，只有嗜酸菌和嗜碱菌才需要在极酸或极碱的土壤环境中生长。土壤通气状态或氧化还原电位（E_h）也对微生物具有一定影响。好氧微生物需在有氧气或氧化还原电位较高（E_h 为 100 mV 以上）的条件下生长，厌氧微生物须在缺氧或低氧化还原电位（E_h 为 100 mV 以下）的条件下生长，兼性厌氧微生物适应范围较广，在有氧或无氧的条件下都能生长。

（2）植被对微生物多样性的影响：植被通过影响土壤有机碳和氮的水平、土壤含水量、温度、通气性、pH 等间接影响土壤微生物多样性。植被是土壤微生物赖以生存的有机营养物质和能量的重要来源，影响着土壤微生物定居的物理环境，如植物凋落物的类型和总量、水分从土壤表面的损失率等。植被的存在有利于增加土壤微生物多样性和微生物生物量；反之，植被的减少可改变微生物组成并降低微生物多样性。

（3）温度和水分对微生物多样性的影响：温度是影响微生物生长和代谢最重要的环境因素之一，微生物在温度低于最低生长温度或高于最高生长温度时即停止生长或死亡。水是微生物细胞生命活动的基本条件之一，水分含量及有效性是影响微生物多样性的主要因素之一。温度和水分对土壤微生物多样性的影响存在交互性,具有协同效应。

（4）人为因素对微生物多样性的影响:人为因素主要通过改变土壤理化性质而影响微生物多样性。例如,施用除草剂、杀菌剂、杀虫剂等,不仅使土壤微生物多样性和生物量减少,还可能使土壤微生物群落结构和功能发生改变。免耕土壤中的微生物多样性和生物量均高于传统耕作,其原因是传统耕作会导致土壤团聚体的分裂和表层土壤中有机质的消耗,而免耕能增大土壤团聚体,使微生物多样性和生物量增加。

3. 土壤微生物对污染物环境行为的影响

土壤微生物是土壤的重要组成部分,是陆地生态系统不可或缺的分解者,在环境污染物降解与迁移转化方面发挥着举足轻重的作用,下面简要介绍土壤微生物对土壤中重金属、有机污染物和生物污染物环境行为的影响。

（1）土壤微生物对重金属环境行为的影响:微生物作为土壤中的活性胶体,具有比表面积大、带电荷和代谢活动旺盛的特性,可通过静电吸附、表面配合等作用吸附固定重金属等无机污染物。微生物还可借助细胞内外的酶反应,与土壤中金属离子发生生物化学反应,如土壤中汞在甲基化细菌的作用下可转化为甲基汞,进而影响汞的迁移过程及生物积累风险。

（2）土壤微生物对有机污染物环境行为的影响:土壤微生物可通过直接或间接的方式影响土壤中有机污染物的环境行为。微生物可以以 PAHs、农药等有机污染物为碳源,通过直接降解作用将土壤中有机污染物转化为小分子化合物。例如,微生物可在单加氧酶与双加氧酶的作用下,在 PAHs 的苯环上加氧形成 C—O 键,再通过一系列的脱氢、脱水等过程使苯环上的 C—C 开环,最终实现 PAHs 的降解。同时,微生物还可以利用土壤中存在的碳源和能源,增强微生物酶的活性,实现对有机污染物的降解,这个过程称为共代谢作用。微生物还可通过改变土壤的理化性质,间接影响土壤中有机污染物的环境行为。

（3）土壤微生物对生物污染物环境行为的影响:土壤微生物在调控生物污染物环境行为方面起着重要作用。例如,土壤中微生物多样性显著影响 ARGs 的扩散,可能是由于一些细菌如假单胞菌和放线杆菌可以产生大量的次生代谢物（包括抗生素）,进而抑制 ARGs 在土壤中的传播。

（三）土壤酶特性

土壤酶活性是土壤中生物学特征的总体表现,可体现土壤综合肥力水平及土壤养分转化的过程。土壤酶具有很强的专一性,且反应前后其自身不发生任何变化。

1. 土壤酶的多样性

土壤酶主要来源于土壤微生物和高等植物,也来自土壤动物和进入土壤的动植物残体。目前已在土壤中发现 50~60 种酶,按照反应机制可分为氧化还原酶类、水解酶类、转移酶类和裂解酶类。按照来源可分为游离酶、胞内酶和胞外酶。土壤酶很少以游离的形式存在于土壤溶液中,而是通过离子相互作用、共价键、氢键、诱捕和其他机制固定在有机胶体上。

2. 影响土壤酶活性的因素

（1）土壤理化性质:土壤酶活性主要受土壤质地、结构、有机质含量、pH 等影响。质地黏重的土壤中酶活性强于轻质土壤,具有小团聚体结构的土壤中酶活性强于大团聚体土壤。土壤酶的稳定性同样受土壤有机质的含量和组成及有机-无机复合体组成等特性的影响。土壤酶活性与土壤 pH 有一定的相关性,如在碱性、中性和酸性土壤中均能检测到磷酸酶的活性,脲酶在中性土壤中活性最高,而脱氢酶在碱性土壤中活性最高。

（2）根际环境:植物根系释放的根系分泌物会影响根际土壤酶活性。一般而言,根际土壤酶活性大于非根际土壤,且不同植物根际土壤中酶活性也有很大差异,例如,脲酶在豆科作物根际土壤中的活性比其他作物高。茎、叶等植物残体会引起土壤有机质含量及土壤微生物变化,这是引起土壤酶活性变化的间接因素。

（3）外源污染物:许多重金属、有毒有机物等外源污染物均会抑制土壤酶活性。重金属对土壤酶活性的影响主要取决于土壤有机质和黏粒的含量,以及它们对土壤酶的保护容量和对重金属缓冲容量的大小。例如,农药对土壤酶活性的影响取决于农药的性质和用量、施用条件、酶的种类、土壤类型等。

3. 土壤酶对污染物环境行为的影响

微生物和植物根系等分泌释放的土壤酶会参与土壤有机质的分解、合成和转化等过程,这些过程均可直接或间接影响污染物在土壤中的环境行为(Strong 等,2011)。

（1）土壤酶对重金属环境行为的影响:土壤酶可直接或间接影响土壤中重金属的氧化还原、溶解、沉淀等过程,进而影响其在土壤中的环境行为。因此,土壤酶对控制土壤中微量重金属的行为和毒性至关重要。例如,土壤中的菌丝体真菌、芽孢杆菌、恶臭假单胞菌等细菌可利用 Hg 还原酶将 Hg^{2+} 还原成 Hg 原子。大肠杆菌分泌的过氧化氢酶能将汞蒸气氧化成二价汞离子。土壤中的酶还可与重金属配合,进而影响重金属迁移转化。当土壤酶含量较高时,重金属进入酶的活性中心,与酶分子的巯基、氨基和羧基结合,不再与土壤固相颗粒结合,导致土壤中重金属迁移性增强。

（2）土壤酶对有机污染物环境行为的影响:土壤酶影响有机污染物的吸附、解吸、降解等环境行为。例如,在漆酶作用下,酶催化腐殖质内的氧化偶联反应,使得甲霜灵更容易通过醚键和 C—C 键等共价键与胡敏酸结合,导致土壤中不可提取态甲霜灵的残留量增加了两倍。土壤中的酶可直接降解有机污染物,如土壤中硝酸盐还原酶和漆酶可降解 2,4,6-三硝基甲苯,将其转化为无毒的成分。添加漆酶可以加速土壤中雌二醇的降解,反应后漆酶的活性无显著变化。

（3）土壤酶对生物污染物环境行为的影响:生物污染物在土壤中的环境行为受到土壤酶的影响和制约。土壤微生物分泌的几丁质酶、蛋白酶和葡聚糖酶等胞外酶是真菌细胞壁裂解过程中最重要的水解酶,可使土传病原真菌的细胞壁裂解,从而抑制土传病原真菌的活性。多种芽孢杆菌可以通过分泌细胞外角质层降解蛋白酶来抑制植物病原体和害虫活性,进而抑制线虫的病虫害的发生。

（四）根际效应

高等植物的根系仅占土壤体积的1%,但植物根系分泌的根表细胞或组织脱落物、根系分泌物等增加了土壤有机质含量,这些有机质可调控土壤养分循环、增加土壤腐殖质和改良土壤结构,进而影响土壤的物理和化学性质(Ling 等,2022)。

1. 根际和根际效应

（1）根际:是指受植物根系活动的影响,在物理、化学和生物学性质上不同于土体的那部分微域环境,一般是指土壤与植物根系直接接触的微域(仅几毫米)。它是土壤-植物生态系统物质交换的活跃界面,也是土壤微生物发育的一个特殊生境。根际范围的大小受植物种类和植物营养代谢状况影响。

（2）根际效应:根际效应是指植物根系的细胞组织脱落物和根系分泌物为根际微生物

提供了丰富的营养和能量,使植物根际中微生物数量和活性、物理化学性状显著区别于根外土壤的现象。植物根系分泌物是产生根际效应的重要原因,其作为营养物质和信号物质影响根际微生物群落的生长和活动,从而实现吸引有益微生物和抵抗病原菌的目的。根土比(R/S)是指位于根际区域中与根际以外土壤中微生物数量的比值,用来反映根际效应的强弱,R/S 越大,根际效应越明显。

由于其具有独特的物理、化学和生物学性质,植物根际中也形成了独特微生物群系(Bais 等,2006),且植物根际(土壤-根界面)、根面(根表面)和根内(根内圈)微生物组成存在差异。根际、根面、根内在概念上可明显区分,但实际研究中不易严格区分。根际微生物是指紧密附着于根际土壤颗粒中的微生物,其数量比非根际微生物多,每克根际土壤中的微生物一般为 $10^6 \sim 10^9$ 个,但种类比非根际少,各类群间的比例也与非根际存在很大差异。根面指植物根系的表面及紧密吸附在根系表面的土壤颗粒,根面微生物数量大,但分布不均匀,每克鲜重植物根面可培养细菌数量通常为 $10^5 \sim 10^7$ 个。与根际和根面相比,根内具有高度特异性的微生物群落,每克鲜重植物根组织内可培养细菌数量通常为 $10^4 \sim 10^8$ 个。

2. 根际效应对污染物环境行为的影响

在植物根际环境中,由于植物根系和微生物活动,使根际污染物形态发生变化,致毒效应评价预测变得困难。一方面,由于受根际效应影响,根际微生物活动旺盛,对污染物的迁移和转化行为及生态毒性产生一定影响。另一方面,根系和微生物的分泌作用改变了根际土壤的理化性质,使其与非根际土壤差异较大,从而对污染物的环境行为产生影响。

(1)根际效应对土壤中重金属环境行为的影响:根际效应影响重金属离子在根-土界面的吸附-解吸、配位-解离、氧化-还原等过程,改变重金属的赋存形态及生物有效性,影响重金属在土壤中的环境行为,主要表现在三个方面:① 植物根系分泌物与重金属离子发生氧化还原、配合/螯合等化学反应,这是影响重金属环境行为的重要原因。② 根际微生物可通过胞外沉淀和配合、细胞内束缚及转化等作用,将重金属转化为无毒或低毒的形态。③ 植物根际可释放氧气、分泌氧化物或酶,进而影响一些变价金属的价态。

(2)根际效应对土壤中有机污染物环境行为的影响:根际效应主要通过三种方式影响土壤中有机污染物的环境行为:① 植物根系释放到土壤中的酶可直接降解某些有机污染物,如漆酶、硝基还原酶、脱卤素酶、腈水解酶和过氧化物酶等。② 植物根系分泌物可以促进土壤中有机污染物的解吸,提高其生物有效性,促进其降解,如根系分泌的柠檬酸、草酸可有效促进土壤中菲解吸(孙冰清等,2011)。③ 根系分泌物通过调控土壤细菌群落结构,提高土壤中具有有机污染物降解相关功能的微生物及其基因丰度,促进有机污染物的生物降解。

(3)根际效应对土壤中生物污染物环境行为的影响:根际效应通过调控土壤理化性质、微生物活性、释放化感物质等影响生物污染物的环境行为。例如,植物根系分泌物改变土壤pH,进而通过影响养分有效性和微生物活性对 ARGs 产生选择性压力,并影响微生物的丰度和多样性及 ARGs 在土壤环境中的传播。植物根系分泌物诱导调控根际微生物群落结构,进而影响生物污染物的环境行为,例如,植物根系分泌物可以增加土壤中有益微生物的数量,影响根际微生物群落组成,从而增强植物对病害的抵抗能力。植物根系分泌物中的化感成分、抗真菌活性蛋白、信号阻断物质等可以影响生物污染物的活性。例如,一些植物根系分泌物中的化感物质(有机酸、酚类物质),可以直接杀死土壤中的病原菌。另外,植物根系分泌物中的糖类、有机酸和氨基酸等物质会降低抗生素的选择压力,减少土壤中 ARGs 的丰度。

四、土壤自净功能及环境容量

污染物以各种途径进入土壤环境后可发生一系列的物理、化学和生物学过程。部分污染物可通过淋洗、挥发、渗滤等过程转移至其他环境介质;有些则在土壤中发生化学和光化学降解或在生物作用下分解,进而从土壤中去除;有些则可通过吸附、沉淀等作用而被钝化和锁定,降低其活性,最终残留在土壤中。以下主要介绍土壤的自净功能和环境容量。

(一) 土壤的自净功能

1. 土壤自净功能的概念

土壤自净功能是指进入土壤的外源污染物,在土壤矿物质、有机质、微生物等的作用下,经过一系列物理、化学和生物过程,降低其浓度或改变其形态,从而使其毒性降低甚至消除的现象。由于土壤自净作用可有效地缓解土壤中污染物的毒性,因此在维持土壤生态平衡等方面具有重要作用。例如,少量有机污染物进入土壤后,经化学和光化学降解或微生物代谢作用而分解,可降低其毒性甚至变为无毒物质;进入土壤的重金属通过吸附、沉淀、配合、氧化、还原等作用而被固定或转变为不溶性化合物,或被土壤固相牢固吸附,进而降低其毒性或生物有效性。

2. 土壤自净的类型

土壤自净作用机理既是土壤环境容量的理论依据,又是选择土壤污染控制与防治措施的理论基础。土壤自净作用可分为以下三种类型。

(1) 物理自净作用:土壤溶液中的污染物可以随土壤水进行水平或垂直迁移,通过土壤孔隙经渗滤作用排出土体。某些具有挥发性的有机污染物可通过挥发、气体交换和扩散方式离开土壤而进入大气,其过程主要受蒸气压、浓度梯度、温度等因素影响。

(2) 化学和物理化学自净作用:经过一系列吸附、沉淀、配合、氧化和还原等作用土壤溶液中的污染物浓度会逐渐降低。与其他土壤固相物质相比,土壤黏粒、有机质因其巨大的比表面积和表面能,对污染物具有较强的吸附能力,是发生化学和物理化学自净作用的主要载体。有机污染物在土壤酶的作用下会发生化学降解和光化学降解,进而降低其土壤含量。酸碱反应和氧化还原反应在土壤自净过程中有重要作用,许多重金属在碱性土壤中容易沉淀,进而降低其毒性。但对重金属来说,物理化学自净作用往往只是改变了金属离子的存在形态,降低它们的生物有效性及毒性,重金属并未彻底离开土壤环境,在一定条件下仍能被活化并产生毒性。

(3) 生物自净作用:土壤中存在数量庞大的微生物,生物自净作用是有机污染物在微生物及酶的作用下,通过生物代谢或共代谢,被分解为简单的无机物而消减的过程。

土壤的自净作用是各种物理、化学和生物过程的共同作用、互相影响的结果,但土壤自净能力是有限的,这就涉及土壤环境容量问题(夏增禄,1992)。

(二) 土壤环境容量

1. 土壤环境容量的概念

土壤环境背景值是指在未受污染的条件下,土壤中各种元素和化合物特别是有毒污染物的含量。土壤背景值是一个相对的概念,其值随时间和空间因素而异。土壤背景值是研究和确定土壤环境容量必要的基础依据。

土壤环境容量是指在维持土壤的正常结构和功能、并保证农产品的生物学产量和品质的前提下,土壤所能容纳的污染物最大负荷量,也可简述为在保证土壤圈物质良性循环的条件下,土壤所能容纳污染物的最大允许量。土壤环境容量可分为土壤环境绝对容量(静容量)和土壤年容量(动容量)两类。土壤环境绝对容量是指某一土壤所能容纳某种污染物的最大负荷量,达到绝对容量没有时间限制,即与年限无关。土壤年容量是指某一土壤环境在污染物积累浓度不超过环境标准规定的最大允许值的情况下,每年所能容纳某污染物的最大负荷量。年容量的大小除了与环境标准规定值和环境背景值有关外,还与土壤对污染物的净化能力有关。

2. 影响土壤环境容量的因素

土壤环境容量属于一种控制指标,可随环境因素的变化及人们对环境目标期望值的变化而变化。影响土壤环境容量的因素主要包括:① 土壤类型;② 元素或化合物的存在形态及其物理化学性质;③ 气候、植被、地形、水文等区域自然环境条件;④ 土壤与大气、水、植被等环境要素间元素迁移的通量;⑤ 社会技术。例如,随土壤类型由南到北、由东到西,Cd、Cu、Pb 的临界含量和环境容量由小逐渐增大,而 As 则与之相反。

3. 土壤环境容量的应用

(1)用于制定土壤环境质量标准:土壤环境质量标准的制定是一个十分复杂的过程。通过对土壤环境容量的研究,在以生态效应为中心,全面考虑环境效应、化学形态效应及元素净化规律基础上,提出各元素的土壤基准值,该基准值是区域性土壤环境标准制定的关键依据。

(2)用于制定灌溉用水水质标准:污水灌溉可以充分利用水肥资源,缓解水资源匮乏对粮食安全生产的不利影响。但发展污水灌溉必须制定严格的农田灌溉水质标准,并把污水中污染物含量控制在一定范围内,以有效地避免污水灌溉对土壤环境的不利影响。土壤环境容量是确定农田污水灌溉水量和周期、制定农田灌溉水质标准的依据和基础。

(3)用于制定污泥农用标准:生活污水处理产生的污泥数量巨大,在确保土壤环境安全前提下污泥有效还田是一种合理的资源化处理方式。但污泥中往往含有重金属等有害物质,会伴随污泥农用进入土壤。依据土壤环境容量,可以计算和确定每亩农田每年农用污泥容许输入量和输入污染物的最大量,进而为制定污泥农用标准提供依据。

(4)用于土壤环境质量评价:土壤环境质量评价可分为污染现状评价和预断评价两种类型,前者是对区域土壤污染现状进行评价,为土壤污染防治提供基础资料。后者则是对未来可能形成污染土壤区域进行预断评价,为区域规划、污染物总量控制和工程设计提供科学依据。土壤环境容量是一定区域土壤污染现状评价的衡量标尺,也是对其土壤环境质量演化开展预断评价的关键依据。

思考题与习题

1. 试述土壤形成过程及影响成土的主要因素。

2. 简述土壤的组成及主要功能。

3. 试述土壤矿物质和有机质对污染物迁移转化的影响。

4. 简述土壤生物的主要类型。

5. 试述土壤分类的概念及意义。

6. 简述我国土壤分类系统及其分级。

7. 举例说明我国主要的水平地带性土壤类型。

8. 简述土壤质地的概念及分类。

9. 举例说明土壤的基本性质及其对污染物迁移转化的影响。

10. 简述我国土壤酸碱度分级及其典型区域分布情况。

11. 试述土壤微生物对污染物环境行为的影响。

12. 简述土壤自净功能的概念及主要类型。

13. 试述土壤环境容量的概念及主要影响因素。

主要参考文献

[1] 孙向阳.土壤学[M].2版.北京:中国林业出版社,2021.

[2] 徐建明.土壤学[M].4版.北京:中国农业出版社,2019.

[3] 黄昌勇,徐建明.土壤学[M].3版.北京:中国农业出版社,2010.

[4] 邵明安,王全九,黄明斌.土壤物理学[M].北京:高等教育出版社,2006.

[5] 胡世文,刘同旭,李芳柏,等.土壤铁矿物的生物-非生物转化过程及其界面重金属反应机制的研究进展[J].土壤学报,2022,59(1):54-65.

[6] Li H,Sheng G,Teppen B J,et al. Sorption and desorption of pesticides by clay minerals and humic acid-clay complexes [J]. Soil Science Society of America Journal,2003,67(1):122-131.

[7] Rogers R D,Mcfarlane J C,Cross A J. Adsorption and desorption of benzene in two soils and montmorillonite clay [J]. Environmental Science & Technology,1980,14(4):457-460.

[8] Martínez J L. Antibiotics and antibiotic resistance genes in natural environments[J]. Science,2008,321(5887):365-367.

[9] Hu X,Sheng X,Zhang W,et al. Nonmonotonic effect of montmorillonites on the horizontal transfer of antibiotic resistance genes to bacteria [J]. Environmental Science & Technology Letters,2020,7(6):421-427.

[10] 李学垣.土壤化学[M].北京:高等教育出版社,2001.

[11] 陈怀满.环境土壤学[M].3版.北京:科学出版社,2018.

[12] Kwiatkowska-Malina J. Functions of organic matter in polluted soils:The effect of organic amendments on phytoavailability of heavy metals [J]. Applied Soil Ecology,2018,123:542-545.

[13] Alexander M. Aging,bioavailability,and overestimation of risk from environmental pollutants [J]. Environmental Science & Technology,2000,34(20):4259-4265.

[14] Chiou C T,Peters L J,Freed V H. A physical concept of soil-water equilibria for nonionic organic compounds [J]. Science,1979,206(4420):831-832.

[15] 朱利中.土壤有机污染物界面行为与调控原理[M].北京:科学出版社,2015.

[16] Li H,Jiang E,Wang Y,et al. Natural organic matters promoted conjugative transfer of antibiotic resistance genes:Underlying mechanisms and model prediction [J]. Environment International,2022,170:1-9.

[17] 黄昌勇.土壤学[M].北京:中国农业出版社,2000.

[18] Williamson K E,Fuhrmann J J,Wommack K E,et al. Viruses in soil ecosystems:an unknown quantity within an unexplored territory [J]. Annual Review of Virology,2017,4:201-219.

[19] 龚子同,陈志诚,张甘霖.世界土壤资源参比基础(WRB):建立和发展[J].土壤,2003,35(4):271-278.

[20] 龚子同,张甘霖,陈志诚,等.土壤发生与系统分类[M].北京:科学出版社,2007.

［21］龚子同.中国土壤系统分类［M］.北京:科学出版社,1999.

［22］Jury W A,Horton R. Soil physics ［M］. Hoboken:John Wiley & Sons,2004.

［23］周健民,沈仁芳.土壤学大辞典［M］.北京:科学出版社,2013.

［24］熊毅.土壤胶体［M］.北京:科学出版社,1990.

［25］Bradl H B. Adsorption of heavy metal ions on soils and soils constituents ［J］. Journal of Colloid and Interface Science,2004,277(1):1-18.

［26］Morozov G,Breus V,Nekludov S,et al. Sorption of volatile organic compounds and their mixtures on montmorillonite at different humidity ［J］. Colloids and Surfaces A:Physicochemical and Engineering Aspects,2014, 454:159-171.

［27］Chen H,He X,Rong X,et al. Adsorption and biodegradation of carbaryl on montmorillonite,kaolinite and goethite ［J］. Applied Clay Science,2009,46(1):102-108.

［28］Calamai L,Pantani O,Pusino A,et al. Interaction of rimsulfuron with smectites ［J］. Clays and Clay Minerals,1997,45(1):23-27.

［29］Saeki K,Ihyo Y,Sakai M,et al. Strong adsorption of DNA molecules on humic acids ［J］. Environmental Chemistry Letters,2011,9(4):505-509.

［30］Sheng X,Qin C,Yang B,et al. Metal cation saturation on montmorillonites facilitates the adsorption of DNA via cation bridging ［J］. Chemosphere,2019,235:670-678.

［31］Bidleman T F,Backus S,Dove A,et al. Lake Superior has lost over 90% of its pesticide HCH load since 1986 ［J］. Environmental Science & Technology,2021,55(14):9518-9526.

［32］Borch T,Kretzschmar R,Kappler A,et al. Biogeochemical redox processes and their impact on contaminant dynamics ［J］. Environmental Science & Technology,2010,44(1):15-23.

［33］Melton E D,Swanner E D,Behrens S,et al. The interplay of microbially mediated and abiotic reactions in the biogeochemical Fe cycle ［J］. Nature Reviews Microbiology,2014,12(12):797-808.

［34］Kappler A,Bryce C,Mansor M,et al. An evolving view on biogeochemical cycling of iron ［J］. Nature Reviews Microbiology,2021,19(6):360-374.

［35］Ma D,Wu J,Yang P,et al. Coupled manganese redox cycling and organic carbon degradation on mineral surfaces ［J］. Environmental Science & Technology,2020,54(14):8801-8810.

［36］Xu H,Yan N,Qu Z,et al. Gaseous heterogeneous catalytic reactions over Mn-based oxides for environmental applications:a critical review ［J］. Environmental Science & Technology,2017,51(16):8879-8892.

［37］Keiluweit M,Nico P,Harmon M E,et al. Long-term litter decomposition controlled by manganese redox cycling ［J］. Proceedings of the National Academy of Sciences of the United States of America,2015,112(38): 5253-5260.

［38］Rajendran M,Shi L,Wu C,et al. Effect of sulfur and sulfur-iron modified biochar on cadmium availability and transfer in the soil-rice system ［J］. Chemosphere,2019,222:314-322.

［39］Suda A,Makino T. Functional effects of manganese and iron oxides on the dynamics of trace elements in soils with a special focus on arsenic and cadmium:a review ［J］. Geoderma,2016,270:68-75.

［40］Bone S E,Bargar J R,Sposito G. Mackinawite(FeS) reduces mercury(Ⅱ) under sulfidic conditions ［J］. Environmental Science & Technology,2014,48(18):10681-10689.

［41］Gao Y,Liu J,Kang F. Transport and fate of polycyclic aromatic hydrocarbons in soil-plant system ［M］. Beijing:Science Press,2015.

［42］Karpov M,Seiwert B,Mordehay V,et al. Transformation of oxytetracycline by redox-active Fe(Ⅲ)-and Mn(Ⅳ)-containing minerals:Processes and mechanisms ［J］. Water Research,2018,145:136-145.

［43］朱利中.环境化学［M］.2 版.北京:高等教育出版社,2022.

［44］Stevenson F J. Role and function of humus in soil with emphasis on adsorption of herbicides and chelation of micronutrients ［J］. BioScience,1972,22(11):643-650.

［45］Boiteau R M,Shaw J B,Pasa-Tolic L,et al. Micronutrient metal speciation is controlled by competitive organic chelation in grassland soils ［J］. Soil Biology & Biochemistry,2018,120:283-291.

［46］Crowther T W,Van den Hoogen J,Wan J,et al. The global soil community and its influence on biogeochemistry ［J］. Science,2019,365(6455):772-782.

［47］Zhu Y,Zhao Y,Zhu D,et al. Soil biota,antimicrobial resistance and planetary health ［J］. Environment International,2019,131:1-7.

［48］Wu T,Ayres E,Bardgett R D,et al. Molecular study of worldwide distribution and diversity of soil animals ［J］. Proceedings of the National Academy of Sciences of the United States of America,2011,108(43):17720-17725.

［49］Sun M,Chao H,Zheng X,et al. Ecological role of earthworm intestinal bacteria in terrestrial environments:a review ［J］. Science of the Total Environment,2020,740:1-12.

［50］Fierer N. Embracing the unknown:disentangling the complexities of the soil microbiome ［J］. Nature Reviews Microbiology,2017,15(10):579-590.

［51］Zhou Z,Wang C,Luo Y. Meta-analysis of the impacts of global change factors on soil microbial diversity and functionality ［J］. Nature Communications,2020,11(1):1-10.

［52］Strong P J,Claus H. Laccase:a review of its past and its future in bioremediation ［J］. Critical Reviews in Environmental Science and Technology,2011,41(4):373-434.

［53］Ling N,Wang T,Kuzyakov Y. Rhizosphere bacteriome structure and functions ［J］. Nature Communications,2022,13(1):1-13.

［54］Bais H P,Weir T L,Perry L G,et al. The role of root exudates in rhizosphere interactions with plants and other organisms ［J］. Annual Review of Plant Biology,2006,57:233-266.

［55］孙冰清,高彦征,孙瑞. 几种低分子量有机酸和氨基酸对黄棕壤吸附菲的影响［J］. 环境科学学报,2011,31(1):158-163.

［56］夏增禄. 中国土壤环境容量[M]. 北京:地震出版社,1992.

第二章　土壤污染物多介质界面行为及生物有效性

土壤是人类赖以生存的最重要的自然资源之一。大气干湿沉降、污水灌溉、固废填埋渗漏、农药化肥不合理施用等可导致污染物进入土壤，并在固-液-气-生物等多介质界面发生吸附-解吸、沉淀-溶解、降解-积累、增殖-扩散等一系列物理、化学和生物学行为，影响其污染风险和环境归趋。本章在介绍土壤中主要污染物及来源的基础上，重点介绍土壤污染物的界面行为及其表征方法、赋存形态与生物有效性等内容。

第一节　土壤污染物

一、重金属

土壤重金属污染是由于自然过程或人类活动将重金属直接或间接地排放至土壤中，致使重金属含量超过土壤环境容量，造成生态环境质量恶化，危害人类与动植物健康的现象。重金属是土壤环境中一类具有潜在危害的污染物，主要包括镉、铬、铅、汞、类金属砷等生物毒性显著的元素及有一定毒性的锌、铜、镍、钴等元素。土壤中重金属易被吸附，通常难以随水淋滤，也不能被微生物降解，具有易积累、难挥发、毒性大等特点。我国土壤重金属污染状况不容乐观，2014年发布的《全国土壤污染状况调查公报》显示，西南、中南地区土壤镉、汞、砷、铜、铅、铬、锌、镍8种重金属元素的点位超标率分别为7.0%、1.6%、2.7%、2.1%、1.5%、1.1%、0.9%、4.8%；其中，相当一部分污染土壤分布在地质高背景区。

（一）土壤重金属污染及源解析

1. 重金属污染来源

土壤重金属来源分为自然源与人为源，人为活动是引起土壤重金属污染的主要原因。根据人类活动类型，人为源可分为工业源（如采矿和冶炼等）、生活源（如固体废物堆积等）和农业源（如肥料、农药和灌溉水等）；其中，采矿和冶炼是重金属排放的最主要源头，化工、印染、陶瓷、涂料、造纸、制革、炼油等工业生产过程也会排放重金属。城市农村的"三废"排放、污水灌溉、污泥施用、大气沉降、农药化肥不合理使用等都是重金属的重要污染来源。

土壤重金属污染的主要途径如下：① 大气沉降。建筑、冶金、运输、能源等生产环节、汽车尾气排放及行驶中刹车片和轮胎磨损等过程中，产生的有害气体和粉尘中往往含有Pb、Zn、Cd、Cr、Co、Cu等重金属，这些通常以气溶胶形态进入大气，再经过大气沉降等方式进入土壤。② 污水灌溉。生活污水、工业废水中重金属可通过污水灌溉进入土壤，导致土壤中重金属含量超标。③ 固废排放。固体废物中含有的重金属元素，经过日晒雨淋，释放后以辐射状、漏斗状向周围土壤中扩散，且随距离增加，重金属扩散量减少。④ 矿物开采。矿物开采中产生的"三废"可导致土壤重金属污染。矿区土壤重金属污染的形成主要有以下原因：一是金属矿山的井下废水、选矿废水等含有较多的重金属元素；二是矿业废弃地尤其是有色金属矿业废弃地往往含有大量重金属,其中尾矿和废弃低品位矿石的重金属含量最高,这些废物露天堆积风化后,通过降雨、酸化等作用向周边地区扩散,从而导致土壤重金属污染。

2. 土壤重金属污染源解析

土壤重金属污染源解析是指定量给出每一种来源对土壤中重金属总量的贡献率,并确定其进入土壤的途径。土壤重金属源解析包括重金属主要来源的定性判断和各类污染源贡献率的定量计算两方面。土壤重金属源解析方法主要有排放清单法、化学质量平衡法、多元统计法等。

(1)排放清单法:通过对各污染源状况的调查统计,根据不同污染源的活动水平和排放因子模型来建立污染源清单数据库,评估不同污染源的排放量,最终确定主要污染源。土壤重金属源解析需要提前了解不同潜在污染源进入土壤的含量信息,并以此计算各污染源的贡献率。土壤重金属排放清单法可直观反映不同来源的贡献情况,但在分析之前需要采集全面可信的信息并建立数据库,这一过程总体耗时费力、难度较高,且不同来源的重金属在土壤中积累能力存在差异,因此排放清单法应用并不广泛。

(2)化学质量平衡法:基于质量守恒定律,即土壤样品中某种重金属元素浓度等于各污染源中该重金属元素含量与各污染源对土壤的贡献率乘积的总和,并利用有效方差最小二乘法进行求解。目前化学质量平衡模型在国内外应用最广泛,也是美国环境保护署推荐使用的模型。该方法可以定量评价各污染源的贡献率,但需要经常监测研究区的污染源及受体样品,列出排放清单,不断更新研究区的排放源成分谱。该模型适用条件为:各污染源排放物的化学组成相对稳定,且存在明显的差异性;各污染源排放物之间不发生反应,且在输送过程中不发生变化;土壤中元素组成与污染源元素组成呈正相关。

利用化学质量平衡模型进行土壤重金属源解析,主要采用元素比值法和同位素比值法。元素比值法是根据不同来源中两种以上重金属元素之间或重金属元素与其他元素之间含量比例的差异来解析土壤中重金属来源。如果受体中某元素和污染源中该元素的浓度比值接近,就可以认为该污染源对受体贡献率较大。元素比值法适用于有多种元素的污染源解析,原理简单易懂,且检测成本低。但该方法存在以下局限性:需要检测较多的样本,同时必须明确污染源中两种以上元素的浓度比值,且不同污染源元素之间需存在较大差异。同位素比值法是利用同位素质量守恒定律,利用不同污染源中某重金属不同同位素的比值具有差异性的特点,通过测定受体样品中相应同位素的组成来对污染物的来源及贡献程度进行定量区分。由于金属同位素受后期地质地球化学作用影响小且该方法精确度高、需要的样品量少、辨识度高,目前已有 Pb、Cd、Cu、Zn、Hg 等的同位素被用于土壤重金属溯源研究,并成为追踪人为重金属污染的重要鉴别指标。

(3)多元统计法:多元统计法是通过识别具有相似分布特征的重金属来定性判定重金属来源的方法,即假设来自同一污染源的重金属之间具有相关性。多元统计法不需要对污染源提前进行调查分析,但其筛选出的公共因子与污染源之间的关系常具有一定主观性,且难以区分出相似的污染源。这种方法需要大量样品并借助统计分析软件,对于污染源数据较多的体系需要进行较为烦琐的计算。

相关系数法是多元统计法的常用方法,其主要包括主成分分析法(principal component analysis,PCA)、聚类分析法(cluster analysis,CA)及因子分析法(factor analysis,FA)。使用该方法可以定性分析出潜在污染源,若将 PCA、FA 归纳得出的主成分因子对土壤中重金属的含量进行多元线性回归(multiple linear regression,MLR),即 PCA/MLR 和 FA/MLR,便可估算主要污染源对土壤中重金属含量的贡献率。PCA/MLR、FA/MLR 及绝对主成分分析联合多元线性回归(APCS/MLR)作为应用最广泛的混合方法,最早用于追溯大气颗粒物中重金属元素的污染来源,近些年来也成功用于土壤中重金属元素的源解析。此外,PCA、FA 等还可与同位素比值法联合使用。

(二)土壤重金属污染现状及危害

重金属会通过土壤-作物系统进入食物链,危害人群健康。因此,了解重金属污染现状及其对人体与作物的毒性作用及机制非常重要。

1. 我国土壤重金属污染现状

当前我国土壤重金属污染现状仍不容乐观。从总体上看,西南、中南地区土壤重金属超标范围较大。从污染分布情况看,南方土壤重金属污染一般重于北方,长江三角洲、珠江三角洲、东北老工业基地等部分区域土壤污染问题较为突出。我国西南地区(云南、四川地区)土壤中重金属含量普遍较高,广东省北部与湖南交界地、环渤海地区、湖北和安徽等地区土壤重金属含量也较高(李芳柏等,2012)。Cd、Hg、Cu、Pb 四种重金属含量分布呈现从西北到东南、从东北到西南方向逐渐升高的态势。1989—2019 年我国南方地区土壤重金属污染状况调查表明,30 年来土壤重金属污染总体不断加剧,快速城市化和工业化显著提高了研究区土壤重金属含量,尤其是 Cd、Hg、Cu、Pb 和 Zn(Li 等,2020)。99.1% 的土壤样品检出一种或多种重金属(图 2-1),与我国农业土壤标准(GB 15618—2018)和城市土壤标准(GB 36600—

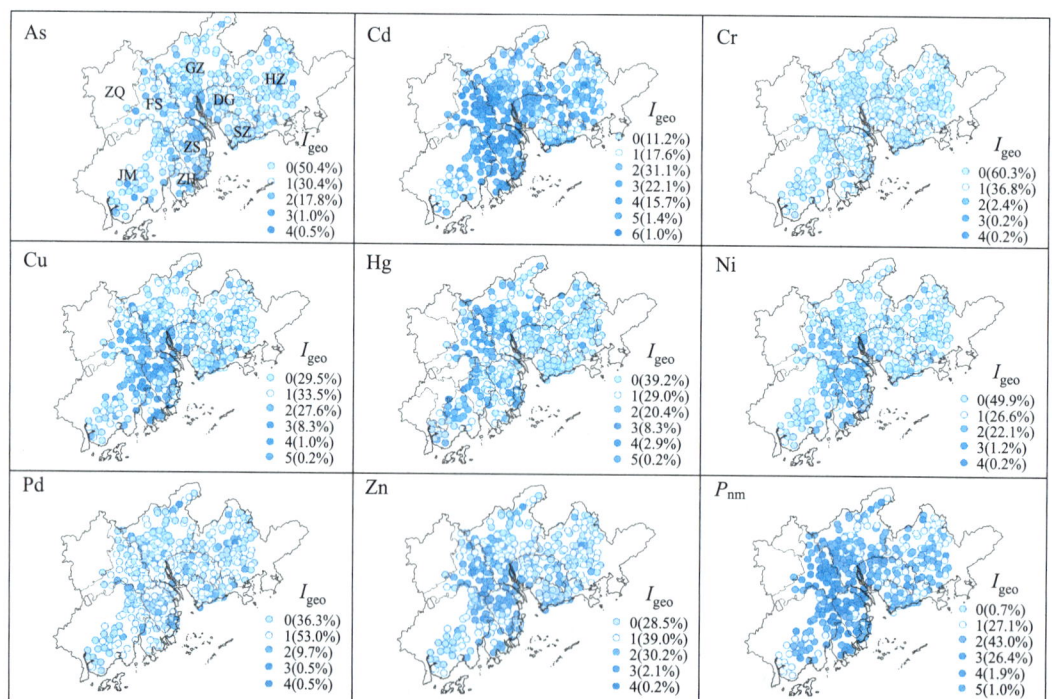

图 2-1　2018 年珠三角地区 As(a)、Cd(b)、Cr(c)、Cu(d)、Hg(e)、Ni(f)、Pb(g)、Zn(h)的地理堆积指数(I_{geo})和综合污染指数(P_{nm})(i)空间分布特征

(资料来源:Li 等,2020)

2018)中重金属最大允许浓度相比,部分土壤样品中重金属污染程度达到影响食品安全或危害人体健康的水平。

在我国不同种类的重金属污染状况存在差异:Pb、Zn矿藏蕴含丰富且含量在空间分布上非常相似,矿藏开采会导致周边土壤Pb、Zn等重金属污染。土壤Cu分布出现连片高值区域,尤其在四川和云南北部、广东和湖南交界,出现了大范围Cu高值区;在河北南部、山西、山东和河南地区,土壤Cu含量较低;在甘肃中部、安徽南部与湖北交界、辽宁环渤海地区有较小范围土壤Cu污染的高值区。土壤Cr含量的区域空间分布比较复杂,由云南向东北方向直到江苏地区出现连续高值,在环渤海地区尤其是京津唐地区出现次高值区。土壤Hg分布呈现南高北低的态势,特别是在中部和西南地区污染较为严重。2014年《全国土壤污染状况调查公报》显示,全国土壤中汞点位超标率为1.6%。土壤Hg分布可能和我国几大汞矿及有色金属冶炼厂的地理位置分布有关,例如,万山、务川、丹寨、滥木厂汞矿和株洲有色金属冶炼厂均位于我国南部。土壤As污染主要是由尾矿场及含As矿物任意堆放导致的。

2. 土壤重金属污染危害

土壤重金属污染的危害主要体现在两方面:一是对人的危害,即人体毒性;二是对植物的危害,即植物毒性。重金属在水体、土壤、大气等环境介质中迁移和转化,最终会通过食物链进入人体,在人体中积累,当超过人体自身生理负荷时引起生理功能改变,导致急、慢性疾病或长期危害。各种重金属在植物体内都具有一定的自然含量,即背景值。由于各地区环境中重金属背景值不同,各种植物又具有各自的生物学特性,对重金属的吸收能力也不同。只有植物体内积累的重金属含量超过其耐受的最大剂量才表现出明显的毒性症状。重金属对植物的危害是各种因素(也包括植物本身)综合作用的结果。即使同一种金属元素、同一浓度,在不同的环境条件下,其对植物的危害也会表现出差异。除植物种类本身以外,重金属的性质和存在形态、与其他污染物之间的相互作用及土壤理化性质等均可影响重金属的危害程度。

(1)铅的危害:Pb进入环境后可通过多种途径进入农产品,进而被人畜摄入。动物体内铅有90%来自农产品。Pb具有蓄积性,进入人畜体内后主要分布在肝、肾、脾、胆、脑中。其中肝肾的浓度最高。随后Pb会从以上组织转移到骨骼,以不溶性磷酸铅形式沉积,人体内90%~95%的Pb存积在骨骼中,只有少量积累在肝脾等脏器中。

Pb不是植物生长的必需元素和有益养分,浓度超过植物耐受浓度会产生毒害作用。植物体内Pb含量并不高,通常情况下低于10 mg/kg。Pb对作物的影响主要表现在作物的产量和品质上,低浓度的Pb促进作物生长,作物茎叶内的硝酸盐还原酶活性、可溶性糖的含量、叶绿素含量均有不同程度的增加。但随着Pb含量的增加,其促进作用变为抑制作用,高浓度的Pb严重阻碍作物的生理活动,表现为幼苗萎缩、生长缓慢、产量下降甚至绝收。作物的根系可被动吸收Pb,被作物结合在根系的外部,也可被作物结合在非原质体、根细胞壁和细胞器官中。

(2)镉的危害:Cd可经消化道、呼吸道及皮肤吸收,Cd在体内被吸收后首先到肝脏,与金属硫蛋白结合为Cd硫蛋白后,再经血液输送到肾脏,并累积起来,Cd硫蛋白也可分布储存于骨骼、肺、脾、胰腺、甲状腺、肾上腺、睾丸、肌肉、脂肪组织等部位。

土壤中过量Cd会对植物生长发育产生明显危害。植物对Cd污染会产生一系列的应激反应,如氧化应激、酶活性和植物信号物质(激素和钙离子)失衡,导致光合系统受损、质膜过氧化、细胞损伤、酶活性改变、内质网胁迫、蛋白质降解、DNA损伤或突变,从而影响其生理生化代谢过程,最终使植物生长受到抑制,甚至死亡。Cd 破坏叶片的叶绿素结构,降低叶绿素含量,叶片发黄褪绿,严重的几乎所有的叶片都出现褪绿现象。叶脉组织呈绛紫色,变脆、萎缩、叶绿素严重缺乏,表现为缺 Cd 症状。由于叶片受到严重伤害,致使植物生长缓慢,植株矮小,根系受到抑制,造成作物生长障碍。植物 Cd 中毒的机制包括降低光合作用速率、诱导氧化胁迫发生,影响钙离子信使系统。

（3）汞的危害:Hg 及其化合物的毒性都很大,特别是 Hg 的有机化合物毒性更大。毒性最大的是甲基汞(CH_3Hg),进入人体后遍布全身各器官组织中,侵害神经系统,尤其对中枢神经系统产生不可逆损害。

Hg 导致植物叶绿素合成不正常,影响植物光合作用,这是植物受 Hg 毒害的机制之一。Hg^{2+} 会导致植物细胞膜的去极化程度增高,细胞膨压下降,细胞膜出现渗漏,而且还会影响其对其他元素的渗透吸收。当植物受 Hg 毒害时,细胞内会产生大量活性自由基,使膜中不饱和脂肪酸产生过氧化反应,破坏细胞膜结构和功能。

（4）铬的危害:土壤中 Cr 主要为三价与六价,Cr(Ⅵ)的毒性更强,并具有强致癌、致畸和致突变的作用。Cr 能够通过皮肤接触、消化道及呼吸道 3 种方式进入人体。人体暴露在 Cr(Ⅵ)区域会缓慢出现皮肤溃疡,特别是在真皮破损部位的皮肤,这些无痛溃疡通常被硬痂包围并在愈合后形成瘢痕。吸入体内的 Cr(Ⅵ)会沉积在肺脏中,并可引起组织损伤与致癌。Cr(Ⅵ)还原过程中产生的活性氧可导致遗传物质损伤,造成遗传毒性。

植物对 Cr(Ⅵ)的吸收能力大于 Cr(Ⅲ),并且 Cr(Ⅵ)更容易从茎叶转移到果实中。Cr 在同一植物的不同器官累积存在差异,在地下部分积累的 Cr 比地上部分积累的多。根中 Cr 含量最高,种子和果实中几乎没有 Cr 的累积。高浓度 Cr 会使植物发育不良,植株矮小,生物量下降,严重时叶片发黄,甚至导致植株死亡。

（5）砷的危害:As 是一种类金属,长期摄入 As 会对人体产生损伤。可溶性无机 As 易被人体吸收（90%以上）,无机 As 比有机 As 毒性大得多,其中 As(Ⅲ)的毒性最大。As 进入人体的主要方式包括经口摄入、呼吸吸入和皮肤吸收。

As 是植物非必需元素,通常是有毒的。植物体内许多细胞过程都受到 As 中毒的影响,暴露在 As 污染的植物细胞膜会受损,导致电解质泄漏。

二、有机污染物

有机污染物是造成环境污染和对生态系统产生有害影响的有机化合物的总称。土壤作为生态系统物质循环的重要载体,是环境中有机污染物重要的"汇",大量有机污染物直接或间接进入土壤环境,影响土壤理化性质,造成土壤功能退化,对农作物产生毒害作用,甚至通过食物链进入人体,对人体健康造成损害。许多国家都采取了防治污染的措施,并重点筛选出潜在危害大、污染严重的有机化合物作为优先控制的对象,称为优先控制污染物。我国也提出了 14 类 68 种优先控制污染物的名单。目前土壤中较常见的有机污染物包括多氯联苯（PCBs）、多溴联苯醚（PBDEs）、全氟化合物（PFCs）等卤代有机物及 PAHs、邻苯二甲酸酯（PAEs）、农药、抗生素等。

（一）土壤有机物污染及源解析

1. 土壤有机污染物来源

土壤有机污染物主要来源于大气沉降、污水灌溉、农艺措施和固废处置等。

（1）大气沉降：有机污染物通过大气干湿沉降进入土壤，这是土壤中有机污染物的主要来源之一。例如，采用焚烧法处理生活垃圾时，含氯化合物与碳、氢、氧和金属等元素，在一定温度范围内发生反应生成二噁英（PCDD/Fs）等有机污染物，排放到大气中，最终随大气沉降进入土壤。

（2）污水灌溉：污水灌溉也是土壤中有机污染物的主要来源之一，我国污水灌溉的农田主要集中在水资源严重短缺的海河、辽河、黄河、淮河四大流域，约占全国污水灌溉面积的85%。大型污灌区有北京污灌区、天津武宝宁污灌区、辽宁沈抚污灌区、山西惠明污灌区、新疆石河子污灌区等。沈抚污灌区是我国最大的石油类污水灌溉区之一，由于长期采用富含石油烃、挥发酚、硫化物等污染物的工业和生活污水灌溉，该区域农田土壤呈现严重的污染问题。

（3）农艺措施：我国是塑料农膜生产和消费大国，塑料地膜中的增塑剂 PAEs 能直接释放到土壤中；在作物种植过程中常需施用农药，部分农药会被植物吸收、挥发、分解，而大部分则会积累在土壤中，造成土壤污染。此外，畜禽粪便中残留的抗生素经施肥进入农田，这也是农田土壤污染的主要来源之一。

（4）固废处置：工业废物和城市垃圾中的塑料袋、塑料薄膜等回收利用不当，大量残膜碎片散落田间，造成农田"白色污染"。工业废物和城市垃圾任意堆放，其渗滤液会污染土壤。污水处理厂污泥农用等也会导致有机污染物进入土壤。

2. 土壤有机污染源解析

土壤有机污染物的源解析方法通常包括源清单法、扩散模型法和受体模型法。受体模型法又分为定性分析和定量分析，还可利用逸度模型模拟环境介质中有机污染物的迁移和归趋。这些方法涉及的污染物包括 PAHs 及其含氧衍生物（OPAHs）、滴滴涕（DDT）、六六六（HCHs）、PCDD/Fs、PBDEs、PCBs 等。图 2-2 列出了近十年来国内外土壤污染物源解析研究对象出现频率，其中 PAHs 是土壤源解析研究最多的一类有机污染物，其次是 DDT、HCHs、PCDD/Fs 等（李娇等，2018）。

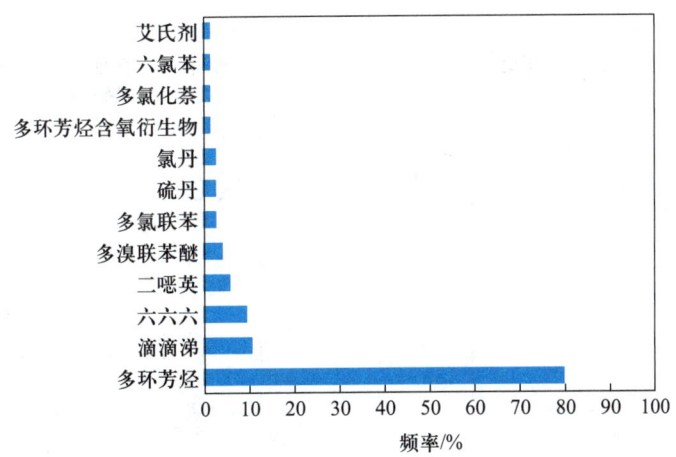

图 2-2 近十年来国内外土壤污染物源解析研究对象出现频率

（资料来源：李娇等，2018）

（1）排放源清单法：通过调查和统计不同污染源的排放因子和活动水平估算各类源的排放量，根据排放量来识别对受体有贡献的主要排放源。该方法具有结果简单清晰的优点，但存在排放因子不确定性大、人类污染活动水平资料缺乏、源排放量难以准确统计等问题。

（2）扩散模型法：根据污染源排放清单和污染物传输过程评估不同源对受体的贡献。该方法不仅可得到不同源在三维空间的分布及贡献，而且还能区分出本地排放源和外来传输源。然而，由于所需源清单存在很大不确定性，且污染物存在复杂的迁移转化过程，使得污染源与受体之间的关系难以建立。

（3）受体模型法：克服了以上两种方法存在的问题，通过对土壤样品和排放源样品中对原有指示作用的示踪物进行分析，定性识别受体的源类，并定量确定各类污染源对受体的贡献。与源清单法和扩散模型法相比，受体模型不需要调查各污染源的排放因子和活动水平，也不需要追踪排放因子的传输过程，直接对受体环境进行测定。受体模型法是当前土壤有机污染物源解析研究中最主要的技术手段，最常用到的方法有以下几种。

特征比值法：主要是利用各种污染源发生机理和特性不同，生成的污染物组成和含量存在不同程度的差别来识别污染物的来源，该方法为定性分析法。图 2-3 总结了利用特征比值法识别土壤中 DDT、HCHs、PAHs 等有机污染物来源时常用的判别依据。研究发现，土壤中残留的 DDT 经过长期的物理、化学及生物转化后，会逐渐分解成较为稳定的二氯二苯二氯乙烯（DDE）和二氯二苯二氯乙烷（DDD）。因此，可用 p,p'-DDE 与 p,p'-DDT 之比来分析土壤 DDT 的来源。通常情况下，进入土壤中的 DDT 经过 $15 \sim 20$ a 的理化作用之后，p,p'-DDE$/p,p'$-DDT 应该超过 20：1，而新进入土壤中的 DDT 的 p,p'-DDE 与 p,p'-DDT 之比通常小于 1。对于 PAHs 来说，常用茚并[1,2,3-cd]芘（IP）与苯并[g,h,i]苝（B[ghi]P）、荧蒽（FLA）与芘（PYR）之间的比值来进行源识别。若 IP/（IP+B[ghi]P）值大于 0.5，则表明土壤中 PAHs 主要来自煤和生物质燃烧；小于 0.5 则源于石油燃烧源。若 FLA/（FLA+PYR）值小于 0.4，则表明土壤中 PAHs 来源于石油源污染；在 0.4～0.5 表明主要来源于石油燃烧源；大于 0.5 则来源于煤和生物质燃烧源。

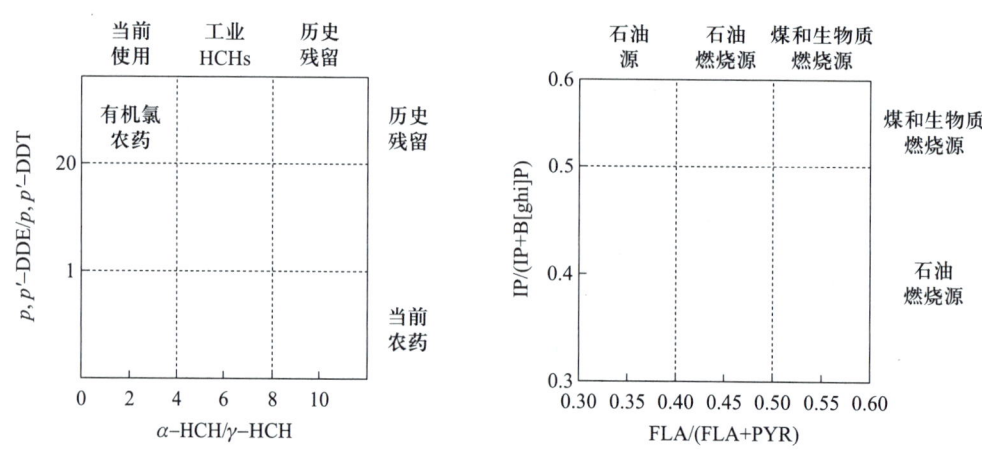

图 2-3　特征比值法识别土壤中 DDT、HCHs、PAHs 来源时常用的判别依据示意图

（资料来源：李娇等，2018）

同系物比值法:主要利用同系物之间的比值指示污染物的来源及转化途径,该方法为定性分析法。环境中的 HCHs 主要来自杀虫剂的使用,包括工业 HCHs 和林丹。工业 HCHs 是由多个异构体组成的混合物,主要由 α-HCH(67%)、β-HCH(8%)、δ-HCH(7.5%)和 γ-HCH(15%)组成。林丹的主要成分为 γ-HCH(99%)。由于各个异构体之间物理化学性质的差异及各异构体之间可能的相互转化,使得环境中 HCHs 残留中各异构体组成特征可以作为一种环境指示标志。α-HCH/γ-HCH 常用于判断土壤中 HCHs 的来源。通常情况下,工业 HCHs 的 α-HCH/γ-HCH 值为 4~8,若 α-HCH/γ-HCH 值小于 4,则说明土壤中 HCHs 主要来源于当前农药林丹的使用;若 α-HCH/γ-HCH 值大于 8,则说明土壤中 HCHs 主要来源于历史残留。

主成分分析/因子分析-多元线性回归法(PCA/FA-MLR)(表 2-1):使用主成分分析法或因子分析法,并与多元线性回归法相结合,来定量解析污染物的来源。首先,通过主成分分析或因子分析对受体数据进行降维处理,分析多个变量之间的关系,提取出较少的有代表性的因子,即污染因子。再把这些因子对受体的元素进行多元线性回归,获得的多元线性回归方程的回归系数可反映这些因子对受体的贡献值。其中多元线性回归模型可用式(2-1)来表示:

$$Y = \sum_{i=1}^{p} m_i X_i + b \qquad (2-1)$$

以 PAHs 为例,式中 Y 为因变量,代表 PAHs 总量;p 为由 PCA/FA 提取的主因子(污染源)个数;m_i 为标准回归系数;X_i 为第 i 个主因子得分;b 为回归常数。该方法不需要准确的源成分谱数据,只需要知道受体的信息并大概了解排放源组成,但估算的源成分谱和贡献值常常出现负值。主成分分析/因子分析方法最常应用到土壤中 PAHs、DDT 和 PCDD/Fs 的源解析。

(4)逸度模型:逸度模型(fugacity model)是当前应用最为广泛的一种环境多介质模型,由加拿大多伦多大学的麦凯(Donald Mackay)教授于 1979 年提出。基于质量平衡方程,麦凯依次构建了Ⅰ级、Ⅱ级、Ⅲ级和Ⅳ逸度模型,用来模拟和预测化学品在多介质环境下的迁移行为。其中,Ⅰ级模型通过输入理化性质参数、环境参数及系统中化学品的量,模拟出非流动的、稳态的、平衡的且无化学反应的理想化过程。Ⅱ级模型在Ⅰ级模型的基础上,增加了总排放速率及在不同环境相中迁移和平流速率,模拟出流动的、稳态的、平衡的且有降解反应的过程。Ⅲ级模型在Ⅱ级模型的基础上,增加了各环境中排放速率和实际介质中迁移速率,模拟出稳态的、非平衡的且有降解反应的流动过程。Ⅳ级模型在Ⅲ级模型的基础上,增加了随时间变化的物理量的初值,模拟出更贴近实际情况的非稳态、非平衡的且有降解反应的流动过程(唐纳德·麦凯,2007)。

除上述方法外,还有正定矩阵因子分解法、化学质量平衡法、同位素法、绝对因子得分-多元线性回归法、非负约束因子分析法及 UNMIX 法。这些方法为污染物源解析提供了技术支持,在实际应用时需结合污染物特征、污染区域条件选择合理的方法,以便更合理地处理数据,得到相对精确的结果。

表 2-1   PCA/FA-MLR 法在土壤有机污染物源解析中的应用

区域	研究对象	源（贡献比例/%）
北京市	PAHs	燃煤/交通排放（48.00）、炼焦炉（28.00）、石油源（24.00）
福州市	PAHs	燃煤（53.00）、石油（47.00）
黄淮平原	PAHs	木材/生物质燃烧源（27.70）、化石燃料燃烧源（53.00）、交通污染源（19.30）
天津市	PAHs	煤燃烧源（41.00）、石油源（20.00）、炼焦炉及生物质燃烧源（39.00）
百色市	PAHs	煤和木材燃烧源（52.10）、石油燃烧源（32.50）、蒸发和未燃烧的石油源（15.40）
北京东南郊灌区	PAHs	污灌区:燃烧源/汽车尾气（30.00）、焦炭源/石油源（70.00） 再生水灌区:煤燃烧（83.20）、汽车尾气排放及部分石油源（16.80） 清灌区:煤燃烧（83.60）、汽车尾气排放（16.40）
南充市	PAHs	交通燃油污染（42.40）、燃煤燃烧排放（32.40）、其他混合源（25.20）
泉州市	PAHs	燃煤和交通排放混合源（83.00）、石油泄漏源（17.00）
上海市（除崇明区）	PAHs	市区:石油燃烧源（82.00）、石油泄漏源（18.00） 郊区:石油燃烧源（71.00）、焦炉燃烧源（18.00）、石油泄漏源（11.00） 农村:石油燃烧源（55.00）、石油泄漏和焦炭源（45.00）
天津市	PAHs	市中心及近郊区:燃油源（35.00）、燃煤源（34.00）、炼焦源（10.00）、焚烧源（21.00） 滨海新区:燃油源（37.00）、焦炭源（42.00）、燃油源（21.00） 农村低值区:燃煤源（46.00）、燃油源（25.00）、焦炭源（18.00）、秸秆燃烧源（11.00）
上海市	PAHs	燃烧源（92.10）、石油源（7.90）
南加里曼丹省（印度尼西亚）	PAHs	生物质和煤燃烧（48.46）、天然煤（35.49）、汽车排放（16.05）
珠江三角洲	滴滴涕（DDT）	三氯杀螨醇中杂质源（55.00）、历史残留（21.00）、新的 DDT 产品（17.00）
秋田县（日本）	PCDD/Fs	CNP 中的杂质（1980s:68.00~82.00;2000s:55.00~70.00） PCP 中的杂质（1980s:18.00~32.00;2000s:30.00~45.00）

资料来源:李娇等,2018。

（二）土壤有机物污染现状及危害

1. 土壤有机物污染现状

目前我国土壤有机污染物主要包括全氟辛烷磺酰基化合物（PFOS）、PCBs、PBDEs、HCHs、DDTs 等卤代有机物及 PAHs、PAEs、抗生素等。2014 年全国土壤污染状况调查结果表明,HCHs、DDT 和 PAHs 的点位超标率分别为 0.5%、1.9%、1.4%。

我国不同类型土壤有机污染物点位超标率如图 2-4 所示。其中工业废弃地土壤、重污染企业用地及周边土壤、采矿区土壤有机污染最为严重,点位超标率均为 30% 以上。轻微污染耕地土壤占比 13.7%、轻度污染占 2.8%、中度污染占 1.8%、重度污染占 1.1%,轻微污染林地土壤占 5.9%、轻度污染占 1.6%、中度污染占 1.2%、重度污染占 1.3%。耕地土壤中的有机污染物主要是 DDT 和 PAHs,林地土壤为农药 DDTs 和 HCHs。工业废弃地土壤、重污染企业用地及周边土壤、工业园区土壤、采油区土壤、采矿区土壤、污水灌溉区土壤、干线公路两侧涉及土壤的有机污染物主要是 PAHs,采油区土壤中还有石油烃等有机污染物。

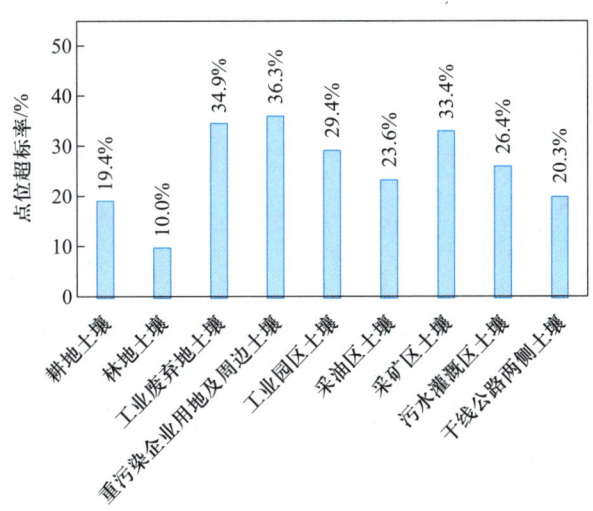

图 2-4　全国不同类型土壤有机污染物点位超标率
(资料来源:《全国土壤污染状况调查公报》,2014)

(1) 多氯联苯:PCBs 是与苯环上碳原子相连的氢被氯原子不同程度取代而形成的一类联苯化合物,是斯德哥尔摩公约首批禁止的 12 种持久性有机污染物之一。PCBs 在工业生产中主要用于制作绝缘油、热载体和润滑油,还可作为树脂、橡胶、涂料等许多种工业产品的添加剂。这些 PCBs 产品在生产过程中未完全利用或处置不当导致其进入环境。PCBs 在土壤中半衰期长达 10~20 a,而且能够从土壤中挥发进入大气环境或通过大气颗粒物的吸附作用,在大气环境中远距离迁移。我国部分地区农田土壤中的 PCBs 浓度如表 2-2 所示。在江浙沪地区、广东省、天津市和辽宁省采集的土壤样品中还检出了类二噁英 PCBs(DL-PCBs)。

(2) 多溴联苯醚:PBDEs 是一种阻燃化合物,被广泛应用于工业生产和日用品,包括电子产品、防火、家具、防火材料、装饰品、塑料品等。因其与被添加的材料间无化学键结合,极易进入环境中。PBDEs 在自然条件下相当稳定,不易被降解,能够在环境中长期积累和迁移,具有较强的生物累积性。在一些工业集聚地如酸浸处理电子垃圾园区附近的土壤样品中,PBDEs 污染尤为突出。大部分地区 PBDEs 污染主要是通过土-气交换、大气运输和沉降形成。全国主要地区土壤中 PBDEs 浓度在 3.50~76.0 ng/g,平均浓度为 25.2±22.6 ng/g。

(3) 全氟辛烷磺酰基化合物:PFOS 是一种广泛应用的全氟化表面活性剂,也是其他 50 余种全氟化合物的代谢产物。PFOS 能够通过水、陆地及大气循环系统等在全球范围内迁移运输,并在各类环境介质中广泛存在。在全球的土壤调查样本中,PFOS 的环境浓度很高。我国沿海地区土壤中 PFOS 的含量占所有介质的 40%。31 个省、自治区、直辖市采集的土壤样品中 PFOS 的平均浓度为 0.19 ng/g,东部地区和北方地区污染较为严重。

表 2-2 我国部分地区农田土壤中的 PCBs 浓度 单位:ng/g

区域		DL-PCBs	$\sum$ PCBs
华东地区	江浙沪地区	9.37	15.20
	山东省	—	2.60
	江西省	—	6.75
华南地区	广东省	9.00	18.40
华北地区	北京市	—	3.10
	天津市	0.87	4.02
华中地区	湖北省	—	1.30
	河南省	—	6.75
东北地区	辽宁省	0.77	0.77
	黑龙江省	—	0.54
	吉林省	—	111.00
西南地区	贵州省	—	29.80
	四川省	—	1.01
	西藏自治区	—	185.6
西北地区	甘肃省 新疆维吾尔自治区 青海省	—	0.45

注:"—"指文献中未报道;DL-PCBs 指类二噁英 PCBs;$\sum$PCBs 指所有被检出的 PCBs。

资料来源:李志恒,2020。

(4)多环芳烃:PAHs 是指具有两个或两个以上苯环的芳烃。PAHs 在环境中广泛存在,且稳定性高。美国环境保护署已将 16 种 PAHs 单体列入优先控制污染物清单。我国部分地区农田土壤中的 PAHs 浓度如表 2-3 所示。其中,华东地区农田土壤样品中同时检出 16 种 PAHs,平均浓度在 170 ng/g 以上。

(5)邻苯二甲酸酯:PAEs 作为增塑剂普遍应用于塑料制品中,含量可占塑料总质量的 10%~60%。PAEs 是常见的内分泌干扰物,其中有 6 种 PAEs 被美国环境保护署列为优先控制污染物。我国 PAEs 产量和使用量约占全球生产和消费总量的 20%~25%。PAEs 在塑料制品中通过氢键或范德瓦尔斯力与塑料松散连接,极易通过农用地膜、化肥施用等途径迁移进入土壤,造成农田土壤污染。我国 31 省市农田土壤样品中普遍检出 PAEs(平均值为 1 090 ng/g),我国部分地区农田土壤中的 PAEs 浓度如表 2-4 所示。

(6)农药:有机氯农药(OCPs)是一类以碳氢化合物为基本架构且含有氯离子的有机合成农药,也是斯德哥尔摩公约优先控制的持久性有机污染物之一。我国土壤中 OCPs 主要是由于历史施用造成的,虽然残留量已大大降低,但仍有部分地区检出率很高,平均浓度约为 58.9 ng/g。由于农业生产的需要,在以农业种植为主的地区,OCPs 的浓度要显著高于其他地区。我国部分地区农田土壤中的 OCPs 浓度如表 2-5 所示。

表 2-3 我国部分地区农田土壤中的 PAHs 浓度 单位:ng/g

区域		Car-PAHs	16-PAHs	∑PAHs
华东地区	山东省	—	289.0	415.0
	安徽省	—	—	216.8
	浙江省	75.10	179.1	179.1
	江苏省	747.0	—	1 060
	上海市	402.0	807.0	976.0
	江西省	30.10	—	195.0
	福建省	141.5	—	480.3
华南地区	广东省	124.8	—	244.2
	香港特别行政区	—	—	31.10
华北地区	北京市、天津市	128.8	—	336.4
	山西省	56.00	—	202.0
	天津市	—	—	957.8
东北地区	辽宁省	33.70	—	390.0
	吉林省	—	—	2 955
西南地区	重庆市	309.9	—	752.6
西北地区	新疆维吾尔自治区	102.0	—	1 742
	陕西省	—	—	141.3

注:"—"指文献中未报道;Car-PAHs 指致癌 PAHs;16-PAHs 指被美国环境保护署列为优先控制污染物的 16 种 PAHs;∑PAHs 指所有被检出的 PAHs。
资料来源:李志恒,2020。

表 2-4 我国部分地区农田土壤中的 PAEs 浓度 单位:ng/g

区域		6-PAEs	∑PAEs
华东地区	山东省	2 220	2 385
	江浙沪地区	—	7 820
	江西省	530	530
华南地区	广东省	21 030	21 030
	广西壮族自治区	—	4 353
华北地区	河北省	294	294
	天津市	754	754
	山西省	—	2 800
	北京市	310	630
华中地区	湖北省	19 330	19 330
	河南省	—	1 430
东北地区	黑龙江省	—	109
	辽宁省	—	6 713
西南地区	四川省	—	2 220
西北地区	甘肃省	—	2 810

注:"—"指文献中未报道;6-PAEs 指被美国环境保护署列为优先控制污染物的六种 PAEs;∑PAEs 指所有被检出的 PAEs。
资料来源:李志恒,2020。

表 2-5　我国部分地区农田土壤中的 OCPs 浓度　　　　　　　　单位：ng/g

区域		DDT	HCHs	∑OCPs
华东地区	江浙沪地区	56.20	2.46	59.30
	山东省	26.51	4.01	32.58
	安徽省	23.70	4.69	29.70
	江西省	16.35	1.46	—
	福建省	51.17	2.02	53.19
华南地区	海南省	1.25	0.16	2.30
	广东省	8.57	0.53	11.90
华北地区	北京市	6.46	0.73	—
	天津市	—	—	62.78
	内蒙古 （样品来自呼和浩特市）	137.2	52.39	184.9
华中地区	湖北省	68.00	11.00	88.00
	河南省	54.90	20.3	193.0
东北地区	吉林省	—	—	—
	辽宁省	6.67	1.42	6.86
西南地区	贵州省	14.39	5.60	—
	云南省	—	7.45	—
	重庆市	41.76	4.05	46.15
	西藏自治区	1.36	0.35	—
	四川省	1.76	1.93	4.92
西北地区	新疆维吾尔自治区	18.51	14.37	41.89
	甘肃省	12.52	1.45	—
	陕西省	7.65	2.22	11.05

注："—"指文献中未报道；∑OCPs 指所有被检出的 OCPs。

资料来源：李志恒，2020。

有机磷农药（OPPs）是指含磷元素的有机化合物农药。OPPs 的有效利用率仅有 35%，绝大多数在环境中残留或生物组织中累积，具有残留范围广、残留量高、持久性强等特点。OPPs 中用量最大的是草甘膦和毒死蜱。我国农田土壤样品中 OPPs 检出浓度高达 3 350 ng/g，平均浓度为 49.71 ng/g，总检出率为 45.33%，包括毒死蜱、对硫磷、甲胺磷、甲基对硫磷、甲拌磷、水胺硫磷、敌百虫、乐果、氧化乐果、敌敌畏、马拉硫磷等。

（7）抗生素：土壤中抗生素检出种类主要为磺胺类、喹诺酮类、四环素类、大环内酯类等。我国主要地区农田土壤中普遍检出四环素类抗生素，其中上海市农田土壤样品中检出浓度较高，平均值为 2 233 ng/g；京津冀地区中，天津市郊农田土壤样品中金霉素检出含量相对较高，最高达 1 079 ng/g。

2. 土壤有机物污染的危害

有机污染物可直接破坏土壤的正常功能,影响土壤微生物的群落结构及土壤动物新陈代谢、遗传特性和植物生长发育,并通过植物吸收和食物链积累,危害人类健康。例如,石油污染影响土壤水分状况、孔隙度等物理性质,土壤碳含量、养分含量等化学性质,以及土壤微生物群落组成和多样性、土壤酶活性等生物学性质。通常,石油污染会对大多数植物形成氧化胁迫,影响细胞膜透性,影响光合作用等生理活动,抑制植物生长,影响植物萌发、开花和结实。下面简要介绍石油污染对土壤的危害及影响。

石油污染会显著改变土壤的理化性质。由于石油的黏度较高,大量的石油会将土壤颗粒聚合成较为致密的片层状或团状结构体,降低了土壤的孔隙度,增加土壤的渗透阻力和疏水性。即使进入土壤的石油较少,由于石油类污染物的水溶性一般很小,土壤颗粒吸附石油类物质后不易被水浸润,难以形成有效的导水通路,透水性也会降低。石油污染会显著降低土壤含水率,导致土壤有机质、有机碳含量和水溶性有机碳含量增加,土壤氧化还原电位下降。石油污染也会影响土壤腐殖质的形成和含量;土壤受石油污染后,可提取腐殖质(extractable humus,HE)含量和胡敏酸(humic acid,HA)含量下降,胡敏素(humin,HM)含量增加,HA/HE 的数值下降。此外,随土壤中石油含量增加,胡敏酸的脂族性和疏水性降低,而芳香性和极性增强,其分子结构变得老化。

石油污染可影响土壤微生物群落组成和多样性。石油污染导致土壤微生物总量和以石油烃为碳源的烃降解菌等异养微生物数量增加,对土壤微生物的刺激效应随着时间的增加而逐渐消失。石油污染对其他土壤微生物的数量和活性产生制约作用,如石油污染对植物根际土壤丛枝菌根(arbuscular mycorrhiza,AM)的产孢能力具有抑制作用。石油污染对土壤微生物的影响取决于石油污染物自身的特性,石油污染程度及污染物中芳香烃类的含量对细菌多样性影响显著,石油污染程度高,芳香烃类含量高的土壤中细菌的多样性相对较低。

土壤酶活性是表征土壤生物学特性与质量的重要指标。土壤酶在土壤生态系统物质循环和能量流动方面起着重要作用,石油污染可对多种土壤酶的活性产生影响,相关研究有待进一步深入。

石油污染可影响植物生长。石油污染对许多植物的生长产生抑制作用,导致植物存活率、生物量、单株叶片数、植物高度、叶片面积等指标显著降低,对地下生物量积累的影响大于对地上生物量积累的影响。石油污染会对植物形成氧化胁迫,造成脂膜损伤,影响细胞膜的透性和细胞内的渗透调节,导致细胞内自由基、丙二醛、超氧化物歧化酶、过氧化氢酶、游离脯氨酸等物质的含量及相对电导率的增加。石油污染导致细胞内叶绿体损伤,叶绿素等光合色素含量降低,基础荧光(F_0)增加,可变荧光(F_v)、最大荧光(F_m)及 PSⅡ原初光能转化效率(F_v/F_m)降低,影响植物的光合作用。石油污染还可导致植物蒸散速率下降。石油污染影响植物的萌发、开花和结实。石油污染物通过包裹植物种子等途径影响种子与周围土壤间的水分和氧气交换,毒害种子的胚,延迟植物种子的萌发,降低种子的萌发率。此外,如果植物在花芽发育期间受到石油污染,植物开花数目显著降低,果实产生种子的数量也会降低。

土壤中有机污染物还可以在风力和水力作用下进入到大气和水体中,引发大气污染、水体污染和生态系统退化等其他环境问题。下面简要介绍土壤常见有机污染物对人体健康的影响。

（1）PCBs 的危害：PCBs 长期存在于食物链中，人体内 90% 以上的 PCBs 是通过食物进入人体。PCBs 对人体的毒性特征主要体现为致癌毒性、肝毒性、神经毒性、生殖毒性、免疫毒性等。在日本九州、四国等地和中国台湾省曾发生两起大的 PCBs 中毒事故，两次中毒事件均因误食含 PCBs 的米糠油所致。PCBs 中毒常见的症状包括眼分泌物增加、上眼睑肿大、氯痤疮、皮肤色素沉着过度、外周神经病等，后期还会产生肝功能下降、急性肝功能衰竭，甚至死亡。

（2）PBDEs 的危害：释放到环境中的 PBDEs 可通过食物摄取、呼吸和皮肤接触进入人体。PBDEs 具有内分泌干扰效应、神经毒性、肝脏毒性、生殖毒性、致癌性和基因毒性。PBDEs 可以与甲状腺受体结合，影响甲状腺激素的生理作用。PBDEs 还会通过影响酶活性而与甲状腺激素竞争转运蛋白，使得转运蛋白表达下降，导致 T4 水平下降，从而影响甲状腺功能。PBDEs 会直接影响神经细胞，通过诱导氧化应激而导致 DNA 受损和细胞凋亡。肝脏是 PBDEs 储积浓度最高的器官，PBDEs 的富集会导致肝脏中细胞色素 P450 氧化酶增高，对肝脏造成损害。此外，PBDEs 还会降低精子活性，导致生殖系统异常。

（3）PFOS 的危害：由于 PFOS 具有疏水性和疏油性，其被生物体摄入后不会在脂肪组织中富集，而是与血液中的蛋白质发生结合作用，并在血液、肝脏、肾脏、肌肉等器官与组织中积累。如 PFOS 通过损害氨基酸和嘌呤代谢而加重糖尿病和肾损伤。PFOS 还会加剧性激素水平异常、降低生育力，甚至影响下一代的健康。此外，PFOS 还具有肝毒性、免疫毒性、内分泌干扰作用、神经毒性及潜在致癌性等毒性作用。细胞代谢过程中会产生活性氧（ROS），当 ROS 浓度较高时，会对脂质、蛋白质、DNA 等产生不利影响，进而损害细胞功能和结构，导致细胞退化和死亡。而 PFOS 通过影响电子传递链和酶促反应等代谢活动，导致 ROS 增加，使机体进入氧化应激状态。

（4）PAHs 的危害：已知的 PAHs 约有 200 多种，可通过多种作用机制危害人类健康。首先 PAHs 介导癌症相关基因的表达紊乱是其致毒的直接原因；其次，PAHs 进入人体后的代谢产物可与 DNA 结合，形成加合物导致 DNA 突变，从而引发肺癌与其他疾病；另外，疾病相关基因多态性与 DNA 甲基化也是 PAHs 致毒的重要原因。PAHs 的吸入会导致机体产生氧化应激反应，加速炎症病理进程或造成遗传物质变化。

（5）PAEs 的危害：接触 PAEs 可能导致内分泌干扰效应、肝肾损伤，一些 PAEs 还具有基因毒性。作为一种类环境激素类物质，PAEs 通过干扰激素合成过程从而影响生物体的生殖发育，造成系统功能障碍。PAEs 的长期暴露还会导致雄性出现睾丸损伤、精子 DNA 损伤、精囊、输精管、前列腺生殖发育异常等症状；对雌性的生殖系统也会造成损伤，如子宫内膜异位、排卵异常、子宫及卵巢发育不良、癌变等。此外，PAEs 在体内富集也具有"三致"效应。

（6）OCPs 的危害：大部分 OCPs 都是亲脂性化合物，能够最大限度地在人体肝、脏、肾等部位富集，长时间蓄积在人体内，进而导致一系列疾病发生，对人体免疫、神经、内分泌、生殖系统等产生毒害作用。如 OCPs 一般都为高毒高残留物质，可刺激中枢神经，中毒后出现食欲不振，小脑失调或者造血器官障碍等症状。一些 OCPs 是内分泌干扰物，直接对激素的合成、活化、释放、转运和清除产生影响。这些 OCPs 会产生与雌激素受体信号传递途径无关的类雌激素效应及抗雌激素效应。

（7）OPPs 的危害：农业生产中 OPPs 使用量占全部农药的 70% 以上，每年发生的农药中毒事件中,OPPs 中毒的发生率最高。OPPs 能通过呼吸道、皮肤黏膜、眼睛、胃肠道等多种途径进入生物体,然后迅速分布于各个器官如脑、肺、心、肝、肾,并稳定存在,其中肺的摄取率最高,所以 OPPs 中毒患者死亡的直接原因通常是呼吸衰竭。OPPs 在生物体内经过迅速分布和代谢,最终以原体、代谢物、蛋白质加合物 3 种形式存在,并对生物体的健康产生短期或长期影响。

(8)抗生素的危害:抗生素不合理摄入、进入人体胃肠道,可与人体微生物群系发生相互作用,诱导肠道细菌产生抗生素抗性,导致菌群失调,出现耐药细菌;还会扰乱人体微生态,产生过敏反应或毒性作用。抗生素对人体健康的危害主要涉及耐药基因的传播。抗生素及其耐药基因可通过畜禽粪便进入土壤环境,其携带的耐药基因通过质粒、整合子、基因盒或转座子等水平转移给土著细菌。土壤环境耐药菌同样可以通过水平转移传播扩散耐药基因,在有合适受体菌的情况下,将耐药基因传递至致病菌(如沙门氏菌、拟杆菌、弯曲杆菌、志贺氏菌、大肠埃希氏菌),从而形成了抗生素耐药的致病菌。这对人类健康的影响表现为临床抗生素使用疗效降低、感染更严重或更持久。

三、生物污染物

土壤生物污染是指病原体和有害生物种群从外界侵入土壤,破坏土壤生态系统平衡,引起土壤质量下降的现象。污水灌溉及污泥、粪肥的农用可将细菌、病原体、寄生虫卵等带入土壤;大气中携带病原体的漂浮物和生物气溶胶等也可通过沉降进入土壤;病畜尸体随意掩埋或处理不当,更易引起土壤生物污染并扩大疾病传播。近年来,因抗生素滥用而导致的抗生素耐药菌(ARB)和 ARGs 的环境扩散和积累也被归为生物污染,并成为全球关注的重要环境问题。生物污染物不仅能够在土壤中滞留,还可在不同环境介质中传播和扩散。土壤一旦被病原微生物污染,则可成为疫源地,从而使人和动植物感染相关疾病。

(一)土壤中病原微生物

1. 土壤病原微生物的种类

(1)细菌类病原微生物:细菌是土壤中数量最多的土著微生物类群,每克土壤中细菌的数量达 $10^8 \sim 10^9$ CFU,但绝大多数不是致病菌。对人群健康具有危害的主要是外来致病细菌,这些细菌通过人类生活、生产等各种方式进入土壤。土壤致病菌主要通过农作物(生食等)、接触过土壤而不清洁的手、皮肤(伤口)、扬尘(气溶胶)等途径进入人体。常见的致病菌主要有致病性大肠杆菌、沙门氏菌、钩端螺旋体等。大肠埃希氏菌(Escherichia coli)简称大肠杆菌,多寄生在人或恒温动物的肠道中,在水、土壤环境中广泛存在,如果未被裂解能在其中存活数天,在肥沃的土壤表层则可存活更长时间。而致病性大肠杆菌是指能引起人和动物发生感染和中毒的一类大肠杆菌。未经处理的粪肥和灌溉水是土壤沙门菌属(Salmonella)的重要来源。沙门菌进入土壤后,90%在前三天死亡,剩余部分在表层土(2~10 cm)中可存活 110 d 左右,在下层土(20~60 cm)中可存活 170~290 d。钩端螺旋体属(Leptospira)细菌其下种类很多,分为致病和非致病两大类,其中问号钩端螺旋体(Leptospira interrogans)具有致病性,双曲钩端螺旋体(Leptospira biflexa)为非致病菌,菌体的一端或两端弯曲成钩状,故而得名。钩端螺旋体在自然界中分布很广泛,可以在潮湿土壤中存活半年以上,在水体中可存活数周至数月,不能在干燥的环境中生存,在盐水中仅存活数小时。

(2)真菌类病原微生物:真菌是微生物中一大类群(除一些大型真菌外),广泛分布于地球表面。据统计,自然界中实际存在的真菌物种约有 100 万~150 万种。真菌体内无叶绿素及其他光合色素,不能利用二氧化碳来制造食物,因而只能靠腐生、寄生、共生和超寄生生活。病原真菌(pathogenic fungi)通常是一类能侵入人体、引起浅表组织(如皮肤、毛发和指甲等)和深部组织(如脑及神经系统、肺及呼吸系统、骨髓、内脏、五官等)疾病的真菌。真菌还可刺激人体免疫系统产生过敏反应,或通过产生一些毒性物质引起人类的急性或慢性真菌中毒等。目前已报道的浅部真菌病的致病菌(又叫皮肤癣菌)有 45 种,其中一部分仅感染动物,对人类有致病作用的约 20 种。毛癣菌属(*Trichophyton*)、小孢子菌属(*Microsporum*)、和表皮癣菌属(*Epidermophyton*)是典型的皮肤癣菌,易引起浅部真菌病。深部真菌感染的病原菌主要为白念珠菌(*Candida albicans*)、烟曲霉菌(*Aspergillus fumigatus*)和新生隐球菌(*Cryptococcus neoformans*)。近年来,一些条件致病菌和自然界的真菌污染引起的人体感染也有不少报道。

(3) 病毒:是一类具有非细胞结构、只含有一种核酸、严格地在活细胞内复制增殖的微小寄生物,是地球上数量最多的生物实体。据估计,地球上存在 4.80×10^{31} 个病毒颗粒(VLPs),主要分布在沉积物和土壤中,数量分别占 87% 和 10%,而在海洋水体中仅占 2.7%。它们可引起动物、植物、细菌、真菌、藻类等感染或发生各种病害。与人类健康相关的土壤病毒主要有肠道病毒及某些动物媒介传播病毒等。肠道病毒属(*Enterovirus*)主要在肠道内生活繁殖,可长期由粪便排出,其对外界环境抵抗力强,存活时间较久。脊髓灰质炎病毒(*Poliovirus*)在 4 ℃ 的饱和砂土和砂壤土中可存活 180 d 以上,在 37 ℃ 的饱和砂土和砂壤土中可存活 12 d。甲型肝炎病毒(HAV)可长期存在于患者的粪便内,可在红壤土及海洋底泥中存活 56 d。汉坦病毒(*Hantavirus*)是一种动物媒介传播病毒,除南北极外世界各大洲均有汉坦病毒宿主动物存在。汉坦病毒最主要的宿主动物是啮齿动物,可在人肺癌细胞株(A549)、非洲绿猴肾细胞(Vero-E6)、人胚肺细胞株(R66)、恒河猴肾(LLC-MK2)等多种细胞中增殖,一般不引起明显的细胞病变,细胞被感染后仍可生长繁殖。

2. 土壤病原微生物的危害

(1) 细菌类病原微生物的危害:在生物性污染的病原微生物中,致病性大肠杆菌、沙门菌属等主要能引起肠道传染病,这些病原微生物在肠道内繁殖且产生毒素,破坏肠黏膜组织,引起肠道功能紊乱。例如,肠产毒素大肠杆菌会引起急性胃肠炎,主要表现为腹泻、上腹痛和呕吐。肠侵袭性大肠杆菌可引起细菌性痢疾,主要表现为血便、脓血、脓黏液血便,腹痛、发热。肠出血性大肠杆菌是出血性肠炎的病原体,最常见的是 O157:H7,由于其感染力强,100~200 个该细菌就能引起感染,主要表现为突发剧烈腹痛、腹泻,先水样便后血便,甚至全为血水,严重者出现溶血性尿毒综合征,血小板减少性紫癜。多数沙门菌可导致人畜共患病,家畜、家禽和鼠类等均可带菌,仅有伤寒沙门菌、副伤寒沙门菌对人致病。

(2) 真菌类病原微生物的危害:据统计,自 20 世纪 60 年代以来,真菌病患者增加了 30~50 倍,尤其是一些机会致病菌,并且一些原来认为是不致病的真菌亦已陆续出现在致病真菌的行列。白念珠菌是引起鹅口疮、阴道炎、皮肤病、气管炎、肺炎和心内膜炎等深、浅部念珠菌病的主要菌种。烟曲霉可寄生于肺内,发生肺结核式症状,是肺曲霉病的主要病原菌,常可致死。新生隐球菌是引起隐球菌病的主要病原菌,它通常能侵犯肺、骨骼、皮肤、淋巴结及其他内脏器官,但以侵犯中枢神经系统引起隐球菌性脑膜炎最为常见和严重。

(3) 病毒的危害:病毒只能在休眠状态下存在于土壤中,而在此状态下仍可以保持感染力。脊髓灰质炎病毒主要通过粪-口途径传播,所引起的脊髓灰质炎在任何年龄都可以发病,但主要的患病群体是 3 岁以下儿童,所占比例超过 50%。病毒侵犯脊髓的前角运动神经细胞,导致弛缓性肢体麻痹,多见于儿童,亦称小儿麻痹症。脊髓灰质炎多数导致终身瘫痪,严重时病人可因窒息而死。甲型肝炎病毒经口侵入人体,在口咽部或唾液腺中早期增殖,然后在肠黏膜与局部淋巴结中大量增殖,并侵入血流形成病毒血症,最终侵犯靶器官肝脏。由甲型肝炎病毒引起的甲型肝炎是一种肠道传染病,伴有发烧、怕冷、食欲下降、无力、肝肿大及肝功能异常等症状。大部分人没有症状,只有少数人出现黄疸,一般不转为慢性和病原携带状态。汉坦病毒主要引起肾综合征出血热,又称流行性出血热,人被病毒感染后,经过 1~3 周潜伏期,出现发热、出血及肾脏损害等症状。

(二) 土壤中抗生素抗性基因

作为 20 世纪最重要的医学发现之一,抗生素自被发现以来已拯救了无数生命,是人类医学史上具有里程碑意义的成就。但随着抗生素的大量生产、使用,甚至滥用,抗生素抗性基因(ARGs)污染已成为一个全球性的环境健康问题。早在 2006 年,ARGs 就被列为一种新兴污染物,从此 ARGs 在环境研究领域日益受到关注。2011 年世界卫生组织(WHO)将"抗生素耐药性:今天不采取行动,明天将无药可用"定为世界卫生日的主题。随后在 2015 年,WHO 发布全球报告,呼吁建立全球抗生素耐药性监测系统,许多国际组织和机构相应提出了行动方案。在 2016 年联合国大会第 71 次会议上,联合国各成员国采纳了抗生素耐药性高级别会议的政治宣言,表明了联合国各成员国在预防抗生素耐药性行动上的共识。我国积极落实联合国大会和 WHO 的行动计划,制定了《遏制细菌耐药国家行动计划(2016—2020 年)》。

1. 土壤中抗生素抗性基因来源

(1) 内在抗性:是指存在于环境微生物基因组上的抗性基因的原型、准抗性基因或未表达的抗性基因。多数天然抗生素来源于土壤微生物,因此土壤中必然存在着相应的抗性基因。自然环境中抗生素浓度通常低于临床使用浓度,环境中这些低浓度抗生素均可作为微生物种群间或种群内的信号分子,使微生物群落中的各微生物种群产生表型和基因型上的适应性反应。在北极 3 万年的冻土中已提取到来自于晚更新世生物的 DNA,从中发现了多样性很高的 ARGs,且部分抗性蛋白的结构与现代的变体极为相似,这表明抗生素耐药性的问题其实是自然和古老的。

(2) 外源输入抗性:虽然抗生素耐药性是微生物固有的一种自然现象,并且耐药性的出现早于临床上抗生素的使用,但是抗生素滥用加速了耐药性的传播。由于人体和畜禽动物体内的抗生素很难完全吸收,大部分抗生素随尿液或粪便排出体外,进入生活污水和医疗废水中。抗生素在污水处理过程中很难被消除,城市污水处理厂产生的含有抗生素和耐药性微生物污水进入土壤环境中,不可避免地导致抗生素在土壤中积累与富集,并且可导致土壤 ARGs 的扩散和传播。污水厂产生的污泥经填埋、露天堆放或堆肥农用后,ARGs 也随着污泥进入土壤环境中。动物肠道内和粪便中含有丰富的抗性细菌和 ARGs,畜禽粪便农用也增加了土壤中 ARGs 的丰度。

2. 土壤抗生素抗性基因增殖扩散

(1) 抗生素诱导的抗性基因增殖:土壤 ARGs 丰度的增加与抗生素的残留水平有直接关系。土壤中抗生素作为微生物种群之间或种群内的信号分子,形成一定的环境压力,使微生物种群获得抗性。土壤微生物产生抗生素抗性的分子机制如图 2-5 所示：抗生素失活，通过对抗生素降解或取代活性基团，改变抗生素结构，使抗生素失活；外排泵，通过转运蛋白主动将细胞内抗生素排到胞外或细胞周质中，降低胞内抗生素浓度，减少抗生素对细胞的损伤从而表现出抗生素抗性；抗性突变，通过突变或修饰改变抗生素的结合靶位，使抗生素结合位点失效；多糖屏障，在细胞膜上形成多糖类屏障以减少抗生素进入胞内。

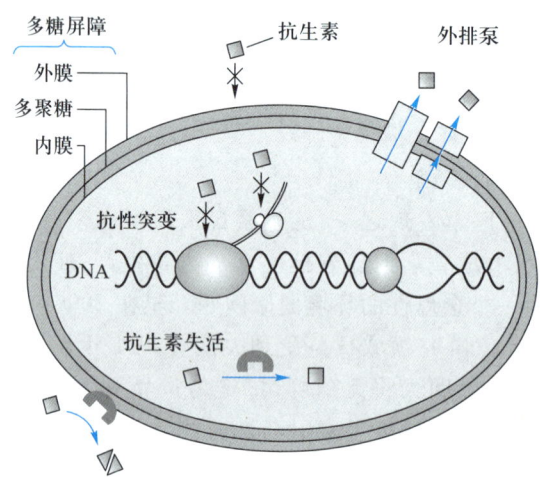

图 2-5   土壤微生物产生抗生素抗性的分子机制

（资料来源：Allen 等，2010）

（2）基因转移诱导的抗性基因扩散：ARGs 主要危害是其在环境介质中的广泛传播。与常规的化学污染物不同，ARGs 是具有遗传信息的 DNA 片段，并由活菌携带，因此位于染色体上的 ARGs 能通过染色体的自我复制遗传到下代，即通过细菌亲代之间分裂生殖进行垂直传播，从而增加其在环境中丰度，这一过程被称为垂直基因转移（vertical gene transfer，VGT）。

ARGs 可以通过接合（conjugation）、转化（transformation）、转导（transduction）、囊泡化（vesiduction）在同菌种或不同种菌株之间发生转移（图 2-6），从而使后者获得该抗生素抗性，这一过程称为水平基因转移（horizontal gene transfer，HGT）。接合是利用质粒、整合子、转座子等可移动遗传元件（mobile gene elements，MGEs），通过细胞间直接接触，将抗生素抗性基因从供体细胞转移到受体细胞的过程，是基因水平转移的重要方式。转化是指细胞外游离质粒或染色体 DNA 片段被某些感受态细菌吸收和整合到细菌基因组并表达抗生素抗性的过程。转导是由噬菌体介导的细胞间遗传物质传递的过程，噬菌体会在供体细胞中进行复制，随机捕获或就近携带附着点周围的基因片段，然后通过对其他受体细菌的侵染实现基因的转移。除了上述三种典型机制外，囊泡化被认为是水平基因转移的第四种方式，该过程中供体细胞表面分泌的囊泡通过与细胞膜融合，将含有 ARGs 的 DNA 运输到受体细胞的细胞质中。

（3）土壤-植物系统抗生素抗性基因扩散：土壤是环境中 ARGs 的重要储存库，而植物微生物可通过与土壤微生物的"交流"获得抗性基因，从而使得抗性基因在土壤-植物系统中扩散，并通过食物链最终进入人类微生物组（图 2-7）。ARGs 从土壤迁移到作物体内主要是由微生物驱动的。微生物首先沿着根际移动到根表，然后再在根内部定殖，从而将携带的 ARGs 转移至植物体内。土壤中的 ARGs 以细菌为载体，通过作物内部组织传递到叶际的途

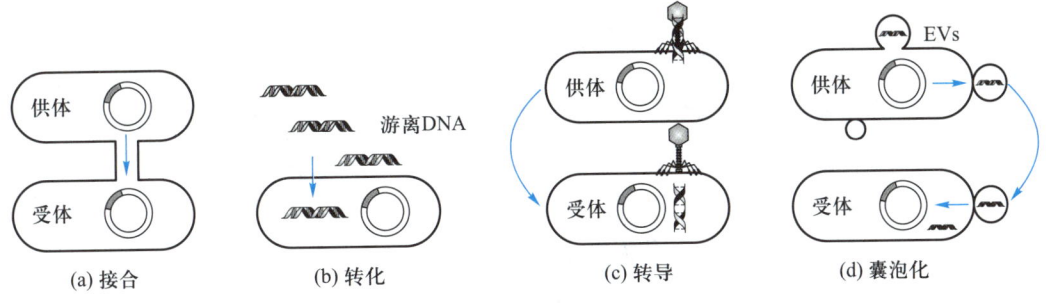

(a) 接合　　　　(b) 转化　　　　(c) 转导　　　　(d) 囊泡化

图 2-6　基因水平转移的四种方式

（资料来源：Liu 等，2020）

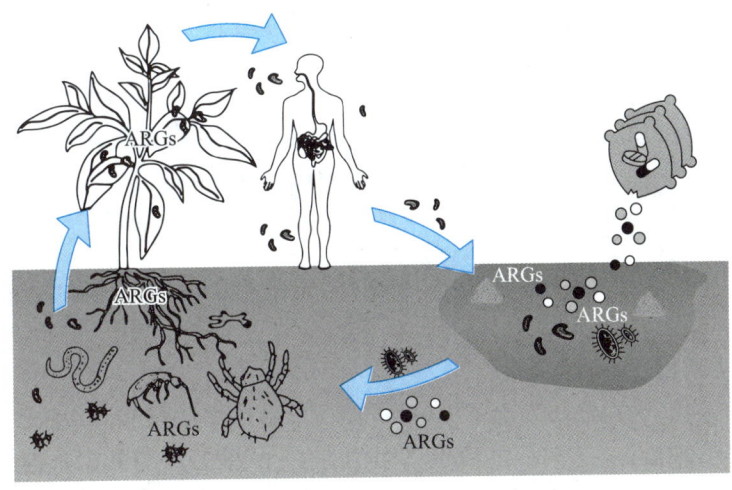

图 2-7　土壤生态系统中抗生素抗性基因的扩散

（资料来源：朱冬等，2019）

径为内部迁移途径。除了通过作物根部吸收，土壤中携带 ARGs 的细菌还可以负载在土壤颗粒物上，以物理性扬尘漂浮的方式由土壤进入大气，进而通过颗粒物沉降作用附着在叶片表面，并以叶际微生物的形式生存。

3. 土壤抗生素抗性基因污染现状

土壤中观察到 ARGs 和耐药细菌的增多，主要归因于畜禽养殖业抗生素大量使用对细菌产生的选择性压力，虽然抗生素导致的细菌耐药性可能局限于特定环境，如污水处理厂、畜禽养殖场、水产养殖场等，但 ARGs 可能通过各种途径传播到土壤环境中（图 2-8）。大量研究已证实，畜禽粪便农用、污水灌溉都会加剧其他环境介质中 ARGs 向土壤的汇聚。

自 2006 年美国学者 Pruden 提出将 ARGs 作为一种新型污染物以来（Pruden 等，2006），国内外越来越关注土壤中 ARGs 污染状况。随着抗生素的广泛使用，半个多世纪以来土壤中 ARGs 丰度增加了 15 倍以上。世界范围内土壤 ARGs 相对丰度为 $10^{-7} \sim 10^{-2}$ 拷贝/16S rDNA 拷贝。我国土壤 ARGs 相对丰度为 $10^{-8} \sim 10^{-2}$ 拷贝/16S rDNA 拷贝。从分布尺度上看，全国范围（纬度梯度从 26°23′N 到 46°20′N，跨度 2 200 km）共计 204 个 ARGs 被检出，中部地区 ARGs 多样性高于东北和华南地区。从不同土地利用方式上看，温室大棚土壤中 ARGs 的丰度显著高于露天土壤，特别是广东、山东、北京和辽宁等地。与森林（北方森林、温

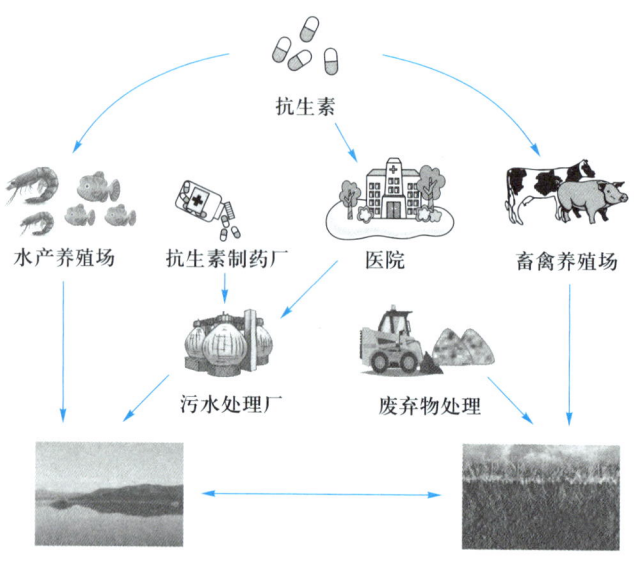

图 2-8　环境中抗生素抗性基因传播途径

（资料来源：朱永官等，2015）

带针叶林、温带落叶林、亚热带阔叶林和热带雨林）土壤相比，农田土壤中检测到的 ARGs 丰度更高。

4. 土壤抗生素抗性基因危害

20 世纪 30 年代，人们最初发现了细菌耐药问题，耐药细菌能够对磺胺类抗生素产生耐药性，从而导致该类抗生素失效。随后于 20 世纪 40 年代发现了青霉素抗性，但细菌耐药性并未得到人们的重视。直至 70、80 年代，大量多重耐药菌（multiple drug resistant bacteria，MDRB）持续被发现，人们才意识到细菌耐药性的广泛存在。2010 年印度新德里报道的"超级细菌"事件，其携带的 Beta-内酰胺类抗生素耐药基因 NDM-1 编码一种碳青霉烯酶，可以水解青霉素等大多数抗生素，致使由该耐药菌引起的感染疾病难以医治。预计到 2050 年，全球约有 1 000 万人死于抗性感染相关的疾病。抗生素耐药性问题已成为当今全球公共卫生面临的最大挑战之一。

ARGs 可以在土壤中与植物、动物、微生物之间发生水平基因转移，继而传播抗性风险。土壤-植物系统是抗性基因从环境向人类传播扩散的重要途径之一，食物链是土壤-植物系统中抗性细菌和抗性基因进入人体最直接和最主要的途径。蔬菜水果生食过程中，蔬果携带的抗性细菌和抗性基因将直接进入人体，从而对人类健康造成潜在的威胁。土壤中 ARGs 可以通过植物内生菌进入植物内部，在施用猪粪和牛粪后的土壤种植蔬菜（番茄、黄瓜、辣椒、萝卜和莴苣），土壤和蔬菜中均可检测到 ARGs。转基因植物和土壤微生物之间也存在着 ARGs 的传递，Beta-内酰胺类抗性基因（bla TEM-116 基因）在转基因玉米（Bt176）中被频繁检出。耐药基因也会在人和动物间传播，对人、鸡、猪体内共享抗生素抗性基因的调查发现，不同来源的耐药菌具有相似的耐药谱和耐药基因。

除了对植物和动物的生态影响外，土壤中 ARGs 也对土壤土著微生物产生不利影响，加剧土壤土著微生物的抗性转变，从而破坏原有生态平衡。抗性基因无论是对植物、动物或是微生物的生态风险，最终都将直接或间接影响到人体健康。虽然大部分含有抗生素抗性基因的环境微生物不具有致病性,但这些抗性基因可以通过水平转移扩散到人类致病菌中,从而对人类健康构成潜在威胁。

第二节　土壤中污染物的界面行为

土壤中污染物的环境行为和生物效应很大程度上取决于其在土壤多介质界面的反应过程。界面是指密切接触的两相之间的过渡区,通常包括固-液、固-气、液-气、液-液,以及固-生等界面。土壤中污染物的界面行为具有多介质和多过程的特点,土壤不仅是污染物跨相迁移的通道,也是污染物和微生物的高富集区,还是污染物生物和非生物转化的主要发生地。土壤污染物的界面行为是污染物在土壤-植物根际、土壤固相-水相、土壤-微生物界面等多介质界面发生的物理、化学和生物转化过程。研究土壤中污染物的界面反应过程,对提高土壤环境质量、保护生态环境和人体健康具有重要的理论价值和实践意义。

一、土壤介质特点

(一) 土壤介质的复杂性

土壤是一个复杂的多相体系,土壤介质的复杂性主要体现为组分、相态和反应过程的复杂性。土壤介质是由固相、液相和气相三相共同组成的多相复杂体系,包括了矿物颗粒、有机质、微生物、动物、植物根系、水、空气等复杂组分。污染物进入土壤介质后,可在土壤固-液-气系统中发生一系列迁移、积累及转化过程。这些过程非常复杂,包括了吸附-解吸、挥发、沉淀溶解、氧化还原等物理化学过程,还包括微生物驱动的吸附富集、跨膜/转运、转化/降解等生物过程。土壤中污染物的反应过程往往是非线性和非平衡行为,且土壤中各种污染物之间也可通过多种作用形成复合污染,进一步增加反应过程的复杂性。由于土壤介质组分复杂、研究难度大,目前对于土壤体系中污染物多介质界面环境行为的系统研究还比较缺乏。

(二) 土壤介质的空间异质性

作为土壤的一种重要属性,土壤空间异质性(spatial heterogeneity)是指土壤类型和性质在空间上的变异性。土壤的形成既受自然因素(气候、母质、地形、植被、微生物)影响,也与人类活动有关。由于这些要素在空间分布上并不均匀,导致土壤性质也存在空间上的差异。土壤介质中矿物、有机质、空气、水分、pH、Eh 等自身性质都呈现出一定的空间变异特征,使得土壤具备空间连续性及异质性。因而土壤是一个变异体,而非均质体。例如,土壤 pH 随海拔高度的增加呈降低的趋势。海拔高处人类活动较少,植物生长环境好,植物的根系会分泌多种有机酸,从而加剧土壤酸化。20 世纪 60 年代,国外开始进行土壤空间异质性的有关研究,但初期的研究对象仅局限于土壤的物理性质(水分、容重等),后来逐步延伸至土壤化学特性。土壤介质的空间异质性会影响重金属和有机污染物的吸附/解吸、溶解/沉淀、氧化/还原等生物地球化学行为,以及在不同介质间的迁移、扩散和聚集,进而影响其在土壤介质中的形态和有效性。例如,土壤 pH、黏粒和有机质含量是影响土壤微量重金属分布的重要因素;在旱作农田中,重金属向下迁移的深度大约在 20~60 cm;在成熟度高、分层性好、地表有机质与重金属含量相对丰富的土壤中,重金属能迁移至地表下 60~100 cm 处。

二、重金属的界面行为

土壤中重金属的界面行为主要包括重金属的吸附-解吸、沉淀-溶解、氧化-还原等,这些界面行为可影响土壤中重金属的赋存形态和生物有效性(图 2-9)。

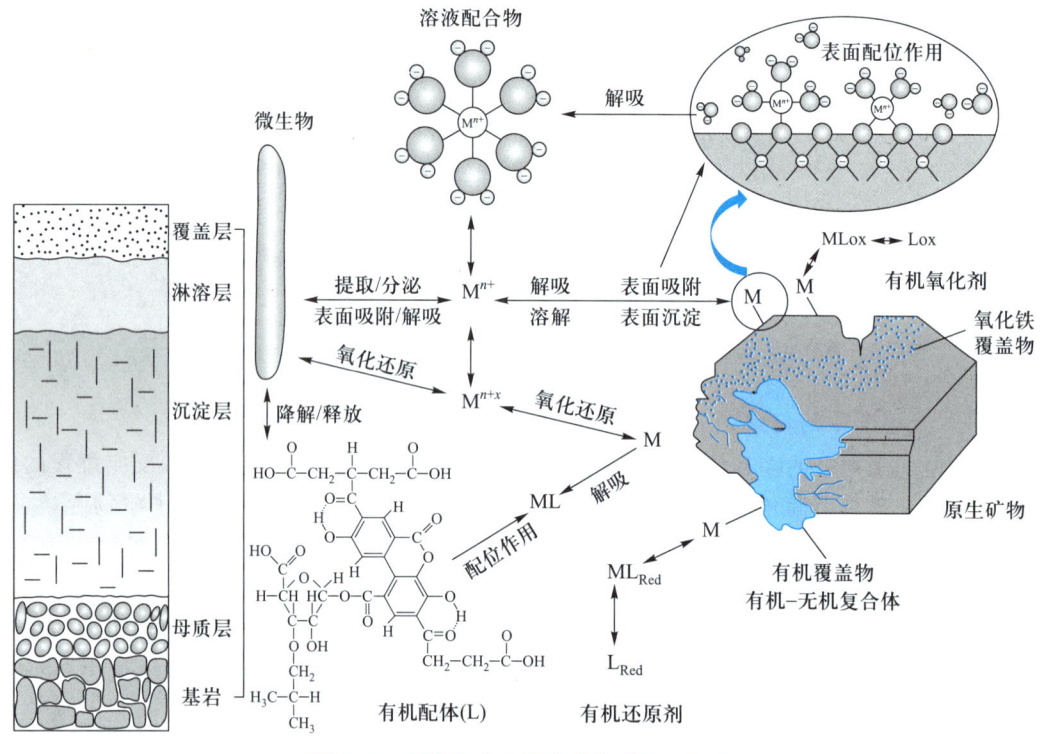

图 2-9   土壤中重金属的多介质界面行为

(资料来源:Brown 等,1999)

(一) 重金属的吸附-解吸界面行为

重金属的界面吸附行为是其在土壤中积累的一个主要过程,可影响重金属在土壤中的移动性和生物有效性。

1. 重金属的非专性吸附和专性吸附

非专性吸附是指重金属通过土壤表面电荷的静电作用而被吸附。重金属在土壤颗粒-溶液界面的非专性吸附行为是一种快速的非活化过程,且具有可逆性,吸附在土壤颗粒上的金属离子可被高浓度盐交换下来。土壤中黏土矿物和有机质是主要吸附剂,它们含有大量负电荷,可通过静电作用吸附重金属阳离子。不同价态重金属离子与土壤颗粒的亲和力不同,一般为 $M^{3+} > M^{2+} > M^+$,在浓度相同的 M^+、M^{2+}、M^{3+} 离子溶液中,土壤更倾向于吸附 M^{3+} 离子。重金属的离子交换是指土壤溶液中重金属离子与土壤表面阳离子发生交换作用,进而重金属被土壤颗粒吸附,而原来吸附的阳离子从土壤表面解吸出来。土壤中重金属的离子交换作用与静电吸附作用相似,均由土壤胶体表面与重金属离子间的库仑力引起。在能量关系上,静电吸附表现为离子的吸附能,而离子交换表现为离子的交换能。重金属离子交换吸附量受土壤所带电荷量制约。

专性吸附是指重金属通过共价键和配位键结合在土壤固相表面,吸附过程有价键的形成并伴随有吸热或放热现象。由于重金属趋近土壤颗粒的表面时,必须克服表面能障,因此化学吸附通常需要活化能。专性吸附倾向发生在吸附剂的专属吸附位上,且不经过单分子层阶段,解吸活化能也可能很大,吸附过程一般不可逆,也不受土壤表面可变电荷量控制。重金属离子的专性吸附通过与土壤中金属氧化物表面的—OH、—OH_2 等配位基或土壤有机质配位而结合在土壤表面:

$$—S—OH + M^{n+} \longrightarrow —S—O—M + nH^+ \qquad (2-2)$$

土壤中铁、铝、锰等氧化物是专性吸附重金属的主要组分,层状硅酸盐矿物断键的表面也可专性吸附重金属。这种吸附可以发生在带不同电荷的表面,也可以发生在中性表面上,其吸附量的大小不取决于土壤表面电荷的多少和强弱。相比于恒电荷土壤,在可变电荷土壤中,专性吸附在重金属吸附中占有更多贡献。专性吸附还具有与离子交换不同的几个特征:每吸附一个 M^{n+} 离子,可释放 n 个 H^+;某些矿物对特定的重金属离子表现出高度的专一性;趋向于不可逆,解吸速率比吸附速率慢很多;吸附作用导致土壤颗粒表面电荷向正值改变。专性吸附的重金属离子通常不能被中性盐所交换,只能被亲和力更强和性质相似的元素解吸或部分解吸。例如,针铁矿对 Cu^{2+} 吸附以专性吸附为主,不受离子强度调节剂(KNO_3)的影响,随着电解质 KNO_3 浓度的增加,吸附量并未减少。

土壤不同组分对重金属的专性吸附机制不同。腐殖酸中含氧官能团会与 Pb(Ⅱ)形成双齿配位结构,而 Pb(Ⅱ)能以二齿双核共角配合物、二齿共边配合物、二齿共角配合物、三齿共边配合物等方式吸附在针铁矿表面。土壤中磷酸根、铵根及一些含有强配位基团的化合物会改变土壤各组分的表面形态,进而影响重金属的配位结构。土壤氧化物表面基团和其他强配位基团会一起与重金属进行配位,形成三元配位化合物。例如,氧化物—M^{2+}—铵配合物和氧化物—M^{2+}—磷酸根缔合物;除草剂草甘膦与 Zn^{2+} 会在氧化铝表面形成三元配位化合物,其中草甘膦通过磷酸酯基团与氧化铝结合,而羧基与 Zn^{2+} 结合。

2. 重金属在土壤中的吸附-解吸模型

(1)吸附等温线:采用平衡热力学方法研究土壤中吸附现象是一种比较传统的方法。一般在恒温条件下,一系列浓度的溶质在土壤固相上达到吸附平衡时,测得溶质溶液浓度及固相吸附量,绘制两者关系曲线,即为吸附等温线。吸附等温线形状是多样的,这取决于吸附剂对吸附质的亲和力。人们常通过拟合吸附等温线求解吸附等温方程参数来研究吸附过程。

(2)经验吸附模型:常见的经验吸附模型有三类,即亨利(Henry)型、朗缪尔(Langmuir)型和弗罗因德利希(Freundlich)型,简称 H 型、L 型和 F 型(图 2-10)。H 型等温线为直线形;L 型等温线以吸附量的倒数对溶质溶液浓度的倒数作图,同样可以得到一条直线;F 型等温线以吸附量的对数值与溶质溶液浓度的对数值作图,可得到一条直线。

亨利模型公式如下:

$$S = K_d C \qquad (2-3)$$

式中:S——平衡时土壤所吸附溶质的量;

C——平衡时液相中溶质的浓度;

K_d——分配系数或称线性吸附系数。

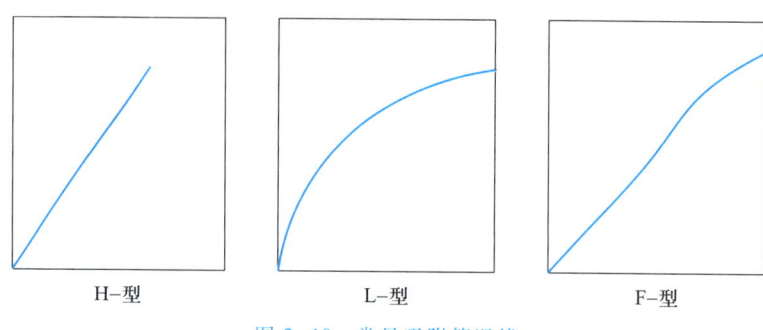

图 2-10   常见吸附等温线

亨利模型即线性模型,是目前最简单、应用最广泛的模型之一,即假定土壤基质所吸附的污染物的量 S 与溶质浓度 C 呈直线关系。

弗罗因德利希模型公式如下:

$$S = KC^{\frac{1}{n}} \tag{2-4}$$

式中: K 和 $\dfrac{1}{n}$ ——常数;

其他参数意义同上。

这种模型是最早的非线性吸附等温式,该模型已经广泛应用于描述土壤对溶质的吸附。实际上线性模型也是弗罗因德利希模型中与土壤性质有关的吸附常数 $n = 1$ 时的简化模型。

朗缪尔模型公式如下:

$$\frac{C}{S} = \frac{1}{KS_{max}} + \frac{C}{S_{max}} \tag{2-5}$$

$$S = \frac{KS_{max}C}{1 + KC} \tag{2-6}$$

式中: K ——吸附常数;

S_{max} ——吸附平衡时土壤对溶质的最大吸附量;

其他参数意义同上。

吸附等温线在一定程度上反映了吸附剂与吸附质的特性,其形式在许多情况下与实验所用溶质浓度区段有关。当溶质浓度低时,可能初始区段中呈现 H 型;溶质浓度高时,曲线可能表现为 F 型。

(3)化学形态模型:近年来,以重金属与不同土壤成分的表面配合反应为基础的化学形态模型逐渐发展起来并得到广泛应用。目前常用的是基于线性叠加假设的多表面模型(multi-surface model)。多表面模型选取纯化腐殖酸、合成针铁矿等模型材料分别代表土壤有机质、黏土矿物、金属氧化物等对重金属离子有一定吸附能力的界面,根据这些模型材料信息建立起先进的表面配合模型及参数,从而计算重金属离子在各界面的吸附量并予以加和。常用于重金属与有机质配合研究的形态模型为 HIBM 模型(humic ion-binding model)、SHM 模型(Stockholm humic model)和 NICA-道南(Donnan)模型及用于重金属与矿物配合研究的 DLM 模型(diffuse layer model)和 CD-MUSIC 模型(charge distribution multi-site complexation model)。Duffner 等(2014)以高锌土壤为对照,应用多表面模型成功预测并验证了低 Zn 土壤中 Zn 浓度的准确性,补充了人们对 Zn 生物有效性的认识(图 2-11)。

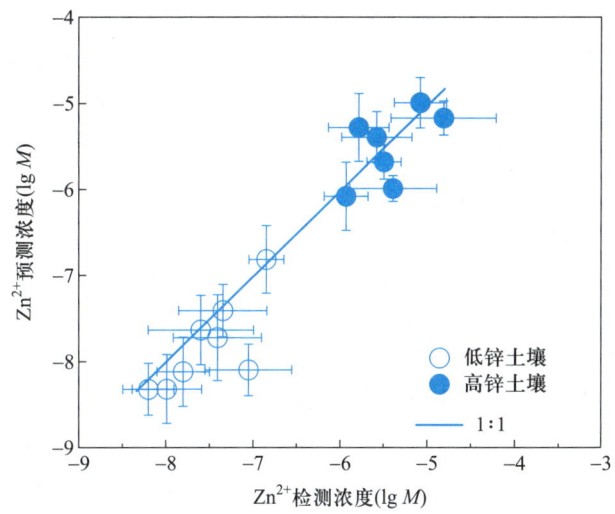

图 2-11　多表面模型预测 Zn^{2+} 浓度与道南膜技术测定 Zn^{2+} 浓度相关性

(资料来源:Duffner 等,2014)

3. 影响土壤中重金属吸附-解吸界面行为的因素

(1) pH:土壤 pH 是影响重金属在土壤中吸附的重要因素之一。pH 直接控制着重金属氢氧化物、碳酸盐、磷酸盐的溶解度及重金属的水解及离子水合半径大小,也影响着有机物质溶解及土壤表面电荷性质,因而在重金属吸附过程中起着主导作用。随着体系 pH 升高,土壤中黏土矿物、水合氧化物和有机质表面的负电荷增加,对重金属阳离子的吸附力增强,同时重金属在氧化物表面的专性吸附及土壤有机质-金属配合物的稳定性都增强。此外,pH 升高有利于重金属羟基化合物(M—OH)的生成,而土壤吸附位点与 M—OH 的亲和力明显高于离子态重金属。

(2) 温度:重金属吸附-解吸过程同时伴随着体系能量的变化,因此温度也将对吸附解吸过程产生重要影响。根据温度变化所引起的吸附-解吸变化,可以计算出吸附反应热力学参数,进而可判断反应的放热过程和吸热过程,以及反应的自发性等。重金属在土壤中的吸热或放热反应因土壤类型的不同而存在差异,这可能是由于不同土壤其组分不同而造成的。如膨润土对 Cd^{2+} 的吸附是放热反应,吸附量随温度的升高而降低;而针铁矿和石英对 Cd^{2+} 的吸附量则随体系温度升高而增加。

(3) 背景离子:背景阳离子对重金属吸附的影响一般通过两个途径,即背景电解质中阳离子与重金属离子竞争吸附位点、影响扩散双电层的化学特性。常用的背景电解质为 Ca、Mg、K 和 Na 的盐,离子强度增大将降低土壤胶体和黏土矿物对重金属离子的吸附能力。阴离子也会影响重金属的吸附,且不同阴离子对土壤吸附重金属的影响具有明显差异,如 Cl^-、ClO_4^-、SO_4^{2-} 对土壤吸附 Cd^{2+} 的影响顺序为 $Cl^- > ClO_4^- > SO_4^{2-}$。

(4) 土壤组分:土壤组分对土壤吸附固定重金属离子也有重要影响。土壤矿物种类不同,其表面基团的类型和活性也有差异。2:1 型蛭石、蒙脱石和伊利石等矿物中存在着同晶置换现象,表面带有负电荷,使其一般有较高的阳离子交换量和有较强的吸附重金属离子的能力。而 1:1 型高岭石类矿物、土壤黏粒、氢氧化物和水铝英石中没有或极少发生同晶置换,表面基团为各种羟基,对重金属具有较高的专性吸附能力。蒙脱石类矿物含量高的土壤如乌栅土吸附重金属的能力较强;而高岭石类矿物含量高的土壤如红壤吸附重金属的能力较弱。土壤有机质中腐殖质属于高分子有机化合物,含有多种含氧功能团如羧基、醇羟基等,容易和重金属元素发生配合或螯合反应,增加对重金属的吸附能力。

(5)微生物:微生物可通过带电荷的细胞表面吸附重金属离子,而且微生物细胞壁含有丰富的基团,可作为结合位点配合重金属。此外,当重金属是微生物必需的营养物质或外界重金属浓度过高时,微生物主动吸收重金属离子,将重金属离子富集在细胞表面或内部。微生物细胞的表面和代谢活动中产生的胞外分泌物,对重金属表现出较强的吸附能力,细菌细胞对 Cd^{2+} 的吸附能力远比蒙脱石等矿物大,且死细胞对 Cd^{2+} 的吸附能力比活细胞强。土壤矿物和微生物的相互作用可改变矿物和微生物表面性质及生物活性,进而影响土壤的环境功能。土壤细菌和矿物相互作用,其表面疏水性、表面电荷、比表面积,甚至表面结构都可能发生改变,从而影响其原来的吸附行为。将从老成土和淋溶土中分离的高岭石、土壤胶体与细菌混合后,土壤表面积增加 3.0%~8.8%,土壤胶体表面正电荷减少、负电荷增加,从而促进土壤胶体和高岭石对 Cu^{2+} 和 Cd^{2+} 的吸附。

(二) 重金属溶解-沉淀界面行为

重金属易与土壤环境中一些无机酸反应生成硫化物、碳酸盐、磷酸盐等。这些化合物的溶度积都比较小,使得重金属累积于土壤中不易迁移。下面简要介绍常见重金属沉淀物的溶度积及其表面沉淀和共沉淀行为。

1. 重金属离子的溶度积

溶度积(沉淀溶解平衡常数,K_{sp})由能斯特提出,一般沉淀溶解反应的平衡式为:

$$A_aB_b(固) \rightleftharpoons aA(液)+bB(液) \tag{2-7}$$

$$K = \frac{[A]^a[B]^b}{A_aB_b} \tag{2-8}$$

式中:K——以溶度表示的平衡常数,例如,以活度表示则为 K^0。目前在文献中查到的平衡常数,若没有注明特定反应条件,一般均系标准状态下的离子活度平衡常数 K^0。在标准状况下,固体 A_aB_b 的活度为 1。因此,平衡常数 K 就是该化合物的溶度积(K_{sp})。

$$K_{sp} = [A]^a[B]^b \tag{2-9}$$

溶度积是土壤固相化合物与其饱和溶液平衡时的平衡常数,数值大小与其固相化合物的溶解度有关。达到平衡时溶液中阴、阳离子浓度(活度)的乘积是一个常数。如果溶液中阴、阳离子浓度乘积大于 K_{sp},将有沉淀析出;相反,则固相化合物将继续溶解进入溶液,直至达到新的平衡。土壤中常见重金属固相为金属氧化物、氢氧化物、硫化物和碳酸盐,表 2-6 列出了常见重金属氢氧化物和重金属硫化物的溶度积。

2. 土壤中重金属的表面沉淀

表面沉淀是指土壤组分中含有碳酸盐、硫化物和磷酸盐等物质时,在适当条件下,重金属离子从溶液中自由状态转化为固态而沉积在土壤表面的过程(陈怀满,2018)。不同于饱和溶液中结晶生成固体的沉淀过程,表面沉淀一般强调的是非饱和溶液条件下由固体表面诱导产生的沉淀过程。表面沉淀反应发生在界面,主要取决于土壤固相组成。表面沉淀的主要特征是有新的固相生成。土壤固相表面和水溶液性质不同,重金属离子在土壤固相表面的结合形态可能会以单核吸附、多核吸附或表面沉淀等形式存在。在 pH 为 7.5 时镍离子(Ni^{2+})在溶液中并不能产生氢氧化镍沉淀,但是在黏土矿物悬浮液中能生成 Ni—Al 层状双

表 2-6 常见重金属氢氧化物和重金属硫化物的溶度积

氢氧化物	K_{sp}	pK_{sp}	硫化物	K_{sp}	pK_{sp}
$Cd(OH)_2$	2.2×10^{-14}	13.66	CdS	7.9×10^{-27}	26.10
$Co(OH)_2$	1.6×10^{-15}	14.80	CoS	4.0×10^{-21}	20.40
$Cr(OH)_3$	6.3×10^{-31}	30.20	Cu_2S	2.5×10^{-48}	47.60
$Cu(OH)_2$	5.0×10^{-20}	19.30	Hg_2S	1.0×10^{-45}	45.00
$Hg(OH)_2$	4.8×10^{-26}	25.32	NiS	3.2×10^{-19}	18.50
$Ni(OH)_2$	2.0×10^{-15}	14.70	PbS	8.0×10^{-28}	27.10
$Pb(OH)_2$	1.2×10^{-15}	14.93	SnS	1.0×10^{-25}	25.00
$Zn(OH)_2$	7.1×10^{-18}	17.15	ZnS	1.6×10^{-24}	23.80

资料来源:汤鸿霄,1979。

金属氢氧化物。重金属碳酸盐和硫化物矿物表面则既有表面配位或配合作用,也有晶格离子交换和表面沉淀。

3. 土壤中重金属的共沉淀

土壤溶液中重金属离子可与铁、铝和锰氧化物或氢氧化物产生共沉淀,进入固相内部。Cu^{2+}可共沉淀在非晶质的、极细的 $Al(OH)_3$ 颗粒中。Cr^{3+} 和 Mn^{3+} 等较小的三价金属离子易置换氧化物结构中的 Fe^{3+} 和 Al^{3+} 进入固相。砷酸根可以与土壤中无定形铁、铝等的氢氧化物产生共沉淀。因 Pb^{2+} 和 Cd^{2+} 离子大小与 Ca^{2+} 相近,土壤中的磷酸钙矿物能与 Pb^{2+} 和 Cd^{2+}形成固溶体,特别是羟基磷灰石具有极强的倾向将 Pb^{2+} 嵌入结构中。Pb^{2+} 可与羟基氧化铁发生共沉淀,而砷酸盐和 Ni^{2+} 更易与水铁矿物、水合铁氧化物发生共沉淀。生物反应也能促进重金属共沉淀。嗜硫酸杆菌可通过生化反应将重金属(Cd^{2+}、Cu^{2+}、Pb^{2+})与亚铁和硫酸盐形成共沉淀,沉淀物是由黄钾铁矾、黄铵铁矾和重金属复合物组成的次生矿物。

4. 影响土壤重金属溶解-沉淀界面行为的因素

一定环境条件下,重金属的溶解与沉淀趋于动态平衡。当环境条件发生改变,溶解与沉淀动态平衡会被打破,溶液中重金属离子浓度发生变化。

(1)pH:土壤溶液 pH 的改变首先影响重金属的碳酸盐结合态,其次是铁锰水合氧化物结合态。pH 升高时,这两种形态趋于稳定,土壤溶液中重金属浓度降低,迁移性下降;pH 下降,则情况相反,土壤溶液中金属离子的浓度增加,迁移性增强。以沉淀或共沉淀的形式赋存在碳酸盐中的重金属对土壤 pH 最敏感,随着土壤 pH 降低,碳酸盐态重金属容易重新释放而进入环境中,移动性和生物有效性显著增加,而 pH 升高有利于碳酸盐态的生成,即其在不同 pH 条件下能够发生迁移转化,具有潜在危害性。植物根系分泌物中的 H^+、低分子量有机酸等组分可改变土壤 pH,影响土壤中重金属化合物的沉淀-溶解平衡,进而影响重金属的生物有效性。根系分泌的 H^+ 还可以置换土壤颗粒表面吸附态的金属离子,从而提高土壤中重金属的生物有效性。

(2)Eh:土壤的氧化还原条件还可通过调节重金属化合物在土壤体系中的溶解度,进而影响重金属在土壤中的形态分布。在还原条件下,S^{2-} 可使重金属以难溶硫化物的形式沉积,或使重金属氢氧化物转化为更难溶的硫化物。

(3)有机质:有机分子(如羧酸、氨基酸和富里酸)能与重金属离子产生配位反应,形成可溶解的重金属-有机配合物,增强矿物表面重金属的溶解作用,从而增加土壤溶液中重金属离子的浓度。然而胡敏酸等高分子量有机物较易与重金属形成难溶配合物或发生共沉淀。

(4)微生物:微生物主要通过分泌有机酸来溶解土壤中沉淀的重金属,提高土壤溶液中重金属的含量。土壤微生物代谢产生甲酸、乙酸、丙酸和丁酸等多种低分子量有机酸,这些有机酸与重金属具有较强的配合能力,可通过配合作用使富集于土壤中的重金属解吸和溶解,提高土壤水相中溶解态重金属的含量。例如,黑曲霉($Aspergillus\ niger$)真菌能够将土壤中的磷氯铅矿($Pb_5(PO_4)_3Cl$)溶解,提高土壤中铅的浓度。微生物能将土壤中 Al、Fe、Mg、Ca 溶解,促进土壤中与矿物或铁铝氧化物结合的重金属释放。

(三)重金属氧化-还原界面行为

某些重金属具有可变价态,在一定条件下能发生氧化还原反应。重金属的价态不同,其活性和毒性也不同。除 Cr 外,通常重金属以高价离子化合物存在时溶解度较低、不易迁移,而以低价离子形态存在时,溶解度较大、易迁移。下面简述土壤中生物和非生物反应驱动的重金属氧化-还原界面行为及其影响因素。

1. 土壤重金属氧化-还原界面行为

(1)非生物反应驱动的重金属氧化-还原界面行为:土壤中非生物驱动的重金属氧化还原界面行为主要发生在黏土矿物和氧化物表面,铁、锰氧化物和含 Fe(Ⅲ)的层状硅酸盐矿物等都具有较活跃的氧化还原活性。土壤中存在二价、三价和四价锰氧化物,它们大多数是以氧化物及其水化合物形态存在,锰氧化物对重金属的氧化还原作用是重金属在土壤中最主要的非生物氧化还原界面行为之一。重金属的氧化还原界面行为可看作是矿物自身金属离子通过与吸附的重金属离子之间发生电子转移,使其存在形态发生改变的过程。矿物结构中或吸附的铁锰氧化物,可将低价重金属离子氧化为高价,反应后还原态 Mn 和 Fe 会被 O_2 氧化而恢复初始价态。As(Ⅲ)在土壤中可以被氧化为 As(Ⅴ),前者毒性比后者大 60倍,且移动性强,不易被吸附剂吸附,只有在干燥空气中 As(Ⅲ)才会被针铁矿缓慢氧化。Cr(Ⅲ)也可被土壤中的锰氧化物氧化,生成毒性更强的 Cr(Ⅵ)。一般而言,有机质含量高、酸性的土壤条件有利于 Cr(Ⅵ)还原,而有机质含量低、氧化锰含量高的土壤有利 Cr(Ⅲ)氧化。

(2)生物反应驱动的重金属氧化-还原界面行为:土壤微生物驱动众多氧化还原反应,可以直接或间接影响土壤重金属污染物的赋存形态。迄今已发现 16 种具有异化还原砷功能的微生物,如 $Sulfurospirillum\ arsenophilum$、$Sulfurospirillum\ barnesii$、$Desulfotomaculum\ auripigmentum$ 和 $Chrysiogenes\ arsenatis$ 等。As(Ⅲ)的氧化由位于细胞周质的类 ARO 酶催化,已报道的类 $aroA$ 基因序列有 160 多种。根据 As(Ⅲ)代谢方式不同,砷氧化微生物可分为化能自养型砷氧化微生物和异养型砷氧化微生物,前者编码的砷氧化酶基因为 aro,而后者为 aox或者 aso。土壤中 Cr 的转化也可以由微生物介导,铬酸盐可被微生物的硫酸盐转运蛋白带入细胞内,然后被铬酸还原酶还原为低毒性的 Cr(Ⅲ)。如恶臭假单胞菌($Pseudomonas\ putida$)的 ChrR 是一种与黄素单核苷酸结合的酶,可以将 Cr(Ⅵ)还原为 Cr(Ⅲ)。土壤中多种形态的 Hg^{2+} 可被微生物转化还原为 Hg^0。能将 Hg^{2+} 还原为 Hg^0 的微生物有耐汞微生物和汞敏感型金属还原微生物。耐汞微生物含有一种汞抗性基因-操纵子($mer\ operon$),微生物通过操纵子控制无机汞穿过细胞壁进入细胞质,再由细胞质中特定的酶将 Hg^{2+} 还原为 Hg^0。

2. 影响重金属氧化-还原界面行为的因素

（1）pH：土壤 pH 是影响重金属氧化还原反应的主要因素之一。金属氧化物的氧化还原电位依赖于 pH，一般低 pH 下具有更高的氧化能力。H^+ 是氧化还原反应过程中重要的反应物，在较低的 pH 下，金属氧化物驱动的重金属氧化还原反应更容易发生。pH 也可通过影响重金属的吸附、溶解、沉淀而导致其氧化还原反应发生变化。水钠锰矿对 Cr(Ⅲ) 的氧化过程中，矿物表面存在吸附-溶解-沉淀平衡。当 pH 为 3.0~4.5 时，Cr(Ⅲ) 氧化反应剧烈，矿物出现溶解现象；而当 pH 为 4.5~6.0 时，Cr(Ⅲ) 出现沉淀，覆盖在矿物表面的氧化位点上，氧化反应变慢。土壤 pH 对有机质还原 Cr(Ⅵ) 作用也有一定影响，还原作用随着 pH 升高减弱，随 pH 下降而增强。

（2）E_h：土壤 E_h 是土壤中多种氧化与还原物质化学反应的综合体现，代表土壤氧化性与还原性的相对程度，是以电位反映土壤所处氧化还原状态的指标，也是影响重金属活性的关键因素。淹水条件下土壤 E_h 降低，正砷酸 [As(Ⅴ)] 容易被还原成为亚砷酸 [As(Ⅲ)]，导致砷的溶解度和生物有效性大幅度增加，水稻砷累积风险提高（图 2-12）。根际土壤中变价重金属（Cr、Hg 等）和类金属（As）的形态与根际 E_h 密切相关，可据此在稻田间歇性排水，提高土壤氧化还原电位，降低砷的生物有效性。Cr(Ⅵ) 的生物有效性和毒性高于 Cr(Ⅲ)，可利用厩肥或硫化亚铁等还原物质，降低土壤 E_h，促进土壤 Cr(Ⅵ) 向 Cr(Ⅲ) 转化，进而降低 Cr 污染土壤风险。

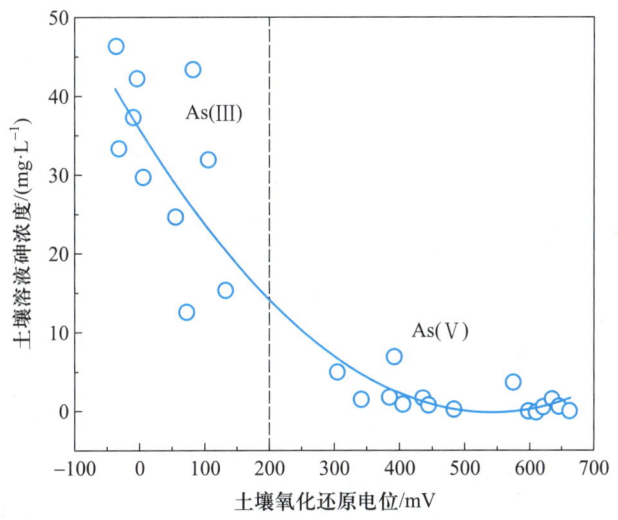

图 2-12　土壤氧化还原电位对土壤溶液中砷浓度的影响

（资料来源：Li 等，2009）

三、有机污染物的界面行为

（一）有机污染物的分配作用

有机污染物在土壤中的行为涉及不同的界面过程，包括吸附-解吸、降解和积累等。这些过程往往同时发生、相互作用，并受多种因素影响，人们对这些行为的认识也经历了由浅入深的过程。就土壤中有机污染物的吸附-解吸而言，自 20 世纪 60 年代以来，逐渐发展并形成了分配理论和非线性吸附理论。有机物通常可分为可离子化有机物和非离子化有机物。部分可离子化有机物的阳离子可通过阳离子交换吸附在沉积物和土壤胶体上,而阴离子形态由于土壤胶体颗粒表面负电荷形成静电排斥,一般不易被吸附。对于非离子化有机物和可离子化有机物的质子化形态,它们在沉积物和胶体颗粒上的吸附通常是分配和表面吸附共同作用的结果,土壤中腐殖质等有机质是有机污染物分配和表面吸附作用的主要媒介。

1. 土壤中有机污染物的分配作用

长期以来人们将土壤中的矿物和有机质看作一个整体,认为土壤对有机污染物的吸附是由矿物组分和有机质共同作用的结果,并应用分配理论解释所得结果。20 世纪 60 年代以后,土壤有机质的作用得到足够重视,土壤有机质吸附有机污染物过程与后者在溶剂中的溶解作用相似,并认为吸附系数与溶剂-水分配系数相似。1979 年,Chiou 等提出,在土壤-水体系中非离子有机污染物从水相吸附到土壤固相可看作是溶质分子在土壤有机质中的分配(溶解)过程,吸附作用的强弱与土壤有机质含量有关(Chiou 等,1979)。相对于有机质,土壤中黏土矿物和金属氧化物对有机污染物的吸附能力较弱,主要是因为矿物表面的吸附位点和极性水分子发生强烈的偶极作用而被大量占据,矿物对土壤吸附疏水性有机污染物的贡献很小。

2. 土壤中有机污染物分配模型

有机污染物在土壤和沉积物上的吸附实际上是这些化合物在其有机质中的分配过程,其作用过程类似于有机物在亲水相(如水)和疏水相(如辛醇)之间的分配过程。并且,非极性有机污染物在水溶液中或水饱和(潮湿)土壤上的吸附等温线呈线性,即土壤对有机物的吸附量与其在溶液中平衡浓度成正比。在平衡状态下,常用分配系数(K_d)描述非离子性有机污染物在土壤中的吸附作用:

$$K_d = \frac{Q}{C_e} \qquad (2-10)$$

式中:Q——平衡状态下有机污染物在土壤中的吸附量,mg/kg;

C_e——水相中有机污染物的平衡质量浓度,mg/L。

为进一步阐明有机污染物在不同土壤类型土壤中的吸附性能,将其在土壤中的分配系数以有机碳含量(f_{oc})标准化,得到:

$$K_{oc} = \frac{K_d}{f_{oc}} \qquad (2-11)$$

式中:K_{oc}——土壤有机碳标化的分配系数。

每一种有机污染物都有与土壤类型和特征无关的 K_{oc}。一般情况下,对任何类型的土壤,只要知道其有机质含量,便可求得有机污染物在相应土壤上的分配系数。图 2-13 为土壤吸附萘的分配系数 K_d 及饱和吸附量 Q^0 与有机碳含量的关系,可见,萘在不同土壤样品的 K_d 及饱和吸附量与有机碳含量(f_{oc})呈线性关系,随着土样中 f_{oc} 增加,萘在土-水体系的 K_d 值增大(Jing 等,2013)。当土壤 f_{oc} 超过 58% 时,有机污染物的 K_{oc} 被认为是一个常数,其水溶解度(S_w)与辛醇-水分配系数(K_{ow})是影响 K_{oc} 的主要因素。

分配作用主要有以下特点:① 吸附等温线应是线性的,特定疏水性有机化合物的 K_{oc} 基本为常数。② 吸附过程可逆,在吸附与解吸之间无滞后效应。③ 不同疏水性有机污染物之间没有竞争吸附现象。虽然分配模型计算方便、形式简洁,但是在实际工程实践和实验室理论研究过程中,在粒径较小的土壤胶体颗粒或有机污染物浓度较低的条件下,分配模型的预

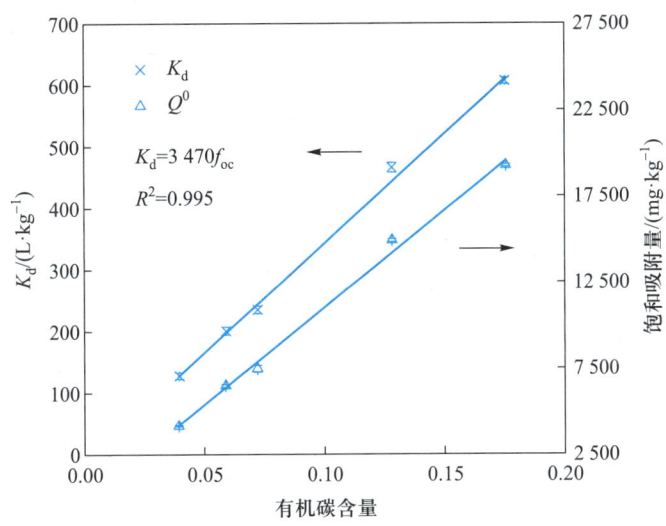

图 2-13 土壤吸附萘的分配系数 K_d 及饱和吸附量 Q^0 与有机碳含量的关系

(资料来源:Jing 等,2013)

测结果与实际存在较大偏差。另外,性质不同的疏水性有机污染物在吸附过程中有时也会发生竞争吸附现象。这意味着仅依靠简单的分配模型预测有机污染物在土壤中的吸附行为仍然存在缺陷。为了更好地预测有机污染物在土壤环境中的界面行为,必须考虑土壤中有机污染物的非线性界面吸附行为,将在后续部分专门介绍。

3. 影响分配作用的主要因素

(1) 有机污染物性质:辛醇-水分配系数 K_{ow} 大小与有机化合物水溶解度 S_w 具有一定的相关性。表 2-7 列出了 16 种 PAHs 在水中溶解度(S_w)与辛醇-水分配系数(K_{ow}),从表中可以发现有机物的 K_{ow} 随 S_w 降低而增大。同一有机污染物的 K_{oc}、K_{ow}、S_w 存在以下经验关系式:

$$\lg(K_{oc}) = a\lg(K_{ow} \text{ 或 } S_w) + b \tag{2-12}$$

式中:a 和 b——经验参数,其值的大小与有机污染物性质有关。

根据式(2-8),常用有机污染物 K_{ow} 来估算其在土壤中的分配系数 K_{oc}。

(2) 土壤有机质:在研究土壤有机污染物赋存形态时,分配模型特别是分配系数 K_{oc} 常被用于预测土壤中有机污染物的迁移行为。表 2-8 为 25 ℃时不同土壤对荧蒽的分配系数(K_d)和 $\lg K_{oc}$ 及土壤有机碳含量(f_{oc}),由表可见四种不同有机碳含量土壤中 PAHs 的 $\lg K_{oc}$ 较为相近。但许多文献报道中有机污染物在不同土壤中的 K_{oc} 实验值与理论计算值相差 3~4 倍,在个别研究中甚至相差 10 倍以上。土壤来源、有机质腐殖化程度、有机质组成和结构、土壤矿物、溶解性有机质(DOM)等都会导致 K_{oc} 变化。一般认为有机污染物在不同环境介质 K_{oc} 的顺序为:沉积物>悬浮颗粒物>土壤,且陈年土壤/沉积物>新形成的土壤/沉积物。

以(O+N)/C(物质的量比)作为天然有机质的极性指数,通过吸附试验得到有机化合物在无灰分土壤有机质(极性指数:纤维素>厩肥>泥煤>0.1 mol/L NaOH 淋洗的泥煤)中的分配系数,发现非极性有机化合物苯和四氯化碳的 K_{oc} 与样品的极性指数呈负相关,而不同吸附平衡浓度时(C_e 分别为水中溶解度的 0.005、0.05 和 0.5)阿特拉津的 K_{oc} 与样品的极性指数呈线性正相关(图 2-14)。非极性有机污染物在土壤有机质中的分配行为易受有机质极性影响,极性指数最高的纤维素是最弱的分配介质,而其对极性有机污染物的影响则相反。

表 2-7　不同 PAHs 在水中溶解度(S_w)与辛醇-水分配系数(K_{ow})

PAHs	化学式	英文名称	S_w/(mg·L^{-1})	$\lg K_{ow}$
萘	$C_{10}H_8$	Naphthalene	31.00	3.30
苊烯	$C_{12}H_8$	Acenaphthylene	16.10	3.94
苊	$C_{12}H_{10}$	Acenaphthene	3.90	3.92
芴	$C_{13}H_{10}$	Fluorene	1.90	4.18
菲	$C_{14}H_{10}$	Phenanthrene	1.15	4.46
蒽	$C_{14}H_{10}$	Anthracene	0.045	4.54
荧蒽	$C_{16}H_{10}$	Fluoranthene	0.26	5.16
芘	$C_{16}H_{10}$	Pyrene	0.132	4.88
苯并[a]蒽	$C_{18}H_{12}$	Benzo [a] anthracene	0.009 4	5.76
䓛	$C_{18}H_{12}$	Chrysene	0.002	5.81
苯并[b]荧蒽	$C_{20}H_{12}$	Benzo [b] fluoranthene	0.001 5	5.80
苯并[k]荧蒽	$C_{20}H_{12}$	Benzo [k] fluoranthene	0.000 8	6.00
苯并[a]芘	$C_{20}H_{12}$	Benzo [a] pyrene	0.001 6	6.13
二苯并[a,h]蒽	$C_{22}H_{14}$	Dibenzo [a,h] anthracene	0.000 6	6.75
苯并[g,h,i]菲	$C_{22}H_{12}$	Benzo [g,h,I] perylene	0.000 26	6.63
茚并[1,2,3-cd]芘	$C_{22}H_{12}$	Indene and [1,2,3-cd] pyren	0.000 2	36.70

资料来源:美国环境保护署。

表 2-8　25 ℃时不同土壤对荧蒽的分配系数(K_d)和 $\lg K_{oc}$ 及土壤有机碳含量(f_{oc})

样品	土样 1	土样 2	土样 3	土样 4
K_d	416.8	613.7	674.1	1 012
f_{oc}(%)	0.64	0.93	1.08	2.24
$\lg K_{oc}$	4.81	4.82	4.80	4.65

资料来源:He 等,1995。

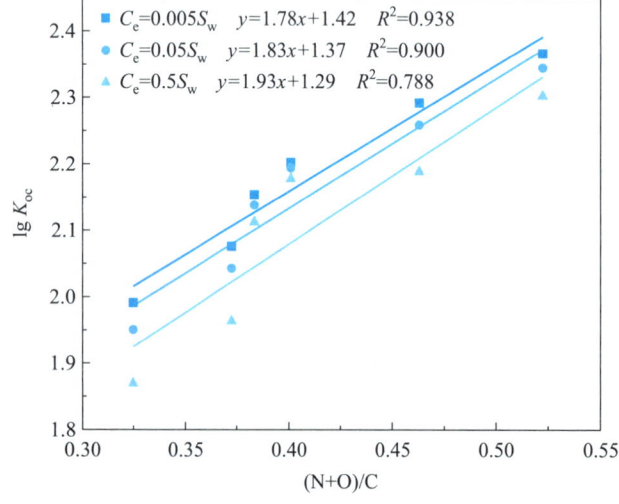

图 2-14　阿特拉津吸附系数与有机质极性指数的相关性分析

(资料来源:Wu 等,2015)

除极性变化外,有机质其他理化性质也会影响土壤中有机污染物的分配行为,导致分配模型的预测误差。由于有机污染物在 DOM 中的分配作用,在土壤溶液和孔隙水中微量的高分子腐殖质能显著增加疏水性有机物在液相中的溶解度,可直接影响有机污染物在土壤中的吸附行为。有机污染物在 DOM 水溶液中的表观溶解度(质量浓度)ρ_e^* 和其在纯水中的质量浓度(ρ_e)关系如下:

$$\rho_e^* = \rho_e + XK_{DOM}\,\rho_e = \rho_e(1+XK_{DOM}) \tag{2-13}$$

$$S_w^* = S_w(1+XK_{DOM}) \tag{2-14}$$

式中:X——单位体积水中 DOM 的浓度,mg/L;

　　K_{DOM}——有机污染物在 DOM 和水间的分配系数;

　　S_w^*——质量浓度为 X 的 DOM 存在下,有机污染物在水中的表观溶解度,mg/L。

考虑到 DOM 对有机污染物在土壤中分配行为的影响,可用表观溶质分配系数(K_d^*)描述土壤对有机污染物的分配作用:

$$K_d^* = \frac{Q}{\rho_e^*} = \frac{Q}{\rho_e(1+XK_{DOM})} = \frac{K_d}{1+XK_{DOM}} \tag{2-15}$$

式中:K_d^*——DOM 存在条件下有机污染物在土壤中的分配系数。

用 f_{om} 标化 K_d^*,得到:

$$K_{om}^* = \frac{K_{om}}{1+XK_{DOM}} \tag{2-16}$$

式中:K_{om}^*——DOM 存在条件下有机污染物在土壤中有机质标化的分配系数。

将 K_d^* 和 K_d 使用土壤有机碳含量标化后,式中 K_{om}^* 和 K_{om} 可以用 K_{oc}^* 和 K_{oc} 描述。DOM 分子必须足够大,分子内部的非极性结构和有机污染物分子才能相互作用。分子量相对较小的 DOM 分子由于尺寸限制,有机污染物与 DOM 之间难以发生分配作用。一系列研究证实,K_{DOM} 与有机污染物的水溶性及 DOM 的来源和组成结构相关。

(二)有机污染物的非线性界面行为

1. 土壤中有机污染物的非线性吸附作用

分配理论对土壤中高浓度有机污染物的吸附行为有较好的预测精度,但低浓度有机污染物在土壤中的吸附等温线呈非线性(图 2-15),分配模型很难准确预测实际环境中有机污染物的非线性吸附行为,导致分配模型预测结果与真实吸附量存在较大误差。考虑到土壤颗粒是有机质、黏土矿物及其他物质组成的非均相介质,实际上土壤吸附有机污染物包括线性分配作用和非线性表面吸附两部分。高浓度有机污染物吸附中分配作用占主导地位,而低浓度有机污染物吸附中表面吸附作用占主导地位。为了更准确地预测土壤中有机污染物的界面吸附行为、构建吸附预测模型,需要明确非线性吸附与土壤物质组成间的关系。

2. 不同土壤组分对有机污染物的非线性吸附作用及机制

(1)土壤有机质对有机污染物的非线性吸附:土壤介质对有机污染物非线性吸附机制和贡献源主要有三种观点:① 极性和非极性有机污染物非线性吸附均来自有机质的贡献;② 极性有机污染物非线性吸附来自有机质的特殊作用,非极性有机污染物非线性吸附源于土壤中存在高吸附能点位的碳类物质;③ 极性有机污染物非线性吸附是由于土壤矿物的作用,非极性有机污染物非线性吸附源于高比表面积碳类物质。不管是极性有机污染物还是

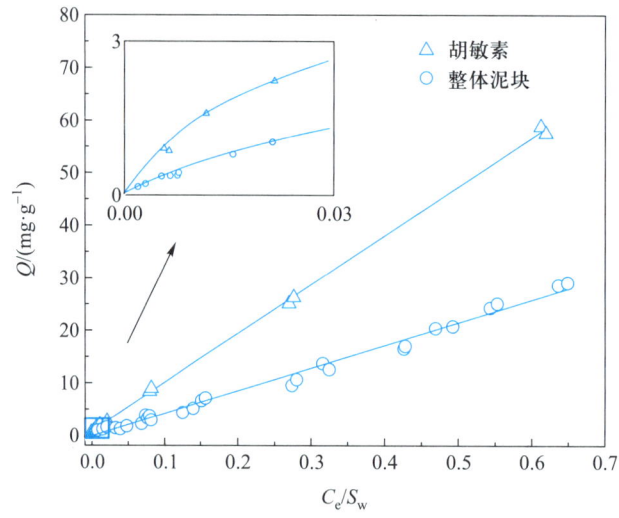

图 2-15   1,2-二溴乙烷在胡敏素中吸附等温线

(资料来源:Chiou 等,2000)

非极性有机污染物,其在自然土壤上的非线性吸附主要来源于有机质的表面吸附,而不是矿物质的表面吸附。由于自然土壤中高比表面积碳类物质含量很少,且天然有机质会竞争抑制有机污染物在高比表面积碳类物质上的吸附。有机质不仅是有机污染物在土壤中线性分配吸附的主要介质,也是非线性表面吸附的主要介质(朱利中,2015)。

有机质对有机污染物产生非线性表面吸附有多种解释。一种观点认为,有机质是一种高度复杂的高分子有机化合物混合体系,包括"软碳"和"硬碳"组分。"软碳"是一种高度无定形形态的蓬松有机质,而"硬碳"则是一种致密的、相对刚性的有机结构。有机污染物在"软碳"中产生分配作用,吸附速率较慢,呈线性、非竞争吸附;在"硬碳"中产生表面吸附作用,吸附速率较快、呈非线性、竞争吸附。此外,有机质中存在一定量的活性功能位点,它们易与极性有机污染物发生特殊作用,致使吸附等温线呈非线性。有机质与有机污染物分子间的范德瓦尔斯力是分配过程的主要作用力;有机质吸附芳香性有机污染物时,两者之间形成的氢键、π-π 共轭作用起重要作用。后两种作用力强于范德瓦尔斯力,是导致极性或芳香性有机污染物在有机质上非线性吸附的重要原因。

(2)黏土矿物对有机污染物的非线性吸附:黏土矿物是土壤的重要组成部分,对有机污染物能产生表面吸附作用,但由于矿物表面水分子的竞争作用,导致黏土矿物对有机污染物的吸附作用较弱。如蒙脱石对 2,4-二氯苯酚没有明显的吸附作用;高岭石对对硫磷、针铁矿对苯酚都只有弱的吸附作用。

在一些特殊情况下,黏土矿物可能被 NH_4^+、K^+ 等弱水合性阳离子饱和,导致水在矿物表面的竞争作用减弱,一定程度上增强其对有机污染物的表面吸附。例如,采用不同四甲基铵(TMA^+)分子置换锂基膨润土中的 Li^+ 制备 65TMA 改性膨润土(用 TMA^+ 改性的阳离子交换容量为 65 mmol/cg 的有机膨润土)。TMA^+ 在膨润土层间起支撑作用,使层间暴露出大量的硅氧烷表面,即分散的纳米吸附位。湿态时,TMA^+ 的水合作用导致暴露的硅氧烷表面减小,但单位电荷所占的硅氧烷表面积仍大于有机分子的截面积,可作为有机污染物的潜在吸附位点,对苯胺和苯酚的吸附能力大大增强(图 2-16)。65TMA 对芳香类和脂肪类化合物的吸附等温线如图 2-17 所示,65TMA 易吸附芳香类污染物,吸附强度随着吸附质浓度的增大而增强,甚至超过吸附至单层覆盖的最大吸附量,且吸附顺序为甲苯>苯胺>苯酚。

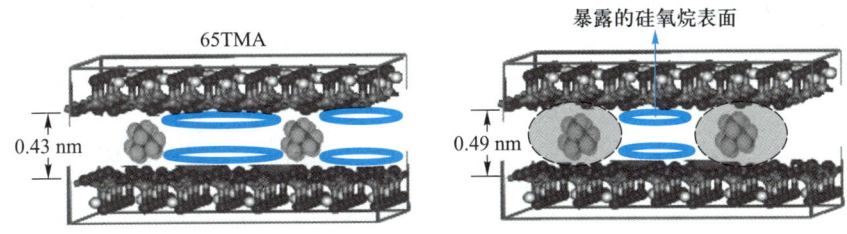

图 2-16 TMA-膨润土干态和湿态时层间微环境

(资料来源:Ruan 等,2008)

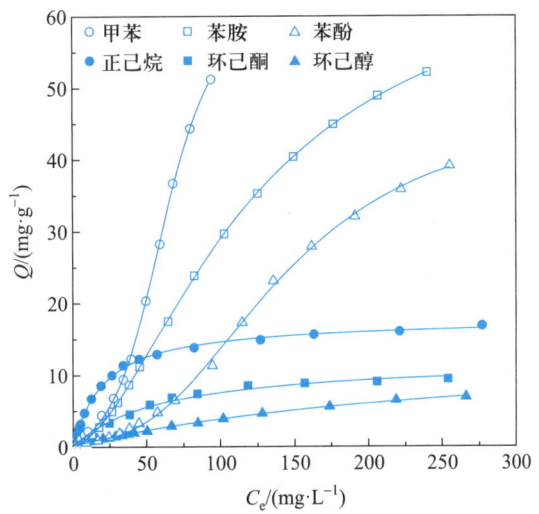

图 2-17 6 种芳香类和脂肪类化合物在 65TMA 中的吸附等温线

(资料来源:Ruan 等,2008)

（3）黑炭对有机污染物的非线性吸附:黑炭(BC)是指生物质和化石燃料未完全燃烧的残留物,包括木炭和烟灰。尽管自然土壤中这类物质含量较少,且由于黑炭-有机质复合体普遍存在,BC 的孔隙可能会被有机质堵塞而抑制有机污染物在黑炭上的吸附,导致有机污染物在其中的表面吸附作用可被忽略。但许多研究认为土壤中高比表面碳类物质仍会引起有机污染物的非线性吸附行为。某些土壤黑炭对有机污染物的吸附作用比有机质高 10～100 倍。

黑炭对有机污染物的吸附作用机制与碳化温度有关。以 100—700 ℃热解松针制备的生物炭(分别以 P100—P700 表示)为例,P100 样品对污染物的吸附等温线呈线性,表明有机污染物在低温热解制备的松针炭中主要是分配作用;随碳化温度升高,吸附剂(从 P200 到 P700)表面吸附作用的贡献逐渐增加。随热解碳化温度升高,所得的生物炭吸附机理从以分配作用为主逐渐过渡为表面吸附为主,吸附等温线非线性程度增加。

Pignatollo 等依据高分子化学理论,将黑炭中产生有机污染物分配作用的流动性区域称为橡胶态,将相对刚性的部分称为玻璃态(Pignatollo 等,1996)。玻璃态有机质区域中包括各种微孔,有机污染物只能通过慢反应进入固相,进而发生表面吸附和孔隙填充作用。进一步利用极性指数(O+N)/C、结合傅里叶红外光谱数据分析生物炭吸附有机污染物的作用机理(图 2-18),表明 P100—P300 主要的分配相为聚酯类组分,极性指数较低,与有机污染物极性相匹配。当热解温度高于 400 ℃ 时,酯类分配相被去除,分配介质从"软碳"过渡到"硬碳"(H/C<0.451),分配作用减弱。经过 700 ℃ 处理后,生物炭中分配相完全被去除,有机污染物在 P700 上主要发生孔隙填充作用。

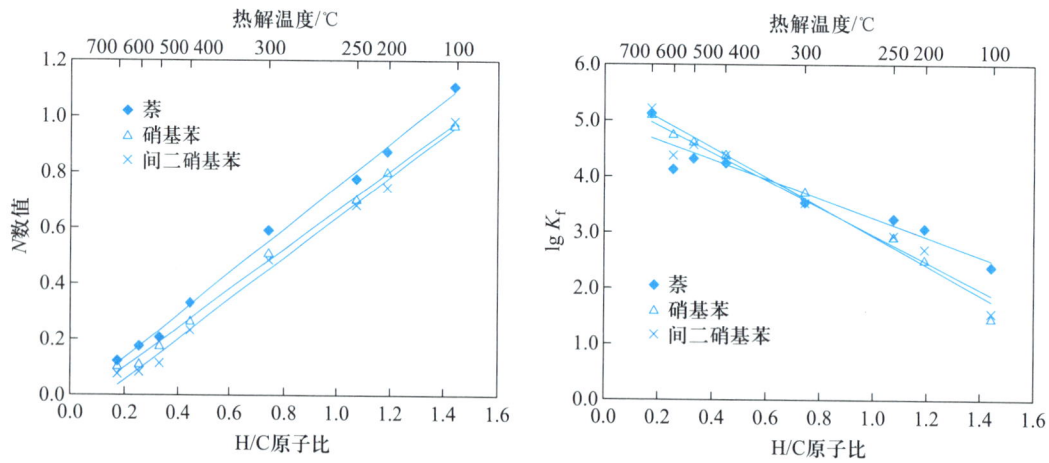

图 2-18 有机污染物的吸附回归参数(N 和 $\lg K_f$)与生物炭的芳香性参数(H/C 原子比)之间的关系

(资料来源:Chen 等,2008)

(4)纳米颗粒对有机污染物的非线性吸附:土壤中纳米颗粒的团聚及对有机质的选择性结合会导致有机污染物吸附和脱附的滞后性,也会造成有机污染物在土壤中的非线性吸附行为(Yang 等,2008)。萘、菲、芘、酚类、苯胺等有机污染物在上述纳米颗粒上的吸附等温线均呈非线性,符合波拉尼(Polanyi)吸附势理论,可用 Dubinin-Ashtakhov(DA)模型描述:

$$\lg q_e = \lg Q^0 - (\varepsilon/E)$$

(2-17)

式中:q_e——平衡吸附量,mg/g;

Q^0——饱和吸附量,mg/g;

ε——有效吸附潜力,$\varepsilon = RT\ln(C_e/C_S)$,kJ/mol;

E——吸附作用力相关的回归参数,kJ/mol。

碳纳米材料排放至环境后,表面可能会发生氧化作用而带有大量—OH、—C=O、—COOH 等含氧官能团。有机污染物在氧化后的碳纳米材料中的吸附等温线同样可用 DA 模型描述(图 2-19)(Yang 等,2008)。表面官能团的存在降低了碳纳米材料对水中非极性和极性有机污染物的吸附,主要是因为官能团的存在提高了碳纳米材料的亲水性,水分子的竞争吸附作用使碳纳米材料对有机污染物的吸附量降低,但是表面氧化并不能影响有机污染物与碳纳米材料之间的吸附作用力。

3. 影响土壤中有机污染物非线性吸附的因素

土壤对有机污染物的非线性吸附受土壤性质、有机污染物性质、共存污染物等多种因素的影响。

有机质是有机污染物非线性吸附行为主导源(朱利中,2015)。土壤和沉积物吸附菲等非极性有机污染物的研究结果表明,菲的非线性吸附拟合参数与土壤和沉积物的 f_{oc} 有显著

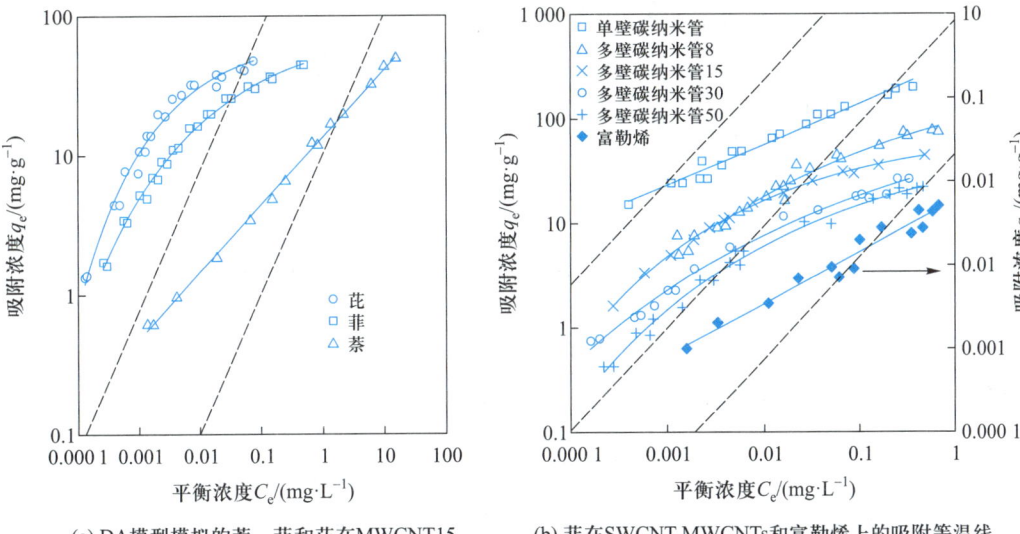

(a) DA模型模拟的萘、菲和芘在MWCNT15   (b) 菲在SWCNT-MWCNTs和富勒烯上的吸附等温线

图 2-19 DA 模型拟合的萘、菲和芘在碳纳米管和富勒烯上的吸附等温线

（资料来源：Yang 等，2008）

的线性正相关关系，而与比表面积、黏土矿物含量没有相关性，表明有机质是非极性有机污染物非线性吸附的主导源。因此，不论是极性有机污染物还是非极性有机污染物，其在土壤中的非线性吸附主要来自有机质的表面吸附，而不是来自矿物质的表面吸附；有机质含量不仅决定了有机污染物在土壤中的分配吸附，也决定了其非线性的表面吸附。

有机污染物在土壤中的非线性吸附与其 S_w、K_{ow} 等性质有关。土壤吸附极性和非极性有机污染物的 $\lg K_{oc}^*$（K_{oc}^* 为有机碳标化的分配系数）和 $\lg L_{oc}$（L_{oc} 为有机碳标化的表面吸附系数）与污染物的 $\lg K_{ow}$ 存在显著正相关关系，与 $\lg S_w$ 存在显著负相关关系，$\lg K_{ow}$ 则与 $\lg S_w$ 显著负相关；表明有机污染物的 K_{ow} 及其在土壤和沉积物中的线性分配和非线性表面吸附由其水溶解度（极性）决定（朱利中，2015）。

共存重金属可促进土壤对有机污染物的非线性吸附。Cr(Ⅲ)离子共存条件下萘在水稻土中吸附等温线弗罗因德利希常数 n 由 0.86 减至 0.71，在黑土上 n 由 0.87 减至 0.69；n 值越低表明土壤中的吸附点位具有越高的非均一性，即重金属离子增加了土壤吸附点位的表观多样性，从而产生了更多的 PAHs 吸附点位，最终导致 PAHs 在土壤中吸附的非线性增强。土壤有机碳含量越高，Cr(Ⅲ)引起的 PAHs 吸附增量就越大（Liang 等，2016）。

4. 土壤中有机污染物非线性吸附的预测模型

有机污染物的非线性吸附等温线模型一般采用结合了基于分配作用的线性等温线模型和基于表面吸附作用的非线性等温线朗缪尔模型的双模式模型（dual-mode model，DDM）来描述。

$$Q = Q_p + Q_A = K_d C_e + Q_0 \cdot b C_e / (1 + b C_e) \tag{2-18}$$

式中：Q_p——线性分配吸附量，$\mu g/g$；

$\quad\quad Q_A$——非线性表面吸附量，$\mu g/g$；

$\quad\quad K_d$——分配系数，mL/g；

$\quad\quad C_e$——平衡浓度，$\mu g/mL$；

Q_0——最大表面吸附量，$\mu g/g$；

b——与有机污染物和吸附位点亲和力有关的常数，$mL/\mu g$；

$Q_0 \cdot b = L$——表面吸附系数，mL/g。

该模型为预测有机污染物在土壤环境中迁移和生物有效性提供了一种有效方法。利用统计软件非线性回归程序，借助 DDM 模型，可描述 2,4-二氯苯酚（2,4-DCP）在 19 个土壤/沉积物样品上（表 2-9）和 13 种有机溶质在沉积物（表 2-10）上的吸附参数（Yang 等，2005）。2,4-DCP 在腐殖酸、土壤和沉积物上的吸附等温线呈非线性；由于表面吸附的主导作用，导致吸附等温线在低平衡浓度范围内有显著的向下弯曲，而分配作用导致吸附等温线在高平衡浓度范围内趋向明显的线性。双模式模型对拟合所有的吸附等温线都有较好的效果，相关系数（R^2）在 0.998～1.000，且平均权重方差为 0.001 4～0.060 4。

表 2-9　DDM 模型拟合 2,4-DCP 在不同土壤样品上的吸附等温线参数

样品	$f_{oc}/\%$	N	K_d	Q_0	b	R^2	K_{oc}^* (mL/g)	L_{oc} (mL/g)	Q_{oc} (mg/kg)
西湖沉积物 1	10.9	36	11.9	3 080	0.008 1	1.000	109	228	28 300
西湖沉积物 2	10.9	36	11.3	3 200	0.006 7	1.000	104	197	29 400
西湖沉积物 3	9.46	36	11.7	1 930	0.014 9	0.999	124	303	20 400
西湖沉积物 4	8.08	36	9.26	1 210	0.009 9	0.999	115	149	15 000
西湖沉积物 5	7.46	36	9.41	2 950	0.003 4	1.000	126	135	39 500
西湖沉积物 6	6.25	36	7.92	2 130	0.010 3	0.999	127	352	34 100
西湖沉积物 7	5.71	36	8.24	2 230	0.007 9	1.000	144	308	3 9100
西湖沉积物 8	4.08	36	4.81	1 090	0.010 6	0.999	118	282	26 700
西湖沉积物#8	0.88	36	0.813	457	0.004 0	0.998	92.4	206	51 900
鉴湖沉积物 9	3.79	36	5.57	1 060	0.012 8	0.999	147	359	28 000
鉴湖沉积物 10	2.80	36	3.83	772	0.013 1	1.000	137	361	27 600
南湖沉积物 11	1.43	36	1.87	385	0.012 1	0.999	131	326	26 900
甬江沉积物 12	1.75	36	0.935	229	0.012 8	0.999	53.4	168	13 100
苕溪沉积物 13	0.96	36	1.32	209	0.018 1	0.999	138	394	21 800
苕溪沉积物 14	0.63	36	0.587	201	0.006 9	0.999	93.2	219	31 900
京杭运河沉积物 15	3.73	36	4.60	806	0.014 6	0.998	123	316	21 600
京杭运河沉积物 16	0.39	36	0.357	61.1	0.015 9	0.999	91.5	249	15 700
龙井山红壤	2.31	36	2.94	437	0.009 0	1.000	127	171	18 900
腐殖酸	53.7	36	92.8	16 200	0.009 1	0.999	173	274	30 200

注：f_{oc}. 有机碳含量；N. 样品数量；K_d. 分配系数；Q_0. 最大表面吸附量；K_{oc}^*. 有机碳标化的分配系数；L_{oc}. 有机碳标化的表面吸附系数；Q_{oc}. 有机碳标化的表面吸附量；b. 回归参数；R^2. 相关性参数。

资料来源：Yang 等，2005。

表2-10 13种有机污染物的 $\lg K_{ow}$、$\lg S_w$ 及其在西湖沉积物上吸附等温线的相关参数

样品	$\lg K_{ow}$	$\lg S_w$	试验值			计算值①			计算值②		
			$\lg K^*_{oc}$	$\lg b$	$\lg L_{oc}$	$\lg K^*_{oc}$	$\lg b$	$\lg L_{oc}$	$\lg K^*_{oc}$	$\lg b$	$\lg L_{oc}$
苯胺	0.90	−0.436	1.26	−2.29	1.85	0.66	−2.70	1.01	0.85	−0.99	1.23
硝基苯	1.85	−1.803	1.67	−1.24	2.07	1.53	−1.65	1.90	1.81	−2.87	2.20
对硝基甲苯	2.37	−2.606	2.14	−0.60	2.25	2.00	−1.07	2.38	2.38	−2.10	2.77
对硝基氯苯	2.39	−2.846	2.07	−2.04	2.15	S_w 2.02	−1.05	2.40	2.55	−2.32	2.94
对硝基苯胺	1.39	−2.362	1.78	−1.63	2.10	1.10	−2.15	1.47	2.21	−0.74	2.60
邻硝基苯胺	1.85	−2.040	1.77	−2.28	1.75	1.53	−1.65	1.90	1.98	−1.50	2.37
间硝基苯胺	1.37	−2.186	1.64	−1.71	2.07	1.09	−2.18	1.45	2.08	−1.45	2.47
苯酚	1.46	−0.070	0.95	−1.86	1.66	1.17	−2.08	1.53	0.59	−1.48	0.97
对硝基苯酚	1.79	−0.939	1.41	−2.10	1.87	1.47	−1.71	1.84	1.20	−0.84	1.59
对氯苯酚	2.39	−0.689	1.49	−3.10	1.74	2.02	−1.05	2.40	1.03	−2.32	1.41
1,3-二硝基苯	1.49	−2.466	1.76	−1.27	2.48	1.20	−2.04	1.56	2.28	−0.74	2.67
2,4-二氯酚	3.23	−1.610	2.09	−1.83	2.48	2.79	−0.12	3.18	1.68	−1.50	2.06
对氯苯胺	1.83	−1.666	1.57	−2.20	2.15	1.51	−1.67	1.88	1.72	−1.45	2.10

注:计算值①与计算值②表示两次计算结果;K_{ow}. 辛醇-水分配系数;S_w. 溶解度;K^*_{oc}. 有机碳标化的分配系数;L_{oc}. 有机碳标化的表面吸附系数;b. 回归参数。

资料来源:Yang 等,2005。

总的来看,有机污染物在土壤上的非线性吸附(包括分配作用和表面吸附)既与有机污染物性质如溶解度 S_w 有关,也与土壤中有机质含量和性质有关。据此,可建立有机污染物在土壤中非线性吸附量 Q 的预测模型(朱利中,2015):

$$Q = 10^{0.543} \times S_w^{-0.705} \times f_{oc} \times C_e + 10^{0.921} \times S_w^{-0.709} f_{oc} \times C_e / (1 + 10^{-2.935} \times S_w^{-0.889} \times C_e) \qquad (2\text{-}19)$$

该模型提供了计算有机污染物在土壤中吸附量的简便方法。由于模型中结合了表面吸附部分,它可提供比式(2-6)更准确的预测结果,特别是在低浓度时模型的预测精度更高。由模型可以看出,提高有机污染物水溶性、降低土壤有机碳含量,可降低有机污染物在土壤上的吸附;相反,降低有机污染物水溶性、提高土壤有机碳含量,可增强土壤吸附有机污染物。因此,通过调节有机污染物的溶解度、土壤的有机碳含量,可调控土壤中有机污染物的吸附-脱附行为及生物有效性,发展土壤污染阻控与修复技术。

(三)有机污染物的降解-积累行为

1. 土壤有机污染物的降解行为

有机污染物在土壤中的降解过程可分为非生物反应和生物反应。其中非生物降解主要指化学降解和光化学降解,生物降解则是指通过生物反应将有机污染物转化为其他物质的过程。

(1)化学降解:有机污染物的化学降解分为非催化反应和催化反应。以农田土壤为例,土壤环境湿润且具有一定透气性,有机污染物在土壤中的降解反应大多在有水分存在时发生,90%以上的相对湿度可以为有机污染物的氧化还原和水解反应提供条件。土壤颗粒具有较大的比表面积和许多活性反应位点,其吸附的有机磷农药等有机污染物能够与有机质分子中活性基团及自由基发生反应,并受到黏粒表面金属氧化物、金属离子及有机质的催化。例如,黏粒表面的 H^+ 或 OH^- 能催化狄氏剂的异构化和阿特拉津与 DDT 的水解反应。

氧化还原作用:土壤中有机污染物氧化降解是一个多种方式耦合的过程,其中包括羟基化、脱烷基、β-氧化、脱羧基、醚键断裂、环氧化、氧化偶联、芳环和杂环开环等。还原过程主要包括脱氧、加氢脱氯、硫还原、氮还原作用,是一类需要外部电子转移的反应。土壤中主要的氧化还原体系包括铁体系 $Fe(III)\text{-}Fe(II)$、锰体系 $Mn(IV)\text{-}Mn(II)$、硫体系 $SO_4^{2-}\text{-}S^{2-}$、氮体系 $NO_3^-\text{-}NO_2^-(N, NH_4^+)$、碳体系 $CO_3^{2-}\text{-}CH_4$ 等,通常和土壤中有机污染物的氧化还原过程耦合。氧气与过氧化氢等在铁锰氧化物表面发生类芬顿反应,产生具有广谱性和强氧化性的羟基自由基($\cdot OH$),可降解大多数土壤有机污染物。另外,土壤有机质中的酚羟基、羧基和酰胺基团等与铁锰氧化物和其他黏土矿物发生吸附、氧化还原和配位等相互作用,通过电子传导生成还原态的铁离子、锰离子和自由基,从而促进有机污染物的氧化还原降解。

水解作用:水解是影响有机污染物在土壤中归趋的重要机制之一,可改变有机污染物的化学结构,促进后续反应的发生。可能发生水解的主要官能团有烷基卤、酰胺、胺、氨基甲酸酯、羧酸酯、环氧化物、腈、磷酸酯、磺酸酯、硫酸酯等。有机污染物(RX)与水反应,X 基团与—OH 基团发生交换,而 H 与 X 结合:

$$RX + H_2O \longrightarrow ROH + HX$$

部分无机酸酯类有机污染物(如对硫磷、马拉硫磷)和苯酰胺类有机污染物的酰胺和酯键易发生水解作用。

$$R_2 \diagdown\!\!\!\!\!\!\!\diagdown N-C-R_3 +H_2O \longrightarrow R_2 \diagdown\!\!\!\!\!\!\!\diagdown NH_2+R_3COOH$$

土壤中有机污染物的水解速率主要取决于污染物本身的化学结构和土壤理化性质,如土壤含水率、pH、温度、离子、有机质含量等。通常条件下温度越高,水解作用越强烈,而 pH、共存离子等对水解反应具有双重影响。

(2)光化学降解:土壤表面的某些有机污染物分子在光照下,可吸收光能使分子变为激发态而发生裂解或转化。光解是土壤中有机污染物消减的重要途径之一,部分难被微生物降解的有机污染物在光解过程中生成易被生物降解的中间体,从而加快母体去除。

土壤中有机污染物的光解过程复杂,主要类型有光氧化、光还原、光水解、分子重排、光异构化等。其中光氧化是有机污染物光化学降解中最常见的途径之一,在氧气充足的环境中,光照可以使乙拌磷、丁叉威和灭虫威等分子中的硫醚键被光氧化生成亚砜和砜,有机污染物芳香环上带有的烷基可被氧化成羟基、羰基或羧基。土壤中也存在光还原反应,二氯苯醚菊酯等含氯原子的有机污染物在光化学反应中被还原脱氯生成一氯苯醚菊酯。一些有机污染物的光还原过程可分解成多种产物,如氟乐灵光还原脱羟基、硝基,产生苯并咪唑衍生物。土壤表面带有醚键和酯键的有机污染物在有紫外光和水汽时会发生光水解。然而光能在土壤中衰减迅速,有机污染物光解大多在土壤表层进行,且仅对少数稳定性较差的有机污染物有明显作用。

土壤有机质、pH、光淬灭物质等都会影响有机污染物的光解过程。土壤有机质能使有机污染物光降解过程的光敏化作用失效,进而降低光解速率。在砂质和黏质土壤中,由于土壤团粒和微团粒结构对光子穿透能力和有机污染物分子移动性的影响,大粒径颗粒中光解速率相对较快。提高土壤 pH 可增强丁胺等在更深土壤中的光解速率。

(3)生物降解。土壤中有机污染物的生物降解是指有机污染物在生物所分泌的各种酶的催化作用下,通过氧化、还原、水解、脱氢、脱卤、芳烃羧基化、异构化等一系列生物化学反应,由复杂的有机物转化为简单有机小分子或无机物质的过程。生物降解作用可分为植物降解、动物降解和微生物降解,其中微生物对有机污染物的生物降解贡献最大。按照有无反应酶参与划分,微生物降解有机污染物包括酶促方式和非酶方式;依据降解过程中氧气的需求,降解过程又分为好氧降解和厌氧转化。一些烃类和农药等有机污染物无法作为微生物的唯一碳源和能源而被微生物直接利用,需要利用其他生长基质维持正常生长,并产生降解酶使污染物分解为 CO_2 和水,这一现象称为共代谢。在细菌 *Altererythrobacter* sp. N1 降解芘时,加入原油充当共底物,可提高芘的降解率。

好氧降解是指在有氧条件下利用需氧微生物将环境中有机大分子化合物分解为小分子物质的过程。通常情况下微生物在氧气参与下产生加氧酶使 PAHs 的苯环分解。例如,真菌主要产生单加氧酶使 PAHs 羟基化,产生环氧化合物后水解使苯环打开。芽孢杆菌、分枝杆菌、诺卡氏菌和假单胞菌等是主要的有机污染物好氧降解菌。

厌氧转化是指厌氧环境中土壤微生物以有机污染物为碳源,产生的电子经胞内呼吸链传递到胞外受体(如铁锰氧化物和层状硅酸盐等),进一步促进土壤中有机污染物降解的过程。这一过程将微生物的生长、有机污染物的降解和无机矿物的循环整合在一起,被称为微生物的胞外呼吸,其本质是微生物的胞外电子传递,是地球表层系统元素循环与能量交换的重要驱动力。这类微生物主要有金属还原地杆菌、奥奈达希瓦氏菌、铁还原红细菌、丛毛单胞菌等。

植物根际环境中微生物数量显著多于土体,植物与微生物之间存在互惠关系。植物根际活动强化了微生物对有机污染物的降解作用。植物根系活动过程中向土壤分泌各种根系分泌物,根系分泌物主要通过分泌酶的直接降解和促进活性微生物降解两种途径消减土壤中有机污染物。来自植物分泌的土壤酶主要有脱卤酶、硝酸还原酶、过氧化氢酶、漆酶、氰化水解酶等。硝酸还原酶和漆酶能有效降解三硝基甲苯,脱卤酶可降解含氯化合物。根系分泌物可以促进根际微生物生长,提高微生物活性,强化有机污染的微生物降解,如桑树分泌的酚类物质、苹果和柘属植物根系产生含高浓度磷化物的分泌液,能增强多氯联苯降解菌的活性。

土壤中种类繁多的微生物是有机污染物降解的“主力军”,温度、C/N、pH 等因素都会影响微生物酶活性、基质运移和微生物群落结构,最终影响土壤中有机污染物的生物降解。土壤中微生物降解有机污染物的反应类型多、过程复杂,往往一种有机污染物的降解包含多种不同类型的化学反应及降解作用。以常用的杀虫剂乙酰磷酸酯(毒虫畏)的微生物降解过程为例,在微生物作用下母体生成脱乙基毒虫畏,或由水解/氧化作用经由一个中间体生成 2,4-二氯苯乙酮,再还原为 1-(2,4-二氯苯基)乙醇,再氧化为二醇;从 2,4-二氯苯乙酮中间体生成起,可能由第二条途径即异构化为环氧化物 2,4-二氯苯环氧乙烷,然后二醇和环氧化物 2,4-二氯苯环氧乙烷氧化生成对氯苯甲酸。一些有机污染物的母体化合物毒性较低,但降解中间产物毒性很大。在评价土壤有机污染物毒性时,不仅要关注其母体化合物本身的毒性,而且要注意代谢产物是否具有潜在危害。

2. 土壤有机污染物的积累行为

在土壤自净作用下,土壤中可降解或挥发性污染物含量随时间逐渐减少,但难降解有机污染物会积累并长时间残留。土壤中难降解有机污染物与土壤有机质、矿物等作用后更难降解而逐渐积累。有机污染物在土壤中的老化、锁定等积累过程与其界面行为紧密相关。认识土壤中有机污染物的锁定和老化过程,有利于判断土壤污染程度和风险,并为提出高效的有机污染土壤修复策略提供理论支持。

(1)土壤中有机污染物的老化、锁定等积累过程:老化作用是指随有机污染物进入土壤的时间延长,其被土壤有机质吸附并通过缓慢扩散与土壤有机质结合而被固定,进而很难发生迁移,生物有效性和毒性逐渐下降的过程。老化是对土壤中有机污染物生物效应与时间变化的表观和总体描述,可反映土壤中有机污染物被锁定和形成结合态残留的进程和程度。老化过程中不同形态有机污染物的含量会出现动态变化,可提取态有机污染物含量显著降低。

老化过程中污染物与土壤组分的不可逆相互作用会导致部分污染物被“锁定”在土壤中,难被脱附进入液相,降低了土壤中有机污染物的生物可利用性。其本质是有机污染物与降解生物隔离、转化为不能被生物利用状态的限速过程。随着老化时间延长,有机污染物从土壤组分的外表面逐渐转移到生物组织、细胞或酶难进入的微孔中。老化过程导致了有机污染物的锁定,而锁定是老化的结果和具体表现。由于土壤系统的复杂性、土壤与污染物作用方式的多样性,迄今造成污染物锁定的过程和机制尚不完全清晰。有研究认为,锁定的发生是由于污染物被镶嵌在土壤微孔(纳米级)中或土壤有机质刚性网状结构中,使它们在土壤颗粒中的扩散迁移受阻或无法发生,不能被生物利用或向水相迁移而永久地留在土壤中。也有观点认为,锁定是污染物和土壤颗粒表面某些高能量点位结合所致。

老化和锁定现象是一把"双刃剑"。一方面,污染物被土壤"钝化",表现为生物有效性和毒性下降,是土壤污染风险消减的过程。另一方面,污染物变得不易被微生物降解,在土壤自净过程和人为修复工程中,污染物停留在某一浓度水平而不能被彻底去除,易造成持久性残留;而且环境因素的变化还会导致这些"残留"污染物再次被释放出来,进而造成污染风险。

(2)影响土壤中有机污染物老化、锁定等积累过程的主要因素:有机质含量、黏土矿物组成、团聚体结构、温度、湿度、pH等土壤性质与环境条件会影响积累过程。

有机质含量:有机质含量升高不仅为有机污染物提供了更多吸附位点,也增强了有机污染物在土壤中的不可逆吸附。有机污染物进入土壤环境后首先被表面有机质快速吸附,后缓慢进入内部("硬碳"组分);相同老化时间下,有机质含量高的土壤中有机污染物的提取率更低,有机污染物逐渐趋向于被锁定在土壤"硬碳"中。

土壤团聚体结构:土壤团聚体也是影响其非生物有效态的重要因素之一,如老化后的菲在黏-粉-砂粒中矿化程度远低于按相同比例混合而成的土壤样品。不同粒径土壤团聚体组成结构对有机污染物生物有效性的影响有显著差异,如微生物对粒径小的团聚体中菲的矿化效率较低。

温度和湿度:环境温度和湿度可通过改变土壤有机污染物的老化程度影响其吸附解吸。老化程度越高,解吸能力越弱,反之亦然。例如,土壤中PCBs和氯苯的解吸速率随温度升高而增大。湿度可通过改变土壤结构和土壤有机质成分影响有机污染物老化。土壤含水率降低,其颗粒内部孔隙水张力增加,孔隙收缩变形,土壤多孔组分和固相孔径分布发生改变,从而增强土壤颗粒对有机污染物的吸附。而在实际环境中土壤常伴随降水发生干湿周期性变化,导致土壤结构改变,降低有机污染物的老化程度。

土壤pH:pH可影响土壤组分和可离子化有机污染物的电荷,改变两者间的吸附、配合和沉淀行为,进而影响有机污染物的赋存形态。例如,苯酚分子中含有可离子化的酚羟基,在pH>10时发生部分离子化(去质子化),与土壤胶体表面的负电荷产生静电排斥作用,其吸附量随pH增加而减少。此外,土壤酸化可促进卤代芳烃的解吸。

四、生物污染物的界面行为

(一)病原微生物的界面行为

土壤中病原微生物主要以吸附态和游离态存在,在土壤水分含量较高时,病原微生物主要分配在水相中,或随地下径流迁移扩散,或最终滞留沉积于固相表面。在水分含量较低的土壤中,80%~90%的病原微生物被土壤砂粒、胶体颗粒、植物残体黏附,发生一系列界面作用过程,主要包括:① 生物学相互作用,即微生物细胞在土壤固相表面的生长、繁殖、代谢、分解营养物质,并分泌蛋白酶、胞外聚合物或代谢产物等生物大分子的过程;② 非生物学相互作用,即两者在土壤固相和土壤溶液界面中发生运移-沉积等过程。研究病原微生物与土壤的相互作用对于认识土壤中病原微生物微观状态及其生物学过程、控制病原微生物污染风险具有重要意义。

1. 土壤中病原菌的界面行为

微生物与土壤的相互作用方式包括附着、运移-沉积、氧化还原等,这些作用相互联系、密不可分。以微生物-矿物相互作用为例,大多数微生物与矿物的相互作用过程起始于附着,后经生物矿化、矿物溶解或转化等过程。具体而言,微生物首先附着于矿物表面,细胞表面配合重金属或通过细胞分泌的有机物螯合土壤溶液中的离子,实现生物钝化和生物矿化,随着自身代谢作用进行,局部环境中的质子、配体、还原剂或氧化剂浓度发生变化,实现生物与非生物界面的电子传递过程,进而促进矿物溶解与转化;矿物中释放的养分同时支持细胞生长,最后微生物因环境变化或养分耗尽而离开矿物表面。其中病原菌在土壤界面上的运移-沉积和附着是两者发生一系列物化相互作用的前提与基础,影响微生物的分布、迁移和存活,并对后续相互作用产生广泛而深刻的影响。

(1)运移-沉积:细菌运移是指作为胶体颗粒悬浮于土壤溶液中细菌细胞,通过自身重力、布朗运动、水流扩散等各种外力,或通过细菌鞭毛的主动运动在土壤固相和水相中运动扩散的过程。多种环境因素均可影响该过程,包括土壤多孔介质的理化性质、地下水的水动力特征、溶液 pH、离子种类和强度等物理化学因素及细菌类型、移动性、表面生物大分子等生物因素。细菌在运移过程中与土壤多孔介质发生相互作用而滞留在其表面的过程称为细菌沉积。促成细菌沉积的作用力包括以下三种:① 当细菌细胞与土壤固相表面距离较远(> 50 nm)时,范德瓦尔斯力起决定作用,范德瓦尔斯力是分子间普遍存在的吸引力,其大小与分子间距离的六次方成反比;② 两种颗粒持续靠近,细菌细胞与固相颗粒所带电荷的电场相互叠加,静电力处于支配地位,带相反电荷表现为引力,反之为斥力,其大小取决于两者表面净电荷量;③ 两种颗粒进一步靠近(<2 nm),短程的疏水作用取代长程作用力成为主要的作用机制。

(2)附着:细菌附着于土壤固相表面经历了五个步骤(图 2-20):① 细菌运移,细胞经对流、扩散(布朗运动)或主动迁移到土壤固相附近;② 初始吸附,细菌通过物理化学作用力初步吸附于颗粒表面;③ 紧密附着,细胞表面分泌的胞外聚合物等生物大分子在界面形成更加紧密的连接;④ 微菌落形成阶段,紧密附着在土壤固相表面的细菌进行旺盛的新陈代谢,不断生长、繁殖并分泌大量胞外聚合物等生物大分子,微生物在矿物表面定殖,更加牢固地吸附于固相表面;⑤ 生物膜形成阶段,微菌落形成成熟的生物膜,最终成为一个不可逆过

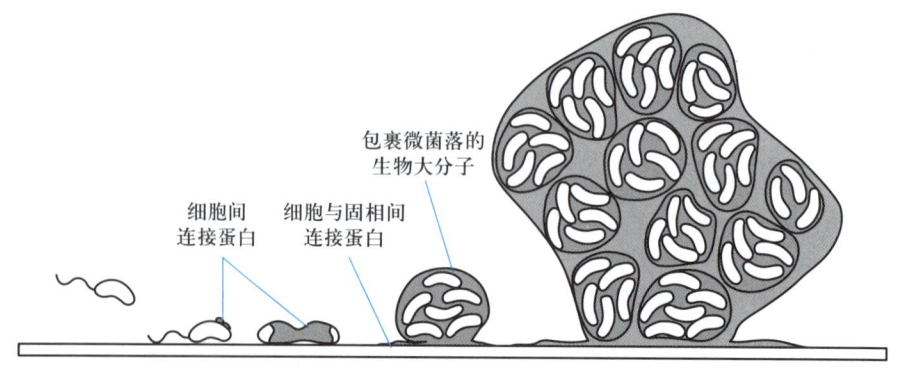

(a)细菌运移 (b)初始吸附 (c)紧密吸附 (d)形成微菌落   (e)形成生物膜

图 2-20   细菌在固相表面定殖示意图

(资料来源:van Loosdrecht 等,1990)

程。其中细菌的初始吸附是决定细菌与土壤间界面作用的基础和前提,此过程可在几秒钟至数十分钟内达到动态平衡,但结合力较弱,细菌仍可借助轻微的水剪切力或自身的移动性而脱附并重新回到体系水相中。细菌与土壤固相组分的初始吸附是物理和化学作用力共同驱动的结果,包括范德瓦尔斯力、静电力、疏水相互作用,当颗粒间距离不断缩小,还存在空间位阻、氢键等相互作用。此外,细菌在土壤溶液中形成粗分散体系,易受重力作用沉降,某些条件下细菌细胞的布朗运动也可能是其附着于固相表面的初始作用力。除了这些物理相互作用外,化学键合力还介导了两者的联系。通常由于细菌或土壤固相和土壤溶液性质不同,主导的作用力种类、大小及作用机制存在差异,这些作用力共同决定着细菌在土壤中的附着(van Loosdrecht 等,1990)。

2. 影响土壤中病原微生物界面行为的因素

大多数细菌的附着是一个可逆的平衡过程,温度能通过影响病原微生物的生理活性、官能团质子化和水解程度来调控细菌的附着行为。另外,微生物与土壤的相互作用发生在两者表面,细菌和土壤组分的表面结构和理化性质影响两者相互作用。

(1)病原微生物类型及细胞表面性质:细菌特定的表面性质决定了其与介质颗粒作用的方式和程度,疏水性和表面电荷常被用作预测颗粒吸附能力的基本指标,分别反映体系颗粒之间的疏水作用和静电作用力的大小。微生物附着强烈地依赖于相互作用表面的疏水－亲水结构,增加细胞表面疏水性可增强微生物在相互作用界面上的固定能力。细菌细胞壁中有丰富的表面功能基团(如羧基、羟基、磷酸基、氨基等),其在溶液中解离而带上的电荷是影响不同菌株附着能力大小的重要参数。例如,革兰氏阳性的枯草芽孢杆菌在有铁的氢氧化物覆盖的石英砂表面吸附量高于革兰氏阴性的门多萨假单胞菌,原因是两种细菌的细胞壁结构存在差异,门多萨假单胞菌表面带有更多的负电荷,其与土壤矿物接触,需要克服更大的势能障碍。另外,细菌表面存在一些生物大分子,如胞外聚合物组成成分(多糖、蛋白质、脂质等)能通过静电引力和氢键与固相表面发生相互作用,增加细菌的附着效率。一些细菌本身附有的菌毛和鞭毛有助于跨越细菌与固相之间的障碍,使附着状态更稳定。

(2)土壤物理性质:病原菌与土壤组分发生界面作用时明显受颗粒表面特征的影响,这些因素包括土壤颗粒大小、矿物组成和有机质含量等。颗粒的粒径越小,细菌的吸附量越大,物理阻滞作用越明显。细菌对土壤粒度组分的亲和力顺序为黏粒>粉粒>砂粒,这可能是不同土壤粒度组成和含量差异导致,黏粒含有更多黏土矿物,而砂粒多由石英组成。次生矿物(如黏土矿物)通常比原生矿物(如石英)具有更强的吸附能力。不同次生矿物对细菌的吸附行为也存在差异,这取决于它们的表面电荷性质、比表面积、晶层构型。矿物表面 Zeta 电位越负,两者之间静电斥力越强,进而导致细菌吸附量降低。恶臭假单胞菌会优先附着在带正电的针铁矿表面,其次是带负电的高岭石和蒙脱石。矿物的粗糙度在某些条件下也影响着细菌附着,粗糙的矿石能为病原体在矿物表面附着提供更多更易接近的位点,当把固相表面的粗糙度从 15 nm 增加到 38 nm 时,大肠杆菌与玻璃珠间的表面自由能下降,静电斥力减少,从而增加了细菌在玻璃表面的沉降行为。更大表面积的颗粒能为病原菌提供更多吸附位点,大肠杆菌和猪链球菌在比表面积大的蒙脱石上的吸附量均大于高岭石。有机质对细菌附着在土壤颗粒上的抑制作用主要归因于以下三点。首先,土壤颗粒上的有机质在矿物表面的结合降低了矿物比表面积,减少了结合位点,阻碍了土壤颗粒对细菌的吸附;其次,有机质可中和土壤组分的表面电荷,从而减少细菌附着;第三,土壤组分中有机质的存在可能会增加细菌与土壤组分之间的空间位阻。粪便大肠菌群在黏粒（<2 μm）和粉粒（2~50 μm）上吸附量远大于砂粒（62.5~500 μm），而加入有机粪肥后，砂粒和粉粒或黏粒颗粒之间的吸附量则没有了显著差异。

（3）土壤化学性质：土壤体系 pH、离子种类和强度可以改变其与细菌之间的静电力、范德瓦尔斯力或有效位点数量，进而影响两者之间的多种界面互作过程。不同 pH 条件下，颗粒自身等电点的不同导致了它们表面电荷性质和密度的差异。根据 DLVO 理论，土壤溶液离子能显著影响微生物双电层厚度，缩短或增加微生物与颗粒之间的距离，改变双电层静电作用力大小。离子强度大小与微生物滞留量呈线性相关，离子浓度的增加中和了颗粒表面电荷，势能垒缩小，细菌细胞更容易占据可逆吸附位置。低浓度下 Ca^{2+} 对猪链球菌吸附的促进作用可用 DLVO 理论解释，然而随着 Ca^{2+} 浓度的增加，猪链球菌在黏土上的附着保持不变，这表明微生物双电层厚度的减小是有限的，超过一定浓度后继续添加电解质不会进一步压缩双电层。通常在相同的离子强度下，二价阳离子（如 Ca^{2+}、Mg^{2+}）在增强病原菌对矿物的吸附方面比一价阳离子（如 K^+、Na^+）更有效。

（二）抗生素抗性质粒的界面行为

土壤环境中 ARGs 通常负载于质粒载体，进入土壤中的抗生素抗性质粒（ARPs）主要有以下环境行为：① 通过物理化学作用被土壤活性颗粒（如层状硅酸盐黏粒矿物、黏粒氧化物、腐殖质）吸附；② 被土壤中核酸酶降解；③ 作为遗传物质在细菌间交流传播。这几种行为相互联系与影响，其中 ARPs 在土壤组分上的吸附对其抵抗降解和迁移起重要作用。ARPs 在土壤颗粒表面的界面行为受许多因素影响，如体系 pH、离子强度、黏土矿物类型、环境化学应激源等。研究土壤中 ARPs 界面行为及关键影响因子，对环境中 ARGs 污染风险管控具有重要意义。

1. 土壤中抗生素抗性质粒的界面行为

ARGs 作为一种新兴污染物，具有种类多样性、分布广泛性、环境持久性等特点。多年来抗生素的使用导致环境中产生了数百种 ARGs。与其他污染物相比，ARGs 可通过垂直迁移和水平迁移（接合、转化、转导、囊泡化）在相同或不同种属个体间传递，具有广泛的传播扩散性（胡小婕等，2022）。环境中的共存污染物也会影响 ARGs 的水平转移过程，进一步加剧细菌耐药性的传播扩散。ARPs 在土壤中持久存在，与其在土壤固相（如黏土矿物）表面的吸附和降解作用密切相关，这也是决定其在土壤中传播风险的基础和前提。

（1）土壤中抗生素抗性质粒的吸附：进入土壤中的外源 DNA（如 ARPs）在缺少合适宿主时能被土壤固相吸附固定（图 2-21），其在土壤中吸附涉及静电作用、范德瓦尔斯力、疏水作用、氢键、配体交换、离子桥接作用等多种机制（表 2-11）。

作为一种两性分子，DNA 在不同 pH 条件下带有不同的电荷和电量，进而能与固相表面产生相应的静电吸引或排斥作用。当体系 pH<5.0 时，DNA 分子中腺嘌呤、鸟嘌呤和胞嘧啶上的氨基被质子化而带正电荷，通过与土壤胶体表面负电荷的静电引力作用而被吸附；当 pH>5.0 时，DNA 分子中磷酸基团去质子化带来的负电荷增大其与土壤胶体表面的静电斥力，此时黏土对 DNA 的吸附多依赖于阳离子（Ca^{2+}、Mg^{2+}、Al^{3+}）的桥接作用及 DNA 分子与矿物表面发生的配体交换作用（图 2-22）。磷酸基团是 DNA 与矿物相互作用的主要基团（Yu 等，2013），配体交换是核酸分子两端的磷酸基团与黏土矿物表面羟基直接结合的反应过程（图 2-22a）；DNA 磷酸基团以金属阳离子作为中间"桥"，以桥接的形式吸附到带负电的土

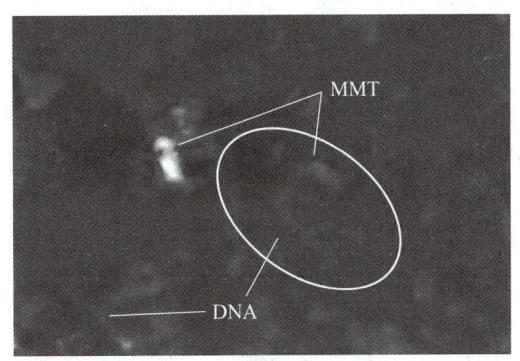

图 2-21　DNA 吸附在蒙脱石表面的原子力显微镜图像

（资料来源：Sheng 等，2019）

表 2-11　DNA 在黏土矿物上的吸附

黏土矿物	DNA 模型	吸附量/ （μg·mg^{-1}）	吸附机制	吸附位点
高岭石	鲑鱼精 DNA	4.9	配体交换、氢键	破碎边缘
蒙脱石	鲑鱼精 DNA	38	范德瓦尔斯力、静电力	表平面
高岭石	鲑鱼精 DNA	—	疏水作用	表平面
Na-蒙脱石		12.55		
Ca-蒙脱石	鲑鱼精 DNA	6.09	离子桥接	表平面
Fe-蒙脱石		22.33		
蒙脱石	寡核苷酸	—	离子桥接	层间

资料来源：Yang 等，2005。

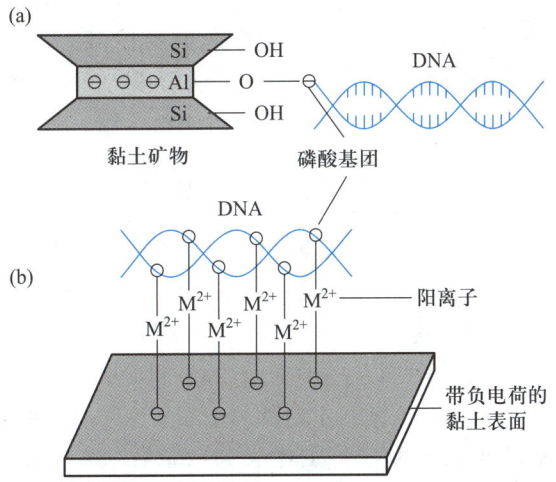

图 2-22　DNA 和黏土矿物的相互作用模型

（资料来源：Yu 等，2013）

壤矿物表面，即为离子桥接作用（图 2-22b）。一般而言，DNA 分子通过弱键吸附在黏土矿物外表面，而通过强键吸附在黏土矿物边缘，这是因为黏土矿物（如蒙脱石、高岭石）在破碎表面上具有两性羟基,能够作为形成氢键的质子供体或受体。其他相互作用力(如疏水作用)在矿物吸附 DNA 的过程中同样起着重要作用。

(2) 土壤中抗生素抗性质粒的降解:DNA(如 ARPs)可以通过水解、氧化和酶促反应降解,降解产物(核苷酸和核苷)可以被微生物重新同化。其中酶促反应被认为是环境中 DNA 的主要降解途径。Fe(Ⅱ)与博来霉素的复合物可以引起 DNA 水解,通过将博来霉素的二噻唑环嵌入 DNA 的 G-C 碱基对之间,同时末端三肽氨基酸的正电荷和 DNA 磷酸基团作用,使其解链;Fe(Ⅱ)氧化或还原结合博来霉素过程中生成超氧或羟自由基,引起 DNA 链最终断裂成寡核苷酸、碱基和类似丙二醛的化合物。DNA 也可被氧化剂(如活性氧)氧化。DNA 降解在很大程度上受 DNA 降解酶种类和活性的控制。在 DNA 降解酶中,归巢内切酶是一种双链 DNA 酶,通过在含有相应移动内含子的等位基因靶位点上进行特异性酶切作用,使双链断裂(12~40 bp)。微生物限制性内切酶 I 可以将 DNA 切割成约 400 bp 寡核苷酸的较小双链 DNA 片段。DNase I 可以在二价阳离子(例如 Mg^{2+} 和 Ca^{2+})存在下切割 DNA 双螺旋的磷酸二酯骨架,并通过 P-O$_{3}'$键的水解引入单链缺口,产生 5'-磷酸化片段。DNA 降解酶的活性受溶液 pH 和阳离子类型和强度等环境因素的影响。许多 DNA 酶,包括半胱天冬酶激活的 DNA 酶(CAD)、核酸内切酶 G 和 DNA 酶 1 家族酶等,在中性 pH 条件下具有最佳活性。在 Mg^{2+} 和 Ca^{2+} 存在条件下,DNase I 的活性在 pH 约为 7.0 时最高,而 DNase Ⅱ 的活性在 pH 为 5 时最高,与阳离子无关。一些有机分子也会影响 DNA 降解。例如,与腐殖酸结合的 DNA 比游离 DNA 对 DNase I 敏感性更弱。另外,DNA 可以与其他分子或离子结合,这种结合通常可改变 DNA 本身的结构和功能,从而成为促进 DNA 酶解的重要原因。

2. 影响土壤中抗生素抗性质粒界面行为的因素

(1) 土壤组分:可影响抗生素抗性质粒的吸附、酶解和增殖扩散等行为。

土壤组分影响抗生素抗性质粒的吸附行为。作为复杂的异质多相体系,土壤与 DNA 分子(如 ARPs)相互作用受许多因素的影响。不同类型土壤由于物理组成的不同,对 DNA 的吸附也会存在差异。土壤矿物含量在 DNA 吸附中起重要作用,有机质对土壤吸附 DNA 的影响较小。例如,DNA 在蒙脱石和有机质含量分别为 0.90% 和 2.16% 的土壤中被全部吸附,而在不含蒙脱石但有机质含量为 1.98% 的土壤中未被吸附。就土壤矿物类型而言,不同表面结构和性质的矿物表现出不同的吸附特点,2:1 型黏土矿物蒙脱石含量主导了土壤对 DNA 的吸附量,而 1:1 型黏土矿物高岭石含量制约了 DNA 在土壤中的固定强度。DNA 与不同矿物表面吸附位点和吸附作用力研究表明,即便蒙脱石对 DNA 具有较大的吸附量,但两者主要通过范德瓦尔斯力和静电力结合,相互作用力较弱;而对于高岭石而言,DNA 主要通过配位交换和氢键作用吸附在其边缘,具有更大的吸附强度,不易被解吸。DNA 吸附受阳离子浓度、价态和 pH 等影响。DNA 在黏土矿物上的吸附随着黏土矿物表面补偿电荷阳离子浓度和化合价的增加而提高,除了静电作用外,还可能因为较高浓度的 Mg^{2+}、Ca^{2+} 促进了 DNA 的絮凝,或在黏土矿物表面形成活性 $CaCO_3$ 和 $MgCO_3$,增加 DNA 在黏土矿物表面的吸附。

土壤组分影响抗生素抗性质粒的酶解。ARPs 吸附对其在土壤中最终归趋起着重要作用。土壤成分如黏土矿物、腐殖酸、石英和长石可以吸附和保护 DNA 免受核酸酶降解。其中土壤有机质在黏粒表面形成的网状空穴结构对 DNA 有较强的保护作用,DNA 分子进入到这些孔隙中从而抵抗核酸酶降解。类似地,蒙脱石的层间结构会降低 DNA 对核酸酶的可接触性。然而核酸酶本身也会吸附在砂子和黏土上,造成酶活性被抑制或失活。也有学者推测,DNA 固定后构型和电子分布的变化阻止了核酸酶对 DNA 剪切位点的识别。当与高岭石结合时,可以将其构象从 β 形式改变为 Z 形式;而当与蒙脱土结合时,原始构象保持不变。解吸后分子构象也会发生变化,高岭石中 DNA 解吸将分子构象从 β 型改变为 C 型。

土壤组分影响抗生素抗性质粒的增殖扩散。在合适的条件下,被吸附的 ARPs 可以被生物细胞摄取。ARPs 在土壤黏土矿物上的吸附可以显著降低其向细菌转化的频率,不同转化频率的潜在机制可归因于 ARPs 在土壤胶体和矿物表面的高吸附亲和力及构型变化。暴露在土壤矿物中的细菌 ROS 过度产生、SOS 反应激活、细胞膜通透性和完整性改变已被证实是影响基因水平转移的重要机制。土壤矿物粒度和浓度都可能影响 ARPs 转化。较小尺寸的蒙脱石能促进含 ARGs 的质粒 pUC19 转化到大肠杆菌。当暴露于相对较低浓度的蒙脱石时,质粒与细胞接触的增加和细胞膜上孔洞的形成使 ARGs 转化增强(图 2-23),相反当暴露于相对高浓度的蒙脱石时,质粒与蒙脱石的结合抑制了 ARGs 的转化(Hu 等,2020)。此外,细菌和层状硅酸盐黏土矿物之间的相互作用可能会损害鞭毛,从而大大降低活性基因的表达和活性细胞的形成,从而降低了 ARGs 的转化频率。

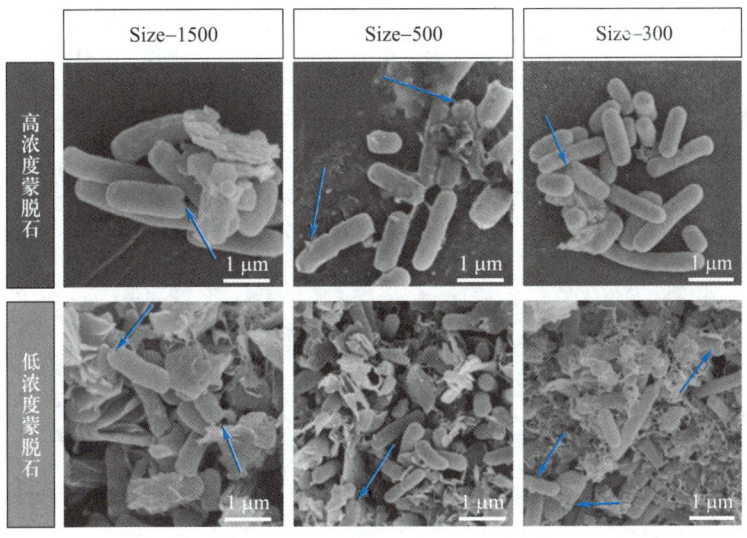

图 2-23　蒙脱石作用下细菌细胞膜表面纳米孔洞的形成

(资料来源:Hu 等,2020)

(2) 土壤中共存污染物:土壤中共存污染物可影响抗生素抗性质粒的增殖扩散和酶解。

共存污染物影响抗生素抗性质粒的增殖扩散。土壤中共存污染物通过多种机制显著影响 ARPs 的水平转移(高彦征等,2022)。抗生素对细菌施加选择压力,并能选择性地驱动 ARPs 水平转移。处于亚抑制或环境相关浓度的污染物在 ARPs 的传播中起着重要作用。当前相关研究多集中于这些化合物对供体或受体细胞的影响,包括 ROS 的过度产生、SOS 反应的激活、细胞膜通透性和完整性的改变、细菌感受能力的提升、细菌菌毛的产生、调节 ATP 产生和诱发群体感应等;以转化方式迁移的基因则多负载于胞外 DNA(如质粒)上,外界环境因素除了作用于受体细胞外,对迁移转化的影响还取决于它们对胞外游离态 DNA 的作用,如影响 ARPs 的存在形态(游离/团聚)、自我复制和转录过程、相关 MGEs 调控(表 2-12)。

表 2-12　共存污染物对 ARGs/MGEs 水平转移的影响及相关机制

共存污染物	ARGs/MGEs	转移方式	对水平转移的影响	重要作用机制
萘、菲	sulI/aadA2	接合	促进	通过 PAHs 的筛选作用使 class I 整合子丰度显著增加
卡马西平	RP4 质粒(Tet、Ka、Amp)	接合	促进	促进黏附菌毛的产生,增加供、受体之间的细胞接触
纳米氧化铝	RP4 质粒(Tet、Ka、Amp)	接合	促进	纳米氧化铝与膜脂质的直接相互作用和与细菌的氧化应激反应相关的间接效应诱导细胞膜上孔的形成,增加细胞膜通透性
庆大霉素、阿奇霉素、氯霉素	RP4 质粒(Tet、Ka、Amp)	接合	促进	激活细菌群体感应系统,抑制大肠杆菌中的 AHL 受体 SdiA 来抑制或促进种间接合转移
菲、芘	pUC19 质粒(Amp)	转化	抑制	小分子 PAHs 与质粒碱基非共价结合形成团绒状加合物,同时抑制 ARPs 体外转录
丝裂霉素 C	链霉素抗性基因	转化	促进	肺炎链球菌缺乏 SOS 反应系统,通过产生感受态面对外界胁迫
三氯生	pUC19 质粒(Amp)	转化	促进	促进 Type IV 分泌系统的运行和相关菌毛的形成,协助细菌趋于胞外 DNA
ZnO 纳米粒子/Zn²⁺	pWH1266 质粒(Tet、Amp)	转化	促进	调节 ATP 合成;刺激氧化应激反应
聚苯乙烯微塑料	pUC19 质粒(Amp)pSTV29 质粒(Cmr)pBR322 质粒(Tet、Amp)	转化	抑制	干扰大肠杆菌内质粒的复制能力
环丙沙星、恩诺沙星、达氟沙星	卡纳青霉素抗性基因	转导	促进	引起细胞 SOS 反应,诱导原噬菌体出现

　　一般来看亚抑制浓度的抗生素对 ARGs 迁移具有促进效应。例如,氟喹诺酮类抗生素会抑制 DNA 旋转酶及拓扑异构酶活性,进而损伤胞内 DNA,细胞相应开启 SOS 反应系统,同时诱发胞内原噬菌体(prophage)的形成,促进 ARGs 在细胞间通过转导方式横向迁移;然而对于某些缺乏 SOS 反应系统的微生物,则会通过形成感受态细胞、提高摄取和重组外源 DNA 的能力以抵御外界压力。细胞膜是横向迁移需要突破的重要障碍之一,其通透性通常影响着基因水平转移的成功率。例如,金属氧化铝纳米颗粒可以造成大肠杆菌胞内 ROS 的过度产生,使细胞膜表面形成纳米孔洞,进而使质粒 pBR322 更易进入胞内表达其抗性。纳米氧化铝可作为一种新型跨膜载体携带 ARPs 进行跨膜转运,引起 ARPs 在环境

中的扩散。

外部环境因素对游离ARPs形态和功能的影响也是导致基因转化频率改变的重要因素。一方面,ARPs与其他物质形成的胞外加合物将其阻碍在细胞膜外,影响基因向微生物体内的水平转移。例如,高浓度蒙脱石释放的金属离子可能会促进质粒在蒙脱石表面的结合与团聚,大大降低了胞外ARPs的生物可用性。纳米金属氧化物(ZnO、TiO_2和Al_2O_3)与质粒中的碱基和磷酸基团结合形成胞外聚合物,抑制了氨苄西林耐药基因向 *E. coli* DH5α 的转化(图2-24a)(Hu等,2019)。类似地,在pUC19质粒迁移过程中观察到其与菲、芘形成的绒团状团聚物(图2-24b)(Kang等,2015)。另一方面,外源污染物干扰ARPs的自我复制和转录过程,导致大肠杆菌细胞抗生素耐药基因表达减少,降低相应的转化效率和频率。与BP-DEI(苯并[a]芘与功能氧化酶混合产物)结合后,质粒构型会发生改变,复制功能等也被抑制,最终导致转化效率明显降低。

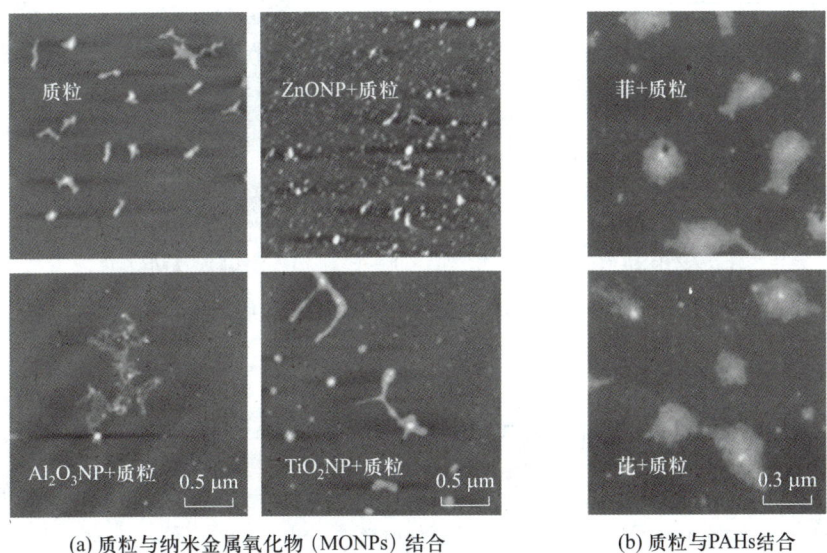

(a) 质粒与纳米金属氧化物(MONPs)结合   (b) 质粒与PAHs结合

图2-24　质粒与土壤共存污染物相互作用前后原子力显微镜图像

(资料来源:Hu等,2019;Kang等,2015)

共存污染物影响抗生素抗性质粒的酶解。有机污染物通过改变DNA降解酶活性、DNA构型和分子结构、占据DNA上酶切位点进而影响ARPs的酶解。例如,痕量(10^{-9}量级)PAHs(菲、芘)与DNase Ⅰ 酶共同作用于鸟嘌呤、DNA骨架中C—C键和—PO_2基团,活性位点重叠,显著降低了DNA酶解速率,增加了酶解后DNA的残留量。有机污染物还可与DNA结合,改变DNA的构型,进而影响DNA的酶解。新霉素B(一种氨基糖苷类抗生素)在体外浓度为2 mmol·L^{-1}时可完全抑制DNase I对DNA的降解,与新霉素B的结合使DNA从B构型向A构型转变,导致DNA小沟的不可接近性(DNase Ⅰ 的较小结合区域),从而抑制DNA降解。部分有机污染物还可通过改变DNA分子结构影响DNA酶解。六六六(HCHs)异构体 α-HCH、β-HCH、γ-HCH 在 0~4.00 mg·L^{-1} 的浓度范围可显著促进DNA酶解,HCHs通过范德瓦尔斯力、卤键等弱相互作用力与DNA结合,增加DNA碱基堆积,使DNA分子结构更紧凑,从而暴露出更多对DNase Ⅰ 敏感的位点,促进DNA酶解(图2-25)。

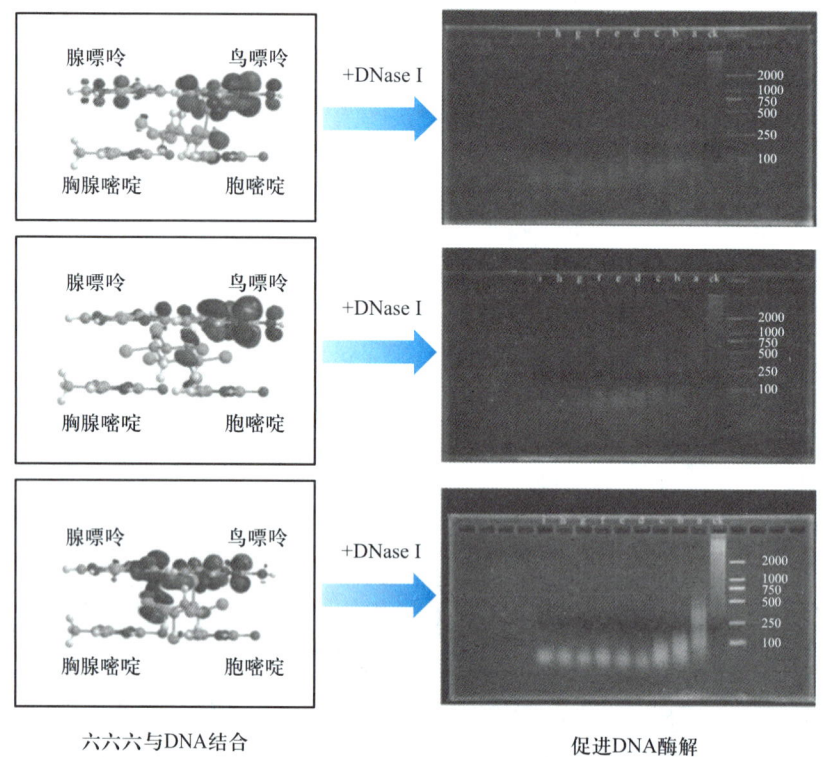

六六六与DNA结合   促进DNA酶解

图 2-25　六六六促进 DNA 酶解的相关机制

（资料来源：Qin 等，2019）

五、土壤复合污染过程及界面行为

土壤污染多具有伴生性和综合性，多种污染物形成的复合污染现象更为常见，土壤复合污染具有普遍性和复杂性的特点，了解土壤中复合污染物的界面行为对土壤污染风险防治具有重要意义。

（一）土壤复合污染及评价方法

1. 土壤复合污染概念及分类

土壤复合污染是指两种及两种以上污染物在土壤中同时存在，并共同对土壤产生综合性有害影响的污染现象。土壤复合污染的发生需要同时满足以下三个基本条件：① 两种或两种以上污染物同时或先后进入土壤；② 污染物之间、污染物与生物体之间发生协同、加和、拮抗等交互作用；③ 经历化学、物理化学、生理生化过程及生物体中毒过程、解毒适应过程（戴树桂，2005）。

与单一污染物相比，复合污染的毒性效应并不是污染物毒性效应的简单相加。复合污染物之间会产生复杂的交互作用，其导致的毒性效应可能大于、小于或等于各污染物单独作用产生的毒性之和。土壤复合污染交互作用包括加和作用、协同作用和拮抗作用。加和作用是指产生的毒性效应等于各污染物单独作用的毒性效应之和，拮抗作用指毒性效应小于各污染物单独作用的毒性效应之和，协同作用指产生的毒性效应大于各污染物单独作用的毒性效应之和。一般情况下，当发生复合污染时，其毒性往往是协同或拮抗效应。

环境复合污染可按污染物来源及类型进行分类(图 2-26)。按污染物来源可分为同源复合污染和异源复合污染,同源复合污染是由处于同一环境介质中的两种以上污染物所形成的复合污染,异源复合污染是指由不同环境介质来源的同一污染物或不同污染物所形成的复合污染现象。按污染物类型,土壤复合污染可分为有机复合污染(多种有机污染物共存)、无机复合污染(多种无机污染物共存)和有机-无机复合污染(有机污染物与无机污染物共存)。

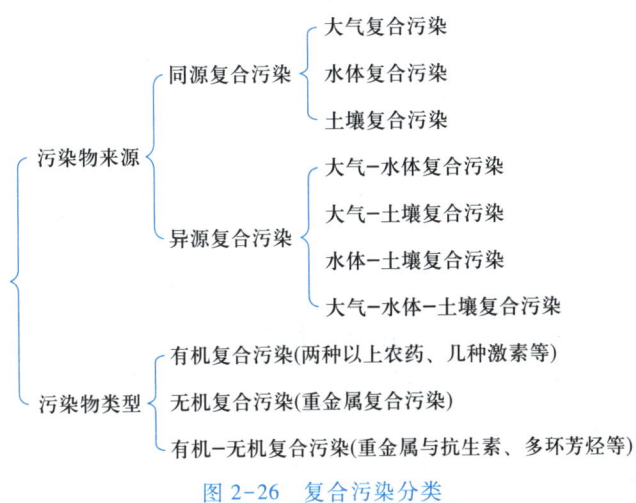

图 2-26　复合污染分类

2. 土壤复合污染的评价方法

土壤复合污染评价是了解土壤复合污染现状的重要手段,准确评价土壤复合污染是制定污染治理方案的主要依据。目前,土壤复合污染的评价方法主要包括统计模型比较法、指数评价法、作图法和生物学指标评价等方法。

统计模型比较法是目前广泛应用的一种方法,主要包括多元线性回归扩展法、多元回归方程、混合化合物定量结构-活性相关(M-QSAR)模型、逸度或非逸度方法的多介质环境归趋模型及多参数线性自由能相关的归趋(PP-LFERs)模型等。然而大多数模型处理方法是基于实验数据的统计分析经验公式,难以满足实际土壤复合污染的评价需要。

指数评价法是通过一定的指数来评价复合污染的联合毒性,它是土壤复合污染程度评价体系的关键。常用的土壤污染指数有锌当量、内梅罗指数、离子冲量、毒性单元指标(TU)、加和指数(AI)、混合毒性指数(MTI)、致死剂量(ILD_{50})、复合毒性指数(CTI)和污染负荷指数(PLI)(表 2-13)。内梅罗指数和污染负荷指数可对土壤复合污染程度进行整体评价,然而内梅罗指数计算较为复杂,引入最大的富集因子来放大最严重的污染物效应;污染负荷指数更关注污染物监测浓度和背景值关系,更适用于探索城市人为污染情况。复合污染指标和污染程度综合指标也被广泛应用于土壤-植物系统复合污染的研究中,以衡量复合污染危害程度。复合污染指标不仅涉及重金属之间的复合污染,还可以用来描述有机污染物的复合污染。污染程度综合指标则更准确地体现了多个污染物之间相互作用对生态系统中生物组分的危害性,更适用于生态系统受污染的情况。

作图法是一种直观、有效的评价方法。它通过散点图或浓度-效应曲线比较污染物单独加入时的毒性和复合污染毒性,从而确定其相互作用类型。作图法主要包括 MST(半致死时间）-浓度作图法、TU 值-效应作图法、浓度-效应作图和等效线图法等。双变量 LISA 图谱可以清晰地反映复合污染的空间复杂性,为有机-无机复合污染的空间聚类提供更直观、客观的视角。

表 2-13　几种复合污染评价方法

指标名称	判断指标计算方法	备注	联合作用类型
毒性单元 （TU）	$\mathrm{TU}_i = \dfrac{C_i}{(\mathrm{IC}_{50})}$	$M = \sum \mathrm{TU}_i = 1$ $M > M_0$ $M < 1$ $M = M_0$ $M_0 > M > 1$	简单加和作用 拮抗作用 协同作用 独立作用 部分加和作用
加和指数 （AI）	$S = \dfrac{A_m}{A_1} + \dfrac{B_m}{B_1}$ $\mathrm{AI} = 1/S - 1.0$（当 $S \leqslant 1.0$ 时） $\mathrm{AI} = (-S) + 1.0$（当 $S > 1.0$ 时）	$\mathrm{AI} > 0$ $\mathrm{AI} = 0$ $\mathrm{AI} < 0$	协同作用 加和作用 拮抗作用
混合毒性指标 （MTI）	$\mathrm{MTI} = \dfrac{\lg M_0 - \lg M}{\lg M_0}$	$\mathrm{MTI} < 0$ $\mathrm{MTI} = 0$ $0 < \mathrm{MTI} < 1$ $\mathrm{MTI} = 1$ $\mathrm{MTI} > 1$	拮抗作用 无加和作用 部分加和作用 加和作用 协同作用
半致死剂量指数 （ILD_{50}）	$\dfrac{1}{\mathrm{LD}_{50}(\mathrm{MIX})} = \dfrac{a}{\mathrm{LD}_{50}(\mathrm{A})} + \dfrac{b}{\mathrm{LD}_{50}(\mathrm{B})} + \cdots$ $\dfrac{n}{\mathrm{LD}_{50}(\mathrm{N})}$	< 0.57 $0.57 \sim 1.75$ > 1.75	拮抗作用 加和作用 协同作用
复合毒性指数 （CTI）	$I_f = \dfrac{(\mathrm{A})}{(\mathrm{A})_0} + \dfrac{(\mathrm{B})}{(\mathrm{B})_0} + \dfrac{(\mathrm{C})}{(\mathrm{C})_0}$	—	—

土壤生物学属性对环境变化的敏感性可用来预警土壤质量的变化,尤其是环境污染引起的土壤质量变化。目前,用于土壤复合污染评价的生物学指标包括土壤酶活性（脱氢酶、芳基硫酸脂酶、转化酶和脲酶等）、土壤微生物生物质碳和氮、潜在可矿化氮、土壤呼吸强度、微生物熵、土壤微生物量和微生物群落组成等。尽管土壤生物学指标已广泛运用于土壤复合污染评价中,但由于在土壤样品采集、储藏、前处理及测定方法等方面尚没有统一的规定,同时缺乏高质量土壤生化属性与生物学性质的基础数据,使得难以将不同研究者的结果进行比较形成系统性规律。因此寻找敏感、普遍的综合生物学指标仍然是未来建立土壤复合污染评价方法的重点。

（二）土壤复合污染的界面行为

复合污染土壤中污染物之间常发生物理、化学和生物学的交互作用,使得污染物的环境行为发生变化。物理学过程主要是吸附位点的竞争,化学过程包括配合-解配、氧化-还原和沉淀-溶解作用等,生物学过程主要是微生物的跨膜和代谢作用。本部分重点讨论土壤重金属复合污染、有机污染物复合污染及重金属–有机物复合污染的界面行为。

1. 土壤重金属复合污染的界面行为

重金属复合污染土壤中,重金属之间的相互作用往往会改变它们在土壤中的化学形态和迁移能力。

(1) 吸附–解吸行为:吸附–解吸过程是重金属离子进入土壤后的主要反应之一,它不仅控制着重金属在土壤固–液两相间的分配,同时也是影响土壤中重金属有效性的主要因素。在重金属复合污染土壤中,重金属离子会在土壤表面发生竞争吸附,使重金属在土水界面发生再分配,改变金属离子的生物可利用性。当多种重金属阳离子共存时,由于竞争作用,土壤对某一重金属离子的吸附量一般会小于单一体系的吸附量。

重金属离子竞争吸附能力的大小会受到重金属理化性质(如电负性、水解系数、电荷与半径之比等)、初始浓度、pH 等因素的影响。重金属离子电负性越大,金属离子选择性吸附能力越强;金属离子水解后形成的羟基金属离子[$(MOH)^+$]比金属离子本身更易于被土壤所吸附;金属离子的水合离子半径越小,其在土壤表面的吸附能力越强,如 Pb(0.802 nm)在土壤上吸附能力比 Cu(0.838 nm)强。由于竞争吸附位的重叠,各离子的吸附量降低,金属离子的竞争吸附能力随重金属离子初始浓度的增加而增强(Pei 等,2011)。pH 影响土壤中金属离子的水解、离子对形成、有机物溶解以及土壤表面电荷,进而影响重金属离子竞争吸附能力。

重金属吸附过程常用吸附等温线来定量描述。通过拟合吸附等温线、求解吸附等温线方程参数,得到吸附分配常数。较常用的土壤对溶液中重金属离子的吸附等温方程包括朗缪尔方程、弗罗因德利希方程等。然而在多组分离子共存溶液中,由于不同离子对土壤吸附位点的竞争,导致上述两个等温吸附模型对实验数据的拟合效果较差。对此一些学者提出使用竞争吸附朗缪尔方程和扩展的弗罗因德利希方程来描述离子竞争吸附。竞争吸附朗缪尔方程认为,组分中每一个离子都遵循朗缪尔等温式,其方程式为:

$$S_i = \frac{b_i k_i C_i}{1 + \sum_j k_j C_i} \tag{2-20}$$

式中:S_i——单位质量土壤所吸附的溶质量;

　　　C_i——平衡溶液中离子的浓度;

　　　b_i——平衡时溶质最大吸附量;

　　　k_i、k_j——平衡吸附常数,i、j 为溶质种类。

(2) 沉淀–溶解行为:沉淀–溶解行为会改变金属离子在土壤中的形态,进而影响其生物有效性。砷酸根或铬酸根与重金属阳离子共存时,会发生化学反应生成难溶解化合物,沉淀于土壤中,进而增加其在土壤中的沉淀积累,其积累量与重金属化合物的溶度积常数 K_{sp} 呈负相关。土壤胶体的次级吸附和解吸过程也会影响金属离子在土壤中的沉淀–溶解行为。As 进入土壤后会以砷酸根形式吸附于土壤固相,增加土壤表面净负电荷,从而增强土壤对金属阳离子的吸附能力;在阳离子(如 Cu^{2+})体系中,阳离子吸附在土壤颗粒表面导致其正电荷增加,对阴离子的静电引力增强,从而提高了土壤对重金属阴离子(如 CrO_4^{2-} 等)的吸附量。

2. 土壤中有机物复合污染的界面行为

有机复合污染条件下,有机污染物的环境行为不仅受制于有机污染物本身的物理化学性质、土壤化学组成与结构,而且常受到共存污染物的影响,进而影响其自身的吸附-解吸、降解-积累等行为,改变其迁移转化途径及生物有效性。

(1)有机复合污染的吸附-解吸行为:土壤中有机污染物间的竞争吸附作用普遍存在。极性有机化合物的竞争吸附能力强于非极性有机化合物。同时,竞争效应的强弱受制于多种因素,如吸附剂结构、主溶质和共存溶质理化性质及浓度大小。

有机污染物的竞争吸附能力与其本身的理化性质(如疏水性、极性)有关。一般来看,疏水性强的有机物会与疏水性弱的有机物争夺土壤颗粒表面的吸附位点,并优先吸附在土壤表面上。离子化有机污染物的吸附竞争能力与其存在形态有关,阳离子有机污染物通过阳离子交换作用吸附到土壤中,并始终表现出比分子形式更强的竞争吸附能力。例如,具有长碳链的阳离子正己胺通过阳离子交换在土壤颗粒表面形成类胶束结构,进而提高菲在壤质黏土上的吸附程度,而分子态 1-萘胺通过竞争疏水性点位而抑制菲吸附;水溶性较大的苯胺与三甲胺则对菲吸附影响较小。

(2)有机复合污染的降解-积累行为:土壤中有机污染物的降解是一个长期且复杂的过程,不同污染物的降解过程互相关联。结构相似的复合污染物能够竞争性结合控制降解代谢途径的调控蛋白,从而抑制微生物降解功能。一些有机污染物的存在(如抗生素等)会干扰土壤微生物的生理活动,改变污染物的降解途径,降低微生物代谢污染物的速率和完整性,从而抑制污染物的降解。以抗生素和雌激素复合污染为例,抗生素的存在抑制了土壤微生物活性,阻碍了雌二醇在生物降解过程中的开环,促进反应体系中已形成的部分酚环间位裂解产物与 NH_4^+ 的随机缩合,导致吡啶类衍生物的大量积累,使降解过程滞留在缩合反应阶段,从而降低雌二醇的降解效率。

3. 土壤中重金属-有机物复合污染的界面行为

土壤中重金属-有机物复合污染的界面行为极其复杂,下面主要介绍土壤中重金属-有机污染物在吸附-解吸、配合螯合、氧化还原、沉淀-溶解等物理化学过程及跨膜、代谢等微生物过程中的交互作用。

(1)吸附-解吸行为:土壤中重金属可通过改变土壤组分性质间接影响有机污染物的吸附-解吸行为,也可与有机污染物形成共价键/非共价键,或与有机污染物争夺土壤组分的同一吸附位点,直接影响有机污染物在土壤中的吸附-解吸行为。以重金属-PAHs 复合污染为例,重金属水解导致土壤溶液 pH 降低,减弱土壤腐殖质极性,增强土壤对弱极性有机物的吸附能力,使得 PAHs 解吸滞后。重金属可通过"桥键"作用使土壤中部分溶解性有机质在土壤表面发生絮凝沉淀,为 PAHs 提供更多的吸附点位,增加 PAHs 在土壤中的吸附量。重金属阳离子与 PAHs 之间存在较强的阳离子—π 键作用,这种结合作用使得土壤产生更多吸附点位,从而增加 PAHs 在土壤中的吸附。另外,极性有机物可以依赖静电作用、氢键等作用力吸附在土壤表面,从而与重金属发生竞争吸附;例如,Cu^{2+} 与对硝基苯酚在同一吸附点位存在竞争吸附,外源 Cu^{2+} 的加入抑制了土壤吸附对硝基苯酚。

不同种类重金属对土壤中有机污染物吸附的影响存在差异。以重金属与四环素为例,在复合吸附体系中由于铜和镉与四环素的配位能力差异,导致其吸附能力不同。铜与四环素的配合能力较强,可通过金属桥键促进土壤对四环素的吸附;镉与四环素的配合能力较弱,更倾向与四环素竞争土壤表面的可吸附点位。

(2)配合-螯合行为:土壤中具有配位官能团的有机污染物可与重金属发生配合作用,

从而影响重金属离子的土壤-水界面行为。含有—SH、—NH₂、—OH、—COOH 等活性官能团的有机污染物更易与重金属阳离子形成配合物。一定条件下,土壤中重金属和有机污染物能够形成三元配合物,促进或抑制土壤吸附有机污染物或重金属。以 Cu(Ⅱ)和诺氟沙星(NOR)在蒙脱石上的吸附为例,当 pH 为 4.5 时,溶液中 NOR 和 Cu(Ⅱ)的主要形态分别为 NOR⁺、Cu(Ⅱ)和 Cu(NOR)²⁺,阳离子 Cu(Ⅱ)会与 NOR⁺和 Cu(NOR)²⁺争夺相同的永久带电位点,从而抑制 NOR⁺在蒙脱石上的吸附(图 2-27);当 pH 为 7.0 和 9.0 时,Cu(Ⅱ)增加了 NOR 在蒙脱石上的吸附,这是因为两者形成的配合物 Cu(NOR)²⁺比 NOR 带更多的正电荷,NOR 以配合物的形式在蒙脱石上吸附。

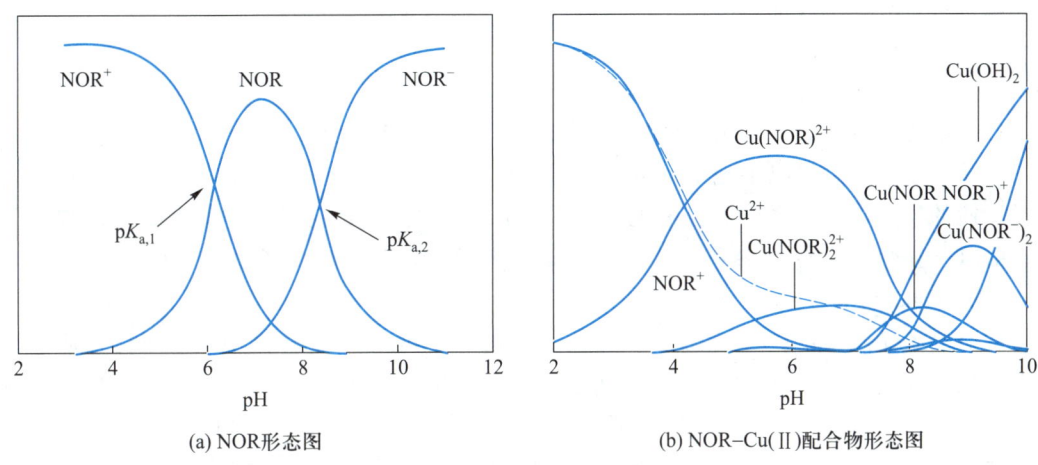

(a) NOR形态图   (b) NOR–Cu(Ⅱ)配合物形态图

图 2-27　不同 pH 条件下溶液中 NOR 和 NOR-Cu(Ⅱ)配合物的形态图

(资料来源:Pei 等,2011)

(3)生物学过程:重金属-有机物复合污染影响土壤生物学过程,并通过影响酶活性间接影响有机污染物的降解。重金属可抑制有机污染物降解所需的生物酶(过氧化物酶、脲酶、多酚氧化酶等)的活性,从而抑制有机污染物的降解。重金属和 PAHs 对生物膜都有一定破坏作用,能够改变细胞膜通透性,使重金属更容易进入细胞内部毒害微生物。由于微生物数量的减少,PAHs 降解受到抑制。一方面,PAHs 通过诱导产生活性氧等途径破坏细胞膜结构、增加膜流动性,产生的活性氧抑制了重金属跨膜运输相关的蛋白酶(如 Cu-ATP 酶和 Ca²⁺-ATP 酶)活性,使离子外排失活,增加细胞微量金属含量,并促进金属进入细胞内。另一方面,金属衍生的缺氧诱导因子(HIF-1)竞争性地抑制芳香烃受体(AHR)与 PAHs 结合和细胞色素 P450(如 CYP1A1 酶)表达,进而抑制微生物对 PAHs 的解毒功能。尽管重金属的存在会抑制微生物降解有毒有机污染物的微生物降解能力,但有研究表明,重金属和有机污染物共存时微生物会产生新的降解酶,从而对有机污染物进行降解。例如,当 Cu 与苯并[a]芘共存时,嗜麦芽窄食单胞菌会分泌新的降解酶,并将苯并[a]芘降解为某些更具生物有效性的邻苯二甲酸。

第三节　土壤污染物界面行为表征方法

快速发展的界面表征技术可以实现对土壤介质界面、污染物界面行为等有效的观察、检测、分析和风险评估。本节集中介绍了土壤介质界面与污染物界面行为的表征技术,包括原理、应用及多种技术之间的联用方法,归类总结了污染物界面行为有关模型。

一、土壤介质与界面表征

研究土壤污染物界面行为,须首先了解土壤本身的介质形貌及界面形态。而土壤是由固、液、气、生物等多介质多界面构成的复杂体系,其元素和物质组成十分丰富。土壤的主体部分是由矿物质和有机质构成的固体颗粒,水分和气体占据了颗粒之间的孔隙。土壤环境中还存在大量动植物和微生物。随着表征技术的发展,人们得以观测土壤介质的形貌,并对多界面进行针对性地表征。

(一)土壤介质形貌与界面观测

1. 土壤介质形貌表征

(1)电子显微镜表征技术:土壤颗粒形态观测最早可追溯到 20 世纪 30 年代初,当时所采取的显微技术大多局限于光学显微镜,包括生物显微镜、偏光显微镜和双目体视镜等。电子显微镜的发明与使用实现了土壤观测技术的代系更迭,主要应用的电镜按结构通常可分为透射电子显微镜(transmission electron microscope,TEM)和扫描电子显微镜(scanning electron microscope,SEM)。

透射电子显微镜:电子束经加速和聚集后会透射在样品上,与样品中的原子碰撞后电子的运动轨迹发生改变,因此产生了立体角散射。因样品的厚度不平且密度不均,产生的散射角不同,生成明暗差异的影像,有助于研究者判断土壤中各组分的粒径和内部结构。图 2-28

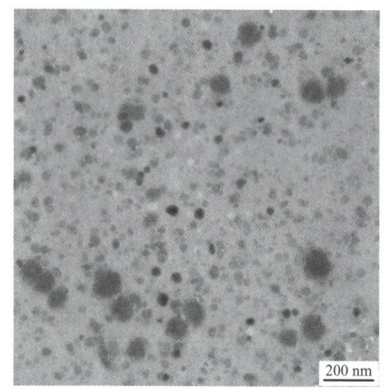

为使用透射电子显微镜观察黄棕壤中的纳米粒子,可以清晰地观测到土壤样品颗粒粒径在 20～40 nm,形状相对规则,大多为球状;纳米颗粒团聚体相对较大。同时颜色的深浅可反映其颗粒的致密程度,颗粒物颜色较深表明其结构相对紧密,主要为土壤矿物成分;颗粒物颜色较浅且形状不规则则表明其结构相对松散,主要为有机质。

扫描电子显微镜:是介于光学显微镜和透射电镜之间的一种观测技术。聚焦后的电子束会被用于扫描样品表面,电子束和样品之间发生相互作用产生各种物理信号,从而将样品的微观形貌展现出来。扫描电镜的分辨率能够达到 1 nm 左右,放大约 30 万倍,极大方便了

图 2-28　黄棕壤纳米粒子的 TEM 照片
(资料来源:王楠等,2012)

对土壤介质表面形貌的观测。如图 2-29 所示,扫描电子显微镜观测发现,相比于原土,常规制备的有机膨润土和微波辅助法制备的有机膨润土表面形貌都更加粗糙和不规整,正是这种粗糙结构使改性后的有机膨润土对有机污染物的吸附能力增强。

(2)原子力显微镜表征技术:作为一项先进的微观结构可视化技术,原子力显微镜(atomic force microscope,AFM)在土壤介质观测方面展现出诸多优势,如空间分辨率较好(纳米级)、灵敏度极高(皮牛级力)、具备免标记的便捷性及溶液中可照常工作的适应性。图 2-30 为有机膨润土 AFM 表面形貌的二维视图,原子力显微镜的二维视图能清晰展示膨润土的层状结构及边缘的锯齿状结构,改性后膨润土依旧能观察到良好的层状结构,这表明表面活性

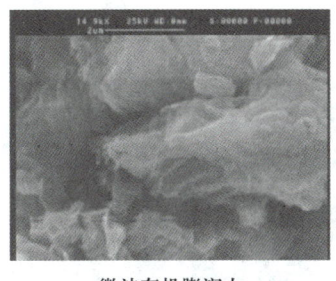
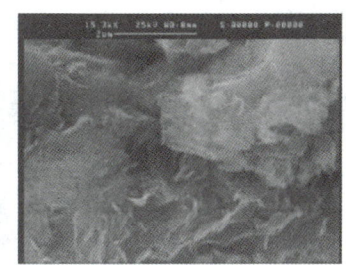
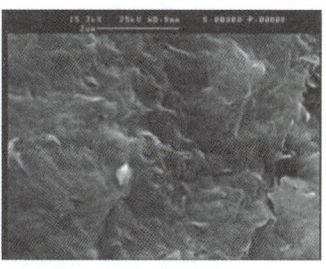

微波有机膨润土　　　　　　　常规有机膨润土　　　　　　　　原土

图 2-29　有机膨润土及原土的扫描电镜图像(×15 000)

(资料来源:李济吾等,2004)

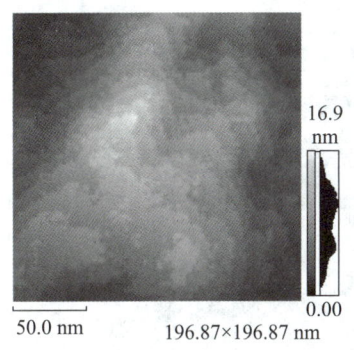
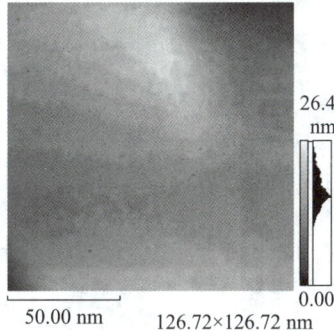
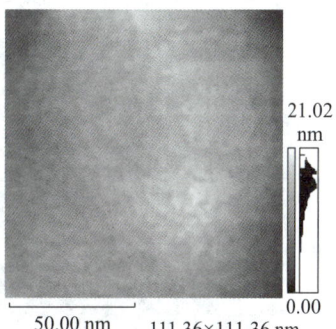

50.0 nm　196.87×196.87 nm　　　50.00 nm　126.72×126.72 nm　　　50.00 nm　111.36×111.36 nm

原土　　　　　　　　　　　　常规有机膨润土　　　　　　　　微波有机膨润土

图 2-30　有机膨润土 AFM 表面形貌的二维视图

(资料来源:李济吾等,2007)

剂改性和微波辅助有机改性的处理方法不会过度地破坏膨润土的微观结构,而表面活性剂会在改性过程中进入膨润土层间。

近些年来,原子力显微镜与红外光谱的联用(AFM-IR)得到快速发展,该技术可做微区成分分析,对样品中化学成分与结构进行成像,分辨率也远高于传统的傅里叶红外光谱。2017 年该项联用技术被首次应用到土壤有机质的观测当中,在纳米尺度上探究页岩中固体有机质的分布与性质。针对样品中选定区域,通过入射光学显微镜进行成像和识别(图 2-31a),芳香性有机质的 C—H 伸缩振动会在 2 920 cm^{-1} 处展现特征吸收,运用 AFM-IR 进行分析和成像,可分别得到高分辨率地形图(图 2-31b),红外吸收图像(图 2-31c)和机械刚度图像(图 2-31d)(所有图像的像素大小均为 100×100 nm^2)。采用色彩与立体成像,能更好地分辨出样品中的不同组分,如图 2-31,实线区域代表固体沥青,虚线区域代表惰质组。地形图(图 2-31b)对比度相对较小,表明机械抛光后的表面光滑,因而无法很好地识别样品组分。相比之下,离散的颗粒在 2 920 cm^{-1} 处有强烈的吸收峰(图 2-31c)和较低的机械刚度(图 2-31d)。AFM-IR 图像与白光显微镜图像中所呈现的空间分布紧密匹配,再次证实了 AFM-IR 观测的准确性。

2. 土壤界面表征

由于土壤组分的组成和构象具有高度异构性,要描述土壤天然组分的精确结构,准确地探索土壤界面中化学元素形态的形成,阐明土壤界面中污染物的各种化学过程,仍然具有挑战性。明确土壤中各组分物质化学形态的形成和转化过程的具体信息,是了解和预测它们在土壤界面中化学行为的前提,由此各种土壤界面的表征技术也应运而生。

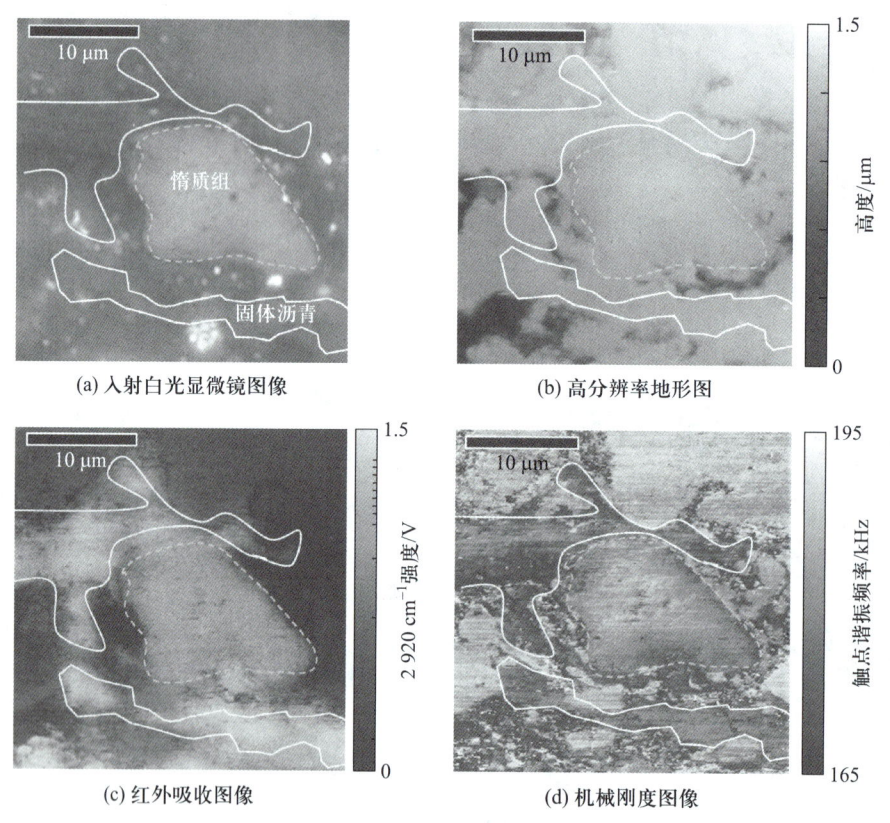

(a) 入射白光显微镜图像

(b) 高分辨率地形图

(c) 红外吸收图像

(d) 机械刚度图像

图 2-31　页岩样品的相关图谱

（资料来源：Yang 等，2017）

　　光谱作为最基础的表征手段，其原理是基于电磁波与粒子的相互作用，使粒子内部发生能级跃迁，将其释放出的能量收集并进行数字信号处理，进而获得分子内部的结构信息。应用于土壤界面分析的传统光谱技术大致可分为：振动光谱，如红外光谱；X 射线吸收光谱，如 X 射线吸收精细结构光谱；共振波谱，如核磁共振谱。这些光谱技术各具特点，但在研究对象上都具有明显的局限性，每种方法能研究的元素都十分有限，甚至需要在特定条件下才可应用。从方法学的角度上来看，同步辐射装置的发明与进步使得光谱技术从光源性能上得到了极大提升，扩展了光谱技术的应用范围，提高了其检测精度。

　　同步辐射光源是一种利用相对论性电子在磁场中偏转时产生同步辐射的高性能新型强光源。同步辐射光具有宽波段、高准直、高偏振、高纯净、高亮度、窄脉冲、可精确预知等诸多优点，同步辐射技术与光谱的联用极大增强了土壤界面表征技术的研究精度与深度。而基于同步加速器的 X 射线技术由于其元素特异性、无损特性、独特的光谱和空间分辨率，正在成为许多光谱和成像分析的主要工具之一，且被广泛应用于土壤和环境科学领域。该技术能够在分子尺度上原位表征相关元素的化学形成、微观结构和分布，为各种环境过程的反应机制提供直接证据。基于同步辐射的 X 射线波长在 10 nm 和 0.01 nm 之间，对应能量在 120 eV 和 120 keV 之间。同步辐射光的穿透能力可以分为软 X 射线和硬 X 射线（图 2-32）。根据实验测量方法的不同，同步辐射技术可以分为光谱学、成像和散射（或衍射）等三大类。自从 Hayes 等首次报道 X 射线吸收光谱研究离子在土壤矿物上的吸附机制以来，过去几十年里基于同步辐射的 X 射线技术在土壤和环境领域得到大量应用(Hayes 等,1987)。

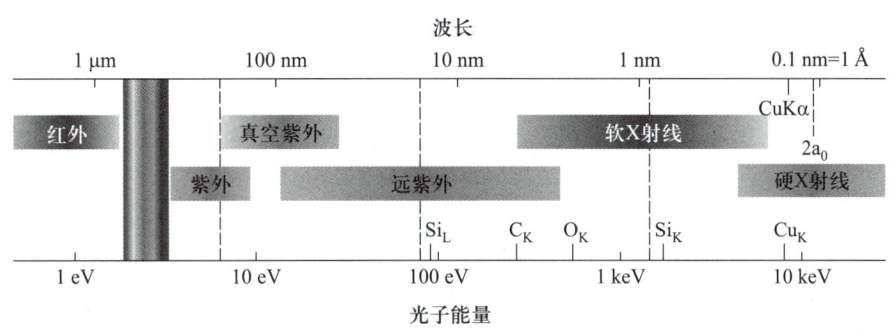

图 2-32　以波长和光子能量表示的电磁光谱

(资料来源:Hayes 等,1987)

　　土壤中金属元素化学形态和转化过程的具体信息是了解和预测其在环境介质中化学行为的前提。作为研究土壤中金属元素界面形态的重要技术,基于同步辐射的 X 射线吸收精细结构(XAFS)在土壤和地球化学研究中取得了重要进展。在利用 EXAFS 光谱探讨近中性 pH 和高离子强度下 Cu(Ⅱ)在水-黏土(锂辉石、蒙脱石和高岭石)界面上的形态与结合性质的研究中,发现铜会吸附在三种层状硅酸盐的内部球体上,与 Mg(锂辉石)和 Al/Mg(蒙脱石和高岭石)八面体共边,以及 Si/Al 四面体共角,即使在中等过饱和条件下也没有明显的表面沉淀迹象,相当一部分 Cu(Ⅱ)以单核吸附配合物的形式存在(Michel 等,2013)。EXAFS 技术为土壤界面中金属元素的形态分析提供了重要证据。

　　X 射线微探针特别是采用微 X 射线荧光(μ-XRF)和微 X 射线吸收(μ-XAS)等横向分辨方法,是从第三代同步加速器设施中出现的最重要的新分析技术之一,可用于确定在微米分辨率尺度上的非均匀基质中微量元素的结构形式。XRF 与其他 X 射线光谱技术联用,结合了高空间分辨率和高光谱分辨率的优势,能有效地呈现相关元素形成的化学分布。综合地运用 μ-XAS、μ-SXRF 和 μ-XRD,能够确定土壤中金属元素的化学映射和配位环境,用以表征样品中的活性组分,在微米尺度上呈现了土壤矿物中金属元素的二维分布与界面形态,从而解释其固存机理。

　　除了原子量相对较重的元素(Z>20),一些较轻的元素也可用基于同步辐射的光谱显微镜表征分析,其特征是利用了较低的 X 射线能量,包括软/中能 X 射线光谱显微技术。在轻元素中,对 C、N、P 等的研究因其农业和环境意义而尤为重要,这些研究将提供有关土壤养分循环的重要信息,会影响到全球气候变化、植物对养分的吸收、污染物运输及退化土壤修复等多方面。有机碳的结构构型和功能分布主导了其与污染物之间的稳定性和反应性,扫描透射 X 射线显微镜(STXM)与近缘 X 射线吸收精细结构(NEXAFS)光谱的结合,能够以高光谱分辨率识别和指认各种分子群中有机碳的精细结构,可将生物地球化学中相关有机化合物以碳的形式实现纳米级改变可视化。这些手段直接表征土壤中主要矿物元素(硅、铝、钙、钾、钛和铁)与有机碳的微尺度分布、形态和空间关联,有助于理解土壤界面中金属元素与有机碳之间的关系。

　　除了 X 射线技术,基于同步辐射的红外显微光谱技术同样在土壤界面表征方面表现出巨大潜力。基于同步辐射的傅里叶变换红外(FTIR)和微 X 射线荧光(μ-XRF)光谱技术,能够表征有机卤化物、有机碳、黏土矿物和土壤颗粒内其他矿物元素的结合位点和分布,空间分辨率为 6~10 μm,可将有机溴和有机碳的关系可视化(图 2-33),实现在微米尺度上原位观察有机溴在土壤中的空间分布,并反映它们与土壤有机碳的关联,为有机-矿物-土壤界面的原位表征奠定了基础。

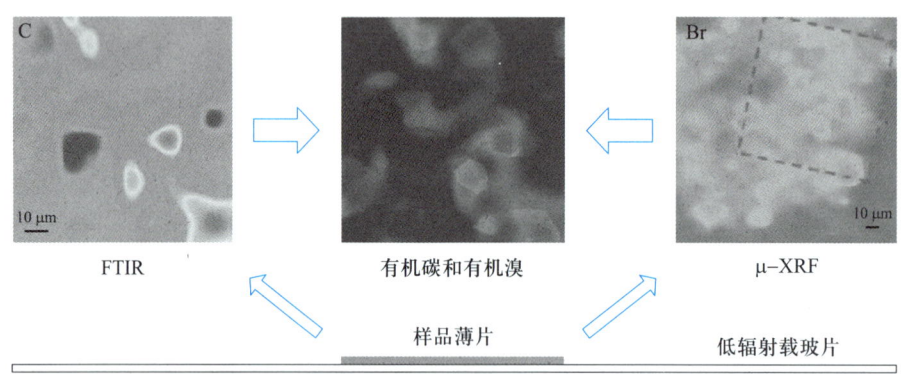

图 2-33   利用 FTIR 和 μ-XRF 光谱联合表征的有机碳与有机溴的元素分布图
(资料来源:Luo 等,2014)

同步辐射显微 CT 可以表征土壤团聚体内的孔隙形态和空间分布,分析孔隙结构特征如各向异性、孔隙连通性、大小分布和空间分布等,揭示土壤团聚体稳定性的机理,为预测和模拟土壤团聚体物理行为和宏观功能提供依据。

(二)土壤物质组成和结构表征

土壤的物质组成十分丰富。从化学元素上来看,主体的八大元素占 96% 以上,按照总体含量高低依次为氧、硅、铝、铁、钙、钠、镁和钾,还有诸多含量相对较少的元素如氮、磷、硼、锌、硒和锰等,其中也包含了植物生长所需的土壤营养元素。从物质成分上来看,土壤中包含了丰富的矿物质、有机质、微生物等。针对不同的组分,可以借助多样化的表征手段进行分析,多技术联用有望得到更加严谨可信的分析结果。

1. 土壤元素的表征技术

(1)元素组成分析:分析整体化学元素的组成和含量,是了解土壤物质结构的第一步,而不同元素具有不同特征的 X 射线能量。X 射线能量色散谱(EDS)就是利用 X 射线探测器,通过检测这种能量来进行成分分析,配合 SEM 或 TEM 进行选区,使其成为微区化学成分分析的重要手段之一,该技术能将土壤样品的化学元素组成及其原子所占比例量化呈现。

X 射线光电子能谱分析(XPS)适用于表面元素扫描,主要利用 X 射线进攻样品的原子,使得内层电子脱离,产生光电效应。受元素种类和激发轨道的影响,光电子的结合能会发生不同程度的位移,称之为化学位移,利用化学位移便可以分析对应元素的化学价态及不同元素间原子比例。

以上的元素组成表征方法大多基于表面扫描技术,其局限性在于物质表面的元素种类和含量不能等同于物质内部的情况,若要更准确了解土壤样品中元素组成,还需要更加精确的表征手段。例如,元素分析仪会提供高温环境,将样品完全氧化燃烧成气态,经载气推动流入分离检测系统,从而对土壤样品的整体元素组成,尤其有机性的 C、N、S、O、H 等元素进行准确分析。而对土壤中金属元素的测定,多将样品消解后再采用原子吸收光谱法(AAS)

和原子发射光谱法（AES）检测,两种方法都是将样品高温气化后进行光谱检测,区别在于前者基于目标元素的原子气体对特征谱线的吸收及其吸收程度来测定,所用仪器一般为火焰原子吸收光谱仪或石墨炉原子吸收光谱仪。后者则是利用被激发的原子从激发态返回基态过程中释放的能量,配合高频电感耦合等离子体（ICP）光源实现检测。

（2）元素分布分析:化学元素在样品中的分布同样也蕴含着重要信息,利用微束技术透射电子显微镜进行选区扫描分析,可以获得元素的分布图,扫描透射电子显微镜-能量散射光谱（STEM-EDS）扫描技术能够直观地展现目标元素在样品表面的分布情况。

图 2-34 为不同转化时间点铁氧化物的 HAADF 图像、Cu 分布及 Fe、O、Cu 分布叠加图,反映了富里酸和胡敏酸作用下水铁矿转化过程中铜的释放过程,左侧为高角环形暗场成像（HAADF）图像,呈现出样品颗粒的整体形貌。进一步做 STEM-EDS 元素分布分析,可检测各种元素的具体分布位置,亮色即为该元素所存在区域;Cu 元素始终是均匀分布在样品颗粒表面,证明水铁矿转化过程中 Cu 与矿物本身始终是紧密结合的,并不会单独存在。通过元素分布分析来判断不同元素的分布位置,可以推测物质的组成结构及不同组分之间的关系（卢阳等,2021）。

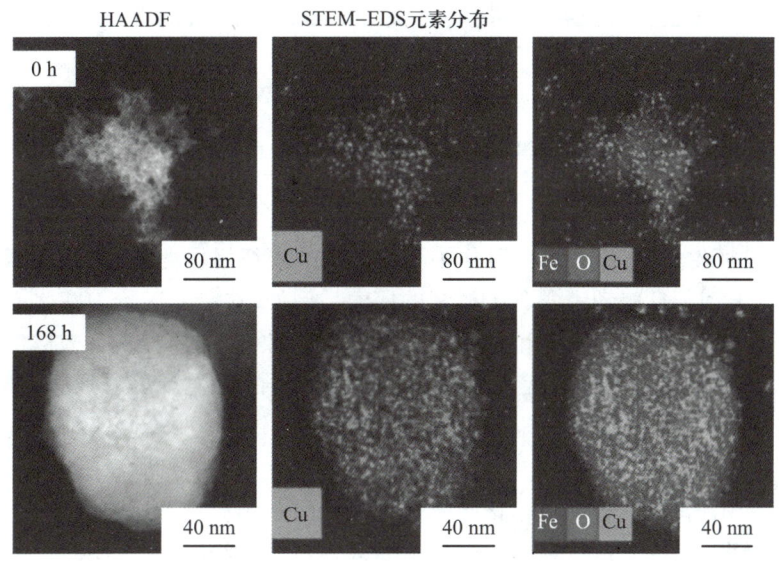

图 2-34　STEM-EDS 面扫描:不同转化时间点铁氧化物的 HAADF 图像、
Cu 分布及 Fe、O、Cu 分布叠加图
（资料来源:卢阳等,2021）

2. 土壤矿物的表征技术

土壤矿物是土壤中具有特征结构和一定化学式的各种无机固态矿物的总称。土壤矿物组成往往是复杂多变的,依其母质起源、土壤种类、地质环境等多种成土因素而各有不同,一定程度上能反映出土壤形成所涉及的地球化学过程。

（1）X 射线衍射分析:X 射线衍射（XRD）光谱是常用的矿物表征手段。X 射线作为一种电磁波,在入射晶体时会发生衍射,针对特定的晶体结构会产生周期性的衍射角度,借此可达到识别物质组成结构的目的。土壤中矿物组分通常具备一定晶体形态,尤其是金属矿物结晶度相对较高,容易被 X 射线衍射光谱识别,将 X 射线衍射图谱与相应矿物的标准卡进行比对,即可判断该组分的分子形态与晶体结构。如图 2-35 所示,采用 X 射线衍射技术对同一场地土壤样品(SA-0)中的不同粒径的颗粒(SA-1、SA-2 和 SA-3)进行分析,通过 X 射线衍射图谱和相关矿物的 XRD 标准卡,可以看出其 XRD 图谱能够证实所有样品组分中均有蒙脱石和石英存在。相比之下,粒径小于 0.002 mm 的土壤颗粒(SA-3)中蒙脱石的结晶度明显较弱,推断该土壤样品中可能存在矿物被包裹的情况(Tang 等,2022)。X 射线衍射能够定性分析矿物种类与结构,配合同步辐射装置,也可以使 X 射线衍射性能进一步提升,同时省略原 XRD 制作载玻片的过程,操作更加方便且分辨率和辨识度更高,可检测到更多衍射峰。

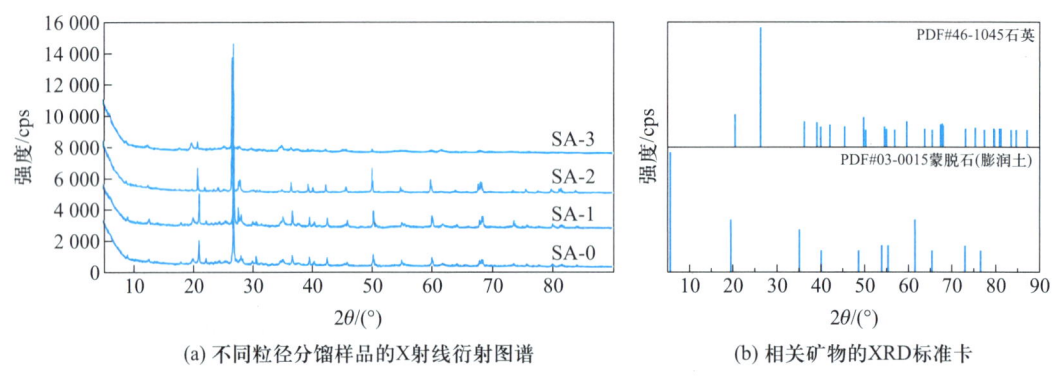

(a) 不同粒径分馏样品的X射线衍射图谱   (b) 相关矿物的XRD标准卡

图 2-35 不同粒径分馏样品的 X 射线衍射图谱和相关矿物的 XRD 标准卡

(资料来源:Tang 等,2022)

（2）X 射线吸收光谱:该技术也可作为土壤矿物的表征手段之一,用于元素在矿物表面的动力学研究,推动了反应动力学分子机制的探索。例如,在研究三价砷在水铁矿表面的氧化过程及其中二价锰的作用时,利用快速扫描 X 射线吸收光谱(Q-XAS)来监测砷和锰形态的实时变化及反应过程中产生的锰氧化物当量。二价锰的氧化产物可通过 XRD 和锰的 K 边 X 射线吸收近边光谱(XANES)来鉴定,进而揭示在水铁矿-二价锰体系中发生的三价砷氧化机制。

（3）穆斯堡尔谱分析:穆斯堡尔谱技术可用于研究土壤矿物的组成和比例,进而探索土壤的成土条件及其过程,其以穆斯堡尔效应为原理,即当仪器发射的无反冲 γ 射线经过固体时,与原子核中能级跃迁能量相等的 γ 光子会被原子共振吸收,计数器会接收未被吸收的光子,这种入射 γ 光子的能量与所测 γ 光子数的变化关系即为穆斯堡尔谱。利用穆斯堡尔谱技术分析了游离态 Fe(Ⅱ)驱动赤铁矿晶相重组过程中 Fe 的形态:制备的 ^{56}Fe-赤铁矿与游离 ^{57}Fe(Ⅱ)进行反应,其中只有 ^{57}Fe 对穆斯堡尔谱有信号响应(图 2-36),反应 10 d 后出现的赤铁矿特征峰证明游离的 ^{57}Fe 通过原子交换作用进入了赤铁矿结构中,通过同质外延生长机制生成了 ^{57}Fe-赤铁矿。微弱的针铁矿特征峰证明游离态 ^{57}Fe(Ⅱ)也可以利用异质外延生长机制生成 ^{57}Fe-针铁矿。穆斯堡尔谱的表征结果清晰阐释了 Fe(Ⅱ)在整个反应过程中的迁移与形态转化(刘承帅,2016)。

3. 土壤有机质的表征技术

天然有机质普遍存在于生物圈、土壤圈、水圈和大气圈中,是土壤、水和沉积物中的高活性成分,在生态系统过程中起重要作用。因此了解土壤有机质组分及其表征方法具有重要意义。

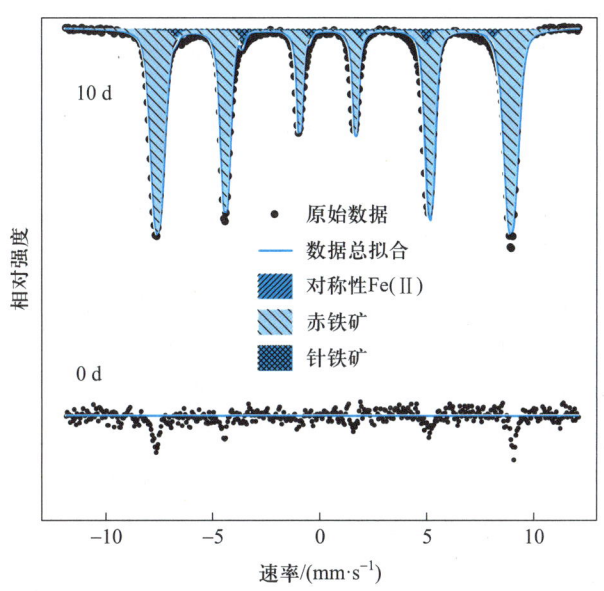

图 2-36　^{56}Fe-赤铁矿与游离态^{57}Fe(Ⅱ)反应前后的穆斯堡尔谱表征谱图

（资料来源：刘承帅等，2016）

（1）紫外可见分光光度法：紫外-可见吸收光谱（UV-Vis）属于分子光谱，当分子被紫外可见光照射时，会发生 $\sigma\rightarrow\sigma^{*}$、$n\rightarrow\sigma^{*}$、$\pi\rightarrow\pi^{*}$ 和 $n\rightarrow\pi^{*}$ 这四种电子跃迁，根据吸收峰和吸收带的形态与变化便可对测定物质的组成进行推断。对添加有机物料前后的滨海盐渍土壤有机质溶液进行 UV-Vis 扫描，发现添加物料后有机质溶液在 200 nm 至 800 nm 区间的吸光值随波长增加而降低，在 200 nm 处达到最高吸光值，在 230 nm 至 280 nm 范围出现吸收平台，主要对应苯环的特征吸收，据此可推测添加有机物料增加了土壤溶解性有机质的芳香性成分。

（2）^{13}C 核磁共振谱：核磁共振（NMR）利用了外磁场作用下磁矩不为零的原子核自旋能级所引发的塞曼分裂，其中特定频率的射频辐射会被共振吸收。^{13}C 核磁共振与普通的质子核磁共振类似，区别在于其辨别目标是有机物中的 ^{13}C，因而成为有机质检测的重要手段。如图 2-37a 所示，利用 ^{13}C 核磁共振谱分析泥炭土壤中有机碳类型，化学位移值 45~90（$\times10^{-6}$）、90~110（$\times10^{-6}$）、110~160（$\times10^{-6}$）和 160~190（$\times10^{-6}$）可分别对应于烷基 C、烷氧基 C、芳香 C 和羧基 C。^{13}C 核磁共振技术可判断成土来源。通过分析有机碳类型，确定形成泥炭的主要植被及分解产物（Trifiró 等，2021）。

（3）红外光谱：红外光谱（IR）技术原理是分子中特定结构对某些特定波长红外线的吸收引发分子中振动能级和转动能级的跃迁，由此检测红外线被吸收的情况可得到谱图，根据谱线中峰位与峰型可判断其对应结构（有机官能团）。如图 2-37（b）所示，利用傅里叶红外光谱研究泥炭中天然有机质结构，在泥炭的典型红外光谱中，吸收带的强度反映了 C—H、C=O、C=C 和 C—O 等主要官能团的丰度，并且随着样品采样深度的增加，C—H、C=O 和 C=C 强度会有所增加，而 C—O 会有所减少，进而揭示了土壤有机质成分随分布深度增加的变化规律。近些年来，高级质谱的出现和数据处理的进步使溶解性有机质分子轮廓的精细表征成为可能。相比于单一傅里叶红外光谱分析，傅里叶变换离子回旋共振质谱（FT-ICR MS）还能够分析更加复杂的有机质组分，并从分子层面上阐释有机质与其他土壤组分的互相作用。

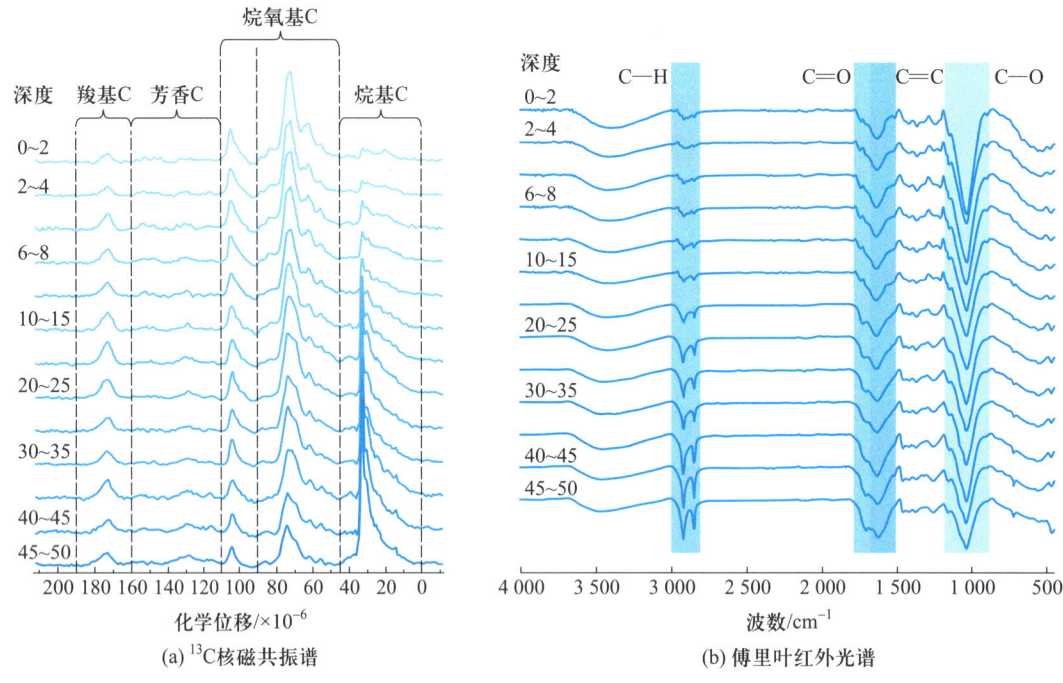

图 2-37　不同深度（0~50 cm）泥炭样品的 ^{13}C 核磁共振谱和傅里叶红外光谱图

（资料来源：Trifiró 等，2021）

4. 土壤微生物的表征技术

土壤微生物是生态系统中最活跃的生物组分之一，具有丰富的多样性，并对许多化学和生物学过程有重要影响。如土壤养分循环、结构保持、有机污染物矿化、病虫害防控等都受到微生物的影响。

（1）显微技术：扫描近场光学显微镜（SNOM）能够对样品表面进行光学研究，以形成高分辨率二维图像或进行局部光谱分析，突破了传统光学显微镜在光学衍射分辨率上的极限，可以以接近分子水平的分辨率观测微生物形态及行为。

（2）聚合酶链式反应：聚合酶链式反应（polymerase chain reaction，PCR）是一种用于放大扩增特定 DNA 片段的分子生物学技术，只需微量的 DNA 便可实现大量复制，具体包括逆转录聚合酶链反应（RT-PCR）和实时荧光聚合酶链式反应（qPCR）。RT-PCR 指的是提取细胞中 RNA，利用逆转录酶实现 DNA 扩增的 PCR 技术。qPCR 是指在 PCR 反应体系中加入荧光基团，利用荧光信号积累实时检测整个 PCR 进程，最后通过标准曲线对未知模板进行定量分析的方法。在研究微生物修复污染物机理的过程中，采用 PCR 技术能够对比反应前后微生物中各个基因拷贝数的区别，通过基因的丰度来判断其中的优势基因及其发挥的作用。

（3）16S rRNA 基因测序：16S 核糖体 RNA，简称 16S rRNA。微生物多样性测序是基于二代高通量技术对 16S rRNA 基因序列进行测序，能同时对样品中优势物种、稀有物种及一些未知物种进行检测，获得样品中微生物群落组成及它们之间相对丰度。16S rRNA 基因测序对于探讨微生物多样性、挖掘微生物资源、揭示微生物与环境关系、研发环境生物治理技术有重要意义。

（4）宏基因组学技术：宏基因组学技术也称微生物环境基因组学技术，该技术通过对复

杂环境中全部微生物遗传信息（DNA）的提取,构建微生物代谢途径,从而在基因水平上系统
描述环境样品中所包含的微生物遗传组成、群落结构、生理过程及其分子遗传机制。宏基因
组测序在 16S rRNA 测序分析的基础上还可以进行基因和功能层面的深入研究。如利用宏
基因组技术可以评估地下水曝气技术处理中脂肪烃和芳香烃污染场地中外二醇双加氧酶多
样性,发现不同物种来源的外二醇双加氧酶具有相似的底物催化活性,表明 PAHs 的原位降
解过程可能涉及多物种的协同作用。

（5）稳定同位素探针:稳定同位素探针（SIP）技术的原理在于向微生物群落提供 ^{13}C 标
记的底物,并随后分析从该群落分离的 ^{13}C-DNA。例如,通过 ^{13}C 标记芘、^{13}C-DNA 分离和高
通量测序,可鉴定农田和建设用地土壤中的好氧芘降解细菌;伪诺卡氏菌属是农田土壤中主
要的芘降解菌群,建设用地土壤中节杆菌是主要的芘降解菌;分枝杆菌则在这两种土壤中都
具有降解芘的活性。

（6）拉曼光谱-荧光原位杂交（Raman-FISH）技术:基于 rRNA 的斑片状保护,寡核苷酸
探针具有从物种水平到门类水平甚至是结构域的特异性。当探针用荧光染料或辣根过氧化
物酶标记时,可通过荧光原位杂交直接用于识别单个微生物细胞,检测特定核酸序列的存
在、数目并定位,这便是荧光原位杂交（FISH）技术。而拉曼（Raman）光谱技术能够收集土壤
微生物中包括核酸、蛋白质、糖类及脂质等分子振动的信息。Raman-FISH 技术能够获取微
生物细胞结构、化学组成及代谢过程等关键信息,并揭示未分离培养的功能微生物的遗传多
样性、原位功能活性及其生理生态作用,从而能原位表征土壤中微生物群落的分布及其代谢
特征。如利用 Raman-FISH 技术,检测 ^{13}C 标记萘污染地下水样品中假单胞菌属（*Psuedo-
monas*）微生物的空间分布,结果显示苯基丙氨酸吸收峰显著红移,证实了假单胞菌属微生物
原位降解萘的功能性（图 2-38）。

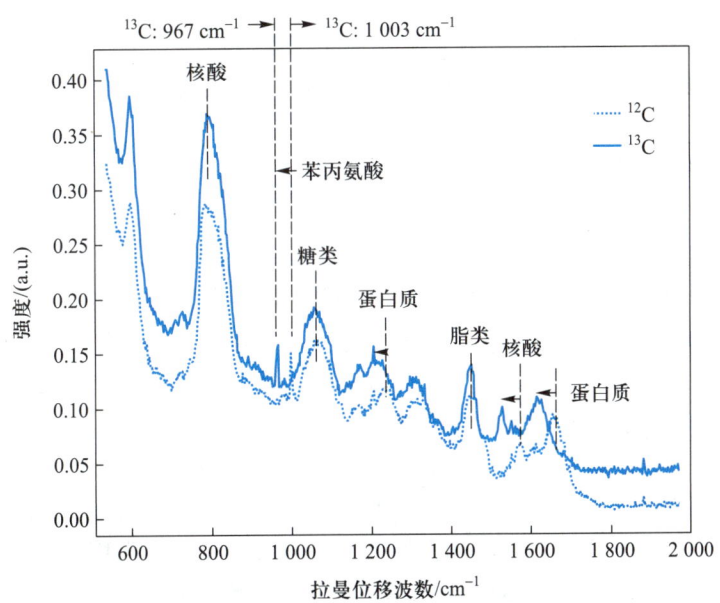

图 2-38　以 ^{12}C 或 ^{13}C 标记葡萄糖作为唯一碳源培养荧光假单胞菌的拉曼光谱

（资料来源:Huang 等,2007）

二、土壤中污染物界面行为表征

土壤中污染物的环境行为涉及污染物在不同介质和界面的分布及存在形态。表征土壤污染物界面行为是认识和解决环境问题的重要基础。本部分主要介绍了土壤污染物的原位和异位表征技术及土壤污染物界面行为表征方法。

（一）土壤中污染物的原位和异位表征技术

传统的污染物检测多为非原始条件下对污染物的异位表征，往往需要耗费大量时间、人力及物力，因此大规模定量评估仍具有挑战性。近些年来人们一直在探索开发能快速简便地原位分析土壤污染物的表征技术，并在理论探索和实践方面取得了良好进展。

1. 土壤中污染物的原位表征技术

污染物的原位表征须具有方便、快捷、成本低的优点，减少收集和运输样品的时间、冗长的实验室分析模拟，增加所收集数据的空间代表性。而光谱分析法是一类适宜的原位表征技术，由于各种污染物都具有特征光谱，只需对比图谱就可以快速同步地定性和定量分析多种元素。同时，光谱分析操作简单，样品无须化学前处理，选择性好、灵敏度高，可开展痕量分析。目前基于光谱分析的便携式仪器已应用于场地土壤污染物的快速检测。

（1）重金属的原位表征技术：主要包括红外光谱技术、X 射线荧光分析、高光谱遥感技术等。

红外光谱技术：利用便携式的可见－近红外（400～2 500 nm）和中红外（2 500～25 000 nm）光谱检测仪，可获取土壤中化合物的特征吸收光谱。利用可见－近红外原位光谱技术已开展了 Cd、Zn、As、Fe、Hg、Pb 等重金属的分析检测，并获得较高的精度。例如，对莱茵河周边 69 个土壤样品中 Cd 和 Zn 的检测发现，可见－近红外原位光谱可以很好地预测 Cd 和 Zn 的含量，预测值和实际测量值间的相关系数分别为 0.94 和 0.95。

X 射线荧光分析：处于激发态的原子要通过电子跃迁向较低的能态转化，同时辐射出被照物质的特征 X 射线，这种由入射 X 射线激发出的特征 X 射线，称为荧光 X 射线，通过荧光 X 射线可以识别土壤特征元素。与传统的电感耦合等离子体质谱法（ICP－MS）相比，便携式 X 射线荧光分析法能够对表层土壤中大多数微量元素（如 As、Co、Cu 等）快速识别，且数据与 ICP－MS 测得结果无显著差异。

高光谱遥感技术：高光谱遥感技术是在电磁波谱的紫外、可见光和红外波段范围内，利用遥感技术获取多而窄的连续光谱影像技术。高光谱遥感可以实现大面积无损快速测量，获得高分辨率的遥感光谱图像。许多研究者利用 Hyperion 影像反演了土壤 Zn、Cd 元素含量，绘制重金属含量区域分布图。但当重金属含量较低的情况下，高光谱遥感信息微弱且易被掩盖，还易受土壤理化性质、上覆植被和周围环境的影响，测量结果不准确。

（2）有机污染物的原位表征技术：主要包括红外光谱技术、激光诱导荧光技术、太赫兹光谱技术等。

红外光谱技术：红外光谱不仅应用在重金属原位表征，也可应用于石油烃类的原位表征。手持式中红外漫反射傅里叶变换光谱仪可用于污染土壤表征和修复过程中现场评估和实时监测总石油烃。根据 6 000～650 cm^{-1} 波段内的特征吸收峰推导出的土壤总石油烃分析结果与气相色谱串联质谱测定的结果显著相关；该方法检出限为 68 mg/kg，在土壤总石油烃浓度为 1 000 mg/kg、2 500 mg/kg 和 10 000 mg/kg 条件下测定结果的相对标准偏差分别为

16%、7%和6%;然而,高的土壤湿度和有机质含量会对测定结果造成较大干扰。

激光诱导荧光技术:激光诱导荧光技术是基于苯系物、石油烃、有机磷农药等的荧光基团,根据激光激发下发射的特征荧光光谱进行污染物定性和定量分析的技术。由于激光诱导荧光技术对实验室条件依赖度小、操作便捷,适用于现场实时监测,常被用于石油烃污染程度的鉴别、石油泄漏监测等。该方法对石英砂中柴油检出限为 200 mg/kg,而砂壤土中检出限为 500~600 mg/kg。

太赫兹光谱技术:太赫兹波是频率在 0.1~10 THz 的电磁波,波长介于微波和红外波之间(3~0.03 mm),具有高穿透性、高识别性、强分子吸收性等特点,能够穿透常见物质的外层结构,直接被目标检测物吸收,出现特异性吸收峰。例如在太赫兹波段频率为 1.5 THz 条件下,土壤中聚四氟乙烯微塑料质量比为 50%时,其吸收系数相比空白对照下降约 10 cm^{-1},根据吸收系数下降程度可判断土壤中微塑料的含量。太赫兹光谱技术具有操作简便、耗时短、无损等优势,近年来逐步应用于土壤中有机污染物的检测,展现出良好的应用前景。

2. 土壤中污染物的异位表征技术

土壤中污染物的异位表征主要是将样品前处理后,通过不同分析方法对提取出的污染物进行定量分析。由于重金属和有机污染物性质差异大,根据不同研究目的,通常需要采取不同的针对性提取方法,并选择适宜的检测方法。

(1)重金属的异位提取方法及分析技术:重金属在土壤中具有多种赋存形态,往往需要根据研究目的,选择性地提取各形态重金属。提取方法大致可以分为两类,即单级提取法和多级连续提取法。单级提取法利用水、酸碱溶液、无机盐、螯合剂等提取剂,直接提取土壤重金属中能够被生物有效吸收和利用的部分。多级连续提取法则是利用反应性逐步增强、对不同赋存形态重金属具有选择性和专一性的萃取剂,逐级提取土壤样品中的重金属。在诸多的多级连续提取法中,Tessier 五步连续提取法应用最早、较为广泛,该方法将重金属分为可交换态、碳酸盐结合态、铁锰氧化物结合态、有机态、残渣态等五种赋存形态。

重金属的主要分析方法有 AAS、原子荧光光谱法(AFS)、电感耦合等离子体原子发射光谱法(ICP-OES)和电感耦合等离子体质谱法(ICP-MS)等。随着科技进步及对于应急监测技术的需求,也涌现出许多快速检测技术,包括传感器法、试纸法、酶分析法等,这些新技术由于所需设备简单、成本低、响应迅速而展现出良好的应用前景,然而这些新技术还存在一些技术瓶颈,需要进一步优化验证。

(2)有机污染物的异位提取方法及分析技术:有机污染物可分为挥发性和半挥发性有机污染物,根据挥发性不同,有机污染物的采样和提取方法差异较大。对挥发性有机污染物,采样过程易产生损失,要使用非扰动采样器、VOA 瓶、顶空瓶等,同时配有保护剂甲醇、$NaHSO_4$,运输及储藏需要在 4 ℃以下以减少样品损失。挥发性有机污染物常用的提取技术有静态顶空法、吹扫捕集法、溶剂萃取法、固相微萃取法等。半挥发性有机污染物由于沸点普遍较高,需要用有机溶剂萃取,常选用二氯甲烷等极性较强的有机溶剂。超声波萃取和加压溶剂萃取效果较好。

有机污染物的分析方法种类较多,应用较普遍的主要为色谱法,包括气相色谱法(GC)、气相色谱-质谱联用法(GC-MS)、高效液相色谱法(HPLC)、液相色谱-质谱联用法(LC-MS)、超临界流体色谱法(SFC)。气相色谱法和液相色谱法分离的原理是基于混合物各组分对固定相和流动相亲和力的差异。气相色谱法只适合分析小分子、易挥发、热稳定较强、能够气化而不分解的化合物。液相色谱法更适用于难挥发、热稳定性较强、极性较大的持久性有机污染物。气相色谱和液相色谱与质谱联用则将色谱的分离能力和质谱的定性功能结合起来,可以实现对复杂混合物更精准的定性和定量分析。超临界流体色谱是以超临界流体作为流动相的一种色谱方法,同时具有气相色谱(溶质在流动相中的高扩散系数)和液相色谱的主要优点(流动相对溶质的良好溶解能力)。

(二) 土壤中污染物界面行为的表征方法

污染物在土壤中经历一系列物理、化学和生物界面过程,涉及沉淀、吸附、氧化、配合等反应。这些界面过程对污染物在土壤环境中的迁移和归趋起关键作用。污染物界面行为的表征难以通过单一技术手段实现,通常需要根据不同的研究目的,依靠传统实验结合不同检测技术来实现。

1. 土壤中重金属界面行为的表征方法

重金属难以被生物降解,它在土壤中的界面行为主要涉及吸附及形态转化。当前主要通过高分辨透射电子显微镜、扫描电镜、原子力显微镜等技术手段观测土壤组分中重金属的表面形貌,通过能谱分析、微区X射线荧光等技术检测重金属的元素组成和形态特征,通过傅里叶变换红外光谱等则可以表征重金属与土壤组分的结合位点,同时结合等温滴定量热仪(ITC)可以直观测定重金属在土壤组分上吸附作用的强弱,最终通过多种技术的联用深入剖析土壤重金属界面行为的机制。

(1) 重金属在不同形貌水铁矿上吸附-解吸的表征方法:高分辨透射电子显微镜(HRTEM)和能谱分析(EDS)可用于研究Pb(Ⅱ)和Cu(Ⅱ)等重金属在水铁矿上的吸附-解吸行为。HRTEM图像显示,新沉淀的凝胶状水铁矿松散聚集、结构开放,而冷冻干燥的致密水铁矿聚集可形成更致密的结构(图2-39)。纳米尺度的EDS表明,Pb(Ⅱ)和Cu(Ⅱ)均匀分布在凝胶状的水铁矿上,但在致密的水铁矿上呈局部分布。由于活性位点较少,致密的水铁矿吸附金属离子的速度明显慢于凝胶状水铁矿,且吸附量远远小于凝胶状水铁矿。进一步研究发现重金属的解吸受水铁矿形态、吸附金属浓度、pH和金属再吸附率等因素的综合影响(Tian等,2018)。

(2) 重金属在细菌-矿物复合物上竞争性吸附的表征方法:细菌-黏土矿物复合物是土壤中较常见的有机-矿物配合物。通过吸附-脱附实验结合等温滴定量热仪和同步辐射微区X射线荧光光谱法,揭示了Pb和Cd在恶臭假单胞菌和膨润土复合物上竞争性吸附机制,发现黏土矿物表面吸附重金属的非特异性位点较多,重金属在纯黏土矿物上的竞争比细菌-黏土复合物上更强(Tian等,2018)。在复合物上两种重金属都倾向与细菌组分发生反应。等温滴定量热仪的测定结果表明,与单金属吸附相比,金属-吸附剂界面上的竞争吸附表现出更低的熵变,表明Cd和Pb在吸附剂上的吸附位点相同(图2-40)。

(3) 重金属在多元复合物上吸附的表征方法:在土壤环境中,氧化铁与不同类型的有机组分共同赋存生成氧化铁有机复合物,在微量金属的生物地球化学循环中发挥重要作用。应用扫描电子显微镜、原子力显微镜、等温滴定量热仪研究Cu在由针铁矿、恶臭假单胞菌、腐殖酸组成的二元和三元复合物上的吸附,发现矿物-有机组分相互作用影响了微量元素的结合行为(Du等,2017)。针铁矿、恶臭假单胞菌、腐殖酸可以形成紧密结合的二元或三元复合物,但是非生物和生物有机成分无论是单独还是与氧化铁结合,在控制Cu的化学行为方面表现都不同。非生物的二元复合材料对Cu的结合力较强,而含有细菌的二元和三元复合物对 Cu 的结合力较弱(图 2-41)。细菌在其二元和三元复合物中对金属离子与氧化铁的结合贡献最大,而腐殖酸对细菌吸附 Cu 有较强的掩蔽作用。

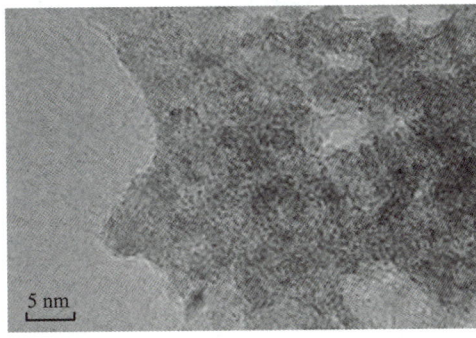

(a) 凝胶状水铁矿

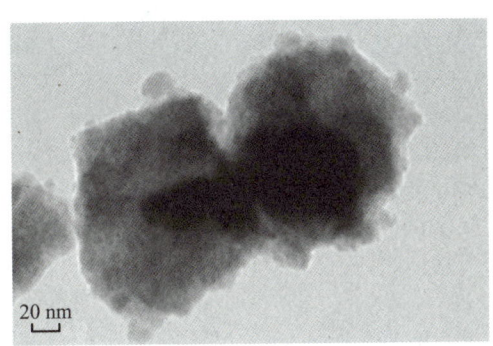
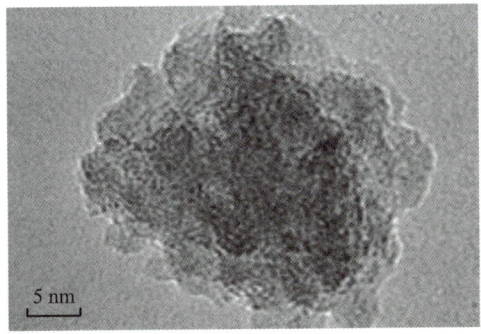

(b) 致密水铁矿

图 2-39　凝胶状水铁矿和致密水铁矿高分辨率透射电子显微镜图像

(资料来源:Tian 等,2018)

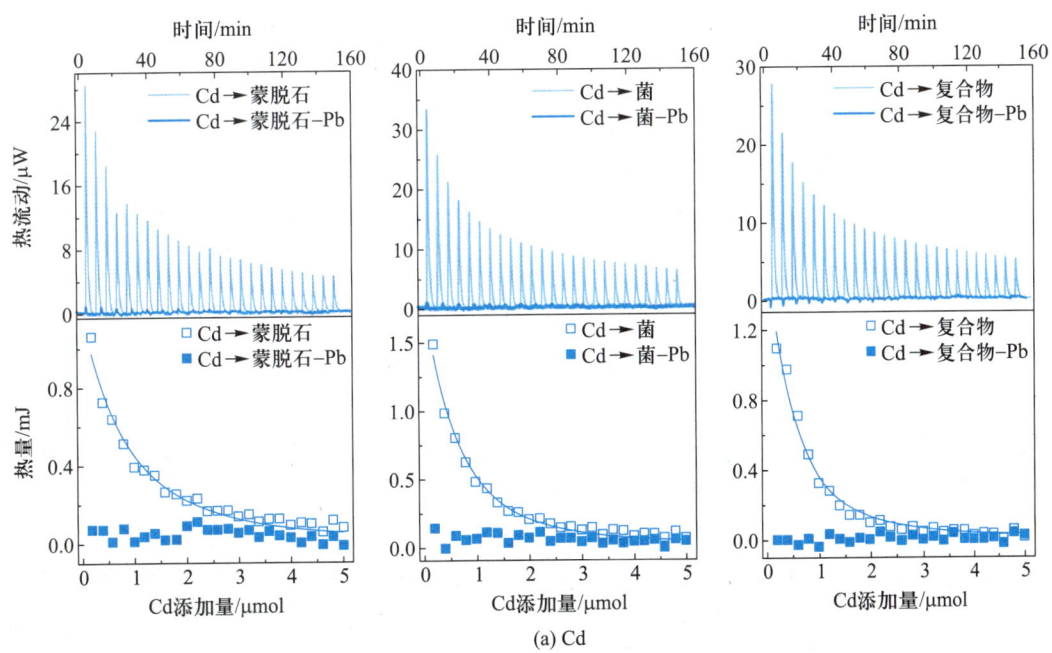

(a) Cd

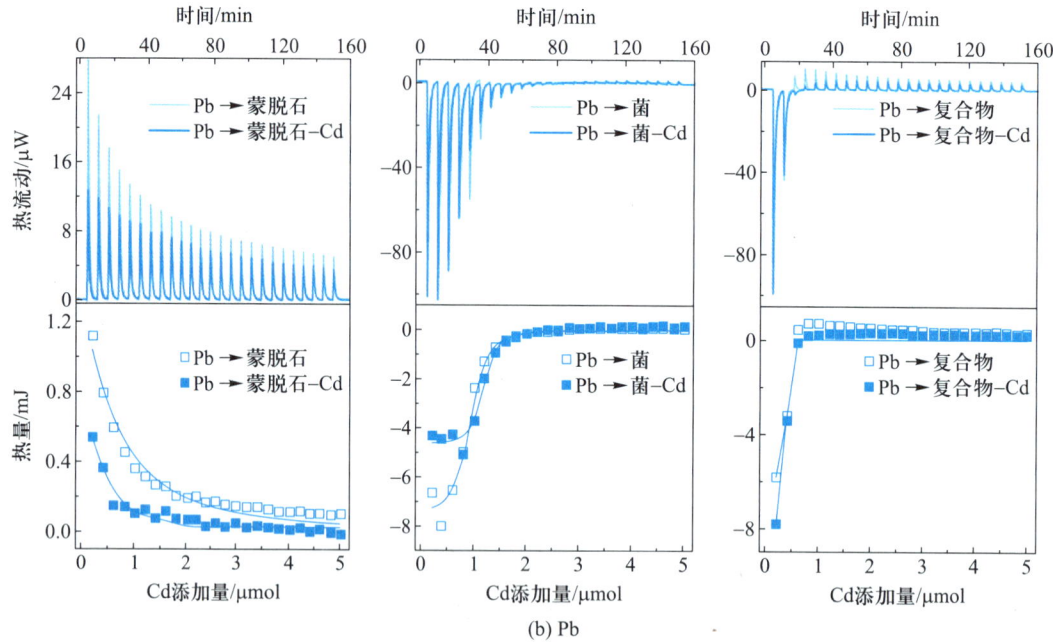

图 2-40   Cd 和 Pb 在单一和复合物上吸附及竞争性吸附过程的等温滴定量热图

（资料来源：Du 等，2016）

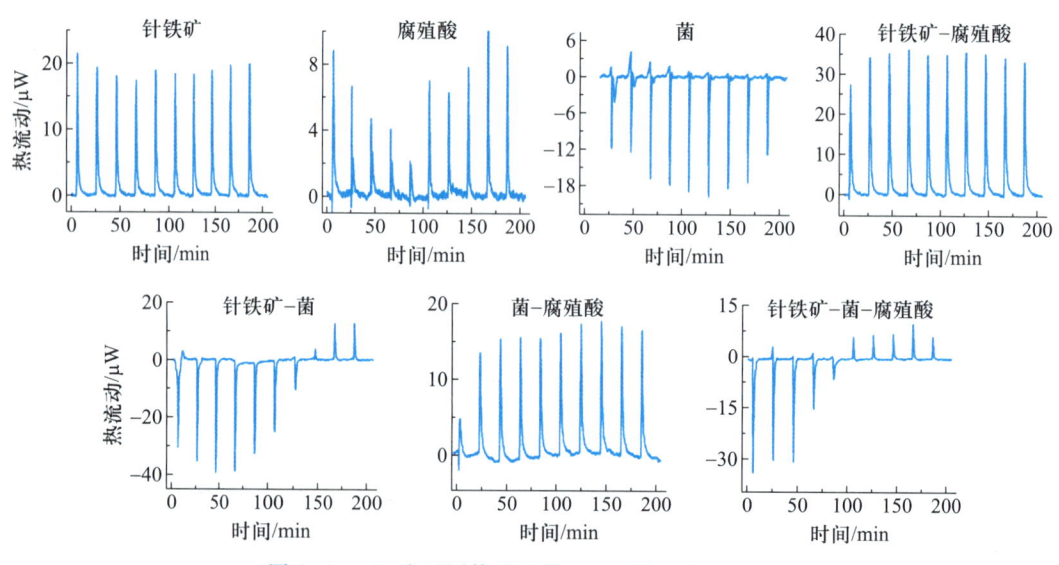

图 2-41   Cu 在不同体系吸附过程的等温滴定量热图

（资料来源：Du 等，2017）

2. 土壤中有机污染物界面行为的表征方法

土壤中有机污染物一般可发生化学与生物降解，其在土壤中的界面行为涉及吸附、降解、转化等。通过高分辨透射电子显微镜、扫描电镜、傅里叶红外光谱、X 射线吸收精细结构光谱、穆斯堡尔光谱等技术，可以从分子层面揭示有机污染物在土壤界面上的吸附机制，明确主要吸附位点，同时结合光照辐射时间分辨电子顺磁共振光谱分析等技术，可以深入剖析自由基在有机污染物降解、转化等中的重要作用。

（1）有机污染物在土壤矿物界面上吸附的表征方法：利用原位衰减全反射傅里叶红外光谱（*in-situ* ATR-FTIR）、X射线衍射（XRD）和近边X射线吸收精细结构光谱（NEXAFS）等多种技术，可以从分子层面上揭示PFOS在土壤矿物上的微观作用机制（Zhang等，2014）。在疏水和静电作用下，PFOS吸附到土壤黏土矿物界面，形成外层吸附；同时PFOS的硫基与矿物表面的羟基基团之间可发生特异性化学结合。PFOS在蒙脱石层间的嵌入对吸附作用也有贡献。

（2）有机污染物在黏土矿物界面光降解的表征方法。通过原位衰减全反射傅里叶红外光谱以及光照辐射时间分辨-电子顺磁共振光谱分析，可揭示硝基芳香类化合物在黏土表面被吲哚类物质还原的分子机理（Tian等，2015）。在模拟太阳光照射下，吲哚类化合物能被激发生成吲哚阳离子自由基和水合电子。由于黏土本身具有层状结构而且存在固有负电荷，能够稳定反应过程中生成的正电荷自由基，避免了水合电子与吲哚自由基的复合，促进了水合电子的产生。同时黏土本身提供了限定性的反应环境，增强了硝基芳香化合物和水合电子接触的可能性。

（3）有机污染物在天然黏土表面生成的表征方法：利用穆斯堡尔谱和傅里叶变换红外光谱技术，可揭示2,4,6-三氯酚在天然黏土矿物表面的转化机理（Wang等，2019）。天然黏土中结构铁能够氧化2,4,6-三氯酚生成氯酚自由基，最终生成羟基化多氯联苯醚。通过原位红外光谱和穆斯堡尔谱表征，发现不同类别的黏土矿物由于其结构铁形态不同，反应活性也不尽相同。蒙脱石只存在八面体结构铁，而绿脱石由于存在四面体结构铁，其反应活性远高于前者。

（三）土壤中污染物界面行为的模拟

土壤中污染物界面行为的研究方法包括化学分析和模型计算两种。化学分析方法的优势在于简便易行，但是难以系统分析污染物在不同环境界面吸附、生成、转化等行为的分子机制。数学模型将污染物在多介质环境因子影响下的多过程融入方程，在分析行为规律方面具有实验手段无法获得的优势。

1. 土壤中污染物界面行为模拟的基本原理

污染物界面行为模拟的基本原理是依据质量守恒原理、化学平衡原理和不确定性原理，将介质单元中污染物跨介质单元边界运移的多过程相连接，并在不同模型结构水平上对这些过程实现公式化和定量化表达，探讨污染物的界面行为机制。

（1）污染物界面行为模拟的基本要素：污染物界面行为模型表达式中主要包括五个基本组成要素，① 外部变量：影响环境系统状态的外界温度、降雨、太阳辐射等。② 状态变量：描述系统状态特征的变量，其对于模型的结构至关重要。例如，在有机污染物吸附-解吸的模型中，土壤有机质含量、矿物类型等都是模型的状态变量。③ 物理、化学和生物学过程的表达式：环境系统中各种物理、化学和生物学过程通常会用数学表达式表示，通过表达式将两个或两个以上的状态变量相联系，或将外部变量和状态变量相联系。④ 模型参数：模型数学表达式中的一些系数。在某些特定的过程中，这些参数可以看作是常数。然而这些参数通常会随环境系统的不同而产生差异，因而在实际应用中需要对这些参数进行校正。⑤ 通用常数：化合物的分子量、辛醇-水分配系数、熔点等不随环境系统变化的参数。

（2）污染物界面行为模型的构建：建立污染物界面行为模型通常包括6个步骤（叶常

明,1997)。① 模型的概化:在时间和空间尺度上确定模型的大小,并将研究的系统划分为多个分立的具有一定形状、大小和体积分量空间关系的连续区域。② 模型的求解技术:能够形成有实用价值的输入和输出信息,并解决实际问题的技术称之为模型的求解技术。目前常用的求解技术有数值解和解析解两种。③ 模型的结构识别:确定表征系统响应的参数及模型的参数结构。首先,采用数学方法对每一个分量的过程和功能进行描述,确定在其范围内必须进行模拟的边界条件。其次,依据已经取得的参数数据,进行初步分析判断,选定包含一定项目的模型。最后,根据适宜的数学方法和判别标准进行识别验证,判断是否能够代表系统动态的实际情况。④ 模型的参数率定:模型参数的准确性关系到模型能否实际应用。目前模型参数的率定主要有两种方法,即实验测定法和定量结构-活性关系(QSAR)计算法。实验测定是模型参数率定的最基本方法,取得的参数准确可靠。然而对大量化合物进行实际测定时,由于实验条件和人力物力的限制,会存在较大困难。通过 QSAR 计算法来计算模型参数,大大方便了污染物界面行为模型的建立。⑤ 模型的验证:模型需要对多组数据具有重现性才能证明其具有预测能力。通常模型建立的过程中需要进行一系列与实际情况存在一定差异的假设。在取得数据后,由于受误差(或噪声)的干扰,也可能使得参数率定的结果不准确。为了验证建立模型的有效性,必须使用新的现场观测数据来进行校验。⑥ 模型的灵敏度和不确定性分析:灵敏度分析是确定模型输入量的变化对预测结果的影响,而不确定性分析则是研究模型输入的不确定性对预测结果可靠程度的影响。当模型的识别、灵敏度分析和校验等任一步骤的结果不符合要求时,都应返回到边界确定、需要的数据和模型概化步骤重新开始。

2. 土壤污染物界面行为的预测模型

随着预测模型的准确性和适用性不断提高,利用模型预测重金属和有机污染物赋存形态和界面行为取得良好进展。土壤污染物的界面行为耦合了吸附-解吸、氧化-还原、溶解-沉淀等多个反应过程,依据化学平衡原理能够描述污染物的单个反应过程,然而耦合多反应的界面行为难以用模型预测。从模型描述的对象看,污染物界面行为的预测模型包括污染物的状态模型和反应动力学模型。重金属界面行为的模型较为完善,本节以重金属吸附为例介绍污染物的状态模型(包括经验模型和机理性模型)及反应动力学模型。

(1)经验模型:环境样品中重金属的化学形态模型可分为经验性模型和机理性模型。经验性模型是基于实际样品的实验室分析数据,通过回归分析等统计手段建立起来的某种化学形态的浓度或元素分配系数与其他因子的数量关系。最为常用的经验模型包括亨利吸附模型、弗罗因德利希吸附模型和朗缪尔吸附模型,模型公式前文已做介绍。

目前常用的重金属离子在土壤中吸附模型见表2-14。一般来说亨利模型适用于浓度较低的情况,弗罗因德利希模型可用于浓度中等的情况,朗缪尔模型在较大的浓度范围适用。随着模型发展,逐渐出现了三参数模型 Redlich-Peterson、多位点朗缪尔模型等模型。经验模型参数一般是条件参数,依赖外界环境条件的变化,不同实验条件获取的模型参数也有显著差异。这些经验模型只能定量描述已知条件的实验数据,难以反映吸附机理、解析形态分布。

(2)机理性模型:土壤中重金属化学形态的机理性模型是基于对反应过程的机制分析,应用化学反应定律而建立的模型,亦即"白箱模型"。根据土壤基本组成特点,建立土壤中重金属化学形态的机理模型需要考虑以下方面:溶液中的化学反应;固-液间的沉淀-溶解过程;溶质在固体表面的吸附-解吸过程。土壤溶液化学反应中大部分过程的计算方法比较成

表 2-14　重金属离子在土壤中吸附模型

模型名称	方程（模型）	模型名称	方程（模型）
亨利模型	$S = K_d C$	S 型朗缪尔模型	$S = KCS_{max}/(1+KC+K/C)$
弗罗因德利希模型	$S = KC^{1/n}$	朗缪尔-弗罗因德利希模型	$S = KC^{1/n}S_{max}/(1+KC^{1/n})$
朗缪尔模型	$S = KS_{max}C/(1+KC)$	Redlich-Peterson	$S = KCS_{max}/(1+KC^{1/n})$
Temkin	$S = \ln(KC)RT/a$	多点位朗缪尔模型	$S = \sum_{i=1}^{n}[K_iCS_{max}/(1+K_iC)]$
BET	$C/S(C_0-C) = 1/S_{max}K + (K-1)/S_{max}KC/C_0$	多点位弗罗因德利希模型	$S = \sum_{i=1}^{n}(K_iC)^{\beta_i}$
Toth	$S = KCS_{max}/[1+(KC)^n]^{1/n}$	Dubinin-Radushkevich	$\ln S = -\beta[\ln^2(KC)]+\ln S_{max}$

注：S 和 C 为土壤固相和液相中溶质浓度；K_d、n、K、S_{max}、K_i、β、R、T、a 为模型参数。

资料来源：Kinniburgh，1986。

熟，如酸-碱反应采用水解离常数，化合反应采用化合常数，氧化-还原反应根据氧化-还原电位和氧化-还原常数等，所需参数也比较完备。固-液间沉淀-溶解反应的计算原理也比较简单，采用离子溶度积来计算，应用的难点在于沉淀-溶解过程是否达到最终的平衡。沉淀-溶解反应的进程较慢，即使溶质浓度达到超饱和状态，相应的沉淀也未必形成，或者先形成一种溶解度更高的沉淀、再逐步老化达到最终溶解度低的沉淀物质。土壤中含有多种有重金属吸附活性的组分，如天然有机质、金属氧化物和黏土矿物。重金属离子通过化学键合（特异性反应）和静电作用（非特异性反应）吸附在这些颗粒表面，形成多种表面形态。重金属离子的吸附不但受到颗粒表面特征的影响，也受 pH、离子强度和其他吸附质的影响。如何准确计算重金属离子在土/水界面的吸附过程是建立土壤重金属化学形态机理性模型的主要难点之一。

有机质是土壤中吸附重金属离子的重要组分，其化学组成的复杂性和多样性为其表面配合模型的建立带来挑战。计算离子在有机质上吸附时常用到的模型是 NICA-道南模型和 WHAM 模型，这两种模型均考虑了有机质结合位点的异质性。其中 WHAM 模型采用了离散的非连续分布处理，即将有机质上吸附位点分为羧基类和酚羟基类，每一类位点又分为四种，离子在这四种位点的吸附均以朗缪尔模型表示，而同一类的四种位点的 K_{La} 值之间保持一定距离分布。NICA 模型将天然有机质上的羧基类和酚羟基类位点分别视为连续分布，并假设每一类位点的同一离子表面配合常数（K）是遵循接近连续正态分布（Sips 分布）。WHAM 模型和 NICA 模型都结合了道南模型作为离子在天然有机质上吸附的静电模型。不同有机质的道南体积大小与腐殖酸性质及体系离子强度等有关。

土壤中重金属阳离子行为受吸附-解吸界面行为影响。土壤有机质、黏土矿物和金属氧化物均有一定的阳离子吸附能力。重金属阳离子在这种复杂界面吸附的模拟常采用多表面模型。该模型将重金属在土壤中的吸附视为其在各个固相组分上吸附作用的加和，同时考虑矿物溶解平衡过程及溶液相中发生的有机-无机配合作用等，以此来描述重金属在土壤中的形态分布（图 2-42）。相对于传统的经验式多元回归模型，多表面模型基于化学热力学平衡计算，模型参数不受 pH、离子强度和其他竞争离子等条件影响，在研究重金属固-液相间分配行为过程中更具普适性。比较经验回归模型和多表面形态模型对 Cd^{2+}、Ba^{2+}、Co^{2+}、Cu^{2+}

和 Pb^{2+} 等多种重金属在土壤中溶解性的预测效果,发现经验回归模型只有在获得回归方程的土壤类型和环境条件范围中才会有较好的表现,而多表面模型应用范围更为广泛。

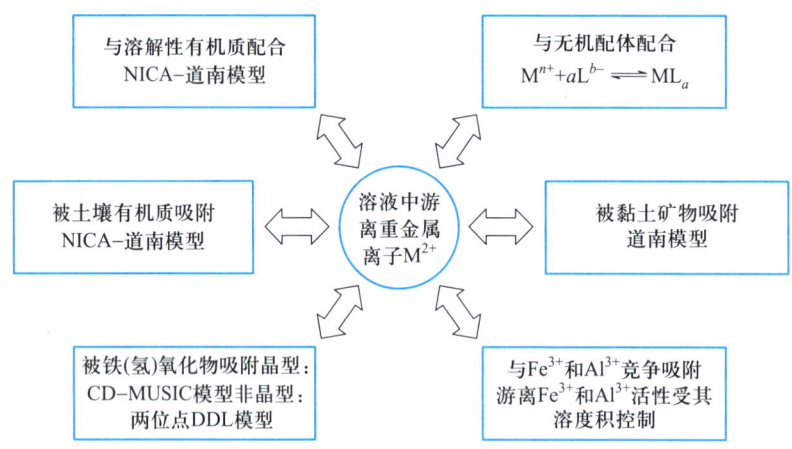

图 2-42　用于多表面模型中的反应和模型概念结构

(资料来源:Duffner 等,2014)

(3)动力学吸附模型:动力学吸附模型可用于描述吸附质的吸附和解吸速度,包括可逆线性模型、可逆非线性模型、双直线吸附模型、质量传递模型、Elovich 模型及双位动力学模型等。

一级吸附动力学速率方程:

$$\ln\left(1-\frac{S}{S_b}\right) = -k_1 t + C \tag{2-21}$$

式中:S——时间 t 时的吸附量;

　　　S_b——平衡吸附量;

　　　k_1——一级吸附动力学速率常数;

　　　C——积分常数。

二级吸附动力学速率方程:

$$S = \frac{S_b t}{t + 1/(k_2 S_b)} \tag{2-22}$$

式中:k_2——二级吸附动力学速率常数;

　　　其他参数的意义同前。

Elovich 方程:

$$S = a + b\ln t \tag{2-23}$$

式中:a、b——常数;

　　　S——t 瞬时吸附量。

Elovich 方程为经验式,多用于描述非均相扩散过程。

在机理型动力学模型建立过程中,需要把机理平衡模型整合到动力学模型中,建立动力学平衡与动力学反应速率间的关系。这些模型充分考虑了 Cd^{2+}、Cu^{2+} 和 Pb^{2+} 等重金属离子与天然有机质的羧基和酚基等多位点的反应,能够拟合重金属离子在矿物/有机质复合物中的大量动力学吸附实验数据,阐明不同土壤组分和重要反应位点在吸附动力学中的贡献,为预测自然条件下重金属在土壤中的动态吸附行为提供科学依据。

第四节　土壤污染物赋存形态及生物有效性

污染物进入土壤后,经吸附-解吸、氧化-还原、沉淀-溶解、降解-积累等一系列过程,最终会以不同形态赋存于土壤中,而赋存形态又决定了污染物在土壤环境中的生物有效性和潜在风险。明确土壤中污染物的赋存形态及生物有效性是开展土壤污染控制与修复的基础和前提。

一、重金属的赋存形态及影响因素

(一) 重金属赋存形态

1. 土壤中重金属形态分级

根据国际纯粹与应用化学联合会(IUPAC)的定义,形态分析是指表征与测定元素在环境中存在的各种化学形态与物理形态的过程。广义上,重金属形态是指重金属的价态、化合态、结合态和结构态四个方面,即某一重金属元素在环境中以某种离子或分子存在的实际形式。狭义上,重金属形态是指利用不同的化学试剂提取土壤中重金属,并依据所使用的提取剂把重金属的赋存形态进行分类,得到重金属的存在形式。

对土壤中重金属赋存形态的认识经历了一个长期的发展过程。1979年,Tessier等基于重金属具有不同赋存形态的认识,将土壤中重金属元素的形态分为可交换态、碳酸盐结合态、铁锰氧化物结合态、有机结合态、残渣态五种,首次较完整地提出重金属赋存形态的分类方法。1992年欧共体(现欧盟)标准物质局(BCR)总结不同的研究成果,提出新的划分方法,将重金属赋存形态分为四种,包括酸可提取态(如易溶态和碳酸盐结合态)、可还原态(如铁锰氧化物结合态)、可氧化态(如有机结合态)和残渣。2005年《区域生态地球化学评价技术要求(试行)》(DD 2005-02)中将重金属赋存形态分为离子交换态、碳酸盐结合态、铁锰氧化物结合态、有机结合态、残渣态等五种,下面对不同赋存形态做简要介绍。

离子交换态是指重金属在土壤黏土矿物上非专性吸附而形成的一种化学形态。该形态重金属对环境变化较敏感,易发生迁移转化,吸附的可交换态重金属可能会重新释放到土壤溶液中,是土壤重金属污染的重要来源之一。离子交换态在重金属总量中所占比例一般小于10%。

碳酸盐结合态是土壤中重金属元素在碳酸盐矿物上形成的共沉淀结合态。碳酸盐结合态重金属受土壤条件影响显著,pH下降会使碳酸盐结合态重金属释放到土壤溶液中;pH升高有利于碳酸盐的生成,促进重金属元素在碳酸盐矿物上发生共沉淀。

铁锰氧化物结合态是重金属与铁锰氧化物的共沉淀体,依靠较强的离子键结合在铁锰氧化物表面,不易被释放。土壤pH和氧化还原电位对铁锰氧化物结合态重金属有重要影响。pH和氧化还原电位升高,有利于铁锰氧化物结合态的形成,反之,则不利于其形成。土壤中Cd、Pb、Zn的铁锰氧化物结合态在总形态中占比较高。

有机结合态是指以重金属离子为中心、有机质活性基团为配位体发生螯合作用而形成的螯合态盐类化合物。此形态的重金属较为稳定,但当土壤氧化还原电位发生剧烈变化时,有机质发生氧化反应,可导致该形态重金属少量溶出,对环境造成一定影响。由于不同重金属元素与有机质的结合能力不同,土壤中重金属有机结合态的比例也出现高低分化。

残渣态重金属主要来源于土壤矿物,一般存在于原生或次生矿物晶格中,是土壤重金属最主要的赋存形式之一。由于其在土壤环境中惰性很强,一般的提取方法不能将其有效地提取出来,只能通过风化作用释放,然而风化过程的时间是以地质年代计算的,相对于生物周期来说,残渣态难以被生物利用,因而在整个土壤生态系统中对食物链的影响相对较小。

总体来看,土壤中交换态、碳酸盐结合态、铁锰氧化物结合态和有机结合态的重金属相对较易被植物根际活化和吸收利用,是生物可利用的有效形态。而结合在土壤矿物晶格中的残渣态稳定性较强,在自然条件下不易释放到环境中,生物有效性低。

2. 土壤重金属赋存形态的表征方法

土壤重金属赋存形态复杂,其总量很难准确反映污染的实际风险,因此,需要精确分析和定量表征重金属各形态及其含量。自 20 世纪 70 年代以来,人们提出了近十种分析表征重金属赋存形态的方法。大致可以分为两类,即单级提取法和多级连续提取法。

（1）单级提取法:单级提取法主要是针对具有生物有效性的重金属进行提取分析。通常选择水、酸碱溶液、无机盐、螯合剂等提取剂,直接溶解特定赋存形态的重金属,从而得到能够被生物有效利用或可直接影响土壤生物活性的部分。单级提取法适用于高负荷污染土壤中重金属的调查分析,操作简单、提取周期短,可快速了解土壤受污染程度,从而判定土壤重金属的生物有效性、毒性及迁移能力。提取剂的选取及提取结果的准确性受土壤类型、质地、pH、重金属特性及萃取目的等因素影响。

根据萃取剂的类型不同,单级提取法可以分为酸试剂提取法、螯合剂提取法、中性盐试剂提取法、微乳液提取法等四类。酸试剂提取法常用来评估酸性土壤中植物对重金属元素的吸收情况,乙酸对 Cd、Co、Cr、Ni、Pb、Zn 等元素的提取效果较好。螯合剂能与大多数的金属离子形成稳定的水溶性螯合物,能有效提取土壤中可被植物吸收利用的重金属。中性盐试剂萃取的土壤重金属能较好地反映其生物可利用性。在微乳液提取法中,微乳液通常由可形成稳定界面膜的表面活性剂和助剂组成,两种不混溶液体的微滴会在合适浓度时自发分散形成微乳液系统,并被用来提取土壤中重金属。

（2）多级连续提取法:多级连续提取法是利用反应性（对不同赋存形态重金属的选择性和专一性）不断增强的萃取剂,逐级提取土壤中不同赋存形态重金属元素的方法。此方法可以更准确地测定不同赋存形态重金属的含量。然而每一种重金属赋存形态的萃取剂并不是完全专性的,所以萃取剂要尽量满足既能最大限度地溶解某一赋存形态的重金属、又可尽量减少其他赋存形态重金属溶解度。最具代表性的多级连续提取法是 Tessier 法和 BCR 法。

Tessier 法能依次区分出五种不同的重金属赋存形态,因而又称为五步法。赋存形态 I 为可交换态,可用中性盐 $MgCl_2$ 溶液提取。赋存形态 II 为碳酸盐结合态,可用强碱弱酸盐乙酸钠（NaAc）溶液提取。赋存形态 III 为铁锰氧化物结合态,可用还原剂盐酸羟胺（$NH_2OH \cdot HCl$）创造还原条件进行提取。赋存形态 IV 为有机结合态,可用氧化剂 H_2O_2 提取。赋存形态 V 为残渣态,是指经前四步提取之后剩余的部分,需采用土壤混酸消解法提取。

针对 Tessier 连续提取法提取剂专一性差、提取过程中出现重吸附和再分配的问题,欧共体（现欧盟）标准物质局开发了 BCR 连续提取法。该方法将土壤重金属赋存形态分为酸可提取态、可氧化态、可还原态、残渣态。具体操作步骤见表 2-15。

表 2-15　BCR 连续提取法操作步骤

操作步骤	提取方法	赋存形态
Ⅰ	40 mL 0.1 mol/L HAc,室温振荡 16 h	酸可提取态
Ⅱ	40 mL 0.5 mol/L $NH_2OH \cdot HCl$(HNO_3 调节 pH 至 2.0),室温振荡 16 h	可还原态
Ⅲ	10 mL 30%(v/v)H_2O_2,室温振荡 1 h;10 mL 30%(v/v)H_2O_2,85 ℃振荡 1 h;50 mL 1 mol/L NH_4Ac(pH 2.0),室温振荡 16 h	可氧化态
Ⅳ	$HF-HNO_3-HClO_4$(体积比为 1∶3∶2)土壤消化方法	残渣态

资料来源:Quevauviller 等,1993。

　　利用单级提取法和多级连续提取法对土壤重金属赋存形态开展分析表征仍存在一些不足之处,如步骤多、耗时长、误差较大,试剂有限制性,已释放的重金属易在其他赋存形态中再分配,提取结果可重复性和可比性差,只能在同类提取方法中比较。

(二)影响土壤中重金属赋存形态的因素

　　影响土壤中重金属赋存形态的因素可分为三类:一是土壤性质,如 pH、土壤质地、有机质、阳离子交换量、氧化还原电位等;二是重金属性质,如重金属的数量、种类、价态等;三是土壤重金属的共存物质,如其他重金属元素、共存有机污染物、黑炭等。

1. 土壤性质的影响

　　土壤 pH 是影响重金属赋存形态分布的重要因素,直接控制着重金属氢氧化物、碳酸盐和磷酸盐的溶解度及重金属水解、有机质溶解、土壤表面电荷性质、离子半径等。随土壤 pH 升高,土壤黏土矿物、水合氧化物和有机质表面负电荷增加,重金属在土壤固相上的吸附量增大、吸附能力增强;同时 H^+ 浓度下降,降低了 H_3O^+ 与重金属离子对吸附点位的竞争,重金属生物有效性随之降低。但是 pH 对重金属各赋存形态的影响并不完全一致;土壤中可交换态重金属随 pH 升高而减少,碳酸盐结合态、铁锰氧化物结合态和有机结合态随 pH 升高而提高。

　　土壤质地是影响重金属赋存形态的重要因素之一。土壤质地(如壤土、黏土、砂土)直接影响到土壤的孔隙大小和紧实程度,从而影响土壤的通气性、透水性等。污染土壤中重金属离子优先被吸附固定在比表面积较大、对重金属离子吸附能力较强的土壤组分中,这些组分主要有氧化物、黏粒矿物和腐殖质。其中黏土中重金属的含量最高,通常比砂土高数倍。土壤黏粒带负电荷,可通过静电作用吸附重金属阳离子。因此在黏粒含量高的土壤中,交换态重金属含量较低、残留态含量较高。

　　土壤有机质可与重金属离子形成多种配合物,影响重金属各赋存形态的含量及占比。有机质对土壤重金属赋存形态的影响具有两面性:一方面,增大土壤中有机质含量能够增加重金属吸附位点,促进重金属形成难溶性的沉淀物质(如硫化物),从而降低重金属离子的活度系数,使可交换态重金属的含量减少,降低风险;另一方面,腐殖酸中官能团可释放 H^+,在吸附金属离子的同时,也可能与重金属离子发生离子交换反应,使土壤中有效形态的重金属含量增加,导致土壤有机质对重金属赋存形态的影响会因重金属种类和含量不同而有所差异。土壤有机质组分与含量可影响重金属赋存形态。溶解性有机质通过与重金属离子发生表面吸附、离子交换及氧化还原等反应,促进吸附态重金属向土壤溶液迁移,改变重金属的活性、空间分布及生物毒性;颗粒态有机质则与之相反。

土壤阳离子交换量(CEC)也是影响土壤中重金属形态的一个重要因素。土壤 CEC 大小取决于有机质和黏土矿物的类型与数量,是评价土壤保水保肥能力和缓冲能力的重要指标。随着 CEC 增大,土壤对重金属的离子交换吸附作用增强;土壤 CEC 对 Ni 等重金属赋存形态影响较大,尤其对弱有机结合态、铁锰氧化物态的含量影响显著。

土壤氧化还原电位(Eh)的高低取决于氧化性物质和还原性物质的相对含量。在低 Eh 的还原性土壤中,S^{2-} 可与交换态重金属反应生成难溶的硫化物沉淀,或促使重金属氢氧化物转化成更难溶的硫化物;铁锰氧化物可被还原成低价离子而溶解,使碳酸盐结合态或铁锰氧化物结合态的重金属被释放出来,大量的 Mn(Ⅱ)、Fe(Ⅱ)等金属离子与其他重金属离子也可产生竞争作用,增加可交换态重金属含量。相反,氧化条件下 Fe(Ⅲ)和 Mn(Ⅳ)则以难溶氧化物的形式存在,促进碳酸盐结合态或铁锰氧化物结合态重金属的生成;有机结合态重金属在氧化状态下则易溶解释放,转化为碳酸盐结合态。

土壤生物的各种生命活动会改变土壤理化性质,影响土壤重金属赋存形态。如蚯蚓活动能使重金属从稳定形态(残渣态)向不稳定形态(可交换态)转变;在种植土荆芥和大叶醉鱼草后,土壤中粒径<5 mm 团聚体中的酸可提取态 Cu、Pb、Zn 的比例明显降低,而残渣态 Zn 和酸可提取态 Cd 的比例有所提升。

2. 土壤重金属性质的影响

土壤重金属赋存形态除了受土壤理化性质影响,还受重金属自身特性如种类、离子价态、水合离子半径和污染程度、时间等因素的影响。

不同性质重金属的赋存形态存在差异。例如,矿区污染土壤中重金属 Pb、Cd、Cu 和 Zn 均以残渣态为主要形态,但是各元素残渣态的百分含量存在很大差异,分别为 58.2% ~ 62.7%、50.4% ~ 59.2%、37.3% ~ 57.4% 和 46.9% ~ 56.9%,其原因可能是这些重金属性质差异较大,与土壤各组分的亲和力不同。土壤固相对重金属离子的吸附是影响其赋存形态的一个关键因素,重金属离子价态越高、离子半径越大(水合离子半径越小),土壤对其吸附作用越强,从而一定程度上影响重金属的赋存形态。

外源重金属元素以不同形式进入土壤也会对其赋存形态产生影响。如 Cu 当以 $CuSO_4$ 加入土壤后,水溶态和交换态 Cu 含量相对较高;以 CuO 形式加入土壤后,氧化物结合态 Cu 含量明显提高;以含 Cu 污泥形式加入土壤后,有机质结合态 Cu 的含量显著增加。

污染时间也是导致土壤中重金属赋存形态变化的一个重要原因。随污染时间延长,重金属在土壤各组分间的分配会逐渐达到平衡,重金属解吸率下降,各赋存形态中高活性部分含量也相应下降。例如,随污染时间延长,稻田土壤中酸可提取态 Pb 的含量持续减少,残渣态 Pb 含量增加;可氧化态 Pb 含量在污染前期增加、后期开始减少,可还原态 Pb 含量变化趋势不明显。

3. 土壤共存物质的影响

土壤是一个多种物质共存的开放性系统,土壤重金属与共存物质之间发生的各种相互作用影响其赋存形态的分布。目前研究较多的共存物质包括有机污染物、黑炭、纳米颗粒和其他重金属元素等。

复合污染土壤中一些有机污染物含有—SH、—NH_2、—OH、—COOH 等活性官能团,它们与重金属共存时易形成配合物,显著影响土壤中重金属的形态分布。在好氧或厌氧条件下,某些微生物会以有机污染物如芳香化合物为电子供体将 Cr(Ⅵ) 还原为毒性低、稳定性高的 Cr(Ⅲ),从而降低 Cr 污染的风险。

黑炭具有疏松多孔、比表面积大等特性,表面包含羧基、酚羟基、酸酐等多种官能团,这些官能团结构使黑炭可以钝化重金属,改变其赋存形态。有研究表明,在土壤施入黑炭后,Cu、Pb、Cr 的钝化率显著提高,C 其可交换态含量降低、残渣态含量增加。说明黑炭能促进重金属由可交换态向残渣态转变。

土壤中多种重金属共存也会互相影响它们的赋存形态。外源 Cu、Cr 以单一的形式分别添加到土壤后,Cr 主要以有机结合态和残渣态存在,而 Cu 主要以铁锰氧化物结合态和残渣态存在;当 Cu、Cr 被同时添加至土壤形成复合污染时,低浓度 Cr(≤5 mg/kg)促进 Cu 向残渣态转化,低浓度 Cu(≤400 mg/kg)促进 Cr 向交换态转化,而高浓度 Cr(≥20 mg/kg)和 Cu(≥800 mg/kg)却抑制这种转化行为。

二、有机污染物的赋存形态及影响因素

(一)有机污染物的赋存形态

1. 土壤有机污染物的形态分级

与重金属类似,土壤中有机污染物的赋存形态大多基于连续提取法进行分类。溶于土壤溶液中的有机污染物,能被生物直接利用,称为溶解态有机污染物;吸附在土壤有机质和矿物表面的有机污染物,能被有机溶剂提取,即为有机溶剂提取态;进入到土壤有机质内部的有机污染物,生物可利用性低,称为残渣态(Sabate 等,2006)。土壤有机污染物的赋存形态也可划分为可提取态和结合态,其中可提取态进一步细分为可脱附态和有机溶剂提取态,结合态可细分为富里酸结合态、胡敏酸结合态和胡敏素结合态(Gao 等,2009)。

以土壤有机污染物环境学意义和生物有效性为基础,朱利中等提出了土壤中 PAHs 赋存形态的分类方法,将其分为可溶解在土壤孔隙水或溶解性有机质中的水溶态、可被土壤中植物的根系分泌物或低分子量有机酸增溶的酸溶态、与土壤有机质结合,一般不能被生物利用的结合态、几乎不能被生物吸收的锁定态(图 2-43)(Wang 等,2015)。水溶态和酸溶态是

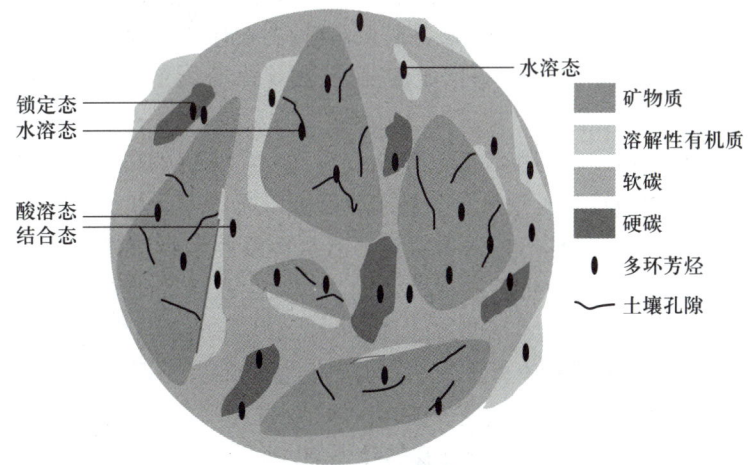

图 2-43　土壤吸附位点与有机污染物赋存形态示意图

(资料来源:Wang 等,2015)

植物可利用的形态,其中水溶态部分也是造成农业面源污染的主要来源之一,锁定态因不可被生物利用、可作为有机物污染土壤修复的终点。

2. 土壤有机污染物赋存形态的分析表征方法

土壤中不同形态有机污染物的分析表征过程主要包括提取和检测。根据土壤中有机污染物解吸和释放难易的差异,可选择性提取不同赋存形态的有机污染物。例如,可采用环糊精水溶液来提取土壤中可脱附态 PAHs 等有机污染物,再利用萃取剂(常用体积比为 1：1 的二氯甲烷-丙酮溶液)通过超声辅助萃取法提取其有机溶剂提取态;由于水解作用可以破坏土壤腐殖质的酯键,使与土壤有机质结合的 PAHs 等有机污染物释放出来,因此,80 ℃ 的氢氧化钠溶液可以进一步提取 PAHs 结合态残留部分。将上述各级提取液分别加入二氯甲烷进行液-液萃取,富集并分离纯化后使用液相色谱或者气相色谱进行定量测定,从而获得土壤中各形态有机污染物的含量。但有研究发现,可脱附态、有机溶剂提取态和结合态三者含量的加和与污染物全量并不相等,说明土壤中还有未被提取的形态,称之为锁定态,其值为污染物全量与三种形态总和的差值。

(二)影响土壤中有机污染物赋存形态的因素

不同赋存形态的有机污染物在土壤中相对稳定,但环境条件的改变会引起其形态变化。土壤组分及理化性质、共存物质、污染物性质等都可影响有机污染物的赋存形态。

1. 土壤组分和理化性质的影响

土壤有机质、土壤矿物、温度、pH、离子强度、土壤老化等土壤性状都可对有机污染物赋存形态产生影响。

有机碳含量对控制土壤中非离子型有机污染物的形态起着关键作用。土壤有机质含量与不可提取态有机污染物含量之间呈正相关关系。有机污染物通过 π 键、共价键、氢键结合和配位体交换等方式,与土壤有机质相互作用,随着时间延长,污染物扩散进入有机质内部。在有机碳含量高的土壤中,污染物在有机质内部扩散是形成结合态有机污染物的主要机制。有机质是高度不均质的固体,不仅含有纳米微孔,大分子结构中还含有极性、密度和弯曲程度各不相同的区域,导致有机污染物既被困在土壤有机质组分的固相中,又被困在特定的纳米微孔或空隙中,因此进入到土壤有机质中的有机污染物不易脱附和被生物利用。有机污染物吸附在有机质表面时,属于有机溶剂提取态污染物,在环境条件发生改变时可被释放出来,易被植物吸收;有机污染物进入有机质深层时,属于结合态有机污染物,生物可利用性小,一般不会对生物产生危害。

土壤矿物对非离子型有机污染物形态影响较小,但当土壤有机碳含量较低时,其对离子型和高极性有机污染物的吸附贡献显著。黏土矿物可以通过表面和内部吸附作用滞留有机污染物,提高土壤中结合态有机污染物的含量。有机污染物解吸快慢与黏土矿物吸附作用有很大关系,一般吸附在土壤矿物中的有机污染物易发生快解吸过程,从土壤中解吸出来,转变成溶解态残留。

土壤 pH 升高可导致土壤中有效态有机污染物含量增加。有研究发现,较高 pH 条件下双酚 A 有较强的亲水性和溶解度,可提取态含量增加;当 pH 从 4.0 升至 8.0 时,25% 的结合态扑草净被重新释放到环境中,增加其迁移转化能力。

离子强度对有机污染物赋存形态的影响是多方面的。少量阳离子可使有机质发生卷曲,表面积减小,不利于有机污染物的吸附,使溶解态有机污染物的含量增加,提高了污染物的生物可利用性。当阳离子浓度继续升高时,有机质发生团聚,形成外表面具有疏水性的球状胶体,对有机污染物的吸附能力增强,并形成结合态有机污染物,降低其在环境中移动性。

土壤老化是影响有机污染物赋存形态和生物可利用性的重要因素之一。一般认为老化是土壤中有机污染物风险衰减的过程。随着老化时间延长,土壤中 PAHs 等有机污染物的水溶态和酸溶态含量显著下降,结合态和残渣态占比提高;对不同 PAHs,其苯环数越少、辛醇水分配系数(K_{ow})越低,受老化时间的影响程度越大。

2. 共存物质的影响

与重金属类似,污染物、黑炭、人工纳米颗粒、表面活性剂等共存物质也会影响有机污染物的赋存形态。

重金属与有机物共存时,一方面重金属易吸附和沉降在土壤固相的有机质与矿物中,占据更多的吸附位点,或与土壤固相中有机质的脂肪族链结合,促进腐殖质形成更小更紧密的分子结构,从而阻碍有机污染物的吸附,使土壤中有效态有机污染物含量增加。另一方面,吸附至土壤颗粒上的重金属离子可促进溶解性有机质在土壤上的吸附,使土壤中有机质含量增加,溶解性有机质含量减少,促进有机污染物在土壤固相的吸附,有利于结合态有机污染物的形成。例如,重金属 Cr(Ⅲ)可影响土壤中 PAHs 的赋存形态,降低了 PAHs 水溶态和酸溶态、增加了其结合态含量分布;水溶态和酸溶态是 PAHs 生物有效性的主要贡献部分,共存 Cr(Ⅲ)降低了土壤中 PAHs 半透膜被动采样量和黑麦草吸收积累量(Liang 等,2016)。

黑炭具有较大的比表面积和官能团,对有机污染物有很强的亲和力和吸附能力。施加新鲜黑炭的土壤可吸附更多农药,降低农药的移动性,增加结合态农药的含量,从而降低农药的生物可利用性。而低温制备的生物炭可增加土壤溶液中的溶解性有机碳含量,提高土壤 pH 和阳离子交换容量,使土壤中残留的有机污染物释放到环境中,转变成可提取态有机污染物。

人工纳米颗粒影响土壤中有机污染物的赋存形态。当纳米二氧化钛、纳米银、纳米氧化铝、纳米石墨烯、碳纳米管等人工纳米颗粒在水稻土中与有机污染物共存时,土壤中 PAHs、PAEs、OCPs 的水溶态和酸溶态没有显著影响,但结合态含量增加、锁定态含量降低,且结合态增加量与锁定态减少量一致(Wu 等,2018)。人工纳米颗粒进入土壤后会竞争原来吸附在土壤有机质上的结合态有机污染物,为维持土壤中有机污染物的动态平衡,部分锁定态的有机污染物会转移至结合态,导致锁定态含量降低、结合态含量增加。

3. 有机污染物性质的影响

污染物本身的性质也会影响其在土壤中的赋存形态。疏水性有机污染物在土壤中的吸附主要是依靠分配作用,一般有机污染物分子量越大、水溶性越小或极性越低,越易被分配到土壤固相,其有效态占比越低。有研究表明,菲和芘进入红壤、棕红壤、黄棕壤和棕壤并老化 16 周后,菲由于溶解度较高、分子量较小,与芘(71.2%)相比,菲可脱附态残留占可提取态残留的比例更高(91.4%)(Wu 等,2018)。水稻土和黑土中不同 PAHs 水溶态和酸溶态的占比顺序为菲>荧蒽>芘>苯并[a]芘,与 PAHs 苯环数量和辛醇–水分配系数(K_{ow})一致(Wang 等,2015)。

三、重金属的生物有效性

（一）重金属生物有效性及与赋存形态的关系

1. 生物有效性的概念

污染物生物有效性的概念包含了物理化学的含义,起初是指在水体环境中污染物在生物传输或生物反应中被利用的程度,后来该概念也扩展到土壤和沉积物等固体环境中(Lanno 等,2004)。2003 年美国国家研究委员会(NRC)提出了"生物有效性过程"来定义环境中生物有效性。生物有效性过程是指决定土壤化学物质生物暴露量的各种物理、化学和生物相互作用(图 2-44),包括:土壤中化学物质的固定与释放过程(如吸附-解吸,沉淀-溶解等, A),液态、气态或胶态物质向生物膜表面的迁移(如扩散、对流、弥散等)和转化(如氧化还原、水解、酸碱反应、光解等)过程,以及化学物质的跨膜运输过程(如被动扩散、辅助扩散、主动运输等,D)。尽管化学物质进入生物体后的代谢过程及其与靶器官的相互作用(E)是决定其生物有效性的主要环节,但由于此时土壤本身已经不再发挥作用,所以土壤中化学物质的生物有效性过程不包括进入生物体后的代谢过程及其与靶器官的相互作用。也有学者把包括化学物质跨膜运输之前(A、B、C)的生物有效性过程称为"化学有效性",将其跨膜运输过程(D)称为"生物有效性",而将进入生物体后的代谢过程及其与靶器官的相互作用(E)称为"毒理学有效性"。

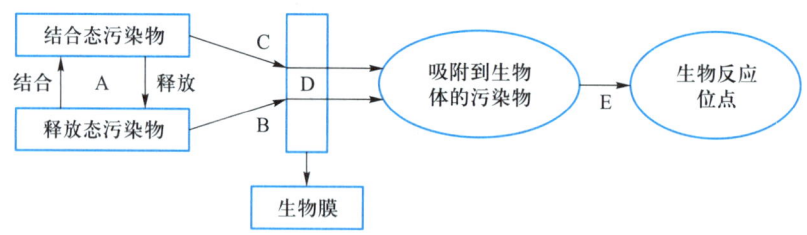

图 2-44　土壤中污染物生物有效性过程

(资料来源:Semple 等,2004)

2. 土壤重金属生物有效性与赋存形态的关系

土壤中重金属的生物有效性一般指土壤中重金属元素能被生物体吸收、积累或造成生物毒性响应的程度。土壤中不同形态重金属的生物有效性存在巨大差异,揭示土壤中哪些形态的重金属可被生物体吸收,是评价土壤重金属污染风险的重要基础。土壤中的重金属通常可分为可交换态、碳酸盐结合态、铁锰氧化物结合态、有机结合态和残渣态等赋存形态。可交换态是土壤各形态重金属中易被生物体吸收利用的主要部分,以结合态形式存在的重金属可以被溶剂脱附,但较难被生物体吸收利用,残渣态重金属几乎不能被生物体利用。通过研究澳大利亚 11 个土壤样品中 Zn 赋存形态与其生物有效性关系,发现 Zn 的生物有效性与交换态 Zn 含量显著相关($R^2 = 0.832, p = 0.002$),交换态与结合态 Zn 占生物有效态 Zn 的 78.9%(Gummuluru 等,2002)。

（二）重金属生物有效性的评价与调控

1. 土壤中重金属生物有效性的评价方法

重金属生物有效性的评价方法较多,根据不同的研究对象可归为两类,即物理化学评价法和生物学评价法。其中物理化学评价法有化学提取法、自由离子活度法、同位素稀释法、薄膜扩散梯度法等,生物学评价法有植物、动物、微生物指示法及体外消化模型预测法等。

在生物有效性理论研究方面,自由离子活度模型(FIAM)已经得到广泛认可。该方法基于描述金属-配体-细胞关系的模型来表达目标有机体对金属的生物反应,以溶液中自由离子活度作为生物有效性的决定性参数。目前建立了多种检测土壤溶液中自由离子活度的方法,但多具有局限性。如离子选择电极法的选择性和灵敏度较低;阳离子交换树脂法的应用范围有限,且操作烦琐,所测金属离子量与生物有效性之间的关系不明确;电化学伏安法在试验过程中使用的电流和额外电解质会破坏原有溶液平衡。道南膜技术(DMT)以自由离子活度模型为基础,采用低浓度的电解质溶液($0.001\ mol/L$)与实际体系中浓度接近,对待测体系具有干扰小、检测范围广、能同时检测多种重金属元素的优点,可很好地评价土壤重金属生物有效性。

在上述基础上,人们又开发出了同位素稀释法和薄膜扩散梯度技术。同位素稀释法是将某一富含同位素的重金属溶液加入土壤悬浮液中,使其在溶液与土壤可交换态间迅速分配,待达到平衡状态时,取一定的洗脱液,测定洗脱液中同位素的比率,随后用同位素稀释公式进行测定计量的方法。薄膜扩散梯度技术(DGT)以菲克(Fick)第一扩散定律为理论依据,模拟在生物扰动情况下,重金属从土壤固相解吸扩散到土壤液相中的动力学过程。该方法统筹考虑了 pH、有机质、铁锰氧化物含量等土壤环境条件的影响,能够真实地反映土壤固相对重金属生物有效性的影响,同时可以清晰地表明土壤中不稳定态重金属在土壤固相和液相中的定量分布。

生物学评价法是一种最直观的方法,常见的如植物指示法、动物指示法和微生物指示法。其中,植物指示法一般利用某些指示植物体内吸收的重金属量在土壤重金属总量中的占比,来判断土壤中重金属的生物有效性。当前发现的指示植物较多,且不同植物对重金属的吸收能力差异较大。由于与人体的相似性,动物体对重金属吸收积累情况是评价其生物有效性的理想指标。常用放牧动物作为土壤重金属污染状况的标识,评价重金属环境污染对当地人群造成的危害。在早期研究中常用土壤微生物生物量、代谢熵、酶活性等微观指标,来表征土壤重金属污染的生物学效应。由于不同土壤中微生物区系结构和数量不同,对重金属的敏感程度各异,再加上专一性差,造成不同土壤的研究结果之间无可比性。此后,一些基于发光菌或真菌等单一菌株荧光性或特异性酶活性的金属有效性测试技术被成功应用于污染物的生物有效性评价中,促进了微生物评价法的应用和发展。

2. 土壤中重金属生物有效性的调控

有效调控土壤中重金属形态和生物有效性,可显著降低重金属从土壤向植物体内迁移的风险,实现污染土壤的安全利用。现有的调控方式包括物理调控、化学调控和生物学调控。

物理调控是一种常见的调控方式,具有操作简单、见效快的优点。常见的调控方式主要指水肥管理、耕作方式调整等农田管理措施。作物从土壤中吸收重金属,不仅取决于重金属的含量,还受到土壤性质、肥料种类、作物种类、水分条件及耕作制度的影响。因此,通过合理改善上述条件,可有效降低重金属活性和生物有效性。例如,与翻耕相比,免耕使耕作层Cd、Cu 和 Zn 的有效态含量提高,Pb 的有效态含量降低。

化学调控主要是将能够与重金属发生反应的化学物质添加到土壤中,通过吸附、固定、钝化等作用,降低土壤中重金属的迁移能力及其生物有效性,进而达到缓解阻控效果。通过叶面喷施、根际配施等方式施加木质泥炭和针铁矿,可有效降低农田土壤 As(Ⅲ)和 Cd 的生物有效性(洪泽彬等,2020)。向土壤中施加有机肥,由于其中腐殖质具有较大的比表面积和较高负电荷,可与金属阳离子形成配合物,降低了土壤重金属的生物有效性。生物炭在 Pb 固定化方面有明显效果,随着调控时间延长和施用量增加,Pb 固化率得到提高,经 X 射线衍射分析,生物炭中含有的磷与土壤 Pb 反应形成不溶性的羟基磷灰石 $Pb_5(PO_4)_3(OH)$,这是生物炭固定土壤 Pb 的重要原因。

　　生物学调控是指利用功能生物对土壤中重金属元素的吸收和富集作用,降低重金属生物有效性、提高土壤质量和恢复土壤功能的方法。在 As 污染土壤中,As 超积累植物蜈蚣草(*Pteris vittata* L.)能有效吸收 As 并将其输送到叶片中,同时栽种的蕨类植物的生物量相比初始时增加了 12 倍,说明超富集植物蜈蚣草大量富集土壤中的 As,降低了土壤中 As 的生物有效性,缓解了 As 对蕨类植物的危害、促进其健康正常生长。

四、有机污染物的生物有效性

(一)有机污染物生物有效性及其与赋存形态的关系

　　土壤中有机污染物的生物有效性一般指土壤中有机污染物能被生物体吸收、积累或造成毒性响应的程度。明确有机污染物的各种赋存形态和生物有效性的关系,有利于评估和控制土壤污染的风险。图 2-45 为当前广泛接受的有机污染物赋存形态分类与生物有效性概念图。其中自由溶解态的有机污染物最易被生物吸收利用,具有较高的生物有效性。土壤中 PAHs 等有机污染物的赋存形态分为水溶态、酸溶态、结合态和锁定态(Wang 等,2015)。一般溶解态有机污染物为生物可利用部分,而结合态及锁定态有机污染物为生物难利用部分。

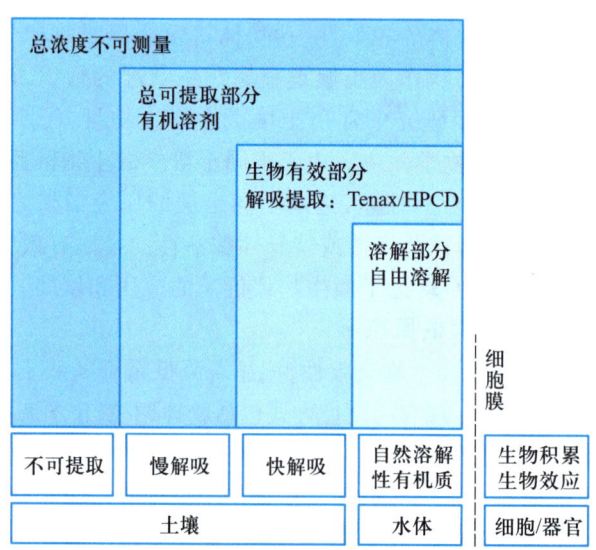

图 2-45　有机污染物赋存形态分类与生物有效性概念图

(资料来源:Ortega-Calvo 等,2015)

有机污染物在土壤中的赋存形态会随外界条件改变而发生变化。随着与土壤接触时间的延长,有机污染物吸附至土壤固相或向土壤孔洞扩散,转化为不可提取态组分,造成土壤中有效态含量减少,其生物有效性下降。根系分泌物能破坏土壤腐殖质,从而使吸附的疏水性有机污染物释放,提高了有机污染物的有效态含量,增加污染风险。提高土壤有机质含量,会增加非离子型有机污染物的吸附量,使可溶态有机污染物转变成结合态,降低其生物可用性。外源添加物如阳离子表面活性剂可以增强土壤对有机污染物的吸附固定能力,使可提取态有机污染物转变成结合态有机污染物。

(二) 有机污染物生物有效性的评价与调控

1. 有机污染物生物有效性的评价方法

土壤中有机污染物生物有效性的评价方法主要有生物法和化学法两类。利用生物法来评估土壤有机污染物的生物有效性,可以直接得到其在生物体内的富集程度。化学法需使用合适的萃取剂,将有机污染物从土壤中提取出来,分析测定其浓度,或直接测量有机污染物在土壤液相中的浓度。

生物学方法是评价生物有效性最直接的方法,可以分为直接生物学方法和间接生物学方法。直接生物学方法是将生物暴露于污染的土壤中,根据暴露前后生物体内有机污染物的浓度变化来评价生物有效性,常采用的生物是动物、植物和微生物。由于蚯蚓一般与土壤紧密接触并且对有机污染物比较敏感,因此常被用来评价有机污染物的生物有效性。但是直接生物学方法的实验周期较长、步骤复杂、成本较高,而且实验的平行性和重复性较差。间接生物学方法一般需要选取合适的生物标记物,其操作原理如下:生物体暴露于污染的土壤后,有机污染物会对生物体的细胞组织等产生影响,这些效应与有机污染物剂量有明显的相关关系,通过测定生理效应来评价有机污染物的生物有效性。已有研究利用小鼠尿液代谢水平和肺中 DNA 加合物水平作为生物标志物,来反映土壤中 PAHs 的生物可利用性。

化学法评价生物有效性的采样过程可分为主动采样和被动采样。一般认为自由溶解态的有机污染物是生物有效性的主要部分。主动采样采用温和有机试剂来提取自由溶解态有机污染物,常用的萃取剂有正丁醇、环糊精和 Tenax。主动采样是一种基于实验数据的经验方法,不能采用同一种温和萃取技术来评价多种污染物在不同环境介质的生物有效性。被动采样法也被称为半透膜采样技术,即利用脂类物质代替细胞膜,模拟有机污染物通过细胞膜进入生物体并在体内迁移转化的过程。该方法不需要使用生物和有机溶剂,节约了时间和成本。目前常采用的被动采样装置包括三油酸甘油酯-半渗透膜被动式采样器、固相微萃取技术及液相微萃取技术。

2. 土壤中有机污染物生物有效性的调控

合理调控土壤中有机污染物的生物有效性对保障农产品安全、实现污染区土壤资源安全利用具有重要意义。一方面,可以通过调节土壤环境条件或施加改良剂,改变有机污染物的赋存形态,进而降低有机污染物的生物有效性,阻控其迁移转化,实现受污染土壤的安全利用。另一方面,在有机污染土壤修复过程中,可通过提高有机污染物的生物有效性,使有机污染物由残渣态和结合态向可提取态转变,进而通过化学或生物消减技术,促进土壤中有机污染物的去除。土壤中有机污染物生物有效性的调控技术主要包括物理法、化学法、生物法等。

降低有机污染物生物有效性主要措施包括:向土壤中施加吸附剂、阳离子表面活性剂,调节土壤 pH,提高土壤有机质含量等。生物炭对有机污染物有较高的吸附能力,在土壤中添加生物炭可降低土壤中可提取态有机污染物浓度,减少其对作物的危害和污染风险。由于土壤表面带负电,向土壤中施加微量阳离子表面活性剂,可以增强土壤固相吸附固定有机污染物的能力,降低土壤溶液中有机污染物浓度,阻控作物对有机污染物的吸收积累。降低 pH 有利于有机污染物吸附在土壤有机质上,进而降低土壤中有机污染物的生物有效性。由于有机污染物在土壤有机质中的分配作用,提高土壤有机质含量,可导致有机污染物在土壤中吸附量增加、生物有效性降低。

提高有机污染物生物有效性的主要措施包括:向土壤中施加阴离子或混合表面活性剂、溶解性有机质,提高土壤环境温度和湿度等。与阳离子表面活性剂相比,阴-非离子混合表面活性剂可通过降低临界胶束浓度、促进胶束形成等原理,对有机污染物产生增溶作用,提高有机污染物的生物有效性。例如,通过向土壤中施加较高浓度的阴-非离子混合表面活性剂,将吸附态有机污染物洗脱至土壤溶液中,可提高其生物有效性,促进黑麦草等植物或微生物对有机污染物的吸收积累,增强微生物对有机污染物的降解作用,提高土壤修复效率。施加溶解性有机质能提高土壤溶液中有机污染物的溶解度,从而提高土壤中有机污染物的生物有效性(朱利中,2012)。

思考题与习题

1. 举例说明土壤中主要污染物的种类。
2. 试述土壤重金属的主要来源及源解析方法。
3. 试述土壤中有机污染物的主要来源及源解析方法。
4. 举例说明土壤中重金属的迁移转化行为及影响因素。
5. 举例说明土壤中有机污染物的迁移转化行为及影响因素。
6. 试述土壤中抗生素抗性基因的增殖扩散方式及影响因素。
7. 试述土壤复合污染的概念及分类。
8. 简述土壤元素、矿物和有机质的表征技术。
9. 试述土壤中重金属的赋存形态及表征方法。
10. 试述土壤中有机污染物的赋存形态及影响因素。
11. 试述土壤中污染物生物有效性的概念和评价方法。

主要参考文献

[1] 李芳柏,刘传平,张会化,等.珠江三角洲地区土壤环境质量状况及其污染防治对策[C]//广东可持续发展研究 2012. 2013:81-90.
[2] Li C, Georgina M S, Wu Z F, et al. Spatiotemporal patterns and drivers of soil contamination with heavy metals during an intensive urbanization period(1989-2018) in southern China[J]. Environmental Pollution, 2020, 260:1-10.
[3] 李娇,吴劲,蒋进元,等.近十年土壤污染物源解析研究综述[J].土壤通报,2018,49(1):232-242.
[4] 麦凯 T.环境多介质模型——逸度方法[M].黄国兰,陈春江,孔庆林,等译.北京:化学工业出版社,2007.
[5] 环境保护部,国土资源部.全国土壤污染状况调查公报[EB/OL].环境保护部网站,2014.

［6］李志恒.表面活性剂调控土壤有机污染物生物有效性的预测模型及应用［D］.杭州:浙江大学,2020.

［7］Allen H K,Donato J,Wang H H,et al. Call of the wild:antibiotic resistance genes in natural environments ［J］. Nature Reviews Microbiology,2010,8(4):251-259.

［8］Liu Y,Tong Z W,Shi J R,et al. Correlation between exogenous compounds and the horizontal transfer of plasmid-borne antibiotic resistance genes ［J］. Microorganisms,2020,8(8):2-16.

［9］朱冬,陈青林,丁晶,等.土壤生态系统中抗生素抗性基因与星球健康:进展与展望［J］.中国科学:生命科学,2019,49(12):1652-1663.

［10］朱永官,欧阳纬莹,吴楠,等.抗生素耐药性的来源与控制对策［J］.中国科学院院刊,2015,30(4):509-516.

［11］Pruden A,Pei R,Storteboom H,et al. Antibiotic resistance genes as emerging contaminants:Studies in northern Colorado ［J］. Environmental Science & Technology,2006,40(23):7445-7450.

［12］Brown G,Foster A,Ostergren J. Mineral surfaces and bioavailability of heavy metals:A molecular-scale perspective ［J］. Proceedings of the National Academy of Sciences of the United States of America,1999,96(7):3388-3395.

［13］Duffner A,Weng L P,Hoffland E,et al. Multi-surface modeling to predict free zinc ion concentrations in low-zinc soils ［J］. Environmental Science & Technology,2014,48(10):5700-5708.

［14］汤鸿霄.用水废水化学基础［M］.北京:中国建筑工业出版社,1979.

［15］陈怀满.环境土壤学［M］.3版.北京:科学出版社,2018.

［16］Li R Y,Stroud J L,Ma J F,et al. Mitigation of arsenic accumulation in rice with water management and silicon fertilization ［J］. Environmental Science & Technology,2009,43(10):3778-3783.

［17］Chiou C T,Peters L J,Freed V H. A physical concept of soil-water equilibria for nonionic organic compounds ［J］. Science,1979,206(4420):831-832.

［18］Jing Q F,Yi Z L,Lin D H,et al. Enhanced sorption of naphthalene and p-nitrophenol by Nano-SiO_2 modified with a cationic surfactant ［J］. Water Research,2013,47(12):4006-4012.

［19］朱利中.环境化学［M］.北京:高等教育出版社,2011.

［20］He Y W,Yediler A,Sun T H,et al. Adsorption of fluoranthene on soil and lava:effects of the organic carbon contents of adsorbents and temperature ［J］. Chemosphere,1995,30(1):141-150.

［21］Wu Q Q,Yang Q,Zhao W J,et al. Sorption characteristics and contribution of organic matter fractions for atrazine in soil ［J］. Journal of Soils and Sediments,2015,15(11):2210-2219.

［22］Chiou C T,Kile D E,Rutherford D W. Sorption of selected organic compounds from water to a peat soil and its humic acid and humin fractions:potential sources of the sorption nonlinearity ［J］. Environmental Science & Technology,2000,34(7):1254-1258.

［23］朱利中.土壤有机污染界面行为与调控原理［M］.北京:科学出版社,2015.

［24］Ruan X X,Zhu L Z,Chen B L. Adsorptive characteristics of the siloxane surfaces of reduced-charge bentonites saturated with tetramethylammonium cation ［J］. Environmental Science & Technology,2008,42(21):7911-7917.

［25］Pignatollo J J,Xing B S. Mechanisms of slow sorption of organic chemicals to natural particles ［J］. Environmental Science & Technology,1996,30(1):1-11.

［26］Chen B L,Zhou D D,Zhu L Z. Transitional adsorption and partition of nonpolar and polar aromatic contaminants by biochars of pine needles with different pyrolytic temperatures ［J］. Environmental Science & Technology,2008,42(14):5137-5143.

［27］Yang K,Wu W H,Jing Q F,et al. Aqueous adsorption of aniline,phenol and their substitutes by multi-walled carbon nanotubes and their influence on naphthalene sorption ［J］. Environmental Science & Technology,

2008,42(21):7931-7936.

[28] Liang X, Zhu L Z, Zhuang S L. Sorption of polycyclic aromatic hydrocarbons to soils enhanced by heavy metals:perspective of molecular interactions [J]. Journal of Soils and Sediments,2016,16(5):1509-1518.

[29] Yang K, Zhu L Z, Lou B F, et al. Correlations of nonlinear sorption of organic solutes with soil/sediment physicochemical properties [J]. Chemosphere,2005,61(1):116-128.

[30] van Loosdrecht M C M, Lyklema J, Norde W, et al. Influence of interfaces on microbial activity [J]. Microbiological Reviews,1990,54(1):75-87.

[31] 胡小婕,秦超,高彦征.有机污染物对抗生素抗性基因水平转移的影响及机制[J].科学通报,2022,67(35):4224-4235.

[32] Sheng X, Qin C, Yang B, et al. Metal cation saturation on montmorillonites facilitates the adsorption of DNA via cation bridging [J]. Chemosphere,2019,235:670-678.

[33] Yu W H, Li N, Tong D S, et al. Adsorption of proteins and nucleic acids on clay minerals and their interactions:A review [J]. Applied Clay Science,2013,80-81:443-452.

[34] Hu X J, Sheng X, Zhang W, et al. Nonmonotonic effect of montmorillonites on the horizontal transfer of antibiotic resistance genes to bacteria [J]. Environmental Science & Technology Letters,2020,7(6):421-427.

[35] 高彦征,张效伟,朱利中.污染物与生物大分子互作及效应研究前沿与展望[J].科学通报,2022,67(35):4155-4158.

[36] Hu X J, Yang B, Zhang W, et al. Plasmid binding to metal oxide nanoparticles inhibited lateral transfer of antibiotic resistance genes [J]. Environmental Science:Nano,2019,6(5):1310-1322.

[37] Kang F X, Hu X J, Liu J, et al. Noncovalent binding of polycyclic aromatic hydrocarbons with genetic bases reducing the *in vitro* lateral transfer of antibiotic resistant genes [J]. Environmental Science & Technology,2015,49(17):10340-10348.

[38] Qin C, Yang B, Zhang W, et al. Organochlorinated pesticides expedite the enzymatic degradation of DNA [J]. Communications Biology,2019,2:1-9.

[39] 戴树桂.环境化学进展[M].北京:化学工业出版社,2005.

[40] Pei Z G, Shan X Q, Zhang S Z, et al. Insight to ternary complexes of co-adsorption of norfloxacin and Cu(Ⅱ) onto montmorillonite at different pH using EXAFS [J]. Journal of Hazardous Materials,2011,186(1):842-848.

[41] 王楠,姚佳佳,高彦征,等.黄棕壤中不同粒径组分的提取分级与表征[J].中国环境科学,2012,32(12):2253-2260.

[42] 李济吾,朱利中,蔡伟建.微波合成有机膨润土及其吸附水中有机物的性能[J].中国环境科学,2004,24(6):665-669.

[43] 李济吾,朱利中,蔡伟建.微波作用下表面活性剂在膨润土上的吸附行为特征[J].环境科学,2007(11):2642-2645.

[44] Yang J, Hatcherian J, Hackley P C, et al. Nanoscale geochemical and geomechanical characterization of organic matter in shale [J]. Nature Communications,2017,8:1-9.

[45] Hayes K F, Roe A L, Brown G E, et al. In situ X-ray absorption study of surface complexes:Selenium oxyanions on alpha-FeOOH [J]. Science,1987,238(4828):783-786.

[46] Michel L S, Alain M. Binding mechanism of Cu(Ⅱ) at the clay-water interface by powder and polarized EXAFS spectroscopy [J]. Geochimica et Cosmochimica Acta,2013,113:113-124.

[47] Luo L, Lv J, Xu C, et al. Strategy for characterization of distribution and associations of organobromine compounds in soil using synchrotron radiation based spectromicroscopies [J]. Analytical Chemistry,2014,86(22):11002-11005.

[48] 卢阳,梁钰贞,卢桂宁,等.富里酸和胡敏酸对水铁矿转化过程中铁氧化物上铜释放动力学特性的影响 [J].环境科学学报,2021,41(2):607-615.

[49] Tang L,Gudda F O,Wu C,et al. Contributions of partition and adsorption to polycyclic aromatic hydrocarbons sorption by fractionated soil at different particle sizes [J]. Chemosphere,2022,301:1-11.

[50] 刘承帅,韦志琦,李芳柏,等.游离态 Fe(Ⅱ)驱动赤铁矿晶相重组的 Fe 原子交换机制:稳定 Fe 同位素示踪研究[J].中国科学:地球科学,2016,46(11):1542-1553.

[51] Trifiró G,York R,Bell N G A. High-resolution molecular-level characterization of a blanket bog peat profile [J]. Environmental Science & Technology,2021,56(1):660-671.

[52] Huang W E,Stoecker K,Griffiths R,et al. Raman-FISH:combining stable-isotope Raman spectroscopy and fluorescence in situ hybridization for the single cell analysis of identity and function [J]. Environmental Microbiology,2007,9(8):1878-1889.

[53] Tian L,Liang Y,Lu Y,et al. Pb(Ⅱ) and Cu(Ⅱ) Adsorption and desorption kinetics on ferrihydrite with different morphologies [J]. Soil Science Society of America Journal,2018,82(1):96-105.

[54] Du H H,Chen W L,Cai P,et al. Competitive adsorption of Pb and Cd on bacteriaemontmorillonite composite [J]. Environmental Pollution,2016,218:168-175.

[55] Du H H,Lin Y P,Chen W L,et al. Copper adsorption on composites of goethite,cells of *Pseudomonas putida* and humic acid [J]. European Journal of Soil Science,2017,68(4):514-523.

[56] Zhang R,Yan W,Jing C. Mechanistic study of PFOS adsorption on kaolinite and montmorillonite [J]. Colloids and Surfaces A:Physicochemical and Engineering Aspects,2014,462,252-258.

[57] Tian H,Guo Y,Pan B,et al. Enhanced photoreduction of nitro-aromatic compounds by hydrated electrons derived from indole on natural montmorillonite [J]. Environmental Science & Technology,2015,49(13):7784-7792.

[58] Wang Y,Liu C,Peng A P,et al. Fomration of hydroxylated polychlorinated diphenyl ethers mediated by structural Fe(Ⅲ) in smectites [J]. Chemosphere,2019,226:94-102.

[59] 叶常明.多介质环境污染研究[M].北京:科学出版社,1997.

[60] Kinniburgh D. General purpose adsorption isotherms [J]. Environmental Science & Technology,1986,20(9):895-904.

[61] Quevauviller P,Rauret G,Griepink B. Single and sequential extraction in sediments soils [J]. International Journal of Environmental Analytical Chemistry,1993,51(1-4):231-235.

[62] Sabate J,Vinas M,Solanas A M. Bioavailability assessment and environmental fate of polycyclic aromatic hydrocarbons in biostimulated creosote-contaminated soil [J]. Chemosphere,2006,63(10):1648-1659.

[63] Gao Y Z,Zeng Y C,Shen Q,et al. Fractionation of polycyclic aromatic hydrocarbon residues in soils [J]. Journal of Hazardous Materials,2009,172(2-3):897-903.

[64] Wang C,Zhu L Z,Zhang C L. A new speciation scheme of soil polycyclic aromatic hydrocarbons for risk assessment [J]. Journal of Soils and Sediments,2015,15(5):1139-1149.

[65] Wu X,Wang W,Zhu L Z. Enhanced organic contaminants accumulation in crops:Mechanisms, interactions with engineered nanomaterials in soil [J]. Environmental Pollution,2018,240:51-59.

[66] Lanno R,Wells J,Conder J,et al. The bioavailability of chemicals in soil for earthworms [J]. Ecotoxicology and Environmental Safety,2004,57(1):39-47.

[67] Semple K T,Doick K J,Jones K C,et al. Defining bioavailability and bioaccessibility of contaminated soil and sediment is complicated [J]. Environmental Science & Technology,2004,38(12):228-231.

[68] Gummuluru S R,Krishnamurti,Naidu R. Solid-solution speciation and phytoavailability of copper and zinc in soils [J]. Environmental Science & Technology,2002,36(12):2645-2651.

［69］洪泽彬,方利平,李芳柏,等.Fe(Ⅱ)介导针铁矿活化氧气催化 As(Ⅲ)氧化过程与作用机制[J].科学通报,2020,65(11):997-1008.

［70］Ortega-Calvo J J,Harmsen J,Parsons J R,et al. From bioavailability science to regulation of organic chemicals [J]. Environmental Science & Technology,2015,49(17):10255-10264.

［71］朱利中.有机污染物界面行为调控技术及其应用[J].环境科学学报,2012,32(11):2641-2649.

第三章 土壤中污染物的迁移转化

土壤中污染物的迁移转化主要由吸附-解吸、氧化-还原、挥发-淋溶、生物吸收-降解等物理、化学、生物过程驱动。例如,土壤中污染物可经挥发作用进入大气,通过解吸、淋溶等作用随地表径流进入水体,也可在土壤中通过氧化-还原及微生物作用发生化学或生物转化,还可被作物吸收-积累并经由食物链影响人体健康。本章将首先介绍土壤中氮和磷的迁移转化,然后重点介绍土壤中重金属与有机污染物的迁移转化,最后简要介绍土壤温室气体释放和减排机制。

第一节 土壤中氮磷的迁移转化

一、氮的迁移转化

土壤中氮素分为有机氮和无机氮,其中有机氮为主要赋存形态。土壤有机氮包括蛋白质、核酸、氨基酸、尿素等,主要来源于动植物残体及生物活动产物。相对于有机氮,土壤无机氮含量不高,但性质活泼,易转移到其他环境介质中。无机氮主要包括铵态氮、硝态氮、亚硝态氮和含氮气体(如氨气、氧化亚氮、一氧化氮、氮气)。土壤中有机氮和无机氮含量与成分迥异,不同组分之间可相互转化,共同构成土壤氮循环过程。

(一)氮的迁移过程

土壤中的无机氮和有机氮可通过一系列生物化学转化与迁移过程,进入水体和大气或被植物吸收,其中包括土壤-水体、土壤-大气和土壤-植物介质间的迁移过程(图3-1)。

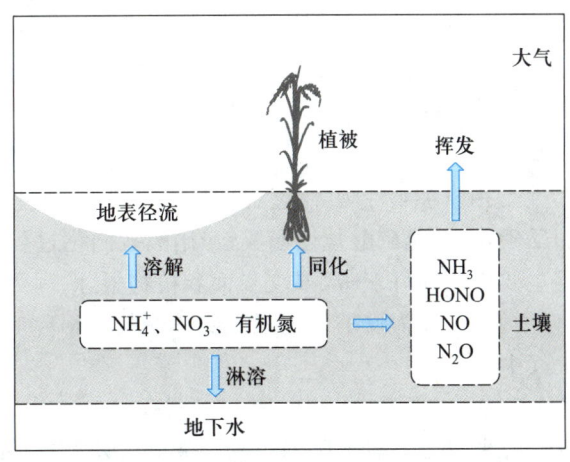

图3-1 土壤中氮迁移的主要过程

1. 土壤-水体间氮的迁移

（1）无机氮的迁移

土壤中硝态氮和铵态氮等无机氮因赋存形态不同，向水体迁移过程存在差异。土壤固相表面常带负电，而铵态氮带正电，土壤对铵态氮的吸附作用可限制其在土壤中的迁移。当土壤与地表水接触时，部分吸附态铵态氮通过解吸作用释放到水体中。土壤 pH、阳离子交换量、土壤质地等因素影响铵态氮的吸附及其向水体迁移。带负电的硝态氮难以被土壤所吸附，易发生淋溶作用而迁移至地下水中，造成土壤氮流失和地下水污染。土壤中淋溶水量和硝酸盐浓度是硝态氮流失的关键因素。常规大水漫灌显著增加淋溶水量，促进了硝态氮流失，其流失量随土壤中硝态氮浓度升高而增加，因此防止硝态氮累积是降低土壤氮素流失的关键措施。

（2）有机氮的迁移

土壤中含有多种易溶于水或可溶于水的亲水性有机氮化合物，通过地表径流发生迁移，也可随水淋溶迁移至地下水中，是地表水和地下水中氮的重要来源。土壤中疏水性有机氮化合物易被土壤吸附，向水体迁移的速度较慢。

2. 土壤-大气间氮的挥发迁移

（1）NH_3 的挥发

铵态氮以离子态形态溶解在水中，可与氢氧根反应生成氨气，如反应式 3-1 所示。人为过量使用氮肥可显著促进氨气产生。氮肥分解过程产生大量铵态氮，加快了氨气的产生和排放。

$$NH_4^+(aq) + OH^- \longleftrightarrow NH_3(g)\uparrow + H_2O \qquad (3-1)$$

土壤 pH 是影响氨气产生的重要因素。土壤溶液 pH 易受外界条件干扰而发生变化，从而影响氨气挥发。土壤溶液 pH 主要受碳酸盐平衡反应控制。白天植物光合作用或光合微生物自养过程消耗二氧化碳，造成溶液中碳酸含量下降，土壤溶液 pH 升高，促进氨气挥发。夜晚太阳光照消失，植物或微生物呼吸作用产生大量二氧化碳，土壤溶液 pH 降低，氨气排放减弱。

温度也是影响氨气产生的重要因素。土壤温度较高有利于铵态氮向氨气转化，反之则减少氨气挥发。合理施用化肥是减少氨气排放的重要农业措施，相比于直接施用于土壤表层，将氮肥施用到土壤数厘米深处可以大幅度降低氨气挥发，深层土壤温度相对较低，可进一步降低氨气产生。

（2）NO 和 N_2O 的排放

土壤 NO 和 N_2O 产生是由非生物和生物过程驱动的。非生物过程包括化学反硝化作用；生物过程包括硝化、反硝化、异化硝酸盐还原成铵、硝酸盐同化过程。土壤硝化和反硝化产生 NO 和 N_2O 的过程主要发生在好氧-厌氧交界面和植物根际，因为该区域存在氧气与无机氮，两者可促进硝化作用发生，并为反硝化过程提供硝酸盐。NO 和 N_2O 作为硝化和反硝化的中间产物排放到大气中。

3. 土壤-生物间氮的迁移

土壤是植物氮素的主要来源之一。土壤中的氮可被植物吸收并经同化作用转移到植物体内。植物可直接吸收利用的氮以硝态氮和铵态氮为主，其中旱地植物偏好硝态氮，而水田植物偏好铵态氮。植物生长需要硝态氮和铵态氮共同参与，并由土壤向植物迁移。然而植物吸收硝态氮和铵态氮的过程存在很大差异。其中硝态氮主要依赖植物主动吸收。硝态氮进入植物后，一部分在根部还原，大部分转移到茎叶。当土壤中硝态氮浓度较高时，植物吸收多余的硝态氮可以储存在组织中，并不会对植物产生负面影响。植物可通过主动转运和被动运输两种形式吸收铵态氮。铵态氮进入植物体后，主要在根部进行同化并消耗能量。不同于硝态氮，植物从土壤中吸收过多铵态氮将导致其中毒，因此土壤中高浓度铵态氮不利于植物生长。

（二）氮的转化过程

土壤中有机氮、无机氮等含氮化合物可以相互转化。同时，氮素还可以与土壤中铁、碳等元素发生耦合反应，使氮转化过程更加多样。土壤中氮主要转化过程如图 3-2 所示。

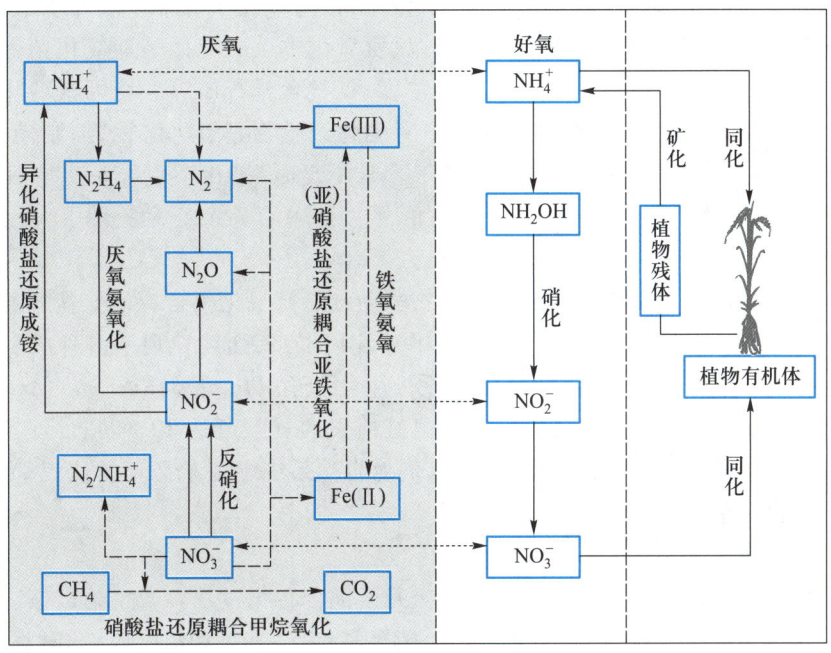

图 3-2　土壤中氮的主要转化过程

1. 无机氮的同化作用

氮的同化作用是指无机氮（铵态氮和硝态氮）在生物作用下转化为氨基酸等有机氮的过程。植物对铵态氮的同化方式受其浓度影响。当植物吸收的铵态氮较少时，首先会转化为易溶于水的氨气，然后在三羧酸循环中与酮戊二酸发生反应，生成植物可以利用的谷氨酸，而谷氨酸可通过氨基转移作用生成植物所需蛋白质、核酸等含氮化合物。当植物体内吸收的铵态氮较多时，由于酮戊二酸含量有限，较高的铵态氮含量对植物有害，植物需要通过谷氨酰胺酶催化铵态氮和谷氨酸发生反应生成谷氨酰胺，以降低体内铵态氮的浓度，同时无毒害的谷氨酰胺可以在植物体内储存，转化为谷氨酸供植物利用。对硝态氮来说，植物需首先将硝态氮转化为铵态氮，继而通过上述合成途径生成谷氨酸。

2. 有机氮的矿化作用和氨化作用

土壤有机氮矿化是微生物将有机氮转化为无机氮的过程。土壤中大部分氮为有机氮，这些含氮有机化合物须转化为无机氮后才能被植物吸收利用。有机氮矿化作用的最终产物是铵态氮,所以此过程又被称为氨化作用,包括氨基化阶段和氨化阶段。氨基化阶段是大分子有机氮化合物的分解阶段,蛋白质、氨基酸、核酸等有机氮化合物在一系列微生物酶催化下,分解为简单氨基化合物;氨化阶段主要是简单氨基化合物(如氨基酸、酰胺、胺等)进一步分解过程,在微生物作用下转化为铵态氮。矿化作用产生的无机氮也会被微生物作为氮素利用,因此土壤有机氮矿化作用产生铵态氮与微生物的氮需求息息相关。当碳氮比较高时(如超过 25∶1),微生物对氮的需求增多,导致矿化作用产生铵态氮较少,土壤处于缺氮状态;反之,当碳氮比较低时矿化作用则可产生大量铵态氮。

3. 硝化作用

好氧条件下,土壤微生物通过硝化作用将铵态氮氧化为亚硝酸盐、硝酸盐,进而将有机氮矿化过程和硝态氮还原过程联系起来。硝化作用普遍存在于各种土壤环境中,对农田土壤中氮转化具有重要影响。土壤中氨氧化细菌、氨氧化古菌和亚硝酸盐氧化菌等自养型好氧微生物是硝化作用的关键微生物。铵态氮浓度、氧气含量、pH 等环境因素变化都会对硝化微生物产生显著影响。例如,较高的铵态氮对硝化微生物具有毒害性,抑制硝化作用;充分的好氧条件利于硝化微生物生长,而当氧气含量不足时,硝化微生物易产生 N_2O 等副产物,危害环境。

4. 厌氧氨氧化作用

厌氧氨氧化作用是指在厌氧条件下微生物驱动铵态氮氧化耦合亚硝酸盐还原生成氮气的过程。自 19 世纪 90 年代在污水处理工艺中被发现以来,陆续发现了多种厌氧氨氧化微生物及中间产物(肼)。已发现的厌氧氨氧化微生物包含 *Brocadia*、*Kuenenia*、*Anammoxoglobus*、*Jettenia* 和 *Scalindua* 等,这些微生物对土壤氮损失的贡献可达 10% 以上,可较好解释厌氧环境中氮损失和土壤氮素平衡问题,加深人们对自然系统中氮素循环的认识,为调控土壤中氮素转化提供了新思路。

5. 铁氨氧化作用

铁氨氧化作用是近年来新发现的土壤铁氮元素耦合转化过程。微生物以铵态氮为电子供体,以 Fe(Ⅲ) 为电子受体,将铵态氮氧化为硝态氮、亚硝态氮和氮气时,同时将 Fe(Ⅲ) 还原为 Fe(Ⅱ)(反应式(3-2))。人们首先在富铁土壤中发现铵态氮异常损失现象,从而提出可能存在氨氧化和铁还原耦合过程。通过同位素示踪耦合乙炔抑制方法,发现氮气是铁氨氧化作用的主要产物,从热力学角度推测氨氧化产物可以是硝态氮、亚硝态氮和氮气(反应式(3-3),式(3-4),式(3-5))(Yang 等,2012)。稻田土壤中铁氨氧化过程驱动的氮损失可达氮肥施用量的 3.9%~31%(Ding 等,2014)。此外,在淡水湖泊、湿地和海洋等不同环境中也发现了铁氨氧化作用。

$$NH_4^+ + 6FeOOH + 10H^+ \longrightarrow NO_3^- + 6Fe^{2+} + 10H_2O \qquad \Delta G = -30.9 \text{ kJ} \cdot \text{mol}^{-1} \qquad (3-2)$$

$$NH_4^+ + 3Fe(OH)_3 + 5H^+ \longrightarrow 0.5N_2 + 3Fe^{2+} + 9H_2O \qquad \Delta G = -245 \text{ kJ} \cdot \text{mol}^{-1} \qquad (3-3)$$

$$NH_4^+ + 6Fe(OH)_3 + 10H^+ \longrightarrow NO_2^- + 6Fe^{2+} + 16H_2O \qquad \Delta G = -164 \text{ kJ} \cdot \text{mol}^{-1} \qquad (3-4)$$

$$NH_4^+ + 8Fe(OH)_3 + 10H^+ \longrightarrow NO_3^- + 8Fe^{2+} + 21H_2O \qquad \Delta G = -207 \text{ kJ} \cdot \text{mol}^{-1} \qquad (3-5)$$

6. 生物反硝化作用

在厌氧土壤环境中,异养微生物可以将硝酸盐依次还原为亚硝酸盐、NO、N_2O 和 N_2,该过程为生物反硝化作用。除典型的厌氧反硝化微生物外,假单胞菌、大肠杆菌、微球菌和芽孢杆菌等多种好氧菌在厌氧条件下也可驱动硝酸盐还原。反硝化作用以氮气为主要产物，但环境因素改变可显著影响中间产物的产生。从农田土壤污染治理的角度来看，反硝化作用降低了硝态氮对农田与地下水污染的风险；但从氮素固持的角度看，反硝化过程造成大量无机氮以气态形式损失。因此，在农田系统中要调控反硝化过程，以平衡氮污染和氮素损失问题。

7. 化学反硝化作用

化学反硝化是含氮化合物（如硝酸盐、亚硝酸盐、NO、N_2O）和亚铁之间直接进行的化学反应。亚铁和硝酸盐只有在高温和催化剂存在条件下才能直接反应，土壤体系中很少发生；NO 和 N_2O 多以气态形式存在，与亚铁反应概率较低；亚铁和亚硝酸盐之间的反应是土壤中主要的化学反硝化作用。该过程多发生在厌氧环境中，而厌氧土壤环境中亚硝酸盐主要来源于反硝化过程。

8. 硝酸盐还原耦合亚铁氧化过程

硝酸盐还原耦合亚铁氧化过程也是土壤中铁氮元素耦合反应的重要过程。该过程以 Fe(Ⅱ) 作为电子供体、硝态氮作为电子受体，在微生物作用下生成 Fe(Ⅲ) 和多种氮化合物。20 世纪 90 年代，人们通过实验室连续培养，发现自养条件下在土壤沉积物中存在兼具亚铁氧化和硝酸盐还原功能的微生物群落。此类微生物广泛分布在稻田、湿地、河流、热泉、淡水沉积物等富铁环境中，对氮转化具有重要作用。与反硝化过程类似，硝酸盐首先被转化为亚硝酸盐，继而转化为 NO 和 N_2O，最终还原为氮气。根据微生物利用亚铁方式和生长特性，硝酸盐还原耦合亚铁氧化微生物分为自养型、异养型和混合营养型三类。自养型微生物以二氧化碳为无机碳源，并以亚铁作为唯一电子供体进行硝酸盐还原；异养型微生物不能直接利用亚铁，主要通过亚硝酸盐、NO、N_2O 等还原产物和亚铁进行化学反硝化作用；而混合营养型微生物可通过直接氧化亚铁和化学反硝化两种方式耦合硝酸盐还原。硝酸盐还原耦合亚铁氧化过程在土壤成矿、有机污染物降解和重金属固定方面具有重要作用。

9. 硝酸盐还原耦合甲烷氧化过程

硝酸盐还原耦合甲烷氧化是微生物驱动的碳氮转化过程。在厌氧条件下，微生物将甲烷氧化过程与反硝化过程相耦合，生成氮气和二氧化碳。已发现的功能微生物包括细菌 *Candidatus Methylomirabilis oxyfera*（*M. oxyfera*）和古菌 *Candidatus Methanoperedens nitroreducens*（*M. nitroreducens*）。*M. oxyfera* 隶属于 NC10 门，尚未纯培养，基于宏基因组分析和同位素示踪实验发现，*M. oxyfera* 可以产生氮气，却并不具备完整的反硝化功能基因，其可能具有一种全新的氮气产生机制。古菌 *M. nitroreducens* 只能将硝态氮还原为亚硝态氮，但其含有将亚硝酸盐还原为铵态氮的基因，很可能具有耦合甲烷氧化与硝酸盐还原形成铵态氮的能力。

（三）土壤氮迁移转化的环境效应

自然环境中氮循环相对稳定，这保证了生态系统健康有序发展。近几十年来人类活动导致大量工业合成含氮化合物进入土壤，对土壤本身及其紧密联系的水体和大气环境产生严重危害，其环境效应如图 3-3 所示。

1. 土壤酸化

土壤酸化是在自然或人为作用下土壤 pH 显著下降的现象。近一个世纪以来，过度施用化肥等人为生产活动，造成土壤自然酸化周期缩短，酸化程度加剧，土壤酸化已演变为全球性问题，超过 30% 陆地表层和 40% 耕地存在不同程度的酸化。氮肥过度和不合理施用是引

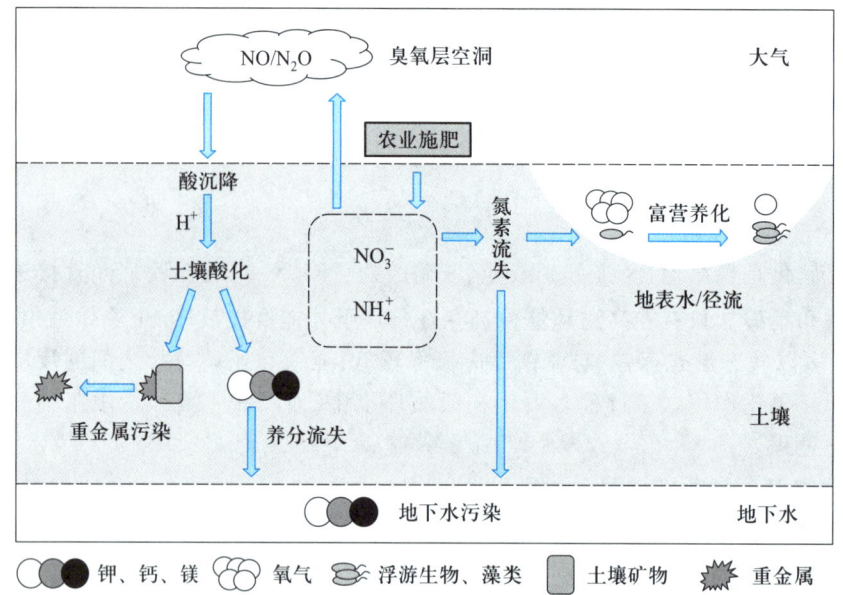

图 3-3   土壤氮素转化的环境效应

起土壤酸化的重要原因,其中硫酸铵、尿素等铵态氮肥在转化过程中显著加剧土壤酸化。硝化过程、反硝化过程可产生氢离子,进而降低土壤 pH。铵态氮转化过程中释放到大气中的氮氧化合物可通过酸沉降形式返回土壤,进一步加剧酸化过程。此外,植物吸收铵态氮释放等量氢离子也是土壤酸化的重要原因之一。

土壤酸化可引发一系列环境效应。在农业生产方面,酸化造成动植物数量和多样性显著降低、农产品质量下降和大面积减产。在土壤环境保护方面,酸化造成环境质量恶化,加大重金属污染风险和养分流失。例如,酸化土壤中 H^+ 浓度增加,取代部分盐基离子(如钙、镁、钾、钠等)使其变为游离态,可通过淋溶作用沿土壤剖面转移到地下水中,或通过地表径流作用迁移到地表水,造成土壤养分流失和地下水及地表水污染。土壤酸化还可导致矿物溶解和重金属活性提高,增加农产品重金属污染风险。

2. 农业面源污染

农业面源污染是由于农田中施用农药、肥料、污泥等,通过多种途径造成了地下水、湖泊、河流、海岸和其他生态系统污染。氮肥过度施用是导致农业面源污染的重要原因。全球氮肥用量逐步增加,但利用效率不高,过量氮素通过地表径流迁移至湖泊等地表水体,引发严重的面源污染。例如,我国太湖地区稻田氮肥施用量可达 $270 \sim 375 \ kg/hm^2$,麦田氮肥施用量可达 $225 \sim 350 \ kg/hm^2$。然而两种作物的产量(以氮含量计算)分别只有 $21 \sim 28 \ kg/hm^2$ 和 $11 \sim 13 \ kg/hm^2$。欧洲地区农业土壤中每年氮素流失量可达 $50 \ kg/hm^2$ 以上,在南美洲和其他地区也存在类似氮素利用效率低下和严重流失的现象。因此过度施肥造成面源污染已成为备受关注的环境问题。

3. 大气污染

氧化亚氮是土壤反硝化过程的中间产物和硝化过程的副产物,对大气化学过程产生多重影响。在光照条件下,氧化亚氮易催化产生 NO 并消耗平流层中臭氧,影响 CO_2、CH_4 等温室气体浓度。NO_x 可以被氧化为 HNO_3 并形成酸雨。在土壤环境中,生物和非生物过程都

能参与 NO_x 和 N_2O 的产生,生物过程主要为硝化和反硝化过程,化学过程主要是化学反硝化;酸性土壤中该过程会产生大量 HNO_2。全球每年排放到大气中的 N_2O 可达 17.7×10^{12} g N_2O-N,超过 20% 的 N_2O 排放是由自然过程产生的,但随着全球氮肥施用量逐步增大,人为活动排放的 N_2O 比例正逐步升高。

二、磷的迁移转化

土壤磷浓度一般为 $100 \sim 3\,000$ mg/kg,以无机磷和有机磷两种形式存在。其中无机磷包括水溶态、吸附态和矿物态三种形态。水溶态无机磷主要指以离子形式存在的正磷酸盐,其含量极低;吸附态无机磷是指通过强相互作用或弱相互作用吸附在铁铝氧化物、黏土矿物、有机质等表面的无机磷;矿物态无机磷包括含无机磷的各种原生和次生矿物,如磷酸钙、磷酸铁、磷酸铝等。有机磷指与碳结合的含磷分子,是土壤磷库的重要组成部分,占土壤总磷的 30% ~ 65%。土壤中有机磷主要来源于动植物残体,部分无机磷也可通过微生物转化成有机磷。有机磷包括核酸、核苷酸、肌醇磷酸、磷脂、糖磷、磷蛋白和磷酸酯等。

土壤中磷的迁移转化包括磷向水体、大气和生物的迁移,以及沉淀、溶解和有机无机磷的转化过程(Sattari 等,2012),对土壤健康、水体环境安全具有重要意义。土壤中磷过量会引起元素比例失调,导致土壤板结等,流失进入水体的磷会引起水体富营养化。因此,了解土壤中磷的迁移转化,对提高农业生产中磷肥利用率、缓解磷素环境污染等具有重要意义。

(一)磷的迁移过程

磷容易与土壤组分发生吸附、沉淀作用,但土壤中部分磷仍可通过径流和淋溶作用进入地表水和地下水,也可以以磷化氢形式向大气扩散,无机磷酸盐可被土壤生物吸收利用,对土壤磷的地质循环起调控作用(图 3-4)。

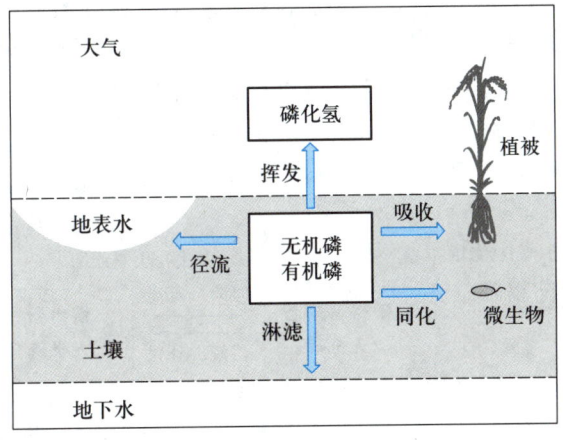

图 3-4 土壤中磷的迁移过程

1. 土壤-水体间磷的迁移

土壤中的磷可向地表水迁移。土壤磷含量从表层到深层逐渐降低,可通过径流进入地表水体,这是引起水体富营养化的重要因素。相比于氮素,土壤对磷的固定能力较强,但土壤中施用了大量无机磷肥后,磷向水体的迁移量依然不可忽视。土壤孔隙水中溶解态磷可直接被植物吸收利用。土壤中部分吸附态磷可释放到土壤孔隙水中,补充植物生长所需的磷,并可通过径流进入地表水。

土壤中磷可通过淋溶作用向地下水迁移。由于磷的移动性较差,其向地下水的淋溶作用较弱,但一些因素会加速土壤磷向地下水迁移。当土壤中大量施用有机磷肥时,有机磷移动性强于无机磷,会使土壤底层磷浓度升高,造成磷向地下水的淋溶。另外,当土壤中过量施肥,土壤对磷的吸附固定达到过饱和,会使底层土壤磷浓度快速提升,造成磷的淋溶。

2. 土壤-大气间磷的挥发迁移

磷化氢是土壤中磷向大气迁移的主要气体,由土壤微生物厌氧还原磷酸盐产生。磷化氢无色但剧毒,在环境中包括基质结合态和气态自由态两种形式,土壤中磷化氢主要是与基质相结合,以基质结合态形式存在;从土壤挥发迁移至大气后,磷化氢主要以自由态气体形式存在。由于磷化氢具有比较强的还原性,其在环境中可参与化学催化转化、生物转化、光化学氧化等过程;同时,由于磷化氢在大气和土壤广泛存在,在磷生物地球化学循环过程中起重要作用。

3. 土壤-生物间磷的迁移

磷是植物生长必需的大量营养元素,从土壤中吸收的磷主要是溶解态的正磷酸盐(包括$H_2PO_4^-$、HPO_4^{2-})。土壤磷浓度较低时,植物通过质膜上的离子通道吸收磷;土壤磷浓度较高时,植物主要通过低亲和系统即液泡膜吸收磷。植物根部吸收的正磷酸盐以离子形式在根细胞膜内积累,之后通过离子转运蛋白运输至木质部,进而运输到茎叶部。微生物是土壤-生物磷迁移的重要参与者。例如,土壤藻类可以通过调控细胞内的磷酸酶或者分泌有机酸、多糖和氨基酸等物质,活化、释放及利用难溶性磷,并促进植物对磷的吸收。

(二)磷的形态转化

土壤有机磷和无机磷通过同化和矿物介导作用发生相互转化(Obersteiner 等,2013)(图 3-5)。溶解态的磷可通过吸附、沉淀等作用转化为生物有效性较低、迁移性较差的吸附态和沉淀态磷,而通过风化、溶解等方式又可以重新转化为溶解态磷。微生物厌氧还原作用可产生气态磷化氢。土壤磷转化主要取决于矿物表面-有机分子、生物细胞表面-有机分子、矿物-细胞表面活性化学物质等作用及土壤溶液 pH、离子强度、磷组分等根际微环境条件。

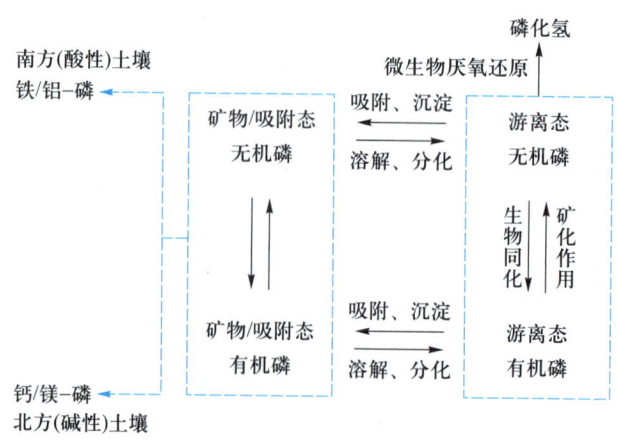

图 3-5   土壤中磷的转化

1. 土壤中磷的沉淀与固定

磷的沉淀是指可溶性磷与较高浓度阳离子形成难溶物质的过程。土壤界面发生的无机磷沉淀和有机磷-金属离子配合会降低磷的生物有效性,造成土壤中磷的蓄积。磷与土壤中钙、铁、铝、锰等离子发生共沉淀反应,形成钙-磷、铁-磷、铝-磷、锰-磷等形式的沉淀。在我国北方土壤或者碱性较强的土壤中,主要产生钙-磷沉淀,而在南方土壤中磷主要以铁-磷、铝-磷等形式沉淀。阳离子与磷酸盐浓度达到过饱和状态时,通过离子自组装,发生均相成核和异相成核过程。由于土壤环境复杂性,土壤中难以均相成核,异相成核通常发生于土壤表面早期形成团簇相,该过程在土壤中广泛存在。当存在基质时,金属-磷在基质表面的成核界面能和成核能垒降低,导致金属-磷的团簇优先形成于基质界面上。在形成晶核之后,这些形成的晶核或团簇会进一步团聚,形成无定形的矿物相,进一步团聚并发生相转变,形成稳定的结晶相。例如,在羟基磷灰石过饱和溶液中,云母表面有 Ca-P 的团簇 $[Ca-(HPO_4)_3]^{4-}$ 形成,这些团簇会进一步团聚,形成无定形磷酸钙相 $[Ca_2(HPO_4)_3]^{2-}$(ACP),进而发生相转变过程,形成难溶的羟基磷灰石相(Ge 等,2020)。

通过土壤矿物表面吸附,也可实现土壤磷的固定蓄积。游离态的无机磷和有机磷均可通过内圈配合、外圈配合、氢键、溶解-再沉淀反应等吸附到碳酸盐矿物、铁铝氧化物、黏土矿物等的表面。其中,溶解-再沉淀反应是指磷促进矿物溶解、阳离子与磷在矿物界面达到过饱和状态、进而发生的再沉淀反应。无论是有机磷还是无机磷均可以在不同矿物界面发生溶解再沉淀过程。植酸、6-磷酸葡萄糖、正磷酸盐等在针铁矿、赤铁矿、氢氧化镁、方解石等矿物界面发生溶解再沉淀过程,形成磷酸铁、磷酸钙、植酸钙、植酸镁等沉淀相。以上过程会使土壤游离态磷变为沉淀态或吸附态,导致土壤中磷蓄积,降低磷生物有效性,抑制植物对磷的吸收。土壤中磷的固定会降低磷移动性,限制其向水体的径流或淋溶。

2. 无机磷生物同化形成有机磷

土壤微生物和植物将无机磷转化为有机磷的过程,称为磷的生物同化过程。当土壤中 C/P 大于 300:1 时,更容易发生磷的同化过程;当 C/P 小于 200:1 时,则易发生有机磷的矿化过程。土壤中只存在少量的有效态无机磷,大多数无机磷都是吸附态或沉淀态,很难被植物或微生物吸收利用,因此无机磷同化过程较弱。植物或微生物吸收无机磷后,将其转化为磷脂、核酸、三磷酸腺苷、植酸等有机磷;在微生物或植物细胞死亡后,有机磷会被重新释放到土壤中,从而使有机磷在土壤中积累。无机磷的生物同化受环境因素的严格控制,首先,需要有合适的温度、光照及水分条件,满足植物和微生物生长发育需求;其次,需要足够的碳源及有效的氮源供给。

3. 有机磷矿化形成无机磷

土壤有机磷矿化作用是指土壤中有机磷降解形成无机磷的过程(Reinhard 等,2017),包括生物矿化和非生物矿化。生物矿化是微生物或植物酶降解有机磷的过程。有机磷矿化酶来自植物根际和微生物分泌物,土壤中主要的有机磷种类分为植酸酶、核酸酶、甘油磷酸酶等。根据酶对 pH 的适应性分为酸性磷酸酶、碱性磷酸酶和中性磷酸酶,分别在酸性、碱性和中性条件下具有较好的催化活性。这些酶的活性主导着土壤有机磷矿化效率,并受到土壤温度、pH、离子强度、金属离子种类、土壤有机质等因素影响。有机磷矿化过程对磷的高效利用及缓解其环境胁迫均具有重要意义。

除了生物因素外,具有催化活性的矿物参与的非生物过程也是有机磷矿化的重要环节。

铁氧化物、锰氧化物、二氧化铈等金属氧化物具有较大的比表面积,可以和土壤中有机磷发生吸附、螯合、沉淀等作用,还可催化有机磷分子的 P—O—C 或 P—O—P 键断裂,促进有机磷矿化。尽管矿物对有机磷的矿化效率要显著低于酶,由于土壤中矿物含量明显高于酶,土壤矿物对有机磷矿化过程的贡献不可忽略。

4. 土壤矿物风化释放磷

土壤矿物风化是指矿物在太阳辐射、风力、水、生物等作用下引起的物理、化学和生物学变化。土壤磷矿的风化包括物理风化、化学风化和生物风化三种类型。土壤矿物态磷的溶解是主要的风化过程,大部分矿物态磷不溶于水而溶于酸。对磷酸钙矿物来说,钙磷比较低和磷酸根酸性较强的磷酸钙盐易溶解,包括无定形磷酸钙、二水磷酸氢钙等,但磷酸八钙、羟基磷灰石的溶解度较低,很难被溶解释放。磷的风化或溶解可增加土壤磷生物有效性,提升土壤肥力,但游离态磷的升高也会促进磷向水体迁移,加剧磷的面源污染。

5. 微生物厌氧还原形成磷化氢

磷化氢是由厌氧土壤微生物还原形成,包括脱硫弧菌、梭状芽孢杆菌、大肠杆菌、密螺旋体、高氯酸降解菌等。有机磷是微生物厌氧还原过程的前体物,由厌氧微生物还原形成磷化氢。但单一添加有机磷源如卵磷脂无法产生磷化氢,因此磷化氢的产生和土壤总磷相关,不受有机磷和无机磷量的影响。在微生物厌氧消化阶段,磷化氢伴随着有机物水解产生,然后在诱导氢气和乙酸的形成过程中伴随磷化氢的释放。磷化氢产生受到微生物种类、温度、pH、有机碳源等多种因素共同调控。土壤中磷化氢具有生物毒性,会影响植物和微生物生长。土壤中磷被微生物还原成磷化氢后向大气中扩散是土壤磷流失的重要途径。

(三) 磷迁移转化的环境效应

农业生产中磷肥的过量施用造成土壤中磷大量积累。过量磷在土壤中发生迁移转化,往往会引起土壤物理化学和生物学性质的改变,一定程度上会损害土壤的功能。土壤中过量的磷还会通过径流、淋洗等过程流失到地表水和地下水中,引起水体富营养化等环境问题。

1. 土壤中磷的蓄积

由于含磷肥料和农药中磷的生物利用率较低,过量施用易引起磷在土壤中蓄积。土壤中蓄积的磷包括沉淀态、吸附态等形式,而溶解态磷的含量相对较低。磷在土壤中的蓄积会使植物吸收过量的磷素,呼吸作用明显提升,从而消耗更多的能量和糖分,造成作物产量降低。由于磷和土壤中钙、镁、铁等阳离子形成沉淀,引起土壤板结。硫磷、内吸磷、马拉硫磷、草甘膦等有机磷农药大量使用也会加剧土壤磷污染,这些农药往往对植物、动物、微生物有一定毒性,影响土壤环境健康和生态安全。

2. 水体面源污染

伴随着土壤中磷的径流和淋失,土壤中过量的磷往往会引起水体中磷污染,其危害要远高于土壤中磷蓄积。由土壤进入水体的磷会促进藻类生长,引起水体富营养化。我国一些水体中磷浓度超过 0.02 mg/L,部分湖泊和河流中磷浓度达到富营养化限量标准的 $10 \sim 50$ 倍。水体富营养化导致水体透明度降低、阳光难以穿透水层,影响水中植物的光合作用,造成溶解氧过饱和状态,影响水体动物生长。藻类及浮游生物死亡后被微生物降解,导致水中氧气含量及水质下降,加剧水质恶化。

第二节　土壤中重金属的迁移转化

一、重金属的迁移

土壤中重金属的迁移是指重金属从土壤进入水体、大气和植物等环境介质的分布和运输过程。重金属迁移是在各界面共同作用下的一个动态平衡过程,并制约土壤重金属的生物有效性,如图 3-6 所示。

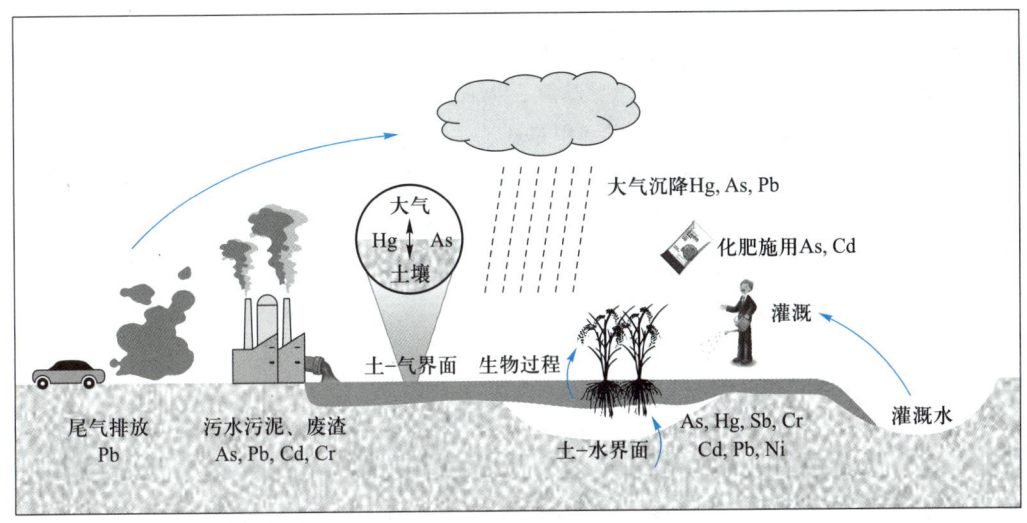

图 3-6　重金属在土壤-水体-大气-植物间的迁移示意图

(一) 土壤-水体间重金属的迁移

土壤中重金属主要分布在土壤固相和土壤溶液中,可通过土壤溶液的径流和淋溶作用、固相物质伴随水流的机械运移而进入地表水或地下水体。土壤重金属的迁移行为受吸附-解吸、溶解-沉淀、配合等作用所控制,其中由土壤固相向土壤溶液的界面迁移过程非常关键。下面以非变价金属 Cd 和变价类金属 As 等为例做简要介绍。

pH 和氧化还原电位是影响 Cd 在土-水界面迁移的关键因素,较低的 pH 有利于土壤 Cd 的溶解释放。稻田在淹水条件下,NO_3^-、Fe^{3+}、SO_4^{2-} 被依次还原,土壤 pH 升高,有效态镉转化为铁锰氧化物结合态与硫化物结合态。当水稻生长进入排水期时,Fe^{2+}、S^{2-}、NH_4^+ 被依次氧化并伴随着 H^+ 的产生,土壤 pH 快速下降,Cd 被溶解释放。同时,金属硫化物会快速氧化,而氧化的顺序则由金属硫化物的氧化还原电位决定,即具有较低氧化还原电位的硫化物会被优先氧化,当存在大量氧化还原电位较低的硫化锌沉淀时,会抑制硫化 Cd 的氧化,从而减少 Cd 活化(Huang 等,2021)。

自然条件下土壤和水体中 As 主要以无机形态存在,如五价的砷酸和三价的亚砷酸。土壤 As 的移动性与其赋存形态、土壤酸碱度等因素密切相关。一般情况下,土壤溶液中 As(V) 主要以 $H_2AsO_4^-$ 和 $HAsO_4^{2-}$ 等含氧阴离子形态存在,易吸附于带正电的矿物表面。土壤 As(V) 常被强烈地吸附固定于铁、铝等氧化物表面,其迁移性大大减弱。随着 pH 上升,

$HAsO_4^{2-}$ 形态逐渐占主导地位,导致 As(V)吸附量有所下降。H_3AsO_3[或 As(OH)$_3$]和 $H_2AsO_3^-$ 为土壤溶液中 As(Ⅲ)的主要形态,带正电的矿物表面对 As(Ⅲ)吸附作用较弱,因此 As(Ⅲ)具有较强的移动性。氧化还原电位、含水率、矿物成分、微生物活性、有机质含量及性质等也会影响 As 在土壤中的迁移能力。氧化条件下 As 主要以 As(V)形态存在,而在厌氧条件下则主要以 As(Ⅲ)形态存在于土壤溶液中或吸附在矿物表面。稻田还原状态下,土壤 Fe(Ⅲ)还原导致与铁铝氧化物结合的 As(V)释放进入土壤溶液中,然后,土壤 As 还原微生物将 As(V)还原为 As(Ⅲ),大大促进土壤砷的溶解释放。富里酸、胡敏酸和胡敏素等土壤有机质组分可作为电子穿梭体,促进 As 在土壤–水体界面还原释放(Qiao 等,2019)。

(二)土壤–大气间重金属的迁移

自然界中许多厌氧和好氧细菌及真菌能够将无机砷转化为毒性较低的甲基砷,包括一甲基砷(MMA)、二甲基砷(DMA)及三甲基砷(TMA)。砷甲基化现象普遍存在于稻田中,水稻土、籽粒及稻田上方的大气均可检测到甲基砷。一般每年有 419~1 252 t 砷从水稻土释放到大气中。砷还原酶(ArsC)与砷甲基化酶(ArsM)是微生物介导砷甲基化的主要功能酶。

土壤中汞主要有 Hg^0、Hg^{2+} 和 Hg^+ 三种价态。还原条件下,土壤二价汞和有机汞可以被还原为单质汞。土壤中单质汞的含量甚微,但可从土壤挥发进入大气环境,土壤温度升高,其挥发速度加快。

(三)土壤–生物间重金属的迁移

1. 土壤中重金属的生物吸收

土壤–生物间重金属的迁移主要包括从土壤向细菌、藻类和植物的迁移。植物可从土壤吸收二价金属(如 Cd、Pb、Zn、Ni、Cu 等)和变价金属(如 As、Sb、Cr 和 Hg 等)。植物从土壤吸收二价金属的过程主要通过根系的转运蛋白介导。以水稻吸收镉为例,镉与锰、铁和锌等元素共用吸收通道/转运蛋白,包括 OsNRAMP1、OsNRAMP5、OsIRT1、OsIRT2、OsZIP1、OsZIP5 和 OsZIP9 等(Zhong 等,2021)。定位于水稻根系皮层细胞外侧质膜上的 OsNRAMP5 转运蛋白,在吸收锰的同时可高效吸收镉。缺铁诱导的 OsNRAMP1、OsIRT1 和 OsIRT2 在促进铁吸收的同时也增强对镉的吸收。锌转运蛋白 OsZIP1、OsZIP5 和 OsZIP9 也能转运镉。

植物对砷的强吸收积累作用与土壤中砷形态及植物特性有关。与镉相反,淹水阶段的厌氧还原环境导致土壤铁氧化物还原溶解及砷的还原释放,增加了土壤中砷的移动性和生物有效性,因此淹水阶段通常是水稻根系大量吸收砷的主要时期。亚砷酸可通过硅酸转运蛋白 OsLsi1 被动吸收进入水稻根系细胞,OsLsi2 蛋白则能将根系细胞中的亚砷酸通过主动转运方式外排到质外体中。OsLsi1 和 OsLsi2 基因均在水稻根系内外皮层的凯氏带细胞中表达,OsLsi1 定位在远中柱端,OsLsi2 定位在近中柱端。OsLsi1 和 OsLsi2 的独特细胞定位和协同合作,使得化学结构相似的单硅酸和亚砷酸能够快速有效地通过根系中的凯氏带区域,促进植物对砷的吸收积累。

2. 重金属在植物体内的转运过程

重金属通过共享营养元素的转运通道从植物根系向地上部转运。以水稻为例,重金属在植物体内的转运主要包括三个过程:根部–地上部迁移,跨维管束转运及韧皮部向稻米迁移。

以镉在水稻体内的转运为例,一旦 Cd^{2+} 进入根系细胞,大量 Cd^{2+} 将转运至根系液泡内,并以 PCs-Cd 配合物(PCs,phytochelatins,植物螯合肽)形式贮存,或将 Cd^{2+} 吸附于细胞壁形成"防火墙",以减少镉向地上部转运。通常根系至地上部的镉迁移效率决定着地上部和稻米镉的最终含量,因而当水稻根系中 OsHMA3 基因过量表达时,可增加根系液泡对镉的隔离,从而减少镉向地上部转运。在水稻营养生长期,根系吸收的镉主要由木质部转运至叶片内积累;在生殖生长期,根系吸收的镉向上转运至节点后,可通过跨维管束运输从木质部转运到韧皮部,然后经韧皮部优先转运到穗,而非优先转运到叶片。因此,节点是控制水稻中镉转运到下一节或穗的最关键部位。镉在节内维管束之间及从木质部到韧皮部的迁移过程都受 OsLCT1 和 OsHMA2 等一系列转运蛋白的介导。另外,在水稻籽粒灌浆期和成熟期,叶内贮存的镉会被重新活化,通过节内的再分配向籽粒迁移,而籽粒中镉大约有一半来源于叶片。

与其他痕量金属不同,植物对铅的吸收存在明显的易位限制。对大多数植物而言,大部分吸收的铅(95%以上)都积累在根中(根细胞的质外体或液泡),仅小部分经共质体途径转运至植物地上部。蒸腾作用是驱动金属从植物根系通过木质部转运到地上部的动力。当 Pb^{2+} 通过木质部时,可能以无机形式转移,也可以与氨基酸或有机酸形成配合物。有机酸和氨基酸经常被认为是潜在的金属螯合剂,均可促进金属在木质部转运。在没有被配体螯合的情况下,金属阳离子从根系向地上部的迁移会受到严重阻碍,因为木质部细胞壁具有高阳离子交换能力。镍除了被根系吸收外,还可以通过叶片进入植物体内。在向日葵叶片上施用 ^{63}Ni 放射性同位素后,有 37% 的总镍被转移到其他器官。当用镍盐溶液喷洒燕麦、大豆、番茄和茄子叶片后,也观察到类似的趋势。

植物螯合肽对植物体内砷解毒十分重要。水稻的 OsABCC1 转运蛋白定位在液泡膜上,可以将 As(Ⅲ)-PCs 复合体转运到液泡中,进而实现脱毒。此外,非配合态的 As(Ⅲ) 可被转运进入根系中柱,并通过蒸腾作用从木质部转运到地上部。而水稻根系吸收的 As(Ⅴ) 会立即被砷酸还原酶(arsenate reductase,AR)还原成 As(Ⅲ),并与植物螯合肽结合,然后隔离在液泡中。

二、重金属的转化

(一)重金属的转化过程

土壤中重金属的转化是指重金属在土壤中通过物理化学、微生物学过程发生的价态、形态等改变的现象。

1. 物理化学转化过程

土壤环境中重金属可通过吸附-解吸、溶解-沉淀、氧化-还原和配合配位等物理化学作用进行转化,参与各种环境化学过程和物质循环,最终长期滞留在土壤中,造成潜在危害。

2. 微生物转化过程

微生物驱动的重金属转化是指在微生物酶的作用下汞、砷、锑等变价金属发生形态和价态变化的过程,主要有微生物氧化、微生物还原、微生物甲基化等三种关键机制,对重金属形态和移动性有重要影响。

(1)微生物氧化。芽孢杆菌和链霉菌等微生物含有氧化酶、过氧化氢酶等,可将 As(Ⅲ)、Hg^0 和 Sb(Ⅲ) 等氧化成 As(Ⅴ)、Hg^{2+} 和 Sb(Ⅴ)。

As(Ⅲ)毒性是 As(Ⅴ) 的 25~60 倍。微生物可将环境中 As(Ⅲ) 氧化为毒性较低且容易被吸附固定的 As(Ⅴ),进而降低环境中砷的毒性,被认为是理想的污染风险消减手段之一。砷氧化微生物包括化能自养型和异养型两大类。化能自养型砷氧化微生物在好氧条件

下以 O_2 为电子受体进行 As(Ⅲ)氧化,同时利用其产生的能量同化 CO_2 进行合成代谢,从而实现细胞生长繁殖。在厌氧条件下,硝酸根可以代替 O_2 作为电子受体进行 As(Ⅲ)氧化。与化能自养型微生物相比,异养型砷氧化微生物需要有机物质作为电子供体和能量物质来源,经细胞膜上砷氧化酶催化胞外 As(Ⅲ) 的氧化。细菌菌株不同,介导 As(Ⅲ)氧化的速率不同。

Hg^0 氧化是汞生物地球化学循环中研究相对较少的一个过程。一般认为,好氧微生物(如芽孢杆菌和链霉菌等)具有较强的 Hg^0 氧化能力,可通过体内过氧化氢酶等把 Hg^0 氧化为 Hg^{2+}。厌氧条件下,微生物可通过与 Hg^0 直接接触发生氧化,也可通过溶液中某些可溶性物质或者细胞向溶液中释放某些物质氧化 Hg^0。

锑的毒性很大程度上取决于其存在形态。据报道,Sb(Ⅲ)毒性是 Sb(Ⅴ)的十倍,因此微生物锑氧化过程有利于降低土壤中锑的毒性。第一株被报道的化能自养型锑氧化菌 *Stibiobacter senarmontii* 以 O_2 为电子受体进行 Sb(Ⅲ)氧化反应。锑氧化菌 IDSBO-1 除了以氧气为电子受体外,在厌氧条件下可利用硝酸盐作为电子受体氧化 Sb(Ⅲ)。另一株锑氧化菌 IDSBO-4 还可以在氧化 Sb(Ⅲ)过程中耦合 CO_2 还原同化。迄今已有超过 80 株锑氧化菌从矿区土壤和沉积物中被分离纯化,主要分布在 *Pseudomonas*、*Comamonas*、*Acinetobacter* 和 *Agrobacterium* 四个属。

(2)微生物还原。微生物介导 As(Ⅴ)、Hg^{2+} 和 Sb(Ⅴ)还原为 As(Ⅲ)、Hg^0 和 Sb(Ⅲ)的过程,主要发生在厌氧环境中。

微生物介导的 As(Ⅴ)还原过程可分为细胞质砷还原(也称抗性砷还原)和异化砷还原(也称呼吸砷还原)两种机制。在高 As 环境中存在一些特殊细菌,它们可以在无氧条件下以砷酸盐为电子受体,以有机物为电子供体和碳源进行 As(Ⅴ)还原和细胞生长,因此这类细菌被称为异养型 As 还原微生物。呼吸砷还原过程发生在细胞周质上,砷还原酶包括 ArrA 和 ArrB 等;抗性砷还原发生在细胞质中,砷还原酶包括 ArsC 等,还原产物 As(Ⅲ)在亚砷酸盐特异性转运蛋白的作用下可排到胞外,实现微生物脱毒。

微生物 Hg 还原是指微生物通过 Hg 还原酶 *merA* 将 Hg^{2+} 还原为 Hg^0 的过程。*merA* 为蛋白二聚体,由 *merA* 基因编码,存在于所有 *mer* 系统中。除 *merA* 以外,有些微生物的 *mer* 系统还含有 *merB* 基因,其编码的 *merB* 蛋白能裂解有机汞的 C-Hg 键,所生成的 Hg^{2+} 再通过 *merA* 被还原成 Hg^0。*merA* 基因的表达主要受 *mer* 操纵子控制,而 *mer* 操纵子主要包括调节基因、启动序列(O/P)、转运蛋白基因和还原酶基因。大多数汞还原蛋白的基因表达都受调节基因 *merR* 的调控,此外部分微生物 *mer* 系统中 *merD* 也参与调控。转运蛋白基因还包括 *merP*、*merT*、*merC*、*merF*、*merE* 和 *merG*,它们编码的转运蛋白协同完成 Hg 的细胞内外转运。

Sb(Ⅴ)的微生物还原包括两种代谢途径,即呼吸型还原和非呼吸型还原。呼吸型 Sb(Ⅴ)还原细菌以 H_2 或 CH_4 为电子供体、以 Sb(Ⅴ)为电子受体进行 Sb 还原和产能。有些 Sb(Ⅴ)还原微生物还同时具有 As(Ⅴ)还原功能,因此两者存在重叠,也存在多样性和异质性。

(3)微生物甲基化。甲基化是指微生物通过甲基化酶的作用,将无机砷、汞和锑分别转化为甲基胂、甲基汞和甲基锑等的过程,是微生物对环境中有毒重金属的一种重要解毒机制。

微生物砷甲基化过程主要是在 As(Ⅲ)S-腺苷甲硫氨酸甲基转移酶(ArsM)催化下进行的,其产物包括 MMAs、DMAs、TMAs 等。

微生物汞甲基化过程需要甲基供体和介导甲基转移反应的酶。甲基类胡萝卜素(即维生素 B12)可以转移碳负离子(CH_3^-)汞(Hg^{2+})盐。普遍认为汞的甲基化是发生在细菌胞内的过程,这意味着胞外的无机汞需穿过细菌细胞壁进入胞内,因此汞在胞外的化学形态是汞甲基化生物利用度的重要决定因素。由于汞是一种典型的亲硫元素,其地球化学过程与硫循环密切相关。在缺氧环境中,孔隙水存在多种溶解态硫化汞复合物,包括 HgS(aq)和 $Hg(SH)_2$ 等中性物种及 $Hg(SH)^+$、HgS_2^{2-} 和 $HgHS_2^-$ 等带电物种。其中,溶解态中性硫化汞复合物可能会被动地扩散到甲基化细菌的细胞膜中。

锑的微生物甲基化过程在 20 世纪 90 年代才被发现。在有氧环境中,短梗链球菌可以生成三甲基锑,而不产生其他挥发性锑物种;不同短梗链球菌菌株表现出不同的锑甲基化特征。锑的微生物甲基化也可能发生在缺氧环境中,如厌氧污泥中甲烷杆菌 DSMZ1535 能够把 Sb(Ⅲ)转化成 MMSb、DMSb、TMSb 等甲基化锑物种和 SbH_3。许多其他锑甲基化微生物也表现出砷甲基化能力,且与其他金属生物甲基化过程相似。然而,锑生物甲基化的分子机制包括功能基因和酶等尚不清楚。

3. 化学-微生物耦合过程

化学-微生物耦合过程指在微生物与化学物质共存的体系中,化学反应和生物过程同时发生,并相互关联耦合。以微生物-有机质-矿物体系为例,有机质-矿物相互作用可与微生物-有机质或微生物-矿物作用过程发生耦合效应。

(1)砷氧化耦合硝酸盐还原过程。反应式如下:

$$5H_3AsO_3+2NO_3^- \longrightarrow 8H^+ + 5HAsO_4^{2-} + N_2 + H_2O \tag{3-6}$$

硝酸盐还原-砷氧化过程存在于厌氧土壤和沉积物等环境中,由亚砷酸盐氧化酶 AioA 和 ArxA 介导。已被分离的化能自养型硝酸盐还原-砷氧化菌主要包括 *Alkalilimnicola ehrlichii* MLHE-1、*Azoarcus* sp. DAO1 和 *Paracoccus* sp. SY 等,这些细菌携带 RuBisCO 编码基因和反硝化功能基因 *nap*、*nir*、*nor* 和 *nos* 等。此外,潜在的功能微生物还包括 *Rhodanobacter*、*Pseudomonas* 和 *Burkholderiales* 等。

(2)Sb 还原耦合 Fe/S 转化过程。绿锈是针铁矿、纤铁矿、磁铁矿等铁氧化物形成过程中的中间产物,广泛存在于土壤和沉积物中。针铁矿和纤铁矿可将 Sb(Ⅲ)氧化成 Sb(Ⅴ),而绿锈可直接通过化学还原反应将 Sb(Ⅴ)还原成 Sb(Ⅲ),并且绿锈还原 Sb(Ⅴ)的能力不会受其结晶度的影响。通过热力学计算可知,硫在厌氧条件下可与 Sb(Ⅲ)结合形成 SbS_2^-,也可与 Sb(Ⅴ)结合形成 SbS_4^{3-},这两种形态的存在都说明硫对 Sb 形态转化过程产生了影响。此外,H_2S 还原 Sb(Ⅴ)的反应受 pH 影响较大。酸性条件下(pH<5),H_2S 可将 Sb(Ⅴ)还原 Sb(Ⅱ),其反应式为:

$$H_2S+Sb(OH)_6^- + H^+ \longrightarrow Sb(OH)_3 + 1/8S + 2H_2O \tag{3-7}$$

厌氧条件下 Sb 还可以发生氧化反应,如反应式(3-8)所示。S、Fe 和 N 等元素都在 Sb 的厌氧氧化过程中发挥着重要作用。

$$Sb(Ⅲ)+S_n^{2-}+H^+ \longrightarrow Sb(Ⅴ)+HS^-+S_{(n-1)}^{2-} \tag{3-8}$$

自然条件下以 O_2 和 H_2O_2 为最终电子受体的 Sb(Ⅲ)氧化过程十分缓慢,且受 pH、光照和其他环境因素的影响。Fe(Ⅱ)是加速上述 Sb(Ⅲ)氧化过程的重要催化剂。

(二)土壤中重金属转化与典型生命元素循环的耦合机制

1. 耦合碳循环

土壤碳库是最大的陆地有机碳库。土壤有机碳(SOC)产生和降解控制着 CO_2 气体的储存和释放,直接调节短期气候,具有缓解气候变化的潜力。同时,SOC 为微生物生长提供碳源、能源和营养元素,并通过影响土壤微生物活性改变重金属等污染物的归趋。

　　腐殖质是土壤有机质的主要组分,含有大量芳香环和醌基结构。腐殖质可作为碳源/电子供体被微生物利用,还能作为电子穿梭体促进腐殖质还原菌和 Fe(Ⅲ)、Mn(Ⅳ)、As(Ⅴ)、Sb(Ⅴ)等氧化态末端电子受体间的电子传递,进而促进这些物质的还原。在厌氧条件下,腐殖质可作为末端电子受体接受微生物细胞膜电子传递链上的电子,同时电子在细胞膜传递过程中形成跨膜的质子浓度电势梯度,偶联能量的形成支持细胞生长代谢。腐殖质作为电子穿梭体的电子传递过程分为两个步骤:首先,微生物氧化有机物释放电子并传递给腐殖质,生成还原态腐殖质,这一步骤需要微生物参与,属于生物还原过程;随后还原态腐殖质将电子传递给不溶态铁锰氧化物等末端电子受体,使其发生还原溶解,这一过程不需要微生物参与,属于非生物还原过程。在此过程中,还原态腐殖质把电子传递给末端电子受体后又转化为氧化态腐殖质,可重新接收来自微生物的电子,因此腐殖质不发生损耗,可以循环往复地介导电子传递过程。腐殖质含量影响其电子穿梭潜力,研究发现腐殖质浓度至少达到 5~10 mg C/L 时才有可能显现出电子穿梭效果。固体有机质如生物炭等的施加能导致淹水稻田土壤中地杆菌 Geobacter 及异化砷还原基因 arrA 的转录表达上调,促进 As(Ⅴ)还原和 As(Ⅲ)的释放(Qiao 等,2018)。

　　土壤腐殖质可以通过生物化学作用将 As(Ⅴ)和 Fe(Ⅲ)还原,产生少量 As(Ⅲ)和 Fe(Ⅱ),表明还原态腐殖质在砷转化中具有重要作用。不同腐殖质组分对土壤活性细菌群落组成的影响不同。以砷污染水稻土为例,贪噬菌属(Variovorax)和固氮弓菌属(Azoarcus)为水稻土的土著活性细菌;添加腐殖质不同组分能够提高 Azoarcus 的丰度;富里酸和胡敏酸提高了厌氧黏细菌属(Anaeromyxobacter)的丰度;假单胞菌属(Pseudomonas)和蓝细菌聚球藻属(Synechococcus)是添加富里酸处理组中特有的优势活性细菌。腐殖质对水稻土中活性异化砷还原菌的群落结构影响较大,对活性砷抗性细菌群落结构的影响较小。胡敏酸和胡敏素提高了细菌 16S rRNA 基因的转录水平,而富里酸提高了地杆菌 Geobacter 和异化砷还原基因 arrA 的转录水平,且 Geobacter 与 arrA 基因转录水平间显著正相关(Qiao 等,2019)。因此,在水稻土的淹水阶段施加腐殖质能够促进微生物砷还原过程,释放大量 As(Ⅲ)进入土壤溶液,增加水稻植株吸收和累积砷的潜在风险。

　　厌氧条件下土壤有机质不仅能促进铁砷还原释放,还有助于微生物砷甲基化过程。微生物分别以 As(Ⅲ)和 S-腺苷甲硫氨酸为底物和甲基供体,在砷甲基转移酶(ArsM)催化下进行 As(Ⅲ)甲基化。该过程在有氧条件下生成低毒的五价甲基胂,实现细胞砷解毒;在厌氧条件下生成类抗生素甲基亚胂酸,为砷甲基化物种在菌群中获得更多竞争优势(Chen 等,2020)。

　　稻田厌氧有机质代谢食物网中的砷甲基化功能微生物能够驱动砷的转化,增加砷毒性并改变砷的分布,对甲基亚砷酸敏感微生物产生负面影响,从而控制厌氧有机质降解过程中砷的生物有效性和甲烷排放。硫酸盐还原菌参与厌氧砷甲基化反应,而产甲烷菌可能参与甲基胂的脱甲基反应。发酵菌 Paraclostridium sp. EML 被认为是稻田厌氧富集菌体系中砷甲基化的活性物种;在纯培养体系中,发酵产氢菌 Clostridium sp. BXM 和 Paraclostridium 及产甲烷菌 Methanosarcina acetivorans C2A 被证明能将 As(Ⅲ)转化为甲基胂。在厌氧有机质互营产甲烷环境中,产甲烷过程与砷甲基化过程同时进行,如在厌氧污泥消化池中外源添加的 As(Ⅲ)能转化为挥发性砷。在含砷铁氧化物的厌氧培养过程中,添加产甲烷抑制剂证实了产甲烷的同时伴随着砷挥发,且砷挥发与产甲烷活性相关联。由于厌氧甲基化微生物产生的甲基亚砷酸毒性大于无机亚砷酸,因此甲基亚砷酸能够作为一种含砷抗生素来抑制对其敏感的其他微生物;而对甲基亚砷酸具有抗性的功能菌则进化出基于砷甲基化/脱甲基化基因 *arsM*、*arsI*、*arsH* 和 *ArsP* 等的解毒机制,可通过进一步甲基化、脱甲基、氧化和外排等作用对甲基亚砷酸进行解毒(Chen 等,2020)。砷甲基化过程消耗细胞体内的主要甲基供体,可能会导致胞内其他甲基转移反应的低甲基化。

2. 耦合氮循环

(1)生物固氮-砷转化。氮元素(N)是所有生命体的必需元素。大气中氮气(N_2)作为土壤氮元素的重要来源,可以被固氮细菌和古菌还原为氨(NH_3),参与土壤氮元素循环,这一过程称为生物固氮。固氮酶催化 N_2 还原为 NH_3 的反应,通常需要消耗大量三磷酸腺苷(ATP)和电子(e^-)。土壤固氮微生物常以有机化合物为电子供体,通过逆向电子传递过程获得 ATP,完成生物固氮(Sun 等,2020)。尾矿土壤中可能广泛存在由化能无机自养型微生物驱动的生物固氮过程,*Serratia* spp. 是参与生物固氮耦合砷氧化过程的关键功能微生物(Sun 等,2020)。生物固氮耦合硫砷等元素氧化过程拓宽了人们对矿区污染场地元素循环过程的理解,可为发展生物修复技术提供理论依据。

(2)硝酸盐还原-砷氧化。对于缺乏固氮能力的多数生物来说,其生命活动往往需要依赖土壤中活性氮,如硝酸盐(NO_3^-)和铵盐(NH_4^+)。在反硝化过程中,NO_3^- 逐步还原为 N_2,进而被释放到大气环境中,这是 N 循环中不可或缺的重要环节。NO_3^- 可以作为电子受体参与微生物的厌氧呼吸过程,因此,NO_3^- 还原与金属元素转化的耦合过程广泛存在于缺氧土壤中(Zhang 等,2021)。已分离纯化的具有硝酸盐还原耦合砷氧化能力的细菌可分为异养型细菌和化能自养型细菌。

在厌氧条件下,异养型硝酸盐还原-砷氧化菌能够以有机质为电子供体,将 NO_3^- 还原为 NO_2^-,同时完成 As(Ⅲ)氧化过程。化能自养型硝酸盐还原-砷氧化菌以 As(Ⅲ)为电子供体,在还原 NO_3^- 为 N_2 的同时完成 As(Ⅲ)氧化,获得能量用于生长,反应式如下:

$$5H_3AsO_3 + 2NO_3^- \longrightarrow 8H^+ + 5HAsO_4^{2-} + N_2 + H_2O \tag{3-9}$$

在低砷土壤中,硝酸盐仍是驱动厌氧 As(Ⅲ)氧化过程的关键因素,说明硝酸盐还原耦合砷氧化过程的相关功能基因与微生物广泛存在于自然土壤中。硝酸盐还原耦合厌氧砷氧化过程的发现,为控制重金属污染土壤中砷迁移转化提供了思路。相关功能微生物的分离、鉴定及对耦合机制的探究,为施加硝酸盐以控制砷污染奠定了理论基础,也有利于针对不同污染土壤设计具有靶向性的控制方案。

(3)氨氧化-砷还原。厌氧氨氧化过程(anammox)是环境中固定氮元素返回大气氮库的另一重要途径。厌氧氨氧化细菌以 NH_4^+ 和 NO_2^- 为反应物,生成 N_2 和水,反应式见(3-10)。

$$NH_4^+ + NO_2^- \longrightarrow N_2 + 2H_2O \tag{3-10}$$

稻田土壤存在厌氧氨氧化耦合 As(Ⅴ)还原过程(asammox),*arrA* 和 *hzsB* 基因被认为是 asammox 的潜在功能基因,*Halomonas* spp. 可能作为关键功能微生物驱动此过程。Asammox 的反应式为式(3-11)—式(3-13)(Tan 等,2022)。Asammox 过程的提出,为理解砷污染厌氧生境中元素循环耦合过程提供了新视角。

$$3AsO_4^{3-} + 4H^+ + 2NH_4^+ \longrightarrow 3AsO_2^- + N_2 + 6H_2O \quad \Delta_r G_m = -1\,350\ kJ \cdot mol^{-1} \tag{3-11}$$

$$3AsO_4^{3-}+4H^++NH_4^+\longrightarrow 3AsO_2^-+NO_2^-+4H_2O \quad \Delta_r G_m = -992 \text{ kJ} \cdot \text{mol}^{-1} \quad (3-12)$$

$$4AsO_4^{3-}+6H^++NH_4^+\longrightarrow 4AsO_2^-+NO_3^-+5H_2O \quad \Delta_r G_m = -1\,332 \text{ kJ} \cdot \text{mol}^{-1} \quad (3-13)$$

3. 耦合铁循环

铁循环包括异化铁还原与亚铁氧化两个重要过程,是控制土壤重金属迁移转化的关键过程。亚铁氧化影响包括砷和铬在内变价金属的价态;亚铁氧化生成的氧化铁矿物(水铁矿、针铁矿、赤铁矿等)具有较高活性的表面点位,能够通过吸附、配合与共沉淀方式影响重金属的移动性,有效降低土壤中镉、砷、铬、铅和铜等高毒性重金属的生物有效性。

异化铁还原显著影响重金属的转化及移动性。在厌氧条件下,微生物介导氧化铁还原溶解和重结晶,同时导致氧化铁上吸附固定的重金属被重新分配。一方面,氧化铁还原溶解导致重金属释放进入溶液中;另一方面,当 Fe(Ⅱ)吸附于弱晶质的氧化铁表面,发生电子转移,催化结晶度较低的氧化铁(水铁矿和纤铁矿)转化为结晶度较高的氧化铁矿物,吸附于弱晶质氧化铁表面的重金属掺杂进入结晶度更高的氧化铁结构中。在水铁矿转化过程中,溶液中存在的砷进入新形成的赤铁矿或纤铁矿晶格内部(Hu 等,2020);当初始矿物为更加稳定的赤铁矿或针铁矿时,反应过程中出现的二价铁不能催化其转化为次生矿物,但能在原始的赤铁矿或针铁矿颗粒上观察到该铁矿物的重新生长,导致与之共存的重金属也能进入赤铁矿或针铁矿晶格内部。在有氧条件下,亚铁迅速氧化生成的弱晶质氧化铁(如水铁矿和纤铁矿)与重金属发生吸附共沉淀,降低了重金属的移动性。弱晶质的氧化铁在脱水、脱羟基、结构重排和重结晶等方式作用下向结晶度更高的氧化铁转化,进一步固定重金属。

亚铁氧化包括化学氧化、微生物氧化两个机制。亚铁化学氧化与类金属 As(Ⅲ)的氧化过程密切相关。在厌氧条件下 As(Ⅲ)无法被 Fe(Ⅱ)直接氧化,但当 Fe(Ⅱ)吸附于氧化铁表面并被氧化生成活性铁中间产物,能够氧化 As(Ⅲ)。厌氧条件下 As(Ⅲ)的氧化率较低(小于 10%);有氧条件下从热力学角度来看 As(Ⅲ)氧化是可行的,但仅有溶解氧存在情况下 As(Ⅲ)氧化很缓慢。在 pH 为 7.6～8.5 时,As(Ⅲ)在空气饱和仅含微量铁的水溶液中半衰期为 9 d。在 Fe(Ⅱ)或 Fe(Ⅱ)和铁氧化物共存情况下,As(Ⅲ)氧化会显著加快。Fe(Ⅱ)在氧气介导下被迅速氧化并产生大量活性氧自由基,促进 As(Ⅲ)的氧化。在有氧条件下,溶液中 Fe(Ⅱ)和氧化铁表面的 Fe(Ⅱ)对 As(Ⅲ)氧化机制不同。在溶液中,Fe(Ⅱ)和 As(Ⅲ)在氧气作用下会形成配合物,再进一步发生氧化共沉淀,该过程中 H_2O_2 和 Fe(Ⅳ)为介导 As(Ⅲ)氧化的主要活性物种。亚铁吸附于针铁矿表面后,其氧化还原电位明显下降,更易于与氧气发生反应(洪泽彬等,2020),该过程中 $\cdot O^{2-}$ 为介导 As(Ⅲ)氧化的主要活性物种,其中氧化铁的氧空位促进了该过程的电子传递。

微生物驱动的亚铁氧化过程在水稻土中十分普遍。水稻土环境条件特殊,存在周期性的氧化还原过程,在水稻土中能形成大面积的微氧区域,中性微氧亚铁氧化菌抗衡氧气的竞争,进行有效的微生物亚铁氧化和代谢过程。微氧亚铁氧化菌能利用氧气作为电子受体将亚铁氧化,从而获得能量生长。利用反向梯度法富集培养稻田土壤中微氧铁氧化菌,发现亚铁通过微氧型铁氧化菌氧化沉淀、并进一步老化成水铁矿,这一过程可有效地去除共存的活性态砷,且 As(Ⅴ)的去除效率明显高于 As(Ⅲ)。在添加 As(Ⅲ)的体系中,形成的沉淀物中检测到大量 As(Ⅴ),表明砷固定过程中伴随砷的氧化。体系中砷氧化功能基因的定量结果也证明了砷微生物氧化在砷固定中的关键作用。可见,As(Ⅲ)首先被微生物氧化为 As(Ⅴ),随后被亚铁氧化菌形成的铁氧化物吸附或形成共沉淀,从而被固定。微生物铁-砷协同氧化耦合砷固定脱毒对调控稻田土壤砷的生物有效性具有重要的意义。

4. 耦合硫循环

在自然界中,硫主要以 SO_4^{2-} 的形态存在,但在厌氧土壤中,SO_4^{2-} 发生微生物还原生成 S^{2-},与多种重金属阳离子(如 Cd^{2+}、Hg^{2+}、Cu^{2+} 和 Pb^{2+} 等)形成金属硫化物沉淀,进而固定重金属。重金属硫化物溶度积很小(如硫化镉(CdS)的溶度积数量级为 10^{-27}),易与 S^{2-} 反应生成金属硫化物沉淀。土壤中重金属含量常远低于 S 含量,但是土壤中存在众多金属,其竞争关系会导致不同金属阳离子与 S^{2-} 的作用强度有所差异。分别选择高硫含量和低硫含量的土壤,添加相同浓度 Cd(150 mg/kg),发现淹水条件下高硫含量土壤中形成 CdS 的比例可达 90%,远高于低硫含量的土壤(35%),说明土壤硫含量的高低对 CdS 形成有重要影响(Furuya 等,2016)。

在有氧条件下,金属硫化物被氧气氧化并导致重金属阳离子的释放。在好氧条件下,氧化导致镉向活性更高的交换态和吸附态转化,土壤中镉活性明显升高。尽管 CdS 会快速氧化,仍有少部分 CdS 存在于含硫较高的土壤中;土壤中氧化还原状况分布不均一,部分土壤孔隙仍然存在缺氧情况,在土壤氧化阶段仍然会存在部分 CdS(Furuya 等,2016)。

第三节　土壤中有机污染物的迁移转化

一、典型农药的迁移转化

自 1962 年《寂静的春天》一书披露滴滴涕(DDT)导致严重的环境健康效应以来,有机氯农药(organochlorine pesticides,OCPs)因具环境持久性、“三致”效应及遗传毒性而受到广泛关注。随着全球范围内 OCPs 被禁止或限制使用,有机磷农药(organophosphorus pesticides,OPPs)、氨基甲酸酯类农药(carbamates,Carbs)和新烟碱类农药(neonicotinoids,NEOs)等被大量用于工农业生产及日常生活中。

OCPs 是以碳氢化合物为基本架构且含有氯离子的有机合成农药,包括 DDT、林丹(HCH)、氯丹、艾氏剂及部分以苯为原料的杀螨剂和杀菌剂。OCPs 具有半挥发性,可随大气长距离迁移,导致全球污染。

OPPs 是当前农药中品种最多的一类,约有 100 多种。OPPs 多为磷酸酯和磷酰胺及其相应的硫代衍生物,其结构通式如图 3-7(a)所示。在我国生产的 OPP 品种中,R_1、R_2 多为甲氧基或乙氧基,R_3 为氧或硫原子,R_4 为烷氧基、苯氧基或其他取代基团。OPPs 按结构可分为磷酸酯类、膦酸酯类、硫代磷酸酯或二硫代磷酸酯类化合物,常见代表性 OPPs 见表 3-1。

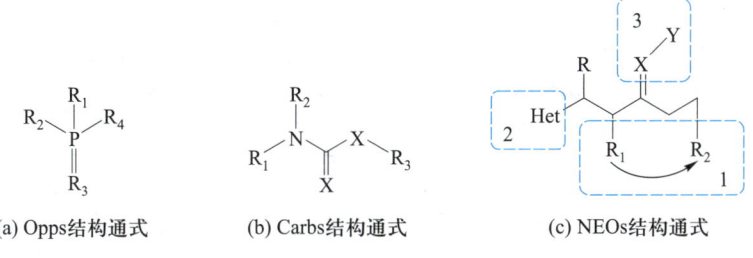

(a) Opps结构通式　　　(b) Carbs结构通式　　　(c) NEOs结构通式

图 3-7　各类农药结构通式

表3-1　典型 OCPs、OPPs、Carbs 和 NEOs 及其主要物化性质

农药类别	化合物	分子量	溶解度（25 ℃）/ (g·L⁻¹)	蒸气压（25 ℃）/ mmHg	辛醇-水系数/ ($\lg K_{ow}$)	辛醇-气系数/ ($\lg K_{oa}$)	结构式
有机氯农药（OCPs）	aldrin 艾氏剂	364.92	1.4×10^{-5}	1.20×10^{-4}	6.75	9.24	
	dieldrin 狄氏剂	380.91	1.4×10^{-4}	2.74×10^{-6}	5.45	8.58	
	endrin 异狄氏剂	380.91	1.4×10^{-4}	2.74×10^{-6}	5.45	8.58	
	p,p'-DDT p,p'-滴滴涕	354.49	9.1×10^{-7}	1.60×10^{-7}	6.79	10.3	
	o,p'-DDT o,p'-滴滴涕	354.49	9.1×10^{-7}	1.35×10^{-6}	6.79	10.3	
	HCB 六氯苯	284.78	1.9×10^{-4}	1.80×10^{-5}	5.86	6.89	
	chlordane 氯丹	409.78	1.2×10^{-6}	2.05×10^{-5}	6.26	8.92	
	heptachlor 七氯	373.32	9.5×10^{-6}	4.00×10^{-4}	5.86	7.39	

续表

农药类别	化合物	分子量	溶解度(25 ℃)/(g·L^{-1})	蒸气压(25 ℃)/mmHg	辛醇-水系数/(lgK_{ow})	辛醇-气系数/(lgK_{oa})	结构式
	α-HCH α-六氯环己烷	290.83	4.0×10^{-3}	4.20×10^{-5}	4.26	7.82	
	β-HCH β-六氯环己烷	290.83	4.0×10^{-3}	4.20×10^{-5}	4.26	7.82	
	γ-HCH γ-六氯环己烷	290.83	4.0×10^{-3}	4.20×10^{-5}	4.26	7.82	
	δ-HCH δ-六氯环己烷	290.83	4.0×10^{-3}	4.20×10^{-5}	4.26	7.82	
有机氯农药(OCPs)	chlordecone 十氯酮	490.64	1.9×10^{-5}	2.25×10^{-7}	4.91	11.06	
	α-endosulfan α-硫丹	406.92	1.48×10^{-4}	1.73×10^{-7}	3.50	6.41	
	β-endosulfan β-硫丹	406.92	1.48×10^{-4}	1.73×10^{-7}	3.50	6.41	
	dicofol 三氯杀螨醇	370.49	7.7×10^{-4}	3.98×10^{-7}	5.81	10.02	

续表

农药类别	化合物	分子量	溶解度(25℃)/(g·L⁻¹)	蒸气压(25℃)/mmHg	辛醇-水系数/($\lg K_{ow}$)	辛醇-气系数/($\lg K_{oa}$)	结构式
	phorate 甲拌磷	260.38	5.0×10^{-2}	6.38×10^{-4}	3.56	8.86	
	(ethyl-) parathion (乙基)对硫磷	291.26	2.0×10^{-2}	6.68×10^{-6}	3.83	9.33	
	methyl parathion 甲基对硫磷	263.21	5.0×10^{-2}	3.50×10^{-6}	2.86	8.25	
	thiometon 甲基乙拌磷	246.35	0.2	1.70×10^{-5}	2.88	9.10	
有机磷农药 (OPPs)	DDVP 敌敌畏	220.98	10	1.58×10^{-2}	1.43	6.07	
	dipterex 敌百虫	257.44	120	7.80×10^{-6}	0.51	9.24	
	dimethoate 乐果	229.26	25	1.87×10^{-5}	0.78	9.92	
	malathion 马拉硫磷	330.36	1.45×10^{-1}	3.3×10^{-6}	2.89	9.61	

续表

农药类别	化合物	分子量	溶解度(25 ℃)/(g·L⁻¹)	蒸气压(25 ℃)/mmHg	辛醇-水系数/($\lg K_{ow}$)	辛醇-气系数/($\lg K_{oa}$)	结构式
有机磷农药(OPPs)	chlorpyrifos 毒死蜱	350.59	1.4×10^{-3}	2.02×10^{-5}	4.96	10.6	
	omethoate 氧化乐果	213.19	160	2.48×10^{-5}	-0.74	9.59	
氨基甲酸酯类农药(Carbs)	carbofuran 克百威	221.25	0.351	4.85×10^{-6}	2.32	9.04	
	isoprocarb 异丙威	193.25	0.336	2.10×10^{-5}	2.31	8.69	
	fenobucarb 仲丁威	207.27	0.5	1.42×10^{-4}	2.78	9.25	
	metolcarb 速灭威	165.19	2.61	1.08×10^{-3}	1.70	7.44	
	propoxur 残杀威	209.24	2.0	9.68×10^{-6}	1.52	9.22	
	aminocarb 灭害威	208.27	0.9	1.88×10^{-6}	1.73	8.63	

续表

农药类别	化合物	分子量	溶解度（25 ℃）/ (g·L^{-1})	蒸气压（25 ℃）/ mmHg	辛醇-水系数/ (lgK_{ow})	辛醇-气系数/ (lgK_{oa})	结构式
氨基甲酸酯类农药（Carbs）	carbaryl 西维因	201.22	8.27×10^{-2}	1.36×10^{-6}	1.59	9.13	
	ethiofencarb 乙硫苯威	225.31	1.85	7.05×10^{-6}	2.04	9.60	
	pirimicarb 抗蚜威	238.29	2.79	7.28×10^{-6}	1.70	8.63	
新烟碱类农药（NEOs）	imidacloprid 吡虫啉	255.66	49.73	7.00×10^{-12}	0.57	8.33	
	acetamiprid 啶虫脒	222.68	4.25	4.40×10^{-5}	0.8	6.88	
	thiamethoxam 噻虫嗪	291.72	4.1	4.95×10^{-11}	-0.13	7.38	
	clothianidin 噻虫胺	249.68	0.337	9.8×10^{-10}	0.7	8.07	
	thiacloprid 噻虫啉	252.72	0.232	6.00×10^{-12}	1.26	8.17	

续表

农药类别	化合物	分子量	溶解度(25℃)/(g·L⁻¹)	蒸气压(25℃)/mmHg	辛醇-水系数/($\lg K_{ow}$)	辛醇-气系数/($\lg K_{oa}$)	结构式
新烟碱类农药(NEOs)	paichongding 哌虫啶	366.76	0.61	9.99×10^{-8}	1.62	10.4	
	dinotefuran 呋虫胺	202.21	61.4	6.37×10^{-5}	-0.644	7.77	
	nitenpyram 烯啶虫胺	270.71	34.5	8.20×10^{-12}	-0.66	7.51	
	imidaclothiz 氯噻啉	261.69	31.8	2.25×10^{-6}	1.18	8.73	

资料来源:EPI suite(USEPA)。

Carbs 是基于天然毒扁豆碱结构发展起来的一类氨基甲酸($HOC(O)NH_2$)衍生物。作为胆碱酯酶抑制剂,Carbs 具有细胞毒性和遗传毒性,且热稳定性差,高温下易分解,主要用于蚜虫、飞虱、蚊、蝇等害虫防治。结构通式如图 3-7(b)所示,其中 X 为氧或硫,R_1 和 R_2 通常为有机取代基或氢,而 R_3 主要是有机取代基或金属。常见的 Carbs 及其物理化学性质见表 3-1。

NEOs 是一类与尼古丁相关的神经活性杀虫剂,具有吡啶杂环、噻唑杂环和侧链杂环等,属于极性、非离子型、非挥发性农药。NEOs 结构通式如图 3-7(c)所示,其中 A 为非环结构(R_1、R_2 分别具有相对独立的结构)或者环状结构(R_1-Z-R_2,Z 为 O、N、S 或者烷基);B 为带有桥链基团(—CHR—,R 为氢或者烷基)的杂环,目前主要有 3 种结构,一是含氯代吡啶基团的氯代烟碱类(第一代新烟碱类),二是含噻唑基团的噻烟碱类(第二代新烟碱类),三是含四氢呋喃基团的呋喃烟碱类(第三代新烟碱类);图中③为药效团,主要有硝基胍、硝基烯和氰基脒等。多数 NEOs 分子量较小(200~400),水溶性较强。常见的 NEOs 及物理化学性质见表 3-1。

(一) 土壤中典型农药的迁移

尽管施药方式不同,约 80% 的农药最终都残留于土壤中。土壤中农药的迁移主要包括土壤-水体间迁移、土壤-大气间迁移、土壤-生物间迁移等过程,并受土-水、根-土和土-气等多介质界面行为的影响(图 3-8)。

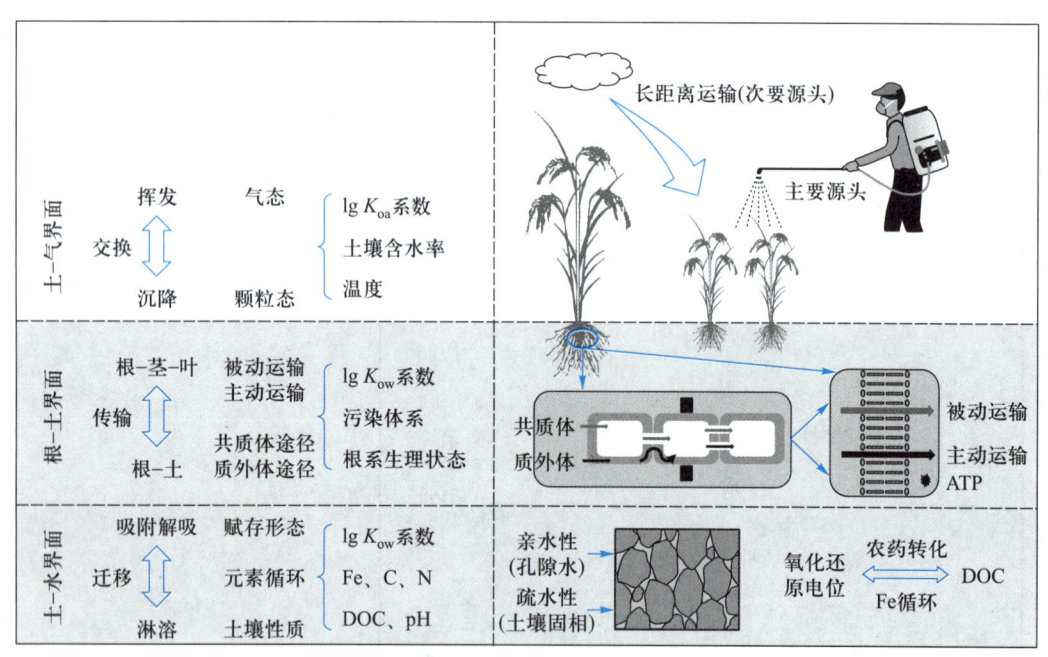

图 3-8　农药多介质迁移过程

1. 土壤-水体间的淋溶迁移

农药在土壤中随降水或灌溉水通过溶解、水解等作用沿土壤剖面垂直向下的运动,即为淋溶作用。农药淋溶迁移受吸附-解吸等界面过程及农药理化性质、土壤有机质含量、pH 等因素的影响。土壤对农药的吸附可影响其在土壤固、液两相间的分配,进而影响农药迁移;吸附亦会对农药生物有效性产生影响,从而改变土壤微生物对农药的降解,影响农药在土壤环境中的归宿。

农药水溶性越大，其在土壤中吸附性越弱、淋溶性越强；土壤黏粒含量越低、砂性越强、比表面积越小，土壤对农药的吸附能力越低，导致农药的淋溶越强。反之，土壤有机质含量高，则吸附性能越强，农药的淋溶就越弱。例如，哌虫啶在有机质含量不同的土壤中淋溶速率为棕壤>红壤>黑土。土壤 pH 可影响农药离子化及水解程度、土壤结构与组成，进而影响农药淋溶行为。随土壤 pH 降低，非离子型农药毒死蜱的淋溶量下降，因为 H^+ 浓度增大有利于毒死蜱与腐殖酸分子形成氢键，增大其土壤吸附量。对磺酰脲类除草剂等可解离的农药，其在土壤中赋存形态与淋溶行为主要由解离常数 pK_a 与土壤 pH 共同决定。对于弱酸性农药，当土壤 pH 低于 pK_a 值时，主要以分子形式存在，疏水性增强，土壤对其吸附较强，淋溶较弱。对于弱碱性农药，当土壤 pH 低于 pK_a 值时，主要以阳离子形式存在，疏水性降低，易被带负电的土壤胶体所吸附。

2. 土壤-大气间农药的挥发迁移

土-气交换是土壤中农药迁移和归趋的一个重要过程。以往相关研究主要集中于基于逸度模型的理论预测和原位实测。逸度模型假定污染物在土壤-大气间的平衡状态只受土壤性质及农药辛醇-气分配系数（K_{oa}）控制，忽略了环境因素的影响；而实测数据则将土壤性质、农药性质、气象条件、植被等因素综合考虑。

逸度模型研究主要包括土-气分配系数（K_{sa}）、土-气交换趋势、土-气交换通量估算。K_{sa} 用于描述平衡时农药分子在土-气界面的分配情况，可用于评估土壤中农药的挥发性。土-气交换趋势主要基于逸度比率（fugacity fraction, ff）进行识别，即 $ff = f_S/(f_S + f_A)$，其中，f_S 和 f_A 分别为土壤和近地表大气中农药的浓度。当 $ff > 0.5$ 时为净挥发，$ff < 0.5$ 时为净沉降，$ff = 0.5$ 时表示土、气之间达到平衡。利用逸度比率可判断特定条件下土壤在农药环境归趋中充当"源"还是"汇"的角色。土-气交换通量反映农药分子沉降和挥发通量的差值，通常基于土-气交换模型估算交换通量，而基于实测值的研究则较少。

农药土-气交换与农药性质、土壤性质、环境条件等密切相关。农药的挥发性主要由其蒸气压决定，蒸气压越高越容易气化。挥发性较强的 α-HCH 比其他 OCPs 更易挥发。绝大多数农药属于半挥发性有机物（SVOCs），在室温和常压下以气态或颗粒态存在。如表 3-1 所示，大部分 OCPs 和 OPPs 的蒸气压高于 Carbs 和 NEOs 等农药；OCPs 和 OPPs 比 Carbs 和 NEOs 更易从土壤中挥发进入大气。温度对 OCPs 土-气交换起着重要作用，夏季时土壤中 p, p'-DDE 和 HCHs 等 OCPs 挥发程度显著高于冬季。农业区大气中 HCHs 和氯丹主要来源于土壤挥发。

3. 土壤-生物间的迁移

土壤-植物系统中农药的迁移包括根系吸收与根-茎-叶传递两个过程。植物根系可通过被动吸收和主动转运两种方式吸收土壤中的农药，被动吸收沿着浓度梯度方向进行，不需要载体蛋白介导的跨膜渗透转运，被动吸收过程基本不耗能；主动吸收和运输是在逆浓度梯度下进行的，多为离子型污染物，农药分子需结合细胞膜上的特定载体蛋白，此过程需耗能。因农药多属于非离子型化合物，植物根系对农药的吸收过程以被动吸收为主。呋虫胺、噻虫嗪、吡虫啉等 NEOs 通过植物根系被动吸收后分布在细胞可溶性组分中，并易于转运至植物地上部。离子型农药一般可经韧皮部双向运输，但由于离子捕获效应，很难从韧皮部转运出去。

农药分子进入植物根部后,一部分被根部有机相固定,另一部分可穿过表皮、皮层、内皮层和中柱鞘,然后随蒸腾流沿木质部向上运输或进入韧皮部进行双向运输。因内皮层上存在凯氏带,农药必须穿过一层细胞膜才能进入维管束组织。因而,农药的水溶性和在细胞膜脂质中溶解度共同决定了其进入维管束的速率。对非离子型农药来说,农药分子在植物组织水相和固相及细胞内水相与固相之间进行分配;而离子型农药在细胞内的解离程度与细胞内不同组织的 pH 有关。阴离子化合物易被带负电的细胞膜排斥而难以穿过细胞膜,能够进入细胞的阴离子化合物也会因离子捕获效应而被截留在植物根部,难以转运至地上部。

4. 土壤中农药迁移的主要影响因素

农药从土壤挥发至大气受温度的影响显著。环境温度的变化既能改变污染物在气/固相之间的分配行为,影响大气污染物的干湿沉降和气态交换过程,也能够通过近地面温度场的梯度变化影响污染物垂直紊流扩散。农药土-气交换存在明显的季节性变化,夏季时土壤中农药的逸度比冬季高。环境温度与近地表大气中 HCHs 和 DDTs 浓度呈显著正相关关系。土壤温度通过改变农药的水溶性和表面吸附活性而影响其分配过程及淋溶行为,农药的水溶性通常随温度升高而增大,进而提高其随水分子进行迁移的能力。

土壤水分影响农药的迁移过程。土壤水分会影响土壤矿物质对农药的表面吸附作用,但不改变土壤有机质的吸附能力。当土壤相对湿度(RH)<30%时,农药分子能直接吸附至矿物表面;而当 RH>30%时,土壤矿物表面逐渐被水分子替代,农药吸附受到抑制。土壤水分对农药的淋溶深度随土壤初始含水率的增加而增强。土壤水分增加亦会影响土壤微生物生长繁殖及土壤酶活性,从而影响土壤农药的微生物降解过程。例如,土壤中呋虫胺的降解速率随土壤含水量增加先升高后降低,土壤含水率增加提高了微生物活性及农药的生物有效性,但当含水量过高时,微生物呼吸受到抑制,进而降低了农药降解率。

农药性质对其在土壤中迁移的影响较大。通常水溶性大(如 OPPs 和 Carbs)的农药淋溶作用较强,容易进入深层土壤导致地下水污染;而脂溶性农药(如 OCPs)则被土壤固相吸附,不易发生淋溶或渗滤。农药理化性质显著影响其根系吸收与根-茎-叶的传递过程,一般情况下,lg K_{ow} < 0.5 的农药水溶性强,很难透过植物细胞膜而被根系吸收;lg K_{ow} 为 0.5 ~ 3 的农药易被植物根系吸收并向地上部迁移;lg K_{ow} > 3 的农药则被植物根部脂类物质所固定,难以进入植物维管束而迁移至植物地上部。农药 K_{oa} 系数(辛醇-空气分配系数)和液相蒸气压(P_L)是表征农药土-气分配与交换的关键参数,K_{oa} 值越大的农药越难挥发进入大气。

土壤中铁、碳、氮等元素循环可影响农药降解功能微生物的组成、数量及活性,也能影响土壤中农药迁移过程。铁元素可通过改变农药吸附过程而影响其移动性,三价铁等金属离子可改变腐殖质的疏水性,促进腐殖质对疏水性有机农药的吸附。土壤碳组成特征及含量可显著影响农药的迁移性及生物有效性。土壤中可溶性农药的迁移性与水溶性有机碳含量(DOC)呈显著正相关;疏水性农药迁移性与土壤总有机碳(TOC)含量呈显著负相关。此外,不同赋存形态氮之间的转化可影响农药的迁移和生物降解过程,硝化作用在氮循环中连接生物固氮与反硝化过程,涉及土壤酸化,进而改变农药在土-水界面的分配及迁移。

(二)土壤中典型农药的转化

1. 化学转化

土壤中农药的物理化学转化包括水解和氧化还原反应。农药水解反应的本质是亲核基团（H_2O 或 OH^-）进攻农药分子的亲电基团（N、S、P 等），取代离去基团（Cl^- 和苯酚盐等），属于亲核取代反应。根据农药化学结构的差异，农药分子水解时可发生单分子亲核取代反应、双分子亲核取代反应和分子内亲核取代反应。农药水解与其分子结构密切相关，一般具有卤代烷基、酰胺、胺基、氨基甲酸酯、磷酸酯和硫酸酯等官能团的农药易于水解。例如，OPPs 分子结构上含有磷酸酯官能团，容易发生 P—O 键和 C—O 键的断裂，进而生成磷酸盐和其他中间产物。影响农药水解的环境因子主要包括土壤 pH、温度等。碱性条件更有利于多数农药的水解；例如，OPPs 在碱性条件下水解速率要比酸性条件下更快，主要是因为 OH 要比 H 取代 OPPs 分子结构中的有机基团容易得多。然而，磺酰脲类除草剂在酸性条件下才能水解。

化学氧化还原反应是指土壤中的内源或外源氧化剂（Fenton（芬顿）和类 Fenton（芬顿）试剂、过硫酸盐、臭氧、高锰酸钾等）或还原剂（零价金属、亚铁、硫系还原剂、多硫化物等）通过氧化或还原反应将农药降解为危害较小的物质的过程。芬顿氧化是在催化剂 Fe^{2+} 存在下，由 H_2O_2 产生大量具有强氧化能力和电子亲和力的羟基自由基（·OH），并通过加成或脱氢反应矿化土壤中的农药。芬顿氧化对六六六、滴滴涕等 OCPs 和辛硫磷等 OPPs 具有良好的降解效果。过硫酸盐氧化法主要通过单电子转移、不饱和键加成和脱氢反应使农药矿化。利用 Fe^{2+} 等活化过硫酸盐可有效降解土壤中阿特拉津。

有关农药的化学还原研究主要集中于土壤中 OCPs。零价铁可显著促进土壤中 β-HCH、p,p'-DDT 和 o,p'-DDT 的降解；纳米零价铁（nZVI）对 DDT 和 HCH 同系物脱氯效率存在差异，其还原脱氯效率大小为 γ-HCH>δ-HCH>β-HCH> α-HCH>o,p'-DDT>p,p'-DDT>p,p'-DDE，nZVI 对 HCHs 的还原脱氯效果好于 DDTs。

2. 微生物转化

农药的微生物转化是指细菌、真菌或其他微生物分解农药的过程。微生物可将农药作为唯一碳源或者以共代谢方式，将农药矿化为 CO_2 或 CH_4。表 3-2 列出微生物降解农药的主要途径。

表 3-2　微生物降解农药的主要途径

降解途径	降解机理	相关农药
脱卤反应	卤代烃类杀虫剂，在脱卤酶作用下，其取代基上的卤族元素被羧基等取代而降低毒性	DDT，二氯苯等
水解反应	在微生物的作用下，酯键和酰胺键水解，农药脱毒	马拉硫磷，毒死蜱
硝基还原反应	在微生物作用下，农药分子结构中的 NO_2 转变成 NH_2	对硫磷，2,4-二硝基苯酚
氧化反应	通过微生物合成的氧化酶，使分子氧进入有芳香环的有机分子中，形成羟基化合物或环氧化物	多菌灵，2,4-D
去氨基反应	脱氨	阿特拉津
去甲基化反应	含有甲基或其他烃基，与 N、O、S 相连，脱去这些基团从而降低毒性	敌草隆，苯脲
甲基化反应	有毒酚类加入甲基使其钝化	四氯酚，五氯酚

土壤中 OCPs 的生物降解分为脱氯和氧化等途径,而根据氧的需求可分为厌氧和好氧两类。以 DDT 为例,其微生物降解过程包括脱氯降解、芳香环裂解和矿化三个过程,脱氯过程被认为是生物降解 DDT 的关键(Seshadri 等,2005)。DDT 脱氯降解包括好氧降解和厌氧降解,厌氧条件下 DDT 无法被彻底矿化,好氧降解才可将其转化为 CO_2。土壤表层溶解氧丰富,以氧化脱氯过程为主,而土壤深处因缺氧则以还原脱氯为主。在水稻土等厌氧条件下,氧化还原电位较低使得苯环在酶作用下易受到还原剂的亲核攻击,氯原子易被亲核取代,使厌氧脱氯比好氧降解更易发生。

对 OCPs 具有降解作用的微生物主要包括假单胞菌属、柠檬酸杆菌属、梭菌属、芽孢杆菌属、棒状杆菌属、微球菌属、氢单孢菌属等,而与 OCPs 降解相关的酶主要包括脱氯化氢酶、脱氢酶、还原酶、双加氧酶和水解酶等。

微生物作用于 OPPs 的方式有两种:一是微生物通过酶促反应直接作用于 OPPs,OPPs 吸附在微生物细胞表面后,透过细胞膜进入细胞内,与降解酶发生酶促反应而被降解;二是微生物与其他物质共代谢 OPPs。OPPs 微生物降解酶包括氧化酶、还原酶和裂解酶等,其主要作用位点、种类及特性见表 3-3。

表 3-3　OPPs 微生物降解酶的主要作用位点、种类及特性

作用位点	酶的种类	酶的催化作用
P—O—芳基	水解酶	对硫磷降解途径
C—P	裂解酶	C—P 键断裂,OPPs 矿化的主要途径
苯环	氧化酶	羟基化、苯环开环
P—O—烷基	水解酶	亲核进攻脱烷氧基,对硫磷等 OPPs 降解途径
—C—P	磷酸变位酶	分子内重排产生磷酸酯和磷酸烯醇式丙酮酸
—烷基	氧化酶	包括甲氧基、乙氧基等 OPPs 降解去毒重要途径
O—P—NH$_2$	水解酶	甲胺磷水解的主要途径
—NO$_2$	还原酶	将硝基还原成氨基

水解反应是 OPPs 微生物降解最重要的途径之一。因 OPPs 含有 C—P、C—O、P—O、S—P、N—P 等化学键,与磷原子成键的多为 O 和 S,微生物体内存在多种水解酶,可快速水解 P—O—烷基和 P—O—芳基。磷酸三酯酶(PTE)可将 OPPs 分子中的磷脂键断裂,是 OPPs 脱毒的主要机制(Singh,2009)。目前在细菌中所发现的 PTE 酶主要包括有机磷酸盐水解酶(OPH)、有机磷酸脱水酶、甲基对硫磷水解酶,而在真菌中常见的 PTE 酶有 OPH 和漆酶。已筛选出的具有 OPPs 高效降解特性的微生物主要为细菌,包括假单胞菌属、芽孢杆菌属、黄杆菌属、苍白杆菌属、邻单胞菌属和不动杆菌属等;真菌降解 OPPs 方面的研究相对较少,主要包括青霉属、木霉属和曲霉属等。

Carbs 主要通过氧化或水解反应而被降解。一般情况下 Carbs 在酯酶作用下酯键断裂生成酚(或醇和肟)和胺,然后在氧化酶(单加氧酶或双加氧酶)作用下形成三羧酸循环的中间氧化物,最后代谢为 CO_2 和 H_2O。已发现的 Carbs 降解微生物主要包括假单胞菌属、产黄杆菌属、鞘氨醇单胞菌属、节细菌属、芽孢杆菌属、诺卡氏菌属、红球菌属等。

3. 化学-微生物耦合转化

近年来,土壤中农药的化学-微生物耦合降解研究广受关注,既能解决传统生物法对农

药降解效率低、处理时间长等问题,亦可克服化学法成本高、条件苛刻等缺点。利用零价金属将农药转化成生物有效性更高的中间产物,然后利用微生物将中间产物彻底矿化。以毒死蜱为例,零价金属的还原作用不能使土壤中毒死蜱完全矿化,但可通过与氧化铁发生吸附、沉淀等转化为易生物降解的产物,进而降低毒死蜱的毒性。零价金属还可通过刺激微生物产生胞外物质来提高其对毒死蜱的降解效率。微生物耦合零价金属亦可弥补零价金属易钝化的缺陷,长久保持零价金属的活性。

4. 土壤中典型农药的转化途径

在厌氧条件下,滴滴涕(DDT)通过还原脱氯反应生成二氯二苯二氯乙烷(DDD)被认为是其主要的脱毒途径。另一产物2,2-双(对氯苯基)-1,1-二氯乙烯(DDE)因结构中 C=C 双键稳定性强,在厌氧条件下很难进一步降解。DDD 可被还原脱氯形成2,2-双(对氯苯基)-1-氯乙烷(DDMS),随后被氧化成双(对氯苯基)乙醇(DDOH)和双(对氯苯基)乙酸(DDA),后者再被脱羧基形成双(对氯苯基)甲烷(DDM),并被氧化成双二氯2,2-双-(对氯苯基)丙酮(DBP),但 DBP 在厌氧条件下不能进一步代谢,被认为是厌氧降解的最后一步产物。DDM 亦可转化成4-氯苯乙酸,并经由酪氨酸途径进行转化。DDT 微生物矿化途径见图3-9。

在好氧条件下,DDT 的矿化有多条途径:一是在联苯2,3-双加氧酶作用下生成2,3-二氢二醇 DDT,随后羟基化产物发生开环并经一系列反应生成4-氯苯甲酸,并最终被矿化成 CO_2;二是将 DDT 转化成 DDE 和 DDD,并转化成4-氯苯丙酮,随后生成4-氯苯甲酸并被矿化;三是 DDT 转化为三氯杀螨醇,随后转化成 DBP,进而转化成 PCPA 并最终被矿化成 CO_2;DBP 亦可转化成 DBH,形成4-氯苯甲酸而被矿化(图3-9)。

草甘膦的矿化途径主要有两条:一是形成中间产物肌氨酸和甘氨酸;二是氨基甲膦酸(AMPA)途径(图3-10)(Borggaard 和 Gimsing,2008)。肌氨酸途径中,草甘膦在 C—P 键裂解酶的作用下转化成肌氨酸和磷酸,肌氨酸在肌氨酸氧化酶的作用下转化为甘氨酸和甲醛,随后甘氨酸中 C—C 键断裂形成甲胺,并最终生成 CO_2。AMPA 途径中,C—N 键断裂形成乙醛酸和 AMPA,AMPA 裂解成甲胺和磷酸,并最终被矿化成 CO_2。

吡虫啉、噻虫嗪、噻虫胺的水解途径如图3-11所示。由于吡虫啉上的—NO_2是强吸电子基团,使 C=N 键上的 C 原子有较强带电趋势,在碱性条件下易水解为1-(6-氯-3-吡啶甲基)-2-咪唑酮。噻虫嗪和噻虫胺的水解途径与吡虫啉类似,但噻虫嗪和噻虫胺分子还会发生 C=N 键断裂反应。

二、其他有机污染物的迁移转化

土壤中典型非农药类有机污染物包括卤代有机物、多环芳烃、邻苯二甲酸酯、抗生素等。这些化合物多具有半挥发性,经过土-水、土-气、土-生等多介质迁移转化过程进而造成环境污染(图3-12);亦可随大气或洋流进行长距离迁移至极地地区,进而形成全球范围的污染问题。

(一) 土壤中其他有机污染物迁移

1. 土壤-水体间有机污染物的迁移

卤代有机物、多环芳烃、邻苯二甲酸酯、抗生素等非农药类有机污染物可从土壤固相释放到土壤溶液,并随径流和淋溶作用进入地表水或地下水。土壤中的吸附-解吸作用是控制

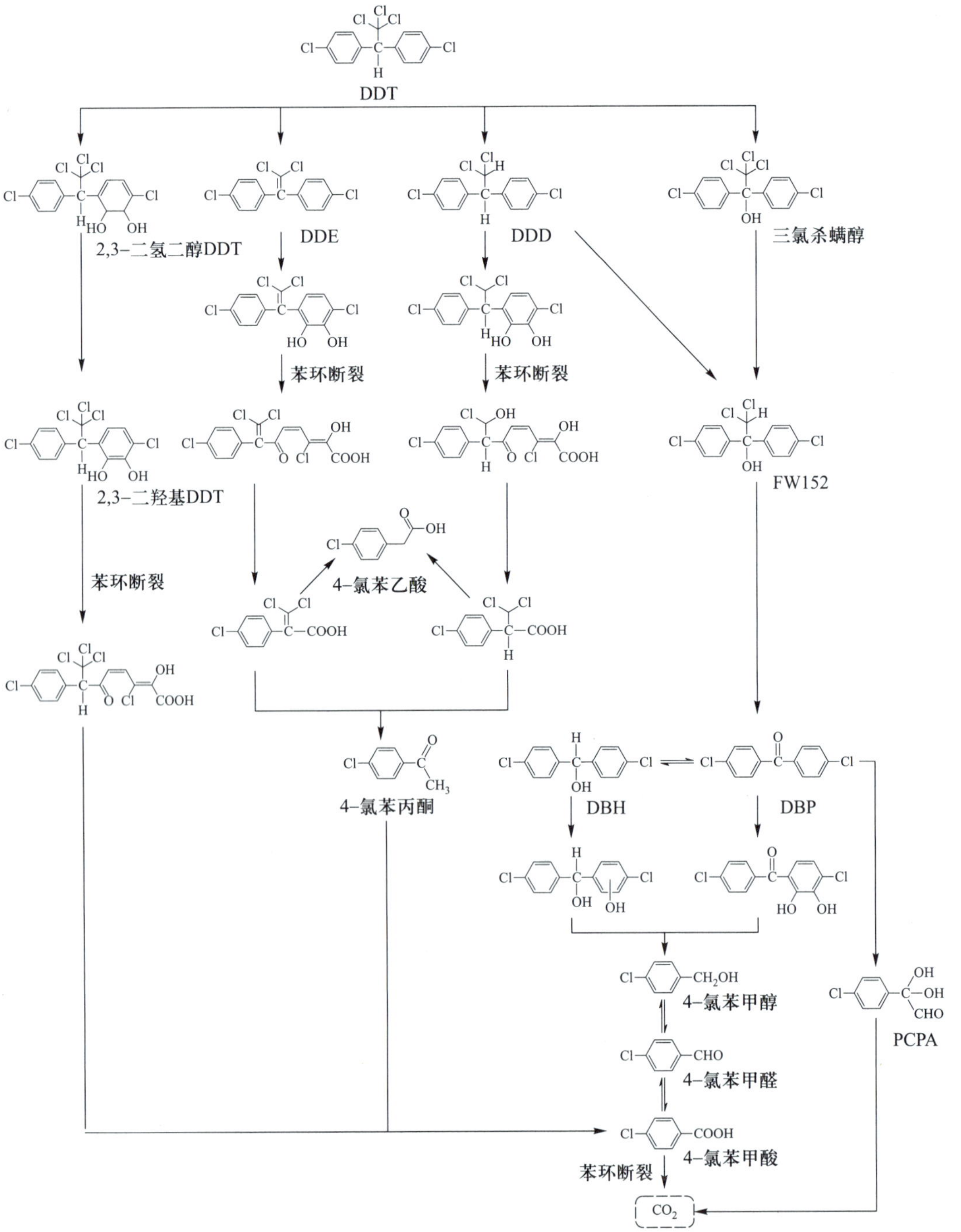

图 3-9　DDT 微生物矿化途径

有机污染物迁移的重要过程之一。有关土壤中有机污染物的吸附-解吸等界面行为已在第二章中做过介绍。

2. 土壤-大气间有机污染物的迁移

土壤中的有机污染物可挥发释放到大气环境中。有机污染物以气态形式迁移至土壤-大气界面,经由层流边界层通过分子扩散进入大气,此过程主要受层流边界层厚度、扩散系

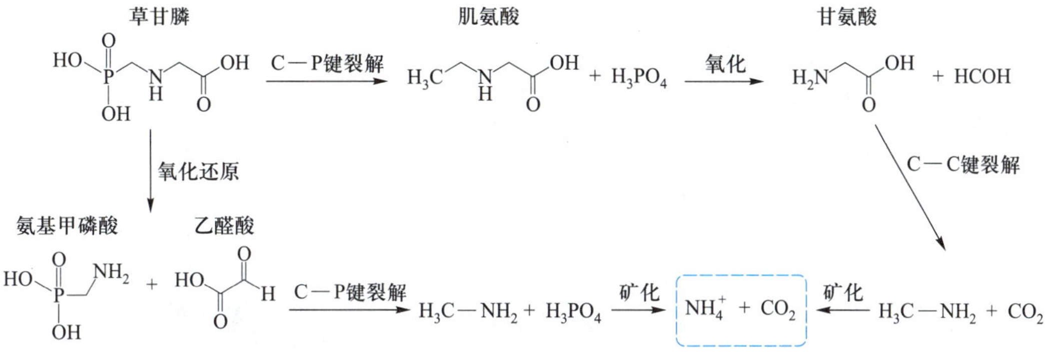

图 3-10　草甘膦的矿化途径

（资料来源：Borggaard 和 Gimsing，2008）

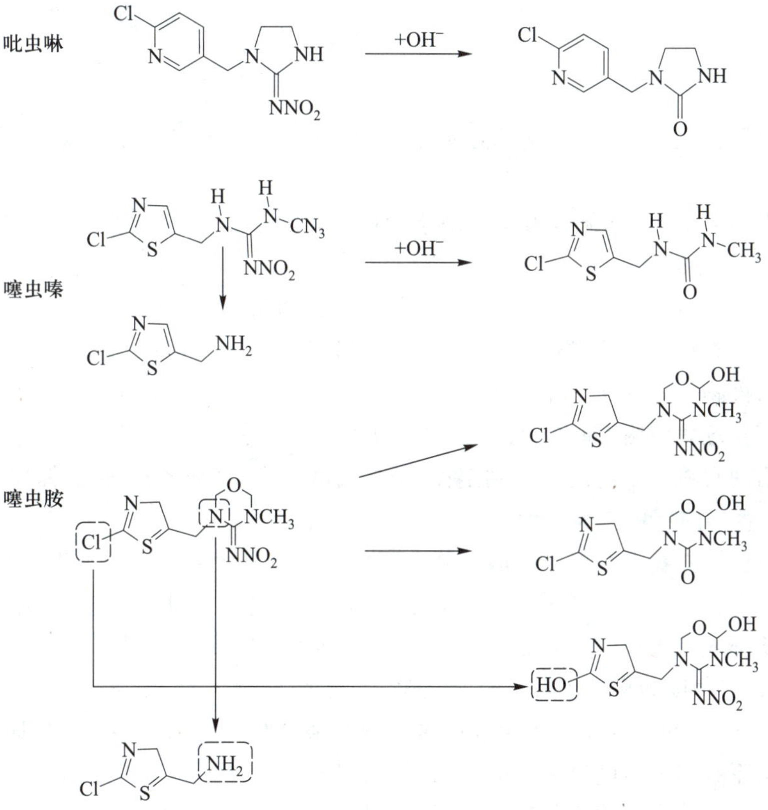

图 3-11　典型 NEOs 的水解途径

数和迁移速率等因素影响。有机污染物从土壤中迁移至土表主要经由水分蒸发过程；在水分蒸发受限情况下，土壤有机污染物受逸度梯度驱动而发生扩散迁移。土壤有机污染物挥发通量一般基于地表以上不同高度大气中有机污染物的浓度梯度结合气象参数来估算。

土-气分配系数（K_{sa}）是平衡状态时土壤（C_s）和大气（C_a）中有机污染物浓度的比值，即 $K_{sa}=C_s/C_a$。对非极性和弱极性有机物，土壤有机碳含量是影响 K_{sa} 的主要因素；对极性有机污染物，特别是在土壤有机质含量较低的情况下，土壤矿物质起重要作用。因此，将 K_{sa} 除以土壤有机碳含量后得到有机碳标准化的分配系数（K_{oc}^{air}），常被用于比较有机污染物在不同土

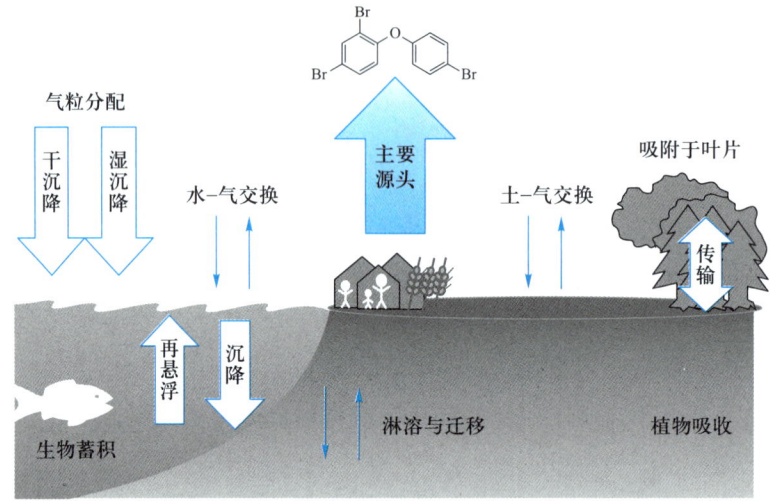

图 3-12   有机污染物的多介质迁移过程

壤中土-气分配差异。K_{sa} 越大,说明土壤对该有机污染物的吸持能力越强,其越难挥发进入大气。

有机污染物的土-气分配行为受多因素影响,包括土壤性质(土壤类型、温度、pH、有机质含量、土壤利用方式等)、污染物性质(蒸气压、溶解度、亨利系数、K_{oa}、K_{ow} 等)及其他因素(气象条件、植被覆盖等)。K_{oa} 的大小决定了有机污染物在土壤有机质的分配程度,K_{oa} 较大的有机污染物较难从土壤挥发进入大气。K_{sa} 与温度的倒数显著正相关,说明温度越高、K_{sa} 越小的有机污染物越容易从土壤挥发进入大气。在土壤含水率较低的情况下,有机污染物和水分之间存在竞争吸附,即 K_{sa} 与土壤相对湿度呈负相关关系。当土壤含水率较高时,土壤颗粒中吸附的有机污染物遵循亨利定律,随着温度上升,亨利系数增大、挥发速率上升。

3. 土壤-生物间有机污染物的迁移

土壤中有机污染物可被植物吸收。吸附于根表的有机污染物穿过根尖无角质覆盖的未成熟细胞壁,沿着细胞间隙(质外体途径)或者经由胞间连丝穿过细胞(共质体途径)迁移至运输组织木质部或韧皮部。植物根系从土壤或水溶液中吸收、富集、转运有机污染物,受其 K_{ow}、分子结构、溶解度和亨利系数等性质的影响,还与植物类型、根系分泌物和蒸腾作用强度等有关,土壤性质和温度亦会影响有机污染物的植物吸收行为。PCBs、PAHs 等有机污染物的根系富集系数(RCF)随其 K_{ow} 增大而增大,且植物根中有机污染物浓度与根部脂质含量显著正相关。土壤有机质含量影响有机污染物在土、水界面间的分配过程,进而影响其赋存形态和生物可利用性。有机污染物疏水性越强、K_{ow} 越高,土壤对其吸附作用越强、生物可利用性就越低。

(二)土壤中其他有机污染物的转化

1. 化学转化

与农药类似,土壤中非农药类有机污染物也可发生生物转化和非生物转化过程。非生物转化包括亲核置换、化学氧化、化学还原等过程,亲核置换包括水解反应与取代反应,化学氧化一般只能发生在好氧或有其他氧化剂存在条件下,还原脱卤过程则可发生于整个土壤剖面。

水解是水分子或氢氧根离子与有机物中水解官能团之间的亲核取代反应。常见的水解官能团约有 20 种,其结构如图 3-13 所示。亲核取代反应是指亲核试剂携带一对孤对电子,进攻有机化合物中缺电子中心原子并形成新键,离去基团携带一对电子从原化合物中解离。有机化合物的水解反应涉及酸催化水解、中性催化水解和碱催化水解,酸催化水解和中性催化水解对其总水解速率贡献较小,主要发生碱催化水解反应。PAHs、PBDEs、PCBs 等非极性有机污染物因疏水性强,进入土壤后主要与土壤固相结合,分配到土壤水相的部分较少,发生水解反应的概率较低。PAEs 等亲水性化合物水溶性相对高,容易分配到土壤水相中,发生水解反应概率相对较高;因其分子结构中含有羧酸酯键官能团,碱催化水解反应是其在环境中降解的重要途径。

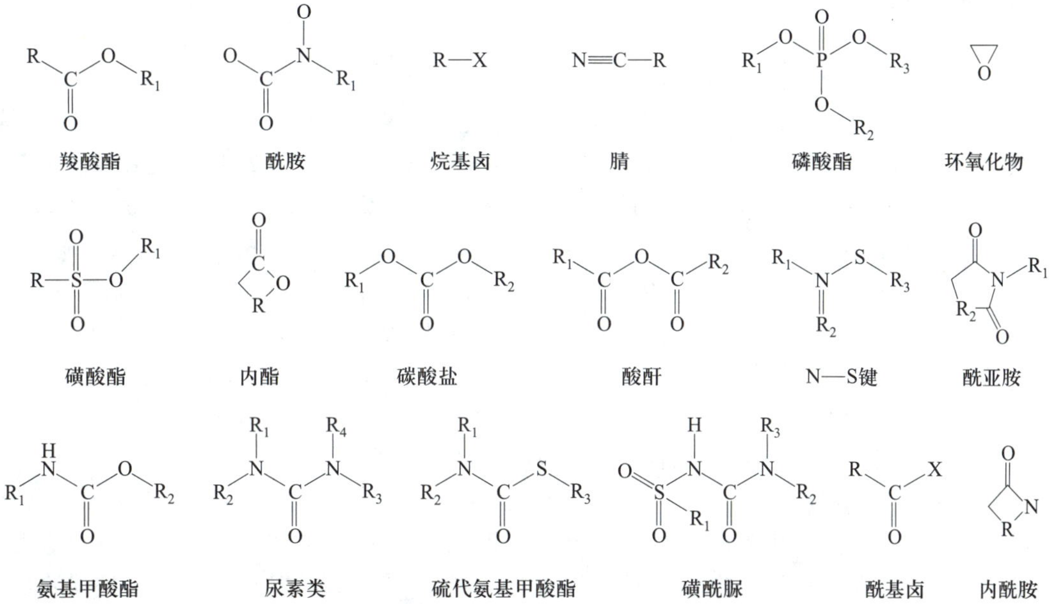

图 3-13 化合物中常见的水解官能团

利用反应过程中产生的高活性中间体(自由基)使难降解的大分子有机物氧化成低毒或无毒的小分子物质,进而快速矿化有机污染物,即为化学氧化作用,主要包括过硫酸盐氧化、芬顿氧化、臭氧氧化、光催化氧化和超声氧化。其中,过硫酸盐与有机污染物的反应主要以电子转移、夺氢及加成三种方式进行。过硫酸盐与烷烃类、醇类、酯类等有机物主要进行夺氢反应,与含有 C=C 的有机物主要进行加成反应,而与芳香类、胺类有机物主要通过电子转移发生反应。与过硫酸盐相比,·OH 的氧化还原电位高、无选择性,但寿命较短。·OH 与有机污染物的化学反应包括电子转移、夺氢、加成和氧化分解等四类反应。其中加成反应是 ·OH 的主要反应。电子转移反应多发生在 ·OH 和无机阴离子如 Br⁻ 和 Cl⁻ 等。由于全氟化合物结构中缺少能够与 ·OH 完成脱氢反应的氢原子,化学氧化技术无法对其进行氧化降解处理。

化学还原是指往污染土壤中加入零价铁(ZVI)、纳米零价铁(nZVI)、SO_2 和 H_2S 等还原剂,促进土壤中有机污染物发生还原脱卤的过程。以 PBDEs 为例,纳米零价铁可将电子直接转移到 PBDEs,使其还原脱卤,也可由 nZVI-水分子氧化还原过程产生的氢间接参与

PBDEs 的还原脱卤过程。反应过程中形成的金属氢氧化物容易降低 nZVI 反应活性且会产生团聚,使用表面活性剂增加纳米颗粒之间的排斥力,或将 nZVI 固定在表面积大的多孔性材料上,则能促进 nZVI 对有机污染物的还原脱卤过程。

2. 微生物转化

PBDEs 和 PCBs 等持久性卤代有机物可发生缓慢的微生物降解,主要包括厌氧还原脱卤和好氧氧化开环两个过程。

厌氧条件下,微生物分泌的各种还原酶和脱卤酶将高卤代化合物还原脱卤,生成低卤代化合物。卤代化合物的厌氧降解效率随着卤原子数量的增加而提高,高卤代化合物的厌氧降解效率显著高于低卤代化合物。卤素原子取代位置对其降解效率有显著影响,苯环对位和间位取代的卤原子更容易发生还原脱卤,然而,其产物往往比母体化合物具有更强的毒性。

不同于厌氧微生物,卤代化合物在好氧微生物的作用下发生羟基化反应,并最终开环降解,不会产生毒性较大的中间产物,其降解周期比厌氧降解短。以 PCBs 为例,低氯代(氯原子数小于 5)PCBs 同系物易发生微生物好氧降解过程。PCBs 在联苯 2,3-双加氧酶催化下,生成联苯二氢二醇,随后在脱氢酶的催化下生成 2,3-二羟基联苯,进一步被 2,3-二羟基联苯 1,2-双加氧酶催化开环,生成 2-羟基-6-氧-6-苯基-2,4-己二烯酸,最后被水解酶水解成苯甲酸和 2-羟基-2,4-戊二烯酸(Field 和 Sierra-Alvarez,2008)。低环 PAHs(双环或三环)可作为微生物唯一碳源而被降解,高环 PAHs(四环或四环以上)可通过共代谢方式降解。微生物在初级碳源和能源共存条件下才能进行的有机物降解称为微生物的共代谢作用,在 PAHs 完全分解或矿化中起主导作用。

微生物利用氧气产生加氧酶,使 PAHs 苯环分解。细菌产生双加氧酶,把两个氧原子加到苯环上生成双氧乙烷,继续生成双氧乙醇并进行脱氢产生酚类物质;真菌产生单加氧酶对 PAHs 进行羟基化,把一个氧原子加到 PAHs 上,形成环氧化合物,水解成反式二醇和酚类。邻苯二酚是最普遍的中间产物。细菌能以 PAHs 为唯一碳源并将其矿化为二氧化碳和水,通常对 4 环及以下的 PAHs 矿化效率较高,而对 5 环及以上 PAHs 的矿化效率较低。

真菌对 PAHs 的降解通常以共代谢形式进行,且对高环 PAHs 的降解具有选择性。真菌一般将 PAHs 转化成水溶性较高的代谢产物而非直接矿化。真菌转化 PAHs 主要包括细胞色素 P450 单加氧酶和木质素降解两条途径。木腐真菌可通过 P450 单加氧酶和木质素降解两条途径,而非木腐真菌则只有 P450 单加氧酶途径。细胞色素 P450 单加氧酶向 PAHs 引入单分子氧形成环氧化物,水解形成反式二氢二醇,进一步单加氧形成 PAHs 终极致毒产物二氢二醇环氧化物;同时二氢二醇也可被脱氢酶还原成二醇,通过结合形成 O-甲基、葡糖苷、葡糖苷酸和硫酸盐等复合物实现有机污染物脱毒。木质素降解途径主要通过漆酶、木质素过氧化物酶和锰过氧化物酶等进行单电子攻击,形成自由激发态羟基,进而将 PAHs 氧化成醌,部分 PAHs-醌可直接开环并最终矿化。

虽然真菌和细菌对 PAHs 的降解途径有所不同,但两者能互补;即利用真菌转化高环 PAHs,而利用细菌矿化中低环 PAHs。这种真菌-细菌协同降解 PAHs 在实际土壤环境中更能发挥作用。对 PAHs 具有降解能力的细菌主要包括红球菌、假单胞菌、分枝杆菌、芽孢杆菌、黄杆菌等;而真菌主要包括白腐菌、丝状真菌、担子菌和半知菌等。

3. 化学-微生物耦合转化

化学-微生物耦合可提高土壤中有机污染物降解速率与效率。主要包括化学氧化-微生物耦合、nZVI-微生物耦合等。

化学氧化-微生物耦合技术可减少氧化剂的用量,增强有机污染物生物可利用性,减少纯化学氧化对土壤结构和生态功能的破坏。已有研究多集中在提高预氧化效率和增强微生物活性两方面。预氧化效率的提高主要通过开发新型氧化材料与优化氧化条件来实现;而微生物降解效率的提高可通过施加高效降解菌来实现。虽然化学氧化能替代微生物分解转化难降解有机污染物,突破微生物降解的限速步骤,但是化学氧化亦会对土壤微生物造成一定损伤,过度氧化甚至会改变微生物群落结构,降低降解菌活性,从而影响微生物降解目标污染物的效率。不适宜的氧化条件会提高难降解有机污染物的生物毒性风险,如 PAHs 化学氧化过程中的中间产物含氧多环芳烃和含氮多环芳烃,其生物毒性较母体化合物更高。

零价金属(Mg、Zn 和 Fe)可作为还原剂与多种有机污染物发生反应,将其转化成微生物更易利用的形式,从而消除环境中有机污染物。nZVI 与厌氧菌联用可有效去除土壤中有机氯污染物。nZVI 作为电子供体,添加到受有机氯化合物污染的沉积物中,能够起到生物刺激作用。首先,nZVI 会降低体系氧化还原电位,从而创造适合厌氧微生物生长的环境;其次,nZVI 腐蚀产生的氢气能够为氢营养细菌提供电子,提高污染物的去除效率。异化铁还原菌可消耗 nZVI 表面的钝化层,从而促进污染物向 nZVI 表面反应活性位点的传质。在受 PCBs 污染的沉积物中周期性添加 nZVI,发现脱氯菌活性提高,有利于 PCBs 的脱氯降解。

4. 土壤中典型有机污染物的转化途径

卤代有机物的还原脱卤过程主要是高卤代(Cl^- 或 Br^-)通过还原脱卤,减少卤素原子取代基数目,转化为低卤代有机物。例如,十溴二苯醚(BDE209)间位还原脱溴生成 BDE207,进而在另一苯环上间位脱溴生成 BDE197,或邻位脱溴生成 BDE196。BDE197 通过间位脱溴生成 BDE184,后邻位氢取代生成 BDE119,最终通过对位取代形成 BDE71。BDE196 通过邻位或间位取代生成 BDE191 和 BDE183,这是还原脱溴的另一重要途径,其中 BDE183 通过邻位取代生成 BDE138,后间位取代生成 BDE85,BDE85 通过邻位取代生成 BDE66,最终通过间位取代生成 BDE28。同样的 BDE183 还能够首先通过间位取代产生 BDE154,随后间位取代产生 BDE100,接着邻位取代产生 BDE47,最终邻位取代产生 BDE28。BDE154 还可以通过邻位取代产生 BDE99,后邻位取代产生 BDE49,最终通过间位取代生成 BDE17。BDE209 厌氧降解途径如图 3-14 所示。

萘和菲等低分子量 PAHs 的代谢途径相对清晰,而高分子量 PAHs 代谢需要多种微生物共同参与。萘降解主要有水杨酸途径、龙胆酸途径和邻苯二甲酸途径,其中水杨酸途径最为常见(图 3-15)。

萘的水杨酸降解途径多发生在假单胞菌属。在萘双加氧酶的催化作用下,萘首先开环形成顺-萘双氢二醇,然后被脱氢酶催化形成 1,2-二羟基萘,接着被双加氧酶催化转化为 2-羟-2H-苯并吡喃-2-羧酸,并在异构酶作用下生成顺-o-羟基-苯亚甲基-丙酮酸,然后在水合醛缩酶催化下形成水杨醛,最后在脱氢酶催化作用下生成水杨酸。水杨酸在水杨酸羟化酶催化下转化为邻苯二酚,邻苯二酚可通过两种不同的代谢方式而分解:一是在间位裂解酶、邻苯二酚-2,3-双加氧酶的作用下开环形成己二烯半醛酸,最后形成乙醛和丙酮酸;二是在邻位裂解酶、邻苯二酚-1,2-双加氧酶的作用下开环形成己二烯二酸,最后形成琥珀酸和

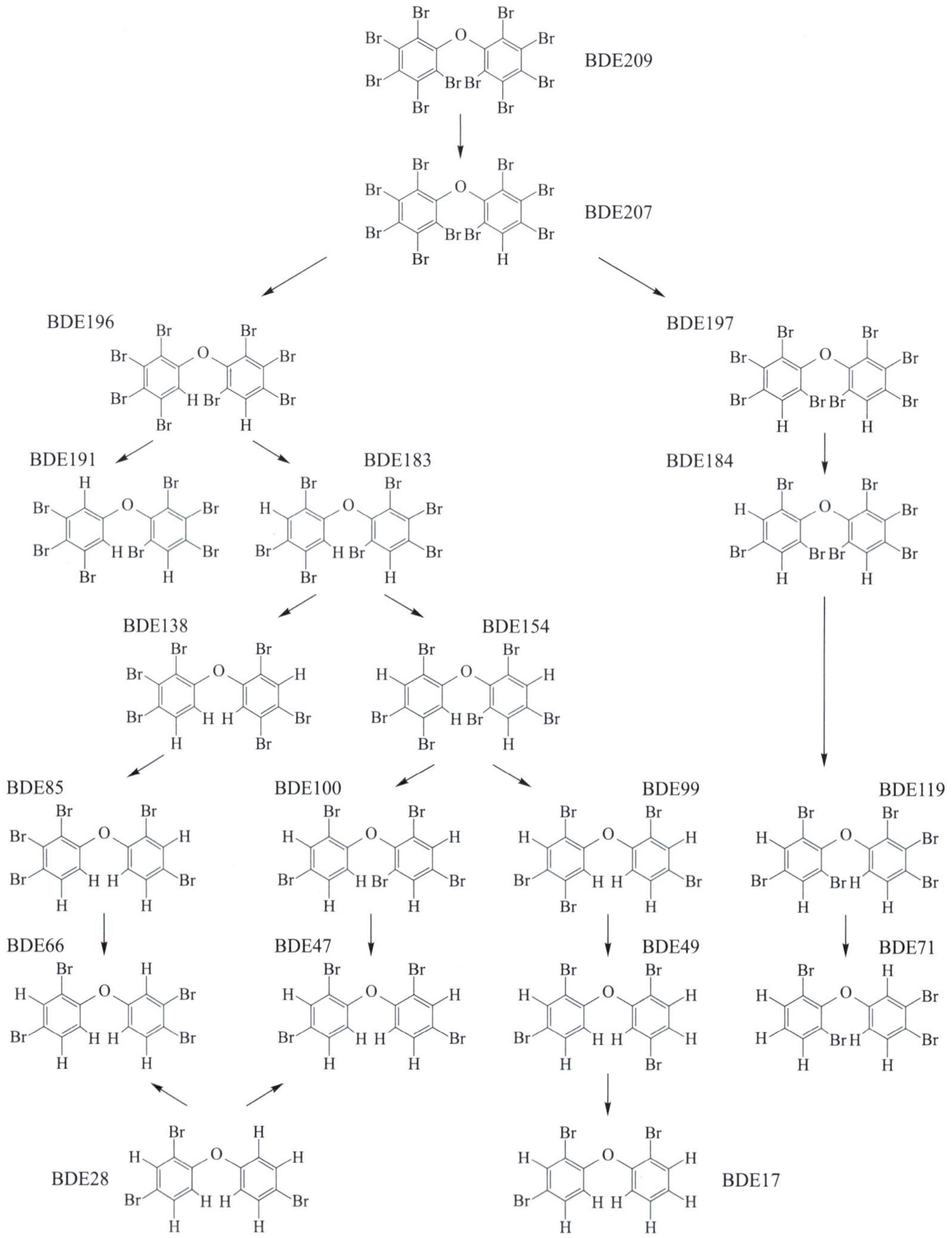

图 3-14　BDE209 厌氧降解途径

（资料来源：Huang 等，2014）

乙酰辅酶 A。上述两种不同路径所产生的产物最终进入三羧酸（TCA）循环后生成 CO_2 和 H_2O。

在龙胆酸途径中，萘在双加氧酶作用下降解成水杨酸，水杨酸在水杨酸 5-羟化酶的催化作用下生成龙胆酸，在 1,2-双加氧酶的催化作用下开环，生成中间产物顺丁烯二酸-单酰丙酮酸，随后在异构酶和水解酶作用下形成丙酮酸和反丁烯二酸，接着进入 TCA 循环生成

CO_2 和 H_2O。青枯菌($Ralstonia$ U2)是龙胆酸降解途径的主要代表菌。

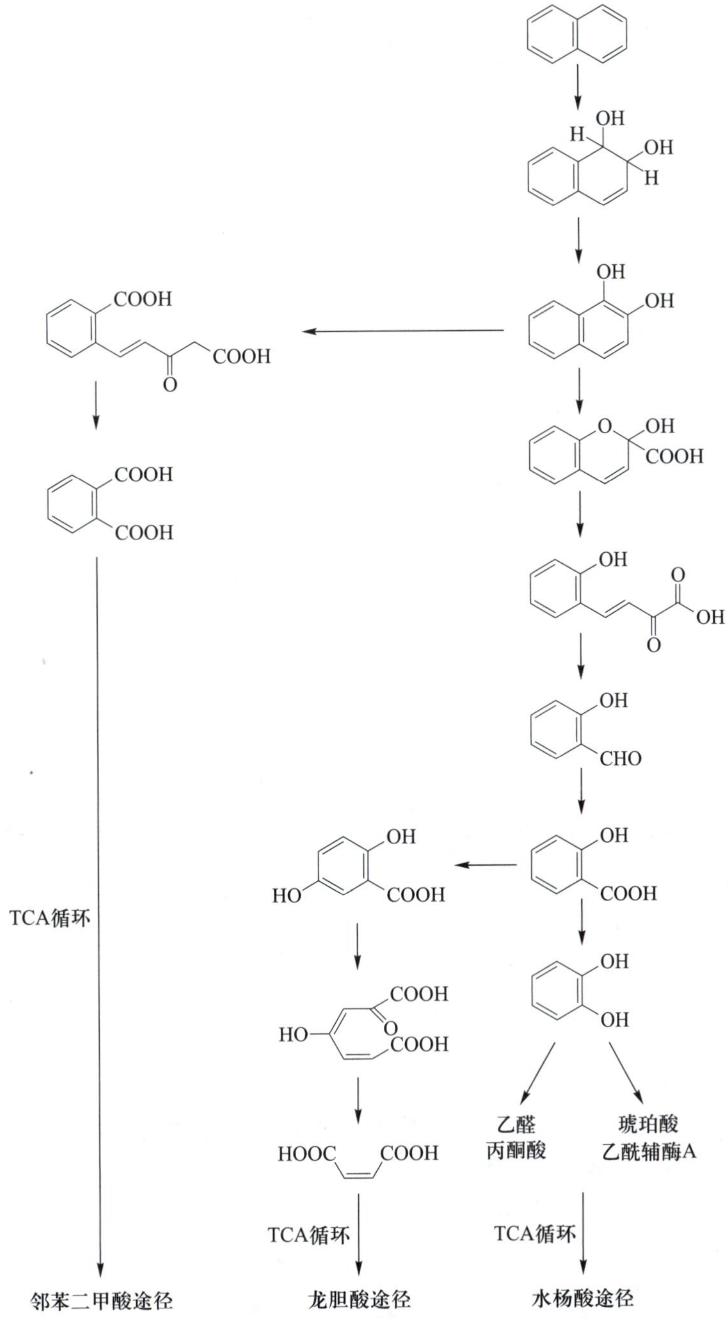

图 3-15　萘的三种不同降解途径

　　在邻苯二甲酸途径中,萘首先在萘双加氧酶的催化下转化成顺式萘二氢二醇,在脱氢酶作用下生成 1,2-二羟基萘并开环形成 1-羟基-2-萘甲酸,通过邻苯二甲酸途径代谢,最后在 TCA 循环中形成 CO_2 和 H_2O。

　　菲的代谢途径主要包括水杨酸途径和邻苯二甲酸途径。与萘的降解过程类似,这两条途径具有一段共同过程,即在双加氧酶和顺-3,4-二氢二羟基菲脱氢酶等催化下,菲转化为1-羟基-2-萘甲酸,随后分别进入上述水杨酸或邻苯二甲酸途径进行降解,最后进入 TCA 循环而达到完全降解。假单胞菌属的菌株一般以水杨酸途径降解菲,而分歧杆菌属、芽孢杆菌属、微球菌属、类产碱菌属的菌株一般以邻苯二甲酸途径降解菲。

PAEs 可被大多数好氧或厌氧细菌所降解,首先水解形成单酯和相应的醇。好氧条件下,在加氧酶作用下经 3,4-二羟基邻苯二甲酸或 4,5-二羟基邻苯二甲酸等中间产物转变成双酚化合物,随后芳香环开裂形成相应的有机酸,进而转化成丙酮酸、琥珀酸和延胡索酸等进入三羧酸循环,最后彻底分解成 CO_2 和 H_2O。厌氧条件下,单酯经中间产物邻苯二甲酸转化为苯甲酸盐,随后由厌氧菌分解成 CO_2 和 H_2O。

生物降解是四环素代谢转化的重要途径。*Stenotrophomonas maltophilia* DT1 对四环素的降解包括水解途径、主要生物降解途径和次要代谢途径。其中,水解产物为异四环素或差向四环素。主要生物降解途径下,四环素经脱甲基、脱氢、脱羧和脱氨基作用降低生物毒性;次要生物代谢途径下,降解菌将四环素水解后的产物异四环素继续降解,同样经过脱甲基、脱氢、脱羧和脱氨基作用达到彻底降解。

第四节   土壤温室气体释放和减排

土壤是 CO_2、CH_4 和 N_2O 等温室气体的重要源。土壤温室气体主要来自微生物呼吸、植物根呼吸和土壤动物呼吸。土壤理化性质如温度、含水量、有机质含量、pH、氧化还原电位、土壤质地等都会直接影响土壤微生物群落及其生理生化过程,从而影响温室气体排放。其中,土壤温度、湿度、有机质含量是关键影响因素。此外,地域气候、土地利用及其覆盖变化也可改变土壤理化性质等,从而影响温室气体排放。本节主要介绍土壤中温室气体的产生机制和减排途径。

一、土壤温室气体产生机制

(一)二氧化碳

1. 土壤中二氧化碳的产生过程

土壤中 CO_2 主要来自微生物、植物根系和土壤动物的呼吸及含碳物质的化学氧化作用。土壤呼吸分为自养型呼吸(根呼吸和根际微生物呼吸)和异养型呼吸(微生物和动物呼吸),自养型呼吸消耗的底物直接来源于植物光合作用产物向地下分配的部分,而异养型呼吸则利用土壤中的有机或无机碳。土壤微生物活动是土壤呼吸作用的主要来源,土壤有机质含量、pH、温度、水分及养分含量均会影响土壤呼吸作用强度和 CO_2 排放通量。

2. 土壤中二氧化碳的产生机制

微生物呼吸是土壤生态系统 CO_2 产生的主要来源之一,其强度受土壤有机质含量及矿化速率、微生物类群数量及活性、土壤动植物呼吸作用等因素的影响。CO_2 排放实际是土壤中生物代谢和生物化学过程等多因素综合作用的产物,在这些过程中,底物(有机碳)的数量和质量对 CO_2 排放速率起决定性作用。

自然条件下有机碳分解矿化包括物理碎片化、胞外酶对复杂有机物水解及微生物呼吸作用(胡敏等,2014),这些过程与铁还原紧密耦合。异化铁还原在有机物矿物过程中起重要作用,被认为是厌氧产生 CO_2 的主要来源(Weber 等,2006)。在氧化还原电位波动的农田土壤及湿地中,微生物的铁还原作用可占厌氧有机碳矿化的 44%,铁呼吸是有机碳矿化的重要贡献者。淹水土壤还原条件下,微生物厌氧降解有机碳产生的有机配体与 $Fe(Ⅲ)$ 结合后可提高其反应活性;缺少 $Fe(Ⅲ)$ 作为电子受体时会明显增加底层土壤有机质浓度,从而抑制有机碳的矿化过程。

异化铁还原过程是由特定微生物(如 *Geobacter metallireducens* GS-15 等)驱动的酶促反应,铁还原菌是 $Fe(Ⅲ)$ 还原过程的主要动力(Lovley,1987),铁还原微生物以 $Fe(Ⅲ)$ 矿物为电子受体,将 $Fe(Ⅲ)$ 还原为 $Fe(Ⅱ)$,将有机质底物代谢为 CO_2 和 H_2O,并完成自身的呼吸作用(Chen 等,2020)。在淹水缺氧土壤中,会发生铁、锰、硫等元素还原、有机质厌氧分解和甲烷产生等特殊过程,均与特定微生物介导的有机碳矿化过程耦合(图 3-16)。

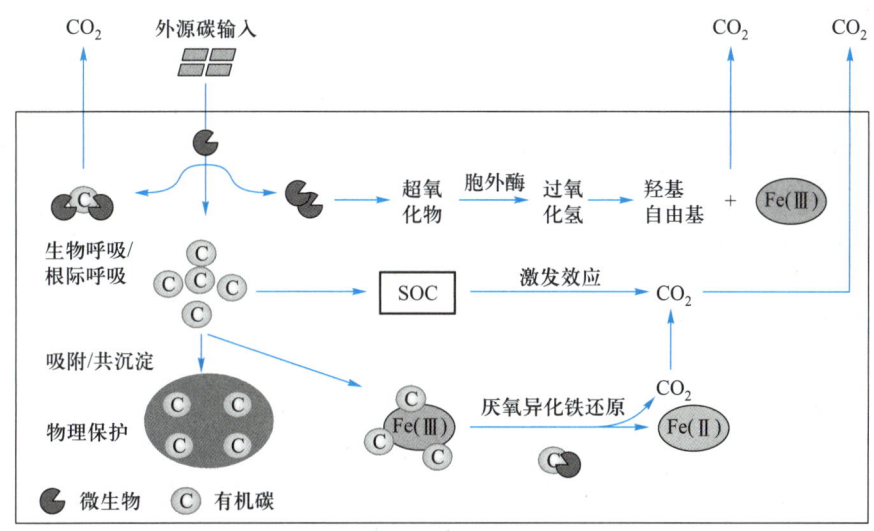

图 3-16 土壤 CO_2 产生过程与机制

3. 土壤中二氧化碳排放的影响因素

微生物驱动的土壤 CO_2 排放过程受温度、pH、水分等诸多环境因素影响。温度不但影响有机碳在矿物表面的吸附和解吸过程,而且通过影响胞外酶活性、微生物活性和群落结构等,进而影响有机碳矿化。pH 则影响酶的活化能和微生物活性,从而影响土壤有机碳的分解速率。水分直接影响土壤气体交换、养分状况和温度来间接调控微生物活性和代谢途径。土壤含水量相当于最大持水量的 40%~80% 时,微生物对有机质的分解能力最佳。

土壤有机质组成和结构影响微生物呼吸活性和有机物分解矿化作用。外源易分解有机碳输入在短期内改变原有土壤有机碳矿化过程的现象称为激发效应。该效应在森林、草原、农田、湿地和苔原等各种类型生态系统中都普遍发生(Kuzyakov 等,2000),按照对土壤有机质分解速率改变的方向,可分为正激发与负激发效应。外源易分解有机质的输入为微生物生长与代谢提供了更多的养分和能量,加速分解土壤原有有机质。土壤微生物对外源有机质输入的响应是形成激发效应的内在驱动力。

激发效应的大小与外源添加有机质的含量、种类和组成(可溶性组分含量、C/N 等)及土壤性质等有关,还受土壤微生物群落组成影响。自然条件下,大部分土壤微生物都处于休眠状态,当新鲜有机质输入后,休眠的微生物被激活,微生物群落结构发生变化。微生物被认为是影响土壤有机碳正负激发效应的决定因子。除此以外,温度、水分和 pH 也能通过影响微生物活性和群落组成,间接影响土壤有机质矿化的激发效应和 CO_2 排放。

(二) 甲烷

1. 土壤中甲烷的产生过程

大气中 CH_4 浓度的增加主要源于土壤生物过程导致的排放。在厌氧环境下,土壤有机物、根系分泌物、死亡的植物根系或残茬、死亡的动物及微生物等,在厌氧细菌的作用下逐步降解为有机酸、醇、CO_2 等小分子化合物,然后产甲烷菌再将小分子化合物转化为 CH_4。土壤 CH_4 的排放受含水量、有机质含量、酸碱性、氧化还原电位等土壤性状的影响。天然湿地、水稻田、废弃物堆积处理场等均是 CH_4 的排放源,其中水稻田是农田土壤 CH_4 的主要排放源,约占全球 CH_4 总排放量的 12%。

2. 土壤产甲烷的微生物学机制

水稻土中 CH_4 的产生主要发生在耕作层的厌氧层,一般为 $2\sim20$ cm。在极端厌氧条件下,有机碳在厌氧微生物作用下经过水解和发酵过程生成乙酸、CO_2 和 H_2 等,在产甲烷菌的作用下产生 CH_4。根据底物类型,将水稻土中产甲烷过程分为三种类型:① 乙酸分解型(式(3-14))。乙酸活化成甲基化合物后在甲基辅酶还原酶(Mcr)的作用下还原成 CH_4(Liesack 等,2000),该途径是稻田 CH_4 产生的主要途径,贡献率超过 2/3。② 氢营养型(式(3-15))。CO_2 在甲酰甲烷呋喃脱氢酶的作用下还原成甲酰基,与四氢甲烷蝶呤(H_4MPT)结合,随后逐步被还原成次甲基、亚甲基和甲基,在其转移酶(Mtr)作用下,将甲基转移到还原态的辅酶 M(HS-CoM)上,最后在 Mcr 的作用下生成 CH_4,多数产甲烷菌均可以利用该途径产生 CH_4。③ 甲基歧化型(式(3-16))。甲醇、甲胺类和甲基化硫化物等含甲基化合物在 Mtr 和 Mcr 的作用下被氧化成 CO_2 或被还原成 CH_4,只有少数产甲烷菌能利用含甲基途径合成甲烷。

$$CH_3COOH \longrightarrow CH_4 + CO_2 \qquad (3-14)$$

$$CO_2 + 4H_2 \longrightarrow CH_4 + 2H_2O \qquad (3-15)$$

$$CH_3OH \longrightarrow CH_4 + H_2O \qquad (3-16)$$

产甲烷菌活性受 pH、温度、水分和施肥等因素的影响。产甲烷菌主要生长在 pH 为 $6\sim8$ 的较窄范围内,但能适应相对较弱的酸性环境。在 pH 较高的土壤中,乙酸分解是产甲烷菌代谢的主要途径;而当 pH 较低时,H_2/CO_2 还原则成为产甲烷菌代谢的主要途径。产甲烷菌在 $20\sim35$ ℃保持相对较高的活性。温度变化会导致产甲烷菌群落结构和多样性的改变,从而改变产甲烷途径。在水稻土中,较低温度条件下,产甲烷菌以只利用乙酸的甲烷毛菌为主,产甲烷能力相对较弱;较高温度条件下,产甲烷菌以甲烷八叠球菌为主,可以利用乙酸分解和 H_2/CO_2 还原两种途径产生 CH_4。水稻耕作过程中,相比于持续淹水的管理措施,节水灌溉提高了土壤孔隙中的氧气含量,增加了土壤氧化还原电位,抑制了产甲烷菌活性。在晒田等有氧环境下,好氧微生物活动能够大大消耗产 CH_4 的底物,从而降低产 CH_4 产生量。有机物料的输入为产甲烷菌提供了更多的能量和养分,从而显著提高稻田土壤 CH_4 产生释放。

3. 土壤中甲烷的氧化机制

稻田产生的大部分 CH_4(70%以上)在穿过土壤表层的好氧层和水稻根际好氧区时被氧化,只有少部分未被氧化的 CH_4 释放到大气中。CH_4 氧化分为好氧氧化和厌氧氧化。在有氧条件下由微生物利用 O_2 作为电子受体将 CH_4 氧化(式(3-17)),主要发生在土壤和灌溉水交界面的好氧层和水稻根际好氧区。在厌氧条件下由微生物利用除 O_2 外的其他电子受体(如 NO_3^-、SO_4^{2-}、$Fe(Ⅲ)$ 等)将 CH_4 氧化,主要发生在土壤耕作厌氧层。

$$CH_4 + 2O_2 \longrightarrow CO_2 + 2H_2O \tag{3-17}$$

根据耦合电子受体的不同,甲烷厌氧氧化主要分为三类:① 以硫酸盐为电子受体而耦合发生的硫酸盐型甲烷厌氧氧化(式(3-18))。甲烷厌氧氧化古菌通常与硫酸盐还原菌形成密切的共生关系,甲烷厌氧氧化古菌活化 CH_4,将电子传递给硫酸盐还原菌,进一步还原 SO_4^{2-};此外,一些甲烷厌氧氧化古菌可单独实现甲烷厌氧氧化并将 SO_4^{2-} 还原为硫单质(S)。② 铁锰依赖型甲烷厌氧氧化(式(3-19))。厌氧甲烷氧化古菌利用铁、锰等难溶的金属电子受体,其机制有两种假设:一种为胞外电子直接转移,Ettwig 采用宏基因组研究发现,富集培养物中厌氧甲烷氧化古菌(ANME-2d)含有大量编码细胞色素 c 的基因,细胞色素 c 在电子从胞内传至胞外及细胞间传递过程中起至关重要作用(Ettwig 等,2016);另一种为种间电子转移机制,例如,向 ANME-2d 富集培养物中添加铁还原菌 Shewanellaoneidensis MR-1,ANME-2d 和铁还原菌的丰度在培养过程中均有增加,ANME-2d 和铁还原菌可通过电子穿梭体、细胞色素蛋白载体、纳米导线等方式协同完成电子转移过程(Fu 等,2016)。③ 以 NO_3^-/NO_2^- 为电子受体进行耦合发生的反硝化型甲烷厌氧氧化反应(式(3-20))。NO_3^- 驱动型厌氧氧化途径是利用反向产甲烷机制,以硝酸盐作为最终的电子受体激活 Mcr 的逆反应,使 CH_4 最终被完全氧化为 CO_2,硝酸盐被还原为亚硝酸盐。在厌氧的亚硝酸盐基质环境中,NC10 细菌将亚硝酸盐还原产生的 NO 转变为 N_2 和 O_2,同时利用甲烷单加氧酶激活好氧甲烷氧化。NO_3^-/NO_2^- 驱动型厌氧氧化在稻田土壤 CH_4 减排中起着重要作用,全球稻田中依赖硝酸盐、亚硝酸的甲烷厌氧氧化可消耗约 $3.9×10^{12}$g $C-CH_4$ a^{-1},相当于 10%~20% 的全球稻田甲烷排放量。

$$CH_4 + SO_4^{2-} \longrightarrow HCO_3^- + HS^- + H_2O \tag{3-18}$$

$$CH_4 + 8Fe(OH)_3 + 15H^+ \longrightarrow 8Fe^{2+} + 21H_2O + HCO_3^- \tag{3-19}$$

$$5CH_4 + 8NO_3^- \longrightarrow 4N_2 + 8OH^- + 5CO_2 + 6H_2O \tag{3-20}$$

高浓度甲烷可促进甲烷氧化菌的生长,进而显著促进甲烷氧化过程。甲烷好氧氧化的强度主要取决于氧气浓度,如在根系泌氧高的区域,甲烷好氧氧化显著提高,显著降低甲烷排放。但对甲烷厌氧氧化来说,NO_3^-、SO_4^{2-}、$Fe(Ⅲ)$ 可以作为电子受体显著提高甲烷厌氧氧化。甲烷厌氧氧化菌对氧化还原电位的响应非常敏感。当环境中氧气浓度高于 2% 时,甲基念珠菌的活性便会受到抑制,厌氧氧化速率降低。甲烷氧化菌的活性与 pH 密切相关,更适于微酸性环境,土壤 pH 在 6.2~6.8 时其活性会显著提高,使得甲烷氧化速率大大提高。

4. 土壤中甲烷产生的主要影响因素

CH_4 产生过程受土壤含水量、温度、有机碳含量、pH 和氧化还原电位(E_h)等理化性质的影响,微生物、作物根系、动物和各种细菌或真菌的数量也会影响 CH_4 产生。80% 以上的 CH_4 是通过产甲烷微生物和甲烷氧化微生物相互作用产生的,这些菌群的种类、数量和活性对 CH_4 产生有重要影响。农田水肥管理和耕作措施也会对 CH_4 产生过程有较大影响。水稻田施用作物秸秆、猪粪、沼气渣等有机肥能显著增加 CH_4 排放;耕作制度(冬水田、半旱式垄作、水旱轮作)不仅影响水稻田 CH_4 的排放通量,也影响稻田 CH_4 排放的季节性变化。

多过程耦合对 CH_4 产生有重要影响(图 3-17)。反硝化型甲烷厌氧氧化是微生物耦合氮和碳循环的重要过程。在该过程中,以硝酸盐为最终电子受体激活 Mcr 的逆反应使 CH_4 最终被完全氧化为 CO_2,硝酸盐被还原为亚硝酸盐。在厌氧条件下,ANME-2d 古菌与 NC10 细菌可以形成一种协同共存关系。NC10 细菌只能利用亚硝酸盐,不能利用硝酸盐。ANME-2d 古菌则能够利用 CH_4 为电子供体将硝酸盐转化为亚硝酸盐,部分亚硝酸盐被 NC10 细菌等微生物及厌氧氨氧化细菌还原为氮气,另一部分被 ANME-2d 古菌编码的一种膜结合亚硝酸盐还原酶还原为铵,进一步被氨氧化古菌/细菌利用,CH_4 则通过一系列酶促反应生成 CO_2。

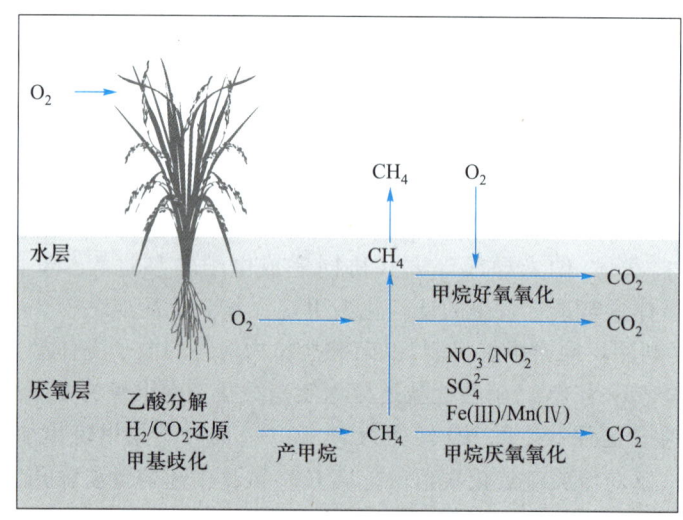

图 3-17　稻田土壤甲烷产生与氧化机制

在厌氧条件下,以 CH_4 为电子供体,Fe(Ⅲ)矿物为电子受体的甲烷厌氧氧化过程称为铁依赖型甲烷厌氧氧化,通常与 Fe(Ⅲ)异化还原相耦合。其发生机制可能有三种:① ANME 独立完成铁依赖型甲烷厌氧氧化过程,ANME 氧化甲烷将电子直接转移到 Fe(Ⅲ)离子或氧化物,完成 Fe(Ⅲ)还原过程;② ANME 与铁还原微生物共同完成铁依赖型甲烷厌氧氧化过程,ANME 氧化甲烷并将电子传递给铁还原微生物,进一步接收来自 ANME 的电子后还原 Fe(Ⅲ);③ 在硫酸盐存在条件下,ANME 或与其他细菌协作将硫酸盐还原为硫化物,进一步还原 Fe(Ⅲ)。

(三)氧化亚氮

1. 土壤中氧化亚氮的产生及机制

N_2O 具有较强的增温潜势,大气中 N_2O 浓度不断增加,对全球气候变化产生很大影响。农田土壤是 N_2O 最主要的排放源,约占全球总排放量的 25%(Dave 等,2012)。土壤中 N_2O 的产生主要通过硝化和反硝化过程完成的。

土壤中 N_2O 主要产生途径包括硝化作用和反硝化作用(图 3-18)。其中,硝化作用包含自养硝化和异养硝化两条途径。自养硝化作用是主要的硝化过程 $NH_4^+ \rightarrow NH_2OH \rightarrow [NOH] \rightarrow NO_2^- \rightarrow NO_3^-$,指化能自养硝化细菌利用 CO_2、碳酸或重碳酸作为碳源并从 NH_4^+ 的氧化中获得能量,其中 NH_4^+ 来自土壤有机质的矿化及施肥。硝化作用主要分两步进行:① 亚硝化细菌

将氨氧化为 NO_2^-，中间过渡产物为 NH_2OH；② 硝化菌将 NO_2^- 氧化为 NO_3^-。同时在硝化过程中可能产生 N_2O，有两个过程可能与硝化作用形成 N_2O 有关：一是铵氧化细菌在 O_2 缺乏的情况下利用 NO_2^- 作为电子受体从而产生 N_2O；二是介于 NH_4^+ 与 NO_2^- 之间的中间体或者 NO_2^- 本身能化学分解为 N_2O。而异养硝化作用时，微生物主要以有机碳为碳源和能源，此时反应底物既可以是无机氮（$NH_4^+ \rightarrow NH_2OH \rightarrow [NOH] \rightarrow NO_2^- \rightarrow NO_3^-$），也可以是有机氮（$RNH_2 \rightarrow RNHOH \rightarrow RNOH \rightarrow RNO_2 \rightarrow NO_3^-$）。通常条件下，异养硝化过程产生 N_2O 仅占土壤 N_2O 总排放量的很小部分，仅在特定环境条件下（如低 pH、高氧气含量、高有机碳含量等），异养硝化过程会产生大量 N_2O。

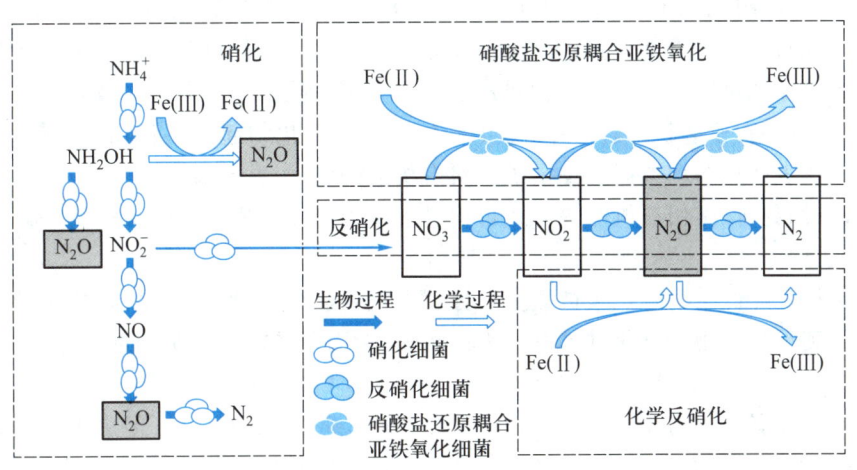

图 3-18　N_2O 在土壤中的生成与转化

一般而言，反硝化作用的最终产物是 N_2，但反硝化细菌会因为缺少某些相关还原酶而只能完成反硝化过程中某些步骤，因而在反硝化过程中常伴有 N_2O 的产生，产生的 N_2O 总量远远多于硝化过程。

2. 土壤中氧化亚氮产生的主要影响因素

N_2O 的产生和还原过程受诸多环境因素影响，如 NO_3^- 和碳源的可利用性、氧气浓度、水分、温度和 pH 等。NO_3^- 通常会抑制或延缓 N_2O 的还原，导致 N_2O 排放增加。碳源促进土壤异养反硝化微生物的呼吸，显著提升土壤反硝化速率。可溶性有机碳作为反硝化作用的底物，是反硝化过程中必不可少的关键环境因子。土壤中硝酸盐浓度较低时更有利于提高氧化亚氮还原酶活性，进而促进 N_2O 还原为氮气。土壤水分含量是土壤 N_2O 排放的主要影响因素之一，当水分含量达到饱和或含量较高时，O_2 浓度相对较低，N_2O 扩散速率也相对较小，为完全反硝化过程提供了有利的环境条件。土壤水分含量较低时，O_2 浓度较高，不完全厌氧条件使得反硝化微生物优先利用 NO_3^- 和 NO_2^-。由于氧化亚氮还原酶需要在厌氧条件下保持活性，厌氧环境是影响 N_2O 还原为氮气的环境因素。温度对 N_2O 排放的直接作用表现为：随温度升高，微生物活性和 N_2O 产生与还原过程中酶活性增加，N_2O 排放呈倍增效应。间接作用表现为：温度升高引起的土壤呼吸增加，导致土壤 O_2 浓度降低，为反硝化细菌创造了厌氧条件。pH 是控制 N_2O 排放的重要因素，低 pH 影响细胞周质中 *nosZ* 基因编码的氧化亚氮还原酶（N_2OR）组装或折叠，使其不能正确装配从而活性很低甚至无活性。另外，Cu 的生物可利用性是决定 N$_2$OR 活性的重要因素,典型的反硝化细菌在纯培养条件下,缺少 Cu^{2+} 会导致 *nosZ* 基因表达水平降低,进而影响 N$_2$O 还原为氮气。

二、土壤温室气体减排

(一)二氧化碳减排

1. 增加土壤有机碳库

提高土壤固碳能力是减少温室气体排放的重要手段,而土壤团聚体对有机碳的物理保护是重要的固碳机制。团聚体的包裹可有效隔离微生物或者土壤酶,其内部的厌氧条件也使得微生物活性降低,从而缓解有机碳分解,进而实现土壤有机碳的物理性保护(Schmidt 等,2011)。该机制受团聚体密度、孔隙度、持水量、粒级大小、土壤类型和土层深度等多种因素影响。团聚体也可通过化学保护促进有机碳的累积,而这部分有机碳吸附于土壤团聚体颗粒表面,主要存在于矿物结合态中,黏土矿物和金属氧化物起主要作用,氢键、离子交换、晶体结构和比表面积等均会影响黏土矿物对有机质的吸附,并与有机碳形成有机-无机复合体。因此,采用免耕、施用有机肥等方式可促进土壤团聚体形成,增加土壤固碳潜力、降低温室气体排放。

矿物保护是降低土壤有机碳被微生物分解的重要途径,酸性土壤中铁、铝氧化物对有机碳的积累起到重要作用。氧化铁具有比表面积大、表面羟基富集和吸附能力强等特性,能够通过吸附或共沉淀有机碳形成铁结合态有机碳(Fe-OC),提高有机碳的稳定性。铁氧化物还可作为黏粒和有机碳的胶结剂,或与有机碳形成有机-矿物复合体,促进土壤团聚体的形成,降低微生物和酶对有机碳的可接触性,从而促进有机碳长期存储。

2. 抑制土壤酸化

长期高强度种植和大量施用化肥是农田土壤酸化的主要原因。土壤酸化实质上是土壤吸附的盐基阳离子(Ca^{2+}、Mg^{2+}、K$^+$、Na$^+$)淋失而 H$^+$、Al^{3+}离子增加,土壤 pH 下降的过程(徐仁扣,2015)。土壤酸化会抑制微生物呼吸,降低 CO$_2$ 排放,也会加速碳酸盐类物质的溶解;当土壤酸性较弱时,这种溶解过程成为 CO$_2$ 的汇,而当酸性较强时,这一过程成为 CO$_2$ 的源。

$$H_2O \rightleftharpoons H^+ + OH^- \qquad (3-21)$$

$$H_2CO_3 \rightleftharpoons CO_3^{2-} + 2H^+ \longrightarrow CO_2 + H_2O \qquad (3-22)$$

阻控土壤酸化或者对酸性土壤进行改良,是农业生产中最常见措施,包括化肥和有机肥配施、秸秆还田、水分管理等。土壤酸化改良包括化学改良和生物改良。化学改良剂包括传统改良剂、工矿业固体废物改良剂和有机物料改良剂等。将农业有机废弃物经热解制成的生物炭是一种优良的有机改良剂,含有丰富的营养元素,可提高土壤肥力,增加土壤微生物种类和数量并提高其活性,降低土壤交换性铝的含量,增强土壤对酸的缓冲能力。常用的有机物料有农作物茎秆、家畜粪肥、绿肥、草木灰等。生物改良主要是通过土壤动植物和微生物来改变土壤的孔隙度等物理结构和化学物质含量,从而实现改良酸性土壤。

3. 土壤微生态调控

生态化学计量比是土壤有机质组成和养分有效性的重要指标,可作为土壤碳氮磷矿化和固持作用的指标。农田土壤中高浓度养分通过施肥进入土壤后影响 C、N 比例,改变土壤碳存储量,增加 CO$_2$ 排放;同时也提高了植物地上部分净初级生产力,增加了生态系统中碳含量,从而改变调落物或有机质的降解速率,以及微生物活性及其群落组成。

土壤碳固定取决于 N 和 P 对微生物的影响。农业土壤中作物残根及地上部输入后,可利用碳的比例迅速增加,而可利用态 N 与 P 养分的比例快速降低,营养元素与碳的计量比不平衡会导致大量碳被分解释放,及时补充矿质营养,满足微生物固持土壤碳所需的养分,提高农田土壤的固碳效率。根据生态化学计量学原理,调节稻田土壤中 N、P 与碳素的计量比,对调控稻田土壤固碳、减少温室气体排放具有重要意义。

(二)甲烷减排

1. 抑制土壤中甲烷产生

传统水作模式下,土壤长期处于厌氧环境,有机物料还田量大,不仅 CH_4 排放高,而且秸秆腐解产生的大量还原性物质容易毒害水稻根系。因此,在条件允许的情况下,稻田需改水耕水旋为旱耕旱旋,改善耕层结构、提高土壤通透性、促进耕层增氧。也可通过调整水稻灌溉模式来降低甲烷排放,水稻生产过程中减少灌溉量可显著降低温室气体排放量。例如,减少 30% 灌溉量可以降低 30% ~ 53% 的 CH_4 排放量;减少 70% 灌溉量可以降低 51% ~ 77% 的 CH_4 排放量。适当增加水稻晒田次数,有助于土壤耕层增氧、抑制产甲烷菌的活性、降低甲烷排放。

施肥可以增加水稻根系生物量,促进根系泌氧强度、增强甲烷好氧氧化过程,实现甲烷减排。传统的秸秆还田下可调节水稻生长前、后期氮肥用量,通过降低秸秆还田的碳氮比,减轻根系与土壤微生物的养分竞争,促进根系生长。此外,也可通过适当增加水稻栽插密度、增加根量,有利于增强根系群体输氧量。水稻根系泌氧还与水稻品种有关,杂交稻根系生物量高、泌氧能力更强,杂交稻的甲烷排放量要低于籼型常规稻。

稻田周丛生物中富含藻类,可通过光合作用固定大气中 CO_2,形成有机物。然而,被固定的有机碳会随着藻类代谢和死亡再次释放到表层土壤中,为土壤异养微生物生长代谢提供丰富的有机物来源。在厌氧的稻田土壤中,这些有机物可被微生物降解,通过水解、酸化和乙酰化等反应生成乙酸、CO_2 和氢气。而土壤中产甲烷菌则可进一步利用这些小分子产物合成 CH_4,并通过水-土界面排放到大气中。周丛生物将大气中 CO_2 固定到稻田中,经过一系列微生物转化,最终以 CH_4 形态排放到大气中。因此,提高光合作用强、产氧量高、固碳效率高的藻类(如蓝藻)占比,不仅有利于稻田固碳,更有利于抑制甲烷排放。

2. 促进土壤中甲烷氧化

稻田甲烷产生和氧化过程取决于功能微生物的结构和活性。通过向土壤施加生物炭、石灰和增氧剂等调理剂,提高厌氧甲烷氧化菌活性、降低产甲烷菌活性,可显著降低稻田 CH_4 排放。生物炭可通过提高稻田土壤孔隙度和甲烷氧化菌的活性来减少 CH_4 产生,但生物炭施用过量会引起土壤氮素固定。因此,需要适当提高氮肥用量或优化前期和后期氮肥施用比例。施用石灰可促进土壤有机质的分解、降低产甲烷菌丰度,通过减少产甲烷菌所需的底物并影响产甲烷菌活性,以此减少稻田 CH_4 排放。过氧化钙等增氧剂施入稻田后,与水发生反应产生氧气,从而抑制产甲烷菌、增强甲烷氧化菌的活性,进而减少 CH_4 排放。电缆细菌可通过硫氧化提高土壤硫酸盐浓度,促进硫酸盐还原菌与产甲烷菌竞争底物,从而减少 CH_4 产生。

3. 增加土壤中产甲烷过程的竞争反应

水稻土产甲烷过程中,约有 33% 依赖于氢气产甲烷过程,67% 来源于乙酸分解产甲烷过程。氢气或乙酸可以作为 $Fe(III)$ 还原的电子供体,$Fe(III)$ 还原可以竞争消耗产甲烷菌的基质,导致产甲烷菌可利用的电子供体减少,从而抑制甲烷产生。作为专性厌氧菌,产甲烷菌生长需要较低的氧化还原电位。较高的氧化还原电位则会显著抑制产甲烷菌生长和甲烷产生。例如,无定形铁氧化物可将培养体系的氧化还原电位提高至 $+50 \sim 130$ mV,以乙酸和氢气为电子供体的处理中,产甲烷延滞期分别为 7 d 和 19 d,且产甲烷速率显著下降,仅为对照处理的 $20\% \sim 60\%$(Bodegom 等,2004)。此外,氧化铁由于比表面积大,能够通过吸附、配合及共沉淀作用保护土壤中有机碳避免被微生物分解,降低微生物对底物的可获得性,从而降低 CH_4 排放(Lalonde 等,2012)。在保证产量的前提下,适量向土壤中施加氧化铁是抑制 CH_4 排放的有效措施。

施加铵态氮肥或尿素会刺激硝化微生物活性,导致土壤耗氧量增加,降低土壤氧化还原电位,营造缺氧环境,增加土壤中 NO_2^- 的可获得性,促进亚硝酸盐型厌氧甲烷氧化反应。另外,施加铵态氮肥或尿素很可能会增强土壤中厌氧氨氧化(以 NO_2^- 为电子受体氧化 NH_4^+ 的生物反应)活性,导致其与亚硝酸盐型厌氧甲烷氧化反应竞争电子受体 NO_2^-。施加有机肥则会促进反硝化菌等异养微生物的生长和代谢。反硝化活性的增强会加速土壤中 NO_3^- 还原,又为亚硝酸盐型厌氧甲烷氧化反应提供更多 NO_2^-,增加亚硝酸盐型厌氧甲烷氧化过程,有利于 CH_4 减排。

(三)氧化亚氮减排

1. 化学调节土壤中氨氧化过程

在适宜的温度、水分和 pH 等环境条件下,土壤中内源或外源铵的硝化作用引起 N_2O 排放。通过施用抑制剂来调控氮素生物化学转化、减缓硝化过程,是实现氮肥高效管理与利用的有效手段。硝化抑制剂是一类化学合成或天然制剂,可延缓 NH_4^+ 向 NO_3^- 的转化,抑制硝化产氧化亚氮,包括抑制硝化与氨氧化。

从来源上讲,硝化抑制剂可分为天然提取物和人工合成化合物两大类。天然提取物指具有硝化抑制效应的氨基酸和有机氮碱类有机化合物,如印度楝树、非洲湿生臂形草、十字花科等植物。十字花科植物在生物降解过程中会产生多种具有硝化抑制特性的低分子量挥发性含硫化合物,其中异硫氰酸盐可显著降低土壤中氨氧化菌数量、并抑制其生长。从化学形态上,人工合成的硝化抑制剂主要分为无机和有机两大类。无机硝化抑制剂以重金属盐类为主,但重金属的施用易造成环境二次污染,导致其开发和应用受到一定限制。有机硝化抑制剂主要分为四大类:① 含硫化合物:含硫的氨基酸如蛋氨酸和甲硫氨酸均可抑制硝化作用,两者对硝化作用的抑制是由于其生物降解形成的挥发性含硫化合物。其他含硫化合物如二甲硫(又称甲硫醚)、二甲基二硫醚、二硫化碳、烷基硫醇、乙硫醇、硫代乙酰胺、硫代硫酸、硫代氨基甲酸盐等对硝化作用也具有一定抑制效应。硫脲、烯丙基硫脲、烯丙基硫醚等对硝化作用具有显著的抑制效应。② 乙炔及乙炔基取代物:乙炔对自养硝化作用具有抑制效应,很多乙炔基取代物如 2-乙炔基吡啶、苯基乙炔等都是具有硝化抑制作用的化合物。③ 氰胺类化合物:双氰胺含氮量丰富,本身可作为氮源施用,在土壤中可完全降解为 CO_2、NH_3 和 H_2O,且其挥发性小、易溶于水,可以和肥料混合作为抑制剂施用,还可与液态有机肥结合施用来延缓硝化作用。④ 杂环氮化合物:一是环上含有两个或两个以上相邻 N 原子的杂环氮化合物,如吡唑及其衍生物、1,2,3-三唑、邻二氮杂苯(哒嗪)、4-氨基-1,2,4-三唑(ATC)、苯并三唑、吲唑等;二是尽管环上没有两个或两个以上相邻 N 原子,但与 N 相邻的 C

原子上的 H 被 Cl 或—CH$_2$Cl 取代的杂环氮化合物,如三氯甲基吡啶(nitrapyrin)、5-乙氧基-3-三氯甲基-1,2,4-噻重氮、2,4-二氨基-6-三氯甲基三嗪等。

硝化抑制剂的抑制途径主要有 4 种:① 通过直接影响亚硝化细菌的呼吸作用(电子传递链)及细胞色素氧化酶活性,使亚硝化细菌无法进行呼吸,从而抑制亚硝化细菌的生长繁殖;② 改变土壤微环境,降低土壤 pH,从而抑制亚硝化细菌的生长繁殖;③ 通过螯合氨氧化酶活性位点的金属离子来抑制硝化反应;④ 通过影响土壤氮的矿化和固持过程,对土壤硝化过程表现出抑制作用,原因是当土壤微生物利用该化合物作为碳源时引起矿质氮的固持,或通过影响土壤有机质的矿化与固持作用来实现其硝化抑制效果。

2. 调节土壤中反硝化功能基因活性

生物反硝化全过程包括四个反应:① 周质的硝酸还原酶(NAP)或者膜结合硝酸还原酶(NAR)催化 NO$_3^-$ 还原为 NO$_2^-$;② NO$_2^-$ 被 *nirS/K* 编码的亚硝酸还原酶(NIR)催化还原为 NO;③ 一氧化氮还原酶(NOR)催化 NO 还原为 N$_2$O;④ *nosZ* 基因编码的氧化亚氮还原酶(N$_2$OR)催化 N$_2$O 还原为 N$_2$。约有 1/3 含有 *nirS/K* 的反硝化微生物缺少 *nosZ* 基因,不具备将 N$_2$O 还原为 N$_2$ 的能力,因此生成副产物 N$_2$O。为实现 N$_2$O 减排、抑制化学反硝化,增强 *nirS*、*nirK* 表达,减少亚硝酸累积,增强 *nosZ* 基因表达,促进 N$_2$O 反硝化至 N$_2$ 是减少农田土壤 N$_2$O 排放的有效方法。

N$_2$O 减排微生物是指具有减少土壤 N$_2$O 排放功能的微生物,包括具有合成活性 N$_2$O 的 *nosZ* 基因的 N$_2$O 还原细菌及具有土壤 N$_2$O 减排效应但不含 *nosZ* 基因的植物根际促生菌。N$_2$O 还原细菌有典型的反硝化细菌(Clade Ⅰ)和非典型的反硝化细菌(Clade Ⅱ)两种不同类群。非典型的反硝化细菌大多仅含有 *nosZ* 基因,无产生 N$_2$O 的能力,仅消耗 N$_2$O。非典型的反硝化细菌 *nosZ* Ⅱ 基因多样性或丰度增加,可能会强化 N$_2$O 消耗或降低 N$_2$O 净排放量。增强 N$_2$O 还原微生物的丰度和活性是减少土壤 N$_2$O 排放的关键。直接应用微生物减排土壤 N$_2$O 的策略如下:一是将制备的微生物菌剂直接施用于土壤;二是将制备的微生物菌剂与肥料或载体等结合后施入土壤;三是构建具有 N$_2$O 减排效应的微生物菌群,然后制备成菌剂后施入土壤。除直接应用微生物减排土壤 N$_2$O 之外,还可通过改变农田管理措施(耕作制度、灌溉方式和作物轮作系统等)和添加农用化学品(生石灰、生物炭和硝化抑制剂等),刺激 N$_2$O 还原菌生长。

微生物减排 N$_2$O 的直接机制是通过向土壤中接种具有还原 N$_2$O 功能的微生物,合成有活性的 N$_2$OR,并将 N$_2$O 还原为 N$_2$,从而实现土壤 N$_2$O 减排。具有直接减排 N$_2$O 功能的微生物通常是指具有 *nosZ* 基因的 N$_2$O 还原细菌。细菌减少 N$_2$O 排放的作用机制有两种(Wu,2018):一是接种的 N$_2$O 还原细菌在与土著反硝化微生物竞争电子供体(有机物)和电子受体(NO$_3^-$ 和 NO$_2^-$)中占主导地位,使得土著反硝化微生物的反硝化活性降低;二是接种的 N$_2$O 还原细菌不影响土著反硝化微生物,合成大量有活性的 N$_2$OR,将 N$_2$O 还原为 N$_2$。接种微生物减排 N$_2$O 的间接机制是向土壤接种非 N$_2$O 还原细菌,改变土著 N$_2$O 还原细菌群落的组成和丰度及代谢活性,促使土壤 N$_2$O 减排。非 N$_2$O 还原细菌虽然无编码 N$_2$OR 的 *nosZ* 基因,可能改变了土壤微生物的群落组成,仍具有减排 N$_2$O 的能力。

(四) 土壤固碳减排途径

土壤固碳减排是增加土壤生态系统碳汇功能,降低土壤温室气体排放的重要途径。实现农田土壤固碳减排协同,需要将水肥管理措施、农艺措施、固碳技术和生物固氮等多途径有机结合,在明确过程调控与微生物学机理的基础上,平衡土壤碳氮磷元素供应,提升微生物周转效率,增加生态系统尤其是底土固碳潜力,实现农田土壤零碳乃至负碳排放(图 3-19)。

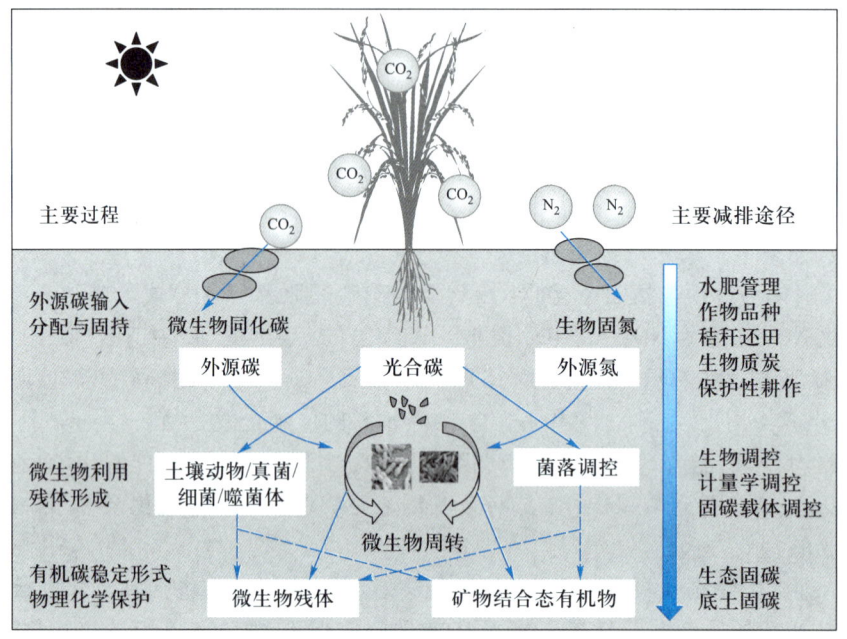

图 3-19 土壤固碳减排过程与途径

(资料来源:祝贞科等,2022)

1. 土壤微生物固碳

土壤微生物自养固碳是不可忽视的固碳途径。卡尔文循环(Calvin-Benson-Bassham cycle)是自养微生物二氧化碳同化、陆地生态系统初级产物合成的最主要途径。核酮糖-1,5-二酸羧化酶/加氧酶(RuBisCO)是卡尔文循环中碳同化的关键酶,该酶催化卡尔文循环中第一步 CO_2 固定反应。农田土壤微生物具有较高的 RuBisCO 酶活性,并且酶活性与碳同化速率呈显著正相关关系,证明农田土壤自养微生物能通过卡尔文循环将 CO_2 转化成有机物。自养微生物同化碳占稻田土壤固碳总量的 0.36%,占旱地土壤固碳总量的 0.19%(Ge 等,2013)。稻田土壤自养微生物同化碳的稳定性远高于其他外源碳输入(如作物根、茎)(Zhu等,2016)。

微生物对土壤有机质形成和转化作用包括体外修饰(*ex vivo* modification)和体内周转(*in vivo* turnover)两个方面。其中体外修饰作用是指植物残体输入土壤后,不易被微生物利用的组分经过胞外酶的分解转化过程,仍不能被微生物利用的植物源有机碳在土壤中沉积;易被微生物利用的有机碳组分会进入由不同种类微生物组成的“微生物碳泵”,并通过细胞摄取-生物合成-细胞生长-细胞死亡的途径转化为微生物源有机质。由于土壤微生物周转速率快、生长周期短,导致不同活性和数量的微生物残留物在土壤中迭代持续累积(即续埋效应)。因此,体内周转过程成为植物源有机碳向土壤有机质转化和累积的重要途径。微生物残留物在土壤固碳中发挥重要作用,微生物输入碳在土壤中比植物输入更稳定,微生物残体对土壤有机质的贡献可达 50% 以上,而死亡的微生物群是持久性有机碳的主要组成部分。

微生物生物量碳在土壤有机碳中所占比例很小,但微生物是有机碳循环的重要驱动力,其在新陈代谢或迭代过程中不断向土壤释放胞外酶、微生物细胞壁组分和细胞内容物。磷脂脂肪酸、小分子糖类和氨基酸等进入土壤后迅速被植物或微生物分解利用,另外一些物质如蛋白质和氨基糖可较长时间存留在土壤中,构成土壤有机质的重要组分。微生物残体在土壤有机碳稳定中起重要作用,活微生物生物量占总有机碳的 2%~4%,而死亡微生物生物量占 80%,主要是由于细胞壁组分的化学结构复杂、抗性强,在土壤中留存时间久,土壤中氨基糖的周转时间为 1~3 a,是磷脂脂肪酸的 7.8~23.0 倍、细胞液的 2.4~7.3 倍,相比于活体微生物量,氨基糖对有机质提升的贡献更大。相比于旱地,稻田缺氧条件下植物体有机碳组分经过微生物周转残留于土壤,导致植物源碳的相对贡献更大。

2. 土壤生物固氮

自然界中有一类特定的原核微生物能够将空气中的氮气转化为氨而供植物利用,这一过程称为生物固氮(Dixon 等,2004)。与工业固氮的高温高压条件相比,生物固氮在常温常压下就可进行,是生物圈中氮循环的主要过程之一。据统计,每年全球微生物固定的氮素量达 4 亿 t,约占全球作物需求量的 3/4,相当于工业生产氮肥的 3 倍多。生物固氮作为潜在的新型绿色氮肥,对实现农田温室气体减排具有重要意义。

根据固氮微生物与植物之间的相互关系,固氮菌可以分为共生固氮菌、自生固氮菌和联合固氮菌。共生固氮菌是指在与植物共生的情况下才能有效地固氮的一类原核微生物,其固氮效率高。据估算,共生固氮菌每年为全球贡献氮量为 $100~150$ kg N/hm^2,表现出优越的氮素固定能力和减排潜力(Cleveland 等,1999)。不施氮肥农田土壤中,通过接种根瘤菌可以显著促进大豆结瘤固氮,提高作物产量,平均增产 127 kg/hm^2,而当施入 200 kg/hm^2 的氮肥时,不增产反而抑制了生物固氮活性。大豆间作可以显著降低农田 N_2O 排放量,其降幅可达 22.6%~48.8%(Hungria 等,2006)。因为共生固氮菌的氮素固持能力和减排潜力依赖植物,这极大地限制了其推广与应用(Yang 等,2017)。

自生固氮菌和联合固氮菌统称为非共生固氮菌,依靠自生的固氮酶系统进行固氮,其效率比共生固氮菌低,但其固氮量常常被低估。事实上,农田生态系统中普遍存在自生固氮菌,这对补充植物氮素需求显得极为重要。据估算,微生物固氮贡献了主要农作物(玉米、水稻和小麦)总氮的 24%(Ladha 等,2016)。其中,稻田生态系统每年生物固氮量高达 22 kg N/hm^2,且 50% 的生物固氮可以被当季水稻吸收(Bei 等,2013),表现出较高的减肥减排潜力。非共生固氮效率显著受环境因子的影响。固氮微生物对活性氮素敏感,当环境活性氮素大量存在时,固氮酶会接收高氮信号,进而调控氮素利用策略。由于固氮酶遇氧会失活,因此多样的固氮微生物衍生出了一系列厌氧保护策略。然而,非共生固氮的微生物调控过程并不清楚,其机制仍需深入研究。

3. 土壤生态系统固碳

陆地生态系统主要包括森林、草原、湿地与农田等。其中全球森林、草原和农田生态系统碳储量分别约占整个陆地生态系统碳储量的 46%~56%、29%~31% 和 5%~8%。这些生态系统中土壤有机碳储量所占比例较大,其有机碳库变化和调控是陆地生态系统温室气体减排的关键。2007 年联合国政府间气候变化专门委员会第四次评估报告指出,农田温室气体减排潜力 90% 是通过土壤固碳实现的,通过适当的农田管理措施,农田土壤可以发挥较大的固碳作用,从而减少农业生产引起的温室气体排放。主要的农田土壤固碳措施包括秸秆还田、生物炭、保护性耕作、增加底土碳储量等。

秸秆还田有利于土壤固碳减排。作物秸秆是农业生产过程中的主要副产品,秸秆还田能改善土壤结构、增加土壤团聚体稳定性,从而增加土壤有机质含量、减少温室气体排放。据估计,秸秆约占生产性农作物总生物量的50%,全球范围内每年约产生40亿t秸秆,具有巨大的固碳减排潜能。以江苏为例,2014年未被利用的秸秆资源相当于170万t标准煤,若将其全部还田,所返还的养分替代化肥可抵消36万t二氧化碳当量温室气体排放。综合土壤固碳和稻田甲烷减排,推广秸秆"旱重水轻"的还田技术,我国农田每年可减少二氧化碳排放当量约2.1亿t。

生物炭施用增加土壤碳库。有机物质在完全或部分缺氧的条件下,可低温热裂解生成生物炭,原料包括作物秸秆、树木枝干、畜禽粪便、稻壳等。由于生物炭较为稳定,难以被微生物降解,使其成为土壤的惰性碳库,只有5%的碳会通过土壤微生物的作用重新释放到大气,而土壤固碳量增加可达20%。如果能将作物秸秆、树木枝干等农林废弃物转化为生物炭施于土壤,全球尺度下碳排放将降低12%~84%。国际生物炭组织估计,到2040年平均每年仅利用农林废弃物就可减少3.67亿t二氧化碳当量温室气体的排放。

生物炭对土壤CH_4排放与农艺措施有关。无秸秆土壤中,低温生物炭可显著增加土壤DOC含量,降低土壤E_h,提高产CH_4古菌的丰度,CH_4排放量增加;施加秸秆土壤中,低温生物炭土壤E_h及DOC含量的影响不显著,产CH_4古菌丰度相对降低,土壤中施加低温或高温生物炭均可减少CH_4排放量。

保护性耕作能促进土壤固碳。土壤有机质分解的关键在于有机质在土壤中失去团聚体的保护而被微生物所分解,常规耕作模式下土壤结构的破坏及频繁的干湿交替作用,使团聚体保护的土壤有机碳暴露而被土壤微生物利用,导致土壤有机碳矿化速率提高,加速土壤碳的释放。实施保护性耕作后,减少了对土壤的扰动,可降低土壤有机质的分解矿化,还能够促进土壤团聚体的发育。采用保护性耕作,有60%~70%的碳损失可被重新固定。全球范围内如果采用保护性耕作等碳管理措施,每年从大气中吸收固定的碳量一般为4亿~12亿t,相当于全球每年碳排放量的5%~15%(Lal,2004)。

增加底土碳储量是实现土壤固碳的重要途径之一。底土有机碳(>20 cm)是土壤碳库的重要组成部分,总量高于表土碳库。土壤中约有30%以上的植物根系和50%以上的有机碳主要分布在20 cm以下的底土层。据估计,全球1 m深土壤剖面中一般有50%~81%的有机碳储存在20 cm以下底土层。底土的土壤发生特性、土体环境和理化性状与表土不同,导致底土有机碳周转特性有别于表土。底土中有机碳与矿物质吸附结合的程度较表土更强,形成的微生物与底物之间物理化学隔离导致底土有机碳更具稳定性。底土和表土中有机碳的化学结构组成相似,但是底土的芳香族化合物含量相对较高,化学抗性更强。较低的土温、养分有效性、pH和通气性也限制底土有机碳分解,从而维持底土有机碳的稳定。农田管理措施可以影响底土有机碳含量和稳定性。常规耕作可增加深达50 cm底土层的有机碳含量,因为翻耕促使作物残茬进入底土层,造成土壤有机碳积累;长期作物残茬和粪肥会促进底土有机碳积累,而长期深耕和轮作则会导致底土有机碳损失,这与土壤温度变高、通气变好和部分团聚体保护的有机质更易分解有关。

土壤碳库贮存陆地表层总碳储量的大约70%,土壤碳库的微小变化将严重影响全球碳循环。陆地生态系统固碳减排潜力巨大,是《京都议定书》中接受的减排机制之一。我国耕作层土壤有机碳密度平均比欧美低 1/3,以 18 亿亩(1 亩 $\approx$ 666.7 m^2)耕地土壤碳含量年增长 1% 计,相当于净吸收 306 亿 t CO$_2$,约为目前人为 CO$_2$ 年排放量的 2.57 倍。有关土壤固碳减排潜力及影响因素有待进一步深入研究。

思考题与习题

1. 简述土壤中氮素向水体和大气迁移的关键过程及可能的危害。

2. 试述什么条件下土壤中的铵可转化为氨,并挥发进入大气。

3. 为什么旱地土壤是 N$_2$O 的主要排放源?试述土壤 N$_2$O 减排技术原理。

4. 试述土壤中硝酸盐流失的途径及其危害。

5. 试述铁在土壤氮素转化过程中的作用及机制。

6. 为什么过量施用氮肥会导致土壤酸化?

7. 简述土壤磷素向土体外迁移的主要途径及其对水体富营养化的影响。

8. 简述土壤重金属向植物及水体的迁移过程及影响因素。

9. 举例说明土壤中重金属生物有效性与其赋存形态的关系。

10. 简述土壤中砷的迁移转化路径及减轻砷危害的技术原理。

11. 试述植物吸收累积重金属的主要途径及影响因素。

12. 试述微生物在重金属形态转化中的作用及其环境效应。

13. 举例说明土壤中典型农药的迁移转化过程及其影响因素。

14. 试述土壤中铁在卤代有机物转化过程中的作用及原理。

15. 试述影响稻田甲烷排放的关键因素及稻田温室气体减排的技术路径。

主要参考文献

[1] Yang W H, Weber K A, Silver W L. Nitrogen loss from soil through anaerobic ammonium oxidation coupled to iron reduction [J]. Nature Geoscience, 2012, 5(8): 538−541.

[2] Ding L J, An X L, Li S. Nitrogen loss through anaerobic ammonium oxidation coupled to iron reduction from paddy soils in a chronosequence [J]. Environmental Science & Technology, 2014, 48(18): 10641−10647.

[3] Sattari S Z, Bouwman A F, Giller K E, et al. Residual soil phosphorus as the missing piece in the global phosphorus crisis puzzle [J]. Proceedings of the National Academy of Sciences of the United States of America, 2012, 109(16): 6348−6353.

[4] Obersteiner M, Peñuelas J, Ciais P, et al. The phosphorus trilemma [J]. Nature Geoscience, 2013, 6(11): 897−898.

[5] Ge X F, Wang L J, Zhang W J, et al. Molecular understanding of humic acid-limited phosphate precipitation and transformation [J]. Environmental Science & Technology, 2020, 54(1): 207−215.

[6] Reinhard C T, Planavsky N J, Gill B C, et al. Evolution of the global phosphorus cycle [J]. Nature, 2017, 541 (7637): 386−389.

[7] Huang H, Kopittke P M, Kretzschmar R, et al. The voltaic effect as a novel mechanism controlling the remobilization of cadmium in paddy soils during drainage [J]. Environmental Science & Technology, 2021, 55(3): 1750−1758.

[8] Qiao J, Li X, Li F, et al. Humic substances facilitate arsenic reduction and release in flooded paddy soil [J]. Environmental Science & Technology, 2019, 53(9): 5034−5042.

[9] Zhong S X,Li X M,Li F B,et al. Water management alters cadmium isotope fractionation between shoots and nodes/leaves in a soil-rice system [J]. Environmental Science & Technology,2021,55(19):12902−12913.

[10] Qiao J T,Li X M,Hu M,et al. Transcriptional activity of arsenic-reducing bacteria and genes regulated by lactate and biochar during arsenic transformation in flooded paddy soil [J]. Environmental Science & Technology,2018,52(1):61−70.

[11] Chen C,Hall S J,Coward E,et al. Iron-mediated organic matter decomposition in humid soils can counteract protection [J]. Nature Communications,2020,11(1):2255.

[12] Sun X,Kong T,Häggblom M M,et al. Chemolithoautotropic diazotrophy dominates the nitrogen fixation process in mine tailings [J]. Environmental Science & Technology,2020,54:6082−6093.

[13] Zhang M,Li Z,Häggblom M M,et al. Bacteria responsible for nitrate-dependent antimonite oxidation in antimony-contaminated paddy soil revealed by the combination of DNA−SIP and metagenomics [J]. Soil Biology & Biochemistry,2021,156:1−13.

[14] Tan X,Xie G J,Nie W B,et al. Fe(Ⅲ)-mediated anaerobic ammonium oxidation:A novel microbial nitrogen cycle pathway and potential applications [J]. Critical Reviews in Environmental Science and Technology,2022,52(16):2962−2994.

[15] Hu S W,Liang Y Z,Liu T X,et al. Kinetics of As(Ⅴ) and carbon sequestration during Fe(Ⅱ)-induced transformation of ferrihydrite−As(Ⅴ)−fulvic acid coprecipitates [J]. Geochimica et Cosmochimica Acta,2020,272:160−176.

[16] 洪泽彬,方利平,钟松雄,等. Fe(Ⅱ)介导针铁矿活化氧气催化 As(Ⅲ)氧化过程与作用机制[J]. 科学通报,2020,65(11):997−1008.

[17] Furuya M,Hashimoto Y,Yamaguchi N. Time-course changes in speciation and solubility of cadmium in reduced and oxidized paddy soils [J]. Soil Science Society of America Journal,2016,80(4):870−877.

[18] USEPA. Estimation Programs Interface Suite(EPI Suite).

[19] Seshadri R,Adrian L,Fouts D E,et al. Genome sequence of the PCE−dechlorinating bacterium *Dehalococcoides ethenogenes* [J]. Science,2005,307(5706):105−108.

[20] Singh B K. Organophosphorus-degrading bacteria:ecology and industrial applications [J]. Nature Reviews Microbiology,2009,7(2):156−164.

[21] Borggaard O K,Gimsing A L. Fate of glyphosate in soil and the possibility of leaching to ground and surface waters:a review [J]. Pest Management Science,2008,64:441−456.

[22] Field J A,Sierra−Alvarez R. Microbial transformation and degradation of polychlorinated biphenyls [J]. Environmental Pollution,2008,155(1):1−12.

[23] Huang H W,Chang B V,Lee C C. Reductive debromination of decabromodiphenyl ether by anaerobic microbes from river sediment [J]. International Biodeterioration & Biodegradation,2014,87:60−65.

[24] 胡敏,李芳柏. 土壤微生物铁循环及其环境意义[J]. 土壤学报,2014,51:683−698.

[25] Weber K A,Achenbach L A,Coates J D. Microorganisms pumping iron:anaerobic microbial iron oxidation and reduction [J]. Nature Reviews Microbiology,2006,4(10):752−764.

[26] Lovley D R. Organic matter mineralization with the reduction of ferric iron:A review [J]. Geomicrobiology Journal,1987,5(3-4):375−399.

[27] Kuzyakov Y,Friedel J K,Stahr K. Review of mechanisms and quantification of priming effects [J]. Soil Biology & Biochemistry,2000,32(11-12):1485−1498.

[28] Liesack W,Schnell S,Revsbech N P. Microbiology of flooded rice paddies[J]. FEMS Microbiology Reviews,2000,24(5):625−645.

[29] Ettwi K F,Zhu B L,Speth D,et al. Archaea catalyze iron-dependent anaerobic oxidation of methane [J]. Pro-

ceedings of the National Academy of Sciences of the United States of America, 2016, 113 (45):12792 – 12796.

[30] Fu L, Li S W, Ding Z W, et al. Iron reduction in the DAMO/*Shewanella oneidensis* MR – 1 coculture system and the fate of Fe(II) [J]. Water Research, 2016, 88: 808 – 815.

[31] Dave S R, Eric A D, Keith A S. Global Agriculture and Nitrous Oxide Emissions [J]. Nature Climate Change, 2012, (2): 410 – 416.

[32] Schmidt M W I, Torn M S, Abiven S, et al. Persistence of soil organic matter as an ecosystem property [J]. Nature, 2011, 478 (7367): 49 – 56.

[33] 徐仁扣. 土壤酸化及其调控研究进展[J]. 土壤, 2015, 47: 238 – 244.

[34] Van Bodegom P M, Scholten J C, Stams A J. Direct inhibition of methanogenesis by ferric iron [J]. FEMS Microbiology Ecology, 2004, 49 (2): 261 – 268.

[35] Lalonde K, Mucci A, Ouellet A, et al. Preservation of organic matter in sediments promoted by iron [J]. Nature, 2012, 483 (7388): 198 – 200.

[36] Wu S, Zhuang G, Bai Z. Mitigation of nitrous oxide emissions from acidic soils by *Bacillus amyloliquefaciens*, a plant growth-promoting bacterium [J]. Global Change Biology, 2018, 24, (6): 2352 – 2365.

[37] Ge T, Wu X, Chen X, et al. Microbial phototrophic fixation of atmospheric CO_2 in China subtropical upland and paddy soils [J]. Geochimica et Cosmochimica Acta, 2013, 113: 70 – 78.

[38] Zhu Z, Zeng G, Ge T, et al. Fate of rice shoot and root residues, rhizodeposits, and microbe-assimilated carbon in paddy soil–Part 1: Decomposition and priming effect [J]. Biogeosciences, 2016, 13 (15): 4481 – 4489.

[39] 祝贞科, 肖谋良, 魏亮, 等. 稻田土壤固碳关键过程的生物地球化学机制及其碳中和对策[J]. 中国生态农业学报(中英文), 2022, 30 (4): 592 – 602.

[40] Dixon R, Kahn D. Genetic regulation of biological nitrogen fixation [J]. Nature Reviews Microbiology, 2004, 2 (8): 621 – 631.

[41] Cleveland C C, Townsend A R, Schimel D S, et al. Global patterns of terrestrial biological nitrogen (N_2) fixation in natural ecosystems [J]. Global Biogeochemical Cycles, 1999; 13 (2): 623 – 645.

[42] Hungria M, Franchini J C, Campo R J, et al. Nitrogen nutrition of soybean in Brazil: Contributions of biological N_2 fixation and N fertilizer to grain yield [J]. Canadian Journal of Plant Science, 2006, 86 (4): 927 – 939.

[43] Yang J, Xie X, Yang M, et al. Modular electron–transport chains from eukaryotic organelles function to support nitrogenase activity [J]. Proceedings of the National Academy of Sciences, 2017, 114 (12): 2460 – 2465.

[44] Ladha J K, Tirol–Padre A, Reddy C K, et al. Global nitrogen budgets in cereals: A 50-year assessment for maize, rice and wheat production systems [J]. Scientific Reports, 2016, 6: 1 – 9.

[45] Bei Q, Liu G, Tang H, et al. Heterotrophic and phototrophic 15N2 fixation and distribution of fixed ^{15}N in a flooded rice-soil system [J]. Soil Biology & Biochemistry, 2013, 59: 25 – 31.

[46] Lal R. Soil carbon sequestration impacts on global climate change and food security [J]. Science, 2004, 304 (5677): 1623 – 1627.

第四章　农田土壤污染阻控与修复

土壤是农业活动最基本的生产资料,也是农业可持续发展的物质基础。农田土壤污染不仅会导致耕地环境质量下降,同时会影响农作物的产量和品质,进而影响农产品安全、威胁人体健康。发展农田土壤污染阻控与修复技术,对保障产地环境及农产品安全具有重要意义。本章将详细介绍农田土壤重金属及有机物污染的缓解与阻控技术,并分别介绍重金属与有机物污染农田土壤修复技术。

第一节　农田土壤重金属污染缓解与阻控

农田土壤重金属污染是指人为因素导致重金属进入农田表层土壤,使重金属的含量增加或生物有效性提高,引起土壤物理、化学、生物等特性改变,影响土壤功能和作物产量与品质,危害生态环境,并威胁公众健康。

重金属从土壤迁移至农作物可食部位是生物与非生物多介质界面作用的复杂过程。土壤酸碱性和氧化还原状态显著影响重金属的赋存形态,从而影响其迁移和转化。农田土壤重金属污染缓解与阻控主要通过物理、化学、微生物、农艺等措施,降低土壤重金属的生物有效性,减少作物重金属累积和农产品中重金属含量;同时须与生产相结合,既要保障土壤正常的生产功能,又要保障农产品安全。农田土壤污染缓解与阻控技术主要包括物理化学和微生物两大类。

一、物理化学缓解与阻控技术

采用酸碱中和、氧化还原等物理化学手段,通过吸附、沉淀、配合、氧化和还原等作用,降低土壤重金属生物有效性,从而减少其在作物可食部位的累积,提高农产品的安全性。

(一)酸碱中和技术

土壤 pH 是影响重金属生物有效性的重要因子。总体上,我国农田土壤 pH 呈明显的地带性分布,呈现从南到北、从东至西逐步升高的特点。一般来说,土壤 pH 越高,镉、汞、铬、铅等重金属阳离子的生物有效性越低,而砷等酸根类金属的生物有效性越高。酸碱中和技术是缓解农田土壤重金属污染的重要途径。向土壤中添加碱性物质,土壤 pH 升高,氧化还原电位降低,绝大部分重金属阳离子会形成氢氧化物等沉淀,生物有效性降低。

1. 重金属与氢氧根沉淀化合物的溶解平衡常数

土壤中溶解态重金属浓度受其沉淀溶解平衡常数(溶度积,K_{sp})、土壤 pH 影响。一定浓度的重金属离子(M^{n+})是否生成氢氧化物沉淀主要取决于溶液中氢氧根离子(OH^-)的浓度($K_{sp} = [M^{n+}][OH^-]^n$)。常见金属离子与 OH^-、CO_3^{2-}、PO_4^{3-}、S^{2-} 形成沉淀化合物的溶解平衡常数如表 4-1 所示。

表 4-1　常见金属离子沉淀化合物的溶解平衡常数

氢氧化物	pK_{sp}	碳酸盐	pK_{sp}	磷酸盐	pK_{sp}	硫化物	pK_{sp}
$Cr(OH)_3$	30.20	—	—	—	—	—	—
$Ba(OH)_2$	2.30	$BaCO_3$	8.30	$BaHPO_4$	19.80	—	—
$Ca(OH)_2$	5.26	$CaCO_3$	8.35	$Ca_3(PO_4)_2$	32.68	—	—
$Al(OH)_3$	32.90			$AlPO_3$	20.01	Al_2S_3	6.70
$Cd(OH)_2$	13.66	$CdCO_3$	13.70	$Cd_3(PO_4)_2$	32.60	CdS	27.00
$Cu(OH)_2$	19.30	$CuCO_3$	9.60	$CuHPO_4$	16.50	CuS	36.10
$Fe(OH)_2$	15.00	$FeCO_3$	10.70	$Fe_3(PO_4)_2$	36.00	FeS	18.10
$Fe(OH)_3$	37.50	—	—	$FePO_4$	26.40		
$Mg(OH)_2$	10.74	$MgCO_3$	7.45	$Mg_3(PO_4)_2$	25.20	—	—
$Mn(OH)_2$	12.96	$MnCO_3$	10.40	—	—	MnS	13.50
$Hg(OH)_2$	25.32	$HgCO_3$	16.10			HgS	53.30
$Ni(OH)_2$	14.70	$NiCO_3$	6.90	$NiHPO_4$	15.40	NiS	26.60
$Pb(OH)_2$	14.93	$PbCO_3$	13.10	$Pb_3(PO_4)_2$	43.50	PdS	27.50
$Zn(OH)_2$	17.15	$ZnCO_3$	10.00	$Zn_3(PO_4)_2$	35.30	ZnS	24.70

资料来源:北京师范大学无机化学教研室等,2002。

2. 酸碱中和缓解与阻控

酸性土壤中重金属的生物有效性相对较高,易被农作物吸收积累。通过添加 $CaCO_3$、$Ca(OH)_2$、$Mg(OH)_2$ 等石灰性物质,土壤 pH 提高,从而降低镉、汞、铅等重金属的生物有效性,农作物重金属含量显著降低。施加熟石灰是土壤重金属污染缓解与阻控的常用方法,但在碱性土壤中添加碱性物质,其缓解与阻控效果将变弱。

(二)共沉淀技术

1. 黏土矿物层间的重金属共沉淀

土壤中富含高岭石、蒙脱石等黏土矿物,是土壤胶体的主要组成部分,在土壤自净过程中起至关重要的作用。黏土矿物具有比表面积大、阳离子吸附点位多等特性,能吸附固定重金属离子。黏土矿物层间具有丰富的活性基团及同晶置换形成的不等价离子,可以与重金属离子共沉淀,甚至把重金属离子吸持在黏土矿物层间。通常添加海泡石、凹凸棒石、蒙脱石等矿物提高砂性土壤固定重金属的能力。

2. 酸根态类金属与氧化铁共沉淀

土壤中游离氧化铁通常包裹在黏土矿物的表面。由于其表面带正电荷、粒径小,吸附砷、锑等酸根态离子的能力较强。氧化铁与重金属离子的共沉淀反应通常伴随氧化铁晶体结构的改变,并受天然有机质和无机离子的影响。例如,氧化铁可以与砷、锑等酸根态类金属共沉淀,镉、铅、铬等重金属阳离子则可伴随晶相转化过程进入氧化铁晶格内部形成共沉淀。

亚铁氧化和亚硝酸盐反硝化可强化氧化铁次生矿物的形成,从而促进其与砷酸根的共沉淀(Hu 等,2022)。pH 的变化可影响氧化铁矿物的类型和结晶过程,进而影响其对砷酸根的固定过程。例如,pH 为 5.5 时,化学反硝化形成的氧化铁主要为弱结晶的水铁矿,As—O 的配位距离为 1.68 Å,配位数为 4.0;As—Fe 的配位距离为 3.35 Å,配位数为 1.8,表明砷酸盐与弱结晶的水铁矿主要形成双齿双核共角(^2C)的配合物;pH 为 6.5~8.0 时,形成针铁矿和磁铁矿等结晶氧化铁,其含量随 pH 升高而增加,As—Fe 的配位数却分别增加至 2.9 和 3.3,砷酸盐可以通过与结晶态氧化铁缺陷位点上 2~6 个 FeO_6 八面体结合形成三齿六核共角(^3C)配合物的方式,进而掺杂到氧化铁晶格结构或占据其表面缺陷位点。总体来说,在 pH 为 5.5 时砷酸盐主要吸附在弱晶质的氧化铁上;而 pH 为 6.5~8.0 时,砷酸盐可通过同晶置换的方式,部分掺杂到结晶态氧化铁的晶格结构中,从而达到稳定固化的效果(图 4-1)。在整个化学反硝化过程中,砷酸盐并未发生氧化还原反应,一直以五价砷的形式存在。

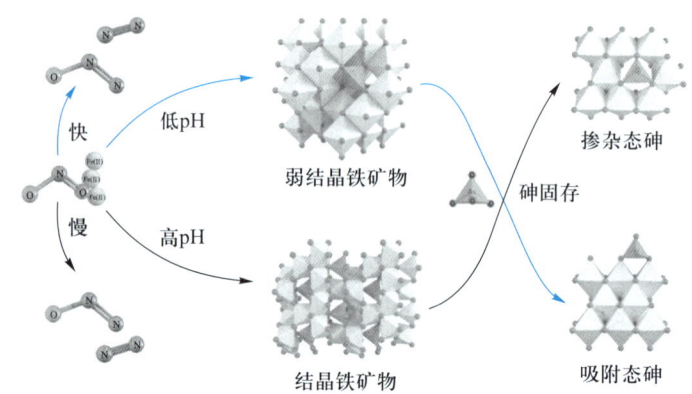

图 4-1　不同 pH 条件下化学反硝化过程中 As(V)的固定机制示意图

(资料来源:Hu 等,2022)

3. 重金属与碳酸盐、磷酸盐及硫化物的共沉淀

在土壤溶液中,含有碳酸盐、磷酸盐、硫化物的矿物发生溶解反应释放的微量阴离子,均可与重金属阳离子发生沉淀反应。例如,$CaCO_3$ 是一种通用的共沉淀修复剂,它缓慢溶解后释放 Ca^{2+} 和 CO_3^{2-} 离子,可分别与 AsO_4^{3-}、Cd^{2+} 反应形成 $Ca_3(AsO_4)_2$ 或 $CdCO_3$ 等难溶性沉淀。磷矿粉、磷酸钙、羟基磷灰石等富含磷酸根的矿物也是常用的重金属共沉淀修复剂。铅与磷酸根反应形成 $Pb_5(PO_4)_3(OH)$ 沉淀;酸性条件下(pH≤6.0)二水磷酸氢钙释放 Ca^{2+} 和 $H_2PO_4^-$(式(4-1)),与 Cd^{2+} 反应形成 $Cd_{(5-x)}Ca_xH_2(PO_4)_4 \cdot 4H_2O$(式(4-2));在碱性条件下(pH≥8.0)释放 Ca^{2+} 和 HPO_4^{2-}(式(4-3)),与 $HAsO_4^{2-}$ 反应形成 $Ca_4(OH)_2(AsO_4)_2 \cdot 4H_2O$ 和 $Ca_5(AsO_4)_{(3-x)}(PO_4)_xOH$(式(4-4));当与 Cd^{2+} 共存时形成 $Cd_5(PO_4)_3OH$ 和 $Cd_{(5-x)}Ca_x(AsO_4)_{(3-y)}(PO_4)_yOH$(式(4-5))。

硫化物既可与重金属阳离子形成难溶性沉淀,也可与砷、锑共沉淀。一般情况下,金属硫化物的溶度积常数比相应的氢氧化物、碳酸盐、磷酸盐小几个数量级,即使在酸性环境中也不易溶解,但受氧化还原电位的影响较大。

$$H^+ + CaHPO_4 \longrightarrow Ca^{2+} + H_2PO_4^- \quad (pH \leqslant 6.0) \tag{4-1}$$

$$Ca^{2+} + H_2PO_4^- + Cd^{2+} \longrightarrow Cd_{(5-x)}Ca_xH_2(PO_4)_4 \cdot 4H_2O \tag{4-2}$$

$$H_2O + CaHPO_4 \longrightarrow Ca^{2+} + HPO_4^{2-} \quad (pH \geqslant 8.0) \tag{4-3}$$

$$Ca^{2+} + HPO_4^{2-} + HAsO_4^{2-} \longrightarrow Ca_4(OH)_2(AsO_4)_2 \cdot 4H_2O + Ca_5(AsO_4)_{(3-x)}(PO_4)_xOH$$

$$\tag{4-4}$$

$$Ca^{2+}+HPO_4^{2-}+Cd^{2+}+HAsO_4^{2-}\longrightarrow Cd_5(PO_4)_3OH+Cd_{(5-x)}Ca_x(AsO_4)_{(3-y)}(PO_4)_yOH$$

$$(4-5)$$

（三）氧化还原技术

1. 三价砷氧化

土壤中砷的赋存形态与氧化还原电位、pH 密切相关。土壤酸性条件下 As（V）主要以 $H_2AsO_4^-$ 存在，碱性时主要以 $HAsO_4^{2-}$ 和 AsO_4^{3-} 存在。厌氧还原条件下，土壤溶液与矿物表面的 As 主要以 As（Ⅲ）存在，其移动性和毒性远大于 As（V）。

实际环境中 As（Ⅲ）可通过好氧或厌氧氧化两个途径转化为 As（V）。有氧条件下亚铁与氧气之间发生类芬顿反应，同时 As（Ⅲ）与 Fe（Ⅱ）发生共氧化（图 4-2），Fe（Ⅱ）氧化产生的 H_2O_2 和活性氧自由基（ROS）是砷氧化主要的氧化剂，该过程伴随水铁矿和针铁矿等氧化铁的生成。Fe（Ⅱ）吸附于氧化铁表面后可直接活化氧气产生活性氧自由基，氧化 As（Ⅲ）。有氧条件下针铁矿（geothite，Gt）显著促进 Fe（Ⅱ）催化氧化 As（Ⅲ）（图 4-3（a）），As（V）含量随针铁矿投加量和 Fe（Ⅱ）初始浓度增加而提高，生成的 As（V）可被氧化铁化学固定（洪泽彬等，2020）。其中，吸附态 Fe（Ⅱ）可直接活化氧气产生活性氧、进而促进 As（Ⅲ）氧化；针铁矿上的氧空位通过促进电子传递、次级活性氧自由基生成及 Fe（Ⅱ）循环，进一步促进 As（Ⅲ）氧化（图 4-3（b））。$\cdot O_2^-$ 和 H_2O_2 是导致 As（Ⅲ）氧化的主要活性物种。

厌氧条件下共存亚铁离子与水铁矿的结构态铁间发生电子转移与原子交换，水铁矿逐步转化为结晶度更高的纤铁矿或针铁矿等晶相，As（Ⅲ）被化学氧化为 As（V），然后与氧化铁发生共沉淀反应而被固定。其中氧化铁表面吸附态 Fe（Ⅱ）与 Fe（Ⅲ）的原子交换是导致 As（Ⅲ）氧化的关键过程。As（Ⅲ）的氧化随 Fe（Ⅱ）初始浓度和氧化铁投加量增加而增强，生成的 As（V）被氧化铁固定。

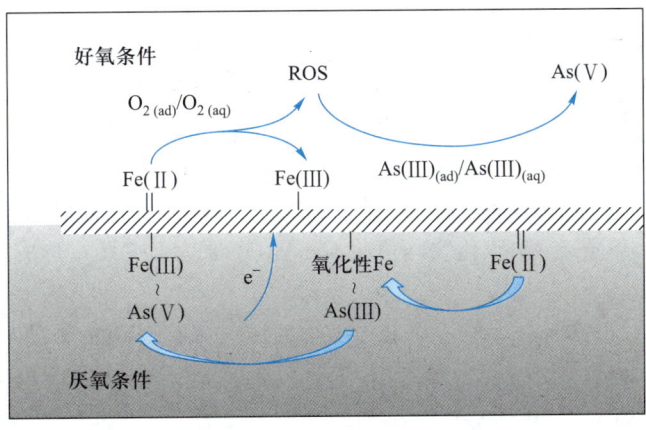

图 4-2　Fe（Ⅱ）介导 As（Ⅲ）氧化作用机制

2. 五价锑还原

与砷不同，Sb（V）比 Sb（Ⅲ）溶解性与移动性更强。在厌氧条件下，Sb（V）可被还原为 Sb（Ⅲ），铁和硫均可直接参与 Sb（V）的还原过程。厌氧环境中，氧化铁转化中间产物绿锈可将 Sb（V）直接还原为 Sb（Ⅲ），磁铁矿、四方硫铁矿等也能将 Sb（V）还原成 Sb（Ⅲ）。在 Sb（V）被磁铁矿还原时，其还原速率受到磁铁矿的初始剂量、反应时间及 pH 的影响。Sb（V）可被四方硫铁矿完全还原为 $Sb^{Ⅲ}$-S_3 复合物。酸性还原条件下，硫化物是一种较强

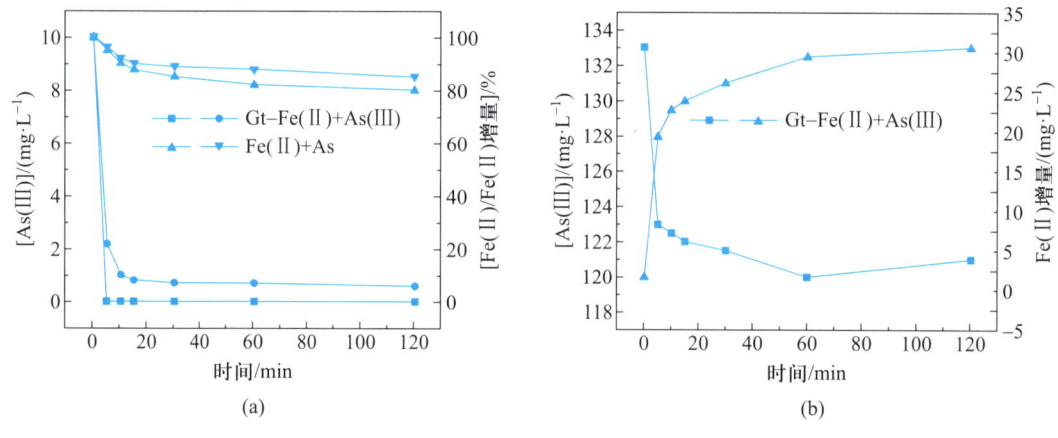

图 4-3　有氧条件下 As（Ⅲ）和 Fe（Ⅱ）氧化动力学

（a）均相体系 As（Ⅲ）和 Fe（Ⅱ）氧化；（b）非均相体系 As（Ⅲ）和 Fe（Ⅱ）氧化

（资料来源：洪泽彬等，2020）

的还原剂，H_2S 可将 Sb（Ⅴ）快速还原为 Sb（Ⅲ），如反应式（4-6）。在 pH 为 5~6 的微酸性环境中，$Sb(OH)_6^-$ 可转化为不稳定的 $Sb(OH)_5$，如反应式（4-7）和式（4-8）。Sb（Ⅴ）被还原为 Sb（Ⅲ）后，可与氧化铁、硫化物发生沉淀反应，从而降低环境中锑的移动性。

$$H_2S(aq) + Sb(OH)_6^-(aq) + H^+(aq) \longrightarrow Sb(OH)_3(aq) + \frac{1}{8}S_8(s) + 3H_2O(l) \quad (4-6)$$

$$Sb(OH)_5(aq) + nH_2O^+(aq) \longrightarrow Sb(OH)_{5-n}(OH_2)_n^{n+}(aq) + H_2S(aq) \quad (4-7)$$

$$Sb(OH)_{5-n}(OH_2)_n^{n+}(aq) + H_2S(aq) \longrightarrow \frac{1}{8}S_8(s) + 2H_2O(l) + nH^+(aq) \quad (4-8)$$

3. 六价铬还原

Cr（Ⅵ）的毒性与移动性远大于 Cr（Ⅲ）。土壤中铬大多以 Cr（Ⅲ）形态存在，水溶性有机质、腐殖酸、生物炭等表面含有大量羧基、羰基等含氧活性官能团，可作为电子供体将 Cr（Ⅵ）还原为 Cr（Ⅲ），并与有机碳形成复合物。零价铁和亚铁均具有较强还原性，可直接将 Cr（Ⅵ）还原为 Cr（Ⅲ）。还原产物 Cr（Ⅲ）与氢氧根离子、氧化铁结合形成氢氧化铁铬沉淀。可溶性硫化物、单质硫、铁硫化物均可将 Cr（Ⅵ）还原为 Cr（Ⅲ），形成硫化铬沉淀。

4. 硫还原

土壤中的硫可以以多种化学形态存在，其形态转化显著影响重金属的生物地球化学过程。厌氧环境中硫常被还原为 S^{2-}，并与 Hg^{2+}、Cd^{2+} 等形成金属硫化物，As（Ⅴ）可被还原为 As（Ⅲ）并形成硫化砷沉淀，从而降低其生物有效性。例如，淹水条件下，硫可诱导水稻根表铁膜形成，将重金属吸附固定在根表铁膜上，阻止其向根茎迁移。向土壤中施加硫可促进硫铁矿的形成，并与重金属共沉淀形成硫化铁矿物，从而固定土壤重金属。此外，硫诱导农作物根系合成谷胱甘肽、金属硫蛋白和植物螯合素等，并与重金属离子螯合形成复合物，进而减少其向农作物的迁移。

（四）阻控材料

1. 常见阻控材料及技术适宜性

土壤重金属污染阻控材料包括无机、有机、无机-有机复合材料三大类。根据其功能基团类型,无机阻控材料又可分为钙基、硅基、铁基、硫基、磷酸基、黏土矿物基等六个亚类;有机阻控材料可分为炭基、腐殖质基及其他材料(表 4-2)。

表 4-2　物理化学阻控材料分类表

类型	功能基团	适宜重金属
无机材料	钙基,包括石灰、石灰石、石膏等农用石灰质物质	镉、铬、铅
	硅基,包括偏硅酸盐、硅藻土等	镉、铬、铅
	铁基,包括零价铁、磁铁矿、铁盐等	砷、铬
	硫基,包括硫黄、硫化物、巯基化合物等	镉、汞、铬、铅
	磷酸基,包括羟基磷灰石、磷矿粉等	镉、铅
	黏土矿物基,包括膨润土、凹凸棒土等	镉、铬、铅
有机材料	炭基,包括生物炭等	镉、铬、铅
	腐殖质基,包括泥炭、腐殖酸类等	镉、铬、铅
有机-无机复合材料	包括铁改性生物炭、铁改性腐殖质等	镉-砷、镉-汞等复合污染

常用的无机阻控材料包括石灰、石灰石、石膏等钙基农用石灰质物质及偏硅酸盐、硅藻土等硅基材料,其主要作用机制是:在土壤溶液中释放氢氧根离子,土壤 pH 升高,重金属离子与硅酸根、碳酸根等发生沉淀反应,从而降低重金属的生物有效性。

零价铁、磁铁矿、铁盐等铁基阻控材料对砷的钝化具有较强的选择性,其主要作用机制是:在有氧条件下亚铁与氧自由基之间发生类芬顿反应,将 As(Ⅲ)氧化为 As(Ⅴ),氧化铁矿物与 As(Ⅴ)反应生成砷酸铁矿物。同时,低价态铁可直接将 Cr(Ⅵ)还原为 Cr(Ⅲ),氧化铁矿物与 Cr(Ⅲ)共沉淀,降低其移动性。

镉、汞、铅的金属硫化物难溶于水,因此,硫黄、硫化物、巯基化合物等硫基阻控材料对镉、汞等重金属阳离子具有良好的钝化效果。铅、镉与磷酸根的溶解平衡常数分别为 43.5 和 32.6;羟基磷灰石、磷矿粉等阻控材料也可有效钝化土壤中铅和镉。

生物炭是一种常见的农田土壤重金属污染阻控材料。生物炭一般表现为碱性,比表面积大,吸附点位丰富,是一类优质的重金属吸附剂。生物炭也是优质的土壤改良剂,可提高土壤有机质含量,改良土壤结构,提高农田土壤生产力。生物炭的阻控效果与重金属的性质密切相关,应根据土壤条件和重金属种类进行选择,避免次生环境风险。例如,铁与生物炭、泥炭结合可治理农田土壤镉-砷复合污染,提高土壤有机质含量及农作物产量。

2. 阻控材料的基本要求

施用重金属污染阻控材料的目的是降低土壤中重金属的生物有效性及农产品中重金属含量,提高农产品产量和品质。用于大规模农田土壤重金属污染的阻控材料必须经济绿色高效,特别要注意阻控材料的次生环境风险:① 不引起农产品中目标重金属之外的其他污染物含量升高;② 镉、汞、铅、铬和砷等 5 种重金属含量不高于治理区域土壤重金属含量;③ 与对照区相比,农产品产量不降低,如果造成减产,其减产幅度应满足《受污染耕地治理与修复导则(NY/T 3499—2019)》的规定要求。

二、微生物缓解与阻控技术

特定功能微生物可以通过富集或转化作用缓解与阻控土壤重金属污染。施加功能材料可提高功能微生物的活性,强化微生物对土壤重金属的吸附、吸收和转化,从而降低其迁移性与生物有效性,减少其在农作物可食部位的累积。

(一)微生物氧化技术

1. 硝酸盐还原耦合砷氧化

硝酸盐还原耦合砷氧化是指微生物以 NO_3^- 为电子受体、以 As(Ⅲ)为电子供体,将 NO_3^- 还原为 NO_2^-,As(Ⅲ)氧化为 As(Ⅴ)的过程。该过程在河流与湖泊湿地、生物反应器、稻田等厌氧环境中均可发生。As(Ⅴ)比 As(Ⅲ)更易与铁锰氧化物结合,生物有效性更低。因此,砷氧化是农田砷污染缓解和阻控的关键途径。

厌氧水稻土中加入硝酸盐可大幅提高微生物驱动的 As(Ⅲ)氧化速率,而硝酸盐还原速率几乎不受 As(Ⅲ)影响(Li 等,2020)。*Pseudogulbenkiania* 菌属具有亚铁氧化耦合硝酸盐还原功能,是驱动硝酸盐还原的关键微生物,细胞质膜上分布有硝酸盐还原基因 *narG*、亚硝酸盐还原基因 *nirS* 和一氧化氮还原基因 *norBC* 等反硝化基因;*Azoarcus* 菌属是驱动 As(Ⅲ)氧化的关键微生物,不仅含有 *aioA* 和 *aioB* 两个砷氧化基因,周质上分布有硝酸盐还原基因 *napA*、亚硝酸盐还原基因 *nirK* 和氧化亚氮还原基因 *nosZ* 等反硝化基因。

硝酸盐还原型 Fe(Ⅱ)氧化细菌促进硝酸盐还原耦合 As(Ⅲ)氧化的同时,促进 Fe(Ⅱ)氧化,导致土壤中氧化铁与砷发生共沉淀,降低砷的生物有效性。在砷污染稻田中同时施加 Fe(Ⅱ)和 NO_3^-,比单独施加 Fe(Ⅱ)、NO_3^- 或无定形氧化铁的阻控效果更好,可显著抑制稻米中砷累积(Wang 等,2018)。

2. 硝酸盐还原耦合锑氧化

硝酸盐还原耦合锑氧化是指微生物以 NO_3^- 为电子受体、以 Sb(Ⅲ)为电子供体,将 NO_3^- 还原为 NO_2^-,Sb(Ⅲ)氧化为 Sb(Ⅴ)的过程,由此降低土壤中锑的生物有效性(Zhang 等,2021)。

(二)微生物还原技术

1. 硫代谢调控汞的钝化

硫代谢调控汞的钝化是利用硫酸盐还原菌等微生物将高价态 SO_4^{2-} 还原为低价态 S^0 和 S^{2-} 等,再与 Hg 形成稳定的 HgS 沉淀,从而降低汞的生物有效性。该过程广泛存在于水稻土和沉积物等缺氧环境中。

硫与汞具有较强的结合能力,相比其他元素或官能团,汞可优先与硫化物或巯基结合,形成稳定的共价化合物。硫酸盐还原产物及有机硫的微生物分解产物可以与 Hg^{2+} 结合形成 HgS 沉淀。HgS 的生物有效性远低于水溶态汞和有机结合态汞,从而实现土壤汞污染阻控,并抑制汞的甲基化。反应过程见式(4-9)~式(4-14)。

$$Hg^0 + S \longrightarrow HgS \tag{4-9}$$

$$Hg^{2+} + H_2S \longrightarrow HgS + 2H^+ \tag{4-10}$$

$$Hg^0 + Na_2S_5 \longrightarrow HgS + Na_2S_4 \tag{4-11}$$

$$Hg^{2+} + FeS(s) \longrightarrow HgS(s) + Fe^{2+} \tag{4-12}$$

$$nHg^{2+} + FeS(s) \longrightarrow FeS-nHg^{2+} \tag{4-13}$$

$$Hg^0 + 2FeS(s) + 4H^+ \longrightarrow HgS(s) + 2Fe^{2+} + H_2S + H_2 \tag{4-14}$$

2. 六价铬的微生物还原

利用微生物将 Cr(Ⅵ)还原为 Cr(Ⅲ)是土壤铬污染阻控的重要途径之一。微生物抵御 Cr(Ⅵ)毒性的机制包括胞外和胞内还原作用、减少 Cr(Ⅵ)摄取、活性氧簇解毒、DNA 损伤修复、Cr(Ⅵ)外排作用等。胞外 Cr(Ⅵ)还原的电子传递方式主要有三类：① 还原酶与 Cr(Ⅵ)直接接触并将电子直接转移到 Cr(Ⅵ)；② 微生物纳米导线将电子传递给 Cr(Ⅵ)并将其还原；③ 电子穿梭体将微生物胞外电子传递给 Cr(Ⅵ)并将其还原，电子穿梭体可以是微生物自身分泌的，也可以是外源加入的。

金属还原菌 *Shewanella oneidensis* MR-1 是革兰氏阴性菌，在厌氧条件下具有较强的 Cr(Ⅵ)还原能力，既能以氧气作为最终电子受体进行有氧呼吸，也能利用硝酸盐作为最终电子受体进行无氧呼吸，常作为研究微生物还原 Cr(Ⅵ)过程的模式菌。*Shewanella oneidensis* MR-1 还原 Cr(Ⅵ)主要发生在胞外，其胞外聚合物中含有的细胞色素 c 被认为是最重要的金属还原酶，包括 CymA、MtrA、MtrB、MtrC 和 OmcA。其中，CymA 是附着于细胞周质上的重要细胞色素酶，电子通过一系列细胞色素的传递，最终传递到细菌外膜的 OmcA 和 MtrC 上，这些细胞色素 c 在微生物表面将 Cr(Ⅵ)还原为 Cr(Ⅲ)。胞外还原过程能有效降低 Cr(Ⅵ)对微生物的危害，细菌细胞壁上分布的肽聚糖可作为 Cr(Ⅲ)黏结剂，此外细胞表面含有丰富的羧基、羟基和巯基等官能团，对重金属离子具有较强的吸附能力。

微生物还原 Cr(Ⅵ)的途径还有胞内还原。*Escherichia coli* 主要通过还原酶 YieF 在胞内将 Cr(Ⅵ)还原。YieF 是一种二聚体黄蛋白，可通过电子传递方式实现一步将六价铬还原，这使得还原过程中产生的活性氧簇较少。*Pseudomonas putida* MK1 主要通过还原酶 ChrR 在胞内将 Cr(Ⅵ)还原。ChrR 二聚体还原 Cr(Ⅵ)需要两步。与 ChrR 相比，YieF 还原 Cr(Ⅵ)的过程中没有半醌黄素蛋白参与，而是消耗了约 25% 的 NADH 电子给分子氧，产生活性氧簇。由于 YieF 在 Cr(Ⅵ)还原过程中产生的活性氧量小，被认为是比 ChrR 更有效的还原酶。

(三) 微生物甲基化解毒技术

1. 砷甲基化解毒

砷甲基化是指微生物将无机态砷转化为甲基胂的过程。甲基胂包括一甲基胂(MMA)、二甲基胂(DMA)和三甲基胂(TMAO)。不同形态砷化合物的毒性为：DMA(Ⅲ)>MMA(Ⅲ)>As(Ⅲ)>As(Ⅴ)>DMA(Ⅴ)>MMA(Ⅴ)>TMAO。砷甲基化广泛存在于土壤和湿地生态系统中，在厌氧或有氧条件下均可发生。由于 As(Ⅴ)的甲基化产物 MMA、DMA 和 TMAO 毒性相对较小，因此砷的甲基化被认为是较为理想的砷污染解毒途径之一。需要指出的是，DMA(Ⅲ)对水稻植株生长具有较高的毒性，可诱发水稻"直穗病"，造成水稻减产。淹水条件下，稻田土壤中发酵型菌、硫酸盐还原菌和反硝化菌可将 DMA(Ⅴ)转化为 DMA(Ⅲ)，进而增强其对水稻植株的毒性(Chen 等，2023)。

自然界中许多细菌、真菌都具有将无机砷转化为甲基胂的潜力。其中，硫酸盐还原菌和产甲烷菌分别参与了砷的甲基化和去甲基化过程，从而影响稻田甲基胂的动态变化。砷污染水稻土淹水培养后，甲基胂开始在孔隙水中积累，随后甲基胂快速减少并伴随甲烷产生。硫酸盐还原菌可以促进砷的甲基化，主要转化为 DMA(Ⅴ)，砷甲基化菌主要为变形菌(*Proteobacteria*)和厚壁菌(*Firmicutes*)相关类群，在属水平主要为 *Anaeromusa* 和脱硫弧菌属 *Desulfovibrio*。砷甲基化主要产物是 DMA(Ⅴ)和 TMAO。虽然砷的甲基化过程中间产物

MMA(Ⅲ)和 DMA(Ⅲ)毒性大于 As(Ⅲ),然而其在细胞内存在的时间较短,极易被氧化为 MMA 和 DMA(Chen 等,2023)。此外,厌氧和好氧微生物对砷的甲基化效率具有明显差异,砷的甲基化发生在胞内,厌氧微生物外排 As(Ⅲ)抑制了砷的甲基化,因此,好氧微生物的甲基化效率整体高于厌氧微生物。

微生物砷甲基化功能基因为 *arsM*,该基因编码一个大小约 29.656 kDa 的 S-腺苷甲基转移酶。目前,有关砷甲基化的转化途径有 4 种假说:① 无机砷甲基化过程是由三价砷化合物的氧化甲基化与五价砷化合物的还原交替进行的,即 As(Ⅴ)-As(Ⅲ)-MMA(Ⅴ)-MMA(Ⅲ)-DMA(Ⅴ)-DMA(Ⅲ)-TMA(Ⅴ)O-TMA(Ⅲ)。② As(Ⅲ)首先与还原型谷胱甘肽(GSH)结合形成 As(GS)₃复合体,然后在 ArsM 作用下,由 ArsM 提供甲基供体进行连续的甲基化反应,并最终水解生成 MMA(Ⅲ)和 DMA(Ⅲ),该反应过程不涉及价态的变化。由于向该体系中加入 ArsM 后,与 GSH 结合的砷消失,该机制存在一定的争议。③ 进入细胞内的三价砷首先与蛋白质上的巯基结合,形成的砷蛋白质复合物经过还原甲基化生成 MMA(Ⅲ)和 DMA(Ⅲ)。④ 非酶促途径,即在 GSH 存在情况下,甲基钴胺素能将微生物体外 As(Ⅲ)转化为 MMA 和少量的 DMA。

稻田砷在淹水条件下容易发生甲基化过程,土壤溶液中 MMA、DMA 和 TMAO 浓度不断增加,其中 DMA 是主要形态,占溶解态砷 77.9%~100%。水稻田排水初期,大量 As(Ⅲ)被氧化,As(Ⅲ)向 MMA 的转化受到抑制,由于好氧条件下有利于甲基胂的转化,同时亚铁氧化产物与 DMA 发生共沉淀,且 TMAO 的移动性较高,因此此土壤溶液中 DMA 浓度下降,而 TMAO 升高,且为主要的甲基胂组分,约占总甲基化砷的 70%。其中,厌氧阶段砷的甲基化主要由 *Rhodopseudomonas* 菌属所介导,好氧阶段砷的甲基化主要由 *Neotoma* 菌属介导。此外,施加有机肥可提高砷转化基因的丰度和砷甲基化强度。

2. 锑甲基化解毒

锑甲基化是指微生物将无机态锑转化为甲基锑的过程。甲基锑包括一甲基锑(MMS)、二甲基锑(DMS)、三甲基锑(TMS)和锑化氢(SbH₃)等。土壤、污泥、底泥、淡水、海水、地下水和生物系统中均可检出甲基锑。有机锑的毒性通常低于无机锑,锑甲基化是去除与阻控锑污染的有效途径之一。

锑甲基化是由微生物驱动。已发现某些真菌、产甲烷古菌及硫酸盐还原菌等具有锑的甲基化能力。相比 Sb(Ⅴ),Sb(Ⅲ)更容易被甲基化。厌氧环境中产甲烷古菌、硫酸盐还原菌等细菌可将 Sb(Ⅲ)甲基化为 TMS。从产甲烷古菌群中分离到的甲酸甲烷杆菌具有较强的 Sb(Ⅲ)甲基化能力,可将三价锑转化为 MMS、DMS 等形态。革兰氏阳性菌(*Clostridium glycolicum* ASI-1)可将无机锑转化为 SbH₃、DMS 和 TMS。有氧环境中,*Scopulariopsis brevi-caulis* 和 *Phaeolus schweinitzii* 等真菌会通过转化作用产生 SbH₃、DMS、TMS 和一些难挥发的甲基锑。酵母菌 *Cryptococcus humicolus* 可促进 Sb(Ⅲ)和 Sb(Ⅴ)甲基化。

稻田厌氧环境中,甲基锑约占总溶解性锑的 10%。锑矿区水稻田中甲基锑的含量远超旱地土壤,表明稻田厌氧环境具有更高的锑甲基化潜能。此外,胡敏酸和富里酸等有机物能够提高锑甲基化微生物的丰度和活性,显著提高土壤中 MMS、DMS 和 TMS 的含量。锑和砷具有相似的物理化学性质,在自然环境中,锑和砷共存可促进锑的甲基化。因此,锑甲基化可能通过与砷甲基化相似或相同的机制发生,并且部分可能由砷甲基转移酶催化。

（四）微生物去甲基化解毒技术

甲基汞是一类强神经毒素,毒性远大于无机汞。甲基汞可通过氧化或还原去甲基化途径生成无机汞,降低环境汞毒性。

1. 氧化去甲基化

甲基汞氧化去甲基在厌氧和好氧条件下皆可发生,一般在厌氧和低汞浓度环境下更易发生。参与该过程的微生物主要为不含抗汞操纵子(mer operon)的硫酸盐还原菌和产甲烷菌。例如,将轻度汞污染的稻田土壤厌氧淹水-有氧落干交替培养各 3 d,灭菌处理组土壤非生物甲基化导致甲基汞总量分别高达 4.16 μg/kg 和 6.52 μg/kg;而非灭菌组土壤存在微生物去甲基化作用,甲基汞总量分别比灭菌组减少了 38% 和 42%。氧化去甲基与一碳化合物代谢的生化途径密切相关,产物为 Hg^{2+}、CO_2 和少量 CH_4。对不同的去甲基化微生物,末端产物 CO_2/CH_4 比例和去甲基化速率不同,而碳的最终产物主要由微生物呼吸过程决定。对产甲烷菌,CO_2 和 CH_4 不仅是氧化去甲基产物,也是一碳化合物代谢产物。硫酸盐还原菌和产甲烷菌氧化去甲基反应过程如式(4-15)、式(4-16)所示。

$$SO_4^{2-}+CH_3Hg^++3H^+ \xrightarrow{\text{硫酸盐还原菌}} H_2S+CO_2+Hg^{2+}+2H_2O \qquad (4\text{-}15)$$

$$4CH_3Hg^++2H_2O+4H^+ \xrightarrow{\text{产甲烷菌}} 3CH_4+CO_2+4Hg^{2+}+4H_2 \qquad (4\text{-}16)$$

2. 还原去甲基化

甲基汞还原去甲基化在好氧、高汞浓度条件下更易发生,主要由一类具有汞抗性的微生物驱动,该过程受 mer 操纵子控制,与汞还原酶(merA)和有机汞裂解酶(merB)密切相关。不同微生物的 mer 操纵子并不完全相同,大部分 mer 操纵子主要由结构基因、调节基因、操纵启动区域(O/P)组成,操纵启动区域控制基因的表达。汞调节基因(merR 和 merD)控制着基因表达的效率,在同一种汞抗性结构基因条件下,汞抗性基因的表达效率决定了耐汞细菌的汞耐受强度。结构基因由编码 merB 及 merA 组成,控制汞在细胞内的迁移转化。汞摄入细胞转运基因(merT 和 merP)控制汞进出细胞的方式。在有机汞裂解酶 merB 的作用下,C—Hg 键断裂,此过程需要过量的还原剂存在,如 L-半胱氨酸,还原产物为 Hg^{2+} 和 CH_4。位于细胞质的汞还原酶 merA 依靠 NADPH 为电子供体催化 Hg^{2+} 还原为 Hg^0,溢出细胞并挥发到大气中,如式(4-17)、式(4-18)所示。汞的去甲基化效率主要受微生物活性和汞生物有效性的影响,而微生物活性和汞生物有效性又与土壤 pH、温度、氧化还原电位、有机质含量、含硫化合物等理化性质有关。

$$R-CH_2Hg^++H^+ \xrightarrow{merB} R-CH_3+Hg^{2+} \qquad (4\text{-}17)$$

$$Hg^{2+}+NADPH+OH^- \xrightarrow{merA} Hg^0+H_2O+NADP^+ \qquad (4\text{-}18)$$

（五）丛枝菌根真菌-作物根系共生固定重金属

1. 丛枝菌根真菌-作物根系共生体系

丛枝菌根真菌(arbuscular mycorrhizal fungi,AM 真菌)是一类与植物共生的重要微生物。在数亿年的共同演化过程中,AM 真菌与植物间形成了独特的共生关系,AM 真菌一部分侵染到植物根部细胞内,另一部分延伸至根外土壤中。植物为 AM 真菌提供糖类和脂类,而AM 真菌作为土壤和根系之间的桥梁,协助植物根系获取水分和氮、磷等养分。共生植物包括大部分天然的草本和木本植物,也包括众多栽培作物。

AM 真菌-作物根系共生固定重金属是指侵染后作物根系的物理、化学和生物特性发生系统性变化,AM 真菌根外菌丝大量生长,将作物根系周围的重金属吸收固定或转化为低毒形态,同时帮助作物根系从土壤中吸收水分和养分,促进作物生长并降低作物对重金属的吸收累积。

2. 丛枝菌根真菌–作物根系共生固定重金属的机制

AM 真菌–作物根系共生固定导致土壤重金属毒性及生物有效性降低,主要通过吸附、螯合改变重金属形态、影响微生物群落等多个过程。主要机制包括以下 4 个方面。

(1)直接吸附重金属。AM 真菌通过菌丝的"过滤效应"阻控重金属进入农作物,几丁质、黑色素、纤维素等菌丝细胞壁成分对重金属有较强的吸附能力,依靠其巨大的比表面积,可以有效减少重金属进入宿主作物根系。AM 真菌的菌丝体可吸附相当于自身干重 1.6%、2.8%、13.3%的锰、锌、镉,而自身仍可在重金属胁迫下生存。作物根系受到 AM 真菌侵染后,根系细胞壁纤维素、半纤维素、木质素、果胶等含量发生变化,细胞壁果胶甲酯酶活性提高,细胞壁内羟基和羧基官能团增加,从而提高根系细胞壁对重金属的吸附固定,减少重金属向植物地上部运输。

(2)降低重金属生物有效性。在重金属胁迫下,菌根共生体会合成含有真菌蛋白配体的半胱氨酸物质,对过量的重金属起到螯合作用。AM 真菌的根外菌丝可以吸收根际环境中 PO_4^{3-} 和 NO_3^- 等阴离子,增加土壤中羟基数量,从而提高根际微环境的 pH,镉等重金属随后被固定在 AM 真菌的菌丝体中,可提取态镉含量减少。AM 真菌分泌到土壤中的多种糖蛋白球囊霉素可固定重金属,降低重金属的生物有效性。

(3)改变重金属的化学形态。AM 真菌能够通过分泌各种小分子物质来改变土壤酸碱性和根际微环境,从而显著影响土壤重金属的化学形态。Cr(Ⅵ)可在菌丝体表面沉积并被还原为 Cr(Ⅲ),再与磷形成配合物从而被固定在菌丝体结构中。AM 真菌也可直接参与土壤中砷的甲基化和挥发过程,AM 真菌的根外菌丝体中编码三价砷甲基转移酶的 *RiMT-11* 基因表达上调,伴随着砷甲基化和挥发增强。

(4)改变土壤细菌群落结构。AM 真菌还可以通过菌丝分泌物招募特定功能细菌,显著改变根际土壤细菌群落结构,增加根际土壤中具有重金属耐性的节杆菌丰度,节杆菌可以吸收土壤中的镉,降低稻田土壤中镉的生物有效性。

3. 重金属固定效应及影响因素

在土壤–作物–AM 真菌污染阻控体系中,AM 真菌可抑制玉米、苜蓿、旱稻等作物吸收镉、砷、铬等重金属,从而有效降低作物地上部重金属含量。AM 真菌通过改变宿主作物根系细胞壁各组分含量及酶活,促使更多重金属被固持在根系细胞壁内,缓解重金属毒性。

三、 多介质综合缓解与阻控技术

农田重金属污染阻控技术主要面临三方面挑战:① 土壤–作物体系中重金属迁移转化受矿物–有机质–微生物的生物地球化学作用及土壤–植物–微生物相互作用的共同制约,农作物可食部位重金属累积受土–水、根–土等多介质界面过程制约。关键技术研发需经历实验模拟–温室控制试验–田间控制试验–大面积效果验证等多个层次,系统性研究周期长达 5~10 a。② 治理技术必须与生产实际相结合。需要生产与治理相结合、不误农时、成本低等;治理不能破坏土壤结构,不能降低土壤生产力,须保障农田可持续利用。③ 水稻、小麦等粮食作物的全生育期分别长达约 120 d、230 d,作物不同生育期的水分与养分管理均显著影响重金属的迁移转化及作物累积。因此,农田重金属污染阻控需要在作物全生育期综合采用物理、化学、生物等多种措施,兼顾阻控与生产,降低重金属的生物有效性与移动性,减少农作物可食部位重金属的累积量,从而保障农产品安全。

（一）土壤-水稻体系中重金属污染的多介质界面阻控技术

1. 多介质界面阻控技术

土壤-水稻体系中重金属迁移转化涉及水-土、根-土、根至籽粒等多介质界面过程。土壤-水稻体系中重金属污染的多介质界面阻控技术如图 4-4 所示。

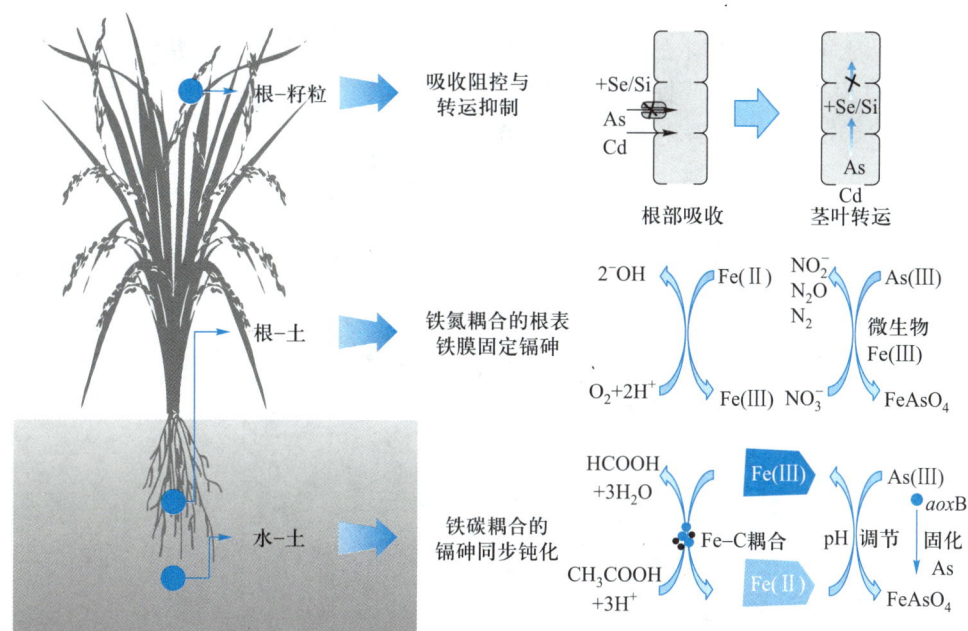

图 4-4　土壤-水稻体系中重金属污染的多介质界面阻控技术示意图

（1）水-土界面。重金属的形态转化主要受稻田干湿交替过程中铁、碳、氮等元素循环的驱动,次生矿物氧化铁是控制重金属从有效态向矿物固定态转化的关键之一。淹水条件下,土壤 Eh 降低且 pH 提高,有利于镉的固定,但可促进砷的释放与还原。排水条件下,亚铁氧化与砷氧化有利于砷的固定,但因 pH 降低导致镉的释放。生物炭与零价铁联用,可共同促进氧化铁矿物的形成与分散,从而导致大部分的水溶态、吸附态与可交换态镉和砷与氧化铁矿物形成结合态,同时降低土壤中镉与砷的生物有效性。

（2）根-土界面。水稻根系泌氧在根际还原性介质中形成氧化性微环境,亚铁氧化后在根表形成铁膜。铁膜主要以弱晶质的水铁矿为主,比表面积大且吸附活性高。水稻根表铁膜是阻止镉进入根的屏障。一般情况下,在水稻整个生育期内铁膜量逐渐上升,可由苗期的 0.24 g/kg 升至灌浆期的 3.93 g/kg,再增大至成熟期的 10.6 g/kg;相应地根表铁膜所固定的镉由苗期的 0.21 mg/kg 升至灌浆期的 2.76 mg/kg,再升至成熟期的 15.9 mg/kg(Wang 等,2019)。施加亚铁与硝态氮,显著提升水稻根表铁膜铁含量及其固定镉的浓度。相比对照,成熟期铁膜分别增加至 2 倍,铁膜镉与砷固定量分别增加至 2.4 倍和 1.8 倍。

（3）根至籽粒。水稻吸收转运镉、籽粒积累镉包括四个主要过程,分别为水稻根系活化和吸收、木质部装载和运输、节内跨维管束运输和叶内再活化后经韧皮部向籽粒输送。镉经铁膜迁移至根表皮细胞壁表面后,通过两种途径进入根细胞:主动运输的共质体途径和被动运输的质外体途径。作为非必需元素,根细胞吸收镉是由于根对营养元素的非选择性吸收,镉与铁、锰共用吸收通道。根系将镉转移到地上部可分为木质部薄壁细胞转移到导管、导管中运输两个阶段。节内维管束是控制镉转运和再分配的重要环节。进入维管束的镉在蒸腾作用下随着质流向地上部运输,蒸腾作用越强,镉通过木质部向地上部转运加强。硒与硅复合调控可降低镉吸收基因 *OsNRAMP1* 和 *OsNRAMP5* 活性达 85%,降低水稻镉转运基因 *OsLCT1* 活性达 64%,细胞壁厚度提高 2.9 倍,有效阻隔其从茎叶转移至籽粒。

2. 铁−碳耦合的镉砷同步钝化技术

镉和砷从土壤矿物至稻米的迁移过程受土−水界面迁移转化、根−土界面吸收过程、茎叶向籽粒转运过程控制;定向调控其从矿物向水中迁移转化、根表铁膜固定、茎叶转运过程(图 4−5),是实现稻田土壤镉砷污染同步治理的关键环节。

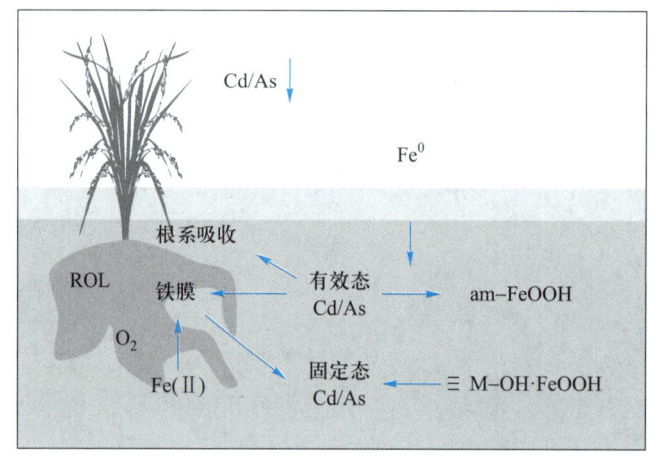

图 4−5 铁改性生物炭同步钝化镉与砷的机制

(资料来源:Qiao 等,2018)

铁(氢)氧化物,尤其是无定形铁(氢)氧化物是土−水界面镉砷从水溶态向矿物固定态转化的关键矿物,但稻田淹水条件易造成无定形铁(氢)氧化物溶解。在镉砷污染的稻田土壤中施加零价铁改性的生物炭可有效固定镉与砷、降低其迁移性和生物有效性,从而实现镉砷同步钝化。零价铁改性的生物炭不仅可将根际土壤中有效态镉、砷(非专性吸附态+专性吸附态)分别降低 50.4% 和 56.6%,而且可将土壤中固定态镉(铁−锰氧化物结合态)和固定态砷(结晶态铁氧化物结合态)分别提高 71.3% 和 75.9%,最终使稻米镉砷含量分别降低 92.7% 和 60.8%。零价铁改性的生物炭钝化镉砷的机制主要包括三个方面:首先,铁改性生物炭中的零价铁是一种还原剂,可与 H_2O 反应,生成 Fe(Ⅱ)同时导致 pH 升高,有利于镉的固定;其次,零价铁在稻田环境中极易被空气或其他含氧基团氧化为无定形铁氧化物,有利于吸附固定镉与砷;最后,借助生物炭电子穿梭体作用,促进零价铁的侵蚀过程,快速生成无定形铁氧化物,可有效提升镉与砷的固定效果(Qiao 等,2018)。

3. 铁−氮耦合的根表铁膜固定技术

在根−土界面,水稻发达的通气组织可将大气中 O_2 输送到根系及其周围,形成根际微氧环境。铁膜对镉、砷等重(类)金属具有强烈的吸附固定作用,是阻止镉砷进入根系的屏障。

硝酸铁复合泥炭材料可促进铁膜固定镉、砷,其反应机制为:淹水条件下,引入的 Fe(Ⅲ)发生还原反应,为铁膜生成提供充足的 Fe(Ⅱ);引入的 NO_3^- 可在微生物作用下驱动根际 Fe(Ⅱ)氧化并形成弱晶质铁(氢)氧化物。同时,NO_3^- 还是根际环境中还原性类金属离子氧化的重要电子受体,有利于 As(Ⅲ)的氧化固定。在微生物介导的 NO_3^- 氧化 As(Ⅲ)过程中,还原产物 NO_2^- 可直接氧化 Fe(Ⅱ)成矿,新生成的铁(氢)氧化物附着在水稻根表形成铁膜,促进镉砷固定。引入泥炭与硝酸铁混合,泥炭中富含富里酸、胡敏酸等腐殖质类物质,根际 O_2 氧化含有还原性醌基基团(如半醌基和氢醌基)的腐殖质,产生的 H_2O_2 与 Fe(Ⅱ)发生类芬顿反应,进而产生 ·OH 等强氧化基团,最终将 As(Ⅲ)氧化为移动性较低的 As(Ⅴ)。此外,在类芬顿反应过程中,腐殖质也作为电子穿梭体,将异化铁还原菌产生的电子传递给根系分泌的 O_2,产生 $O_2^-·$ 进一步加速芬顿反应过程(Wang 等,2019)。

4. 水稻植株内重金属吸收、转运及累积的生理阻隔技术

生理阻隔技术是根据作物吸收、转运、累积重金属的生理特性、离子拮抗效应、过程调控机制等,利用硅、硒、锌、锰、铁等元素抑制农作物吸收重金属或改变重金属在农作物体内的分配,从而抑制农作物可食用部位积累重金属,降低农产品重金属超标风险。该技术主要适用于重金属吸收和累积能力较强的农作物。目前,应用较广泛的生理阻隔剂主要包括纳米氧化硅溶胶和纳米硒等。例如,叶面喷施纳米氧化硅溶胶可抑制水稻吸收镉、降低其毒性(Cui 等,2017)。植株水平上,纳米氧化硅溶胶可促进水稻生长和光合作用,提高水稻的抗氧化能力,有效降低籽粒镉含量;亚细胞水平上,氧化硅溶胶增加水稻细胞壁中硅的含量,提高了细胞壁的厚度和机械强度,抑制镉从细胞壁迁移至细胞器;基因水平上,氧化硅溶胶可调控水稻根系中与镉吸收、运输和解毒相关的基因表达,减少水稻转运和吸收镉(图4-6)。

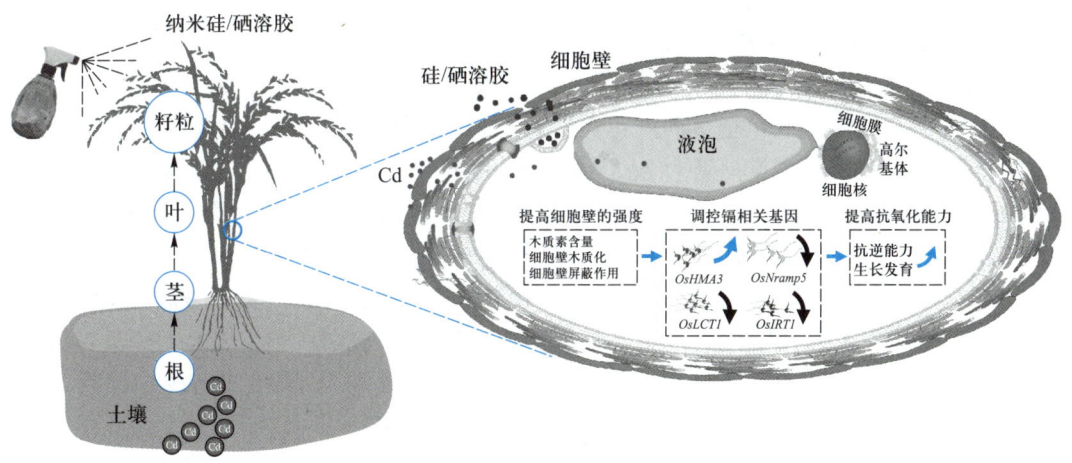

图 4-6　生理阻隔技术原理及效应

(资料来源:Cui 等,2022)

5. 水稻全生育期重金属污染阻控

分蘖期和成熟期是水稻全生育期内镉迁移转化的关键时期。分蘖期是水稻营养生长最旺盛的阶段,根系泌氧达到高峰,根际大量 Fe(Ⅱ)的氧化降低了土壤 pH,使在淹水条件下根际镉的活性相对较高。此时水稻需要吸收大量的养分,因此活性较高的镉可借助矿质元素吸收的载体快速被根系吸收。在成熟期,稻田排水导致大量氧气进入土壤,亚铁氧化大量

产酸,土壤 pH 迅速下降,有效态镉含量迅速升高。

尽管水稻籽粒镉主要来源于成熟期水稻的吸收与转运,但从工程实施角度来看,稻田重金属污染治理需要从翻耕期开始实施。实施策略是在翻耕期,应用铁–碳耦合的镉砷同步钝化技术,施用生物炭与零价铁的复合钝化剂,降低土壤镉与砷的生物有效性;在拔节期实施铁–氮耦合养分型钝化技术,追施硝态氮养分,可增强铁膜的固定作用,阻控重金属从土壤至水稻根系的传输;在幼穗分化期至抽穗期,叶面喷施硒–硅复合纳米溶胶,减少水稻根系吸收及从茎叶向籽粒的转运。

(二) 低积累作物品种、替代种植和种植结构调整

1. 低积累作物品种

低积累作物品种是指水稻或小麦等同一类作物在相同的种植条件下,其可食用部位重金属积累量相对较低的品种。以水稻为例,杂交稻的重金属累积能力较强,籼稻次之,粳稻的重金属累积能力较弱。作物的重金属累积能力是相对的和动态的,受季节、水分及养分管理的影响。因此,低积累品种筛选需要经过多地、多年、多季的试验验证。由于筛选过程耗时较长,加上市场上作物品种更新较快,导致低积累品种筛选和推广应用难度较大。

2. 替代种植

替代种植是指用重金属低累积特性的粮食作物替代水稻等重金属累积能力较强的作物,从而降低农产品重金属超标风险。一般优先选择谷类、薯类等粮食作物替代水稻、小麦等主粮作物。

3. 种植结构调整

当种植粮食作物无法安全达标时,将农田作物种植结构调整为豆类等油料作物或果树、花卉等经济作物,实现重金属污染农田的安全利用。

(三) 结合生产的综合阻控技术

1. 水分管理

水分管理显著影响农田土壤的氧化还原状态。水稻生长期内规律性干湿交替,水分条件的变化直接影响土壤氧化还原状况,从而影响重金属的释放与固定。淹水状态下,土壤 Eh 逐步降低,土壤中 NO_3^-、$Mn(Ⅲ/Ⅵ)$、$Fe(Ⅲ)$ 和 SO_4^{2-} 会依次作为电子受体被微生物还原为 NH_4^+、Mn^{2+}、Fe^{2+} 和 S^{2-},还原消耗氢离子,pH 逐步升高,有效态镉逐步转化为铁锰氧化物的固定态,镉生物有效性降低;但淹水导致氧化铁还原溶解释放砷、微生物砷还原活性升高,铁锰氧化物固定态砷转化为水溶态或吸附态,砷生物有效性升高。排水状态下,淹水阶段的还原产物发生快速氧化并释放大量氢离子,pH 迅速下降,镉生物有效性提高,但砷生物有效性则下降。因此,水分管理可作为一个重要的农艺措施与阻控技术配套使用。在水稻灌浆期至成熟期实施全程淹水管理可明显降低稻米镉的含量,但淹水管理可导致砷风险升高。

2. 氮素管理

农田生产过程需要大量施用氮肥,包括铵态氮、尿素、硝态氮等。稻田氮素管理对稻米砷累积的影响(Chen 等,2023)如图 4–7 所示。与不施氮肥的对照处理相比,添加硝态氮肥的水稻籽粒中总砷含量下降 32.4%,尿素、碳酸氢铵等处理后水稻籽粒总砷含量则分别提高 20.1% 和 29.6%。籽粒中砷的主要形态为无机砷,占总砷含量的 46.3%~72.2%。与对照相比,施用碳酸氢铵和尿素可提高水稻籽粒 As(Ⅲ) 含量及无机砷占总砷的比例,使水稻籽粒

无机砷分别提高 6.2% 和 10.5%。相反,施用硝酸盐可降低水稻籽粒中 As(Ⅲ)含量,无机砷比对照降低 15.4%。主要影响机制如图 4-8 所示。首先,硝态氮抑制了异化铁还原及砷的释放。在厌氧条件下硝酸盐可激活亚铁氧化菌(FeOB)与砷氧化菌(AsOB),促进硝酸还原型亚铁氧化与 As(Ⅲ)氧化,微生物氧化亚铁生成的氧化铁矿物具有较强的 As(Ⅴ)固定能力,降低砷移动性。其次,铵态氮则促进异化铁还原及砷的释放,导致土壤孔隙水中砷浓度升高。铵态氮通过厌氧氨氧化驱动 As(Ⅴ)还原,激活砷还原菌将 As(Ⅴ)转化为 As(Ⅲ)。铵态氮可增加土壤中 As(Ⅲ),促进砷甲基化,从而增加稻米中一甲基胂与二甲基胂等有机胂的累积。施用硝态氮可降低水稻总砷含量和无机砷比例,是一种有效的稻田砷污染阻控策略。相反,施用尿素和碳酸氢铵可提高水稻总砷积累和无机砷比例。

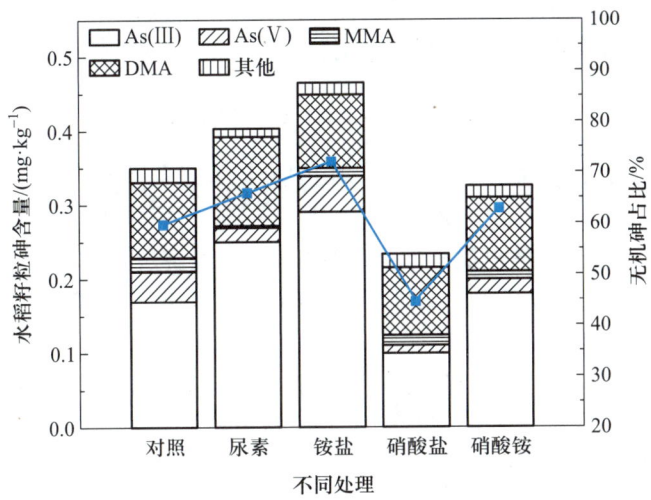

图 4-7　稻田氮素管理对稻米砷累积的影响

(资料来源:Chen 等,2023)

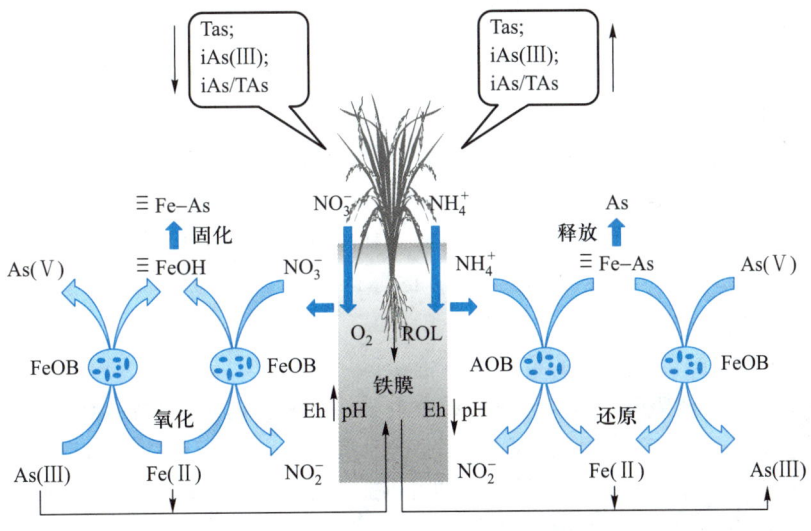

图 4-8　氮影响砷在稻田中迁移转化的机制

(资料来源:Chen 等,2023)

四、农田土壤重金属污染阻控技术应用

农田土壤重金属污染阻控的基本目标是保障农产品安全,需要逐步降低土壤中重金属的含量及生物有效性,提升土壤环境质量,还需确保农田土壤生产力不降低,保障土壤资源的可持续利用。

(一)技术流程

1. 土壤环境质量分类

根据《土壤环境质量 农用地土壤污染风险管控标准(试行)》(GB 15618—2018),将农田土壤环境质量划分为优先保护、安全利用和严格管控三大类。土壤重金属含量不高于筛选值的,划分为优先保护类;介于筛选值和管制值之间的,划分为安全利用类;高于管制值的,划分为严格管控类。可根据初步判定类别与农产品重金属超标情况,开展土壤环境质量类别辅助判定。

2. 主要技术流程

主要技术流程包括前期准备、治理单元划分、分类管理与治理方案、工程实施与验收管理(图4-9)。

(1)前期准备。重点收集包括区域自然环境、社会经济、污染成因、土壤与作物重金属污染状况等信息,分析农田重金属污染状况及分布范围。根据前期资料,确定重点关注区域,并开展土壤-农产品相对应的布点采样,明确污染分布区域、污染程度、敏感重金属。

(2)治理单元划分。单元划分就是按照一定原则将某一治理区域化整为零,划定为具有某些共同特性的地块单元。而共同特性主要包括土地利用方式、种植结构、污染成因、特征污染物、土壤环境质量类型等。

(3)分类管理与治理方案。对优先保护类农田(Ⅰ类),宜制定优先保护方案、控制污染物输入、改善土壤质量并提高土壤环境容量、加强监测,确保农产品质量安全。对安全利用类农田(Ⅱ类),在不影响农业生产的前提下,主要采取钝化调理、生理阻隔、农艺措施、低积累品种替代种植等措施,保证农产品中重金属含量不高于《食品安全国家标准 食品中污染物限量》(GB 2762—2022)所规定的限值。对严格管控类农田(Ⅲ类),在严格控制农产品超标风险的前提下,逐步选择替代种植、种植结构调整、工程修复、退耕还林还草等措施。针对不同的治理单元,确定治理目标,比选与编制治理方案。

(4)工程实施与验收管理。根据治理方案实施工程治理。在农作物收获后,进行效果评估与验收管理,重点评价是否达到治理目标。如果总体达到治理目标,通过验收。如果总体达不到治理目标,需要进行分区验收,对达标区进行后期管理,对未达标区,优化治理方案。

(二)农田重金属污染阻控的可持续评价

建立科学的评估框架模型可实现对农田重金属污染阻控的可持续性定量评估,如图4-10所示。主要包括环境、社会、经济和农业四个方面,其权重相同。采用多标准分析方法,即通过赋分和加权将不同类型的影响评价结果进行归一化整合,定量分析各阻控方案的可持续性,使得环境、社会、经济和农业效益最大化。

环境可持续性评估包括人类健康、生态系统和资源消耗三方面,采用全生命周期评估方法。具体包含7个步骤:确定评估目标和范围;根据不同阻控情景确定功能单位;设定系统

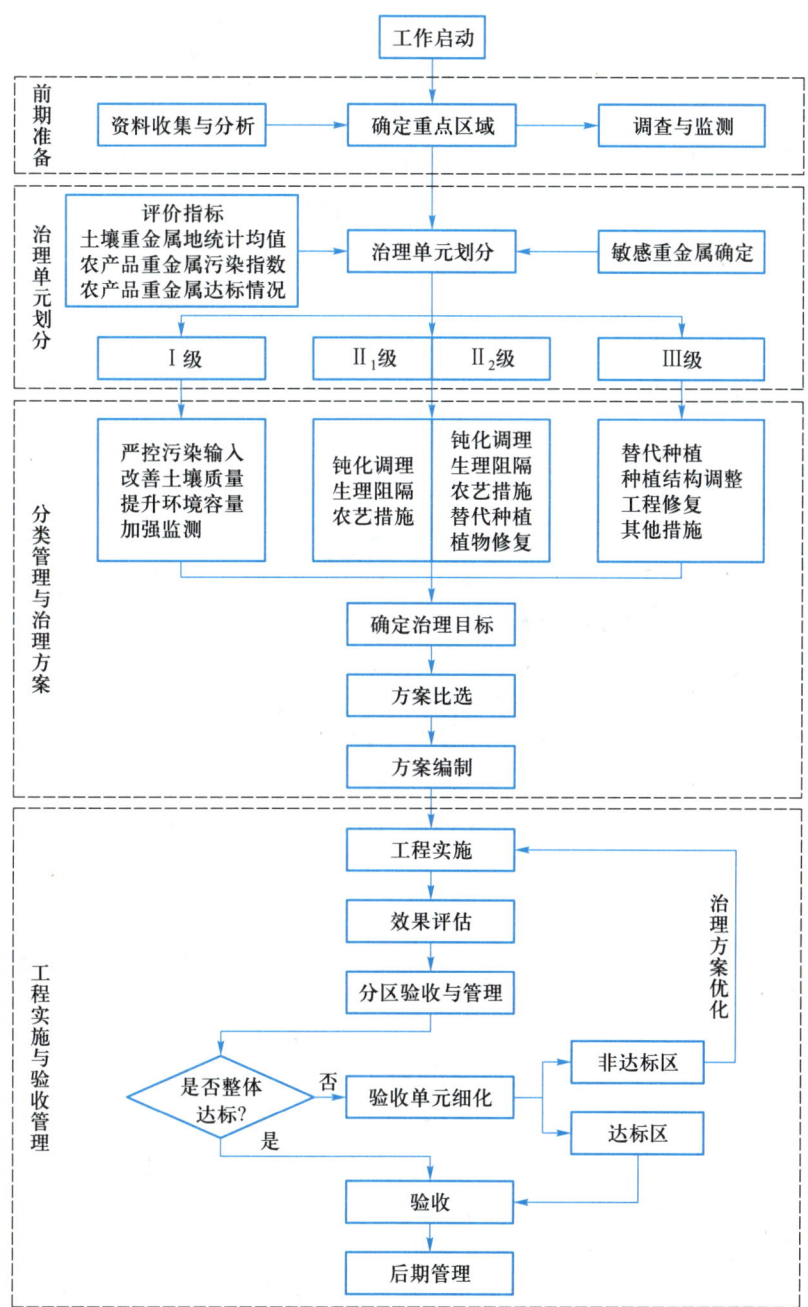

图 4-9 农用地土壤重金属风险管控工作流程图

（资料来源：广东省地方标准 DB44/T 2263.1-2020）

边界，即确定阻控评估过程中的时间和空间边界；清单分析，即对全生命周期评估过程中相关联的指标和数据进行收集；全生命周期评估，即根据 Recipe 端点和中点分析方法，采用全生命周期评估计算软件 Simapro 9.1 对阻控过程中潜在的资源消耗、生态环境和人体健康影响进行评价；敏感性分析，即分析出对全生命周期评估结果影响较大的指标；全生命周期解释。基于全生命周期的阻控材料和生态系统碳收支如图 4-11 所示。

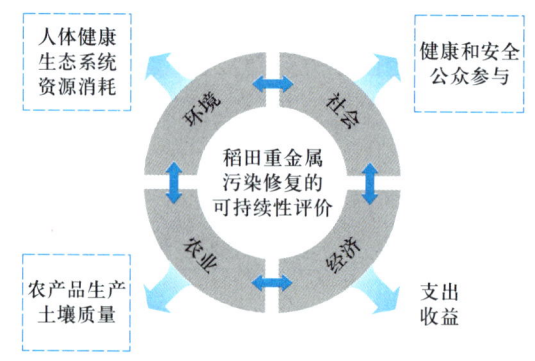

图 4-10   农田重金属污染阻控的可持续评估框架

（资料来源：Liu 等，2021）

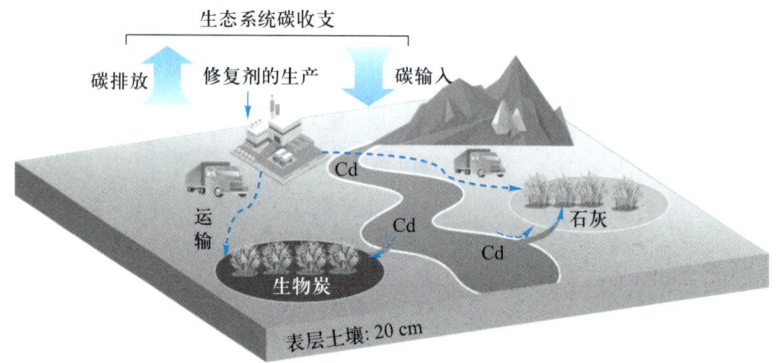

图 4-11   基于全生命周期的阻控材料和生态系统碳收支

（资料来源：Liu 等，2021）

社会可持续性评估包括健康安全和公众接受度两大类，具体指标为工人暴露时间、健康风险、社区参与、社区满意。经济可持续性评估包括成本和收益两大类，具体指标为项目支出、持续时间、土地价值提升、就业等。由于社会和经济指标有多种不同类型的数据来源，部分社会经济的指标很难直接量化。因此，可以将不同的数据源分为两种类型：可以直接量化的指标，如直接成本和持续时间，数据来源于实际项目。其他指标进行半定量，对于半定量指标，通过问卷调查的方法获取，问卷调查评分在 1（最差）和 5（最佳）之间，得分越高，结果越好。获取半定量指标评分的问卷调查，主要调查人群有：参与阻控方案实施行动的人员、当地农民，以及农田土壤重金属污染治理专家。

农业可持续性评估包括农产品质量和土壤质量两大类，具体指标有土壤 pH、阳离子交换量、有机质、有效态镉、农产品安全、农产品产量等。这些数据全部来自阻控技术实施过程中的实际环境数据。

最后采用多标准分析方法整合环境、社会、经济和农业可持续性评估，得到归一化的可持续性评分，范围从 0 到 100。该方法的优势在于能够将不同类型的数据归一化为一个分数进行比较，已被广泛应用于土壤污染治理的可持续性评估。计算公式如下：

$$S = \sum\left(\frac{H}{H_{max}} \times W\right) \times 100 \tag{4-19}$$

式中：S——可持续性评价分数；

H——每个指标的输入值；

H_{max}——每个指标的最大值；

W——每个指标的权重。

（三）应用案例

广东省惠州市某稻田因铁矿废水排放导致镉污染，土壤中镉含量平均为 0.35 mg/kg，稻米镉含量平均为 0.41 mg/kg，超过了国家规定的稻米安全阈值（0.2 mg/kg）。以钙基调理剂熟石灰、碳基调理剂生物炭等为材料，评价其阻控稻田镉污染的可持续性。根据可持续性评估框架模型，评估了生物炭、熟石灰生物炭应用的全生命周期活动和生态系统碳收支，如图 4-12 所示。全生命周期活动包括调理剂的生产、运输和田间应用过程。生态系统碳收支为全生命周期活动中碳的输入和输出。利用生物炭和熟石灰实施污染阻控后，稻米镉含量从 0.41 mg/kg 分别下降到 0.08 mg/kg 和 0.07 mg/kg。

表 4-3 为环境、社会、经济和农业可持续评价指标数据。环境、社会、经济和农业可持续评价对比如图 4-12（a）所示，生物炭应用情景表现出更高的环境可持续性，是熟石灰应用情景的 4.8 倍。施用熟石灰阻控稻田镉污染对环境的负面影响远大于生物炭，主要原因是熟石灰生产过程中的能源消耗和二氧化碳排放高于生物炭，如表 4-3 所示。与熟石灰应用情景相比，生物炭更加有利于社会和农业发展的可持续性，主要原因是生物炭应用对公众接受度、土壤质量和稻米产量表现出更积极的影响。然而，熟石灰的成本更低，经济可持续性更优。

表 4-3 环境、社会、经济和农业可持续评价指标数据

类别	指标	对照	生物炭	熟石灰	单位
环境	人体健康	定量	79.7	359.4	Pt
	生态系统	定量	15.0	97.0	Pt
	资源消耗	定量	0.1	1.6	Pt
社会	工人暴露时间	半定量	3	3	—
	健康风险	半定量	3	2	—
	社区参与	半定量	2	2	—
	社区满意	半定量	4	2	—
经济	项目支出	定量	3 240	1 240	元
	持续时间	定量	2	2	a
	土地价值提升	半定量	4	2	—
	就业	半定量	3	3	—
农业	pH	5.97±0.19	7.16±0.27	7.82±0.10	—
	CEC	9.2±0.7	10.3±0.5	8.9±0.8	mol/kg
	有机质	18.5±0.8	24.1±0.6	17.9±0.5	g/kg
	有效态 Cd	0.19±0.02	0.13±0.01	0.12±0.02	mg/kg
	粮食安全	0.41±0.02	0.08±0.03	0.07±0.02	mg/kg
	产量	4.82	6.03	5.22	t/hm²

资料来源：Liu 等，2021。

总体可持续性评价结果显示,生物炭应用情景可持续评分为80.7,明显高于熟石灰应用情景47.0[图4-12(b)],在实现农产品安全达标的同时,使用生物炭能够使环境、社会、经济和农业效益最大化。此外,生物炭应用情景的净生态系统碳收支为17.8 t CO_2-eq/hm^2,而应用熟石灰的碳收支为-30.5 t CO_2-eq/hm^2[图4-12(c)]。可见,生物炭可实现污染阻控过程中碳的正收支,有利于碳封存。总之,施用生物炭修复稻田土壤重金属污染过程可同时实现稻米安全生产-增产-土壤质量提升-碳固定等多目标协同(图4-12(d)),这是一种可持续的农田重金属污染阻控模式。

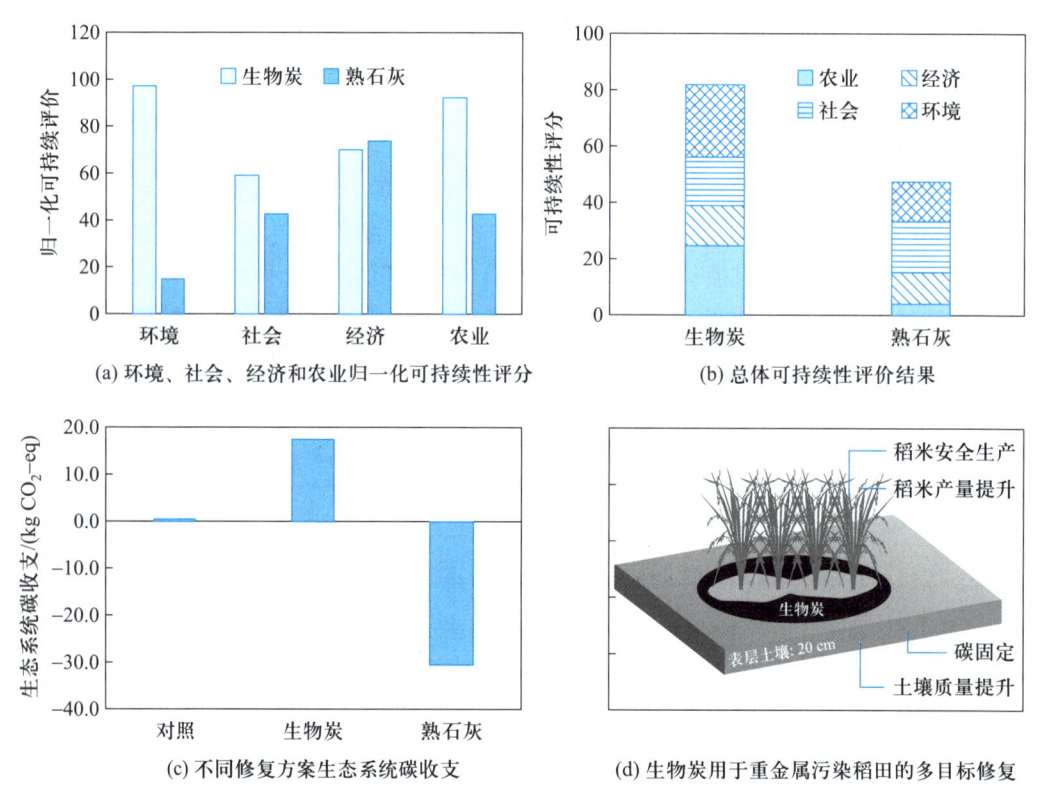

(a) 环境、社会、经济和农业归一化可持续性评分

(b) 总体可持续性评价结果

(c) 不同修复方案生态系统碳收支

(d) 生物炭用于重金属污染稻田的多目标修复

图 4-12　农田重金属污染阻控的可持续评价

(资料来源:Liu 等,2021)

第二节　农田土壤有机污染缓解与阻控

一、基于作物吸收积累的种植结构调整

按污染程度可将有机污染农田土壤划为三个类别,并实施分类管理,以保障产地环境和农产品安全。首先,对于中度有机污染农田土壤,采用调整作物种植结构的方法,选择合适的种植作物,以保障农产品安全。其次,对于中-重度有机污染农田土壤,则可采用土壤污染阻控技术。例如,在土壤中施加生物炭、矿物质等阻控材料,增强土壤吸附固定有机污染物的能力,从而阻控作物吸收积累,保障农产品安全。第三,对于有机污染严重的农田土壤,采用边生产、边修复的方法。例如,表面活性剂-植物协同强化微生物原位修复新技术,可解决

常见植物或微生物修复有机污染土壤时间长、效率低等关键技术瓶颈问题,实现有机污染农田土壤边生产边修复。

(一)作物吸收积累有机污染物的预测模型

准确、快速地评估植物对环境介质中有机污染物的吸收积累能力对客观评价农产品安全、指导植物修复实践等具有重要意义。植物体内有机污染物的含量取决于土壤类型、植物种类、有机污染物性质等因素,在实际工作中不可能直接评价每一种植物对有机污染物的吸收程度,亟需建立植物吸收积累有机污染物的预测模型,为在土壤污染地区生产安全农产品、发展植物修复技术提供理论依据。

1. 经验公式

许多学者试图采用数学模型来预测评价植物从土壤中吸收积累有机污染物的效率。这些模型包括平衡模型、动力学模型、稳态模型等。如 Briggs 等(1982,1983)提出,大麦吸收积累有机污染物的程度与其 K_{ow} 密切相关,建立了根系富集系数(RCF)、茎叶富集系数(SCF)与 K_{ow} 的经验关系式:

$$lgRCF = 0.77 \ lgK_{ow} - 1.52 \tag{4-20}$$

$$lgSCF = 0.95 \ lgK_{ow} - 2.05 \tag{4-21}$$

随后,Burken 等(1998)提出了类似的关系式:

$$lgRCF = 0.65 \ lgK_{ow} - 1.57 \tag{4-22}$$

Topp 等(1986)研究发现,大麦和水芹菜吸收积累有机污染物的程度与土壤对有机碳标化吸附系数 K_{oc} 呈负相关,而从土壤溶液中吸收时与有机污染物的 K_{ow} 成正相关:

$$lgRCF(soil) = 2.196 - 0.622 \ lgK_{oc} \tag{4-23}$$

$$lgRCF(water) = -0.959 + 0.630 \ lgK_{ow} \tag{4-24}$$

McCrady(1994)发现,各种氯苯在豆类植物茎叶中的富集因子(AF)与其 K_{ow} 存在相关性:

$$lgAF = 0.1856 \ lgK_{ow} - 0.1362 \tag{4-25}$$

Bacci 等(1987)建立了氯代烷烃在杜鹃叶面/空气间的富集系数(FCF)与其亨利常数(H)之间的关系:

$$lgFCF = 1.25 \ lgH + 4.06 \tag{4-26}$$

这些关系式均是建立在实验所用的植物种类和有机污染物吸收积累量测定结果基础上的经验公式,为建立植物吸收积累有机污染物的数学模型奠定了基础。

2. 预测模型

植物吸收积累有机污染物主要有两种途径:一是通过根部吸收并随蒸腾流沿木质部向地上部迁移;二是通过气态扩散或颗粒物沉降等被植物叶面吸收,如图 4-13 所示。植物对低挥发性有机污染物主要通过根部吸收积累;高挥发性有机污染物则主要通过叶面吸收积累。早期的植物吸收积累有机污染物的预测模型主要考虑根部吸收的途径,忽略了叶面吸收的重要贡献。

Collins 等(2006)用传质法建立了植物叶面吸收气态有机污染物的数学模型,该模型包括了空气动力学过程、气孔和叶肉阻力等因素,是较早的植物吸收积累的预测模型。随后,Boersma 等(1988)建立了多隔室模型。这些模型为研究植物吸收过程、定量预测植物吸收积累有机污染物做出了贡献;由于该模型引入了大量数学参数,且未考虑污染物在植物体内的降解或转化,其实用性受到限制。

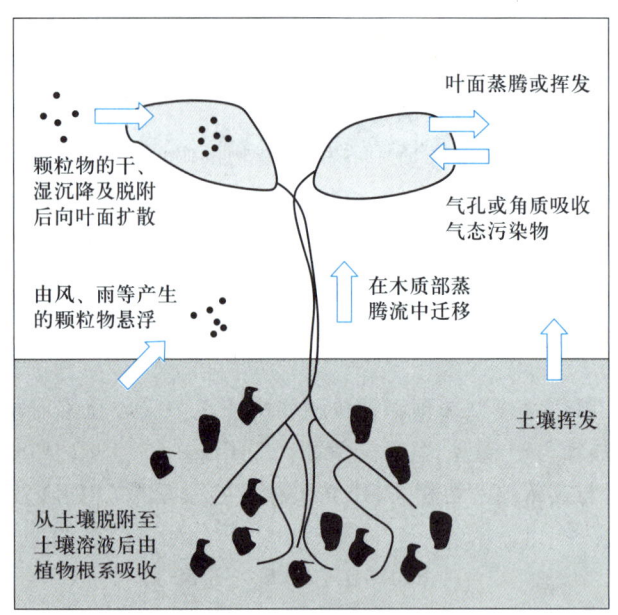

图 4-13   植物吸收积累有机污染物的主要途径

（资料来源：Collins 等，2006）

在综合考虑有机污染物在土壤-大气-植物系统中迁移、转化行为的基础上，Paterson 等（1994）建立了植物吸收积累土壤有机污染物的根-茎-叶三隔室模型。该模型考虑了有机污染物由土壤挥发至空气，再由空气进入叶面的吸收途径，但不适合描述多年生植物的吸收积累行为。

Trapp 等（1994）提出了植物吸收积累有机污染物的四隔室（根、茎、叶、果实）模型。该模型综合了植物根部吸收、有机污染物在植物叶片表面的沉降吸收和挥发、在植物体内的传输和代谢、植物生长作用等过程，可以用来预测不同生长期植物体内的浓度，但缺点是太复杂。之后 Trapp 等（1995）将该模型简化为单隔室模型，用单一方程描述有机污染物在土壤-大气-植物系统中的复杂动力学行为。该模型仅适用于植物吸收非离子型有机污染物的行为，并假设植物成指数生长，使其应用范围仅限于牧草、蔬菜等速生植物。此外，该模型忽略了植物从大气中吸收有机污染物的贡献，不能用于挥发性半挥发性有机污染物的模拟研究。

随后，Paterson 等（1994）建立了新型逸度模型，用来预测植物不同组织从空气或土壤中吸收有机污染物的浓度。该模型既有动力学表达式，又有稳态表达式，可以描述植物吸收积累有机污染物的动态过程。Fryer 等（2003）比较了动力学模型、回归模型、平衡模型等对植物吸收积累 19 种有机污染物的预测性能，发现在预测变化环境中不同时间植物吸收有机污染物时，动力学模型的预测结果较为准确；但在预测长期较为恒定的环境条件下植物吸收有机污染物时，平衡模型和回归模型则有更好的表现。

综上所述，绝大部分植物吸收积累有机污染物的预测模型是建立在质量守恒基础之上的，也考虑了植物种类、土壤类型、有机污染物性质等因素，但往往需要过多的参数，这限制了其在实际工作中的应用。

2001 年，Chiou 等（2001）提出植物吸收有机污染物的限制分配模型。该模型假设植物对土壤中有机污染物的吸收为被动吸收，并将吸收过程看作是有机污染物在土壤固相-土壤液相、植物水相-土壤液相、植物有机相-植物水相之间一系列连续分配过程的组合。土壤及植物体内有机污染物的代谢不影响植物的被动吸收;有机污染物在植物体(各部位)有机相-水相间处于平衡状态。限制分配模型的数学表达式如下:

$$C_{pt} = \alpha_{pt} C_w \left[f_{pom} K_{pom} + f_{pw} \right] \tag{4-27}$$

在土壤中,

$$C_w = C_{som} / K_{som} \tag{4-28}$$

式中:C_{pt}、C_w——植物体、土壤溶液中有机污染物的浓度;

f_{pom}——植物或植物某部位有机质的质量分数;

f_{pw}——植物或植物某部位水的质量分数;

K_{pom}——有机污染物在植物有机相和水相间的分配系数;

α_{pt}——近平衡系数(quasi-equilibrium factor),表示有机污染物在植物水相与土壤溶液间达到平衡的程度,$\alpha_{pt} = 1$ 时表示平衡状态;

C_{som}——土壤有机质上吸附有机污染物的浓度;

K_{som}——有机污染物在土壤有机质和土壤溶液间的分配系数。

如果已知某时间植物吸收有机污染物的 α_{pt} 值,就可根据式(4-28)及相应参数预测植物体内污染物的浓度。

限制分配模型将植物的有机相分为亲水性的糖类和疏水性的脂肪。式(4-28)可以表示为:

$$C_{pt} = \alpha_{pt} C_w \left[f_{pw} + f_{lip} K_{lip} + f_{ch} K_{ch} \right] \tag{4-29}$$

式中:f_{pw}、f_{lip}、f_{ch}——植物体中水、脂肪和糖类的质量分数;

K_{lip} 和 K_{ch}——有机污染物的脂肪-水相分配系数和糖类-水相分配系数。

但实际操作中往往缺乏有机污染物的脂肪-水分配系数(K_{lip})及糖类-水分配系数(K_{ch})的相关数据。Chiou 等(1985)认为,由于辛醇性质与生物脂肪的相似性,可以用来模拟生物脂肪,并认为有机污染物的 K_{lip} 与其 K_{ow} 近似相等,而 K_{ow} 有较为完善的数据库。因此,限制分配模型的数学表达式可改成:

$$C_{pt} = \alpha_{pt} C_w \left[f_{pw} + f_{ch} K_{ch} + f_{lip} K_{ow} \right] \tag{4-30}$$

或

$$\alpha_{pt} = (C_{pt} / C_w) / \left[f_{pw} + f_{ch} K_{ch} + f_{lip} K_{ow} \right] \tag{4-31}$$

由于糖类较强的极性和亲水性,对有机污染物的吸附能力很弱,故认为 K_{ch} 很小,可假设为:当 $\lg K_{ow} < 0$ 时,$K_{ch} = 0.1$;$0.1 < \lg K_{ow} < 0.9$ 时,$K_{ch} = 0.2$;$1.0 < \lg K_{ow} < 1.9$ 时,$K_{ch} = 0.5$;$2.0 < \lg K_{ow} < 2.9$ 时,$K_{ch} = 1$;$3.0 < \lg K_{ow} < 3.9$ 时,$K_{ch} = 2$;$\lg K_{ow} > 4$ 时,$K_{ch} = 3$。

限制分配模型建立了植物吸收积累有机污染物的能力与其有机组分组成之间的关系,表述简单、参数少,为方便、有效定量描述植物吸收积累土壤有机污染物的行为提供理论基础。

3. 限制分配模型的修正

非极性有机污染物在土壤/沉积物有机相-水相间的分配系数与其在水中的浓度无关(Chiou 等,1998)。同样,非极性有机污染物在植物有机相-水相间的分配系数也与植物水相中的浓度无关。根据式(4-31),给定植物、有机污染物和环境条件(如生长时间等)下,α_{pt} 值应为定值(Chiou 等,2001)。因此,若已知某时间植物吸收有机污染物的 α_{pt} 值,只要测得土壤溶液中该有机污染物的浓度,就可根据式(4-30)及相应的参数预测植物体内有机污染物的含量。

（1）考虑植物叶面吸收的限制分配模型：限制分配模型对根中苊、芴、菲、芘四种 PAHs 含量的预测误差均小于 42.1%，茎叶 PAHs 含量预测误差小于 78.4%，表明限制分配模型能够较好地预测黑麦草对 PAHs 的吸收积累程度。为进一步提高模型预测的准确性，应将植物叶面吸收积累有机污染物的贡献耦合在模型中。

已知植物茎叶中 PAHs 含量（C_s）包括根部传输值（C_t）和叶面吸收值（C_v），即：

$$C_s = C_t + C_v \tag{4-32}$$

限制分配模型假定茎叶中 PAHs 含量 C_s 来自根部吸收后的一系列连续传输和分配过程，忽略了叶面吸收的贡献。α_{pt} 可依据以下公式计算：

$$\alpha_{pt}^* = (C_s/C_w)/[f_{pw} + f_{ch}K_{ch} + f_{lip}K_{ow}] \tag{4-33}$$

而真实的 α_{pt} 值应为：

$$\alpha_{pt} = (C_t/C_w)/[f_{pw} + f_{ch}K_{ch} + f_{lip}K_{ow}] \tag{4-34}$$

显然，$\alpha_{pt}^* \geqslant \alpha_{pt}$，只有当 $C_v = 0$ 时两者相等。然而，实际环境中植物叶面也会吸收有机污染物。忽略叶面吸收的影响必然会导致 α_{pt} 值被高估，从而造成预测值偏离实测值，预测误差增大。

传输系数（TF）是某一化合物茎叶浓度与根系浓度的比值，可表征化合物由根部向茎叶传输的能力。传输系数越大，根部向茎叶的传输作用越强。图 4-14（a）为四种 PAHs 传输系数 TF 与 lgK_{ow} 的关系曲线，TF 值随 lgK_{ow} 增大而减小，表明脂溶性越高的 PAHs 越难由根系向茎叶传输。图 4-14（b）为茎叶-空气富集系数 BCF_{av} 与辛醇-气分配系数 K_{oa} 的关系曲线，表明 lgBCF_{av} 与 lgK_{oa} 呈线性正相关，PAHs 脂溶性越高，茎叶/空气富集系数越大，叶面吸收作用越强。综合考虑两方面作用，发现 PAHs 脂溶性越高，根部传输作用越弱，叶面吸收作用越强，从而导致叶面吸收对模型预测的影响越大。

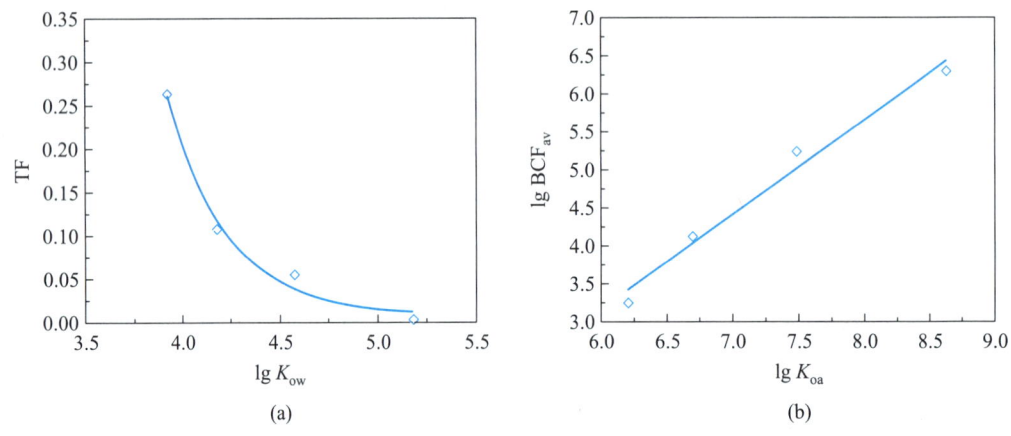

图 4-14　TF 与 lgK_{ow}（a）、lgBCF_{av} 与 lgK_{oa}（b）的关系曲线

（资料来源：Zhu 等 2004）

叶面吸收模型大多是建立在有机污染物在空气与叶片之间分配平衡基础之上的回归模型。例如，Kipopoulou 等（1999）研究表明，茎叶对空气中 PAHs 的富集系数（BCF_{av}）与其辛醇-气分配系数 K_{oa} 呈线性关系，即：

$$BCF_{av} = aK_{oa} + b \tag{4-35}$$

式中：a、b——常数。

但该模型仅对结构性质类似有机污染物的预测较为准确，无法系统而准确地预测所有植物吸收积累有机污染物的程度。

1999 年,McLachlan 等(1999)提出了植物吸收空气中有机污染物的三种途径,并建立了相应的预测模型,即:

$$C_v / C_g = K_{vg} \tag{4-36}$$

$$C_v / C_g = A v_{gg} t / V \tag{4-37}$$

$$C_v / C_p = v_p A / (V k_e) \tag{4-38}$$

式中:C_v——茎叶中有机化合物含量;

C_g、C_p——气态和颗粒态有机化合物含量;

K_{vg}——有机化合物在植物-气相分配系数;

A——植物的表面积,m^2;

V——植物的体积,m^3;

v_{gg}——描述有机化合物从大气到植物表面迁移的传质系数,$m \cdot h^{-1}$;

v_p——颗粒态有机化合物在植被表面的沉积速度,$m \cdot h^{-1}$;

k_e——植物表面颗粒态有机化合物侵蚀的一阶速率常数,h^{-1};

t——时间,h。

式(4-36)、式(4-37)、式(4-38)分别对应的是气态吸收平衡途径(equilibrium partitioning)、动力限制气态沉降途径(kinetically limited gaseous deposition)和颗粒态沉降途径(particle-bound deposition)。不同性质的有机化合物吸收途径不同。一般情况下,$\lg K_{oa} < 8$ 的有机化合物,以第一种途径为主;$\lg K_{oa}$ 为 8~11 的有机化合物,以第二种途径为主;而 $\lg K_{oa} > 11$ 的有机化合物,则以第三种途径为主。显然,该模型涵盖了空气中可能存在的挥发性及半挥发性有机化合物,适用范围较广。

为此,可考虑将限制分配模型与 McLachlan 模型耦合来预测植物茎叶中 PAHs 的含量。因以上研究的四种 PAHs 都以第一种吸收途径为主,结合式(4-29)、式(4-32)、式(4-36)可得到:

$$C_s = \alpha_{pt} C_w [f_{pw} + f_{ch} K_{ch} + f_{lip} K_{ow}] + K_{vg} C_g \tag{4-39}$$

由式(4-39)可知,已知 α_{pt} 和平衡时茎叶-空气富集系数(分配系数)K_{vg},就可由测得的空气和溶液介质中 PAHs 浓度及相关参数预测植物体内 PAHs 含量。显然,式(4-39)对茎叶中 PAHs 含量预测的准确性很大程度上依赖于 α_{pt} 和 K_{vg} 测定或计算的准确性。

用式(4-39)预测黑麦草茎叶 PAHs 含量,首先需要测得空气中 PAHs 的含量,由茎叶-空气分配系数预测通过叶面吸收的 PAHs 含量,然后从茎叶 PAHs 含量中扣除叶面吸收部分的贡献,根据限制分配模型计算得到 α_{pt} 值,再用 α_{pt} 值预测通过根部传输到茎叶的 PAHs 含量,最后将由空气 PAHs 含量预测得到的叶面吸收值和由溶液 PAHs 含量预测得到的根部传输值相加,得到茎叶 PAHs 含量的预测值。图 4-15 给出了黑麦草茎叶中菲的实测值及分别由限制分配模型和修正模型计算得到的预测值,表明在准确预测叶面吸收值的前提下,修正模型能较好地预测黑麦草茎叶中菲的含量,最大预测误差由修正前的 53.2% 下降至修正后的 31.0%。

修正模型预测的准确性很大程度上依赖 K_{vg} 值的准确性。式(4-39)仅适用于吸收较易达到平衡的有机化合物($\lg K_{oa} < 8$);对 $\lg K_{oa}$ 为 8~11 或 >11 的有机化合物,用式(4-37)或式(4-38)与限制分配模型结合进行预测更为合适。因此,修正后的限制分配模型对 K_{oa} 较

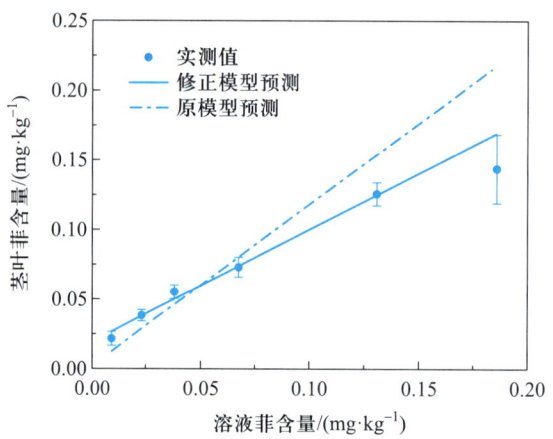

图 4-15   黑麦草茎叶中菲含量的实测值和预测值

（资料来源：Yang 等，2007）

大的有机化合物叶面吸收值的预测误差较大。

（2）考虑植物脂肪和糖类吸附作用的限制分配模型：有机污染物在植物有机组分与环境介质之间的分配过程被认为是植物吸收积累有机污染物的本质（Chiou 等，2001）。认识植物有机组分对有机污染物的吸附作用、机理及相对贡献，可深入了解植物吸收积累有机污染物的机制。植物有机组分可以分为疏水性的脂质类物质和亲水性的糖类物质，脂质被认为是有机污染物在植物体内的主要吸收积累部位（Simonich 等，1994）。由于辛醇的结构性质与脂质类似，可以将其作为脂质的替代物；相应的辛醇-水分配系数（K_{ow}）被用来替代脂质-水分配系数（K_{lip}）。

由于亲水的糖类对疏水性有机污染物的吸附能力相对较弱，在研究植物吸收积累疏水性有机污染物的过程中，其作用往往被忽视；相关预测模型中疏水性有机污染物的糖类-水分配系数通常被低估，甚至被忽略不计。相对于脂质含量，糖类的质量分数在植物体干重中占了绝大部分，需要关注评估糖类在植物吸收积累有机污染物过程中的相对贡献。

植物脂质和糖类都是根系吸收积累 PAHs 的重要场所，两者均不能被忽略。原植物吸收积累有机污染物的预测模型存在较大误差，主要原因包括：一是有机化合物的 K_{ow} 不能准确地反应植物脂质对其吸收积累能力；二是低估了糖类对有机化合物的吸收积累能力。改善脂质-水分配系数（K_{lip}）和糖类-水分配系数（K_{ch}）这两个参数即可显著提高模型的预测精度。

有机化合物 K_{lip}、K_{ch} 与 K_{ow} 之间的定量关系如下：

$$K_{lip} = 1.79 \times 10^{-5} K_{ow}^2 + 1.05 K_{ow} \qquad (4-40)$$

$$K_{ch} = 6.42 \times 10^{-7} K_{ow}^2 + 0.018\,7 K_{ow} \qquad (4-41)$$

可由有机化合物的 K_{ow} 值来预测 K_{lip} 和 K_{ch}。整合植物脂质和糖类共同作用，可得到植物对有机化合物的吸附量：

$$
\begin{aligned}
Q &= C_w K_{r-ideal} \\
&= C_e (K_{r-lip} + K_{r-ch}) \\
&= C_w (f_{lip} K_{lip} + f_{ch} K_{ch}) \\
&\approx C_w [f_{lip} (1.79 \times 10^{-5} K_{ow}^2 + 1.05 K_{ow}) + f_{ch} (6.42 \times 10^{-7} K_{ow}^2 + 0.018\,7 K_{ow})]
\end{aligned}
\qquad (4-42)
$$

改进模型(式(4-38))中,K_{r-lip} 和 K_{r-ch} 分别为脂质和糖类吸附所贡献的根系分配系数(K_r),且 $K_{r-ideal} = K_{r-lip} + K_{r-ch}$。只需知道植物脂质、糖类和水分含量及有机化合物的 K_{ow},即可预测植物的吸收积累能力,比原有的预测模型所需参数更少,且更易获得。

用黑麦草根系吸附 PAHs 的数据来验证改进模型的准确性,结果如图 4-16 所示。改进

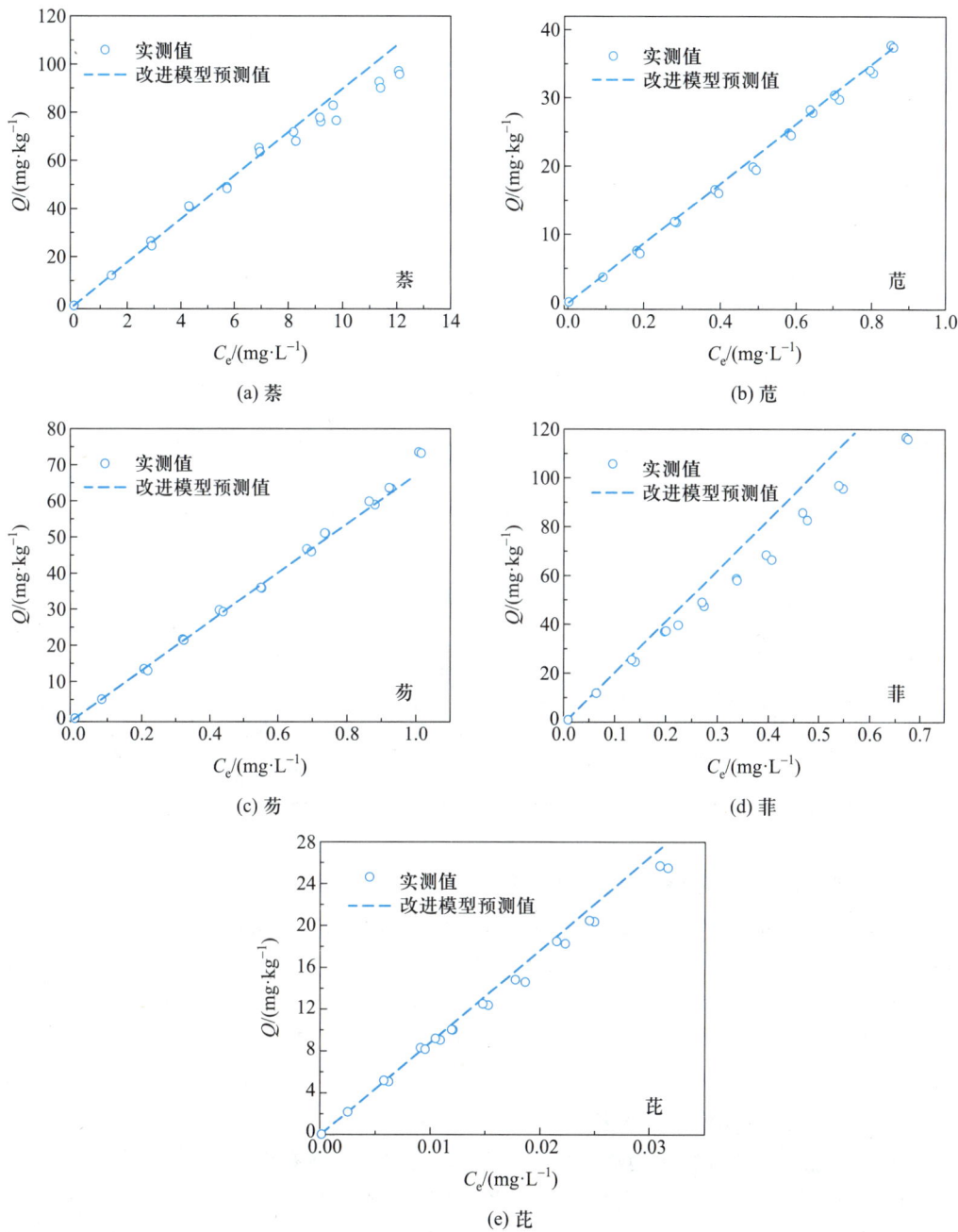

图 4-16　用改进模型预测黑麦草根系吸附 PAHs

(资料来源:Zhang 等,2009)

模型的预测值与实测值之间有很好的吻合性,预测误差均小于脂质模型预测值。对大部分 PAHs 吸附的预测误差均小于 10%,菲的预测误差最大,仅为 15.2%(表 4-4)。

表 4-4 改进模型预测黑麦草根系吸附 PAHs 的误差

PAHs	改进模型预测值/(L·kg^{-1})	实测值/(L·kg^{-1})	预测误差/%
萘	9.015	8.351	7.95
苊	43.82	42.82	2.34
芴	67.03	69.28	3.25
菲	202.10	175.40	15.20
芘	888.00	833.80	6.50

资料来源:Zhang 等,2009。

脂质和糖类在黑麦草根系吸附 PAHs 的相对贡献见表 4-5。脂质对 5 种 PAHs 在根系上吸附的贡献为 26.69%~35.39%,糖类吸附的贡献为 64.61%~73.31%。虽然脂质对 PAHs 的吸附能力远远高于糖类,但由于其在黑麦草根系中的质量分数很低,总体相对贡献较小;糖类对 PAHs 的吸附能力远低于脂质,但其质量分数较高,大部分 PAHs 吸附积累在糖类上,因此,在预测植物吸收积累有机污染物的模型中不能忽略糖类的贡献。

表 4-5 脂质和糖类在黑麦草根系吸附 PAHs 中的相对贡献

PAHs	K_{r-lip}/(L·kg^{-1})	K_{r-ch}/(L·kg^{-1})	$K_{r-ideal}$/(L·kg^{-1})	相对贡献/%	
				K_{r-lip}	K_{r-ch}
萘	2.551	6.464	9.015	28.29	71.71
苊	15.51	28.31	43.82	35.39	64.61
芴	20.45	46.90	67.03	30.51	68.75
菲	61.29	140.80	202.10	30.33	69.67
芘	237.00	651.00	888.00	26.69	73.31

资料来源:Yaws 等,1999。

改进模型与脂质模型对植物吸收积累有机污染物的预测结果见表 4-6。脂质模型的预测误差为 21.4%~90.8%,疏水性越强,预测误差越大,例如,对六氯苯的预测值不到实测值的 10%;而改进模型的预测误差为 0.203%~40.9%,特别是对疏水性强的化合物而言,其预测精度相当高,例如,对于六氯苯,改进模型预测值是实测值的 90%,多种有机化合物的预测误差甚至小于 1%,说明改进模型能更准确地预测植物吸收积累,可更好地为土壤污染地区调整作物结构,保障农产品安全提供技术支撑。

(二)基于限制分配模型的作物种植结构调整策略

基于作物吸收积累有机污染物的限制分配模型,根据土壤有机质的含量、有机污染物种类与浓度,可计算出不同作物中有机污染物的浓度,并指导作物结构调整。例如,在有机污染土壤中种植茼蒿、上海青、萝卜,发现茼蒿超标,上海青、萝卜不超标,因此可以种上海青、萝卜以规避污染风险;如要种植茼蒿,则要采用缓解阻控技术,阻控有机污染物从土壤进入作物。

表 4-6　改进模型与脂质模型对植物吸收积累有机污染物的预测

| 植物 | 各组分质量分数/% | | | 化合物 | | K_{pw} | | |
	水分	糖类	脂质	名称	K_{ow}	脂质模型预测	改进模型预测	测定值
麦茎叶	92.9	6.54	0.56	苯	135	0.755 4	0.946 4	1.600
				1,2-二氯苯	2 399	13.43	17.60	18.39
麦茎叶				菲	28 840	161.5	320.8	326.7
麦根	93.8	6.07	0.13	1,2-二氯苯	2 399	3.118	6.523	6.510
				菲	28 840	37.49	128.4	123.3
牛茅草	90.7	8.68	0.62	1,2-二氯苯	2 399	14.87	19.14	24.27
麦茎叶	85.2	13.7	1.1	林丹	5 248	57.73	72.52	73.43
				六氯苯	316 227	3 749	28 078	37 803
麦根	84.4	15.3	0.51	林丹	5 248	26.77	37.68	45.49
				六氯苯	316 227	1 613	15 477	17 021

有机污染物 K_{ow}、土壤有机质及植物脂质含量能显著影响其在土壤-植物系统的迁移转化及其作物污染状况。通常情况下,酞酸酯(PAEs)和 PAHs 等有机污染物较易被脂质吸附,从而积累在蔬菜等作物体内,蔬菜的脂质含量越高,吸收积累有机污染物的能力越强。为了保证在有机污染土壤上生产安全的蔬菜,可用蔬菜中有机污染物浓度的允许值(相关标准)推算出该有机污染土壤拟种植蔬菜脂质含量的最大值(临界脂质含量)。在同样土壤条件下,若种植蔬菜的脂质含量超过临界脂质含量,则蔬菜中有机污染物会超标,若蔬菜的脂质含量低于临界脂质含量,则蔬菜的有机污染物浓度不会超标。为此,根据长三角农田土壤有机污染特征,运用限制分配模型,基于土壤 f_{oc} 和蔬菜脂质含量,以有机污染物含量与风险均较高的苯并芘(BaP)为例,提出作物种植结构调整的策略。

长三角农田土壤总有机碳含量、BaP 的空间分布如图 4-17 所示。浙江东南沿海农田土壤 BaP 污染相对严重,最高浓度达 1.30 mg/kg,环太湖地区东北部农田土壤 BaP 污染也较重,BaP 浓度可达 1.17 mg/kg。此外,江苏北部、浙江中部和南部土壤 f_{oc} 较高,对有机污染物的吸附能力较强,抑制其进入蔬菜体内,可选择种植脂质含量较高的蔬菜;江苏南部、浙江北部大部分地区土壤 f_{oc} 相对较低,对有机污染物进入蔬菜体内的抑制作用较弱,应当种植脂质含量较低的蔬菜。在不进行任何土壤修复、改良的前提下,以不引起致癌风险为限值,推算蔬菜体内 BaP 最高浓度为 3.46 mg/kg。利用限制分配模型,推算出的蔬菜种植结构调整情况如图 4-18 所示。

限制种植区土壤 BaP 浓度为 $2.37 \sim 1.30 \times 10^3$ mg/kg,f_{oc} 含量均值为 1.39%,在不改良土壤条件或未采用修复阻控措施的前提下,不适宜种植叶菜类蔬菜作物。宜种植脂质含量<0.1%的叶菜类蔬菜作物区域土壤 BaP 浓度为 $2.01 \sim 16.7$ mg/kg,f_{oc} 均值为 1.22%。宜种植脂质含量<0.2%的叶菜类蔬菜作物区域土壤 BaP 浓度为 $4.03 \sim 16.9$ mg/kg,f_{oc} 均值为 1.08%。宜种植脂质含量<0.3%的叶菜类蔬菜作物区域土壤 BaP 浓度为 $2.58 \sim 23.0$ mg/kg,f_{oc} 均值为 1.94%,可种植菠菜、生菜、茼蒿、空心菜等。宜种植脂质含量<0.5%的叶菜类蔬菜作物区域土壤 BaP 浓度区间为 $2.34 \sim 7.11$ mg/kg,f_{oc} 均值为 1.56%,可种植韭菜、上海青、

油麦菜、小葱等蔬菜。宜种植脂质含量<0.8%的叶菜类蔬菜作物区域土壤 BaP 浓度为 0.238~7.11 mg/kg,f_{oc} 均值为 1.77%。

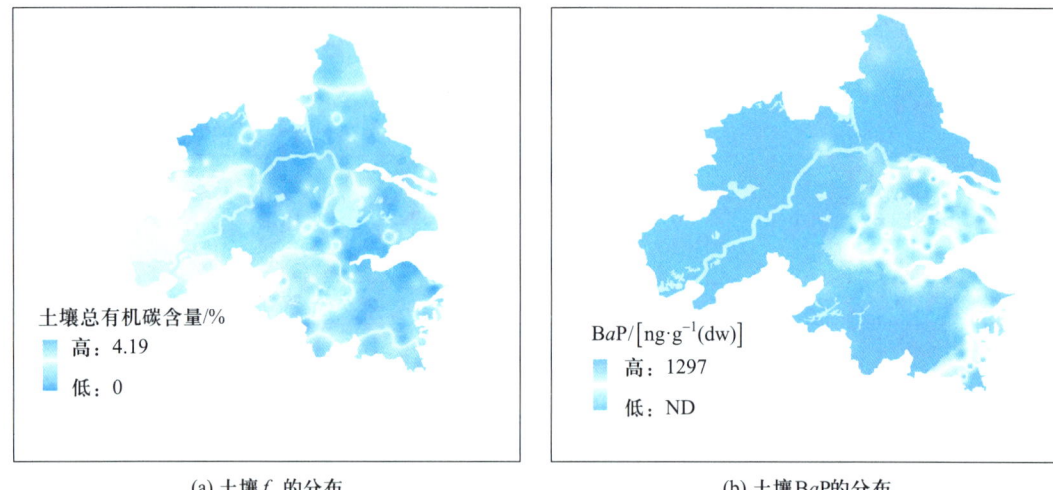

(a) 土壤 f_{oc} 的分布   (b) 土壤 BaP 的分布

图 4-17　长三角农田土壤总有机碳含量和 BaP 的分布

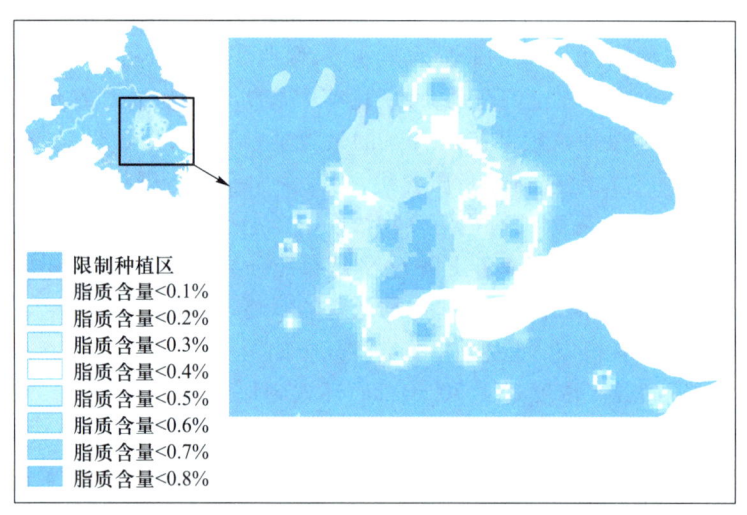

图 4-18　长三角农田土壤 BaP 污染情况下的蔬菜种植结构调整情况

二、增强土壤吸附固定技术

　　在调整作物种植结构仍不能保障农产品安全的情况下,可增加土壤有机质含量,如添加有机复合肥料或生物炭等,增强土壤吸附固定污染物,阻控其向作物迁移积累;若作物污染物浓度仍超标,则将其确定为限制种植区,需在修复土壤的前提下再种植农产品。当前较为便捷的方法是增加土壤 f_{oc} 含量,假设将长三角土壤 f_{oc} 含量提高到 1%、1.5%、2%、2.5% 和 5%,分别得到的种植结构调整情况如图 4-19 所示。可以看出,随土壤 f_{oc} 含量的升高,蔬菜种植结构需要调整区域逐渐缩小。当土壤 f_{oc} 值提高到 2% 时,增加约 11.2% 的点位可种植更多种类的叶菜类蔬菜;当土壤 f_{oc} 含量提高到 2.5% 时,约 15.1% 的点位可安全种植更多种类的叶菜类蔬菜；当土壤f_{oc}提高到5%时，92.2%的点位可种植叶菜类蔬菜，88.3%的点位可种植几乎所有的叶菜类蔬菜，并保障农产品安全。

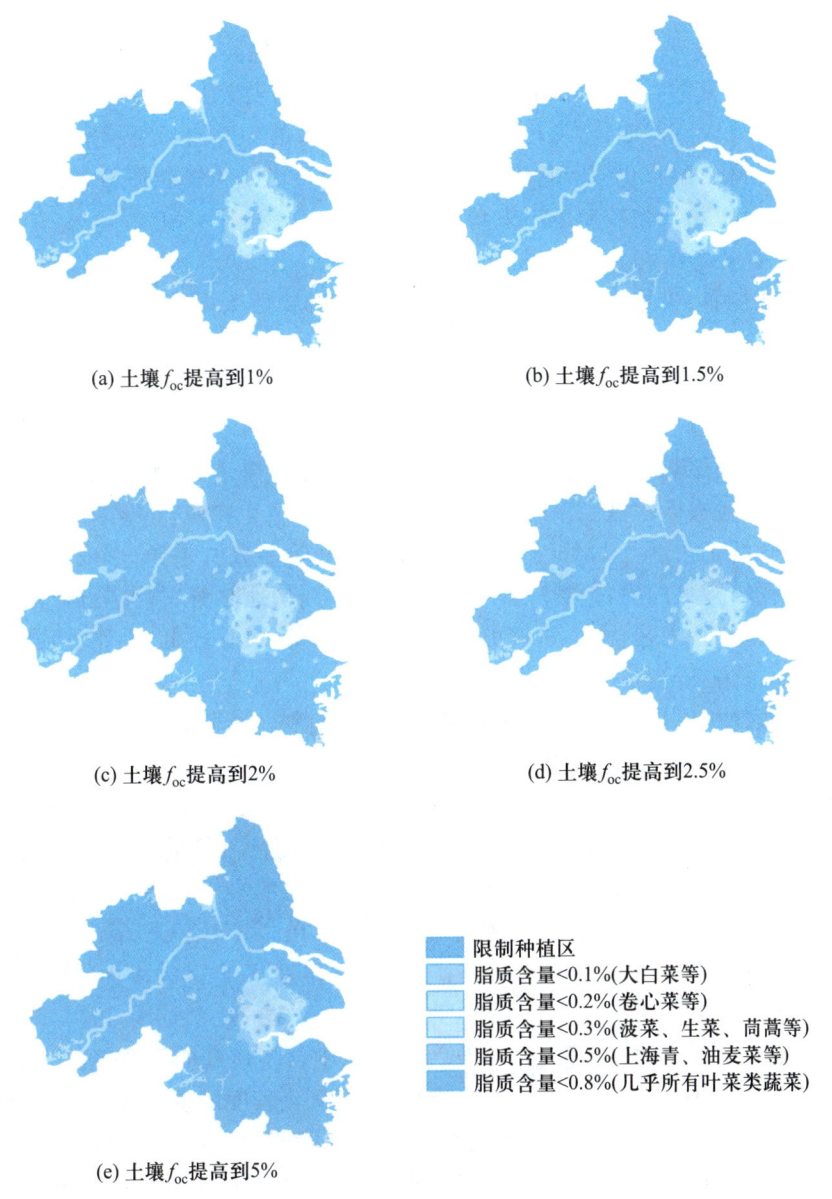

(a) 土壤f_{oc}提高到1%　　　　　　　　　　(b) 土壤f_{oc}提高到1.5%

(c) 土壤f_{oc}提高到2%　　　　　　　　　　(d) 土壤f_{oc}提高到2.5%

限制种植区
脂质含量<0.1%(大白菜等)
脂质含量<0.2%(卷心菜等)
脂质含量<0.3%(菠菜、生菜、茼蒿等)
脂质含量<0.5%(上海青、油麦菜等)
脂质含量<0.8%(几乎所有叶菜类蔬菜)

(e) 土壤f_{oc}提高到5%

图 4-19　不同土壤f_{oc}含量下的蔬菜种植结构调整情况

（一）生物炭增强土壤吸附固定技术

生物炭是生物质在限氧或无氧条件下经热化学反应得到的富含碳的固态产物。2009年，Lehmann 在《生物炭用于环境管理——科学与技术》(*Biochar for Environmental Management：Science and Technology*)一书中，将生物炭特指为生物质在缺氧或有限氧气供应条件下，在相对较低温度(<700 ℃)下热解得到的富碳产物，而且以施入土壤进行土壤管理为主要用途，旨在改良土壤、提升地力、实现碳封存(Lehmann 等，2009)。2013 年，国际生物炭协会(IBI)

再次完善了生物炭的概念和内涵,指出生物炭是生物质在缺氧条件下通过热化学转化得到的固态产物,它可以单独或者作为添加剂使用,能够改良土壤、提高资源利用效率、改善或避免特定的环境污染,是温室气体减排的有效手段。这一概念更侧重于在用途上区分生物炭与其他炭化产物,进一步突出其在农业和环境领域中的作用。

生物炭具备丰富的孔结构和巨大的比表面积,能够强烈吸附 PAHs、农药等有机污染物及重金属和营养元素。例如,施加小麦和水稻秸秆制备的生物炭后土壤对敌草隆等有机农药的吸附作用是原土的 $400 \sim 2\,500$ 倍(Yang 等,2003)。由于生物炭原料丰富、工艺简单、成本较低,在土壤有机污染物控制应用中具有较大潜力。

1. 生物炭基本性质

(1) 生物炭制备:生物炭可以通过各种植物性及动物性生物质或固体有机废物(污泥及废纸等)高温热解而成。常见的生物质原料中,植物性生物质来源广、产量高、成本低,应用广泛。由于不同生物质化学组成的差异,在制备生物炭过程中热解反应及最终产物都会不同。例如,植物性生物质主要由纤维素、半纤维素、木质素、小分子或聚合物(蛋白质、酸)及无机元素等构成,高温热解能够使木质纤维素中的氢键断裂,随后发生脱甲基、氧化及脱羟基等反应,最终通过去碳酸基、芳香化及分子内部聚合形成生物炭。

由于不同热解工艺运行温度、升温速率、停留时间等参数的差异,形成的生物炭产率及性质也有所不同。常见的生物炭热解工艺有慢速热解、快速热解、气化热解、水热碳化和急骤碳化,相比其他热解工艺,慢速热解可以直接原位制备,成本较低,操作方便,生物炭产率较高,因此应用最为广泛。

(2) 生物炭的构成:生物炭是一种多相非均一性材料。从元素构成分析,生物炭主要由 C、H、O 三种元素构成,C 含量为 $45\% \sim 60\%$,H 含量为 $2\% \sim 5\%$,O 含量为 $10\% \sim 20\%$(重量比)。生物炭中碳的形态随热解温度上升而改变,从芳环缩聚物为主的无定形碳逐渐聚合形成孔结构,并转化为乱层晶体结构,缩合成芳香原子簇;温度在 700 ℃ 以上时主要以乱层石墨烯态存在(图 4-20)(Keiluweit 等,2010)。O 元素在生物炭中主要以羟基、羧基、醚氧、环氧及无机物如金属氧化物、碳酸盐、碳酸氢盐等形态存在。其中,无机氧形态是生物炭碱性的重要来源,而有机形态的氧大多连接在碳原子上,形成了丰富的表面官能团(如 C—O、C=O、COOH、OH 等),随着热解温度升高,芳香型 C—O 键的比例逐渐升高。H 元素主要存在于芳香结构及脂质性结构中。C、H、O 作为生物炭中含量最高的元素,可用于表征生物炭稳定性等特性,例如,O、C 原子比可作为生物炭老化/氧化程度的重要参数,H、C 原子比可作为计算不同裂解温度生物炭中芳香性原子簇尺寸与吸附能力的重要参数(Xiao 等,2017)。

生物炭中 N 元素主要以吡咯和酰胺形态存在,其在植物性生物质制成的生物炭中比例较小,在动物性生物质制成的生物炭中含量较高,一般随热解温度上升而下降。此外,生物炭含有 P、K、Mg、Ca、Si 等无机元素,其含量随热解温度升高而上升。无机元素对生物炭形成起重要作用。例如,K、Cl 是高流动性的,P、N、S 能够与有机质形成共价键且在低温流失,这些元素受热解温度影响很大;而 Ca 和 Mg 元素能够以离子态或共价态与有机分子结合,或者以碳酸盐形态存在,因此更稳定。Si 元素广泛存在于秸秆类生物炭中,有利于提高生物炭的碳稳定性及生物炭吸附固定重金属的能力(Xiao 等,2014)。

从稳定性分析,生物炭组分可分为挥发性物质、固定碳及灰分。挥发性物质含量与热解温度负相关,而固定碳成分随温度升高增大。一般来说,生物炭中挥发性物质含量为 $13.2\% \sim$

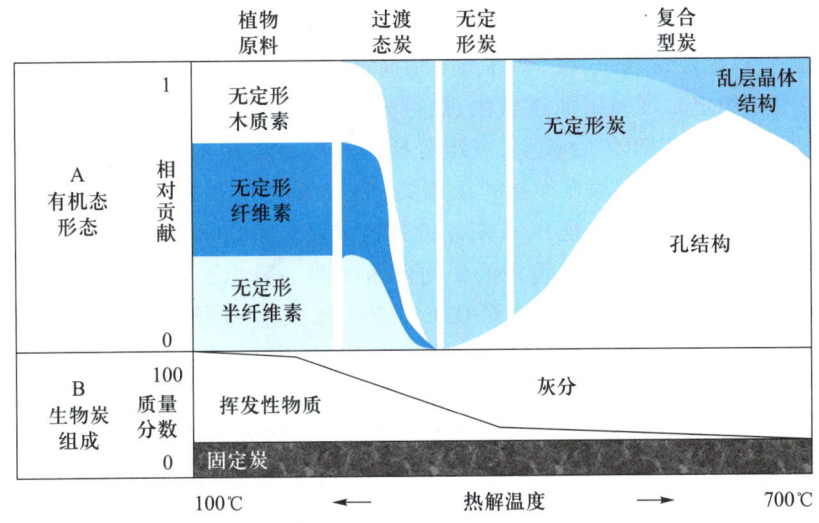

图4-20　生物炭热解过程碳的分子结构动态变化示意图

（资料来源：Keiluweit 等，2010）

70.0%，固定碳含量为 0~77.4%，灰分含量为 0.4%~88.2%。动物性生物质中无机元素含量更高，灰分含量明显高于植物生物炭。同样草本生物炭灰分高于木本性生物炭。

（3）生物炭表面官能团：除了脂质性表面和芳香性表面，生物炭还有羟基、羧基、羰基、酯基、酰基、环氧基和醚等表面官能团结构。这些官能团进一步增强氢键诱导的吸附作用、生物炭碱性、pH 缓冲性、疏水/亲水性、表面电性和阳离子交换能力。—O—、—COO—等含氧官能团作为电子供体能直接构成生物炭的碱性（图4-21）。在低热解温度下，丰富的表面官能团是大部分生物炭呈碱性的重要原因；随热解温度升高，生物炭的表面官能团逐渐呈减少趋势，形成大量碳酸盐。随着时间的推移，生物炭表面官能团会发生明显改变，如表面形成羧基和酚基，出现明显氧化：O/C 值上升，C—H、C=C 及 O—H 显著减少，C—O、C=O 则显著增加。

乱层石墨炭

无定形炭

矿物颗粒

无机盐

图4-21　生物炭成分及结构示意图

2. 生物炭稳定性与结构效应

（1）生物炭稳定性：一般来说，热解温度越高，生物炭的芳环结构越致密，固定炭比例也越高，生物炭也越稳定。可采用加速氧化、热重分析或直接分析生物炭的分子构成，评价生物炭的稳定性。也可采用单组分模型、双组分模型和三组分模型预测生物炭的稳定性。由于生物炭 O/C 与易挥发物质存在很强的正相关，而 H/C 能够预测生物炭中芳环簇的结构，因此可通过测定生物炭的 O/C 及 H/C 来评价其稳定性。如 Spokas 发现 O/C 大于 0.6 的生物炭与生物质构成更为类似，在环境中的平均停留时间一般小于 100 a；O/C 为 0.2~0.6 的生物炭平均停留时间为 100~1 000 a；而 O/C 小于 0.2 的生物炭在环境中至少停留 1 000 a（Spokas 等，2010）。

土壤环境中生物炭的稳定性受土壤矿物影响较大。土壤中层状硅酸盐、铁铝氧化物及各种氢氧化物等矿物组分能以共价键、阳离子 π 键、配合作用等与生物炭结合，还可以通过土壤有机质作为分子交联剂形成团聚体，使生物炭更加稳定。生物炭投加到土壤后 Fe、Al、Si 含量持续增加，生物炭与矿物质发生结合，能增强生物炭的稳定性（图 4-22）。在生物炭的热解过程中加入矿物质，可以得到具有特殊性能的生物炭或加强其稳定性。

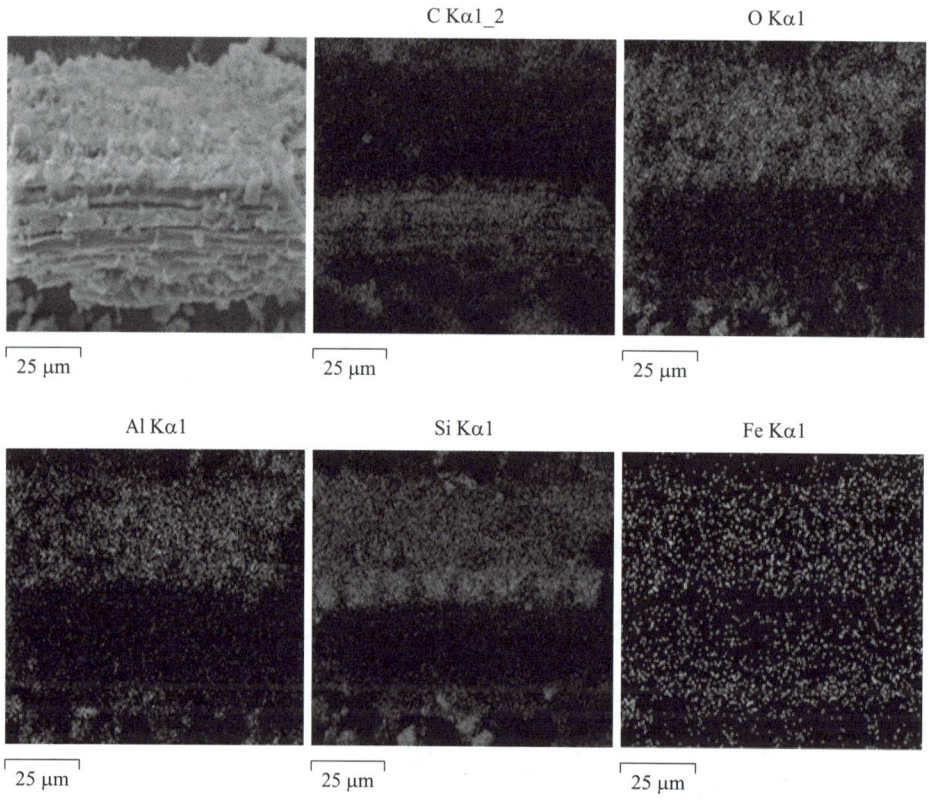

图 4-22　生物炭与矿物质结合的电镜图

（2）生物炭吸附机制：生物炭对有机污染物吸附作用研究可追溯至 20 世纪 60 年代，随着生物炭在土壤有机污染防控和固碳增汇增产中的应用潜力逐渐受到关注，研究对象从农药和非离子有机污染物扩展到抗生素等新型有机污染物。生物炭对有机污染物吸附机制包括表面吸附和分配作用。表面吸附是利用分子和原子间微弱的物理或化学吸附作用把吸附质黏着在吸附剂表面的过程。吸附剂与吸附质间通过范德瓦尔斯力产生的吸附为物理吸附,若通过化学键(如氢键、离子偶极键、配位键及 π 键)引起吸附,则为化学吸附。1998 年Chiou 等提出高比表面积炭类物质(HSACM)模型,即木本生物炭等高比表面积炭类物质通过物理吸附对有机污染物表现出很强的吸附作用,且为非线性吸附(Chiou 等,1998)。在生物炭表面吸附过程中,由于炭表面含有不同的官能团,与有机污染物或离子之间可形成稳定的化学键,进而产生化学吸附作用。Pignatello 等以石墨为参照,研究了枫木在厌氧条件下裂解得到的木炭对萘、菲、芘、4-硝基甲苯等系列非离子有机污染物的吸附作用,发现吸附过程存在位阻效应,提出有机物的苯环结构与木炭上类似石墨烯的芳香性结构可形成 π-π 电子给体-受体作用,这是含有芳香性结构的碳质材料(如碳纳米管、石墨烯等)吸附芳香性有机污染物的重要机理。有机污染物的最大吸附量随其分子直径的减小而增大,吸附位点的竞争和孔阻塞作用在竞争吸附中有重要作用。生物炭对分子尺寸较小的硝基苯的表面吸附容量与单层平铺的吸附量相当,对分子尺寸稍大的萘和间二硝基苯则由于孔尺寸的阻碍作用,其表面吸附量略低于单层平铺时的最大表面吸附量(Zhu 和 Pignatello,2005)。

分配作用是生物炭吸附有机污染物的重要机制,主要表现为吸附等温线呈线性、弱溶质吸收和非竞争吸附。松针裂解制备的生物炭对萘、硝基苯和间二硝基苯吸附作用的研究表明,分配作用和表面吸附对生物炭吸附有机污染物都有重要贡献,其中分配作用来自生物炭中非炭化有机质对有机污染物的分配,而表面吸附则主要发生在炭化有机质上,随生物炭制备温度的升高,生物炭的炭化程度增加,吸附作用以分配为主逐渐转变为以表面吸附为主,随着热解温度升高,表面吸附作用从极性诱导吸附转为孔填充作用(Chen 等,2008)。总体来说,分配作用随低温下制备的生物炭上无定形脂肪性组分极性的下降而增强,又因较高温度下制备的生物炭脂肪性组分的去除和芳香性核的浓缩而减弱。此外,四环素、磺胺嘧啶、双酚 A 等因含有氨基、羟基等酸碱基团,可发生质子化或脱质子化使得化合物带有电性,亦可作为氢键的质子供体或受体,与生物炭表面富含的羧基、羟基等酸碱基团发生静电作用和氢键作用而被吸附。

3. 生物炭吸附有机污染物的影响因素

生物炭对有机污染物的吸附作用与生物炭及有机污染物性质(极性大小、分子尺寸等)和环境条件(pH、温度等)等有关。

由于不同生物质化学组成的差异,制得的生物炭性质如比表面积、孔隙结构、表面官能团组成会存在差异,进而影响其吸附性能。一般来说,同一热解条件下,木本生物炭的吸附能力大于草本生物炭。例如,同一热解温度下的秸秆生物炭含有较高灰分,其对污染物的吸附容量比松针碳质普遍较低(图 4-23)。

生物炭质的组成、结构特征及吸附性能取决于其制备条件,其中热解温度起到决定性作用。低温制备的松木及秸秆生物炭质含较多无定形分配介质,在有机污染物吸附中分配作用占主导;高温下制备的生物炭质炭化比较完全,具有高比表面积和高芳香性,对有机污染物表现为较强非线性的表面吸附,在较低浓度范围内具有很强的吸附性能。

有机污染物的极性、芳香性、溶解性、分子大小及空间构型等会影响生物炭的吸附性能。生物炭对极性有机物的亲和力比非极性有机物强。有机分子尺寸大小也会导致生物炭吸附能力的差异。对含较多无定型介质的松针碳质,对硝基苯的吸附能力大于间二硝基苯(Chen 等,2008)。

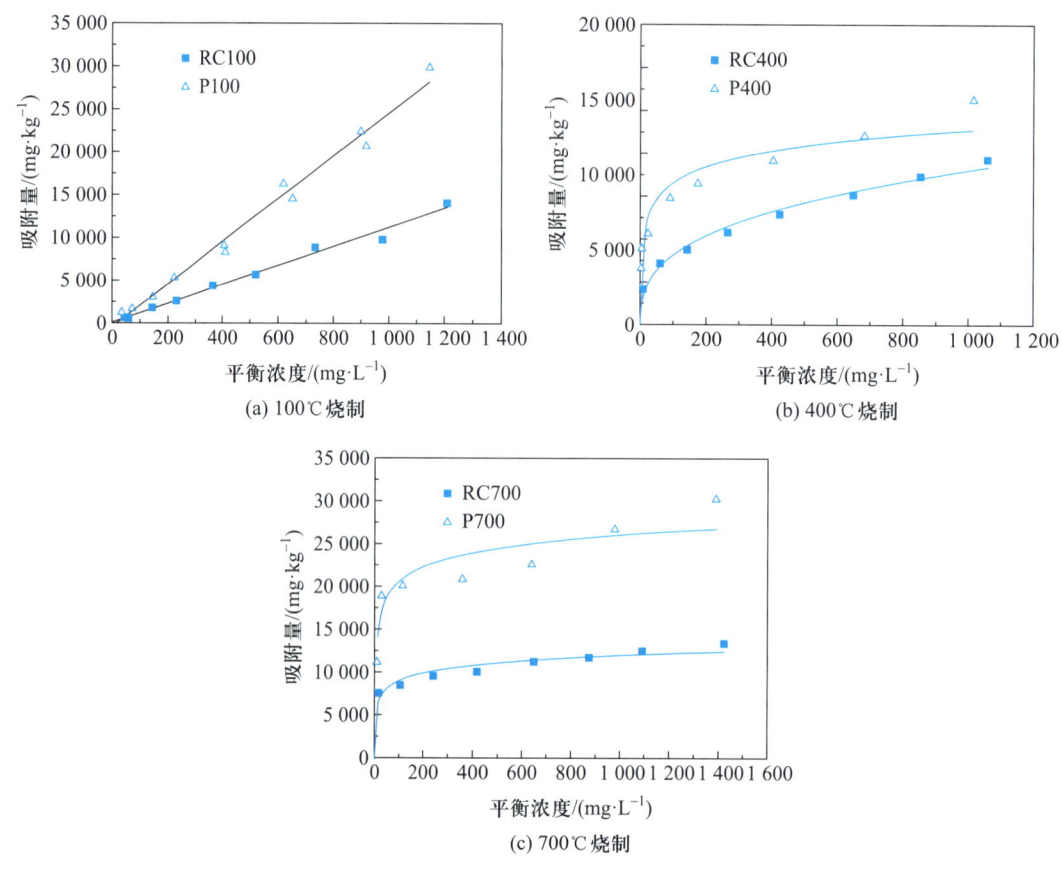

图 4-23 硝基苯在松针(P)和秸秆(RC)生物炭上的吸附等温线

(资料来源:Chen 等,2008)

pH 与温度等环境条件可影响生物炭对有机污染物的吸附。不同 pH 条件下有机污染物的表面电荷与赋存形态会存在差异,例如,磺胺甲嘧啶(SMT)在 pH 为 1 时以 SMT$^+$ 为主,表面带正电荷,主要吸附作用力为 π-π 相互作用;碱性条件下以 SMT$^-$ 为主,表面带负电荷,吸附过程中伴随与水的质子交换,导致释放 OH$^-$,并在 SMT^0 和生物炭表面羧酸基团间形成强氢键,进而导致吸附性能的差异。

(二)生物炭增强土壤吸附固定及其阻控技术应用

1. 生物炭对土壤有机污染物迁移的影响

有机污染物进入土壤后会在土壤固相-液相-空气-微生物/植物间发生一系列迁移转化行为,进而影响农作物的产量和农产品品质。生物炭对有机污染物的高效吸附性能可降低其在土壤中的迁移性。土柱实验表明,添加生物炭后土壤渗滤液中农药、抗生素等污染物的浓度远低于对照。生物炭还可增强有机污染物在土壤上的不可逆吸附及脱附滞后性,脱附滞后性与生物炭的孔结构与高比表面积相关,且随投加量增加而增强(Yang 等,2008)。

生物炭能对土壤有机质产生吸附作用。由于分子量的限制,土壤有机质一般被排除在生物炭微孔表面,且很快能达到吸附平衡。生物炭对土壤有机质的吸附固定作用会间接影响其吸附固定有机污染物的能力。与此同时,添加到土壤中的生物炭会发生老化现象,造成

O/C 增加,进而降低生物炭的吸附性能。

2. 生物炭对土壤有机污染物生物有效性的影响

生物炭可通过吸附固定作用降低土壤有机污染物的生物有效性,进而阻控植物吸收积累有机污染物。采用三油酸甘油酯-醋酸纤维素膜(TECAM)技术、羟丙基-β-环糊精(HPCD)提取方法,证实小麦和松针生物炭可显著降低土壤 TECAM 和 HPCD 提取态 PCBs,表明 PCBs 生物有效性降低,同时木香根和花椒根中 PCBs 的浓度分别降低 61.5%~93.7% 和 12.7%~62.4%。蚯蚓实验也表明,生物炭可降低土壤中农药和 PAHs 等有机污染物的生物有效性。

(三) 生物炭-有机质协同改良土壤与有机污染阻控技术

1. 生物炭-有机质协同改良土壤

我国中低产田面积约为 13.91 亿亩(1 亩 ≈ 666.7 m²),占耕地总面积的 68.76%,中低产田的基本特征是土壤有机质含量低、基础地力弱。土壤有机质是耕地地力最重要的性状之一,是土壤质量和功能的核心。部分粮食主产区粮食单产水平与耕地土壤有机质密切相关,土壤有机质含量偏低也是导致我国部分地区耕地重金属污染风险大的重要原因之一。因此,提高土壤有机质含量对提升土壤肥力、降低作物有机物污染风险有重要意义。而秸秆还田、添加生物炭、禽畜粪肥农用是提高土壤有机质含量的重要农艺措施。

秸秆还田是常见的农业管理措施,也是重要的土壤固碳减排途径之一。秸秆还田能改善土壤结构,增加土壤团聚体的稳定性和有机质含量,提高土壤养分含量,促进作物生长,增加作物产量,减少温室气体排放。而秸秆还田与生物炭固碳耦合可进一步提高减排效果。图 4-24 显示,在施加秸秆的稻田土壤中,生物炭可吸附溶解性有机碳(DOC),减少土壤微生物可利用的碳源,降低产甲烷古菌丰度,进而抑制甲烷排放。高温生物炭对 DOC 的吸附强于低温生物炭,对土壤甲烷排放的抑制作用更为显著。故在施加秸秆的稻田土壤中,投加 1%生物炭能显著抑制土壤的甲烷排放,低温、高温制备的生物炭分别能使甲烷排放量下降 23.5%和 50.8%。

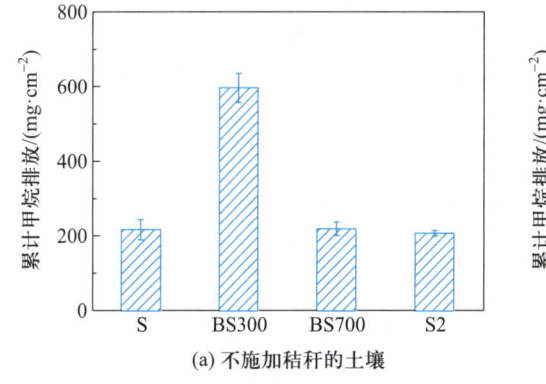
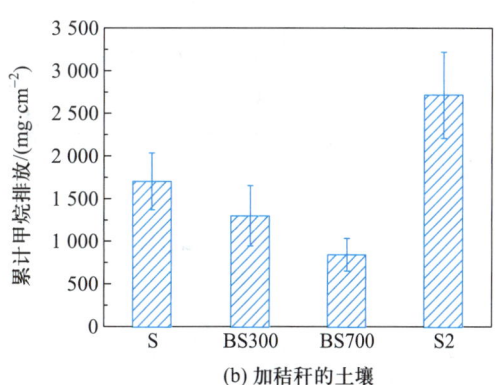

(a) 不施加秸秆的土壤　　　　　　　　　(b) 加秸秆的土壤

图 4-24　生物炭对土壤甲烷排放的影响

(资料来源:Cai 等,2018)

添加生物炭能显著提高土壤肥力,包括提高有机质和氮、磷、钾等营养元素的含量,还可以提高土壤脲酶、过氧化氢酶、蔗糖酶等活性,改善土壤微生物的种群结构,从而提高土壤肥力。在污泥中添加生物炭,可以提高污泥堆肥腐熟度,进一步提高污泥堆肥对土壤肥力的促进作用,有利于植物生长,同时可以缓解污泥堆肥中盐分等有害物质对土壤微生物活性和植物生长带来的不利影响。施用生物炭和有机肥均可显著增加碱性土壤有机质和有效磷含量。施用有机肥可显著降低碱性土壤 pH,增加水解氮含量,而生物炭具有相反的效应。

土壤固碳细菌群落结构受土壤 pH、有机碳、全氮、全磷、碱解氮及有效磷的综合影响,其中土壤 pH 和总氮含量是影响土壤固碳细菌群落结构的主控因子。添加秸秆和生物炭可影响退化农田土壤固碳细菌群落结构的多样性。秸秆添加对土壤固碳细菌群落结构及多样性的影响较小,而添加生物炭可显著提高土壤固碳细菌群落的多样性。

2. 生物炭增强土壤吸附固定有机污染物及其应用

添加生物炭能够显著增强土壤对 PAHs 等有机污染物的吸附作用,抑制农药迁移和转化,减少土壤中农药的淋溶性和迁移性,阻控作物吸收积累。有机污染物的固定和阻控效果与生物炭性质、有机污染物极性、芳香性及分子大小等有关,土壤 pH、共存离子等会影响土壤对有机污染物的吸附作用。工程实践表明,生物炭在农田土壤有机污染阻控及修复中有良好的应用前景。沈阳污灌区 PAHs 污染农田原位修复工程应用表明,施加 1% 生物炭、5 个月后土壤 PAHs 下降 35.7%~67.9%,水稻、小麦和玉米等作物 PAHs 下降 70.0%~96.0%。

生物炭在土壤有机污染阻控修复中应用研究相对较少,主要集中在 PAHs、农药、抗生素等有机污染物。

(四)表面活性剂增强土壤吸附固定技术及其应用

1. 表面活性剂增强土壤吸附固定技术

利用表面活性剂调控有机污染物的界面行为及生物可利用性是具有应用潜力的土壤有机污染缓解技术,对阻控作物吸收有机污染物、保障农产品安全具有重要意义。

阳离子表面活性剂(如溴化十四烷基吡啶,MPB)能显著提高土壤吸附固定硝基苯酚、苯酚和萘等有机污染物,主要由于 MPB 阳离子的 N 端被吸附在带负电荷的土壤表面,烷基链相互挤在一起形成有机相,土壤溶液中的有机污染物通过分配作用进入该有机相,从而提高土壤对有机污染物的截留固定作用。土壤溶液中 MPB 对溶解度大的对硝基苯酚和苯酚的增溶作用可忽略不计,MPB 增强固定苯酚和对硝基苯酚等有机污染物过程如图 4-25 所示(陈宝梁等,2004)。图中:① 为土壤本身有机质对有机污染物的分配作用,作用强弱用有机碳 (f_{oc}) 标化的分配系数 (K_{oc}) 表示;② 为阳离子表面活性剂在土壤固相上的吸附作用(包括阳离子交换吸附、溶解在有机质中和疏水键作用等);③ 为吸附在土壤上的表面活性剂烷

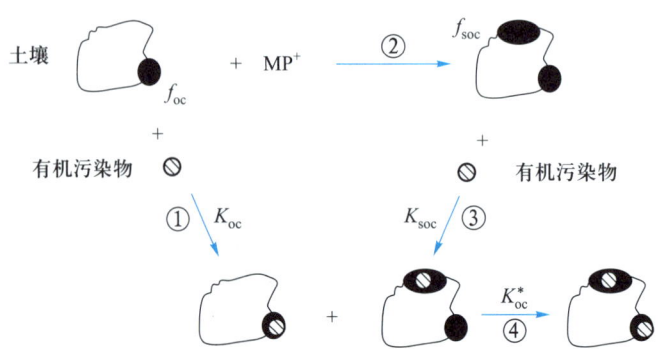

图 4-25 表面活性剂 MPB 增强固定有机污染物过程示意图

基链形成的有机相对有机污染物的分配作用,作用强弱用新增有机碳(f_{oc}^*)标化的分配系数(K_{oc}^*)表示;④ 为总吸附过程。由图可见,有机污染物在土壤–MPB–溶液体系中的吸附作用是土壤本身有机质和吸附态表面活性剂烷基链形成的有机相对有机污染物双分配作用的共同结果。根据分配理论,其总吸附量($Q_总$)为:

$$Q_总 = K_{oc} f_{oc} C_e + K_{soc} f_{soc} C_e \tag{4-43}$$

根据 K_d^* 的定义,表达式可变为:

$$K_d^* = K_{oc} f_{oc} + K_{soc} f_{soc} \tag{4-44}$$

根据式(4-44)可得,对特定有机污染物在一定土壤上的 $K_{oc} f_{oc}$ 为定值,加入表面活性剂 MPB 后 K_d^* 增大是由于 $K_{soc} f_{soc}$ 增大造成的。

实验表明,随着 MPB 加入量增加,吸附到土壤上的 MPB 增多,相应的 f_{oc}^* 值增大,到一定程度后新增的有机碳含量基本恒定。可见,$K_{soc} f_{soc}$ 值增大的原因之一是 f_{soc} 增大。f_{soc} 大小取决于过程(2),与土壤的阳离子交换容量呈正相关。

根据式(4-44)可得,$K_d^* \sim f_{soc}$ 呈线性关系,线性斜率为 K_{soc}(表4-7)。由表4-7可得,K_{soc}/K_{oc} 比值为 9.45~25.96,表明表面活性剂形成的有机质对有机污染物的分配作用(K_{soc})远高于土壤本身有机质的作用(K_{oc});其原因是表面活性剂烷基链形成有机相的极性比土壤本身有机质的极性低。可见,$K_{soc} f_{soc}$ 值增大的另一个原因是 K_{soc} 的增大。比较对硝基苯酚和苯酚在不同土壤固相上的 K_{soc} 值可得,K_{soc} 值与土壤本身的有机碳含量 f_{oc} 呈负相关,这主要是由于有一部分 MPB 溶解到土壤有机质中被吸附,此部分 MPB 处于分散状态,对有机污染物不起分配作用。

表 4-7　对硝基苯酚等在土壤/膨润土新增有机碳上的 K_{soc} 和 K_{soc}/K_{oc}

样品	水稻土		潮土		红壤 2	膨润土 1	膨润土 2
	对硝基苯酚	苯酚	对硝基苯酚	苯酚	对硝基苯酚	萘	萘
K_{oc}^*	897.3	220.1	536.4	160.0	480.0	9 342	14 122
K_{oc}^*/K_{oc}	25.96	13.00	15.52	9.45	13.89	18.50	27.98

资料来源:陈宝梁等,2004。

2. 表面活性剂增强吸附固定技术的应用

植物可通过根系吸收土壤溶液和叶面吸收周围空气中的有机污染物,其吸收积累程度取决于根际土壤溶液及茎叶周围空气中有机污染物的浓度。因此,降低土壤溶液中有机污染物浓度,同时减少土壤有机污染物的挥发,均可阻控有机污染物从土壤向植物体内迁移。阳离子表面活性剂能显著减少土壤溶液中有机污染物的浓度,同时抑制土壤溶液中有机污染物的挥发;由此可增强土壤吸附固定有机污染物,阻控植物吸收积累有机污染物。

土壤中的有机污染物可通过液–气、固–气两种途径挥发至空气中,表面活性剂能影响土壤溶液中溶解态表面活性剂对有机污染物液–气间分配平衡及吸附态表面活性剂对有机污染物固–气间的分配平衡(图4-26)。

表面活性剂对有机污染物液–气平衡的影响机制如图4-27所示:无表面活性剂时(A),疏水性有机污染物随机分散在水溶液中,并达到液–气平衡。加入表面活性剂后(B),随着大部分表面活性剂单体在液-气界面的吸附,疏水性有机污染物趋向于通过疏水作用与表面活性剂单体的疏水尾端结合,从而促进了有机污染物从溶液相内部向液-气界面的迁移。溶液内部的少量表面活性剂单体对有机污染物有一定的增溶能力,使有机污染物稳定于溶液相内部,不利于其挥发。当表面活性剂浓度低于临界胶束浓度(CMC)时,前者的影响更为显著,当其浓度约为 1/2CMC 时,对挥发的促进作用最大。当浓度大于 CMC 后表面活性剂开始形成胶束,表面活性剂单体在液-气界面上的吸附不再增加,同时胶束对有机污染物的增溶作用显著提高了水溶液中有机污染物的溶解度,使有机污染物稳定存在于溶液相中,进而显著抑制其挥发。因此,低浓度的表面活性剂可促进有机

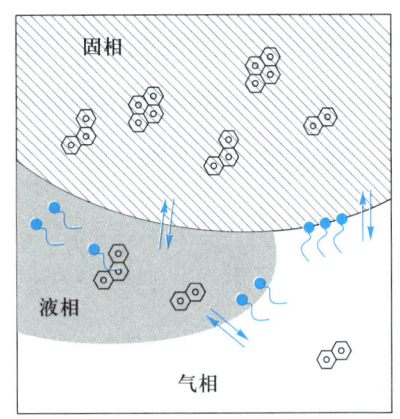

图 4-26   表面活性剂影响土壤中
PAHs 挥发的机制

污染物的液-气挥发,而高浓度的表面活性剂可抑制有机污染物的液-气挥发。土壤温度和盐度会影响表面活性剂对有机污染物挥发的抑制作用。

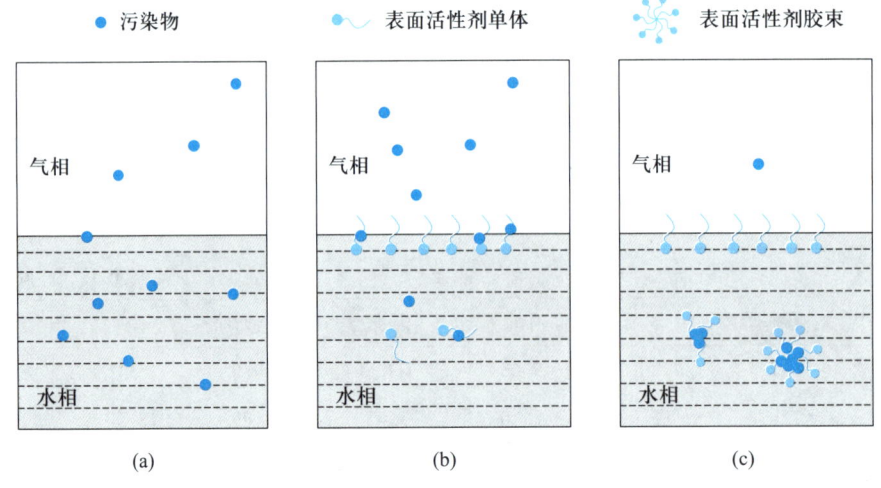

图 4-27   表面活性剂对有机污染物液-气平衡的影响机制

阳离子表面活性剂影响土壤中 PAHs 挥发。测定了 0~30 d 内开放体系中土壤芘残留量的变化。实验过程中由于土壤采用 NaN_3 灭菌,不考虑微生物降解对土壤芘转化的影响,因此可认为土壤中芘的损失仅由挥发造成。图 4-28 展示了含水率为 20% 的土壤中芘残留量随时间变化的曲线。未添加表面活性剂时,芘迅速挥发,土壤中芘的残留量在 1~2 d 内急剧减小至很低的水平,10 d 以后芘的挥发很慢。添加表面活性剂减缓了芘的挥发,尤其在开始几天内挥发速率显著减小,土壤中芘的残留显著高于未添加表面活性剂的土壤。由于土壤中芘的挥发速率与其浓度水平有关,实验后期表面活性剂处理的土壤中芘含量较高,其挥发速率也较未添加表面活性剂的土壤高。从表观上看,随时间延长,表面活性剂对芘挥发的抑制作用逐渐减弱。

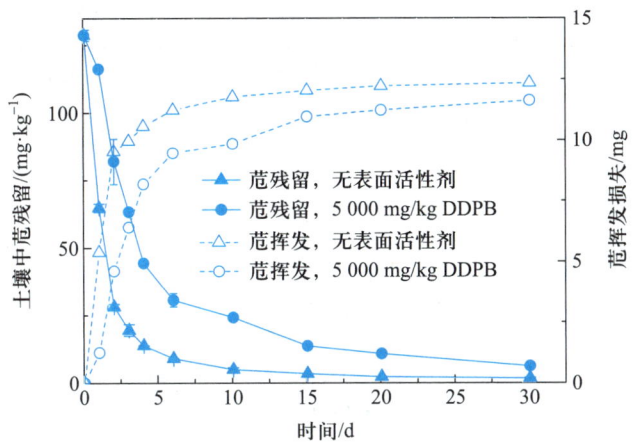

图 4-28　土壤中芘残留量随时间变化曲线(土壤含水率 20%)

(资料来源:Lu 等,2009)

　　阳离子表面活性剂溴化十六烷基三甲铵(CTMAB)对茼蒿、白菜、生菜、胡萝卜、樱桃萝卜和番茄等六种作物吸收积累 PAHs 有较大影响。随 CTMAB 投加浓度的增大,30 d 后土壤中菲、芘的残留量显著增大,而茼蒿茎叶中的菲、芘含量显著减小;说明 CTMAB 可显著增强土壤吸附 PAHs,减少土壤溶液中有机污染物的有效浓度,从而降低植物对有机污染物吸收积累。CTMAB 投加浓度为 100 mg/kg 时,茼蒿体内芘的含量比无表面活性剂的对照减少了 51%;CTMAB 投加浓度为 200 mg/kg 时,茼蒿体内菲含量比对照减少了 66%。总体来看, CTMAB 投加浓度在 100~200 mg/kg 时,其对作物吸收积累土壤 PAHs 的阻控作用最显著 (图 4-29)。

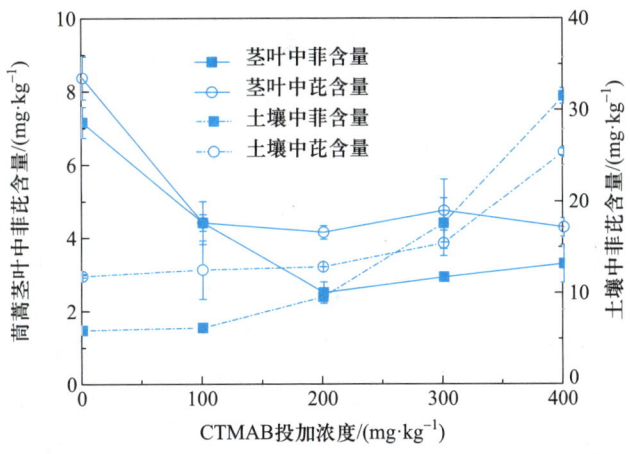

图 4-29　CTMAB 对茼蒿吸收 PAHs 的阻控作用(处理 30 d)

　　CTMAB 对六种作物食用部分富集土壤 PAHs 的影响如表 4-8。土壤中投加 400 mg/kg CTMAB 时,茼蒿、白菜、生菜、胡萝卜、樱桃萝卜对 PAHs 的富集系数均显著减小。三种叶菜的脂质含量越高,CTMAB 的阻控效果越显著。但对根菜类作物,脂质含量对 CTMAB 阻控作用效果的影响不大。土壤黏粒含量越高、作物脂质含量越高,表面活性剂增强吸附固定-阻控作物吸收有机污染物的效果越显著。

表 4-8 CTMAB 对不同作物食用部分富集土壤 PAHs 的影响

作物	食用部分	脂质含量/%	400 mg/kg CTMAB 处理后食用部分 PAHs 富集系数减小/%	
			菲	芘
茼蒿		0.56	91.7	76.6
白菜	茎叶	0.20	81.5	85.7
生菜		0.10	54.9	64.3
胡萝卜	根	0.24	33.8	73.6
樱桃萝卜		0.10	40.7	79.5
番茄	果实	0.20	—	—

淋溶损失是限制表面活性剂有效作用时间的主要因素。对生长周期较长的作物,以浇水方式将表面活性剂少量多次加入土壤,可显著减少表面活性剂淋溶损失,提高缓解与阻控效果。作物栽培期 40 d 内,保持 CTMAB 投加总量相同(200 mg/kg),随着 CTMAB 投加频率的增加,土壤中 PAHs 残留量增加[图 4-30(a)],作物体内 PAHs 残留量减少[图 4-30(b)]。即以浇水方式将表面活性剂少量多次加入土壤,可提高表面活性剂增强土壤吸附、阻控作物吸收积累有机污染物的效果,特别适用于生长周期较长的作物(图 4-31)。

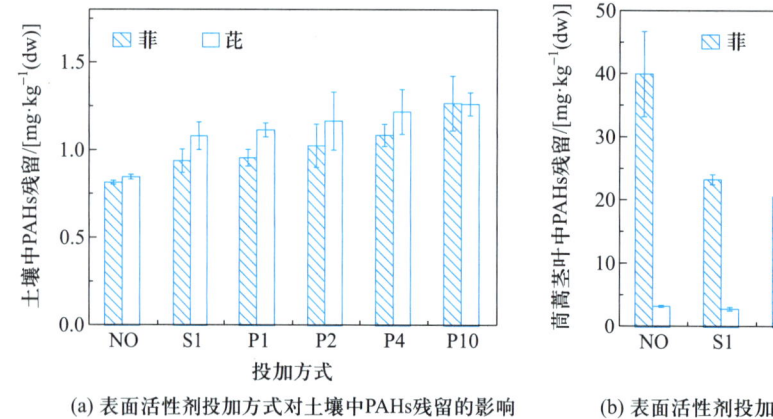

(a) 表面活性剂投加方式对土壤中PAHs残留的影响

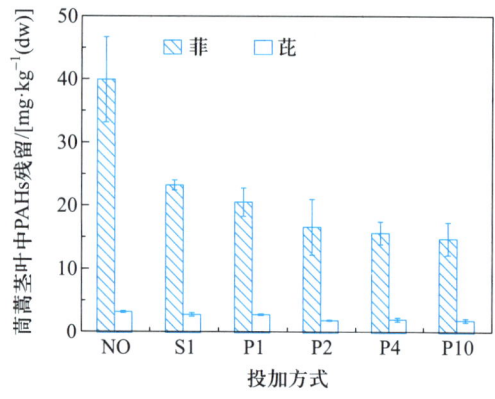

(b) 表面活性剂投加方式对茼蒿茎PAHs含量的影响

图 4-30 表面活性剂投加方式对土壤和茼蒿茎叶中 PAHs 残留的影响(处理 40 d)

(NO:无表面活性剂;S1:土壤中预拌入表面活性剂;P1:一次浇入;P2:两次浇入;P4:四次浇入;P10:十次浇入)

沈阳沈抚污灌区农田土壤有机污染阻控-生产安全农产品的工程实践应用表明,该农田土壤有机质含量为 1.14%,PAHs、OPPs、PAEs 等有机污染物浓度分别为 2.74 mg/kg、0.72 mg/kg 和 4.81 mg/kg,在污染土壤中施加 200 mg/kg CTMAB,白菜、生菜分别增产 20.3% 和 14.7%,作物中 PAHs、OPPs、PAEs 分别降低 42.9%、18.1% 和 26.4%。因此,表面活性剂对增强土壤吸附固定有机污染物和生产安全农产品有较好的应用效果和前景(图 4-32、图 4-33)。

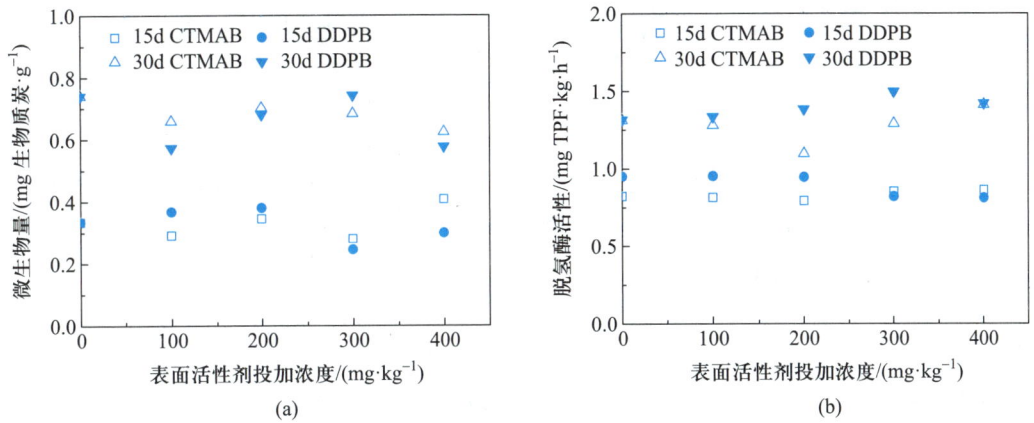

图 4-31 两种表面活性剂对土壤中微生物量和脱氢酶活性的影响

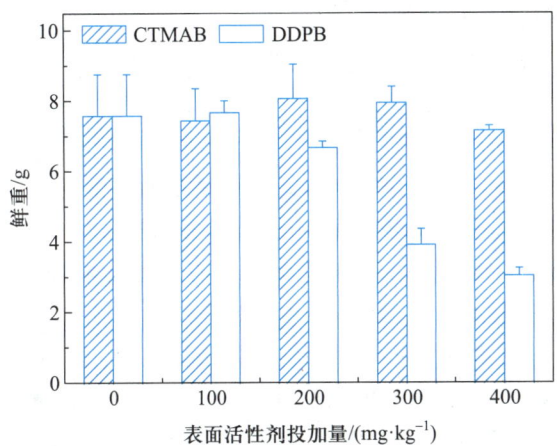

图 4-32 两种表面活性剂对茼蒿生物量的影响

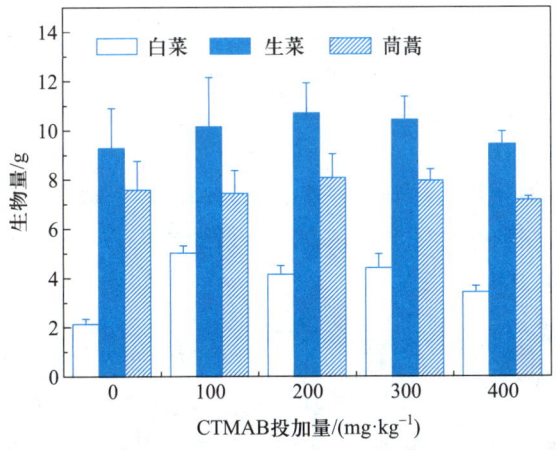

图 4-33 CTMAB 对三种作物生物量的影响

第三节　重金属污染农田土壤修复技术

　　农田土壤重金属污染修复技术是利用物理、化学和植物的方法,削减土壤重金属的总体含量,并降低其在环境中的迁移性和生物可利用性。农田土壤重金属污染修复的目的是将受污染的农田土壤恢复正常功能,并实现农产品安全达标。根据土壤污染程度,应因地制宜选用农艺调控类技术(包括换土法如深翻耕)、生物类技术(植物提取治理)、化学类(化学淋洗技术)及综合类技术修复治理污染农田土壤。

　　在修复过程中,常依据土壤重金属污染的程度,采取相应的修复和利用策略。对轻中度污染农田土壤开展安全利用时,遵循“风险可控制、技术可操作、经济可承受”的原则,采用不同的技术措施,阻控或减少土壤重金属进入农作物可食部分,降低农产品超标风险,在不影响农业生产、不降低土壤生产功能的情况下修复治理受污染农田土壤。对严格管控的重度污染农田土壤,鼓励经营主体根据区位自然资源和产业发展特点,因地制宜,精准施策,改种对目标污染物(如镉、汞、砷、铅、铬等)不敏感或低积累的作物,如超积累植物−低积累作物套种或轮作模式。换土法、化学淋洗法也是较为有效的方法。

一、重金属污染农田土壤植物修复

　　植物修复被认为是一种环境友好的土壤污染修复技术。植物修复稳定或去除污染物机制分为植物提取、植物挥发、植物稳定、根际圈生物降解和根系过滤等。

　　植物提取农田土壤中重金属是一种被广泛关注的修复技术,而超积累植物是该修复技术的核心要素。1977 年,美国科学家 Brooks 首次提出了“超积累植物”概念(Brooks 等,1977)。1991 年,McGrath 首次在野外开展土壤污染修复实践。重金属超积累植物一般具有4 个特征:① 地上部重金属含量特征,超积累植物地上部重金属含量是普通植物在同等生长条件下的 100 倍以上。② 转移特征,植物地上部重金属含量大于根部。③ 耐性特征,植物对重金属具有较强的耐性。④ 富集系数特征,植物地上部富集系数>1,植物重金属含量大于土壤中重金属含量。至今,全球发现的超积累植物约 700 多种,涵盖 52 科、130 属。其中,代表性较强的超积累植物主要为十字花科(83 种)和竹兰科(59 种),而研究最多的植物主要有十字花科的芸薹属、庭芥属及遏蓝菜属(表 4−9)。

(一) 超积累植物及高富集植物

1. 镉与锌超积累植物

　　景天科(*Crassulaceae*)植物是多年生草本,其品种较多,全球约有 35 个属,共 1 600 余种,广泛分布于亚洲、非洲、欧洲等地区。我国有 240 余种景天科植物,其中,锌、镉超积累植物东南景天(*Sedum alfredii* Hance)与伴矿景天(*Sedum plumbizincicola*)对锌和镉的吸收、转运、富集、解毒机制研究较多。

　　(1) 东南景天。东南景天是我国原生的锌与镉超积累植物,主要分布在我国广西、广东、台湾、福建、贵州、四川、湖北、湖南、江西、安徽、浙江及江苏。东南景天喜日光充足、温暖、干燥通风环境,忌水湿,耐寒、耐旱,且常生于海拔 1 400 m 以下的山坡林下或阴湿石之上,生物量较大,可通过扦插方式实现快速无性繁殖。

表 4-9　全球范围内已发现的超积累植物

重金属	主要家族	主要种类	地区
砷（As）	蕨科	蕨属、粉叶蕨属	中国、东南亚
镉（Cd）	十字花科、景天科	夜蛾属、景天属	欧洲、中国
铜（Cu）	花科、鸭跖草科、豆科、唇形科、母草科、锦葵科、蓼科	山黄菊属、鸭跖草属、蒿莽草属	刚果（金）
钴（Co）	菊科、唇形科、母草科、列当科、叶下珠科	山黄菊属、算盘子属、叶下珠属、春蓼属	刚果（金）、新喀里多尼亚（法）
锰（Mn）	桃金娘科、芹菜科、角菌科	软桃木属、银桦属	澳大利亚、新喀里多尼亚（法）
镍（Ni）	菊科、十字花科、黄杨科、葫芦科、菊科、水杨科、紫堇科	庭芥属、黄杨属、菊属、算盘子属、天料木属、鼠鞭草属、白柑桐	巴西、古巴、地中海、新喀里多尼（法）
铅（Pb）	十字花科	夜蛾属	欧洲
硒（Se）	豆科	黄芪属	美国
铊（Tl）	十字花科	双盾荠属	欧洲
锌（Zn）	十字花科、景天科	拟南芥属、景天属	欧洲、中国

　　东南景天根系对土壤重金属（主要为锌、镉）有极强的活化和提取作用，主要有三个方面原因：第一，根际土壤特征，东南景天根际土壤 pH 比非根际土壤低 0.5~0.6，可提高根际土壤中锌、镉的生物有效性。第二，根系分泌物特征，其根系能够分泌大量可溶解性有机质，含有的亲水官能团能促进东南景天吸收更多的锌、镉。第三，根际或根内微生物作用，根内生长着链霉菌属等微生物，可促进锌、镉的超富集过程。此外，东南景天重金属超积累的机制还与其根系形态有关，例如，地上部锌浓度与其根长度、表面积、体积成正相关。

　　超积累东南景天吸收、转运、富集重金属，主要涉及四个方面的机制：第一，促进重金属进入根系。东南景天吸收锌和镉的速率分别是非超积累植物的三倍和两倍，锌吸收量与锌转运蛋白密切相关。第二，根细胞液泡区隔可储存重金属。超积累东南景天根系液泡中锌的排出速率要显著高于非超积累植物，只有少量锌和镉被区隔在根系液泡中。第三，木质部装载较强。相同锌供应条件下，超积累东南景天茎中锌浓度比非超积累东南景天高 13 倍。在外界镉初始供应浓度为 10 μmol/L 时，木质部汁液中镉浓度为外界溶液中镉浓度的 3~4 倍；相反，非超积累东南景天木质部汁液中镉浓度要远低于外界镉浓度。可见，超积累东南景天木质部的锌转载能力及由根到地上部的转运能力较强（Yang 等，2006）。第四，持续富集重金属能力较强。超积累东南景天与非超积累东南景天地上部锌的吸收在初始 60 分钟基本一致，随后超积累东南景天继续富集锌（Yang 等，2006）。镉与锌在超积累东南景天体内的含量随着镉与锌处理浓度的提高而提高，且随着生长时间的延长，地上部镉浓度持续增大，表明积累型东南景天不仅可以忍耐锌与镉，还具备超量积累锌和镉的能力。

　　东南景天对重金属的解毒机制与其独特抗氧化系统及地上部区隔机制有关。镉胁迫下，东南景天根系通过调节谷胱甘肽和氨基酸代谢，降低 ROS 的积累，从而维持根系的正常生理功能；地上部区隔亦是东南景天的另一关键解毒机制，镉主要集中在地上部的薄壁细胞中，与柠檬酸螯合后储存于液泡中。而锌则以苹果酸结合态大量储存于茎叶的表皮及薄壁细胞中。

（2）伴矿景天。伴矿景天是一种镉、锌超积累植物，能将大量镉富集至地上部并区隔，且不影响自身正常的生长代谢。其主要分布于安徽、浙江、江苏一带，喜阴，适宜的生长温度为 5~30 ℃，具备一定的耐旱性，春、冬季均能正常生长，可扦插种植（图 4-34）。

伴矿景天吸收、转运与富集镉的机制主要包括：第一，根毛区是伴矿景天吸收镉的主要部位，其细胞质膜中分布着丰富的离子转运蛋白。其根系以主动吸收方式经由非选择性阳离子通道吸收镉，经共质体途径运输至伴矿景天其他部位。此过程中，土壤中的 Ca^{2+}、K^+、Al^{3+} 等阳离子能与镉竞争非选择性阳离子通道的吸附位点，抑制伴矿景天吸收镉。伴矿景天根系通过分泌小分子有机酸，吸收钙离子促使根际土壤酸化，增加根际土壤中镉的生物有效性。第二，茎、叶细胞是镉的主要储存部位，通过有效配合镉，缓解镉的毒害作用。第三，根际微生物可通过在根表形成生物膜来吸附镉，亦可通过分泌生长素、铁载体等促生物质，活化根际土壤中的镉。

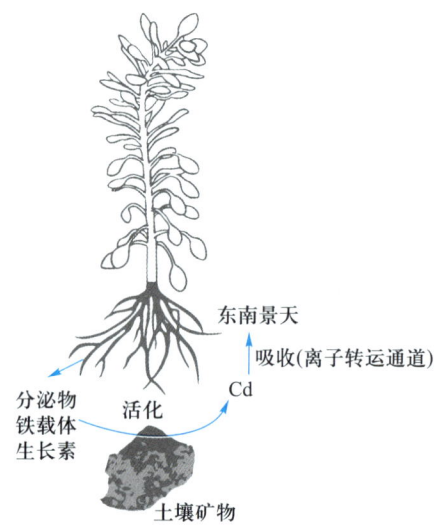

图 4-34　东南景天植物特征及其根系对镉的吸收机制

伴矿景天的镉解毒机制主要在于其 *SpMTL*、*SepPCS* 和 *SpHMA* 等镉相关基因编码的功能蛋白可配合镉，降低细胞中镉的毒性。此外，重（类）金属硫蛋白、植物螯合肽酶及膜转运蛋白分别通过巯基配合作用降低细胞中镉的毒性、调控镉向地上部运输至特定部位积累隔离来缓解镉的毒害。

2. 砷超积累植物

蜈蚣草是世界上第一种被发现的砷超富集植物，具有超高的砷耐受性和极强的砷吸收转运能力（陈同斌等，2002）。蜈蚣草为陆生蕨类植物，广泛分布于我国南方，常生于钙质土或石灰岩上；喜碱性土壤，最适生长 pH 为 7.0~8.0，3—9 月适宜生长温度为 16~24 ℃，9 月至翌年 3 月为 13~16 ℃，主要生长季节为春季和秋季。蜈蚣草的结构可分为羽叶、根状茎和根系三部分。其中，根状茎是连接羽叶和根系的坚硬小块状物，常被认为是根而被忽略。蜈蚣草根系发达，分主根与侧根，根系木质化程度高、根系偏硬、颜色较深。

蜈蚣草作为一种喜砷植物，根系分泌物含有植酸、草酸等有机酸，具备将土壤中不可利用态砷铁矿溶解的能力，同时可获取足够的铁或磷等营养物质。此外，根系分泌物中的铁载体、氨基酸及部分根系微生物，如溶磷菌，均能强化蜈蚣草对砷铁矿的溶解作用。蜈蚣草可同时吸收砷酸盐和亚砷酸盐等两种不同价态的砷。砷酸盐是蜈蚣草根部中主要的砷形态，占根部总砷含量的 40%~70%；亚砷酸盐则主要存在于蜈蚣草羽叶中，其含量占羽叶中总砷含量的 70%~90%。将蜈蚣草暴露于 As(Ⅲ) 或 As(Ⅴ)，根、根状茎和羽叶中 As(Ⅲ) 的含量分别为 7%~8%、68%~71% 和大于 91%，说明 As(Ⅴ) 在根状茎和羽叶中均发生了还原过程（Mathews 等，2010）。可见，蜈蚣草主要吸收土壤砷酸盐，并在向上转运过程中将其还原成亚砷酸盐。

蜈蚣草吸收 As(Ⅴ) 和 As(Ⅲ) 的途径存在差异。蜈蚣草根部对 As(Ⅴ) 的吸收主要通过磷转运通道,并与磷存在明显的竞争关系,随着磷浓度的升高,As(Ⅴ)吸收过程被抑制的程度越高(Lessl 和 Ma,2013)。磷酸盐转运蛋白 pht 在砷的吸收中起至关重要作用,目前蜈蚣草中共有四个 pht 家族的基因被报道,*PvPht1:1* 至 *PvPht1:4*,这些蛋白均位于质膜,但其砷、磷转运能力存在差异(图 4-35)。与 As(Ⅴ)不同,仅有一个水通道蛋白 *PvTIP4:1* 参与了 As(Ⅲ)的吸收过程,其属于液泡膜内在蛋白,位于根系质膜。尽管砷和磷存在吸收竞争,但蜈蚣草在高砷环境中并不表现出缺磷症状,这可能与蜈蚣草长期生长在高砷低磷环境,形成一套高效利用磷、快速吸收砷的机制有关(Lessl 和 Ma,2013)。

蜈蚣草与其他非超积累植物的主要差异在于它可将转运到地上部的砷大部分储存到液泡中并区隔化。通过观测蜈蚣草中砷的亚细胞分布,发现 As(Ⅲ)主要以游离态储存在羽叶的液泡中,仅有不到3%的 As(Ⅲ)与植物螯合肽配合。显然,利用植物螯合肽并不是蜈蚣草叶片细胞主要的抗砷与解毒机制。蜈蚣草根系主要吸收 As(Ⅴ),而其地上部富集的却大多是 As(Ⅲ),说明蜈蚣草体内 As(Ⅴ)的还原过程是砷解毒的重要过程之一。

3. 重金属高富集能源植物

能源植物通常指具有合成较高还原性烃能力的植物,它们是可产生类石油成分,可代替石油使用或作为石油补充产品,以及富含油脂的植物。主要包括:① 富含类似石油成分的能源植物,包括续随子、绿玉树、橡胶树和西蒙德木等;② 富含糖类(最终产物为乙醇)的能源植物,包括木薯、甜菜、甘蔗;③ 富含油脂的能源植物。

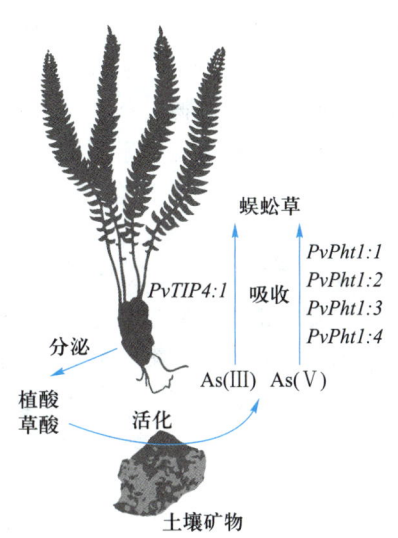

图 4-35　蜈蚣草植物特征及其根系对砷的吸收机制

(资料来源:陈同斌,2002)

近年来,有关能源植物修复土壤重金属污染的研究逐渐受到关注。一般用于重金属污染土壤修复的能源植物,既要生物质产量高、又要高效富集重金属。可用于修复重金属污染土壤的能源植物主要包括柳枝稷(*P. virgatum*)、芒属植物(*Miscanthus*)、香根草(*Chrysopogon zizanioides*)、芦竹(*Arundo donax*)、象草(*Pennisetum purpureum*)等,涉及的重金属种类包括 Cd、Cu、Zn 等(表 4-10)。目前研究较多的是柳枝稷,其对镉的积累能力较强;而香根草被证实对铜、铅、锌污染土壤具有良好的修复效果。与景天类植物或蜈蚣草不同,香根草所吸收的锌和铜主要积累于根部,极少量被转运至地上部。

表 4-10　不同能源植物在重金属污染土壤修复中的应用

植物种类	重金属种类	产能特性
柳枝稷(*P. virgatum*)	Cr、Cd、Zn、Pb	产能
芒属(*Miscanthus*)	As、Cd、Cr、Cu、Ni、Pb、Zn、Al	产能
狼尾草(*Pennisetum alopecuroides*)	Cd、Cu、Pb、Zn	产能
香根草(*Chrysopogon zizanioides*)	Cd、Zn、Cu、As、Pb、Cr	产能
芦竹(*Arundo donax*)	Cd、As、Ni、Pb、Zn、Cu	产乙醇
象草(*Pennisetum purpureum*)	Cd、Cu、Cr、Pb、Zn	产乙醇

（二）植物修复技术模式及运用

超积累植物在重金属污染土壤修复中有良好的应用前景,但超积累植物存在生物量小、生长缓慢、适宜生长季节短等缺点,同时植物修复可能占用农时,中断生产。基于生态位原理发展起来的间套种、轮作等植物修复模式,兼顾了农业生产与土壤重金属污染修复,在提高农产品质量的同时逐步降低土壤重金属含量。

1. 超积累植物-低积累作物套种模式

超积累植物-低积累作物套种是指在同一块地、同一生长季节,将玉米等重金属积累能力较低的作物与东南景天、伴矿景天等超积累植物按照一定的行距和宽窄比例进行间作或套种的技术模式。超积累植物与农作物间作,在充分利用地力、空间及太阳光的基础上,可显著提高超积累植物对重金属的提取效率,促进植物或作物的生长。在间套作体系中,交叉的根系环境有利于超积累植物生长,降低土壤 pH 并增加土壤溶液中的溶解性有机质浓度,作物根系分泌物有利于提高超积累植物生长区土壤重金属的生物有效性及超积累植物的吸收积累能力。

超积累东南景天-玉米、桑树、柑橘等低积累作物的间套种修复技术治理粤北某铅锌矿废水污染农田土壤的效果见图 4-36(a)(Wu 等,2007)。技术应用 3 a 后,土壤镉含量从修复前的 1.2 mg/kg 下降至 0.3 mg/kg。同时,生产的玉米中镉含量也明显下降,第四季玉米中镉含量低于 0.1 mg/kg,符合食品安全标准[图 4-36(b)](周建利等,2014)。该技术利用超积累植物东南景天去除土壤重金属,生产质量达标的玉米,实现了污染农田土壤边生产边修复。

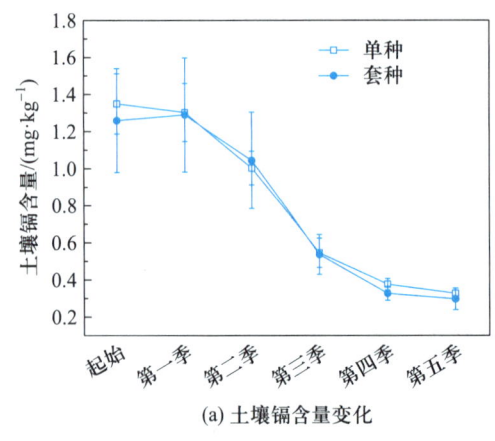
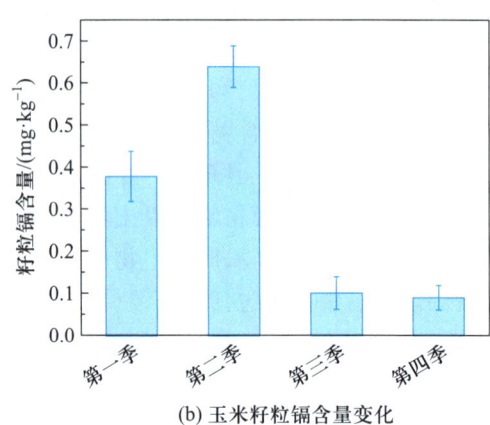

(a) 土壤镉含量变化 (b) 玉米籽粒镉含量变化

图 4-36　间套种连续田间试验

(资料来源:周建利等,2014)

2. 作物-超积累植物轮作模式

作物-超积累植物轮作是指在同一块地上,在生产季节种植农作物,农闲季节种植超积累植物,以达到生产与修复兼顾的目的。以下按不同土地利用方式,介绍两种轮作模式。

（1）稻-伴矿景天轮作。粤北某长期定位试验站中土壤镉含量为 0.46 mg/kg,pH 为 6.99,采用两季伴矿景天与一季水稻轮作种植模式后,发现第一季伴矿景天植株镉含量为 13.95 mg/kg,伴矿景天的生物量 156.2 kg/亩,镉富集量为 2.18 g/亩;第二季伴矿景天镉含量 13.2 mg/kg,伴矿景天的生物量 176.5 kg/亩,镉提取量为 2.33 g/亩。修复后土壤镉含量下降 8.7%,晚稻籽粒镉含量由 0.055 mg/kg 下降至 0.034 mg/kg,下降 38.2%(图 4-37)。

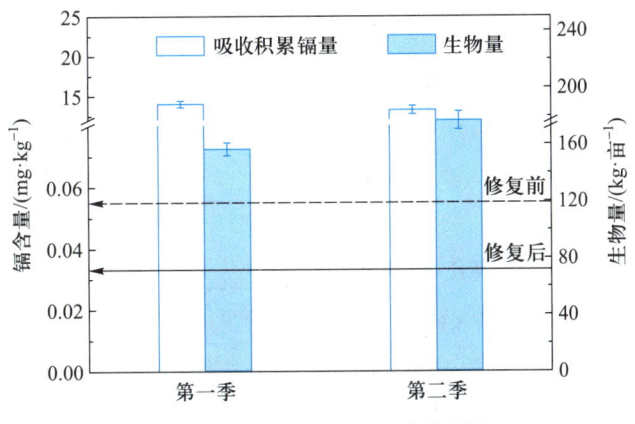

图 4-37　水稻-伴矿景天轮作效果

（2）玉米-东南景天轮作。在广东广州长期定位试验站实施种植三季玉米与东南景天套种模式。污染土壤中镉的初始含量为 0.71 mg/kg，pH 为 6.53。

第一季（4 个月）：东南景天茎叶对镉有较强的富集能力，地上部镉含量达到 46.3 mg/kg。东南景天虽然相对生物量较小，茎叶单季干重为 415 kg/亩，但对镉的富集能力较强，单季茎叶的提取量达 19.2 g/亩；根系镉含量高达 169.6 mg/kg，根系单季提取量为 22.7 g/亩（图 4-38）。如果按耕作层 15 cm 计算，表层土壤约为 150 t；种植一季东南景天可使土壤镉含量由 0.71 mg/kg 降至 0.45 mg/kg，下降速率 0.261 mg/kg/年；3 a 后可达到修复目标。

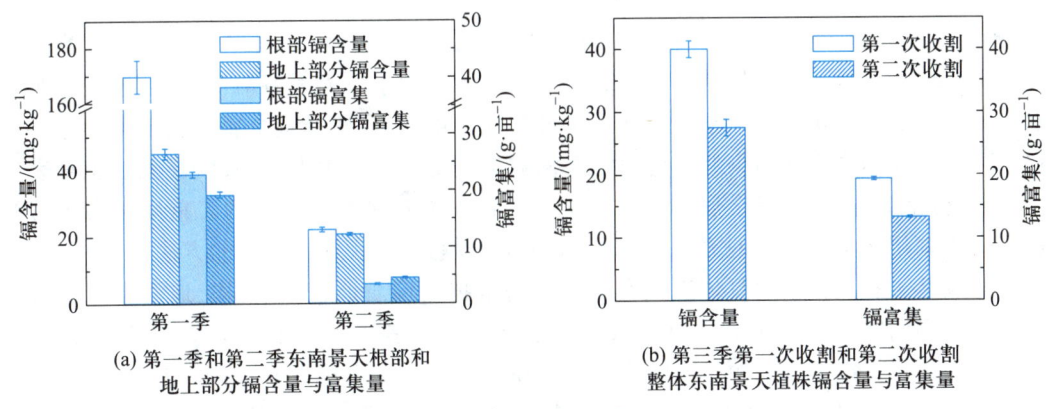

(a) 第一季和第二季东南景天根部和　　　　(b) 第三季第一次收割和第二次收割
地上部分镉含量与富集量　　　　　　　　整体东南景天植株镉含量与富集量

图 4-38　玉米-东南景天轮作效果

第二季（6 个月）：土壤中镉含量持续下降，东南景天地上部镉含量达到 11.2 mg/kg。东南景天产量约为 563 kg/亩（干重计），可估算出一季东南景天萃取量为 25 g/亩；经过东南景天提取后表层土壤镉浓度的理论值约为 42.25 g/亩（0.28 mg/kg）。

第三季（12 个月）：东南景天产量约为 485 kg/亩（以干重计算），整株镉含量为 27.4 mg/kg，单季东南景天提取量为 13.29 g/亩。如果按耕作层 15 cm 计算，种植一季东南景天可使土壤镉含量由 0.41 mg/kg 降低到 0.23 mg/kg（图 4-39）。其中，表层土壤镉含量为 0.29 mg/kg，符合国家二级土壤质量标准。在套种体系下，玉米籽粒镉含量为 0.017 mg/kg，符合食品卫生标准；而茎秆重金属镉含量为 0.213 mg/kg，符合饲料卫生标准。影响玉米-东南景天轮作修复镉污染土壤效果的主要因素包括东南景天种植密度、产量、种植季数等。

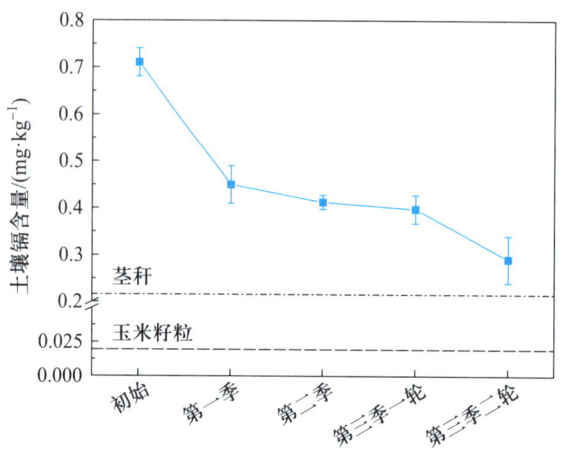

图 4-39   玉米-东南景天轮作后土壤镉含量、玉米籽粒和茎秆镉含量

二、重金属污染农田土壤物理修复

（一）物理修复原理

物理修复主要是利用机械、磁分离等物理原理去除或稀释土壤中的重金属,包括换土、深耕、客土修复及磁分离等。物理修复技术多应用于有限范围的重金属污染土壤修复,修复效果明显,但对土壤与污染物的物理性质要求较高。

1. 物理稀释

换土法是稀释污染土壤中重金属的常用方法,可细分为换土、客土和深耕 3 种。换土是将污染土壤取走,换入新的清洁土壤。客土是向污染土壤中加入大量清洁土壤,覆盖在污染土壤表层或混匀,即实现清洁土壤替换或部分替换污染土壤,稀释重金属浓度至临界危害浓度以下,从而达到重金属污染修复的目的。深耕翻土是翻动土壤上下层,使聚集在土壤表层的污染物分散到深层,让重金属在更大范围内扩散从而达到稀释的目的。重度污染土壤修复,一般宜采用客土或换土的方法;而对轻度污染土壤,宜采用深耕翻土的方法。

换土、客土和深耕法的具体工程实施方案需根据土壤质地、土层结构、地质特点等因素来确定。另外,客土的土壤结构如孔隙度的差异有可能造成土壤排水不良、通气不佳的状况,因此需严格控制客土来源。同时肥力等性质与原有土壤可能存在差别,应尽量选择有机质含量较高的肥沃土壤,以增加土壤环境容量,提高土壤自净能力,以恢复农田原有的生产力。

2. 物理分离

土壤重金属吸附固载-磁分离去除技术是采用具有重金属高效吸附性能的磁性材料来固载重金属,然后采用"磁分选"方式将已固载重金属的磁性材料从土壤中移除,从而减少土壤中重金属含量,实现土壤重金属快速高效移除的目标。该技术不受作物种植季节的限制,但不适用于黏性高的污染土壤修复。

（二）物理修复技术的适应性及其应用

1. 物理稀释修复技术

换土法能有效地将污染土壤与农田生态系统隔离,确保土壤质量与农产品质量安全达标,且修复效果持续有效。该方法工程量较大,成本较高,仅适于小面积、污染严重的土壤。在全域综合整治的背景下,如工程实施条件允许、资金充足,客土法是一种可操作性较强、效果较好、工程可控且符合土地资源价值的修复方法。但该方法受制于洁净土壤运输半径,且表层洁净土壤需要快速熟化培育,在短期内达到与前期相当的土壤肥力。同时,被替换的污染土壤需妥善处理,防止二次污染。

深耕法可使重金属污染土壤从剖面表层移动至下层,降低表层土壤重金属含量,但土壤剖面结构需要重新构建,下层土壤翻至表层后需要培肥。该技术成本较为低廉且适用性较强,可规模化、机械化应用,适合于中轻度重金属污染农田土壤的修复。

客土法能从根本上解决土壤污染问题,在可预测的时间框架内具有较低的失效风险。但修复后土壤处于相对原始的状态,需结合快速熟化等其他改良技术,改善土壤功能。此外,工程量大、耗时长、修复成本较高,相关费用主要用于清洁土壤购买、开挖和运输及劳动力等方面。如果采取上层客土直接覆盖的方法,还需改造现有灌溉和排水系统,增加工程成本。该方法同样适用于小面积重污染土壤的修复。

客土法是日本《农用地土壤污染防治法》优先推荐的修复技术,在土壤修复治理中应用较为广泛。日本富山县政府从 1977 年开始对神通川流域的 3 000 hm^2 农田进行全面调查,确定了 1 500.6 hm^2 的待修复区域,其中以稻田为主,针对性制定了修复策略:稻米镉含量在 0.4~1.0 mg/kg 的稻田采用淹水模式修复;稻米镉含量超过 1.0 mg/kg 的稻田则采用客土法修复。该修复工程 70% 采用埋入客土法,30% 采用上覆客土法,根据环境条件分区治理,并配合工程措施进行土地整理。据统计,该修复工程延续半个多世纪,共更换了 863 hm^2 的土地,工程总投入超过 400 亿日元,直到 2012 年 3 月才全部竣工修复为安全农田。影响客土法修复效果的主要因素包括:换土法中洁净土壤与污染土比例、深耕翻土中埋入与上覆比例、土壤污染物的本底含量。

2. 磁分离去除技术

磁分离去除技术优势在于其采用机械方法去除土壤中重金属,降低土壤中重金属的总量及有效态含量;与客土法、换土法等物理稀释技术相比,该技术不降低土壤肥力,操作较为简单、温和。主要缺点包括:土壤中重金属去除比例较低,且受土壤 pH、土壤质地的影响较大。另外,修复成本主要取决于磁性材料的回收率。

粤北某地重度污染稻田土壤镉含量为 4.48 mg/kg,轻度污染稻田土壤镉含量为 0.46 mg/kg。采用磁分离治理技术实施稻田土壤镉污染示范工程,采用打浆方式将土壤和水充分混合,然后按照耕作层土壤总重量的 0.2%~0.8% 施撒磁性固体螯合剂,投加量为 6~9 t/hm^2,施入土壤深度 0~20 cm。磁性固体螯合剂投放完成后,打浆机械每间隔一小时搅动土壤一次。打浆搅拌完成 4~8 h 后,开始机械回收磁性固体螯合剂,反复操作 3 次。结果表明:重度镉污染稻田土壤镉含量下降 35.6%,有效态镉含量下降 60.1%,晚稻镉含量下降 49.0%,早稻镉含量变化不显著,水稻产量未发生明显变化;轻度镉污染稻田土壤镉含量下降 11.1%,有效态镉含量下降 7.7%,晚稻镉含量下降 25.6%,早稻镉含量变化不显著。影响磁分离去除技术修复效果的主要因素包括:土壤理化性质如有机质和 pH,土壤质地如黏度和粒径及土壤重金属污染程度。

三、 重金属污染农田土壤化学淋洗修复

(一) 化学淋洗修复原理

化学淋洗技术是将可促进污染物溶解或迁移的淋洗剂注入受污染土壤中,经过萃取、解

吸、置换、活化等过程将重金属从土壤转移到溶液中,再用化学和物理的方法进行土-水分离,使重金属从土壤中洗脱、隔离、移除的手段。化学淋洗修复可分为原位淋洗修复和异位淋洗修复。

化学淋洗修复因去除重金属效率高、成本低、操作简单等优点被认为是一种有效的土壤修复技术。但该技术破坏土壤结构,导致土壤生产力与肥力下降,产生较大的次生环境风险。

1. 酸淋洗

酸淋洗过程中需要加入酸性溶液以降低土壤 pH,H^+ 与重金属离子竞争土壤颗粒的结合位点,从而促进土壤中重金属的解吸及其在淋洗液中的溶解,常用的无机酸有 H_2SO_4、HCl 或 HNO_3 等。然而,过量的酸会严重破坏土壤理化性质和土壤团聚体结构。因此,选择能提取重金属且不破坏土壤结构的淋洗液,并设置合适的洗脱条件,避免造成二次污染是该技术得以推广应用的关键。

2. 螯合剂淋洗

螯合剂淋洗过程中,配合剂表面存在的 $C=O$、$-COOH$、$-OH$、$-SH$、$-NH_2$ 等官能团可与重金属形成配合物,从而将重金属从土壤中浸出。针对通过配位键或共价键与土壤颗粒紧密结合的金属离子,淋洗过程应选择配合能力强的螯合剂。常用的螯合剂可分为天然螯合剂和人工螯合剂。天然螯合剂包括柠檬酸、苹果酸、丙二酸、乙酸、组氨酸和其他类型的天然有机物质。人工有机螯合剂主要包括乙二胺四乙酸(EDTA)、乙二醇四乙酸(EGTA)、乙二胺二乙酸(EDDHA)、二乙基三乙酸(NTA)。采用 15 mmol/kg 的 EDTA 淋洗铜污染土壤,土壤铜从 400 mg/kg 降低至 236 mg/kg,主要消减形态为碳酸盐结合态、铁锰氧化物结合态和有机物结合态。

螯合剂淋洗还能强化重金属污染土壤的植物修复。EDTA 和 EDDS(乙二胺二琥珀酸三钠)是常用的高效螯合剂,添加 EDTA 可使龙葵叶部、茎部和根部锌含量分别提高 231%、93% 和 81%;添加 EDDS 可使龙葵叶部、茎部和根部锌含量分别提高 140%、124% 和 104%。此外,天然螯合剂柠檬酸、草酸、酒石酸等也可提高植物萃取重金属的效率。

3. 联合淋洗

多种淋洗液联合使用淋洗重金属污染土壤,既可减少淋洗液的使用量,降低二次污染风险,又可有效提高重金属去除效率。在最佳 pH 条件下,$EDDS-FeCl_3$ 混合洗脱液对土壤中镉、铬、铅、铜、镍和锌的最高浸出率分别为 71.4%、21.3%、31.1%、30.3%、34.1% 和 5.0%。为提高土壤中重金属的去除率,化学淋洗可与其他技术联合使用,例如,通过冻融与化学淋洗相结合的方法处理铅-镉复合污染土壤。经过反复冻融破坏土壤颗粒结构,施洒 EDTA 淋洗液,土壤镉和铅去除率分别为 88.1% 和 37.8%。

在工程实践中,针对不同性质土壤和重金属污染,化学淋洗法往往需因地制宜选择合适的淋洗剂,优化淋洗条件。例如,淋洗过程中土壤性质和土壤中残留重金属的生物有效性可能变化,淋洗条件需要不断地根据实际情况进行动态调整。寻找修复效率高、价格低廉、易降解、无二次污染的化学淋洗液是该技术推广应用需要关注的重点。

(二) 化学淋洗修复技术应用

化学淋洗法的优点主要包括:① 可有效去除耕作层土壤中重金属等污染物,降低耕作层土壤中重金属总量和生物有效态含量;② 与物理稀释、植物修复技术相比,工程实施快速、操作较为简单、受季节影响较小。主要缺点包括：① 破坏耕作层土壤的结构、降低土壤肥力,耕作层土壤需要重新改良、培肥,以恢复土壤生产与生态功能;② 受土壤质地、重金属种类的影响较大;③ 易造成地下水污染,淋洗液的处置难度大、费用较高。影响化学淋洗修复效果的主要因素包括:淋洗剂种类及使用剂量、土壤质地、重金属种类及其在土壤中的形态分布特征等。

　　图 4-40 为污染土壤化学淋洗修复后稻谷中镉含量,可见化学淋洗和深层固定联合修复技术在粤北镉污染农田土壤修复工程的治理效果。该技术主要是利用氯化铁淋洗表层土壤中的重金属,在深层土壤加入钙基调理剂固定重金属,形成"表层淋洗+深层固定"联合修复技术。氯化铁水解产酸,H^+ 对铁锰氧化物的溶解作用造成重金属释放,氯离子与镉等重金属离子配合促溶。在深层土壤中开沟加入熟石灰等钙基调理剂固定重金属,表层土壤中则施用有机肥与熟石灰进行改良。向表层土壤施入 10.5 t/hm² 的氯化铁淋洗剂,深层土壤施入 4 t/hm² 的熟石灰后,表层土壤中镉下降 30%~80%,淋洗出来的镉被固定在 60~100 cm 的深层土壤中,未到达地下水层(Guo 等,2016)。修复后,在表层土壤施入 20 t/hm² 的石灰和 4 t/hm² 的有机肥改良后种植水稻,早稻与晚稻产量分别为 466.9 kg/亩和 793.7 kg/亩,其中晚稻增产14.9%;早稻、晚稻籽粒中镉含量为 0.072 mg/kg 和 0.029 mg/kg,分别下降 89.5% 和 96.6%。

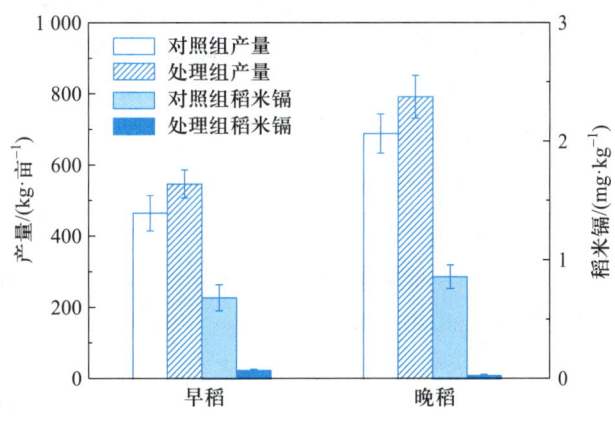

图 4-40　污染土壤化学淋洗修复后稻谷中镉含量

第四节　有机污染农田土壤修复技术

一、有机污染农田土壤生物修复

　　有机污染农田土壤的修复方式主要有物理化学修复、生物修复、化学与生物相结合修复等。与物理化学修复相比,生物修复具有成本低、处理效果好、无二次污染的优点。生物修复包括植物修复、微生物修复、植物-微生物联合修复。其中,植物修复是以植物积累、代谢、转化有机污染物相关原理为基础,筛选修复植物用以固定、转移、或降解土壤有机污染物,恢复土壤系统正常功能的污染治理措施。微生物修复是利用筛选、驯化的专性微生物或基因工程微生物降解土壤有机污染物,实现修复目标。植物-微生物联合修复是指利用植物-微生物组成的复合体系富集、固定、降解土壤中的有机污染物。

（一）有机污染农田土壤的植物修复

植物修复是治理土壤有机污染的经济、有效途径之一,但目前的研究工作主要集中于筛选或培育超积累植物用以修复土壤重金属污染。类似地,人们更希望利用植物修复有机污染土壤。例如,近年来相关研究关注了植物种类、污染物性质、土壤类型等对有机污染土壤植物修复效率的影响,并试图采用动力学或平衡模型评价有机污染土壤的植物修复过程。

20世纪50年代,有机(氯)杀虫剂的大量使用提高农业生产效益的同时,也造成了土壤有机污染。人们发现某些植物可从污染土壤中积累这些有机污染物。在此基础上,尝试利用植物修复治理有机污染土壤。植物修复被看作最具潜力的土壤污染治理措施之一。植物修复是利用土壤-植物-土著微生物组成的复合体系来共同降解有机污染物;该体系是一个强大的"活净化器",包括以太阳能为动力的"水泵(pump)""植物反应器"及与之相连的"微生物转化器"和"土壤过滤器"。由于植物、土壤胶体、土壤微生物和酶的多样性,该系统具有较高密度的活性有机体,生命活动旺盛,可通过一系列的物理、化学和生物过程去除污染物,达到净化土壤的目的。

植物修复是颇具潜力的土壤有机污染治理技术。与其他有机污染土壤修复技术相比,植物修复经济、有效、实用、美观,对土壤环境扰动小;植物修复更适用于现场修复且操作简单,能够修复大面积有机污染土壤,且修复过程中常伴随着土壤有机质的积累和土壤肥力的提升,净化后的土壤更适合于作物生长。此外,植物修复中的植物固定措施对土表稳定和防止水土流失具有积极生态意义。表4-11比较了有机污染土壤植物修复与其他修复技术的成本,可见其成本远低于物理、化学和微生物修复技术,这为植物修复的工程应用奠定了基础。

表4-11　有机污染土壤的修复成本

土壤有机污染修复方法	成本/（美元·t^{-1}）
植物修复（phytoremediation）	10~35
原位生物修复（*in situ* bioremediation）	50~150
间接热解吸（indirect thermal）	120~300
土壤淋洗（soil washing）	80~200
固定/稳定化（solidification/stabilization）	240~340
溶剂萃取（solvent extraction）	360~440
焚烧（incineration）	200~1 500

近十多年,一些新的有机污染土壤修复植物被陆续发现。例如,杨树(*Populus deltoides*)、柳树(*Salix matsudana*)和紫花苜蓿(*Medicago sativa*)等可用于修复石油污染土壤;地肤(*Kochia scoparia*)、杂交杨可明显吸收沉积多年的阿特拉津和2,4-二氯苯氧乙酸(2,4-D)除草剂;佗罗(*Dutura innoxia*)、茄科植物(*Lycopersicon peruvianum*)和狐尾藻(*Myriophyllum*)可从土壤和水溶液中迅速吸收三硝基甲苯,并在植物体内代谢为高极性的2-氨基-4,6-二硝基甲苯及脱氨基化合物;杨柳科植物特别是杨树能通过根部吸收,去除大量有机污染物;紫花苜蓿可耐受高浓度的原油污染;五氯苯酚在种植冰草的土壤中降解速率是无植物对照土壤的3.5倍。

1. 植物根系分泌物促进土著微生物降解土壤有机污染物

土壤有机污染物的去除主要来自微生物的降解作用,而根际是土壤微生物聚集、活动非常活跃的区域。根际是受植物根系活动或扰动的根-土壤界面微域,其物理、化学及生物特性与其他土体有显著差异。植物根系分泌物被认为是导致根际微生物变化的主要因素。在根际环境中,超过40%的植物光合作用产物可通过根系释放,并转移到周围土壤中,以供根际细菌、与植物共生的真菌、放线菌等微生物利用。根系分泌物会显著增加根际微生物的种类和数量,根际环境的微生物密度较非根际高2~4个数量级,且这些微生物具有优异的有机污染物降解活性。不同植物的根系分泌物组成及含量有明显差异,可进一步影响微生物群落结构。同样,根际微生物群落结构的改变也会对植物根系分泌物释放产生影响,包括种类和含量等。因此,有必要认识和了解根系分泌物的种类及组成变化,分析其在根际修复中的作用。

根系分泌物是指植物在其生长活动过程中,通过根系不同部位释放到环境中的有机物质的总称。广义上,根系分泌物包括:① 渗出物,即植物根部细胞通过扩散作用释放到土壤中的物质,主要为一些低分子量物质;② 分泌物,即植物根部主动释放的有机物质,这些物质具有一定的生理功能,如对营养元素的吸收作用、对植物本身的解毒作用、植物-微生物/植物之间的信号传递功能、对环境胁迫的抵御作用等;③ 黏胶质,主要包含根冠和表皮细胞的黏胶状物质等;④ 裂解物质,主要是成熟根表皮细胞的分解产物及脱落的根冠部分和一些根毛等。狭义上,根系分泌物仅仅包括植物根系通过溢泌作用进入土壤的一些可溶性物质。

植物根系分泌物的种类较多,其按分子量大小一般可分为高分子量和低分子量植物根系分泌物两种。高分子量分泌物主要包含黏胶、胞外酶、多糖等;低分子量分泌物主要包含糖类、有机酸类、氨基酸类、脂肪酸类等。由于高分子分泌物成分复杂且较难鉴定,大多研究中以低分子量分泌物为主。表4-12为一些常见的植物根系分泌物种类及名称。植物根系分泌物的种类和含量与植物类型、外界环境条件及土壤微生物群落等有关。

表 4-12　植物根系分泌物种类及名称

类别	名称
糖类	葡萄糖、果糖、蔗糖、麦芽糖、乳糖、半乳糖、阿拉伯糖、棉子糖、核糖、木糖等
氨基酸类	精氨酸、赖氨酸、组氨酸、亮氨酸、天冬氨酸、谷氨酸、脯氨酸、苯丙氨酸、鸟氨酸、胱氨酸、γ-氨基丁酸等
有机酸类	柠檬酸、草酸、苹果酸、酒石酸、乳酸、丙二酸、丙酮酸、丁酸、乙酸、琥珀酸、延胡索酸、乙醇酸等
脂肪酸类	戊酸、油酸、亚油酸、亚麻酸、十八烯酸、软脂酸、硬脂酸、肉豆蔻酸等
生长因子	生物素、泛酸、胆碱、肌醇、硫胺素、烟酸、维生素 B6、维生素 B1、维生素 B3 等
酶类	脲酶、磷酸酶、硫酸酶、蛋白酶、淀粉酶、蔗糖酶、转化酶、接触酶、硝酸还原酶等
其他	黄酮类化合物、核苷酸类、类固醇类、植物生长素、植物抗毒素等

资料来源:Badri 等,2009。

根系分泌物可通过改变土壤微生物群落结构而影响土壤有机污染物的降解。根系分泌物为微生物提供了充足养分,微生物通过趋化感应在根际生存和定殖,使得根际土壤环境中的微生物量比非根际环境要高出几个数量级,有效促进微生物有效降解有机污染物。

研究发现,细长燕麦、玉米、大豆等植物的根系分泌物能增加微生物种群和活性,提高PAHs 降解菌群的数量,促进 PAHs 的降解。Yoshitomi 等收集了无菌培养的玉米根系分泌物,用其淋洗污染土壤,发现根系分泌物能够改变群落结构,提高土壤中芘的矿化,认为土壤微生物可利用根系分泌物作为碳源促进芘的降解(Yoshitomi 等,2001)。Corgié 等研究了黑麦草根际微域(<3 mm、3~6 mm 及 6~9 mm)对土壤中菲降解的影响,发现黑麦草根表附近(<3 mm)菲降解去除率最高,该区域内降解菌数量最多;且微生物群落结构会随根表距离增加而变化,以及黑麦草的根系分泌物和有机污染物共同影响了土壤中微生物的群落结构(Corgié 等,2004)。采用多隔层根箱模拟黑麦草降解芘的研究发现,与无植物处理相比,黑麦草根表及其附近(0~4 mm)的微生物量及活性显著增加,土壤脱氢酶及多酚氧化酶含量也显著升高,使土壤中芘被快速降解(Corgié 等,2006)。

由于根系分泌物成分复杂、含量多变,研究结果存在差异。例如,根系分泌物也可对微生物降解有机污染物起抑制作用。Phillips 等发现披碱草属颖草(*Elymus angustus* Trin.)和紫花苜蓿根系分泌物抑制了土壤中萘、菲和正十六烷的矿化。这可能是两种植物根系分泌物影响了微生物群落结构,抑制了微生物分解代谢基因的表达,降低了微生物对萘、菲和正十六烷的降解效能(Phillips 等,1994)。因此,探讨根系分泌物不同组分对微生物降解土壤有机污染物的影响,进而调控根系分泌物中有效组分的释放具有重要意义。研究发现,表面活性剂可影响植物根系分泌物的产生;表面活性剂-植物强化微生物降解有机污染物的过程中,表面活性剂可通过提高降解菌丰度、增加脱氢酶和多酚氧化酶含量等促进有机污染物的降解。

2. 有机污染农田土壤植物修复技术及其应用

植物修复有机污染土壤主要通过有机污染物非生物性损失、微生物降解、植物吸收积累等途径,主要是植物促进土著微生物对有机污染物的降解。根际土壤中微生物数量远多于非根际土壤,根系分泌物输入根际环境可刺激微生物对有机污染物的矿化作用。

植物对有机污染农田土壤有较好的修复效果。种植植物 45 d 后不同处理土壤中菲和芘的残留浓度见图 4-41。在种植黑麦草或菜心的土壤中菲和芘残留浓度明显低于对照;在高负荷有机污染土壤中,两种植物的生物量较小,种植植物土壤中菲和芘的残留浓度仍然低于无植物对照,表明植物能强化土壤中菲和芘的降解。

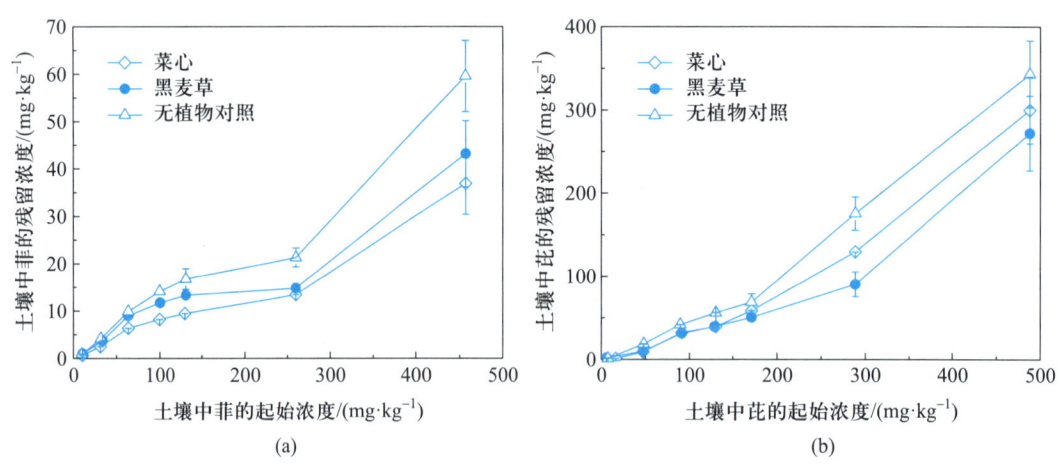

图 4-41   种植植物 45 d 后不同处理土壤中菲和芘的残留浓度

相同初始浓度下,由于芘比菲更难降解,在土壤中的持留性更强,同处理土壤中芘的残留浓度要远高于菲。不同植物对土壤菲和芘的修复效果差异明显。不同植物修复菲和芘污染土壤效果见图 4-41。土壤中菲和芘的初始浓度分别为 133 mg/kg 和 172 mg/kg。45 d 后,种植植物的土壤中菲和芘的残留浓度分别为 8.7~16.4 mg/kg 和 44.9~65.0 mg/kg,分别比无植物对照土壤(菲和芘残留浓度为 17.2 mg/kg 和 70.0 mg/kg)低 4.7%~49.4% 和 7.1%~35.9%,表明植物可强化土壤中菲和芘的降解效果。12 种植物(P1—P12 分别为苋菜、菜心、黑麦草、萝卜、空心菜、毛豆、菜豆、小白菜、甘蓝、菠菜、辣椒、茄子)对土壤中菲和芘的去除率分别高达 88.2%~93.0% 和 62.3%~73.8%(S0 为未污染土壤,S6 为污染较重的土壤)。毛豆、黑麦草和茄子对土壤中的芘具有良好的去除效果,相比之下,菜心、萝卜和毛豆对土壤菲去除效果更好。生物量对植物修复土壤菲和芘的影响较小。植物对土壤中菲和芘降解的促进作用明显(残留浓度低),污染土壤上植物生长状况良好(图 4-42)。因此,植物修复土壤菲和芘污染是有效、可行的。

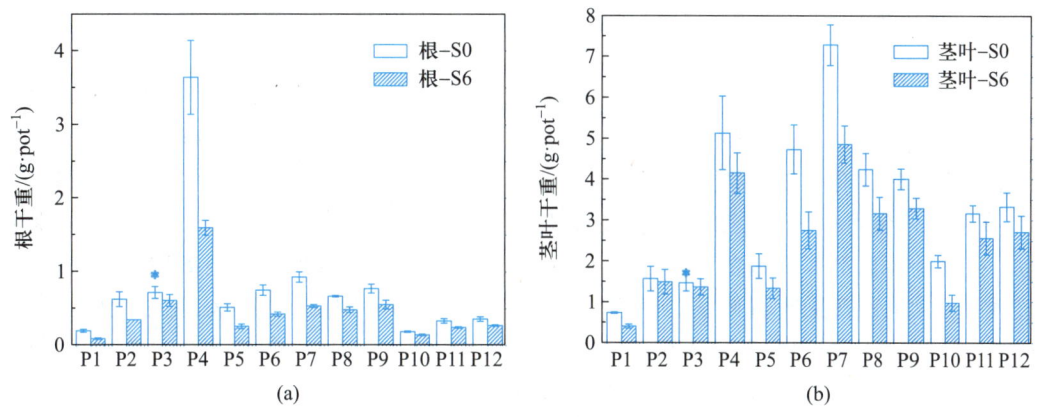

图 4-42　45 d 后种植不同植物的根和茎叶干重

植物修复技术也有较多局限性:植物对污染物的耐受能力或积累性不同,某种植物仅能修复部分有机污染物,而土壤中有机污染物成分复杂,往往会影响植物修复的效率;植物修复周期长,过程缓慢;必须满足植物生长所必需的环境条件,对土壤肥力、含水量、质地、盐度、酸碱度及气候条件等要求较高;植物修复效果易受自然因素如病虫害、洪涝等影响;修复收获后植物处置不当会产生二次污染。

(二) 有机污染农田土壤的微生物修复

1. 功能微生物/工程菌降解土壤有机污染物

土壤的微生物修复是利用土著或者外源微生物群,在适宜的环境条件下,促进或强化微生物的降解功能,从而达到降低有机污染物活性或降解成无毒物质的生物修复技术。微生物修复技术研究较早,已经衍生出原位处理(in situ)、就地处理(on site)和生物反应器(bioreactor)三种微生物修复方式,这些技术已应用到 PAHs、除草剂、农药等持久性有机物污染土壤的修复。

微生物降解有机污染物主要有两种方式:一是通过微生物分泌的胞外酶降解;二是将有机污染物吸收至其细胞内后,由胞内酶降解。微生物从胞外环境中吸收摄取物质的方式主要有主动运输、被动扩散、促进扩散、基团转位及胞吞作用等;而微生物降解和转化土壤中有机污染物,通常是通过氧化、还原、水解、基团转移、异构化、酯化、缩合、氨化、乙酰化、双键断裂及卤原子移动等反应过程实现的。

微生物修复有机污染土壤必须具备两个条件,一是在土壤中存在能够降解或转化有机污染物的微生物;二是有机污染物大部分具有可生物降解性,即在微生物作用下能由大分子化合物分解为简单小分子化合物。用于生物修复的微生物可分为土著微生物、外源微生物和基因工程菌。

基因工程菌:构建基因工程菌的技术包括带组建有多个质粒新菌株、体外重组降解性质粒 DNA、质粒分子育种和原生质体融合技术等。采用这些技术可将多种降解基因转入同一微生物中,使其获得广谱的有机污染物降解能力。例如,将甲苯降解基因从恶臭假单胞菌（*Pseudomonas putida*）转导至其他微生物,使受体菌在 0 ℃时也能降解甲苯。基因工程菌被接种到污染土壤中会与土著微生物产生激烈的竞争。因此,基因工程菌必须有足够长的存活时间,才能稳定地表达其目的基因,合成特异性降解酶。如果初始环境中缺乏基因工程菌生长所需的能源和碳源,就需要向其中同时添加适当的基质。然而,利用基因工程菌修复有机污染土壤可能存在一定生态风险。

2. 有机污染农田土壤微生物修复技术及其应用

有机污染土壤微生物修复技术具有形式多样、技术适应强、环境影响小、修复成本费用低、修复后土壤的物理、化学和生物学性质基本保持不变等特点。微生物修复技术对石油烃、杀虫剂等多种有机物污染土壤修复具有良好效果。

微生物修复可分为原位和异位修复技术。原位修复技术通常采用土壤翻耕、营养物质添加、接种外源菌剂等措施在土壤原位进行修复作业,无须将污染土壤搬离现场,修复成本低,适用于大面积污染土壤修复;异位修复技术包括生物堆制法、制床法、泥浆生物器反应法,需要将污染土壤挖出,并将土壤和修复菌剂在异位均匀混合,同时能提供更充分的氧气,降解修复效果更佳,但修复成本高(曾军等,2020)。

土壤微生物修复从技术原理角度可分为生物刺激和生物强化两大类。生物刺激是通过添加营养物质等提高土著微生物降解活性,进而修复有机污染土壤。有机污染土壤的有机质含量往往较高,其他营养物质的快速消耗可能限制土著微生物的降解作用,通过调整土壤碳、氮、磷等元素配比形成利于有机污染物微生物降解的环境条件。实际应用中生物刺激剂多选择植物秸秆、畜禽粪便、活性污泥等廉价农业废弃物,在修复土壤的同时还能提升农田土壤肥力。鼠李糖脂等生物表面活性剂也是比较常用的土壤修复生物刺激剂,可在促进土壤有机污染物溶出、增强微生物降解等方面发挥积极作用。在自然环境中有机污染物降解微生物数量较低的时候,要考虑采用生物强化方法引入外源高效降解菌。生物强化采用的菌剂可来自实验室预培养的微生物,也有经有机污染物预富集处理而饱含降解微生物的土壤。通常外来接种降解微生物会受到土著生物的生态位竞争而难以成功定殖于新的土壤环境,而外源降解菌能否建立生态位是影响生物强化效率的一个重要因素。生物强化对微生物利用性较好的石油烃、硝基苯、有机农药等往往能有效加速其降解进程,但是对疏水性更强、生物利用性低的有机污染物,因微生物难以建立合适的生态位而无法产生有效的修复效果。相比而言,采用酶制剂的生物强化修复更为直接有效,如漆酶能够高效转化土壤中 BaP 等高环 PAHs,其可通过提升有机污染物的矿化、增强有机污染物与土壤有机质结合的方式实现土壤脱毒(Zeng 等,2018)。但在实际修复应用中,酶制剂容易失活、修复成本高;在土壤中引入含降解基因的质粒,通过质粒转化作用提高土著微生物降解有机污染物的效果。

（三）有机污染农田土壤的植物−微生物联合修复

1. 植物根系分泌物强化微生物降解土壤有机污染物

在污染土壤种植植物时,根系分泌物可显著促进微生物降解有机污染物,植物根系分泌物的种类和含量与植物类型、外界环境条件及土壤微生物群落等有关。根系分泌物可改变土壤微生物群落结构,提高土壤酶的活性,促进土壤有机污染物的降解。此外,根系分泌物还为微生物提供了充足养分。微生物通过趋化感应在根际范围生存和定殖,使根际环境的微生物数量比非根际环境要高出几个数量级,进而增强了微生物对有机污染物的降解。

不同植物根系分泌物的组成和含量差异显著。例如,黑麦草根系分泌物中含有草酸、乳酸、苹果酸和乙酸等有机酸,以草酸为主;氨基酸种类较多,以丝氨酸、缬氨酸和天门冬氨酸为主。紫花苜蓿根系分泌物含有酒石酸、柠檬酸、苹果酸及丁酸等有机酸,以及丙氨酸、甘氨酸、赖氨酸、谷氨酸等氨基酸。小麦根系分泌物中的有机酸以琥珀酸和马来酸为主,糖类以葡萄糖和蔗糖为主,氨基酸则以精氨酸、蛋氨酸及苏氨酸为主。

外界环境发生变化时,植物会通过产生应激反应调节生命过程,改变根系分泌物组成和含量以适应外界环境,进而表现出较强的抗逆性。例如,营养元素的缺失会促使植物根系分泌一些具有活化能力的物质来溶解土壤中的营养元素供生长所需。当大豆生长缺磷时,大豆根系会分泌有机酸(如苹果酸和柠檬酸等)活化土壤中难溶性磷,供其生长利用。与环境胁迫类似,有机污染物也会影响植物根系分泌物的组分与含量,例如,在植物修复芘污染土壤过程中,根系分泌物中的柠檬酸、琥珀酸和戊二酸等有机酸含量显著增加。

微生物也可影响根系分泌物的组成。当植物根系受到细菌、病害菌等影响时,根系分泌物会随之改变。例如,溶磷细菌可影响玉米根系分泌物,提高光合效率促进玉米生长(Laheurte 等,1988)。*Pseudomonas bacteria* 和 *Fusarium fungi* 的代谢产物可显著提高苜蓿、玉米和小麦根系分泌物中氨基酸的含量(Phillips 等,2004)。

有机污染物一般具有较高的疏水性,在土壤中往往以有机质结合态存在,不能被植物和微生物直接利用。植物根系分泌物中的有机酸可促进土壤中结合态有机污染物的解吸,提高其生物有效性。例如,土壤中添加低分子量有机酸,通过螯合金属离子和释放结合态的腐殖酸等物质,导致三叶草、芥菜等根际周围 DDE 含量明显高于对照,并提高 DDE 的生物有效性(White 等,2002;Gao 等,2015)。

2. 有机污染农田土壤植物-微生物联合修复技术及其应用

植物-微生物联合修复主要包括植物-根际微生物、植物-菌根菌、植物-内生菌及植物-专性降解菌等联合修复技术。

(1)植物与根际微生物联合修复技术:在有机污染土壤中,植物生长所释放的根系分泌物能够改善根际微生物的活性,提高微生物数量及改善群落结构,从而加快有机污染物的降解与转化。植物与根际微生物联合降解有机污染物的机制如下:① 对土壤中等亲水性有机污染物,植物可以直接吸收,然后转化为低毒或无毒的中间代谢产物,储存在植物体内或进入次级代谢过程。② 植物释放促进化学反应的根系分泌物和酶,刺激根际微生物生长并提高生物转化活性,有利于转化降解有机污染物,甚至可成为有机污染物降解的共代谢基质。③ 植物将营养物质及 O_2 输送到根部促进根际微生物的新陈代谢和增殖,强化根际微生物对有机污染物的降解与转化。

(2)植物与菌根菌的联合修复技术:菌根是自然界中一种普遍的植物共生现象,它是土壤中真菌菌丝与高等植物营养根系形成的一种联合体。凡能引起植物形成菌根的真菌称为菌根菌。能降解有机污染物的菌根菌主要是外生菌根真菌和丛枝菌根真菌,它们在促进有机污染土壤中植物生长、有机污染物降解与转化等方面发挥着积极作用。菌根降解有机污染物的机制如下：① 菌根真菌在某些有机污染物诱导下分泌酯酶、过氧化物酶等，可降解或转化有机污染物。② 菌根真菌以有机污染物作为碳源，通过代谢分解有机污染物获取生长所需的能源，从而达到降解有机污染物的目的。③ 菌根菌丝使植物根系的吸收范围更广，一方面增强宿主植物对营养的吸收，促进植物生长；另一方面增加根系接触面积，提高修复效率。④ 菌根的存在改善了根际周围的微生态环境及群落结构，增强了微生物的生物活性，从而共同提高了微生物和植物对有机污染物的降解效率。接种丛枝菌根真菌（Glomus caledonium L.）能提高黑麦草在蒽污染土壤中的存活率，促进植物生长；同时接种植物促生菌和丛枝菌根真菌能显著促进石油污染盐碱土壤中燕麦（Avena sativa）的生长，且在 60 d 内能将 5 g/kg 石油降解 47.93%，高于未接种及单一接种的对照（Xun 等，2015）。

（3）植物与内生菌的联合修复技术：植物内生菌是指能定殖在植物组织内部，但并不使其宿主植物表现出不良症状的一类微生物。自然界现存的植物中，基本上每种植物体内均存在一种或多种内生菌，其具有丰富的生物多样性。植物内生菌与植物两者之间相互作用、相互依存。一方面，植物内生菌能够产生降解酶类直接代谢有机污染物。另一方面，内生菌参与调控植物代谢有机污染物。当内生菌定殖于植物体时会分泌一些植物激素、铁载体、脱氨酶等物质，促进植物根系生长增强植物抗逆境能力，从而增强植物体内有机污染物的代谢能力。将分离于蘸草的植物内生菌-假单胞菌（Pseudomonas sp.）J4AJ 接种于蘸草根际，60 d 内柴油去除率达 54.51%，而只接种 J4AJ 菌株的对照去除率仅有 38.97%（Zhang 等，2014）。

（4）植物与专性降解菌的联合修复技术：该技术是在利用植物修复污染土壤的同时，向土壤中接种具有较强降解能力的专性降解菌株，强化有机污染物的降解。专性降解菌株包括从土壤中筛选得到的高效降解菌株和经过改造的基因工程菌株。在污染土壤中种植修复植物，接种专性降解菌株，通过植物和微生物的协同作用，可以提高植物生物量，改善微生物的群落结构，共同增强污染物的降解修复效果。

二、 有机污染农田土壤化学-生物联合修复

（一）强化微生物降解有机污染物技术原理

1. 表面活性剂增强微生物降解有机污染物

虽然特定微生物可直接利用吸附在土壤颗粒表面的疏水性有机污染物（HOCs），但微生物主要能降解土壤溶液中的 HOCs，这涉及一系列多介质界面行为（图 4-43），包括 HOCs 在土壤固相-溶液间的脱附、微生物吸附、跨膜传输、胞内降解等。微生物吸附是其胞内代谢 HOCs 的前提，跨膜传输是限速步骤（Zhao 等，2005），降解酶则将进入胞内的 HOCs 代谢为无毒的中间产物或矿化为二氧化碳和水。表面活性剂可高效洗脱土壤吸附态 HOCs，调控微生物细胞表面的疏水性等界面过程（朱利中，2012）。

（1）细胞界面性质：低浓度表面活性剂能促进微生物释放出脂多糖（LPS）（图 4-44）和脂磷壁酸（LTA）（图 4-45），显著增强微生物表面的疏水性（CSH）；而高浓度的表面活性剂可产生溶膜毒性，降低微生物表面的疏水性。例如，在 LB 培养基上生长的 SA01 菌的 LPS 含量为 494.7~498.4 μg/mg，12 d 培养期内其含量相对稳定，对生长含菲的无机盐培养基（MSM）中的 SA01 菌，其 LPS 含量略有下降（450.3~489.8 μg/mg）。当吐温 80 和 SDBS 浓度在 0~50 mg/L 时 SA01 菌的 CSH 和 LPS 释放量随吐温 80、SDBS 浓度增加而增加。吐温 80 和 SDBS 浓度达到 80 mg/L 时，SA01 菌 LPS 含量和 CSH 值均显著下降。对 G+菌

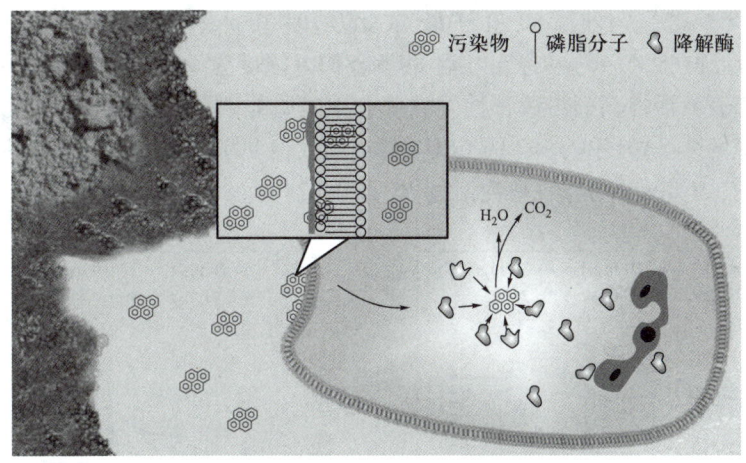

图 4-43　微生物降解土壤有机污染物的界面过程

（资料来源：朱利中，2012）

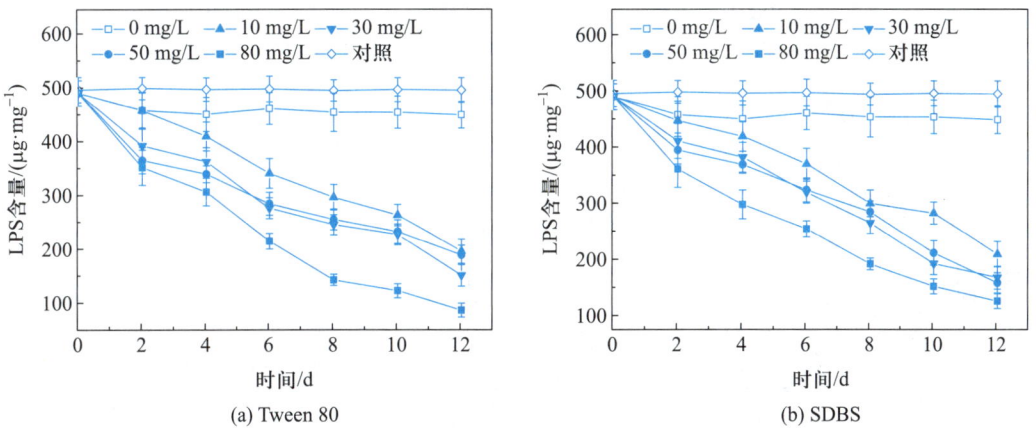

(a) Tween 80

(b) SDBS

图 4-44　表面活性剂对 SA01 菌脂多糖（LPS）含量的影响

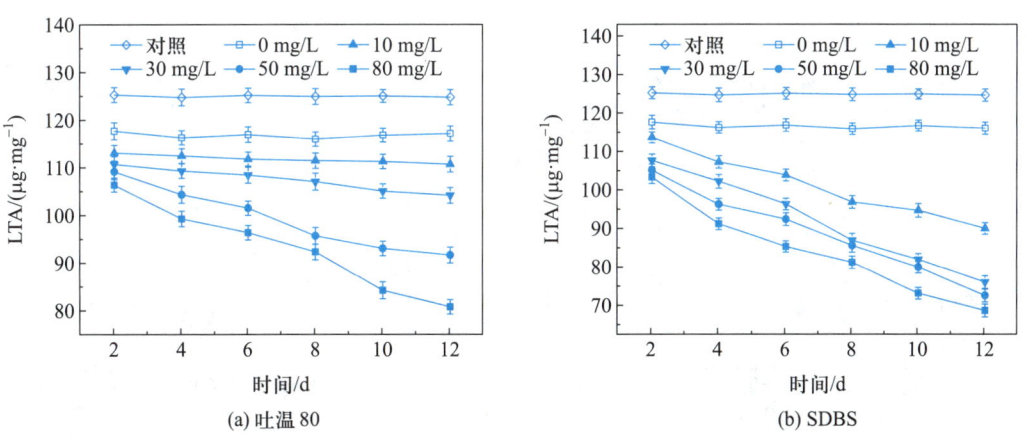

(a) 吐温 80

(b) SDBS

图 4-45　表面活性剂对 SA02 菌脂磷壁酸（LTA）含量的影响

Arthrobacter sp.（SA02），当吐温 80 和 SDBS 浓度为 10～30 mg/L 时，可促进 LTA 的释放，使细胞表面疏水性增强（图 4-46）。但当吐温 80 和 SDBS 浓度为 50～80 mg/L 时，LTA 的释放量持续增大，由于表面活性剂的溶膜毒性导致部分细胞壁的破损，CSH 下降。因此，吐温 80 和 SDBS 可改变降解菌 SA01 和 SA02 的 CSH 值，进而改变菲等 PAH_s 在降解菌细胞上的分配，其分配系数与 CSH 呈线性关系，相关系数 R^2 为 0.674～0.819（图 4-47）。

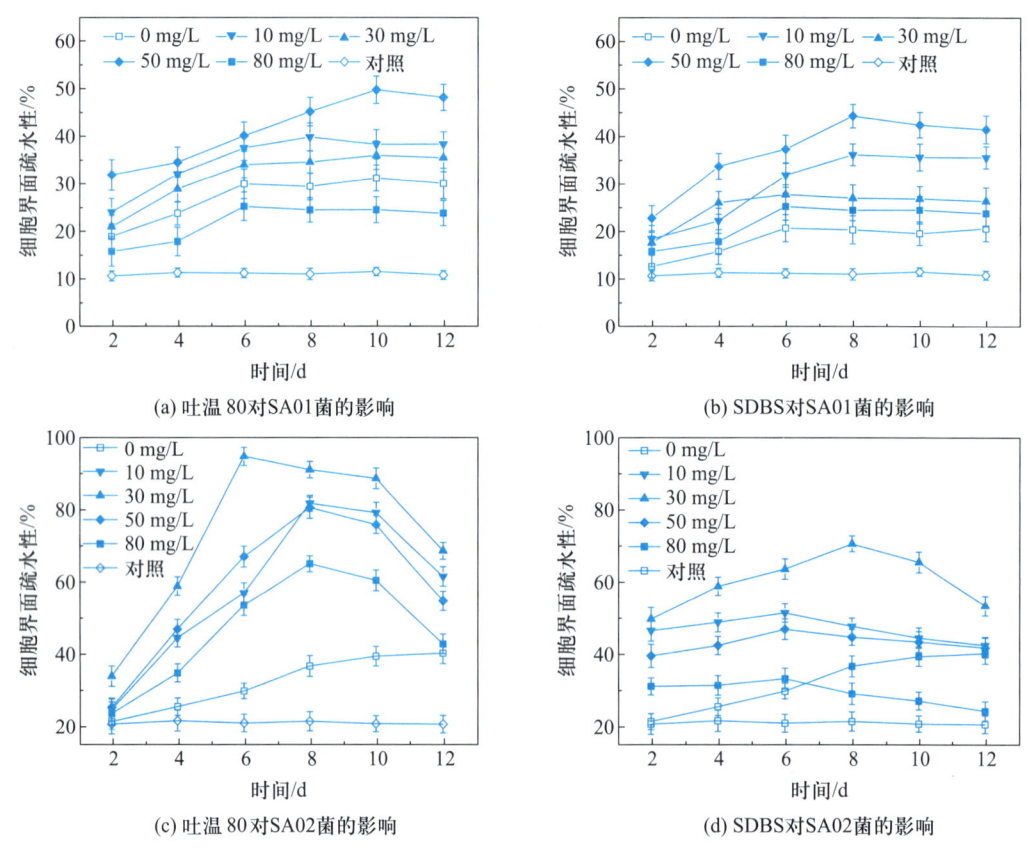

图 4-46　表面活性剂对降解菌细胞界面疏水性的影响

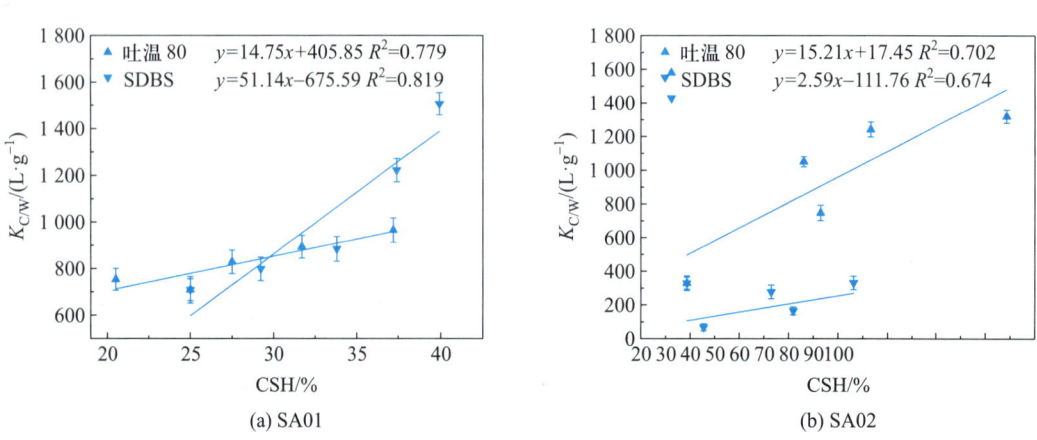

图 4-47　细胞界面疏水性与菲分配系数 $K_{C/W}$ 的关系

吐温 80 和 SDBS 对 SA01 菌饱和脂肪酸与不饱和脂肪酸的组成比例影响显著($p <$ 0.05)。无表面活性剂存在时,SA01 菌培养 12 d 后,总饱和脂肪酸的含量比例从 86.1% 下降到 83.9%,不饱和脂肪酸的含量比例从 13.9% 增加到 16.1%,饱和/不饱和脂肪酸比值从 6.18 降至 5.20。当吐温 80、SDBS 从 10 mg/L 增加到 80 mg/L 时,饱和/不饱和脂肪酸比值也呈下降趋势。同样,SA02 菌的细胞膜流动性随吐温 80 和 SDBS 浓度增加而增加,C16:1ω9、C18:1ω9,12 和 C18:1ω9 等不饱和脂肪酸含量逐渐增加,饱和/不饱和脂肪酸的数值呈下降趋势。吐温 80 和 SDBS 可通过增加不饱和脂肪酸的含量来增加 SA01 菌和 SA02 菌细胞膜的流动性。

通常,PAHs 等 HOCs 易积累在由磷脂组成的微生物细胞膜内,细胞膜是 HOCs 等进入细胞内的最主要屏障。图 4-48 为表面活性剂对菲在 SA01 细胞膜壁分配作用(K_{1-m})的影响,表明表面活性剂可促进菲从水相向细胞膜壁的分配传递。同样,吐温 80、SDBS 对菲从细胞膜壁向细胞液反分配的影响(K_{m-c})也呈类似的趋势(图 4-49)。由于 K_{m-c} 值比 K_{1-m} 值小,说明菲从细胞膜壁向细胞液的反分配是其跨膜传递的一个限速步骤。尽管 K_{m-c} 值比 K_{1-m} 值小,但表面活性剂存在时的 K_{m-c} 值比无表面活性剂的值要大。因此,表面活性剂可增加细胞膜的流动性,有利于菲从细胞膜壁向细胞液内的分配传递。

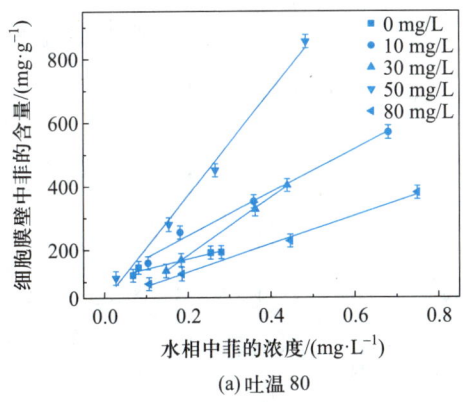

(a) 吐温 80

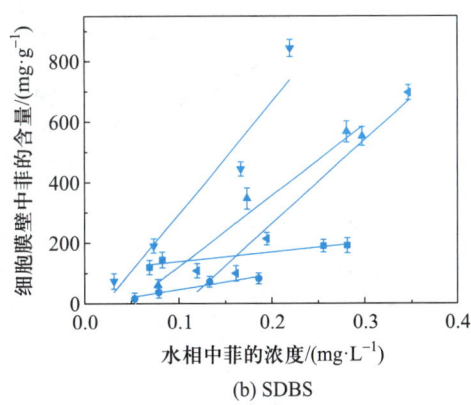

(b) SDBS

图 4-48　表面活性剂对菲在 SA01 细胞膜壁上分配的影响

(资料来源:Li 等,2014)

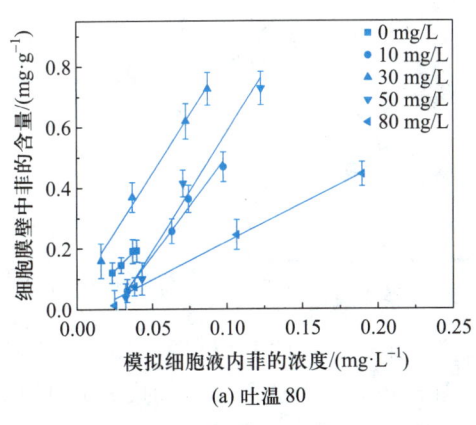

(a) 吐温 80

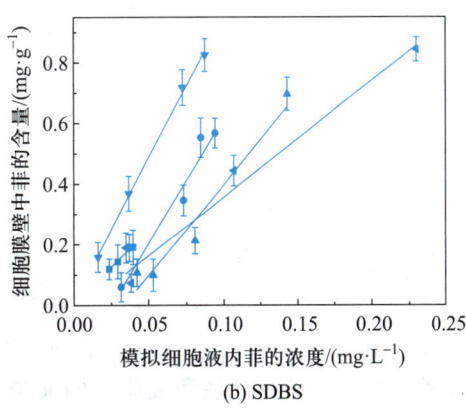

(b) SDBS

图 4-49　表面活性剂对菲从 SA01 细胞膜壁向模拟细胞液分配的影响

(资料来源:Li 等,2014)

（2）代谢过程与基因表达：表面活性剂可通过提高降解菌细胞内的电子链传递（ETS）活性和邻苯二酚-1,2 双加氧酶（C12）的活性，增加有机物代谢中间产物量来促进其胞内代谢（图 4-50）。例如，吐温 80 或 SDBS 浓度为 50 mg/L 时，SA01 菌的 ETS 活性分别是对照的 7.19～8.66 倍和 3.94～8.13 倍（图 4-51）。吐温 80 和 SDBS 对 SA02 菌降解菲过程中 1H2Nase 酶基因表达量变化研究发现，30 mg/L 吐温 80 和 SDBS 能分别增加 SA02 菌 1H2Nase 表达量 45.99 倍和 60.01 倍（图 4-52），并显著提高邻苯二酚-1,2 双加氧酶（C12）活性。吐温 80 和 SDBS 浓度均为 50 mg/L 时，C12 的活性（SA01 菌）分别是对照的 2.18～3.21 倍和 2.23～3.22 倍（图 4-53）。

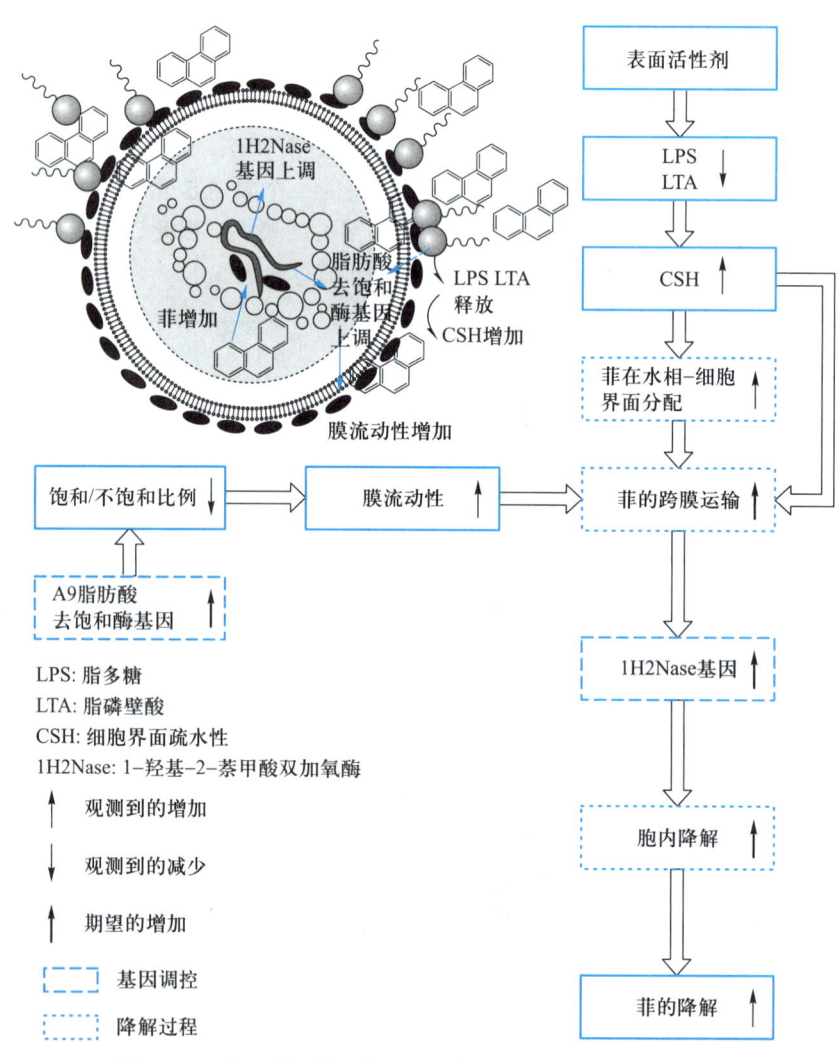

图 4-50　表面活性剂强化微生物降解 HOCs 的基因调控途径

（资料来源：Li 等，2015）

综上所述，吐温 80 和 SDBS 等表面活性剂可使降解菌细胞释放出 LPS 和 LTA，从而显著增强微生物表面的疏水性和细胞膜的通透性，促进有机污染物跨膜传输；同时，表面活性剂能提高降解菌细胞内的电子链传递（ETS）效率，显著增加降解菌中 1H2Nase 的表达量，提高邻苯二酚-1,2 双加氧酶（C12）活性，进而增强胞内代谢。

(a) 吐温 80对SA01菌的影响　(b) SDBS对SA01菌的影响

(c) 吐温 80对SA02菌的影响　(d) SDBS对SA02菌的影响

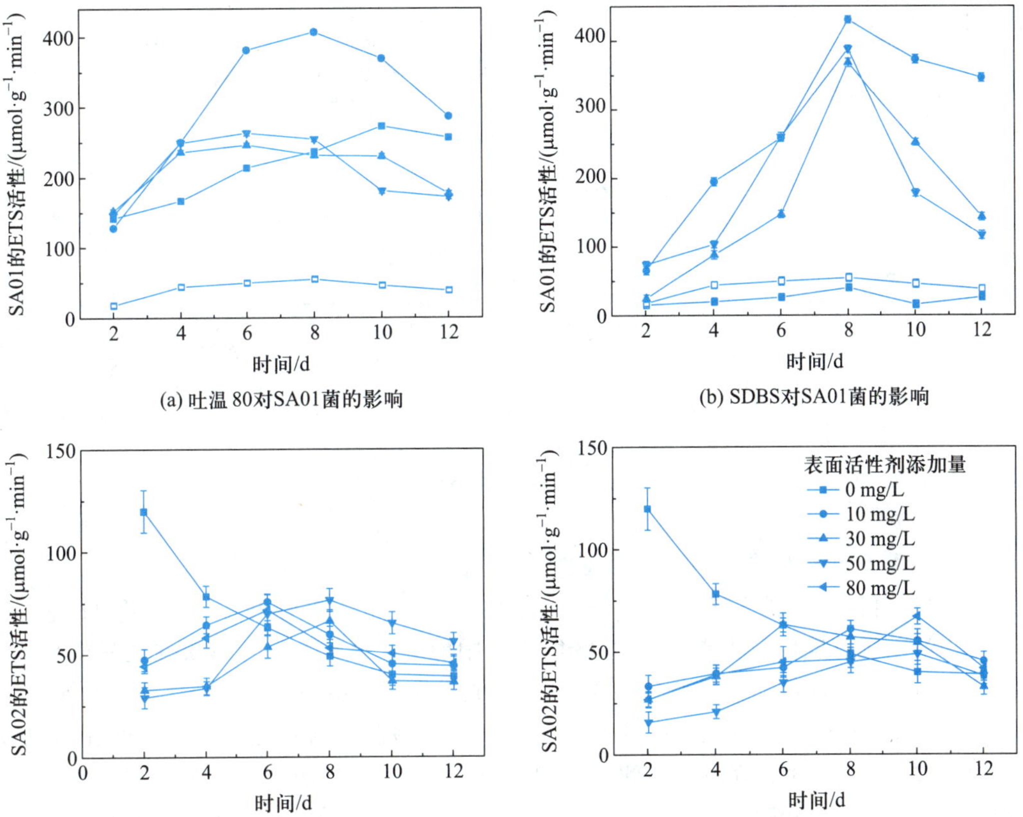

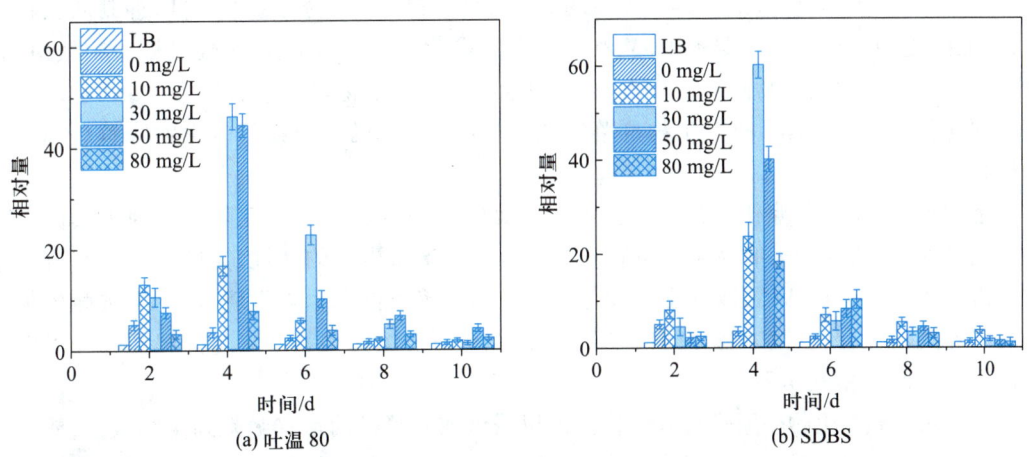

图 4-51　表面活性剂对降解菌电子传递链活性的影响

(a) 吐温 80　(b) SDBS

图 4-52　表面活性剂对 1H2Nase 基因表达量的影响

（资料来源：Li 等，2015）

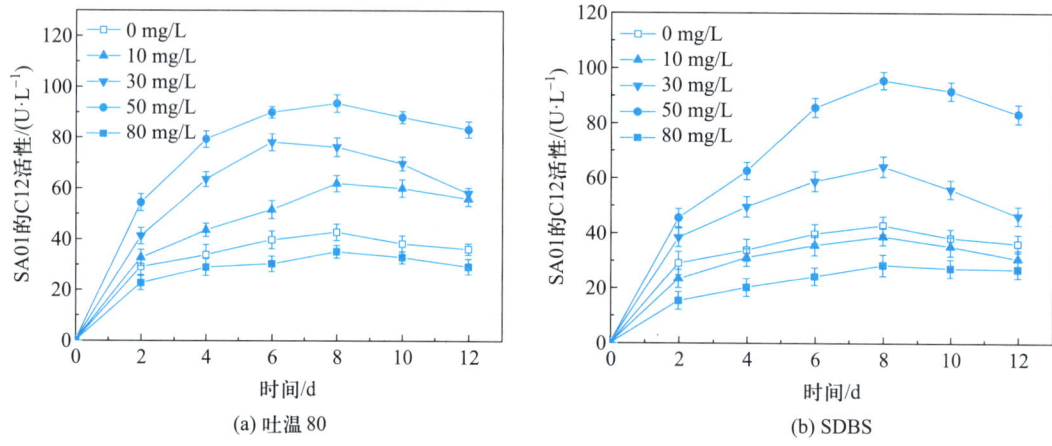

图 4-53　表面活性剂对 SA01 降解菌 C12 活性的影响

（资料来源：Li 等，2015）

2. 生物炭负载微生物降解有机污染物

生物炭不仅可以吸附降解有机污染物,从而降低其生物有效性和毒性,还可通过刺激土壤微生物活动及负载特定功能微生物,降解土壤中的有机污染物。生物炭在促进微生物降解 PAHs、五氯苯酚等有机污染物效果显著。例如,在酸性红壤中施加玉米秸秆生物炭后,土壤中具有降解 PAHs 等芳香族化合物功能的鞘氨醇单胞菌和新鞘氨醇菌的丰度提高,显著提升土壤中 PAHs 的生物降解率。此外,生物炭还可作为微生物和有机污染物之间的电子穿梭体,提高微生物对有机物的降解效率。例如,水稻秸秆生物炭可通过促进硫还原地杆菌细胞与五氯苯酚之间的电子转移,显著提高五氯苯酚的降解。生物炭对有机污染物生物有效性及微生物降解的影响与其制备温度、原料有关。

高温生物炭对有机污染物具有较强的吸附能力,导致其生物有效性降低,抑制微生物降解;而低温生物炭可提高土壤中 DOM 和有效态氮磷营养元素的浓度,可促进微生物繁殖,有利于有机污染物的微生物降解。因此,土壤中生物炭、微生物之间的相互作用,可通过改变土壤理化性质,影响土壤的微生物群落结构,进而促进有机污染物的微生物降解（Zhu 等,2017）。

生物炭-微生物相互作用机制涉及七个方面（图 4-54）：生物炭孔隙结构为土壤微生物提供栖息地,对营养元素的吸附与缓释有助于维持土壤微生物的活性,某些挥发性有机组分或自由基改变微生物活性,改变土壤理化性质从而改善土壤微生物生境,调控土壤微生物分泌的胞外酶活性,改变微生物之间信号分子传递,促进土壤污染物固定与分解而改变微生物与污染物之间的相互作用。

生物炭负载微生物一般是将微生物菌液以浸泡或者喷淋的形式吸附到生物炭上,或将生物炭及菌液一起包埋于海藻酸钙等基质中制备而成。通过优化生物炭固定化 PAHs 高效降解菌 *Martelella* sp. AD-3 的制备条件,可评估生物炭固定化菌剂的稳定性及降解性能,表明稻壳生物炭比表面积及孔隙大,Zeta 电位高,固定化菌剂去除效果好,因此选择其作为固定化 AD-3 菌的载体。固定化培养基为 3%LB,接种量为 2.9×10^8 CFU·mL^{-1},固定 2 d 时,稻壳固定化菌剂负载 AD-3 量最多,菲的去除速率可达 8.08 mg·L^{-1}·h^{-1},16 h 可去除 63.85% 的菲。室

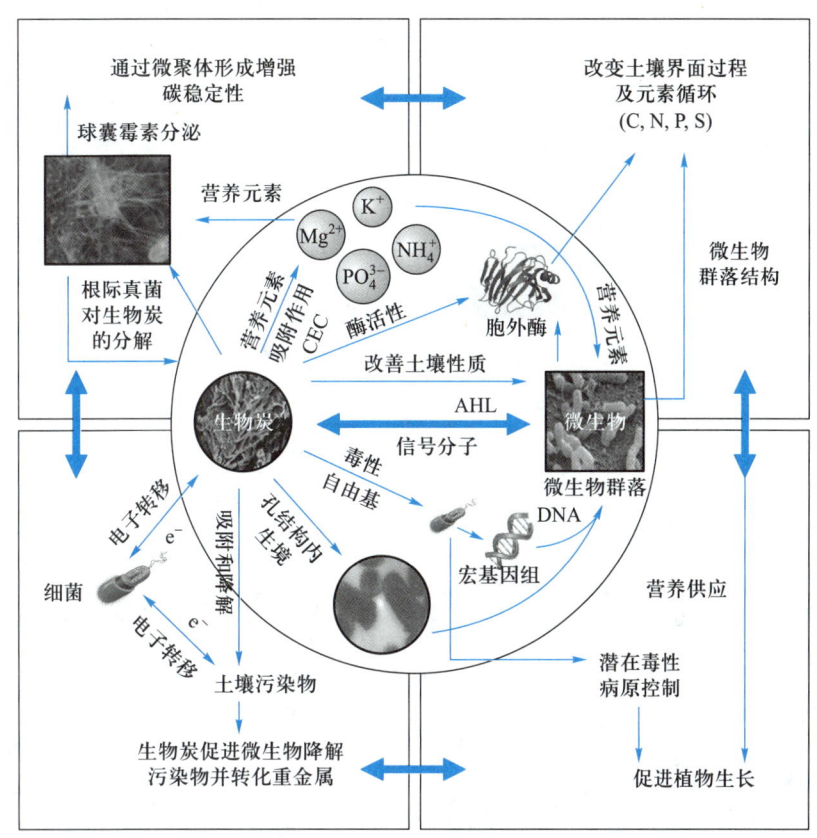

图 4-54　生物炭-微生物相互作用机制及其在土壤改良与污染修复中的应用

(资料来源:Zhu 等,2017)

温保存 21 d 后,稻壳生物炭固定化菌剂对菲的去除速率仍达 4.46 mg·L^{-1}·h^{-1}。稻壳生物炭固定化 AD-3 菌不仅保持了菌对菲的高效降解能力,而且延长了降解微生物的保存时间(任静等,2020)。另外,生物炭与秸秆或生物炭与蘑菇基质联合添加则能显著提高土壤中PAHs 的微生物降解率。

（二）化学强化植物-微生物联合修复有机污染农田土壤

1. 表面活性剂-植物协同强化微生物降解修复技术

阴-非离子混合表面活性剂不仅可显著增强洗脱土壤中吸附态有机污染物,而且土壤溶液中的表面活性剂与植物根系分泌物可协同强化微生物降解土壤溶液中的有机污染物,从而达到强化生物修复有机污染土壤的目的。例如,在 PAHs 污染潮土中种植黑麦草,并施加低剂量表面活性剂,经过 40 d 的盆栽培养,菲和芘的残留量随着吐温 80 浓度增加而逐渐减少,分别从最初的 2.33 mg/kg 和 6.28 mg/kg 降至 1.17 mg/kg 和 3.26 mg/kg。而SDBS 对土壤中菲和芘残留浓度的影响则相反,土壤中菲和芘的残留量从最初的 1.20 mg/kg和 3.61 mg/kg 分别增至 3.68 mg/kg 和 9.07 mg/kg。SDBS-吐温 80 混合表面活性剂浓度 ≤150 mg/kg 时,比单一表面活性剂表现出更好的强化促进效果。例如,30 mg/kg 质量配比为 1∶4 的 SDBS-吐温 80 可使菲和芘残留量分别降低为 0.901 mg/kg 和 2.40 mg/kg,去除率分别达 98.6% 和 98.5%(图 4-55)。施加适量的 SDBS-吐温 80 未显著改变菲和芘污染土壤中细菌群落结构、植物生长及生物量(图 4-56),投加适量表面活性剂修复 PAHs 污染土壤对生态安全无不良影响。

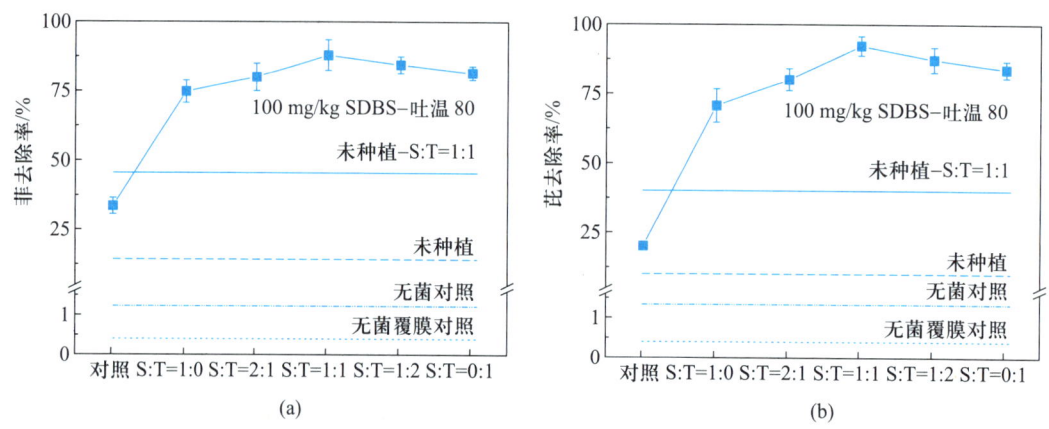

图 4-55　阴-非离子混合表面活性剂-黑麦草协同强化微生物修复 PAHs 污染土壤

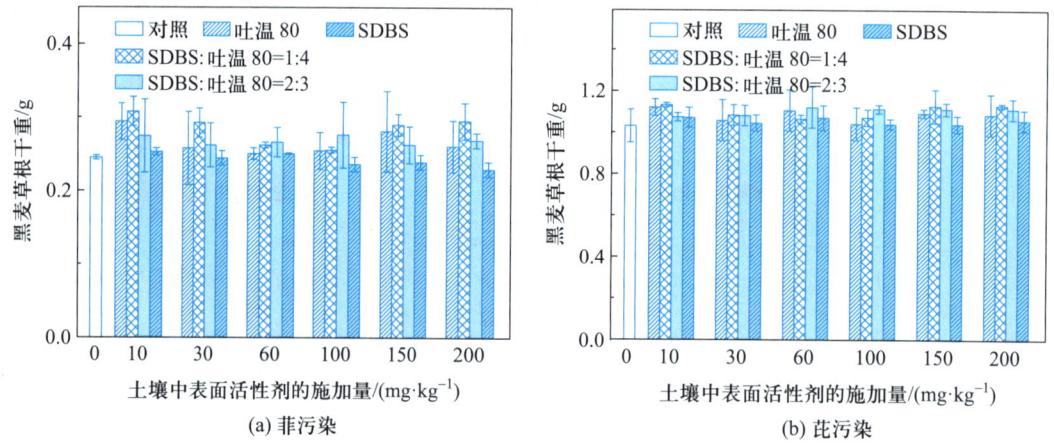

图 4-56　表面活性剂对黑麦草生物量的影响(潮土,40 d)

(资料来源:Li 等,2019)

　　阳-非离子混合表面活性剂在土壤上能形成混合胶束而相互促进吸附,因此,阳-非离子混合表面活性剂能极大提高土壤有机碳含量并促进土壤吸附固定 PAHs。例如,增加表面活性剂投加浓度,可显著增强菲在土壤上的吸附,表明表面活性剂具有显著的协同增强吸附固定作用。同时发现阳-非离子混合表面活性剂增强吸附的菲容易被非离子表面活性剂洗脱,洗脱修复后土壤中少量混合表面活性剂会影响微生物降解 PAHs。例如,土壤中的有机污染物初始浓度为 86.7 mg/kg,30 d 后各种处理后,土壤中菲的降解率均达 95% 以上。由此可见,该技术在复合有机污染土壤修复中有良好的应用前景。

2. 化学强化微生物修复有机污染土壤技术

　　在实际工程应用中,为经济高效修复有机污染土壤,同时尽可能保持土壤的结构与功能,发展了适度氧化还原-微生物耦合修复技术。即在修复过程中,先用氧化还原试剂将强毒性的母体有机污染物降解为毒性相对较小、相对易降解的中间产物,再通过微生物将其降解。适度氧化还原-微生物耦合修复过程中,适宜浓度的氧化处理能促进微生物的呼吸作用,并提高相应的酶活性。例如,20 mmol/L 的高锰酸钾和过硫酸钠对微生物活性的促进作用较为显著,较高浓度的高锰酸钾处理不会对微生物的活性造成显著抑制作用。活化过硫酸钠较高锰酸钾能更好促进微生物的活性(图 4-57)。同时在土壤含水率变化后,氧化后的土壤微生物群落活性逐渐恢复。

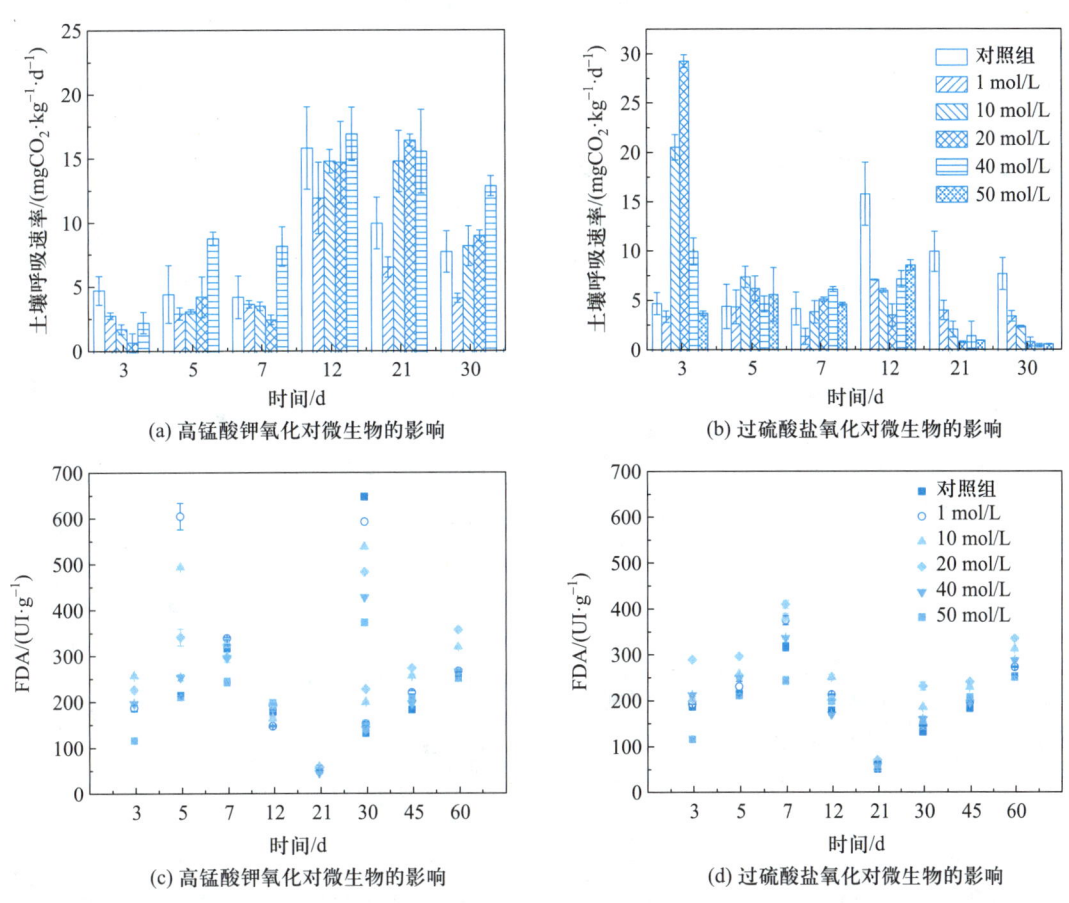

图 4-57 适度氧化-微生物耦合降解修复过程中微生物活性变化
(资料来源:Xu 等,2019)

在适度化学氧化还原-微生物降解耦合修复过程中,适度氧化过程可改善微生物群落结构及土壤环境,促进微生物对苯并芘等有机污染物的降解,其主要原因是在活化过硫酸钠处理中,虽然微生物群落丰度和多样性显著降低,但能保留更多的 PAHs 降解菌,如 *Bacillaceae*、*Enterobacteriaceae*、*Micrococcaceae* 和 *Alicyclobacillaceae*,并促使其成为优势群落,促进其降解土壤中残留的有机污染物(Xu 等,2019)。同时,可通过调节氧化条件有选择地优化土壤微生物的群落结构,使之更适用于有机污染土壤的高效修复。

3. 表面活性剂-植物协同强化微生物修复技术工程应用

表面活性剂-植物协同强化微生物修复有机污染土壤新技术,可实现有机污染农田边生产、边修复。

南京某污染农田土壤 PAHs 浓度为 1 130~2 055 μg/kg,在种植玉米和常规农田管理条件下,施加表面活性剂,并添加微生物发酵液,实施原位修复工程。7个月后,添加300 mg/kg 鼠李糖酯(每3个月1次,每次150 mg/kg)或200 mg/kg混合表面活性剂(SDBS∶Tween80 2∶3,3个月1次,每次100 mg/kg),土壤PAHs平均去除率分别为46.1%和46.8%,而同期不加表面活性剂的对照土壤中PAHs未见降低。

沈阳沈抚灌区某复合有机污染农田土壤原位修复工程应用表明,农田土壤中PAHs和乙草胺平均浓度分别为1.30 mg/kg和0.21 mg/kg。在种植玉米和常规农田管理条件下,在有机污染土壤中施加15 mg/kg鼠李糖脂(分两次施加:耕地播种前施加10 mg/kg,生长到2个月再次施加5 mg/kg)强化功能微生物菌剂(植物促生菌、PAHs降解菌,10^8个/kg土壤)修复复合有机污染农田土壤。4个月后,土壤中PAHs和乙草胺的去除率分别由对照(无表面活性剂和功能菌剂)的8.82%和31.85%提高到48.81%和63.50%(图4-58);玉米亩产量增加7%,PAHs含量由对照的0.20 mg/kg降低到0.13 mg/kg,乙草胺含量低于0.01 mg/kg,实现了复合有机污染农田土壤边生产、边修复。

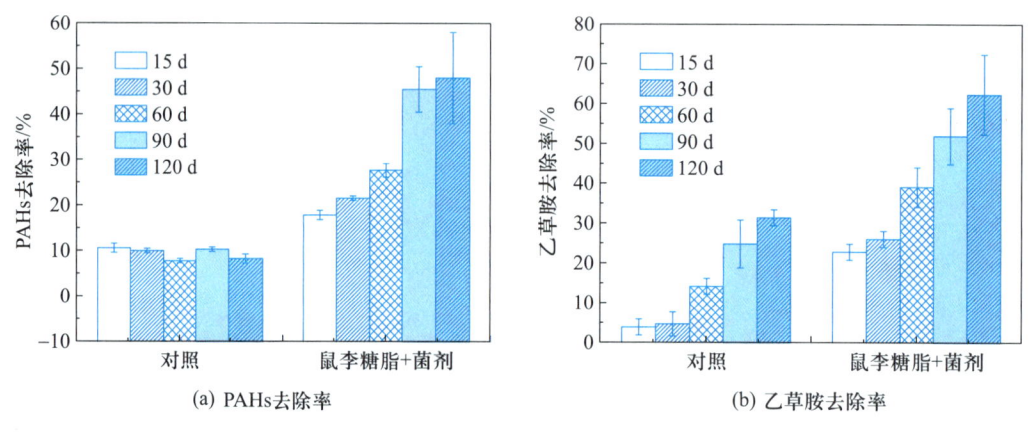

(a) PAHs去除率　　(b) 乙草胺去除率

图4-58　农田土壤PAHs与乙草胺的去除效率

沈阳沈北新区设施农业复合污染土壤原位修复工程应用表明,采用原位刺激、添加混合表面活性剂或生物表面活性剂,可强化微生物修复DDT/PAHs复合污染土壤。例如,添加混合表面活性剂能够显著提高甲基营养型芽孢杆菌对DDTs和PAHs的修复,两个月后DDTs和PAHs去除率分别从11.83%和17.74%(无表面活性剂的对照)提高到25.16%和37.15%。此外,添加鼠李糖脂可显著提高油菜-甲基营养型芽孢杆菌对DDTs和PAHs的修复效率,两个月后DDTs和PAHs的去除率分别从15.86%和12.76%(无表面活性剂的对照)提高到39.86%和46.16%。收获后,油菜地上部分DDTs和PAHs含量分别为7.75±1.9 μg/kg和46.63±4.2 μg/kg。6个月后,土壤中DDTs和PAHs去除率分别为33.73%～62.83%和19.85%～41.61%。其中,5 mg/kg鼠李糖脂+植物+混合菌N去除土壤DDTs效果最好,去除率为62.83%;5 mg/kg鼠李糖酯+植物+混合菌(C+N)去除土壤PAHs的效果最好,去除率为41.61%。该技术实现了设施农业复合有机污染土壤的边生产、边修复,其修复效率较高、成本较低,绿色安全,具有很大的推广应用前景。

思考题与习题

1. 简述农田土壤重金属污染缓解阻控的主要技术及原理。

2. 如何调控农田土壤中重金属的溶解与沉淀平衡以降低其生物有效性？

3. 如何利用土壤中二价铁与三价铁间的氧化还原反应阻控重金属污染？

4. 试述利用超积累植物修复重金属污染农田土壤的技术原理及推广应用瓶颈。

5. 简述常见的农田土壤重金属污染阻控材料及其作用机制。

6. 试述有机污染农田土壤污染缓解与阻控的基本原理。

7. 试述如何利用限制分配模型调整作物种植结构并降低土壤有机物污染风险。

8. 简述生物炭增强农田土壤吸附固定有机污染物的作用机制及影响因素。

9. 试述表面活性剂增强农田土壤吸附固定有机污染物的基本原理。

10. 简述有机污染农田土壤植物修复中植物根系分泌物的作用及机制。

11. 试述有机污染农田土壤微生物修复技术的适用性。

12. 试述有机污染农田土壤植物-微生物联合修复的技术原理。

13. 简述表面活性剂强化微生物降解土壤中有机污染物的作用机制及影响因素。

主要参考文献

[1] 北京师范大学无机化学教研室.无机化学[M].4版.北京:高等教育出版社,2002.

[2] Hu S W,Liu T X,Zheng L R,et al. Arsenate sequestration by secondary minerals from chemodenitrification of Fe(Ⅱ) and nitrite:pH Effect and mechanistic insight [J]. Geochimica et Cosmochimica Acta,2022,336:62-77.

[3] 洪泽彬,方利平,钟松雄,等.Fe(Ⅱ)介导针铁矿活化氧气催化As(Ⅲ)氧化过程与作用机制[J].科学通报,2020,65(11):997-1008.

[4] Li X M,Qiao J T,Li S,et al. Bacterial communities and functional genes stimulated during anaerobic arsenite oxidation and nitrate reduction in a paddy soil [J]. Environmental Science & Technology,2020,54(4):2172-2181.

[5] Wang X Q,Liu T X,Li F B,et al. Effects of simultaneous application of ferrous iron and nitrate on arsenic accumulation in rice grown in contaminated paddy soil [J]. ACS Earth and Space Chemistry,2018,2(2):103-111.

[6] Zhang X F,Liu T X,Li F B,et al. Multiple effects of nitrate amendment on the transport,transformation and bioavailability of antimony in a paddy soil-rice plant system [J]. Journal of Environmental Sciences,2021,100:90-98.

[7] Chen C,Yu Y,Wang Y J,et al. Reduction of dimethylarsenate to highly toxic dimethylarsenite in paddy soil and rice plants [J]. Environmental Science & Technology,2023,57(1):822-830.

[8] Wang J,Wang P M,Gu Y,et al. Iron-manganese (oxyhydro)oxides,rather than oxidation of sulfides,determine the mobilization of Cd during soil drainage in paddy soil systems [J]. Environmental Science & Technology,2019,53(5):2500-2508.

[9] Qiao J T,Li X M,Hu M,et al. Transcriptional activity of arsenic-reducing bacteria and genes regulated by lactate and biochar during arsenic transformation in flooded paddy soil [J]. Environmental Science & Technology,2018,52(1):61-70.

[10] Wang P,Chen H,Kopittke P M,et al. Cadmium contamination in agricultural soils of China and the impact on food safety[J]. Environmental Pollution,2019,249:1038-1048.

[11] Cui J H, Liu T X, Li F B, et al. Silica nanoparticles alleviate cadmium toxicity in rice cells: mechanisms and size effects [J]. Environmental Pollution, 2017, 228: 363−369.

[12] Cui J H, Liu T X, Li Y D, et al. Silicon reduces the uptake of cadmium in hydroponically grown rice seedlings: why nanoscale silica is more effective than silicate [J]. Environmental Science−Nano, 2022, 9(6): 1961−1973.

[13] Chen G, Du Y, Fang L, et al. Distinct arsenic uptake feature in rice reveals the importance of N fertilization strategies. [J]. Science of the Total Environment, 2023, 854, 158801

[14] Liu K, Fang L P, Li F B, et al. Sustainability assessment and carbon budget of chemical stabilization based multi-objective remediation of Cd contaminated paddy field [J]. Science of The Total Environment, 2021, 819: 1−12.

[15] Briggs G G, Bromilow R H, Evans A A. Relationship between lipophilicity and root uptake and translacation of non−ionized chemicals by barley [J]. Journal of Pesticide Science, 1982, 13(5): 495−504.

[16] Burken J G, Schnoor J L. Predictive relationships for uptake of organic contaminants by hybrid poplar trees [J]. Environmental Science & Technology, 1998, 32(21): 3379−3385.

[17] Topp E, Scheunert I, Attar A, et al. Factors affecting the uptake of 14C-labeled organic chemicals by plants from soil [J]. Ecotoxicology and Environmental Safety, 1986, 11(2): 219−228.

[18] McCrady J K. Vapor-phase 2, 3, 7, 8−TCDD sorption to plant foliage−A species comparison [J]. Chemosphere, 1994, 28(1): 207−216.

[19] Bacci E, Calamari D, Gaggi C, et al. An approach for the prediction of environmental distribution and fate of cypermethin [J]. Chemosphere, 1987, 16(7): 1373−1380.

[20] Collins C, Fryer M, Grosso A. Plant uptake of non-ionic organic chemicals [J]. Environmental Science & Technology, 2006, 40(1): 45−52.

[21] Boersma L, Lindstrom F T, McFarlane C, et al. Uptake of organic chemicals by plants: A theoretical model [J]. Soil Science, 1988, 146(6): 403−417.

[22] Paterson S, Mackay D. A model of organic chemical uptake by plants from soil and the atmosphere [J]. Environmental Science & Technology, 1994, 28(13): 2259−2266.

[23] Trapp S, McFarlane C, Matthies M. Model for uptake of xenobiotics into plants: Validation with bromacil experiments [J]. Environmental Toxicology and Chemistry, 1994, 13(3): 413−422.

[24] Trapp S, Matthies M. Generic one-compartment model for uptake of organic chemicals by foliar vegetation [J]. Environmental Science & Technology, 1995, 29(9): 2333−2338.

[25] Fryer M E, Collins C D. Model intercomparison for the uptake of organic chemicals by plants [J]. Environmental Science & Technology, 2003, 37(8): 1617−1624.

[26] Chiou C T, Sheng G Y, Manes M. A partition-limited model for the plant uptake of organic contaminants from soil and water [J]. Environmental Science & Technology, 2001, 35(7): 1437−1444.

[27] Chiou C T. Partition coefficients of organic compounds in lipid-water systems and correlations with fish bioconcentration factors [J]. Environmental Science & Technology, 1985, 19(1): 57−62.

[28] Chiou C T, Kile D E. Deviations from sorption linearity on soils of polar and nonpolar organic compounds at low relative concentrations [J]. Environmental Science & Technology, 1998, 32(3): 338−343.

[29] Zhu D, Pignatello J J. Characterization of aromatic compound sorptive interactions with black carbon (charcoal) assisted by graphite as a model [J]. Environmental Science & Technology, 2005, 39(7): 2033−2041.

[30] Zhu L Z, Gao Y Z. Prediction of phenanthrene uptake by plants with a partition-limited model [J]. Environmental Pollution, 2004, 131(3): 505−508.

[31] Kipopoulou A M, Manoli E, Samara C. Bioconcentration of polycyclic aromatic hydrocarbons in vegetables

grown in an industrial area〔J〕. Environmental Pollution,1999,106(3):369-380.

〔32〕 McLachlan M S. Framework for the interpretation of measurements of SOCs in plants〔J〕. Environmental Science & Technology,1999,33(11):1799-1804.

〔33〕 Yang Z Y,Zhu L Z. Performance of the partition-limited model on predicting ryegrass uptake of polycyclic aromatic hydrocarbons〔J〕. Chemosphere,2007,67(2):402-409.

〔34〕 Simonich S L,Hites R A. Vegetation-atmosphere partitioning of polycyclic aromatic hydrocarbons〔J〕. Environmental Science & Technology,1994,28(5):939-943.

〔35〕 Zhang M,Zhu L Z. Sorption of polycyclic aromatic hydrocarbons to carbohydrates and lipids of ryegrass root and implications for a sorption prediction model〔J〕. Environmental Science & Technology,2009,43(8):2740-2745.

〔36〕 Yaws C L. Chemical properties handbook〔M〕. Beijing:McGraw-Hill,1999.

〔37〕 Lehmann J. Joseph S. Biochar for Environmental Management〔M〕. London,2009.

〔38〕 Yang Y N,Sheng G Y. Enhanced pesticide sorption by soils containing particulate matter from crop residue burns〔J〕. Environmental Science & Technology,2003,37(16):3635-3639.

〔39〕 Keiluweit M,Nico P S,Johnson M G,et al. Dynamic molecular structure of plant biomass-derived black carbon(biochar)〔J〕. Environmental Science & Technology,2010,44(4):1247-1253.

〔40〕 Xiao X,Chen B L. A direct observation of the fine aromatic clusters and molecular structures of biochar〔J〕. Environmental Science & Technology,2017,51(10):5473-5482.

〔41〕 Xiao X,Chen B L,Zhu L Z. Transformation,morphology,and dissolution of silicon and carbon in rice straw-derived biochars under different pyrolytic temperatures〔J〕. Environmental Science & Technology,2014,48(6):3411-3419.

〔42〕 Spokas K A. Review of the stability of biochar in soils:predictability of O:C molar ratios〔J〕. Carbon Management,2010,1,(2):289-303.

〔43〕 Chen B L,Zhou D D,Zhu L Z. Transitional adsorption and partition of nonpolar and polar aromatic contaminants by biochars of pine needles with different pyrolytic temperatures〔J〕. Environmental Science & Technology,2008,42(14):5137-5143.

〔44〕 Yang K,Wu W H,Jing Q F,et al. Aqueous adsorption of aniline,phenol and their substitutes by multi-walled carbon nanotubes〔J〕. Environmental Science & Technology,2008,42(21):7931-7936.

〔45〕 Cai F,Feng Z J,Zhu L Z. Effects of biochar on CH_4 emission with straw application on paddy soil〔J〕. Journal of Soils and Sediments,2018,18(2):599-609.

〔46〕 陈宝梁,朱利中,林斌,陶澍. 阳离子表面活性剂增强固定土壤中的苯酚和对硝基苯酚〔J〕. 土壤学报,2004,41:148-151.

〔47〕 Lu L,Zhu L Z. Reducing plant uptake of PAHs by cation surfactant-enhanced soil retention〔J〕. Environmental Pollution,2009,157(6):1794-1799.

〔48〕 Brooks R R,Lee,J,Reeves R D,et al. Detection of nickeliferous rocks by analysis of herbarium specimens of indicator plants〔J〕. Journal of Geochemical Exploration,1977,7(1):49-57.

〔49〕 Yang X E,Li T Q,Long X X,et al. Dynamics of zinc uptake and accumulation in the hyperaccumulating and non-hyperaccumulating ecotypes of Sedum alfredii Hance〔J〕. Plant and Soil,2006,284(1-2):109-119.

〔50〕 陈同斌,韦朝阳,黄泽春,等. 砷超富集植物蜈蚣草及其对砷的富集特征〔J〕. 科学通报,2002,47(3):207-210.

〔51〕 Mathews S,Ma L Q,Rathinasabapathi B,et al. Arsenic transformation in the growth media and biomass of hyperaccumulator Pteris vittata L〔J〕. Bioresource Technology,2010,101(21):8024-8030.

〔52〕 Lessl J T,Ma L Q. Sparingly-soluble phosphate rock induced significant plant growth and arsenic uptake by

Pteris vittata from three contaminated soils [J]. Environmental Science & Technology,2013,47(10):5311-5318.

[53] Wu Q T,Wei Z B,Ouyang Y. Phytoextraction of metal-contaminated soil by Sedum alfredii H:Effects of chelator and co-planting [J]. Water,Air and Soil Pollution,2007,180(1-4):131-139.

[54] 周建利,邵乐,朱凰榕,等.间套种及化学强化修复重金属污染酸性土壤—长期田间试验[J].土壤学报,2014,51(5):143-152.

[55] Guo X F,Wei Z B,Wu Q T,et al. Effect of soil washing with only chelators or combining with ferric chloride on soil heavy metal removal and phytoavailability:Field experiments[J]. Chemosphere,2016,147:412-419.

[56] Badri D V,Vivanco J M. Regulation and function of root exudates [J]. Plant Cell and Environment,2009,32(6):666-681.

[57] Yoshitomi K J,Shann J R. Corn (Zea mays L.) root exudates and their impact on C-14-pyrene mineralization [J]. Soil Biology & Biochemistry,2001,33(12-13):1769-1776.

[58] Corgie S C,Beguiristain T,Leyval C. Differential composition of bacterial communities as influenced by phenanthrene and dibenzo a,h anthracene in the rhizosphere of ryegrass (*Lolium perenne* L.) [J]. Biodegradation,2006,17(6):511-521.

[59] Phillips L A,Greer C W,Farrell R E,et al. Plant root exudates impact the hydrocarbon degradation potential of a weathered-hydrocarbon contaminated soil [J]. Applied Soil Ecology,2012,52:56-64.

[60] 曾军,吴宇澄,林先贵.多环芳烃污染土壤微生物修复研究进展[J].微生物学报,2020,60(12):2804-2815.

[61] Zeng J,Zhu Q H,Wu Y C,et al. Oxidation of benzo[a] pyrene by laccase in soil enhances bound residue formation and reduces disturbance to soil bacterial community composition [J]. Environmental Pollution,2018,242:462-469.

[62] Laheurte F,Berthelin J. Effect of a phosphate solubilizing bacteria on maize growth and root exudation over 4 levels of labile phosphorus [J]. Plant and Soil,1988,105(1):11-17.

[63] Phillips D A,Fox T C,King M D,et al. Microbial products trigger amino acid exudation from plant roots [J]. Plant Physiology,2004,136(1):2887-2894.

[64] White J C,Kottler B D. Citrate-mediated increase in the uptake of weathered 2,2-bis(p-chlorophenyl)1,1-dichloroethylene residues by plants [J]. Environmental Toxicology and Chemistry,2002,21(3):550-556.

[65] Gao Y Z,Yuan X J,Lin X H,et al. Low-molecular-weight organic acids enhance the release of bound PAH residues in soils [J]. Soil & Tillage Research,2015,145:103-110.

[66] Xun F F,Xie B M,Liu S S,et al. Effect of plant growth promoting bacteria (PGPR) and arbuscular mycorrhizal fungi (AMF) inoculation on oats in saline-alkali soil contaminated by petroleum to enhance phytoremediation [J]. Environmental Science and Pollution Research,2015,22(1):598-608.

[67] Zhang X,Chen L,Liu X,et al. Synergic degradation of diesel by Scirpus triqueter and its endophytic bacteria [J]. Environmental Science and Pollution Research,2014,21(13):8198-8205.

[68] Zhao B W,Zhu L Z,Li W,et al. Solubilization and biodegradation of phenanthrene in mixed anionic-nonionic surfactant solutions [J]. Chemosphere,2005,58(1):33-40.

[69] 朱利中,有机污染物界面行为调控技术及其应用[J].环境科学学报,2012,32(11):2641-2649.

[70] Li F,Zhu L Z. Surfactant-modified fatty acid composition of Citrobacter sp. SA01 and its effect on phenanthrene transmembrane transport [J]. Chemosphere,2014,107:58-64

[71] Li F,Zhu L Z,Wang L W,et al. Gene expression of an arthrobacter in surfactant-enhanced biodegradation of a hydrophobic organic compound [J]. Environmental Science & Technology,2015,49(6):3698-3704.

［72］ Zhu X M,Chen B L,Zhu L Z,et al. Effects and mechanisms of biochar-microbe interactions in soil improvement and pollution remediation:A review［J］. Environmental Pollution,2017,227:98-115.

［73］ 任静,沈佳敏,张磊,等. 生物炭固定化多环芳烃高效降解菌剂的制备及稳定性[J]. 环境科学学报, 2020,40(12):4517-4523.

［74］ Li Z H,Wang W,Zhu L Z. Effects of mixed surfactants on the bioaccumulation of polycyclic aromatic hydro-carbons (PAHs) in crops and the bioremediation of contaminated farmlands[J]. Science of the Total Environment,2019,646:1211-1218.

［75］ Xu S,Wang W,Zhu L Z. Enhanced microbial degradation of benzo［a］pyrene by chemical oxidation ［J］. Science of The Total Environment,2019,653:1293-1300.

第五章　场地土壤污染风险管控与修复

　　工业场地中因从事生产、经营、使用、储存、堆放有毒有害物质,或处理处置有毒有害废物,或因有毒有害物质迁移、突发污染事故,造成土壤和/或地下水污染,并经污染调查和风险评估后,确认污染危害超过人体健康或生态环境可接受风险水平的地块,称为污染场地或污染地块。随着城市化进程的加速,特别是用地功能调整,大量工矿企业停产、关闭或搬迁,遗留许多高风险污染场地,涉及土壤与地下水污染等诸多突出问题,亟待开展污染场地风险管控和修复,以保障土地资源的持续利用与人居环境安全。本章将在介绍场地土壤污染风险管控的基础上,重点介绍重金属和有机物污染场地土壤的修复技术。

第一节　场地土壤污染风险管控

　　场地土壤污染风险主要体现在三个方面:一是威胁人居环境安全。场地土壤中的污染物可经口摄入、皮肤接触、呼吸吸入等途径进入人体,对人体健康造成潜在影响。二是威胁生态环境安全。污染物可能对土壤植物、动物及微生物的生存生长造成影响,进而危害土壤环境和生态功能。三是影响其他介质,尤其是地下水的环境质量。部分土壤污染物可在溶解、淋滤等作用下迁移进入地下水,影响地下水环境质量,甚至造成饮用水水源污染。根据风险评估理论,风险源、暴露途径和受体是产生环境风险的三要素。对场地土壤污染风险,风险源主要是受污染土壤,而受体则是需要关注的保护对象,暴露途径则是污染土壤对受体产生影响的作用路径。"源""途径""受体"三要素对于风险发生缺一不可,采取风险源去除、暴露途径阻断或者受体保护等措施,均可达到消除或有效降低风险的目的。

一、概述

　　风险管控主要是针对土壤污染风险的暴露途径采取截断措施,或针对风险受体采取保护措施,不以削减污染源中有害物质总量为主要目标,是土壤污染防治的有效手段。对于场地污染土壤而言,风险管控主要是指通过采取隔离、阻断等措施,防止污染进一步扩散;设立标志和标识,划定管控区域,限制人员进入,防止人为扰动;通过用途管制,规避随意开发带来的风险。

(一)风险管控框架

1. 场地土壤污染风险管理框架体系

　　土壤污染风险管控是一种适应性较强的"基于风险的治理方法",通过管控土壤污染风险,有效防范场地环境风险、保障人居环境安全。与传统的土壤污染治理与修复过程相比,土壤污染风险管控显著减少了场地治理过程中的"环境足迹"。早期对土壤污染风险管控的定义相对比较狭隘,仅作为污染场地治理修复的补充手段。美国在早期污染场地治理项目中,土壤污染风险管控通常用作修复未达到预期目标或修复失效时的"最后补救措施"。结合近年来美国环境保护署(USEPA)和英国环境局(UKEA)及国内最新的研究进展,将场地风险管控定义为通过在场地治理全生命周期中,综合采用一系列减缓或控制场地风险的技术方法和管理制度,降低场地治理的经济和环境成本,达到污染场地治理与再利用目标的管理体系,包括与土壤环境保护相关的政策法规、规范标准、资金保障、组织架构、源头预防、污染调查、工程和技术阻隔、治理与修复、监管体系和能力建设、绩效评估、目标考核、宣传推广等(李云祯等,2017)。

场地土壤污染风险管控是指针对风险源、暴露途径和风险受体,依据土壤环境风险评估结果,按照相关法规政策和标准,制定风险管控方案,开展运行费用和效益分析,确定风险管控措施。场地土壤污染风险管控的目的是降低或消除土壤污染对人体健康、生态环境安全等的潜在危害,保障人居环境安全。

风险源、暴露途径和风险受体是构成土壤污染环境风险的三个关键要素。风险源是威胁土壤环境质量、引发危害发生的因素。暴露途径是污染物通过水、空气等介质迁移到达和暴露于人体的方式,一般包括饮食、皮肤接触、呼吸吸入等。风险受体是指污染土壤及其周边环境中可能受到污染物影响的人群或其他生物、地表水、地下水等,通常老人、儿童、孕妇是对污染物反应较为敏感的人群,饮用水水源地、居住区、粮食主产区和蔬菜基地、重要物种栖息地则是敏感区域。当三大要素同时出现并叠加时将出现环境风险,而风险的程度则取决于污染物的毒性、污染程度、在环境介质中迁移的特性、暴露途径和风险受体的敏感性等。因此,在场地土壤污染风险管理中,要调查场地土壤污染状况,并评估其风险,根据风险程度对场地进行分类和排序,然后对每类场地分别采取相应的管控措施。

场地土壤污染风险管控一般可分为四个阶段,分别为场地污染风险识别、风险筛选、风险评估和风险控制,形成场地土壤污染风险管理的基本框架(图5-1)。其中,风险识别阶段主要通过文件审核、现场勘察、人员访谈等形式,收集与分析场地过去和现在的使用情况,特别是污染活动的有关信息,初步建立场地风险源-暴露途径-风险受体概念模型,以此来识别和判断场地环境污染的可能性;当经过识别分析可能存在潜在风险时则进入风险筛选阶段,通过在疑似污染场地上进行采样分析,确认场地是否存在污染;确定场地存在污染后进行场地风险评估,主要根据采样结果、场地特征、暴露途径、用地规划等进行健康风险分析评价,确定场地是否存在风险;若污染场地存在的风险不可接受,则应根据场地的使用需要,筛选和确定污染场地的风险管控方式并进行风险管控效果评估(李笑诺等,2022)。

2. 可持续管理框架体系

场地土壤污染的可持续管理通常被描述为污染场地的绿色可持续修复,即在决策时,通过某些形式的可持续性评估来识别实施干预管理时"最可持续"的方法。绿色可持续性的核心概念就是"三重底线"的方法,即只有兼顾环境、社会和经济平衡的修复才是可持续修复。当前国际上绿色可持续修复框架主要分为三类:① 以美国可持续修复论坛(Sustainable Remediation Forum,SuRF)为代表的可持续修复框架;② 以美国环境保护署(United States Environmental Protection Agency,USEPA)为代表的绿色修复框架;③ 以美国州际技术与管理委员会(Interstate Technology & Regulatory Council,ITRC)为代表的绿色可持续修复框架(朱雪强等,2013)。

美国可持续修复论坛2009年发布的《可持续修复白皮书》及2011年陆续发布的系列文件中提出了污染场地修复的全过程贯穿可持续理念,推荐采用生命周期评估、足迹分析等方

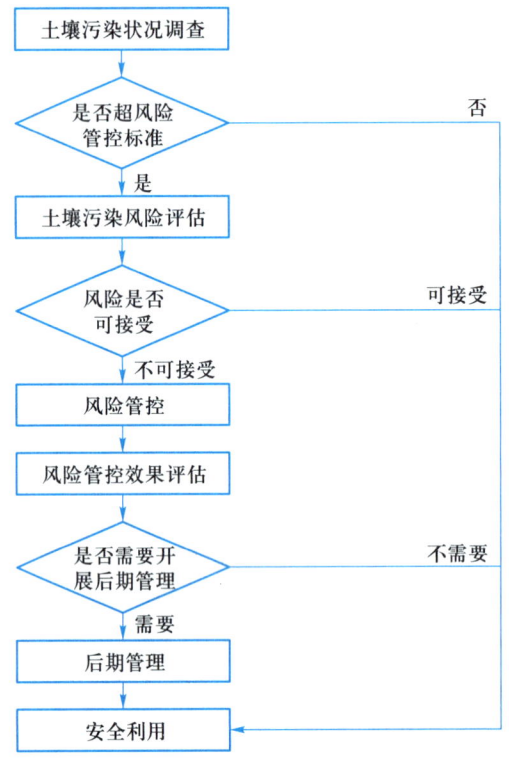

图 5-1   场地土壤污染风险管控活动的基本流程

（资料来源：生态环境部土壤生态环境司等，2022）

法对污染场地修复开展可持续评价，并发布了可持续评价矩阵工具包。美国可持续修复论坛系列框架导则的发布，对带动世界各国的可持续修复组织机构成立、提出可持续修复评价指标体系和程序、推荐统一的污染场地修复可持续评价技术方法具有指导意义。随后，欧洲各国相继成立了可持续修复机构并发布了各自的可持续修复指南或导则。

为节约修复成本、提高修复效率，美国环境保护署基于超级基金法案，从 2010 年起大力倡导绿色修复策略，发布了《超级基金绿色修复战略》，围绕土地/生态系统、材料与废弃物、能源、空气/大气、水五大核心要素提出了 21 个评价指标，并针对典型修复技术分别制定了最佳管理实践手册。基于该绿色修复战略，美国环境保护署又发布了环境足迹分析七步法和可持续环境足迹评估工具，用于指导产业界开展绿色修复评估，大力推动了美国污染场地绿色修复技术和最佳管理实践的发展，形成了绿色修复技术评估框架，加快了污染场地绿色修复的标准化进程。

绿色可持续修复框架主要由美国的 ITRC 推动，综合了绿色修复和可持续修复的关注指标，于 2011 年分别发布《绿色可持续修复：实践框架》和《绿色可持续修复：理论与实践现状》两份指南，针对绿色可持续修复概念提出了五步法的评估框架，即更新概念模型，建立目标，利益相关方参与，选择方法矩阵和绿色可持续修复（GSR）评价层级，记录 GSR 工作。ITRC 的 GSR 将评价指标划分为客观指标和主观指标，前者包括温室气体排放、资源与能源消耗、废物减量化与回收利用；后者包括资产再利用的效益、创造和保留工作机会、创造社区资产等。

（二）场地土壤污染风险管控标准

1. 国际场地土壤污染风险管控标准

从全球范围来看,1968年苏联制定的土壤环境质量标准是世界上最早的国家土壤环境标准。随着土壤环境污染问题的逐渐暴露与加剧,西欧一些国家也逐渐开展了土壤环境质量基准研究和标准的制定,荷兰、英国、丹麦、法国、瑞典等先后颁布了国家土壤环境标准。

以20世纪70年代发生的"拉夫运河污染事故"为起点,美国逐渐形成了一套完整的涵盖法律法规、技术规范及管理制度手段的土壤污染防治体系。1980年生效的《综合环境反应、赔偿与责任法案》(又称为《超级基金法》)和《资源保护及恢复法案》对美国开展土壤污染防治具有里程碑式的意义,旨在预防固体废物、工业废物和危险废物对土壤与地下水的潜在污染,并规范治理已产生的污染问题。在有效的法律保障下,美国政府又制定了一系列技术规范和指南,为土壤污染防治过程中环境管理机制的落实提供技术依据,规范和指导场地环境调查、风险评估和污染场地修复等行为。1996年美国环境保护署颁布了保护人体健康为原则的《土壤筛选导则》,为场地管理者确定基于风险和特定场地背景的土壤筛选水平提供了分层次的管理框架。美国各区或州均制定了适用于本地实际情况的土壤环境质量标准,其中,美国第9区根据毒理学参数和物理化学常数实时更新修正了初步修复目标值,提供了用于计算场地修复目标值的详细技术信息。考虑到与第3区和第6区均以风险评价为理论基础且计算方法类似,美国环境保护署将第3区风险浓度、第6区人体健康中度限定筛选水平和第9区初步修复目标值合并,为居住用地、商业/工业用地土壤、大气和饮用水制定了最新的超级基金场地化学污染物的区域筛选水平。

荷兰是欧洲较早针对土壤污染修复进行专门立法的国家。1983年,荷兰出台《土壤修复(暂行)法案》(Soil Restoration(Temporary)Act)及土壤环境质量标准,要求土壤污染修复行为应达到全国统一限值标准,但这种"一刀切"不区分对待的做法使大量土地因为不符合全国统一的土壤环境质量标准而成为不合格土地,进而产生了大量闲置土地。

1987年荷兰颁布《土壤保护法案》(Soil Protection Act),该法从原有的全国统一限值标准管理思维转向基于特定场地利用风险确定修复标准值,开始在土壤污染修复中融入风险管控理念。2006年,荷兰颁布了专门的《土壤修复通令》(Soil Remediation Circular),并多次更新修改,其中分门别类设置了不同情况下启动修复和修复应当达到的法定要求。

基于风险控制的理念,荷兰住房、空间规划与环境部(Ministry of Housing, Spatial Planning and Environment, VROM)颁布了土壤修复三类标准:目标值、筛选值和干预值。目标值近乎背景值,是生态系统风险可忽略时的污染物浓度限值。筛选值用于筛选存在潜在风险的污染地块,介于目标值与筛选值之间的污染水平,可直接被视为相对安全的,超过筛选值则应启动一系列风险调查评估以确认是否存在需要启动修复程序的风险。干预值基于对人体健康与生态系统的潜在风险而设定,污染水平超过干预值的限值则意味着土壤中存在对人体健康和生态系统不可接受的风险,应启动污染修复程序。此外,对部分生态毒性或标准方法尚未完全明确的污染物,荷兰制定了严重污染指示值,与干预值相比,该值具有较大的不确定性,土壤污染物监测含量超过指示值时,需综合考虑其他因素确定土壤是否受到严重污染。

在土壤环境质量标准值之外,荷兰土壤环境保护法规还建立了一整套的土壤风险评估规程。《土壤修复通令》(2013年修订)中针对不同的风险受体,设定了标准化风险评估

(standardized risk assessment)和具体场地风险评估(site-specific assessment)两种土壤风险评估程序,前者用以总体判断是否存在不可接受的风险,后者用以精确判断具体场地的风险水平。

《土壤保护法案》《土壤修复通令》中严格区分严重污染标准和一般污染标准,对严重污染情形(即对人体、生态系统等具有不可接受的重大风险)应启动紧急修复程序,而对一般污染则归为非紧急修复情形,虽然法律不得对责任人施加修复义务,但可要求责任主体进行长期管理,例如,目标场地再开发利用增加了风险水平则往往需要启动紧急修复。即对超过干预值的场地可直接启动修复程序,超过筛选值的地块,根据开发再利用的风险控制标准,判断是否应当启动修复程序。

2. 我国场地土壤污染风险管控标准

我国场地土壤污染环境标准体系先后经历了污染控制标准、环境质量标准、环境风险管控标准等发展阶段,已形成一套符合我国国情的标准体系框架。原国家环境保护总局1995年颁布了《土壤环境质量标准》(GB 15618—1995),但尚缺少对人体健康风险的考量,更加适合作为保护土壤生态系统或保护农产品(食品)安全的土壤环境标准。1999年,原国家环境保护总局发布了《工业企业土壤环境质量风险评价基准》(HJ/T 25—1999),规定了工业企业土壤环境质量基准限值的计算方法及89种化学物质的通用土壤和地下水基准值,为土壤污染风险管理提供了重要参考。2009年起,北京市制定和发布了场地污染修复系列标准,如《场地土壤环境风险评价筛选值》(DB11/T 811—2011),包括88种污染物指标,涵盖3种用地类型(住宅用地、公园与绿地、工业/商服用地),是我国区域层面最早关于土壤污染风险水平的评价标准,为国家和其他地区制定相关标准提供了理论基础和技术经验。为加强污染场地环境监督管理,生态环境部于2014年发布《场地环境调查技术导则》(HJ 25.1—2014)、《场地环境监测技术导则》(HJ 25.2—2014)、《污染场地风险评估技术导则》(HJ 25.3—2014)、《污染场地土壤修复技术导则》(HJ 25.4—2014)、《污染场地术语》(HJ 25.5—2014)等系列涵盖污染场地调查、监测、评估和修复的技术导则和规范,进一步完善污染场地相关标准。

2018年生态环境部发布了《土壤环境质量 建设用地土壤污染风险管控标准(试行)》(GB 36600—2018),侧重加强建设用地土壤环境监管,管控污染场地对人体健康的风险,保障人居环境安全,规定了保护人体健康的不同用地类型土壤污染风险筛选值和管制值(45项基本项目和40项其他项目)。在特定土地利用方式下,建设用地土壤中污染物含量等于或者低于风险筛选值的,对人体健康的风险可以忽略;超过该值的,对人体健康可能存在风险,应当进一步开展详细调查和风险评估,确定具体污染范围和风险水平;建设用地土壤中污染物含量超过风险管制值的,对人体健康通常存在不可接受风险,应当采取风险管控或修复措施。2018年生态环境部发布了《污染地块风险管控与土壤修复效果评估技术导则》(HJ 25.5—2018)。2019年生态环境部发布了5项建设用地土壤污染风险管控系列标准,包括《建设用地土壤污染状况调查技术导则》(HJ 25.1—2019)、《建设用地土壤污染风险管控和修复监测技术导则》(HJ 25.2—2019)、《建设用地土壤污染风险评估技术导则》(HJ 25.3—2019)、《建设用地土壤修复技术导则》(HJ 25.4—2019)、《建设用地土壤污染风险管控和修复术语》(HJ 682—2019)等,规范了建设用地土壤污染状况调查、土壤污染风险评估、风险管控、修复等相关工作。我国场地土壤污染风险管控制度体系经过不断发展,逐步形成以《土壤污染防治法》为法律规范,以《土壤污染防治行动计划》为具体实施要求,建立了涵盖了风险预防、风险调查、风险评估、风险管控、效果验收和后期监管等各个阶段的系列土壤环境管理技术导则、风险管控标准与技术指南。

我国当前污染场地管理模式是以风险管控为导向、以风险管控体系为支撑、以系统的技术方法和量化模型为配套的污染场地全生命周期管理决策系统。基本思路包括识别风险作用机制、明确风险水平与风险管控使用条件、设计实施风险管控策略及评估管控效果与后期监管,已涵盖污染场地管理模式的各个环节。然而,与发达国家相比,我国土壤污染风险管控体系初步形成,仍需要不断优化改进。首先,土壤污染风险管控标准有待完善。土壤污染风险管控限值标准应采取以污染风险为导向的管控型标准模式,管控标准值在原有限值基础上考虑不同污染物浓度、人体可耐受程度、生态环境稳定度及其地块拟变更用途等多方面因素。而土壤污染风险管控的技术标准应注重实施过程的程序化和规范化,通过明确土壤污染风险管控作业的基本原则、工作程序、选择管控模式、筛选管控技术和编制管控方案、规范操作规程等措施以确保科学管控风险。其次,应构建土壤污染风险预警制度,确定土壤污染风险预警标准,明确土壤预警信息发布主体并将预警后处理措施融入风险管控体系。最后,应提升土壤污染风险管控的社会参与度,加快土壤污染风险社会化进程,制定土壤污染风险管控措施的会商机制,提升社会公众和企业预防处理土壤污染的能力。

二、风险管控措施

场地土壤污染风险管控可从两个方面入手:一是管控污染源,阻隔土壤污染物从高浓度区域(污染源)向周边扩散;二是保护受体,阻断土壤污染影响人体健康的途径,限制公众进入土壤污染的影响范围。场地土壤污染风险管控的措施主要包括制度控制、阻隔技术、固化/稳定化和监控自然衰减。

(一)制度控制

制度控制是通过建立场地风险管控制度,以限制场地使用、改变活动方式、向相关人群发布通知等行政或法律手段保护公众健康和环境安全的非工程措施,是一种重要的场地土壤污染风险管控措施。制度控制不会在物理上改变场地,而是利用法律或行政手段切断人与污染物之间的暴露途径或作为其他修复治理的保障措施,能够为污染严重、修复困难、风险级别高等需要长期治理或管控的场地提供跟踪管理的保障。制度控制在场地土壤污染修复中起着非常重要的作用,因为它可以通过限制公众对土地或资源的使用,引导公众在场地防治方面的行为,减少和控制场地污染的发生与风险。

1. 制度控制分类

制度控制可按照实施主体、面向对象和实施方式分类。例如,美国一般将制度控制划分为四类:政府控制、所有权控制、强制许可控制和信息手段。

(1)政府控制:是指政府或地方行政机构通过发布对公众及资源的限制条文,达到制度控制的目的;主要包括颁布法规、条例、分区规划、建筑许可证等土地或资源限制使用的措施。政府控制通常由国家、省市或场地所在地政府机构实施和执行,可以包括管制、条例、章程、建筑许可或其他限制土地或资源使用的规定。发展区允许更灵活的场地规划,覆盖区则对基本分区的要求提出了额外的限制。无论依靠哪种措施,都应仔细评估土地使用控制,以确保没有允许对该地进行不当使用的例外情况。一旦实施,地方和国家实体责任部门将会对其进行监管和控制。

（2）所有权控制：所有权控制存在于土地允许私人拥有和买卖的前提下，依托于房地产和物权法基础，主要通过所有权的相关法律来限制土地的开发使用，包括限制使用地役权和限制性契约，例如，可以强制土地所有者不得在其居住用地上建造游泳池等。所有权控制包括土地使用等措施，本质上属于私有权，通过土地拥有者和参与治理的第三方签订私人协议来实现。这些类型的控制措施可以禁止可能损害应对行动有效性的活动，或限制可能对人类健康或环境造成不可接受风险的活动或未来资源使用。

（3）强制执行手段：是指通过双方签署的命令或许可等强制性法律文件，对土地所有者或使用者在场地中的行为进行限制，包括法律、部门行政命令、协议和许可。可通过谈判和签署文件以强制场地所有者进行有限的土地活动，或要求执行特定的活动（如监测并报告控制有效性）；通常由政府部门运用此手段来实施制度控制的强制执行权，其特点是具有合同性质，不随土地转移。

（4）信息手段：是指以公告或通告的方式提供有关场地上可能残留或封存的污染物相关信息，帮助公众了解污染场地的具体情况；信息手段通常作为辅助手段来使用，以便强化其他制度控制的完整性。通过信息手段给社区民众、游客或其他感兴趣的人群提供污染场地相关的通知和公告，说明现场仍有残留或封存的污染。常见的方式是国家污染注册登记、污染状况追踪、行动告知及风险管控建议。典型的信息机制包括国家污染场地登记册、契约中的通知、追踪系统和消费建议。由于一些信息性工具（如契约或危险通知）的性质及其潜在的不可执行性，必须仔细考虑这类机制的目标。信息机制成为制度控制的第二层保障，提升了风险管控措施实施的合理性与可行性。

2. 制度控制的评估和筛选

制度控制的必要性由防止潜在暴露和保护修复措施的需要所驱动。如果通过评估认为污染场地在通过修复后仍会留下残余污染，则应考虑实施制度控制，以确保残余污染不会带来不可接受的风险。然而，如果残留污染允许不受限制地使用和无限地暴露，则可能没有必要采取制度控制措施。通常将残余污染物留在现场并需要进行制度控制的修复方案包括就地封存残留污染物、建造隔离设施、自然衰减和长期抽取并处理地下水。制度控制的评估和筛选主要包括以下四个方面：

（1）控制目标：制度控制目标在于明确通过该控制措施可实现的具体内容。例如，限制地下水作为饮用水源直至其各项污染物检测指标符合要求。

（2）控制途径：通过确定特定的制度控制类型以满足不同的修复目的。例如，与当地司法机构合作制定法令，限制钻井或禁止使用地下水，直到达到清理目标；在地块记录中记录地下水污染，向公众提供有关问题的通知；在国家登记处记录受污染的含水层，以保持机构跟踪。

（3）时间安排：制度控制的时间安排为调查制度控制措施何时需要实施及保证，以及它必须在多长时间内到位。例如，在短期内可能需要一个契约通知，在长期内可能需要一个正式的分区变更申请，这两个都需要在从国家优先事项清单网站中删除之前就已经到位。

（4）责任主体：研究、讨论并记录与适当实体达成的任何协议，明确谁将负责确保、维护和执行控制。在签署修复决定文件之前，获得一份有关实体愿意实施、监督和执行制度控制的书面声明可能是有益的。例如，与政府合作，确定其是否愿意并能够持有可执行的土地使用权，以确保适当的土地使用。此外，确定当地政府是否愿意并能够改变和执行适用的分区要求。

3. 制度控制的实施流程

制度控制实施包含两种方式,一是同时采用多种制度控制从而有效实现控制目的,二是在污染场地修复的各个阶段视具体情况采用适当的制度控制措施以保证不同时间尺度上的风险管控效果。制度控制实施流程主要包括场地信息收集、风险评估、确定制度控制目标、制度控制方案的筛选与评估、制度控制方案的审批(环境保护、司法管理部门)、制度控制实施与制度控制效果长期跟踪与评价等环节(图5-2)。

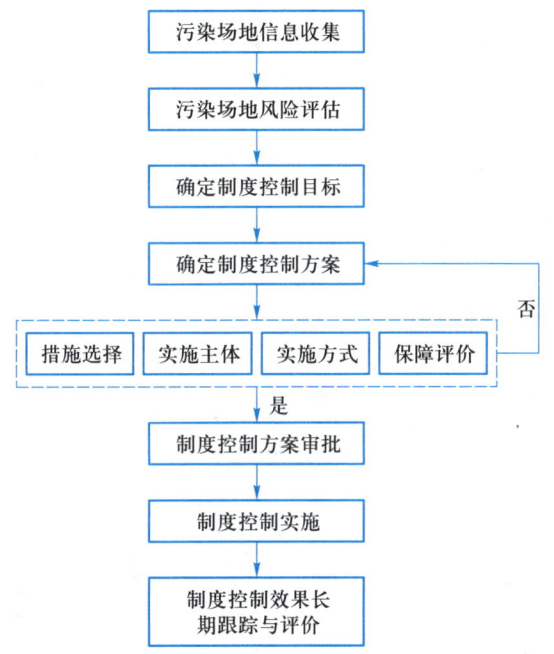

图 5-2 制度控制在场地污染风险管控中的应用流程

(资料来源:生态环境部土壤生态环境司等,2022)

场地调查包括场地信息收集和污染状况调查,主要包括名称、地理位置、变迁历史和污染状况等;风险评估则根据风险源、暴露途径和风险受体 3 个要素并充分结合污染场地未来的土地使用情况进行风险评估。制度控制方案的筛选主要有明确实施制度控制的目标,根据目标制定可行的制度控制方案,确定制度控制实施的开始和持续时间并根据实际情况进行合理分配和调整,与制度控制在实施、监测和强制执行时的可能实施主体进行协商四个方面。制度控制方案的评估是对筛选出的备选方案进行评估并选出最优方案。

制度控制方案评估确定后,需要通过环境保护、司法等相关部门审批才能实施。为了确保制度控制在实施过程中的适用性和有效性,制度控制方案进入实施阶段后需要进行跟踪评价。

(二)工程技术措施

1. 阻隔技术

阻隔技术是采用阻隔、堵截、覆盖等工程措施,控制污染物迁移或阻断污染物暴露途径,使污染介质与周围环境隔离,避免污染物与人体接触和随降水或地下水迁移进而对人体和周围环境造成危害,降低和消除场地污染物对人体健康和环境风险的技术。阻隔系统主要有如下功能：① 阻断污染土壤与人体的直接接触；② 阻止污染物随地下水迁移扩散；③ 阻断污染土壤或污染地下水挥发出的气体扩散。阻隔技术仅能限制污染迁移，切断暴露路径，但不能彻底去除污染物，因此永久性阻隔措施需要监测其长期有效性，临时性阻隔措施需要与其他可以去除或减少场地内污染物的修复技术结合使用。

阻隔技术主要包括水平阻隔和垂直阻隔两大类（图 5-3）。阻隔技术的应用，应基于污染场地风险三要素分析，以及设定的风险管控目标，判断其适用性，同时还要考虑技术的经济成本。阻隔技术实施的工作程序包括设计、施工和监测维护等内容。设计阶段需考虑工程建设、阻隔材料选择、主要暴露途径和使用寿命等因素；施工质量直接关系到阻隔措施的效果，应做好质量控制与质量保证，确保阻隔措施完全按照设计说明实施；同时，阻隔措施需要开展常规监测，证明阻隔系统达到设计目标的最初性能，并确保在场地开发后阻隔效果得以持续；此外，阻隔措施需要进行长期维护，如果定期监测发现阻隔措施未能达到预期效果，应及时进行修理或更换。

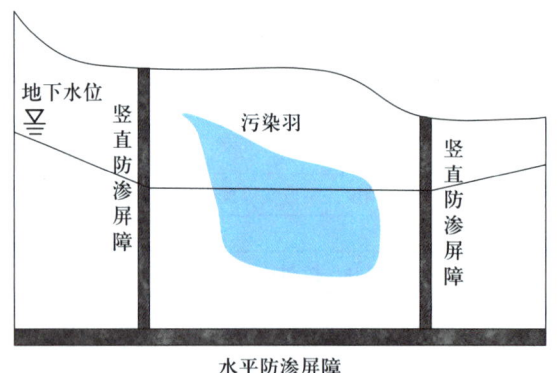

图 5-3 污染场地土壤的水平和垂直阻隔技术

2. 固化/稳定化技术

固化/稳定化技术是一种通过添加固化剂或稳定剂，将土壤中的有毒有害物质固定起来，或者将污染物转化成化学性质不活泼的形态，阻止其在环境中迁移和扩散，从而降低其危害的风险管控技术。该技术不是去除土壤中的污染物，而是避免有害物质向周围环境释放。

（1）固化技术：添加固化剂使污染土壤形成高度密实、结构完整的固化体，降低土壤中污染物的浸出率；或使用低渗透惰性材料将污染土壤包裹起来，阻止污染物释放和流出。固化过程是将污染土壤包埋或包裹形成颗粒状或团块状固化体（固化/稳定化产物）以降低污染物迁移和减少外露面积的一个物理过程，固化剂通常不与污染物发生化学反应。固化处理的目的在于改变污染土壤的工程特性，即增加土壤的机械强度，减少土壤的可压缩性和渗透性，从而降低污染土壤处置和再利用过程中的环境与健康风险。

（2）稳定化技术：添加稳定剂与土壤中污染物产生化学反应，通过吸附、离子交换、共沉淀等增强污染物在土壤中的稳定性，降低外部环境对其产生的影响。稳定化过程是通过稳定剂与污染土壤发生化学反应使其中的污染物成为难溶解状态，从而抑制污染物迁移的化学过程，处理后土壤的物理性质一般不会发生明显改变。稳定化处理的目的在于降低污染土壤中有毒有害组分的毒性（危害性）、溶解性和迁移性，即将污染物固定于支持介质或添加剂上,以此降低污染土壤处置和再利用过程中的环境与健康风险。

场地污染土壤的风险管控通常采用原位固化/稳定化技术,通过一定的机械力在原位向污染土壤中添加固化剂或稳定剂,在充分混合的基础上,使其与污染介质、污染物发生物理作用、化学作用,将土壤中有毒有害物质固定起来,或者改变有毒有害成分的赋存状态或化学组成,阻控其在环境中迁移和扩散。

原位固化/稳定化技术既适用于处理无机污染物,也适用于处理某些性质稳定的有机污染物。许多无机物和重金属污染土壤,如氰化物、放射性物质、石棉、氟化物、含砷化合物、腐蚀性无机物,以及砷、镉、铬、铜、铅、汞、镍、硒、锑、铀和锌等重金属污染的场地土壤,可采用原位固化/稳定化技术进行有效的风险管控,而有机污染土壤中适用或可能适用的污染物类型包括有机氰化物(腈类)、农药、石油烃(重油)、PAHs、PFASs、PCBs、二噁英或呋喃等,但对卤代和非卤代挥发性有机污染物适用性较差。此外,考虑到部分有机污染物对固化/稳定化处理后水泥类水硬性胶凝材料的固结化作用有干扰效应,原位固化/稳定化技术更多用于无机污染物的风险管控,该技术的优、缺点如表 5-1 所示。

表 5-1　固化/稳定化技术优、缺点对比

优点	缺点
实施周期短、达标能力强	一般不能去除污染物
适用多种性质稳定的污染物(如 NAPL、重金属、农药、多氯联苯、全氟化合物、二噁英等)	难以预见污染物的长期行为
根据规划和实际操作条件,可在原位,也可在异位进行	可行性试验研究确定的参数具有时间/空间不确定性
修复后可就地管理,无须外运	可能会增加污染土壤的体积(增容)
修复成本低、修复材料与设备占用空间相对较小	消耗天然资源(如地下水等)
处理后土壤的结构和性能(如机械强度、均一性、渗透性等)得到改善	需要长期监测与维护

资料来源:生态环境部土壤生态环境司等,2022。

3. 监控自然衰减

监控自然衰减(monitored natural attenuation,MNA)技术是较为经济有效管控土壤与地下水污染风险的方法。监控自然衰减技术是基于对场地土层结构、水文地质条件、污染物扩散运移等的精确了解,在场地污染风险可控的管理与监控前提下,通过实施有计划的监控方案,利用场地内自然发生的物理、化学及生物系列过程(包括稀释、扩散、挥发、吸附、化学性或生物性稳定、生物降解及放射性衰减等),使得土壤与地下水中污染物的数量、毒性、移动性降低到风险可接受水平,从而降低场地内污染物的暴露风险(李笑诺等,2022)。所有污染场地均存在污染物的自然衰减,但自然衰减强度随污染物性质及其所处的环境条件表现出时间与空间上的显著差异,需要根据污染物的特性评估是否存在自然衰减及强度。

监控自然衰减技术具有诸多优势,包括:① 在自然环境中将污染物降解为二氧化碳、水等无害产物;② 不涉及污染土壤开挖、回填及地下水抽取,对场地的扰动小;③ 工程施工少,减少噪声、废气、废水、异味等环境影响和公众影响;④ 可处理有机污染物、垃圾渗滤液、杀虫剂等多种污染物;⑤ 明显的成本优势等。

实施监控自然衰减技术时,需确认场地内的污染源、高污染核心区域、污染羽范围及邻近可能的受体所在位置,包含平行及垂直地下水流向上任何可能的受体暴露点,并确认这些潜在受体与污染羽之间的距离;同时需要对污染物的降解速率和迁移途径进行模拟,特别是在污染羽仍在扩散时同时预测下降梯度观测点污染物的浓度。模拟的首要目的是为了确定自然衰减的过程会使污染物的浓度降至标准以下或在可接受风险范围内。

监控自然衰减技术适用于污染程度较低的场地,可处理挥发和半挥发性有机污染物、石油烃类污染物及某些重金属,通常修复时间相对较长、修复效率相对较低,实际应用中需采用强化衰减技术(enhanced attenuation,EA),通过人工干预的方式增强污染物的自然降解能力。监控式自然衰减技术对后期监管体系要求较高,需要长期监测自然衰减过程。

第二节 重金属污染场地土壤修复技术

自 21 世纪以来,重金属污染场地土壤修复技术得到快速发展,在传统的客土、填埋等修复技术基础上,人们不断开发出不同原理、适用多种场景的物理化学修复新技术。根据修复方式不同,场地土壤修复技术可分为原位与异位修复技术。原位修复技术不涉及污染土方清挖,而异位修复技术需要将污染土壤从源头清挖,并需转移后集中处置。根据技术原理不同,重金属污染场地土壤修复技术可分为物理修复和化学修复。本节重点讨论常见的物理修复、化学修复的技术原理、适用性及工艺流程、工程实施与运行成本等,简要分析不同修复技术的特点及国内外应用现状。

一、 重金属污染场地土壤物理修复

(一) 污染阻隔

阻隔技术是污染场地风险管控的重要方式之一。该技术通过切断环境介质中污染物的暴露途径,减少或杜绝污染物与受体接触,从而实现风险有效管控的目的。阻隔技术虽不能彻底清除场地中重金属等污染物,但可使污染介质与暴露受体及周围环境隔离,从而有效避免重金属与人体接触或随地下水向更大范围迁移,成为限制重金属迁移、阻断暴露途径、限制污染羽扩散的有效途径之一。对于暂不开发利用的场地,可以采用阻隔措施阻断暴露途径,防止污染物进一步扩散或许是更加经济有效的措施。然而,阻隔技术不能完全清除污染物,存在污染物潜在渗漏及迁移等风险。

1. 阻隔技术分类

阻隔技术包括水平阻隔和垂直阻隔两大类。水平阻隔是采用表面覆盖阻隔、底部阻隔等形式,控制污染物因淋溶向下迁移、以蒸气形式向上逸散,或阻断表层污染土壤与人体接触。水平阻隔主要应用于污染深度相对较浅,但隔水层深度较大,利用垂直阻隔成本较高的情况,包括混凝土水平阻隔、黏土水平阻隔、柔性水平阻隔等技术。根据水文地质条件和工程要求,常采用水泥、膨润土及水泥-水玻璃为主剂的新型液体浆材等防渗材料。在确定水平阻隔设计方案时,需要对场地开展地质条件和污染调查,确定场地隔水层厚度及污染物的渗透范围,以此判断污染物是否能够穿透隔水层,进而判定是否需要实施人工水平阻隔。

垂直阻隔主要用于阻滞场地污染物水平方向运移扩散,具体措施包括构建土-膨润土隔离墙、高压喷射灌浆墙、搅拌桩墙、搅喷桩墙、水泥帷幕灌注浆墙、土工膜墙及地连墙等。根据水文地质条件和工程要求,常采用水泥、膨润土、高密度聚乙烯(high density polyethylene, HDPE)膜或上述材料的组合作为防渗材料。

常见的阻隔技术工艺流程见图5-4。

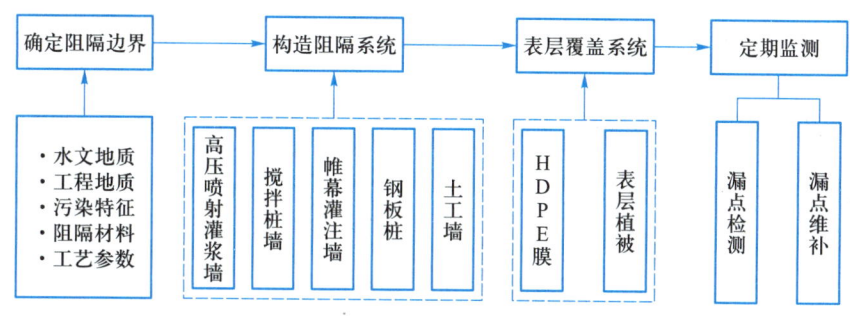

图5-4　场地污染阻隔技术工艺流程

典型的阻隔技术施工方法包括挖掘、取代、注射等,不同施工方法介绍如下:

(1)取代法:将阻隔系统施工于地下而地面不受大的干扰。其中,钢板桩(steel sheet piling,SSP)是常用的取代法之一。

(2)挖掘法:将土壤挖出,然后用阻隔材料代替原有土壤,即建置低渗透性垂直阻隔系统,将其插入土壤甚至更深的不透水层。交叉桩法是由一系列连锁相邻的桩体构成完整的墙;浅层截水墙的建造过程是先用切割机挖出一个足够深的狭槽,然后插入地膜,再用压实的黏土填充;泥浆沟渠的建造过程是先挖一条沟渠,然后用不同材质混合的泥浆(可用皂土-水泥混合)进行填充,形成不同形式的泥浆沟渠,如黏土阻隔系统、皂土-水泥阻隔系统、膜阻隔系统和混凝土横隔墙等。

(3)注射法:向土壤中注入某些阻隔功能材料,填充土壤的空隙、孔隙和裂隙,以降低土壤渗透性的过程。注射法形成的垂直阻隔系统主要包括化学灌浆阻隔、深层土壤混合(通常是皂土和水泥混合)技术、喷射灌浆和喷射混合灌浆等。

(4)其他方法:主要包括基于电动力学的阻隔技术、地面冰冻、化学阻隔和生物阻隔等。其中,基于电动力学的阻隔技术是指通过控制电荷形成,进而阻隔污染物迁移的系统。地面冰冻也可以形成垂直阻隔系统,控制土壤中污染物的迁移。

2. 阻隔技术及适应性

阻隔技术主要适用于以下重金属污染场地修复/风险管控情况:场地中的污染土壤、地下水或其他环境介质中目标污染物浓度超过相应的风险筛选标准;场地存在目标污染物的潜在风险暴露途径。

(1)适用的场地类型:因阻隔系统虽可有效控制污染物的迁移与扩散,但并不能彻底去除污染物质或降低场地中污染物的浓度,属于污染场地风险管控技术,因此不适用于污染物水溶性强或渗透率高的污染土壤,也不适用于地质活动频繁和地下水水位较高的污染场地。

(2)场地施工条件:阻隔技术适用于不同类型场地污染土壤的风险管控,在具体施工工艺和材料上,不同技术和材料有其适用的水文地质条件,如钢板桩、震动波墙、膜墙等取代法阻隔技术适用于大多数土壤类型,但大石头、岩石或大量废弃物存在或许会影响施工;而注射法适用于粒状土壤或破碎岩石的土壤环境,也要求具备一定的地质结构基础和机械施工技术条件。

阻隔技术的特点及适用性如表 5-2。

表 5-2　阻隔技术的特点及适用性

类型	技术类型	适用性	技术特征
取代法	钢板桩 震动波墙 膜墙	大多数土壤类型,但大石头、岩石或大量固体废物影响施工	低 pH 土壤一般对苯和甲苯等污染物具有抗性;钢板桩需要结构或机械支持
挖掘法	横切堆积墙 浅层切断墙 喷射灌浆 泥浆沟渠 混凝土横隔墙	大多数土壤和岩石	应用广泛;需要对阻隔系统的损坏进行处置
注射法	水泥或化学灌浆 喷射灌浆 喷射混合	最好是粒状土壤或破碎的岩石,而黏土或固体废物效果较差	N/A
其他方法	地面冰冻 电动力学 生物阻隔 化学阻隔	地面冰冻只在一定颗粒大小的土壤(主要是砂土)上有过成功实例	仅在研发阶段,但在国外受到广泛重视

3. 阻隔案例分析

泰勒木材处理厂位于美国俄勒冈州。由于长期使用化学方式处理木材,场地内土壤与地下水遭受重金属(砷、铜、锌等)及杂酚油、五氯苯酚等污染。2001 年,该木材加工厂被美国环境保护署列为《国家优先控制场地名录》(national priorities list,NPL)。

历史污染源集中在与木材处理设施有关的区域,例如,木材处理区、处理过的木材和受污染的设备所在地,处理后木桩的存放区、场内储罐化学品滴落、泄漏和溢出区等。受污染物传输过程影响的介质包括:场地及其附近表层和地下土壤;场地附近道路侧边沟渠中的表土;Yamhill 河和 Rock Creek 河的地表水和沉积物;隔离墙内外地下水;厂区周边的地下水,包括周边居民的水井;场地及周边区域的空气。采用的管控措施为:从路边沟渠中清除重金属污染区域,并在处理区域下方安装一道膨润土浆阻隔屏障。铺砌由隔离墙围住的地面,并在隔离墙内建造地下水抽取系统,以保持场地内负水力梯度。隔离墙从地表直接延伸到底层粉砂岩顶部,设计宽度为 30~36 英寸(76.2~91.4 cm),深度为 14~20 英尺(4.27~6.10 m),场地下方的粉砂岩可起到充实作用,在隔离墙顶部安装一个防护盖,避免因重型设备运输造成墙体破坏。阻隔墙被楔入粉砂岩中,以最大限度地减少污染地下水沿墙底部渗漏。

(二)水泥窑协同处置

1. 技术原理

水泥回转窑属于水泥熟料干湿法生产线的重要建材生产设备,用于普通水泥的生产煅烧,分为中空干法窑、带预热器窑和窑外分解等不同的设备类型。普通的水泥一般都会经过"研磨-焚烧-再研磨"的过程,而回转窑是水泥生产第二个步骤中重要的设备,通过较高端口进料、较低端口出料和连续回转的处置过程实现对水泥熟料的焚烧。场地污染土壤修复中,可利用水泥回转窑中高温、气体停留时间长、热容量大、热稳定性好、碱性环境、无危险固体废弃物排放、工艺稳定等特点,将污染土壤与水泥熟料在水泥窑回转炉内一同焚化,重金属污染土壤与高浓度且均匀分布的碱性成分充分接触,使重金属被固定在水泥基体的晶格中,污染土壤在回转窑高温状态下停留时间较长,有利于重金属固化及水泥原料反应,通常水泥窑内气相温度达 1 800~2 000 ℃,混合物料的温度达 1 500 ℃上下。

2. 水泥窑协同处置技术及适应性

水泥窑协同处理重金属污染场地土壤的技术工艺包括四个基本流程:① 污染土壤的挖掘、运输及预处理,从污染土壤中取出影响水泥窑协同处理的砾石、金属、水泥块、砖头等建筑废料;② 调查分析土壤中重金属的种类及含量,针对污染类别及污染水平设计适应性的修复方案(如污染土壤添加比例);③ 将适量的污染土壤转运至喂料斗附近暂存区,污染土壤通过上料设备投入喂料斗,投加过程应注意二次污染的产生,做好扬尘控制措施;④ 在线监测水泥回转窑的尾气排放口,实时动态检测排放烟气及水泥产品中污染物的含量,有效控制水泥使用场景的生态风险。水泥窑协同污染土壤处置工艺见图5-5。

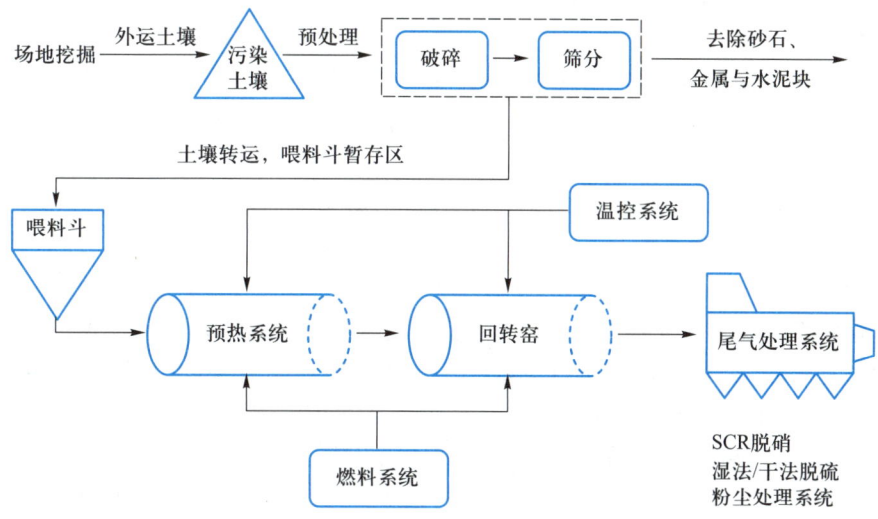

图 5-5 水泥窑协同污染土壤处置工艺图

影响水泥窑协同处置效果的关键因素包括:水泥回转窑系统配置、污染土壤中碱性物质含量、重金属污染物的初始浓度、氯元素和氟元素含量、硫元素含量、污染土壤添加量。

(1)水泥回转窑系统配置:采用配备完善的烟气处理系统和烟气在线监测设备的新型干法回转窑,单线设计熟料生产规模不宜小于 2 000 t/d。

(2)污染土壤中碱性物质含量:污染土壤提供了硅质原料,但由于污染土壤中 K_2O、Na_2O 含量高,会使水泥生产过程中间产品及最终产品的碱当量高,影响水泥品质,因此,在开始水泥窑协同处置前,应根据污染土壤中的 K_2O、Na_2O 含量确定污染土壤的添加量。

(3)重金属污染物初始浓度:入窑配料中重金属污染物的浓度应满足《水泥窑协同处置固体废物 环境保护技术规范》(HJ 622—2013)的要求。

(4)污染土壤中的氯元素和氟元素含量:应根据水泥回转窑工艺特点,控制随物料入窑的氯和氟投加量,以保证水泥回转窑的正常生产和产品质量符合国家标准,入窑物料中氟元素含量不应大于0.5%,氯元素含量不应大于0.04%。

(5)污染土壤中硫元素含量:水泥窑协同处置过程中,应控制污染土壤中硫元素含量,配料后的物料中硫化物硫与有机硫总含量不应大于0.014%。从窑头、窑尾高温区投加的全硫与配料系统投加的硫酸盐硫总投加量不应大于3 000 mg/kg。

(6)污染土壤添加量:应根据污染土壤中的碱性物质含量、重金属含量、氯、氟、硫元素含量及污染土壤的含水率,综合确定污染土壤的投加量。

(三)玻璃化技术

1. 玻璃化技术原理

玻璃化技术是将重金属污染土壤形成玻璃化固体的一种污染土壤修复技术。将重金属污染土壤置于高温高压条件下形成玻璃态结构,其中重金属永久稳定在高温熔化土壤中。玻璃化处置工艺包括:中央控制系统、电力系统、气体冷却系统、气体收集系统、尾气处理系统、发热电极系统等。玻璃化技术适用于重金属污染土壤、放射性废物等的处置,具有重金属固定持久、体积小、污染土壤处理后可二次利用等优势,但也存在能耗高、成本大、产生二次污染、应用范围小等缺陷。该技术现场施用过程中,为保证高温条件下水蒸气蒸发后的干燥土壤依然拥有足够的导电能力,首先在重金属污染土壤表层铺设导电均匀的石墨材料,其次接通供电电源,在热效应作用下形成熔融土壤的强导体,随着加热持续进行热熔融区域会从上至下、从近至远逐步扩展。一个带有密闭空间的负压罩子覆盖在工程工作面,从玻璃化土壤中逃逸的污染气体通过集气罩进入尾气处理系统。通过玻璃化处理的土壤可形成结构与化学性质皆相对稳定的类岩石玻璃态系统,从而有效遏制污染物从土壤环境中浸出、释放和扩散。

2. 玻璃化技术及适应性

玻璃化技术常用于重金属及放射性重污染区的抢救性修复。多种因素会影响玻璃化处理技术的修复能力,如土壤质地、温度、湿度、污染物类型、二次污染防范、导体材料与加热方式等。温度是影响该技术修复能力和工艺、运行成本的关键参数,温度过低将影响重金属的固定效果,但温度过高将会直接增加运行成本。玻璃化设施运行的温度区间为1 600~2 000 ℃,电极至土壤中的深度最大可达1.5 m,电极间隔约0.5 m。据测算,移动化玻璃化设备的运行成本约为1 350美元/m³,即便在最为优化的工艺条件下,该技术处置成本也在650美元/m³左右。玻璃化技术受到效能和成本的双重局限,只能应用于小规模重污染场地的修复,如汞污染严重场地的抢救性修复等。

(四)热脱附技术

热脱附技术的基本原理:在负压条件下,对污染土壤加热至目标污染物沸点以上并保持固定时间,污染物以蒸汽形态脱离污染土壤,随后利用冷凝处理器将蒸汽冷凝并回收液态污染物,并利用活性炭罐或催化氧化设备对尾气中少量污染物进行净化处理。根据进样方式的不同,热脱附设备可分为连续进样和序批进样,根据热量传递方式不同,可分为直接加热与间接加热;根据处理方式不同,可分为原位热脱附和异位热脱附。

1. 原位热脱附技术

原位热脱附技术(也称原位热解吸技术)通过加热使土壤内可挥发的污染物达到沸点从而气化挥发。该技术只适用于土壤中汞等挥发性重金属的修复治理。原位热脱附技术工艺流程见图 5-6。

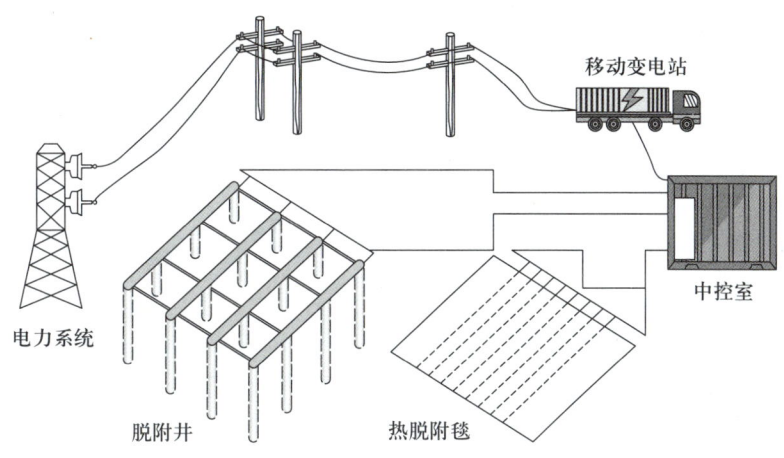

电力系统　　脱附井　　热脱附毯　　中控室　　移动变电站

图 5-6　原位热脱附技术工艺流程

2. 异位热脱附技术

不同于原位加热方式,污染土壤从场地中转移至土壤处理场所进一步热脱附,即异位热脱附技术。汞污染土壤异位热脱附工艺流程见图 5-7。土壤中的汞以水溶态、可交换态、零价汞、残留态等形态存在。在异位热脱附系统中,随脱附温度的逐渐升高,不同形态的汞脱附顺序如下:$Hg^0 > Hg_2Cl_2 > HgCl_2 > HgO > HgS > HgSO_4$,脱附温度最低的是 Hg^0(约 170 ℃),最高的是 $HgSO_4$(约 550 ℃)(He 等,2015)。当温度达到 150~600 ℃,几乎可以脱附掉土壤中所有形态的汞,400~600 ℃温度脱附更适合于汞污染土壤的热脱附处理(Rumayor 等,2017)。

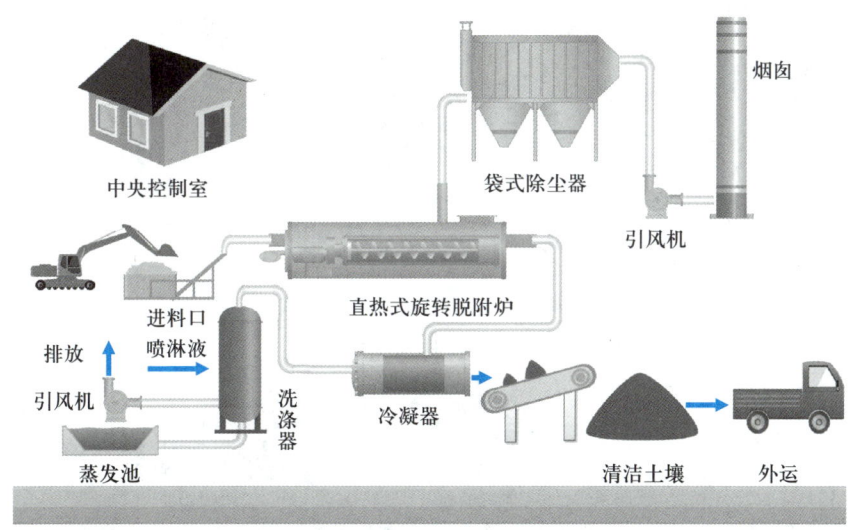

中央控制室　　袋式除尘器　　烟囱　　引风机　　进料口喷淋液　　直热式旋转脱附炉　　排放　　引风机　　洗涤器　　冷凝器　　清洁土壤　　外运　　蒸发池

图 5-7　汞污染土壤异位热脱附工艺流程图

（资料来源:Lee 等,2017）

热脱附技术用于汞污染土壤修复过程中,由于不同形态的汞脱附温度存在差异,在工程技术方案设计过程中应考虑不同形态汞的物化性质,以优化方案设计,实现最大化的修复效

果。HgS 在空气中燃烧可生成单质汞(Rumayor 等,2017),反应过程如式(5-1)~(5-3):

$$HgS + 2O \longrightarrow Hg^0 + SO_2 \tag{5-1}$$

$$HgS + \frac{3}{2}O_2 \longrightarrow HgO + SO_2 \tag{5-2}$$

$$HgO \longrightarrow Hg + \frac{1}{2}O_2 \tag{5-3}$$

二、重金属污染场地土壤化学修复

(一) 土壤淋洗

1. 基本原理

土壤淋洗技术是结合物理、化学分离的基本原理,用特定溶剂对土壤进行"清洗",从而溶解并转移土壤内污染物的方法,可细分为原位淋洗技术和异位淋洗技术。原位淋洗技术通过向污染土壤中输入各类淋洗剂,与污染土壤中的重金属相结合,通过浸提、溶解、脱附、配合、固定等作用,从而形成可迁移的重金属与淋洗剂的混合物,并通过抽提系统输送至固液分离设施,完成淋洗剂的回收与二次利用。异位淋洗系统处理工艺为:将污染土壤从场地中挖出并运送至处理场所,通过物理筛分设备将土壤分为粗颗粒和细沙,之后通过添加淋洗剂、混合搅拌、固液分离、淋洗液处理、污泥脱水、泥饼外运等工序实现对污染土壤的清洁作用。

土壤淋洗技术实施的具体工艺流程包括:通过物理方法分离土壤中的大小颗粒,进而利用高氯酸、硫酸、盐酸、草酸、EDTA、DTPA、硫代硫酸盐等人工配制的土壤淋洗液对土壤颗粒进行清洗,将重金属从固相转移至液相,并通过污水处理技术实现土壤清洁的目的。异位土壤淋洗系统常见工艺流程如图 5-8。

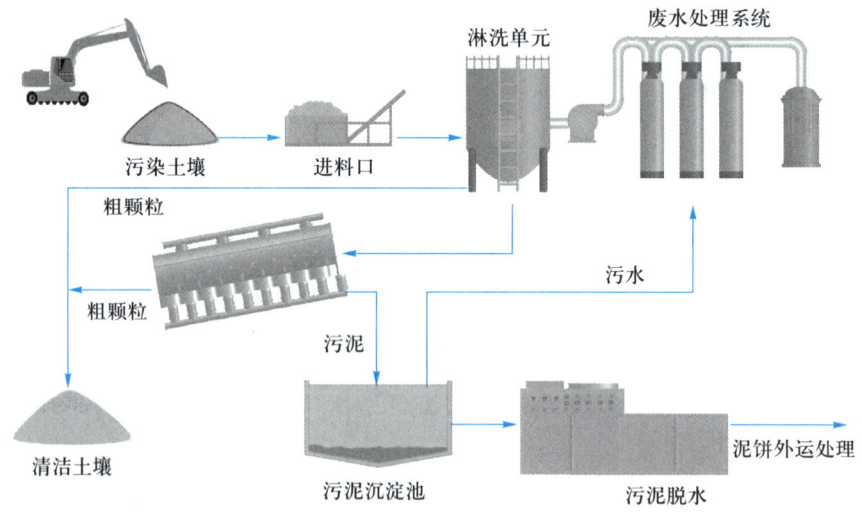

图 5-8   异位土壤淋洗系统常见工艺流程图

土壤淋洗系统的运行成本取决于污染物类型与形态、土壤质地、场地规模、修复目标、土壤有机质含量等,不同国家的技术与设备所产生的淋洗修复成本也存在显著差异,我国相关工程应用成本仅约 300 元/m³,美国的相关工程运行成本一般在 2 800~3 500 元/m³。土壤淋洗系统运行过程中消耗大量的水资源与电力资源,需定期对自动控制系统、各个单元设备、淋洗废水处理设施等进行维修与保养,以满足持续高效运转。

2. 无机淋洗剂

通过向污染土壤中加入酸性、碱性、水、无机盐等淋洗液,使酸性离子、配合物、无机离子与土壤中的重金属充分混合,达到重金属增溶/增流作用,使土壤细颗粒表面的重金属转变为可浸出态,并向水相转移。酸性淋洗主要原理是通过离子交换萃取金属离子,再通过溶液效应去除含重金属的化合物。常见的酸性淋洗液包括高氯酸、盐酸、硝酸、硫酸、磷酸等无机酸类及柠檬酸、草酸、乙酸等有机酸类。土壤酸性淋洗液可高效洗脱土壤中的重金属,但存在破坏土壤质地、改变土壤功能的局限性。

3. 螯合剂或表面活性剂

与酸性淋洗剂不同,螯合剂与表面活性剂都是通过螯合(活性配合)作用,将重金属从土壤介质中去除。螯合剂可在污染土壤中形成溶解性重金属的螯合物,达到从土壤固相介质中脱除重金属的目的。表面活性剂可增加重金属在土壤介质中的脱附与分散,促进重金属从固相土壤中脱除。相比于酸性淋洗剂,表面活性剂和螯合剂具有对土壤环境损害小、毒性低、生物可降解性强、成本低、见效快等诸多优势。

常见的表面活性剂可分为阳离子、阴离子和非离子型活性剂。阳离子活性剂可改变土壤的表面活性,促使金属阳离子从土壤中释放;阴离子表面活性剂可与金属阳离子进行配合,使重金属溶解于土壤孔隙水中。

4. 土壤淋洗技术及适应性

土壤淋洗技术可以处理多种重金属污染物,因为只能淋洗较为细小的砂石,所以在预处理过程需要筛除颗粒较大的砂石,淋洗过程要用到大量的水,需要额外建水处理站来处理土壤淋洗后的废水,淋洗过程也会产生一些难处理的污泥。土质类型、成分、粒径分布、均质性、阳离子交换量(CEC)、重金属形态、萃取剂类型与剂量等都会影响土壤淋洗效果和修复成本,例如,CEC 低于 100 meq/kg 的土壤比 CEC 较高的土壤淋洗修复效果更好。该技术不适用于粒径小于 0.25 mm 黏粒或粉粒较多的土壤,相反对黏土含量少的土壤修复效果更好。

(二) 固化/稳定化技术

1. 基本原理

固化/稳定化是发展较早、市场应用较为广泛的重金属污染场地修复技术之一,是将惰性修复药剂与土壤混合,从而形成结构稳定、拥有一定机械强度的结合体,或通过调节重金属污染土壤的理化性质,借助沉淀、吸附、配位、配合和氧化还原等机制,改变土壤中重金属的溶解性和移动性,将土壤中重金属由高迁移性和生物有效性的形态转变为低迁移性或生物有效性的形态,减少重金属向作物或地下水迁移的风险。固化/稳定化技术分为固化和稳定化两大类,其中固化是将污染物封存在高度稳定、结构完整的固体中,而稳定化则是将污染土壤中重金属与修复药剂结合,改变重金属存在形态,从而将重金属转化为低毒甚至无毒的形态。生物炭、硫化物、磷酸盐、碳酸盐等通常用作稳定化处理的药剂。

根据反应温度的差异,固化/稳定化可分为常温和高温固化/稳定化两大类;根据固化剂性质不同,固化/稳定化又可分为无机和有机两大类。下面简要介绍相应固化/稳定化修复技术的基本特点。

2. 常温固化/稳定化

常温固化/稳定化技术实施过程对环境温度没有要求,无须对固化体进行高温处理,常温下操作即可进行。此类固化/稳定化技术根据稳定剂的物理化学形式又可分为无机固化/稳定化和有机固化/稳定化技术。

（1）无机固化/稳定化技术：无机固化/稳定化技术包括火山灰固化/稳定化、水泥固化/稳定化、黏土矿物固化/稳定化、氧化镁固化/稳定化、硅粉固化/稳定化、飞灰固化/稳定化、磷酸盐固化/稳定化、炉渣固化/稳定化等。无机稳定剂通过改变土壤结构以固定重金属或改变土壤中金属离子的赋存状态，进而降低有毒有害重金属的迁移性和浸出性。

海泡石、坡缕石、凹凸棒土等黏土矿物类药剂因储量大、比表面积大和离子交换能力强，常被用作土壤中重金属的稳定剂。石灰是在农业生产过程中广泛应用的土壤调节剂，应用石灰不仅可显著提高土壤 pH，还可促进重金属碳酸盐、氧化物或氢氧化物沉淀，从而降低重金属溶解度（Gong 等，2021）。

磷酸盐化合物通过形成金属磷酸盐沉淀以修复重金属污染土壤。常见的磷酸盐修复材料有天然磷酸盐岩、过磷酸钙、磷酸二氢钙和羟基磷灰石等。以改性分子筛固化/稳定化铅、锌、镉为例，改性分子筛修复剂可通过 Na^+ 的同晶置换作用，将土壤中可迁移态重金属离子置换至分子筛表面，从而实现重金属稳定化的目的，具体置换化学过程如下（"Z"代表分子筛）：

$$Z-Na^+ + Pb^{2+} \longrightarrow Z-Pb^{2+} + Na^+ \tag{5-4}$$

$$Z-Na^+ + Zn^{2+} \longrightarrow Z-Zn^{2+} + Na^+ \tag{5-5}$$

$$Z-Na^+ + Cd^{2+} \longrightarrow Z-Cd^{2+} + Na^+ \tag{5-6}$$

可迁移态 Pb^{2+} 与晶格中的 Al^{3+} 发生置换，并形成稳定态的 $PbSiO_3$，反应如下：

$$Pb^{2+} + Al_2SiO_4(OH)_2 \longrightarrow PbSiO_3 + Al_2O_3 + 2H^+ \tag{5-7}$$

游离 Pb^{2+} 还与负载在分子筛上的 $CaSiO_3$ 水解形成的 SiO_3^{2-} 发生键合，形成溶解度极低的 $PbSiO_3$ 沉淀物，从而降低土壤中 Pb 的活性。

（2）有机固化/稳定化技术：生物炭基材料、市政污水处理产生的污泥、天然固体废物也被用于重金属污染土壤的稳定化处理。生物炭基材料对重金属的稳定化作用主要是源于其发达的孔隙结构、高比表面积和丰富的表面官能团。生物炭表面丰富的孔结构为重金属吸附提供了条件，生物炭表面大量的羟基、羧基、酚基等官能团可以和土壤孔隙水中重金属离子发生静电吸附和表面配合反应，所含的无机组分可与重金属离子通过沉淀作用实现稳定化。生物炭经镁改性后可有效降低可浸出锰含量，对锰污染土壤起到显著的稳定化修复效果（Zhao等，2022）。其稳定化机制主要是 Mn 与活性 MgO 发生沉淀反应，形成稳定的 $MgMn_2O_4$、$Mn(CH_3COO)_2$ 和 $MnO(OH)_2$；主要化学反应如下：

$$MgCl_2 \cdot 6H_2O \longrightarrow MgO + 2HCl\uparrow + 5H_2O \tag{5-8}$$

$$MgO + H_2O + 3MnO_2 \longrightarrow Mg + Mn(OOH)_2 + MgMn_2O_4\downarrow \tag{5-9}$$

$$MgO + H_2O \longrightarrow Mg(OH)_2 \tag{5-10}$$

$$MgO + CO_2 \longrightarrow MgCO_3 \tag{5-11}$$

$$3MgCO_3 \cdot Mg(OH)_2 \cdot 3H_2O \longrightarrow 3MgCO_3 \cdot Mg(OH)_2 + 3H_2O \tag{5-12}$$

$$3MgCO_3 \cdot Mg(OH)_2 \longrightarrow 3MgCO_3 + MgO + H_2O \tag{5-13}$$

生物炭对土壤中重金属的稳定化效果与生物炭原材料、制备条件、施用剂量等有关，原材料和制备工艺的变化会影响生物炭理化性质。例如，动物粪便中由于含有较多的无机矿物质，其生物炭产率一般高于硬木等植物残渣（Enders 等，2012）。随炭化温度升高，生物质热解更为充分，生物炭产率下降，但由于灰分含量增加，生物炭的 pH 提高；生物炭热解温度会影响炭表面芳香烃数量、表面结构、灰分等理化性质,但热解时间和升温速率对生物炭的这些性质影响并不明显。

3. 高温固化/稳定化技术

高温固化/稳定化技术又称为重金属矿物晶体结构化固化技术,其基本原理是将土壤中重金属固化于原子稳定排列、具有稳定晶体结构的矿物晶格中,使之成为其结构的一部分,形成化学性质稳定的重金属矿物,进而有效控制重金属的浸出、迁移与暴露风险。高温固化/稳定化主要包括重金属尖晶石结构固化、双重固定、多金属协同固定等技术。

(1) 重金属尖晶石结构固化技术:尖晶石结构通式为 XY_2O_4,为等轴晶系,氧原子呈立方紧密堆积,X 与 Y 占晶格中部分八面体和四面体空隙。X 为 Zn、Cd、Ni、Cu、Pb 等二价金属阳离子,Y 为 Al、Fe、Cr 等三价金属阳离子。尖晶石中的氧原子可被其他氧族元素所替代。长石的化学组成常用 $Or_xAb_yAn_z$ $(x+y+z=100)$ 表示,Or、Ab 和 An 分别代表 $KAlSi_3O_8$、$NaAlSi_3O_8$ 和 $CaAl_2Si_2O_8$ 三种组分。以尖晶石和长石结构为基础、Al_2O_3 和 Fe_2O_3 为基质,可固定游离态二价重金属。当 Al_2O_3 或 Fe_2O_3 与重金属充分混合,一定压力下把混合物压实以促进其与重金属充分接触,700 ℃以上温度下烧结可形成 MAl_2O_4 或 MAl_2O_4 尖晶石结构(M 代表金属原子)。

黏土中常含较高含量的 Al 或 Fe,也可用来高温结构化固定重金属,形成尖晶石结构或长石结构。以 Al 基为例,基本反应如下:

$$3Al_2Si_2O_5(OH)_4(高岭土) \longrightarrow 3Al_2Si_2O_7(偏高岭土)+6H_2O \tag{5-14}$$

$$3Al_2Si_2O_7 \longrightarrow 3Al_2O_3 \cdot 2SiO_2(莫来石)+4SiO_2 \tag{5-15}$$

$$Al_2Si_2O_7+MO \longrightarrow MAl_2Si_2O_8 \tag{5-16}$$

$$3Al_2O_3 \cdot 2SiO_2+2SiO_2+3MO \longrightarrow 3MAl_2Si_2O_8 \tag{5-17}$$

(2) 重金属双重固定技术:传统的土壤重金属固化/稳定化处理工艺中,重金属多是随着基质材料的凝固而被物理固封在基质材料中,并没有形成稳定的化学键,重金属存在较高的再氧化和释放的风险。重金属的微晶玻璃化−尖晶石双重固定技术可有效解决该问题,下面以铬渣固化/稳定化为例,介绍重金属微晶玻璃化−尖晶石双重固定技术。

传统的铬渣固化/稳定化工艺,存在处理后基质材料中 Cr 稳定固化效率低、稳定时间短等缺点,在长期环境暴露尤其是极端条件(如高温或雨水冲刷)下,Cr 可能重新被氧化成有毒 Cr(Ⅵ),存在较高的环境风险。

将铬渣与常见的 $CaO-MgOSiO_2-Al_2O_3$ 基质材料混合均匀后压实,优化固化剂各组分及与铬渣的比例和热处理条件,使高毒性的 Cr(Ⅵ)还原成低毒性的 Cr(Ⅲ),且以尖晶石晶体结构($MgCrxAl_2-XO_4$)成分的形式被结构化固定。铬渣中矿物和二氧化硅组分转化为微晶玻璃结构,含 Cr 尖晶石体被周边形成的微晶玻璃包裹,形成第二层固定。其主要化学反应如下:

$$Cr_2O_3+MgO+Al_2O_3+热能 \longrightarrow MgCr_xAl_{2-x}O_4 \tag{5-18}$$

$$CrO_4^{2-}+MgO+Al_2O_3+热能 \longrightarrow MgCr_xAl_{2-x}O_4 \tag{5-19}$$

$$MgCr_xAl_{2-x}O_4+SiO_2+CaO+MgO+Al_2O_3+热能 \longrightarrow 玻璃陶 \tag{5-20}$$

$MgCr_xAl_{2-x}O_4$ 在晶体学上为尖晶石结构,Cr(Ⅲ)形成化学键并作为尖晶石结构的组成成分固定于此结构中。在热处理过程中,$SiO_2+CaO+MgO+Al_2O_3$ 基质形成玻璃网络结构,对所形成的含 Cr 尖晶石形成包裹,实现 Cr 的双重固定。

（3）土壤多金属协同固定技术：实际污染场地中往往存在多种重金属的复合污染。由于不同重金属物理化学性质的差异，常规的重金属固化处理技术难以有效固定土壤中不同物化特征的重金属，亟需发展污染土壤多金属协同固定技术。以锌/铬、镉/镍等复合重金属污染土壤协同固定为例，黏土和赤铁矿基质等热固化剂，能捕获多种重金属，并生成结构稳定的尖晶石矿物相，重金属分别占据尖晶石晶格的四面体或八面体结构位。

在 $ZnCr_2O_4$ 尖晶石形成的初始阶段，由于成核过程中 ZnO 和 Cr_2O_3 之间发生固相反应，导致形成具有立方面结构的 $ZnCr_2O_4$ 尖晶石。$ZnCr_2O_4$ 的透射电镜图像显示，700 ℃ 处理的样品内部结构具有异质性，而 1 000 ℃ 和 1 300 ℃ 烧结样品的形态更均匀（图 5-9）；烧结体呈片状结构，低温时颗粒不均匀，且表面不平整。随着温度升高，尖晶石形状更规则，结构更致密光滑。

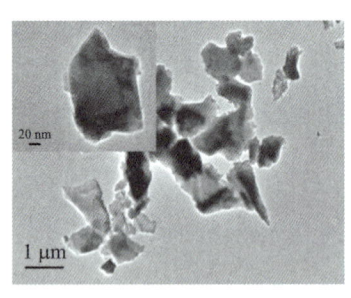 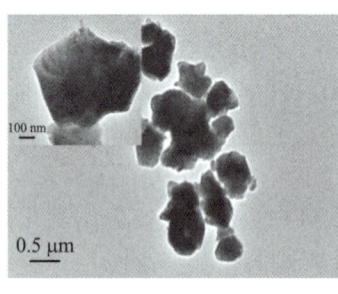 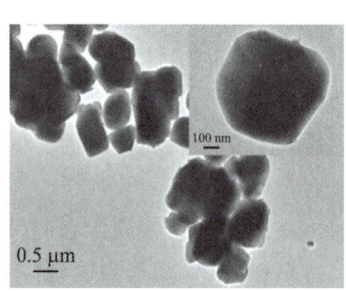

(a) 700℃　　　　　　(b) 1 000℃　　　　　　(c) 1 300℃

图 5-9　ZnO 和 Cr₂O₃ 混合压制后在不同温度下煅烧 3 h 后的 TEM 图

高温固化/稳定化技术的工艺流程如下：① 根据污染场地重金属空间分布信息进行测量放线之后，开始重金属污染土壤的挖掘转移；② 根据实际情况对挖掘出的土壤进行预处理（水分调节、土壤杂质筛分、土壤破碎等）；③ 根据重金属种类添加固化剂，将污染土壤与其他材料（黏土、粉煤灰、水等）混合搅拌；④ 根据资源化利用目的，在一定压力作用下对混合后的固态物质压制成型；⑤ 在高温装置中，根据固态物质成分和资源化利用目的，采用相应的升温及稳定停留模式对压制固体进行高温煅烧；⑥ 对烧结固体中重金属稳定性进行验证，通常采用美国环境保护署推荐的毒性浸出方法（toxicity characteristic leaching procedure，TCLP），将固态物质粉末化后在 pH 为 2.9 的酸性溶液中确认重金属浸出风险。必要情况下采用 X 光电子能谱、同步辐射 X 射线吸收光谱等结构表征手段，表征固化体中重金属的结构及形态，以确定重金属的成键形式。高温结构化固定重金属污染土壤流程如图 5-10。

4. 固化稳定化效果评价

针对固化/稳定化后土壤的不同再利用和处置方式，采用合适的浸出方法和标准，评价场地污染土壤重金属固定化效果。除开展重金属固化效果评价外，一般还需评价固化物的抗压强度等性能。以重金属污染土壤高温固化成砖体材料为例，将黏土与重金属污染土壤混配，经高温烧结获得砖体，其无侧限抗压强度要求大于 50 psi（0.35 MPa），渗透系数可用来表征土壤对水分流动的传导能力，经固化处理后渗透系数一般要求不大于 1×10^{-6} cm/s。作为建筑建材质量要求，固化后用于建筑材料的无侧限抗压强度至少要求达到 27.58 MPa。典型固化/稳定化效果评价方法见表 5-3。

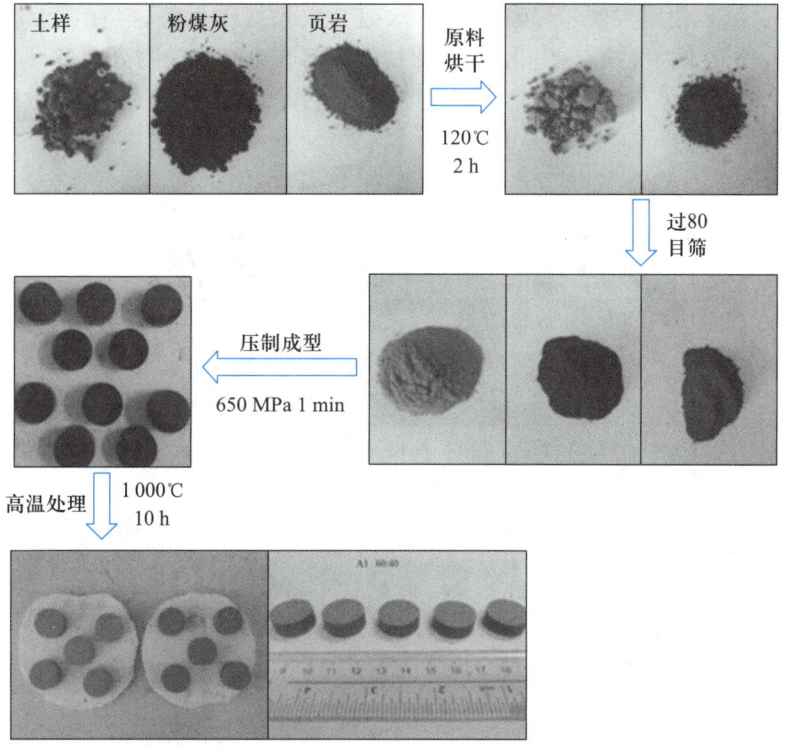

图 5-10 高温结构化固定重金属污染土壤流程

表 5-3 典型固化/稳定化效果评价方法

评价方法	评价依据	关键特征	优点	缺点
保守释放水平测试	美国：EPA1311、1312 荷兰：NEN7371 中国：HJ/T 299—2007 HJ/T 300—2007	参照固体废物的管理体系,固化体破碎后进行浸出测试,带有一定强制性;根据设定的明确的标准限值进行评价	方法简单,便于操作;时间和经济成本低;有较多的科学性验证结论	主要模拟非规范填埋场渗滤液和酸雨对污染物浸提;浸出方法仅考虑最为不利情况,过于保守;不能真实反映场地实际环境状况
动态释放能力的测试	荷兰：NEN7375 欧盟：CEN/TS14405：2004	保持固化体本身物理特性;基于动态释放通量;考虑风险积累	更接近于实际环境状况;降低处理难度;能够反映随时间变化的趋势	操作相对复杂,所需时间长;影响因素较多,重现性不高
针对再利用的浸出方法	美国：EPA 1313~1316	基于土壤再利用情景,设置 4 种不同的浸出方法	更接近实际环境状况;可以根据实际情况,选择不同的浸出方法	部分测试方法相对复杂,耗时较长;方法稳定性和重现性待改进;缺乏相应的评价标准

5. 固化/稳定化技术及适应性

固化/稳定化是比较成熟的固体废物处置技术,美国环境保护署 20 世纪 80 年代率先将固化/稳定化技术应用于重金属污染土壤的修复。固化/稳定化技术具有成本低、工艺简单、适应污染物范围广、使用方便、环境兼容性好、综合效果好等优势,但存在土壤团聚效应减弱、结构恶化、养分流失等缺点,固化/稳定化技术还面临后续污染物处理及修复土壤二次利用的问题。常规的污染土壤固化/稳定化技术工艺流程见图 5-11。

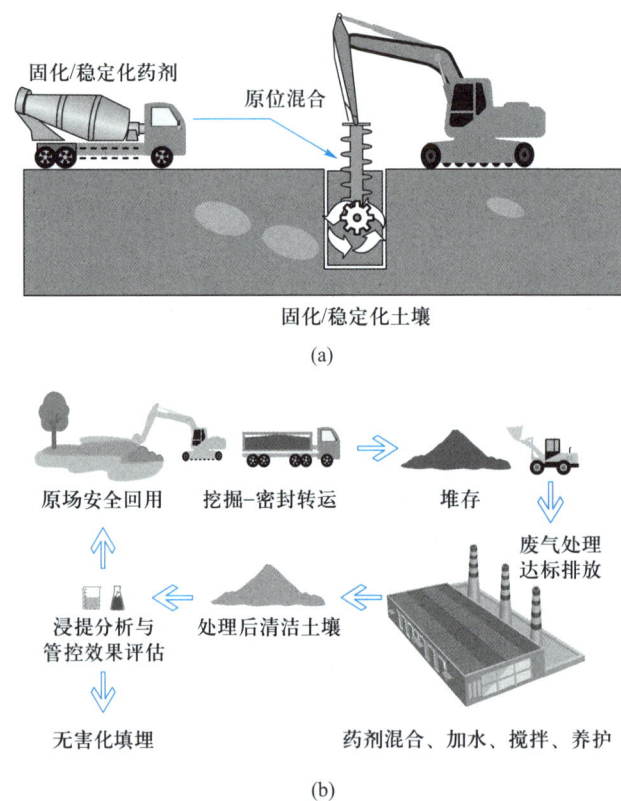

图 5-11　常规的污染土壤固化/稳定化技术工艺流程图

固化/稳定化是使用最多的重金属污染场地土壤修复技术。1982—2011 年美国超级基金修复的 1 266 个污染场地中有 280 个应用该技术。污染场地修复固化/稳定化技术的典型案例见表 5-4。我国从 21 世纪初开始研究该技术,2010 年以来在工程应用上得到快速发展,已成为重金属污染土壤修复的主要技术之一。据不完全统计,国内实施土壤固化/稳定化修复的工程案例已超过 100 项。

表 5-4　污染场地修复固化/稳定化技术的典型案例

序号	场地名称	目标污染物	固化/稳定药剂	规模/m³
1	美国马萨诸塞州军事基地	Pb	某 M 药剂	13 601
2	美国加利福尼亚州汞矿污染场地	Hg	硫化物	/
3	美国佛罗里达州迈阿密钢铁厂污染场地	Pb,As	水泥	47 400
4	美国佐治亚州道格拉斯维尔污染场地	Zn,Pb	水泥	191 100
5	英国奇纳姆工业污染场地	重金属	水泥、改性活性蒙脱石	1 200

（三）氧化还原技术

1. 基本原理

氧化还原技术是向污染土壤或地下水中注入氧化剂或还原剂,通过药剂与污染物之间结合和氧化还原作用,使土壤及地下水中污染物转化为无毒或低毒物质。常见的氧化剂包括高锰酸盐、过氧化氢、芬顿试剂、过硫酸盐和臭氧等。常见的还原剂包括硫化氢、连二亚硫酸钠、亚硫酸氢钠、硫酸亚铁、多硫化钙、二价铁、零价铁等。

2. 氧化技术

氧化技术利用锰氧化物、芬顿反应、臭氧等强氧化剂的氧化性或产生拥有强氧化能力的羟基自由基($\cdot OH$),将土壤中低价态重金属转化为高价态无毒或低毒的金属形态,从而实现污染土壤风险管控与修复的目的。

以 As(Ⅲ)氧化为例,在均相体系中,Fe(Ⅱ)与 As(Ⅲ)在厌氧条件下并不会产生氧化效应,在有氧条件下,As(Ⅲ)能与 Fe(Ⅱ)结合产生配合物,在氧气作用下发生共氧化,其中 H_2O_2 及 Fe(Ⅱ)是砷氧化的主要氧化剂,且该过程伴随水铁矿和针铁矿在内的一系列铁矿物的生成。部分铁基材料及铁改性材料可以增加土壤中 Fe(Ⅲ)的含量,并将 As(Ⅲ)氧化为 As(Ⅴ)。通过芬顿反应后,零价铁会产生大量的氧自由基,这些高活性的氧自由基会加速 As(Ⅲ)氧化为 As(Ⅴ),并进一步通过吸附与配合方式固定砷(Gil-Diaz 等,2017)。锰等金属氧化物也可通过氧化还原作用影响土壤中砷的吸附固定(Yan 等,2022)。在土壤微生物作用下,土壤中无机砷可转化成有机胂,如一甲基胂[MMA(Ⅴ)]、二甲基亚胂[DMA(Ⅴ)]、三甲基亚胂[TMA(Ⅲ)]及三甲基次胂酸(TMAO)等甲基胂化合物(Wang 等,2006)。

3. 还原技术

还原技术是通过向土壤中添加还原剂,改变土壤氧化还原电位,将土壤中高价态金属离子还原为低价态,通过形态转变达到重金属减毒或解毒的功能,部分低价态重金属离子还可通过与 OH^- 结合而发生沉淀效应。常见还原剂有零价铁(Fe^0)、二价铁(Fe^{2+})、硫化氢(H_2S)、多硫化钙、硫酸亚铁、亚硫酸钠等。

以零价铁还原铬为例,零价铁与六价铬反应生成低价态的三价铬,可降低土壤中铬毒性及环境风险(Liu 等,2015)。

$$2Fe^0 + Cr_2O_7^{2-} + 14H^+ = 2Cr^{3+} + 2Fe^{3+} + 7H_2O \tag{5-21}$$

$$Fe^0 + CrO_4^{2-} + 8H^+ = Cr^{3+} + Fe^{3+} + 4H_2O \tag{5-22}$$

$$2Fe^0 + O_2 + 2H_2O = 2Fe^{2+} + 4OH^- \tag{5-23}$$

$$Fe^0 + 2H_2O = Fe^{2+} + H_2 + 2OH^- \tag{5-24}$$

上述反应过程会消耗 H^+ 生成 H_2O,反应过程中 Cr^{3+} 易与 OH^- 结合形成沉淀。

$$Cr^{3+} + 3OH^- = Cr(OH)_3 \tag{5-25}$$

还原技术的工艺流程可以分为原位与异位两大类。其中原位还原工艺可细分为药剂准备、注射药剂、静置反应、验收与评估等环节;异位还原则首先要把污染土壤从场地清挖后运输至土壤处置场所,然后通过与药剂混合搅拌,经过后续养护与验收,实现对污染土壤解毒的目标。影响还原技术修复效果的因素主要包括:土壤质地与理化性质、金属浓度与形态、pH、氧化还原电位等。例如,土壤中有机质、其他氧化性物质皆会消耗外加的还原剂,在进行还原施工过程中不但要考虑重金属还原所需的理论消耗量,也需兼顾土壤原有氧化还原电位,通常适用于化学还原的土壤氧化还原电位约$-100\ mV$,土壤含水率需达到饱和持水率的90%以上,土壤 pH 为$4.0~9.0$。

4. 氧化还原技术的适应性

氧化技术适用于低价态毒性高、而高价态毒性小的金属元素。最为典型的为砷污染物,三价砷的毒性远大于五价砷。还原技术适用于低价态下金属离子生物毒性较小的重金属污染物,如铬(Cr)。

不同修复技术的适应性有较大差别。例如,固化/稳定化、水泥窑协同处置和玻璃化技术适用于大多数重金属污染土壤的治理,但不适用于汞、砷等高温时易挥发的重金属污染土壤,而热脱附技术仅适用于汞、砷等易挥发重金属污染土壤的修复;氧化还原技术仅适用于高/低价态毒性差别较大的重金属污染土壤修复。此外,重金属污染土壤的物理、化学修复技术均具有一定局限性。例如,化学淋洗技术具有修复效率高等优点,但淋洗剂处置不当会造成二次污染;水泥窑协同处置技术效果好、效率高,但须依赖水泥窑设备和场地。不同重金属污染场地土壤修复技术特征对比及适用性见表 5-5 和表 5-6。

表 5-5　重金属污染场地土壤修复技术特征对比

类别	技术名称	基本原理	技术适应性	施工成本
物理修复	污染阻隔	通过敷设阻隔层,阻断污染物迁移扩散的途径,切断环境介质中污染物的暴露途径	各种介质类型的场地污染土壤的风险管控,但不适用于地质活动频繁和地下水水位较高的地区	国内处理成本为 $300~800$ 元/m^3
	水泥窑协同处置	利用水泥回转窑的高温、长时间停留、热容量大、热稳定性好、碱性环境等特点,生产水泥熟料的同时,焚烧固化重金属	大多数重金属污染土壤,但不宜用于汞、砷、铅等具有高温挥发性重金属污染较重的土壤	国内工程成本为 $800~1\ 000$ 元/m^3
	玻璃化	将污染土壤置于高温高压条件下形成玻璃态结构,并永久稳定在高温熔化土壤中	仅应用于污染严重的小规模污染场地	移动化玻璃化设备的运行成本约 $1\ 350$ 美元/m^3,最优化工艺条件下处置成本约 650 美元/m^3
	异位热脱附	污染土壤加热至目标污染物的沸点以上,通过控制系统温度和物料停留时间,有选择地促使污染物气化挥发,使目标污染物与土壤颗粒分离去除	处理汞等挥发及半挥发性污染物	国内处理成本为 $600~2\ 000$ 元/t

续表

类别	技术名称	基本原理	技术适应性	施工成本
化学修复	土壤淋洗	物理分离或增效洗脱等手段,通过添加水或合适的增效剂,分离污染土壤组分或使污染物从土壤相转移到液相,通过废水处理系统将污染物从水相去除	处理大多数重金属	国内处理成本为600~3 000元/m³
	固化/稳定化	向污染土壤中添加固化剂/稳定化剂,使其与污染介质、污染物发生物理化学作用,将污染土壤固封为结构完整的具有低渗透性的固化体,或将污染物转化成钝化形态	金属类、石棉、放射性物质、腐蚀性无机物、氰化物、砷化合物等无机物	应用于浅层污染土壤修复成本为50~80美元/m³,深层土壤修复成本为195~330美元/m³
	氧化还原	向污染土壤或地下水中注入氧化还原剂,通过药剂与污染物之间的充分结合与氧化还原作用,使得土壤及地下水中的污染物转化为无毒或者低毒物质	氧化技术适用于低价态毒性高,而高价态毒性小的金属元素。还原技术适用于低价态下金属离子生物毒性较小的污染物,如铬(Cr)	原位化学氧化技术的修复成本为500~2 500元/m³,异位化学氧化技术的修复成本为500~2 000元/m³,化学还原的修复成本为500~1 500元/m³

表5-6　重金属污染场地土壤修复技术的适用性

修复技术	土壤类型		污染物分布		污染物浓度	
	沙壤土	黏土	深层土壤	浅层土壤	高	低
污染阻隔	●/●	●/●	○/◎	●/●	●/●	◎/◎
水泥窑协同处置	●	●	◎	●	●	◎
热脱附	○/●	○/◎	○/●	●/●	●/●	●/●
固化/稳定化	●/●	●/●	●/●	●/●	●/●	●/●
化学淋洗	●/●	●/●	○/●	●/●	●/●	●/●
化学氧化还原	◎/◎	○/●	◎/◎	●/●	●/●	●/●
玻璃化	●	●	○/●	●/●	●/●	●/●

注:●表示非常适用;◎表示较为适用;○表示不适用。"/"左边表示原位修复,右边表示异位修复。

第三节　有机污染场地土壤修复技术

有机污染场地土壤中的典型有机污染物主要包括卤代挥发性有机物、苯系物、总石油烃(TPHs)、有机农药、PCBs和PAHs等,主要来自工业泄漏和溢出、石油库和化学品库泄漏、垃圾填埋场和垃圾堆场等,不仅对生态环境造成严重威胁,而且严重危害人类健康。与重金属污染相比,场地土壤有机物污染更普遍、更复杂,特别是农药/化工等工业污染场地土壤,有机污染物种类繁多、浓度高、毒性大,亟须开发绿色、经济、高效的有机污染场地土壤修复实用技术,以保障土壤生态环境的安全。按照污染物主要去除(控制)机理,有机污染场地土壤修复技术可分为物理修复、化学修复和生物修复。物理修复主要包括气相抽提、热脱附、焚烧等,化学修复主要包括土壤淋洗、化学氧化、化学还原等,生物修复主要包括微生物修复、植物修复等。

一、 有机污染场地土壤物理修复

(一) 土壤气相抽提技术

土壤气相抽提技术是通过在非饱和土壤层中布置抽气井,利用真空泵产生负压驱使空气流通过污染土壤的孔隙,解吸并夹带有机污染物流向抽取井,利用废气处理设施对抽气井抽出的废气进行处理,从而使污染土壤得到净化的方法。在实际场地污染土壤与地下水修复过程中,通常将蒸汽或清洁空气引入场地污染土壤内产生驱动力,利用有机污染物在土壤气相、固相、液相之间的浓度梯度,在气压降低的情况下,将挥发性有机污染物转化为气态排出土壤外,再进行尾气收集和处理。为增加压力梯度和空气流速,很多情况下在污染土壤中可安装若干空气注射井。典型的土壤气相抽提系统包括抽提井、输气泵、气-水分离器、气体处理系统、水处理系统等,如图 5-12。

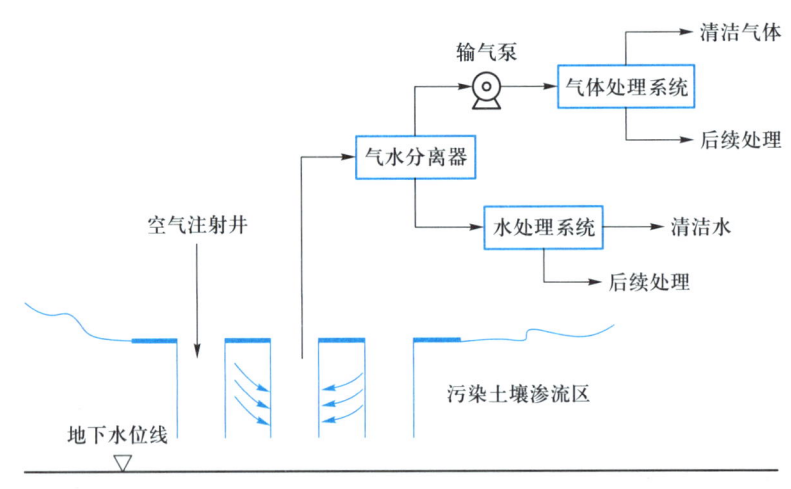

图 5-12　典型的土壤气相抽提系统示意图

土壤气相抽提修复技术是基于污染土壤中有机污染物的挥发特性。在孔隙空气流动时,土壤中有机污染物不断挥发形成气态,并随着气流迁移至抽提井,集中抽提出来,再进行地面净化处理。因此,土壤气相抽提修复技术可行与否,取决于有机污染物的挥发特性和土壤结构对气流的渗透特性。土壤中的气流可通过负压诱导产生或利用正压形成,气体在土壤孔隙中的流动方向可以是垂直或者水平方向的。气体流动受许多因素的限制,例如,真空水平或者压力、包气带网眼布置、孔隙率、空气渗透率、多向异性、距离地下水的距离、泄漏情况等。

1. 原位气相抽提

原位气相抽提利用真空通过原位布置在污染场地不饱和土壤层中的提取井向土壤中导

入气流,气流经过土壤时,挥发性和半挥发性的有机污染物随空气进入真空井,气流经过之后,土壤得到修复(图5-13)。根据污染土壤的实际地质、钻探条件或者其他现场具体条件因素,也可利用水平提取井进行修复。采用真空提取时,会引起地下水位上涨,此时可以利用低压水泵控制地下水位或者加深渗流层深度。空气注入对深层土壤污染、低渗透性土壤及饱和土壤区有机污染物的提取效果较好。

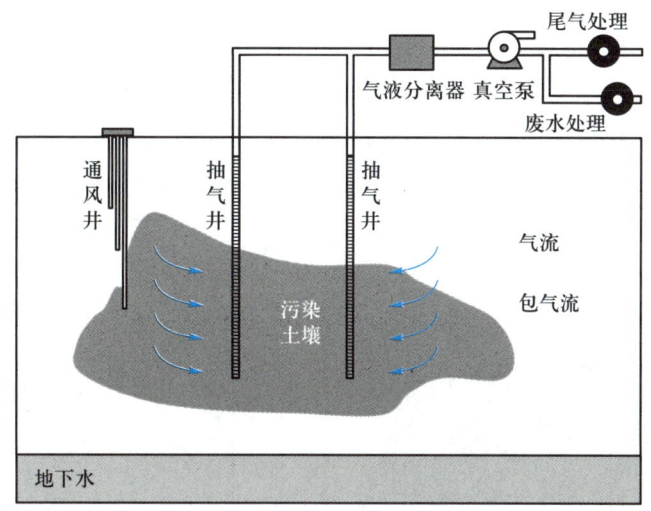

图5-13 污染土壤的原位气相抽提系统

原位气相抽提主要用于挥发性有机卤代物或非卤代物的治理修复,通常应用于亨利系数大于0.01或者蒸气压大于66.66 Pa的挥发性有机物的去除,也可应用于土壤中油类、PAHs等有机污染物的去除。由于土壤原位气相抽提涉及向土壤中引入连续气流,还可促进土壤中低挥发性有机污染物的生物好氧降解过程。采用原位气相抽提技术修复的土壤应具有质地均一、渗透能力强、孔隙度大、湿度小、地下水位较深等特点。土壤原位气相抽提技术的适用参数见表5-7。

表5-7 土壤原位气相抽提技术的适用参数

	项目	适用条件	不适用条件
污染物	主要形态	气态或蒸发态	固态或吸附态
	蒸气压(20℃)/Pa	$>1.33\times10^4$	$<1.33\times10^3$
	水中溶解度/(mg·L^{-1})	<100	>1 000
	亨利常数	>0.01	<0.01
土壤	温度/℃	>20	<10
	含水率/%	<10	>10
	空气传导率/(cm·s^{-1})	$>10^{-4}$	$<10^{-6}$
	组成	均一	不均一
	地下水深度/m	>3	<0.9

资料来源:赵景联,2006。

限制土壤原位气相抽提技术应用效果的因素主要有:土壤的异质性引起气流分配不均匀,低渗透性土壤限制其气流流动,地下水位太高(地下 1~2 m)会降低土壤中气态污染物的提取效果,黏土、腐殖质高或含水率低的土壤对挥发性有机污染物的强吸附性会降低其去除效率。排出的含有机污染物的尾气需要进一步分离处理。

2. 异位气相抽提

异位气相抽提是利用真空通过布置在堆积污染土壤中开有狭缝的管道网络向土壤中引入气流,促使挥发性和半挥发性有机污染物从土壤挥发进入气流中,进而被提取脱离土壤,经尾气处理系统后排放(图 5-14)。与原位气相抽提相比,异位气相抽提技术具有以下优点:挖掘过程可增加土壤中气流通道,浅层地下水位不会影响处理过程,可收集并处理挥发出来的有机污染物,容易监测修复过程及效果。

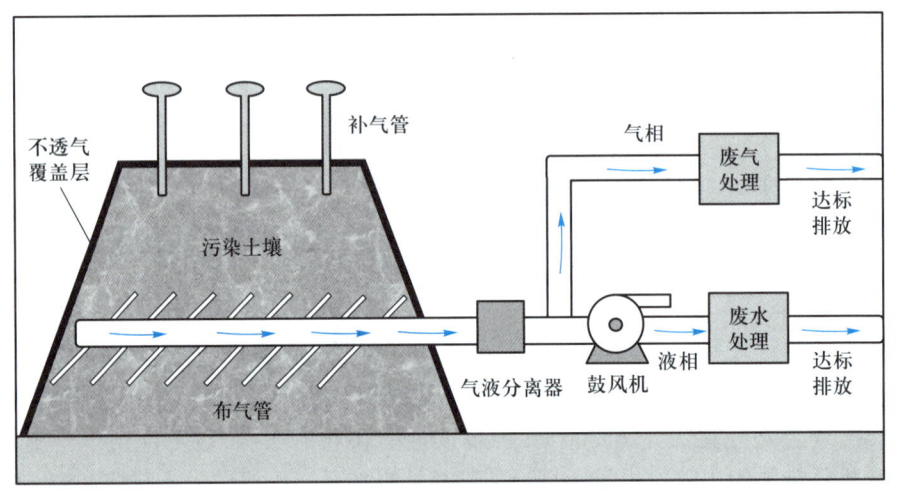

图 5-14 污染土壤的异位气相抽提系统

异位气相抽提系统主要设备包括抽风机、颗粒过滤罐、气-水分离罐、尾气处理设备、废水处理设备及加热装置等。在实施修复工程时应结合室内模拟数据、中试数据及运行成本、时间、修复目标等方面,选择适当的注气/抽气井数目和位置、抽气速率、抽气方式、运行时间等关键参数,以经济、高效去除挥发性和半挥发性有机污染物。此外,可采用焚烧法处理较高浓度的尾气,采用活性炭过滤处理浓度较低的尾气。

影响异位气相抽提技术推广应用的主要因素:挖掘和物料处理过程中容易出现气体泄漏,运输过程中有可能导致挥发性物质释放,占地空间要求较大,需提前进行土壤筛选去除块状碎石等。

3. 气相抽提技术的适应性

气相抽提技术具有操作方便、修复效率高、低成本、可采用标准设备、易与其他技术联用、不破坏土壤结构等优点,是经济有效的挥发性有机污染场地土壤修复方法,已广泛用于石油类有机污染场地土壤修复工程。气相抽提技术是去除不饱和土壤中挥发性有机污染物、部分半挥发性有机污染物及燃料类污染物的实用技术,特别适用于苯系物、挥发性有机卤代物和非卤代有机物污染土壤的修复,但不适用处理重油、PCBs 和二噁英等难挥发性有机物污染土壤的修复。

气相抽提技术的修复效率主要受场地土壤水文地质条件(土壤含水率、有机质含量、渗透性、土壤结构和分层等)和有机污染物性质的影响。

(1)土壤渗透性:土壤渗透性影响土壤的气流速率和气相运动,进而直接影响气相抽提的处理效果。气相抽提可引起地下气体流动,土壤渗透性决定了土壤中气体流动的难易程度。土壤渗透性越高,气相运动越快,被抽提的量也越大。渗透率高的土壤,适合应用气相抽提技术修复。因此,土壤渗透性对气相抽提技术的应用具有决定性意义。土壤渗透性与其粒径分布相关,土壤粒径越小,其平均孔隙越小,会阻碍土壤中空气的流动,降低气相抽提有机污染物的效率;土壤颗粒粒径变小,堆积紧密度增加,非水相液体与气相间的传质系数降低,导致气相抽提去除有机污染物的效率降低。

(2)土壤含水率:土壤水分会影响气相抽提过程中地下气体的流动。一般来说,土壤含水率高,土壤渗透性低,不利于有机污染物的挥发。在污染场地土壤中,有机污染物主要以土壤空隙中的非水相、土壤气相中的气态、土壤水相中的溶解态及土壤表面的吸附态存在。当土壤水分含量高时,土壤水相中溶解的有机物含量会相应增加,不利于有机污染物挥发进入气相;当土壤水分含量低于一定值时,由于土壤表面的吸附作用使有机污染物不易脱附,从而降低有机污染物向气相的传递速率。

(3)污染物性质:有机污染物的物理化学性质对其在土壤中的迁移扩散有重要影响。气相抽提技术适用于挥发性有机物污染土壤的修复,通常情况下低挥发性有机物污染土壤不宜选择气相抽提技术修复。有机污染物挥发的难易程度通常用蒸气压力、亨利常数和沸点来衡量,气相抽提技术适用于蒸气压大于 66.7 Pa、亨利常数大于 1.013×10^7 Pa 或沸点低于 300 ℃ 的有机污染物去除修复。

实际修复工作中,在初步选定气相抽提技术之后,要进一步开展技术的适用性评价,重点评价土壤渗透性、土壤与地下水结构、含水率及有机污染物的蒸汽压、亨利系数等对气相抽提技术适用性的影响。一般来说,气相抽提技术修复治理砂石性土壤比以黏土或淤泥为主的细土壤更有效,去除修复汽油等高挥发性有机污染物比柴油等更有效。一般情况下,增大抽气速率能提高气相抽提修复效率,缩短修复时间,但同时会增加设备投资和能耗,速率过大还可能导致土壤中优先流的产生,出现拖尾效应。在实际修复过程中,确定气相抽提系统的最佳抽气速率可大幅减少尾气处理量并有效降低修复成本。提高土壤温度能增大有机污染物的饱和蒸气压,提高其挥发速率,缩短修复时间,还能去除许多难挥发性有机物。气相抽提技术不能完全去除土壤中的有机污染物,对修复要求较为严苛的场地无法达到其修复目标,必须与化学氧化/还原或强化微生物修复等技术联用。

(二) 土壤热脱附技术

土壤热脱附技术是指通过直接或间接热交换,将污染土壤及其所含的有机污染物加热到足够高的温度(通常被加热到 150 ~ 540 ℃),使有机污染物从污染土壤中得以挥发或分离,对挥发出来的有机污染物进行处理,从而获得比较干净的土壤。空气、燃气或惰性气体常被用作蒸发成分的传递介质。热脱附通常是物理分离过程,通过控制热脱附系统的温度和物料停留时间有选择地使有机污染物挥发,而不是氧化、降解这些有机污染物。作为非焚烧技术,热脱附技术具有污染物处理范围宽、设备可移动、修复后土壤可再利用等特点。热脱附技术具有污染物去除率高、修复周期短、适用性强等显著优势,因而在有机污染场地土壤修复工程中得到广泛应用,已成为有机污染场地土壤修复领域的重要技术。

热脱附技术因修复地点、加热方式及进料方式的不同可分为多种类别:根据修复地点的不同,可分为原位热脱附技术和异位热脱附技术。根据热源与污染土壤接触方式的不同,可分为直接热脱附技术和间接热脱附技术。直接热脱附技术使用的设备主要为回转窑,间接热脱附技术使用的设备主要为回转窑或螺旋推进式热解炉。根据加热方式的不同,可分为传导加热、电阻加热、射频加热、注入热空气、注入热水和蒸汽强化提取等。

1. 原位热脱附

原位热脱附是通过向地下输入热能,加热污染区域的土壤或地下水,改变目标污染物的蒸气压及溶解度,促进有机污染物挥发或溶解而进入气相或水相,并通过土壤气相抽提或多相抽提实现对目标污染物去除的技术(图5-15)。原位热脱附系统通常包括热传导加热单元、抽提单元、废气/废水处理单元及监测单元等,其工艺流程为:在污染区域范围内设置加热井(或电极井,或蒸汽注射井),对目标污染区域土壤或地下水进行加热,达到污染物的挥发温度,再利用真空抽提井对气相/液相污染物进行抽提,通过冷凝分离,对提取出的气体和液体分别进行无害化处理,最后达标排放。根据加热方式和原理的不同,原位热脱附技术通常分为蒸汽加热、电阻加热、热传导加热,三种加热方式的适用性见表5-8。

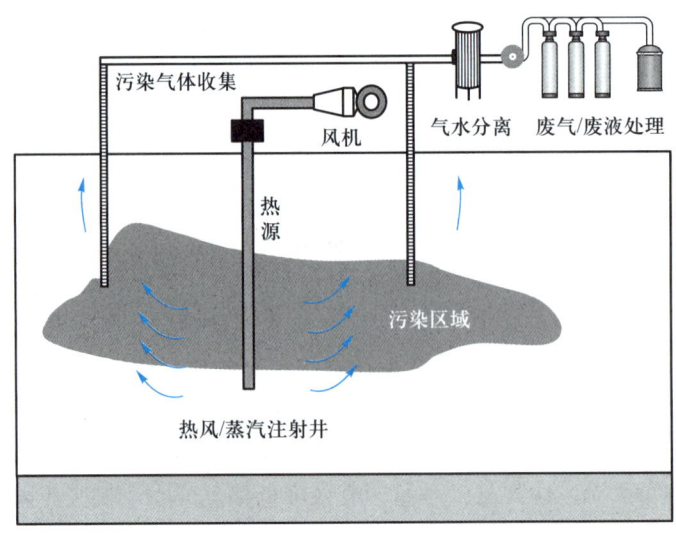

图 5-15　原位热脱附技术的基本原理示意图

蒸汽加热技术是通过注射井将高温蒸汽注入被污染的土壤区域中,利用高温蒸汽液化放热的热传递效应来加热土壤和地下水,随着蒸汽的冷凝,热量以辐射状向四周扩散,脱附下来的挥发性有机污染物与热蒸汽和地下水构成汽-水混合物,由抽提井收集、无害化处理后达标排放。该技术适用性较好,无论是挥发性有机物(VOCs)还是半挥发性有机物(SVOCs)都可以处理,包括苯系物、卤代烃、石油烃等。蒸汽加热技术只适用于砂性土或裂隙岩等渗透性较好的污染场地修复,对低渗透性污染土壤的修复效果不太理想。

2. 异位热脱附

异位热脱附是通过直接或间接加热,将挖掘出来的污染土壤加热至目标污染物的沸点以上,通过控制系统的温度和物料停留时间有选择地促使有机污染物的气化挥发,使目标污染物与土壤颗粒分离去除,工艺流程主要包括预处理与进料、污染土壤热脱附处理和尾气处

表 5-8　三种加热方式的适用性

加热方式	最高温度/℃	适合土质	适用条件	不适用条件
热传导加热	750~800	粉砂 粉土 壤土 黏土 基岩裂隙	① 适合于各种地层,特别是低渗透及均质性差的污染区域修复 ② 适用于挥发性有机物、石油类等半挥发性有机物、农药、二噁英及多氯联苯等 ③ 可以实现定深加热或不同深度分段加热	地下水流速较大的污染区域通常需要进行阻隔
电阻加热	100~120	粉砂 粉土 壤土 黏土	① 适合于各种地层的污染区域修复,特别是低渗透性污染区域的修复 ② 适用于挥发性有机物、含氯有机物和石油类等半挥发性有机物	① 不适用于基岩和裂隙等地质状况 ② 地下有绝缘体构筑物时,对修复效果影响较大 ③ 土壤含水率过低时需要补水 ④ 地下水流速较大的污染区域通常需要进行阻隔
蒸汽加热	170	沙砾 砂土 粉砂	① 适合于渗透性较好的地层 ② 适合对挥发性有机物污染区域及高浓度污染物区域的修复	① 不适用于渗透系数较小($<10^{-4}$ cm/s)的区域 ② 不适用于地层均质性差的污染区域 ③ 污染深度浅及污染范围大时,由于热量损失过大及蒸汽注入压力受限,限制应用 ④ 地下水流速较大的污染区域通常需要进行阻隔

理三部分(图 5-16)。异位热脱附适用于处理高浓度、高风险有机污染物,处理时间短、去除效率高,但成本较高且运输过程存在二次污染风险。异位热脱附技术可分为直接热脱附和间接热脱附。污染土壤修复方量较大时,宜采用直接热脱附工艺;修复方量较小时,可采用间接热脱附工艺。

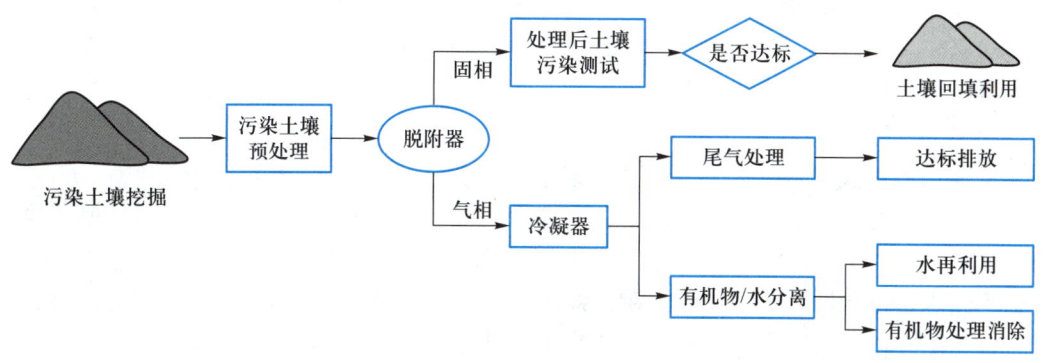

图 5-16　异位热脱附修复技术路线

直接热脱附是指热源通过直接接触加热污染土壤,使有机污染物从土壤中挥发去除的处理过程,工艺流程为:污染土壤首先经破碎、筛分等预处理后送入土壤与加热源直接接触的加热装置,脱附出的烟气进入旋风除尘器处理,除尘后的尾气进入二燃室实现高温焚烧,随后烟气相继通过急冷塔、布袋除尘、淋洗塔,尾气处理达标后排放。直接接触的热源是来自于燃烧火焰的辐射和可燃气体的对流,污染土壤直接与热源接触。直接热脱附的传热效率高,成本低,但产生的废气量很大,而且后续的废气处理也很复杂。

间接热脱附是指热源通过介质间接加热污染土壤,使有机污染物从土壤中挥发去除的处理过程,工艺流程为:污染土壤经预处理后送入加热腔体内,在螺旋运动或回转窑的旋转运动过程中被加热至目标温度,土壤中污染物受热气化,从土壤中解吸逸出,尾气经处理后达标排放。在间接热脱附技术中,热量是通过热传导间接提供的,热源与污染土壤没有直接接触。间接热脱附的热量利用率很低,处理成本很高,但产生的废气量少,废气处理系统相对简单。

3. 热脱附技术的适应性

热脱附修复技术比较适合挥发/半挥发性有机化合物,如苯系物、石油烃、PAHs、PCBs、有机氯农药及高沸点氯代有机物污染土壤的修复,不适用于腐蚀性有机污染物、活性氧化剂和还原剂含量较高的土壤,特别适用于处理高浓度有机物污染土壤及采用其他技术修复效果较差的有机物污染土壤。原位热脱附适用于处理高浓度及含有非水相液体的地下介质低渗透地层,不适用于地下水丰富、流速较快的污染区域。而对含氯有机污染物,采用非氧化燃烧处理方式修复污染土壤,可避免二噁英的生成。

影响土壤热脱附处理过程的因素主要包括温度、处理时间、污染物特性、土壤理化性质(如含水率、土壤粒径、渗透系数等)等。土壤渗透性影响气态化污染物导出土壤介质的过程,黏土含量高或结构紧实的土壤,渗透性比较低,不适合利用热脱附技术修复。黏土或有机质含量高的土壤对有机污染物的吸附能力强,会导致物料停留时间的延长,降低修复效率。随加热温度的提高,土壤中有机污染物去除效率会逐渐增加,但提高加热温度会消耗大量的热量,且高温会破坏土壤结构,使土壤有机质和土壤矿物中的碳酸盐挥发和热解,不利于处理后土壤的再利用。加热时间对去除效率的影响取决于加热温度,低温加热需要较长的处理时间,以确保有效去除污染物;当然,也可通过延长低温加热时间来避免高温对土壤结构的破坏,以实现高效热脱附土壤有机污染物。

热脱附技术对处理意外泄漏、倾倒而发生的突发性土壤污染事故具有较好的修复效果。但该技术也存在一定缺陷,例如,设备价格昂贵、脱附时间过长、处理成本过高、可能产生二次污染等问题尚未得到很好的解决,限制了热脱附技术在持久性有机物污染土壤修复中的应用。因此,仍需发展不同污染类型土壤的预处理和尾气处理技术,进一步优化处理工艺并研发智能化与自动化成套修复装备。

(三) 焚烧技术

1. 焚烧修复技术

焚烧修复技术是在高温和有氧条件下,依靠污染土壤自身的热值或辅助燃料,使其焚化燃烧并将其中的有机污染物分解转化为灰烬、二氧化碳和水,对焚烧产生的烟气进行处理,从而达到土壤中有机污染物减量化和无害化的目的。高温焚烧技术是一个热氧化过程,在这个过程中有机污染物分子被裂解成气体(CO_2、H_2O)或不可燃的固体物质。

焚烧通常为异位处理技术,多用来处理污染较为严重的土壤。焚烧技术主要包括焚烧、烟气净化、生产过程自动化控制、残渣综合利用等。焚烧炉主要有炉排型焚烧炉、流化床焚烧炉和回转窑式焚烧炉。炉排型焚烧炉技术成熟,运行稳定、可靠,适应性广,污染土壤一般可不经预处理直接进炉焚烧,处理规模较大,但不适用于处理含水率特别高的污染土壤。流化床焚烧炉对有机污染物的燃烧彻底,但处理规模较小,且对预处理的要求较为严格。回转窑焚烧炉技术成熟,能够处理难燃烧的物质,对含水率要求相对宽松,通过改变污染土壤停留时间可提高土壤中污染物的处理效率。

2. 焚烧修复技术的适应性

焚烧技术可用来处理大量高浓度的持久性有机污染物、石油类及半挥发性有机污染物等,总体对污染土壤的处理效果较好,处理时间较短。不同工艺对污染土壤含水率有不同要求,高含水率和黏性土壤的处理效率相对较低,且处理费用相应提高。该技术适用于处理土壤中难降解、毒性较强的有机污染物,由于在焚烧过程中会产生有害气体,因此应注意控制焚烧温度在 1 000 ℃ 以上。土壤经过高温焚烧处理后,其中的大量病菌、病毒、寄生虫卵等病原体被彻底消灭。

污染土壤的焚烧一般需要借助辅助燃料来引燃和维持燃烧,燃烧形成的烟气和残余物需要进行处理,对含氯有机污染土壤进行焚烧时存在产生二噁英的风险,处理过程中可能形成比原有污染物挥发性和毒性更强的化合物,能耗和成本较高。土壤焚烧法还存在其他缺点,例如,对装备要求较高,且需配备烟气处理设备,项目投资大,回报周期长等。在焚烧处理过程中会产生二次污染,尽管配有除尘和降低有毒有害物质排放的设施,但依然存在微量有害物质的排放。所以对污染较轻或者稳定性较差的有机物污染土壤,可采取其他修复技术。

（四）置换法

置换法即土壤置换技术,是用未受污染的土壤替换污染土壤的一种处理方法。土壤置换方法的主要工艺有直接全部换土置换法、地下土置换表层土法、部分土壤置换法、覆盖新土壤降低土壤污染物浓度法。在采用换土法时需要实地考察,根据实际情况选择一种换土法或多种换土方法综合利用,置换土壤的量可以根据当地客体土壤的颗粒组成和所需的质地标准来估算。该方法具有彻底和稳定等优点,可以满足后续的工程条件。

置换法是较为传统的污染土壤修复手段之一,能够以最快时间清理掉场地内的污染土壤,但实施过程中工程量较大,需要置换大量客土,投资费用很高,处理不当还会破坏土体结构,影响土壤性能。置换法虽然可以快速达到土壤恢复的目的,但不能减少污染物的总量,仅仅是污染土壤的转移,在转移过程中可能存在污染扩散和二次污染的风险。置换出的污染土壤仍需要妥善处置。因此,该方法要与水泥窑协同处置、土壤陶粒化等异位修复技术联合应用,适用于修复周期短、开发价值高的城市污染场地。

二、有机污染场地土壤化学修复

（一）土壤淋洗

土壤淋洗是借助能促进土壤环境中有机污染物溶解或迁移作用的淋洗剂,在重力作用下或通过水力压头推动淋洗液注入污染土层中,使吸附或固定在土壤颗粒上的有机污染物脱附、溶解,然后再把包含有污染物的液体从土层中抽提出来,进行分离和污水处理。土壤淋洗主要包括三个阶段:向土壤中施加淋洗剂、下层淋出液收集及淋出液处理。淋洗剂通常具有增溶、乳化或改变污染物化学性质的作用。表面活性剂通常被用作淋洗剂来修复有机污染场地土壤,其中生物表面活性剂(如鼠李糖脂)的应用较为广泛,具有高效、低毒和易生物降解等特性,而阴-非离子混合表面活性剂则具有洗脱效率高、成本低等特点。此外,淋洗处理后土壤中残留的微量表面活性剂可增强土著微生物降解有机污染物,可进一步去除土壤中有机污染物。与其他处理方法相比,淋洗法不仅可去除土壤中多环芳烃、多氯联苯、有机氯农药等有机污染物,还具有投资较少、操作人员可不直接接触污染物等优点(李玉双等,2011)。土壤淋洗技术分为原位淋洗和异位淋洗技术。

1. 原位淋洗技术

原位淋洗技术是通过注射井等向土壤施加淋洗剂,使其向下渗透至土壤污染区域,穿过土壤并与污染物相互作用,并通过解吸或溶解等作用与污染物结合,最终形成可迁移态化合物到达地下水,然后抽取含污染物和淋洗剂的地下水,并在地面上去除污染物的过程。含有污染物的溶液可以用梯度井等方式收集、存储,经处理后的淋洗剂可再次用于污染土壤的修复。

原位淋洗技术适用于多孔隙、易渗透的土壤,原位淋洗系统主要由淋洗剂投加、下层淋出液收集及淋出液处理系统构成,同时采用物理屏障或分割技术把污染区域封闭起来(图5-17)。

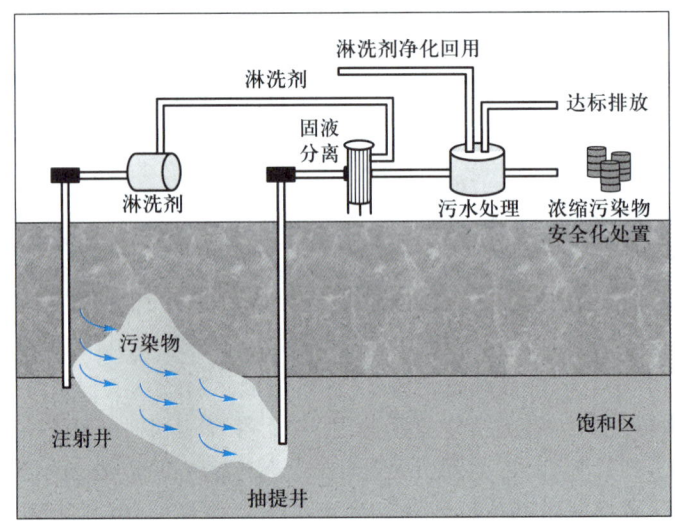

图 5-17 污染土壤原位淋洗技术工艺流程

原位淋洗技术无须对污染土壤进行挖掘、运输,适用于包气带和水饱和带多种污染物的去除,但也存在一定缺陷:可能会污染地下水,无法对去除效果与修复时间进行预测,去除效果受制于场地地质情况等,同时难以控制淋洗剂的流动路径,这样有可能会扩大土壤被污染的范围,影响土壤淋洗的效率。

2. 异位淋洗技术

异位淋洗是把污染土壤挖掘出来,通过筛分去除超大组分并把土壤分为细料和粗料,然后用淋洗剂清洗、去除污染物,再处理含有污染物的淋出液,将洁净土壤回填或运到其他地点安全利用。通常先根据处理土壤的物理状况,将其分成不同的部分,然后根据土壤二次利用和最终处理需求,选择不同淋洗剂清洗土壤。

污染土壤异位淋洗技术工艺流程如图 5-18,主要步骤如下:① 污染土壤的挖掘;② 土壤颗粒筛分,将粒径过大的砾石移除,剔除垃圾、有机残体、玻璃碎片等杂物,以免损害淋洗设备;③ 淋洗处理,在一定的土液比下将污染土壤与淋洗剂混合搅拌,待淋洗剂将土壤污染物萃取出后,再进行固液分离;④ 淋洗剂回收利用,将淋洗剂组分与悬浮颗粒及污染物分离,再次用于污染土壤淋洗;⑤ 淋洗后土壤的处置,淋洗后的土壤如符合控制标准,则可以回填或安全利用;⑥ 淋洗剂回收利用过程中产生的污泥,经脱水后可用热脱附技术等处理。

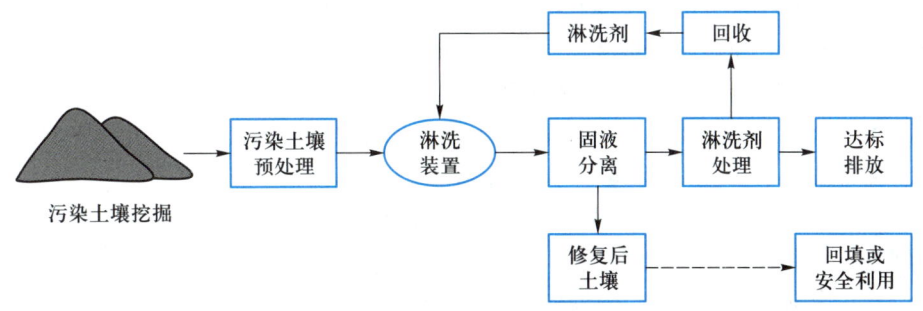

图 5-18 污染土壤异位淋洗技术工艺流程

异位淋洗技术具有设备相对简单、维护相对便捷、对场地土壤彻底修复、大颗粒土壤可部分回填等优点,但同时存在需要开挖、破坏土壤结构、成本高等缺点。此外,采用淋洗技术修复污染土壤,土壤黏土成分不能过高,否则修复效果不佳;选择合适的淋洗剂也非常重要。

3. 淋洗剂回收利用技术

(1) 空气吹脱法:是将含有挥发性有机物(VOCs,有较高的亨利系数)的表面活性剂溶液与无污染空气接触,通过鼓气等方式促使溶液中的有机污染物由液相转移至气相,从而去除表面活性剂溶液中有机污染物的方法。增大气液两相接触面积有利于提高有机污染物的去除效率。

(2) 有机溶剂萃取法:有机溶剂萃取法(又称液液萃取)常被用于去除非挥发性有机污染物。与空气吹脱原理相似,有机溶剂萃取是将表面活性剂溶液中的有机污染物分配到有机溶剂中。有机溶剂萃取法简单易行,对挥发性和非挥发性有机物都有较好的处理效果,但在萃取过程中,表面活性剂容易进入有机溶剂相产生乳化作用,造成表面活性剂损失的同时也污染有机溶剂;有机溶剂也容易分配进入表面活性剂胶束中,从而抑制其对溶液中有机污染物的萃取效率。此外,有机溶剂费用相对较高,在萃取后需要对其进行后处理。

(3) 高级氧化法:高级氧化技术是基于具有高氧化性能的活性自由基,如羟基自由基($\cdot OH$)和硫酸根自由基($SO_4^-\cdot$)等作为主要氧化剂,通过自由基加成、脱氢作用、电子转移等作用降解有机污染物。常用的高级氧化技术有芬顿氧化、臭氧+紫外、光解+芬顿、过氧化氢+紫外等。高级氧化技术在氧化降解表面活性剂淋洗液中有机污染物的同时,也会降解表面活性剂,从而消耗氧化剂,影响表面活性剂的回收率。开发选择性降解淋洗剂中有机污染物的高级氧化体系是回收表面活性剂淋洗液的关键。

(4) 吸附法:是在分子引力或化学键的作用下将污染物吸附在固体材料表面,从而实现从溶液中分离污染物。吸附法具有适用范围广、处理效果好、设备和操作简单等优点,吸附剂多可再生或重复使用。从土壤淋洗液中回收表面活性剂,主要是基于吸附材料对淋洗液中表面活性剂和有机污染物的吸附系数存在较大差异。常用的吸附剂主要有吸附树脂、活性炭、硅藻土、高岭土、膨润土等。例如,利用有机膨润土可选择性吸附去除表面活性剂淋洗液中的疏水性有机污染物,从而实现表面活性剂溶液的回收利用(Zhou 等,2013);而且有机膨润土可重复用于表面活性剂淋洗液的回收处理。大孔树脂 SP850 同样可高效选择性吸附 PAHs,实现表面活性剂淋洗液的回收利用(Zeng 等,2020)。

4. 土壤淋洗修复技术的适应性

土壤淋洗修复技术最适用于多孔隙、易渗透污染土壤的修复。因此,土壤渗透性对淋洗修复效率影响较大。原位土壤淋洗修复技术适用于水力传导系数大于 10^{-3} cm/s 的多孔、易渗透土壤,异位土壤淋洗修复技术则适用于土壤黏粒含量低于 25% 的土壤修复。土壤淋洗修复技术可能会破坏土壤理化性质,使大量土壤养分流失,并破坏土壤微团聚体结构;此外,易造成土壤污染范围扩大,并产生二次污染。

在传统的有机污染场地土壤化学淋洗修复实践中,常用单一阴离子或非离子表面活性剂淋洗修复。然而,阴离子表面活性剂易在土壤中产生沉淀损失,非离子表面活性剂会在土壤固相产生吸附损失,不仅降低表面活性剂增溶洗脱有机污染物的效率,还可能对土壤环境造成一定的生态风险。另一方面,在实施有机污染场地土壤化学淋洗修复过程中,表面活性剂增溶洗脱土壤有机污染物存在一个临界洗脱浓度(CWC),即表面活性剂浓度>CWC 时,可增溶洗脱土壤有机污染物;如用低浓度(<CWC)表面活性剂时,尚不能洗脱土壤有机污染物,反而会增强土壤吸附固定有机污染物。阴-非离子混合表面活性剂对 PAHs 等有机污染物会产生协同增溶作用,且能阻止表面活性剂形成类胶束、促进阴离子表面活性剂沉淀产物的再溶解,可显著降低土壤中非离子表面活性剂的吸附和阴离子表面活性剂的沉淀损失,显著提高增溶洗脱土壤有机污染物的效率。实际修复工程应用中,阴-非离子混合表面活性剂适用的温度、盐度、硬度等土壤环境条件更宽。选择合适的表面活性剂体系,提高淋洗修复效率,同时降低修复成本和生态风险是表面活性剂增效修复技术工程应用中需要关注的问题(朱利中,2015)。

朱利中等发明的有机污染场地土壤淋洗-抽提修复一体化技术,可显著提高增溶洗脱效率;利用有机膨润土等对有机污染物与表面活性剂吸附系数的显著差异,开发的表面活性剂淋洗液回收利用的新技术,解决了表面活性剂增溶洗脱修复(SER)工程中淋洗液循环利用的关键技术难题;研发了集预处理-增溶洗脱-固液分离-淋洗液循环利用的有机污染土壤修复一体化工艺及模块化、移动式成套设备;建立了表面活性剂增溶洗脱-强化微生物降解一体化修复有机污染土壤的新方法,即增效洗脱有机污染土壤后堆放 30 d 左右,土壤中残留的微量表面活性剂可强化微生物降解有机污染物,进一步提高修复效率(图 5-19),并降低修复成本。在农药化工行业等退役污染场地实施规模化混合表面活性剂增效洗脱修复工程,土壤 DDT、PAHs 等难降解有机污染物去除率>98%,修复成本比传统 SER 技术降低 30%以上,并实现淋洗液的循环利用,废水的零排放。

(二) 化学氧化技术

化学氧化技术是向污染土壤中加入化学氧化剂,依靠化学氧化剂的氧化能力,分解破坏污染土壤中有机污染物的结构,使有机污染物降解或转化为毒性较低或无毒性物质的一种修复技术。实际污染场地修复工程中,化学氧化技术不需要将污染土壤全部挖掘出来,只是

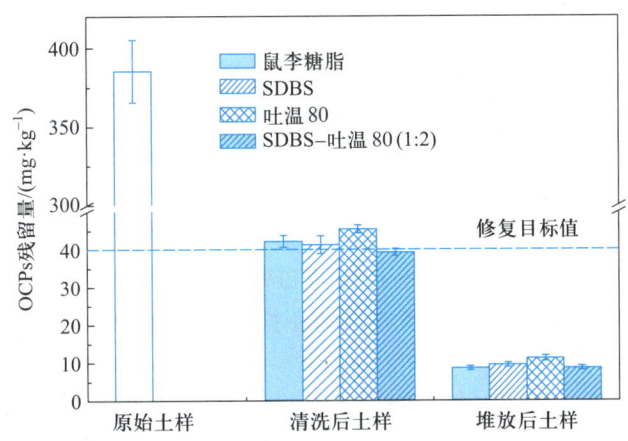

图 5-19 表面活性剂增溶洗脱及堆放 30 d 后土壤有机氯农药残留量

在污染区的不同深度钻井,将氧化剂注入土壤中,通过氧化剂与污染物混合、反应使其降解或赋存形态变化,实现修复污染场地的目的。

1. 原位化学氧化技术

原位化学氧化技术是将氧化剂注入土壤中,或对场地中浅层的污染物直接加入氧化药剂,借助机械搅拌,通过氧化剂与污染物的混合反应使污染物降解或赋存形态发生变化(图 5-20)。向注射井中加入氧化剂并分散是原位化学氧化技术成功的关键,常用的加药方式有建井注射、直推注射、高压旋喷注射、原位搅拌等。对低渗场地土壤,可采取土壤深度混合、液压破裂等方式对氧化剂进行分散预处理。

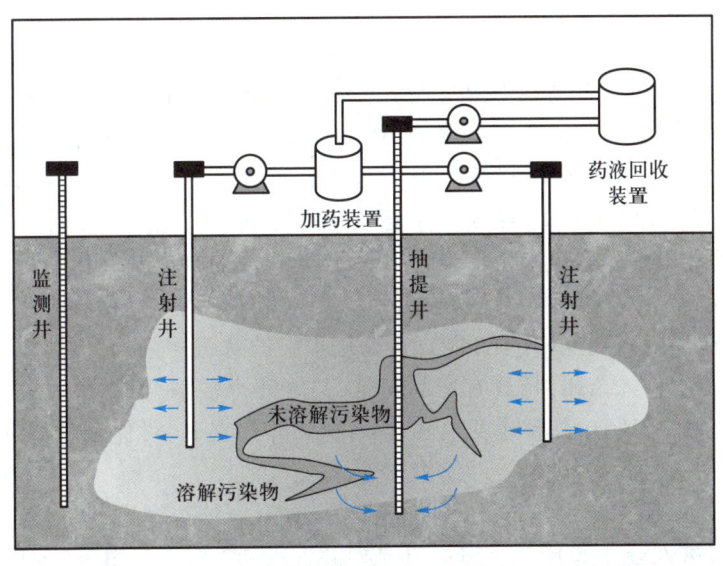

图 5-20 原位化学氧化过程示意图

原位化学氧化技术不需要挖出或移出污染土壤和地下水,基本不破坏地层结构,保持地基承载力、施工简单及修复成本相对较低。由于原位修复施工过程中不清挖、装载及外运污染土壤,施工过程的环境影响较小,还可节约修复成本。此外,该技术还可同时修复深层污染的土壤与地下水,修复深度能达到地表以下数十米;可有效处理土壤与地下水中多种类型的有机污染物,且二次污染风险较低。

2. 异位化学氧化技术

异位化学氧化技术是将污染土壤清挖转运至异位修复区域,通过修复机械装备将氧化药剂与污染土壤混合、搅拌,使土壤有机污染物转化为毒性较低或无毒性的物质。异位化学氧化系统主要包括土壤预处理单元、药剂混合单元和防渗单元等。预处理系统对开挖的污染土壤进行破碎、筛分或添加土壤改良剂等;药剂混合系统将污染土壤与药剂进行充分混合搅拌,按照设备的搅拌混合方式,可分为内搅拌和外搅拌两种类型;防渗系统为反应池或是有抗渗能力的反应场,能够防止外渗,并能够防止搅拌设备的损坏。

3. 化学氧化剂

化学氧化修复中化学氧化剂的选择应遵循以下原则:反应足够强烈,使污染物通过降解、蒸发及沉淀等方式去除,并能消除或降低污染物的毒性;氧化剂及反应产物应对人体无害;修复效率高、成本低。常用的氧化剂主要有高锰酸钾、臭氧、二氧化氯、过氧化氢及芬顿试剂、过硫酸盐等,部分氧化剂需配合活化剂及稳定剂共同使用。

(1) 高锰酸钾:高锰酸钾主要通过直接氧化的方式降解有机污染物,氧化还原电位为1.69 V,反应受 pH 影响较小,是一种较强的固体氧化剂,能有效去除水相中多种有机污染物。作为固体,运输和存储较为方便,而且它在水中的溶解度高,可通过水溶液的形式导入土壤污染区,适宜浓度一般为 0.1%~2%,通常不超过 4%。高锰酸钾不仅对三氯乙烯、四氯乙烯等含氯溶剂有很好的氧化效果,且对烯烃、酚类、硫化物和甲基叔丁基醚(MTBE)等其他有机污染物也很有效。高锰酸钾性质稳定,易与含 π 键的有机物反应,但本身容易被土壤中的天然有机质所消耗,同时产生的二氧化锰沉淀影响氧化剂在空隙中的传递,也存在污染地下水的风险。

(2) 臭氧:臭氧(O_3)的氧化还原电位为 2.08 V,作为强氧化剂能迅速氧化分解水中大部分有机污染物。气态臭氧易在土壤与地下水中输送,其扩散速率比一般液态氧化剂更大。水中 O_3 的溶解度是 O_2 的 12 倍,土壤修复中 O_3 可快速进入土壤水分中,其自身分解产生的 O_2 可为土壤微生物所利用,促进有机污染物的微生物降解,因此可与生物通风等技术联用修复污染场地。O_3 氧化效率高,可减少修复时间,降低成本。但在 O_3 投量有限的情况下,不可能完全去除环境中的微量有机污染物。O_3 及其形成的自由基氧化能力较强,且二次污染小,但由于气态 O_3 纵向传输距离短,易受到传质和溶解性的限制而影响修复效果。

(3) 过氧化氢:过氧化氢(H_2O_2)能直接氧化水中的有机污染物,同时本身只含 H、O 两种元素,使用时不会引入杂质,且具有产品稳定、与水完全混溶、无二次污染、氧化选择性高等优点。在水环境中,H_2O_2 分解速度很慢,同有机物作用温和,可保证较长时间保持氧化作用,也可作脱氯剂(还原剂),不会产生卤代烃。

(4) 芬顿试剂:芬顿试剂(Fenton reagent)是在过氧化氢的基础上发展起来的更为有效的氧化剂,主要是通过酸性条件下 H_2O_2 与 Fe^{2+} 生成氧化性极强的羟基自由基($\cdot OH, E^{\ominus} = 2.8$ V),不稳定的羟基自由基通过夺氢反应或加羟基反应降解有机污染物。羟基自由基的氧化还原电位为 2.8 V,氧化能力强。在使用该方法的时候,对 H_2O_2 的使用量要求非常严格,过量的 H_2O_2 不利于有机污染物的降解。此外,加入芬顿试剂的反应是放热的,可能会改变土壤的理化性质,其次反应产生的 Fe^{3+} 与 OH^- 反应,有可能会生成 $Fe(OH)_3$ 沉淀,导致土壤渗透性降低。芬顿试剂氧化范围宽、反应速度快,但羟基自由基产量不稳定,且易与土壤组分选择性剧烈反应,限制了自由基与有机污染物接触氧化的机会。由于芬顿试剂的 pH 使用范围较窄(2~4),高碱性土壤、含石灰岩土壤或 pH 缓冲能力很强土壤的修复时,使用芬顿试剂需要消耗大量的酸,影响经济高效修复土壤。

(5)过硫酸盐:过硫酸盐在水溶液中可发生电离作用产生具有较强氧化性的过硫酸根离子($S_2O_8^{2-}$,$E^\ominus = 2.01\ V$),但在常温条件下过硫酸盐较稳定,反应速率慢,因此对有机污染物的降解效果一般。而通过过渡金属离子、光、热等的活化作用,过硫酸盐分子中的—O—O—断裂并产生新的活性物质—硫酸根自由基($SO_4^-\cdot$,$E^\ominus = 2.6\ V$)。$SO_4^-\cdot$ 有一个孤对电子,得电子能力强,具有很高的氧化反应活性,理论上能将大部分有机污染物降解并最终矿化,从而达到降解有机污染物的目的。常见的活化手段有热活化、紫外光活化、过渡金属活化、碳基材料活化等。活化过硫酸盐体系主要通过自由基($SO_4^-\cdot$、$\cdot OH$、$O_2^-\cdot$ 等)和非自由基(如单线态氧$^1O_2$)两种途径氧化降解有机污染物。

过硫酸盐在不同活化条件下可生成多种活性自由基,如 $SO_4^-\cdot$、$\cdot OH$、$O_2^-\cdot$ 等,$SO_4^-\cdot$ 的氧化还原电位较 $\cdot OH$ 和 $O_2^-\cdot$ 更高,可有效氧化降解绝大多数有机污染物,其降解机理与 $\cdot OH$ 类似,主要通过与芳香类化合物发生电子转移反应、与不饱和烃类化合物发生加成反应、与烷烃、醇、脂和醚类化合物发生氢提取反应等三种途径与有机污染物进行反应。

非自由基活化不易受到水体中天然有机质的影响,通过与有机污染物的表面基团相互作用或通过媒介进行电子传递直接氧化降解有机污染物,具有一定的特异性而备受关注。$^1O_2$ 是一种中度亲电试剂,可选择性地氧化降解水中难降解有机污染物,对富含电子的有机物(如酚、胺等)具有很高的降解活性,但对饱和醇(如乙醇、甲醇和叔丁醇等)的降解活性可以忽略不计。氮掺杂非金属催化剂、矿物等都可以活化过硫酸盐生成$^1O_2$ 以降解有机污染物。

活化过硫酸盐氧化法具有氧化性强、反应速率快及适用范围广等特点,在修复工程应用中有很强竞争力。与其他氧化剂相比,过硫酸盐对土壤中其他物质的氧化作用缓慢、反应温和,且反应后对土壤颗粒结构、土壤微生物及土壤酶的影响也较小,在土壤原位修复中显示出独特的优势和应用前景。

4. 化学氧化修复技术的适应性

采用化学氧化修复技术修复有机污染土壤时,针对土壤和污染物特性,首先要快速判断该技术修复污染土壤的可行性,通过实验室试验,研究各种影响因子,评价化学氧化的技术和经济可行性,进而考察各种设计参数的可靠性,然后要充分考虑试运行、调试、运营、监理、监控指标、应急预案等。

(1)化学氧化修复技术适用于处理土壤与地下水中大部分有机污染物,例如,石油烃、酚类、苯系物、三氯乙烯等含氯有机溶剂、多环芳烃、甲基叔丁基醚、部分有机农药等。对吸附性强、水溶性差的有机污染物应考虑必要的增溶、脱附方式,有机污染物浓度过高时,还应考虑经济性与可行性。当氧化过程中会产生高毒性中间产物、副产物或其他值得关注的污染物时(如过硫酸盐氧化产生的硫酸根离子),应在技术选择及后期监测时加以考虑。除了单独使用外,化学氧化修复技术还可与其他修复技术(如生物修复)联合使用,可作为生物修复或自然生物降解之前的一个经济而有效的预处理方法。

(2)土壤的均一性和渗透性是影响原位化学氧化修复技术修复效果的重要技术参数。非均质土壤中易形成快速通道,使注入的药剂难以接触到全部处理区域,因此均质土壤更有利于药剂的均匀分布。例如,在砂质、淤泥和黏土混杂土壤中污染物相对比较容易被氧化去除。如果淤泥和黏土层较厚而且污染较重时,氧化剂会向砂土层扩散,使净化程度达不到预期效果。高渗透性土壤有利于药剂的均匀分布,更适合使用原位化学氧化修复技术。由于药剂难以穿透低渗透性土壤,在处理完成后可能会释放污染物,从而导致污染物浓度反弹。化学氧化剂在土壤中的输送扩散还与地下水水力梯度相关,渗流速度与地下水水力梯度和水力渗透系数成正比,与土壤孔隙体积成反比,渗流速度大有利于氧化剂在土壤中扩散。

（3）基于污染场地的复杂性,氧化剂的选择要根据场地所在的地理环境和土壤的质地特征,而且化学氧化的理论研究与实际应用存在一定的差异。氧化剂的氧化能力（氧化剂类型、相对氧化强度、标准氧化势）、环境因素（pH、反应物浓度、催化剂及副产物等）对化学氧化速率及效果都起着至关重要的作用。化学氧化剂、催化剂和活化剂等注入土壤饱和带后,在输送和扩散过程中,会不断与土壤和地下水中的有机质和还原性物质反应而被消耗,在计算氧化剂投加量时,需要考虑这部分氧化剂的消耗量。

（三）化学还原技术

化学还原技术是向污染土壤或地下水中添加还原剂,通过还原作用,使土壤或地下水中有机污染物转化为毒性较低或无毒性物质的修复技术,可适用于土壤和地下水污染治理。按照实施方式的不同,可分为原位化学还原和异位化学还原。

1. 原位化学还原

原位化学还原通过注药设备将还原剂原位注入土壤或地下水的污染区域,使药剂与污染物发生还原作用（图5-21）,从而使土壤或地下水中的有机污染物转化为毒性较低或无毒的物质。常见的注药方式有建井注射、直推注射、高压旋喷注射和原位搅拌等。

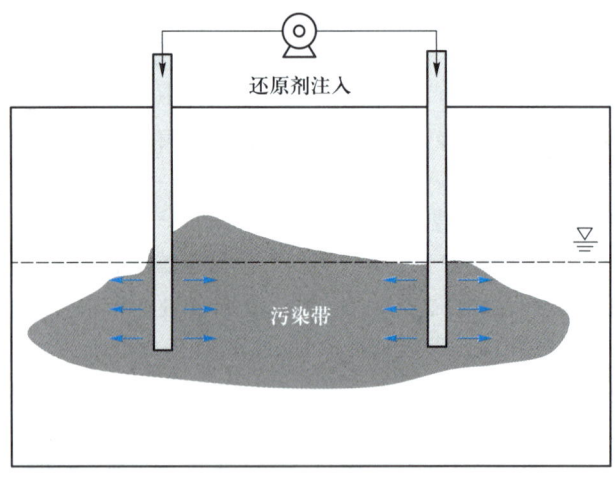

还原剂注入

污染带

图 5-21　原位化学还原技术示意图

原位化学还原系统包括药剂配制/储存单元、药剂注入单元、供电单元及过程控制等辅助单元,其中药剂配制单元将还原药剂与水进行混合搅拌,药剂注入单元将药剂与水混合物以一定的压力注入地下,使药剂与污染土壤或地下水充分混合,达到污染修复的目的。

原位化学还原技术的工艺流程为:通过实验室小试与场地中试确定药剂剂量、药剂注入影响半径等参数;配制药剂与水的混合液,在污染区域范围内设置注射点位,利用药剂注入单元向目标污染区域的土壤或地下水加入还原药剂;通过监测注射井的压力、温度等参数调控药剂流量;药剂注入后需开展运行监测,以评估药剂注入后的修复效果。

2. 异位化学还原

异位化学还原是通过开挖污染土壤,将其转运至指定的防渗堆场或反应器内进行修复,通过修复机械将还原药剂与污染土混合、搅拌,充分反应,从而使土壤中污染物转化为毒性较低或无毒性的物质,再将修复后的土壤回填至原处或送至其他地方安全利用。

异位化学还原系统包括土壤预处理单元、药剂混合单元和防渗单元等,其中土壤预处理单元对开挖出的污染土壤进行破碎、筛分或添加土壤改良剂等;药剂混合单元将污染土壤与药剂进行充分混合搅拌;防渗单元为反应池或是具有抗渗能力的反应场,能够防止污染物外渗,并且能够防止搅拌设备的损坏。通常做法有两种,即采用抗渗混凝土结构或者采用防渗膜结构加保护层。

异位化学还原技术的工艺流程为:将污染土壤挖出,污染土平铺,拌入药剂,混合均匀;静置一段时间后监测其目标污染物的浓度,若未达标,继续添加药剂混合搅拌,进一步还原处理污染物直至达标。异位化学还原所需的修复周期相对较短,且可通过均匀化、筛分、连续搅拌等工程控制手段来更好实现修复目标,但挖掘和运输成本比较高,并会明显影响现场的地貌环境。

3. 零价铁还原剂

零价铁是有机污染场地还原修复常用的一类还原剂,主要应用于还原降解氯代有机物,包括氯化烷烃、氯化烯烃、氯苯类、有机氯农药、多氯联苯、五氯酚等,也可还原降解硝基苯、硝基苯酚等多种硝基芳香族化合物。在零价铁处理有机氯化物体系中存在三种还原剂:金属零价铁(Fe^0)、亚铁离子(Fe^{2+})和氢(H_2)。金属零价铁对有机氯化物的还原脱氯路径包括氢解、还原消除、加氢还原及吸附作用等。

纳米零价铁(nZVI)具有还原性强、比表面积大、活化位点丰富等特点,被广泛地应用于场地污染土壤氯代有机污染物的还原修复。然而在实际场地污染土壤修复应用中,nZVI的高比表面能和磁性导致其容易发生团聚,从而减少比表面积,有效活性位点发生损失,降低其迁移性。另外,nZVI的还原性很强,极易与氧气和水发生反应,表面被铁氧化物或羟基氧化物所覆盖,形成钝化层,导致nZVI失活;同时,nZVI具有极细小的颗粒尺寸,在实际应用中分离困难,易于流失,造成二次污染,带来潜在的生态和环境风险。

针对现有nZVI修复技术应用存在的局限性,可采用一定的改性方法增强材料性能,提高nZVI的分散度和反应活性,并拓宽其应用范围。nZVI改性的主要方式有:① 包覆型:在纳米颗粒表面包裹聚合物,通过静电斥力、空间位阻等方式减少纳米颗粒的团聚;② 负载型:将纳米颗粒负载到具有孔隙结构的载体上以增大纳米颗粒的比表面积;③ 双金属型:通过结合氧化还原电位更高的金属以促进电子传递,增强析氢效果;④ 硫化型:在纳米颗粒表面形成FeS层以增强电子传输。改性后的nZVI可减弱纳米颗粒的团聚效应,提高环境中纳米颗粒的稳定性,还可在一定程度上降低nZVI的微生物毒性。

表面改性是提高nZVI在水介质中分散性和多孔介质中流动性的主要途径之一。nZVI表面改性主要利用表面活性剂或高分子聚合物等改性材料包覆在nZVI颗粒表面有效降低其氧化作用,同时表面改性剂引入导致nZVI表面电荷发生变化,克服静电作用减少颗粒聚集。表面改性除了能够提高nZVI的稳定性外,也可使其迁移性增强。理想的表面改性剂具有易黏附到颗粒表面、稳定性强、无二次污染和廉价易得的特点,可以通过静电稳定效应、空间位阻作用或两者协同来防止分子的静电吸引并减少它们的聚集。常见的表面改性剂有黄原胶、瓜尔豆胶、聚丙烯酸、羧甲基纤维素等。

金属改性是将较不活泼的金属(如 Pd、Pt、Ag、Cu、Ni 等)加入 nZVI 形成双金属纳米颗粒以增加颗粒的反应性,为 nZVI 提供良好的钝化保护。金属改性方法通过添加其他催化金属制成双金属颗粒,增加了金属活性位点数量,提高 nZVI 的抗氧化性能,保障其反应活性,但双金属颗粒仍然易于聚集,导致一定程度上降低其比表面积和反应性,同时有些贵金属价格较高,限制其大规模的应用。

负载改性是通过将 nZVI 分散到具有孔隙结构的固体载体上,将 nZVI 固定在载体表面上或捕获在孔道内实现对纳米颗粒的固定,以减少 nZVI 颗粒之间的团聚,增强其迁移能力和机械强度,同时为 nZVI 提供更多的活性位点。常见的载体分为无机载体、有机载体及多孔碳载体。负载 SiO_2、氧化钙、海泡石及膨润土、高岭土、沸石等无机矿物材料能有效提升 nZVI 的分散性,将其固定在材料的内部空间或者表面上,防止颗粒积聚。有机载体以有机质作为基础,不仅能够改变负载 nZVI 的均一性和分散性,而且能够有效加快反应速率,促进反应物之间的电子转移。活性炭、石墨烯、碳微球、碳纤维等多孔碳材料的负载能够有效提升 nZVI 的比表面积、分散性和稳定性。通过多孔介质负载、增加空间位阻和静电排斥作用,降低 nZVI 团聚改善其分散性,多孔材料具有丰富的孔道、比表面积和活性位点,可以使污染物与 nZVI 更好地接触,活性位点增加,沸石、活性炭及有机质等载体介质本身具有一定吸附性能,通过与 nZVI 负载,可以通过吸附−降解实现对污染物的协同去除,提升反应速率,同时提高 nZVI 在土壤及水体等环境中的迁移率。

硫化改性是通过硫化作用在 nZVI 表面形成的 FeS 层,有效减少 nZVI 的团聚,提高 nZVI 比表面积和表面粗糙度,改善 nZVI 的疏水性能、电子转移性能,可促进电子转移。硫化纳米零价铁(S−nZVI)比 nZVI 具有更大的比表面积和更强的还原能力,且生成的硫化铁可作为电子转移介质,可有效地将电子从 nZVI 核心转移到其表面的目标污染物。此外,S−nZVI 在一定程度上抑制了铁的析氢速率,提高矿化程度和去除效率,表现出良好的耐盐性。

4. 化学还原修复技术的适应性

化学还原修复技术主要针对氯代有机物、硝基化合物等有机污染物,适用于中低浓度污染土壤或地下水的修复,在处理氯代有机污染物过程中可能产生高毒性的中间产物(如氯乙烯)。影响化学还原修复技术修复效果的关键因素包括土壤理化性质、场地水文地质条件、氧化还原电位、pH、污染物的性质及浓度等。

(1)土壤地质化学条件:化学反应中,向污染土壤中投加还原药剂,除考虑土壤中污染物浓度外,还应兼顾土壤中可能消耗还原药剂的物质,将可能消耗还原药剂的所有物质量加和后计算还原药剂投加量。

(2)氧化还原电位:对异位化学还原修复,氧化还原电位一般在 −100 mV 以下,并可通过补充投加药剂、改变土壤含水率及土壤与空气接触面积等方式进行调节。

(3)pH:根据土壤初始 pH 条件和药剂特性,针对性地调节土壤 pH,一般 pH 为 4.0~9.0。常用的调节方法如加入硫酸亚铁、硫黄粉、熟石灰、草木灰及缓冲盐类等。

(4)含水率:对异位化学还原反应,土壤含水率至少要达到土壤饱和持水能力的 90%。

三、有机污染场地土壤生物修复

有机污染场地土壤的生物修复是指利用土壤中的植物、动物和微生物等生物,通过人为调控,强化污染物的吸收、降解和转化过程,使土壤中的污染物质含量降低到一定水平或者转化为无害物质的方法。与物理、化学修复污染土壤技术相比,它具有成本低、对土壤生态环境影响小、操作简单、费用低廉等特点,是一种新型的环境友好替代技术。根据污染土壤生物修复主体的不同,可以分为微生物修复技术、植物修复技术、微生物-植物联合修复技术。

(一) 微生物修复

土壤是微生物生长和繁殖的天然培养基。土壤中微生物类群丰富、数量繁多,是土壤生态系统的重要生命体,它不仅可以指示污染土壤的生态系统稳定性,而且还具有巨大的潜在环境修复功能。微生物修复是指利用天然或功能微生物群,在适宜环境条件下,促进或强化微生物代谢功能,从而达到降低有毒污染物活性或降解成无毒物质的生物修复技术,已成为污染土壤修复技术的重要组成部分。

微生物能以有机污染物为唯一碳源和能源或与其他有机物质进行共代谢而降解有机污染物,土壤微生物可将土壤中大部分有机污染物进行降解和转化,使其毒性降低或者完全无害化。微生物修复是利用微生物的代谢过程分解土壤有机污染物,实现有机污染土壤的修复。微生物降解有机污染物主要依靠两种作用方式:通过微生物分泌的胞外酶降解;微生物将污染物吸收至细胞内后,由胞内酶降解。微生物从胞外环境中吸收摄取物质的方式主要有主动运输、被动扩散、促进扩散、基团转位及胞饮作用等。微生物降解和转化土壤中有机污染物,主要依靠氧化作用、还原作用、基团转移作用、水解作用等基本反应模式实现(滕应等,2007)。

土壤微生物是污染物生物降解的主体,由于微生物具有种类多、分布广、个体小、繁殖快、表面积大、容易变异、代谢多样性的特点,当环境中存在新的有机污染物(如农药)时,其中部分微生物通过自然突变形成新的变种,并由基因调控产生诱导酶,在新的微生物酶作用下产生与环境相适应的代谢功能,从而具备降解污染物的能力。微生物代谢活动需在适宜的环境条件下才能进行,当污染土壤的条件较为恶劣时,需要人为提供适于微生物降解的条件,以强化微生物修复。

1. 工程/功能微生物修复

工程/功能微生物修复是指利用人为培养的功能微生物群,在适宜环境条件下,促进或强化微生物代谢功能,从而达到降低有毒污染物活性或降解成无毒物质的生物修复技术。

微生物降解是消除土壤农药污染的主要途径。目前国内外已筛选出多种高效降解菌,其中大部分属于细菌,涵盖假单胞菌属、芽孢杆菌属、黄杆菌属、苍白杆菌属、邻单胞菌属、不动杆菌属等。最有效的 PCBs 降解细菌是异种伯克霍尔德菌和富营养小球藻菌株,它们具有最广泛的底物特异性。

2. 物化-微生物联合修复技术

有机污染土壤的微生物修复一般采用土著微生物处理,有时也加入经驯化和培养的功能微生物处理。有些情况下,受污染土壤中溶解氧或其他电子受体不足的限制,土著微生物自然净化速度缓慢,需要采用各种方法来强化,例如,提供 O_2 或其他电子受体如 NO_3^-,添加氮、磷营养盐,接种经驯化培养的功能微生物,添加生物表面活性剂等,以提高生物修复的效率。常采用各种工程措施来强化微生物修复处理效果,主要包括生物通风、生物堆肥、土耕法、机械通风等。

（1）生物通风（bioventing，BV）：也称为土壤曝气，是由气相抽提技术发展来的，旨在改变微生物降解的环境条件（如通气状况等），是一种原位土壤微生物修复的方式。该技术是将空气或氧气强制输送到受污染土壤的地下环境中，促进微生物的有氧活动，强化微生物对土壤中有机污染物的降解，同时还可以强化空气的流动，加速有机污染物的挥发，最后通过抽气井将挥发性有机污染物及降解产物抽出进行后续处理。其操作原理是在污染土壤上至少打2口井（注射井和抽提井），安装鼓风机和抽空机将空气强制注入土壤中，然后抽出土壤中挥发性有机污染物。在通入空气时，可以通过渗滤通道在污染区域添加营养物质（氮和磷酸盐）和接种特定工程细菌，为有机物污染土壤中的微生物提供充足的电子受体和营养物质，改善土壤中降解菌的营养条件，提高微生物的降解活性，从而达到降解有机污染物的目的（图5-22）。

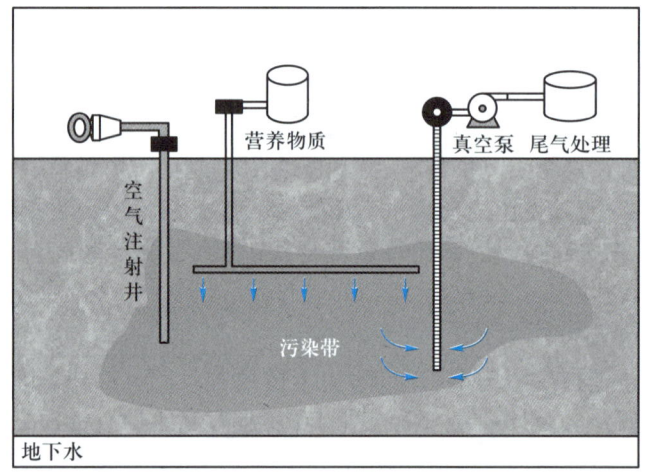

图 5-22　生物通风修复过程示意图

生物通风属于土壤原位修复技术，不会破坏土壤结构，无须挖土，设计、安装过程简便易行，相对于其他处理技术其费用较低。生物通风常用于石油烃污染土壤修复，不仅能用于轻组分挥发性有机污染物，如汽油和柴油，还能用于重组分挥发性有机污染物如燃料油等，也可用于其他挥发或半挥发性组分，常用于地下水层上部透气性较好的挥发性有机物污染土壤的修复。生物通风系统是为改变土壤中气体成分而设计的，其主要制约因素是土壤结构，不适合的土壤结构会使氧气和营养物在到达污染区域之前就已被消耗，因此它要求土壤具有疏松多孔结构，以利于微生物的生长繁殖。生物通风修复后的最终产物是 CO_2、H_2O 和脂肪酸，所以对环境产生的副作用小，即使中间产物是污染物，产生量也较小，可以通过在出口处安装气体净化装置来避免二次污染。

（2）生物堆（biopile）：生物堆是一种异位微生物修复技术，将污染土壤混合堆积成堆体，并通过调节堆体内氧气、水分和营养成分等人工强化措施，从而提高土壤中微生物降解有机污染物的效率。生物堆通过对污染土壤堆体采取人工强化措施，促进土著微生物或外源微生物的生长，强化降解土壤有机污染物。生物堆技术主要适用于可生物降解有机物污染土壤的修复，对石油烃、低分子烷烃等易生物降解有机物污染土壤的修复效果较好，对持久性有机污染物、高环多环芳烃等难以生物降解有机污染土壤的修复效果有限。土壤有机污染物初始浓度过高会影响微生物生长和处理效果,需采用清洁土壤或轻污染土壤对其稀释后再修复。

生物堆主要由土壤堆体、抽气单元、营养水分调配单元、渗滤液收集处理单元及在线监测单元组成(图5-23)。生物堆技术修复污染土壤的工艺流程为:对拟修复土壤进行破碎、筛分、调理等预处理后将其堆置成生物堆,通过抽气、调配水分及营养等维持微生物生长所需环境,利用土壤中微生物降解有机污染物。运行过程中,对产生的废水和废气收集处理后达标排放。水分、氮磷等营养物质、pH调节剂、功能微生物菌剂等调理剂应优先采用雾化喷灌工艺,以溶液形式添加至筛分破碎后的土壤,固体调理剂也可通过拌合方式添加。可采用石灰提高土壤pH,采用硫黄、硫酸铵、硫酸铝、亚硫酸铝降低土壤pH。通过添加木屑、砂土等可增加土壤孔隙度,采用机械设备对土壤进行混合以提高均匀性。生物堆技术修复成本相对低廉,技术相对成熟,已广泛应用于石油烃等易生物降解有机污染土壤的修复。

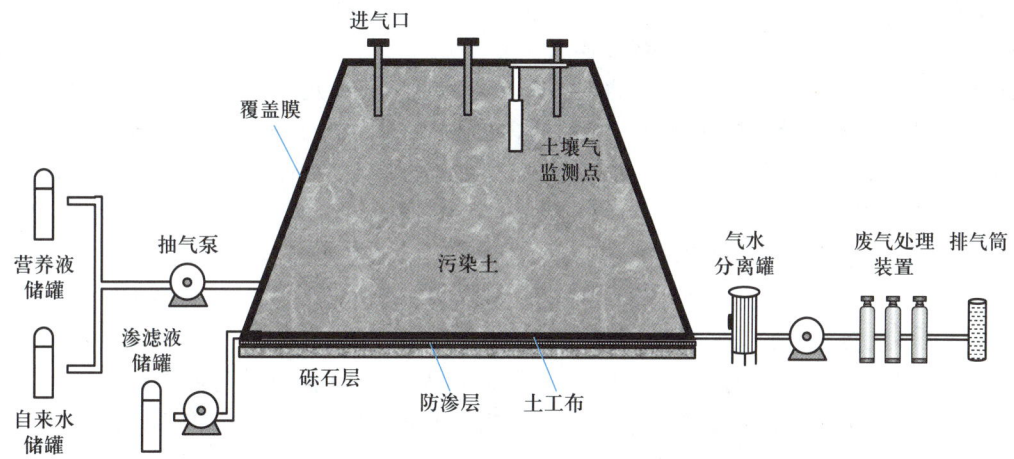

图 5-23　生物堆处理系统示意图

(资料来源:生态环境部土壤生态环境司等,2022)

(3)土耕法:通过地面上的生物降解作用降低土壤中石油等有机污染物浓度的方法。一般通过挖掘污染土壤,将其以10~30 cm的厚度平铺在非透性垫层和砂层上,并淋洒营养物(化肥、粪肥)、水及降解菌株接种物,定期翻动充氧,以满足微生物生长的需要,使其有充足的营养、水分和适宜的pH(加入石灰、明矾、磷酸调控),从而尽可能地为微生物降解提供一个良好的环境,保证在土壤各个层次都发生有机污染物的微生物降解,有效清除有机污染物。该技术的主要优点是:设计和实施相对简单;修复时间较短,一般在半个月到两年内即可完成土壤修复;修复成本土壤30~60美元/t;对土壤自身的结构影响较小;可有效修复石油污染土壤。

(4)机械通风法:也称生物搅拌,是向土壤的饱和部分注入空气,同时从土壤的不饱和部分通过抽真空的方法吸出空气,既向土壤提供充足的氧气又加强空气的流通性,可为土壤微生物供氧,促进其最大限度地降解土壤有机污染物,可同时处理饱和土壤与地下水污染。

3. 化学强化微生物修复

(1)表面活性剂强化:污染土壤中的疏水性有机污染物易被土壤矿物和有机质吸附,导致其水溶解性及生物可利用性低,限制其微生物降解。表面活性剂是一类同时具有疏水和亲水基团的两亲性物质,对疏水性有机污染物有显著的增溶作用,可以促进土壤中有机污染物的解吸和溶解,从而提高土壤中有机污染物的生物可利用性和微生物降解。表面活性剂强化微生物修复有机污染土壤是利用表面活性剂的增溶作用,将吸附在土壤上的有机污染物解吸出来,并增溶到土壤溶液中,提高其水溶性和迁移性,改善有机污染物的微生物可利用性,由此提高有机物污染土壤的微生物修复效率。此外,表面活性剂可以作为外加碳源,刺激土壤微生物数量的增长,提高土壤相关酶活性,增强有机污染物的微生物降解。表面活性剂也可调控疏水性有机污染物在微生物-水界面行为及降解过程,例如,促进微生物细胞释放脂磷壁酸(LTA),从而提高细胞表面的疏水性,由此增强微生物吸附疏水性有机污染物。表面活性剂还能提高微生物细胞不饱和脂肪酸的含量,从而改善细胞膜的流动性,促进疏水性有机污染物的跨膜传输。另外,表面活性剂还能提高微生物的降解酶活性,从而增强有机污染物的代谢降解。

表面活性剂强化微生物修复有机污染土壤主要是通过改善有机污染物在土-水-微生物界面之间的传质过程实现的,其中增溶作用和降低土-水界面张力是促进有机污染物自土壤表面向水相传输的主要方式。有机污染物在土-水界面的传质过程主要通过增溶作用完成,表面活性剂的增溶容量及其洗脱效率的高低,很大程度上决定了强化修复的成本。非离子表面活性剂对微生物的毒性较小,增溶容量大,但在土壤颗粒表面的吸附作用降低其增溶洗脱效率;阴离子表面活性剂易在土壤上产生沉淀损失,同时增溶容量小。为提高增溶洗脱效率,修复应用时需要投入较高浓度的单一表面活性剂,高浓度的表面活性剂易对微生物降解有机污染物产生抑制作用。阴-非离子混合表面活性剂可显著提高增溶洗脱土壤中疏水性有机污染物的效率,为促进微生物降解有机污染物奠定良好的基础。

采用化学表面活性剂的成本较高,且不易被土壤中微生物降解,可能造成土壤再次污染。与化学表面活性剂相比,鼠李糖脂、烷基糖苷、皂苷等生物表面活性剂具有环境友好性等特点,能够有效降低表面张力,溶解土壤颗粒中的石油烃、PAHs等疏水性有机污染物,促进微生物对其的降解代谢。

(2)化学氧化强化:微生物修复技术对去除污染土壤中易降解有机污染物是相对较为经济的手段,但对难降解有机物污染土壤的修复效率较低,且修复周期长。而化学氧化修复技术能够快速去除土壤有机污染物,具有修复效率高、周期短等优点,适合处理不同浓度和种类的有机污染物,是常用的有机污染场地修复技术。化学氧化药剂的使用可以有效降解不易生物降解的大分子有机物,但实际工程应用中,化学氧化药剂价格相对较高,且会增加土壤二次污染的风险。采用化学氧化对污染土壤进行预处理,可使高毒性、高稳定性和结构复杂的有机污染物转化为低毒性、稳定性差和结构简单的产物,进而提高微生物降解有机污染物的效果,技术原理如图5-24所示。

化学氧化能将难降解有机污染物氧化成醌类、醛类、羧酸、酮类、短链烃等中间产物,增强难降解有机污染物的生物可利用性,提高微生物的降解效率。适度的化学氧化使难降解有机污染物转化为易降解的中间产物,突破微生物降解的限速步骤,有效提升微生物降解有机污染物的效率。将化学氧化与微生物修复技术联用,既可解决微生物修复技术周期长的问题,又可降低化学氧化技术氧化剂使用量大、修复成本高,解决二次污染及破坏土壤结构与功能等问题。因此,适度化学氧化-微生物降解耦合修复技术有良好的应用前景。

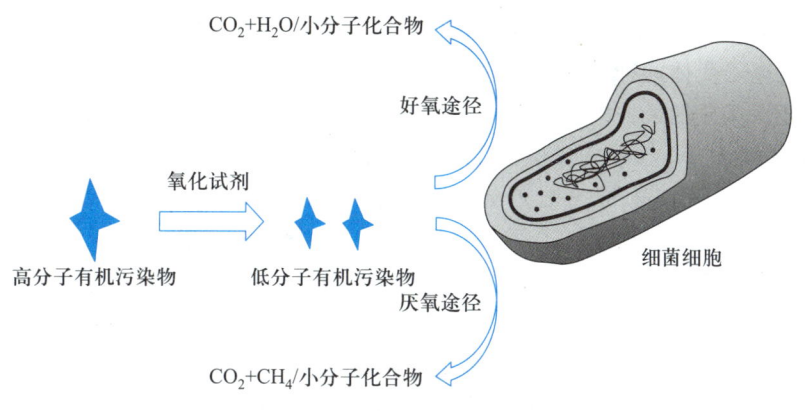

CO_2+H_2O/小分子化合物
好氧途径
氧化试剂
高分子有机污染物 低分子有机污染物
厌氧途径
细菌细胞
CO_2+CH_4/小分子化合物

图 5-24 化学氧化与微生物联合降解有机污染物的技术原理

（3）电化学强化：将微生物修复过程与电化学系统耦合修复有机物污染土壤，实现对有机物污染土壤的高效、低成本、绿色修复。电化学强化微生物修复的原理主要是在污染土壤中加入直流电场，依靠其产生的各种电动力学效应提高土壤中有机污染物的生物有效性；或将各种添加物有效地运至地下污染区；或利用电流热效应和电极反应为地下生物转化过程提供适宜的温度、pH 和氧化还原条件，再通过微生物降解有机污染物；同时电场的作用可加快传质过程，提高微生物与污染物接触效率，从而提高污染物的去除率。电化学强化微生物协同修复就是通过电场强化降解菌和污染物的传质，以此提升污染物的生物可利用性，营造良好微生物转化环境，最后通过微生物降解实现土壤修复目的。在电场作用下，土壤中各类组分迁移速度加快，包括微生物、有机污染物和营养物质等，可分别通过水平接触和纵向混合机制过程强化各组分间的相互接触和反应。在电场作用下微生物的迁移性可能是强化污染物降解的原因之一（Gill 等，2014）。

电化学强化微生物修复有机污染土壤主要分为三个步骤，即电动力学效应、电化学反应、微生物降解。一是电动力学效应，在交替电场的作用下，阴阳离子和水合阳离子来回之间发生运转形成的冲刷作用，将有机污染物从土壤颗粒解吸，增强其生物有效性。二是电化学反应，土壤颗粒表面电解并形成了自由基，有机污染物被氧化为更容易降解的物质。三是微生物降解，因为土壤间隙中有负电，阳离子携带着污染物向土壤间隙运动，微生物在有机污染物转移过程中将其迅速降解，也可通过微生物将有机污染物转移到土壤间隙内，再将其迅速降解。

电化学强化微生物修复主要是通过电化学氧化、电渗析、电迁移等作用强化微生物降解效果，适用于不同类型有机污染土壤的修复，但由于修复效果会随着时间延长而下降，不适合长期修复，且电场作用会对土壤本身性质及其微生物群落生态造成影响，土壤 pH、含水率、温度、溶解氧等物化性质在不同电场条件下均会发生一定变化。

4. 微生物修复技术的适应性

影响污染土壤微生物修复的主要因素包括：微生物活性、污染物特性和土壤性质，在选择微生物修复技术时应加以考虑。

（1）微生物活性：土壤与地下水中，氮、磷等元素都是限制微生物活性的重要因素，为使有机污染物达到完全降解，适当添加营养物比接种特殊的微生物更重要，但在添加营养盐之前必须确定营养盐的形式、合适的浓度及适当的比例，常用的营养盐类型有铵盐、正磷酸盐或聚磷酸盐、酿造废液和尿素等。微生物活性除受到营养盐的限制外,土壤中有机污染物氧化分解的最终电子受体的种类和浓度也极大地影响有机污染物微生物降解的速度和程度。微生物氧化还原反应的最终电子受体主要分为溶解氧、有机物分解的中间产物和无机酸根(如硝酸根和硫酸根等)。好氧有利于大多数有机污染物的微生物降解,溶解氧是现场处理中的关键因素,可以采用鼓气、添加产氧剂(过氧化氢、过氧化钙等)等工程措施增加土壤中的溶解氧。

(2) 污染物性质:有机污染物的化学结构特性决定其溶解性、分子排列和空间结构、化学功能团、分子间的吸引和排斥等特征,并因此影响有机污染物的生物可利用性,以及微生物酶能否适合污染物的特异结构,最终决定污染物是否可以被微生物降解及降解的难易程度。有机污染物的微生物降解程度取决于它的化学结构、官能团的性质及数量、分子量大小等因素。通常来说,结构简单的比结构复杂的有机物易降解,分子量小的有机污染物比分子量大的易降解,聚合物和高分子有机污染物难以被微生物降解,有机污染物的极性越强越易被微生物降解,取代基的种类和数量越多微生物降解难度越大。例如,烃类化合物中不饱和链烃最容易被降解,其次是低分子量的芳香族化合物,高分子量的芳香族烃类化合物,而石油烃中的树脂和沥青等则极难被降解。有机污染物的水溶性是衡量其迁移转化的一个重要参数,具有较高水溶解性的物质可迅速在土壤溶液中分散,土壤颗粒对这些物质的吸附性较弱,其生物可利用性高。

(3) 土壤特性:土壤特性可影响污染物在土-气-水三相间的迁移和相对活性,最终影响污染物的生物可利用性及其被微生物降解的速度和程度。土壤的无机和有机胶体对有机污染物的吸附作用可抑制土壤中有机污染物向水相中的迁移,也可使疏水性的有机污染物从水相进入土壤固相,从而降低有机污染物的生物有效性,延长有机污染物生物降解的时间。影响有机污染物生物降解的环境因素主要有 pH、含氧量、温度、营养物质含量和盐浓度。土壤 pH 是土壤化学性质的综合反映,在影响有机污染物微生物降解的所有因素当中,土壤 pH 起最关键的作用。土壤 pH 对大多数微生物都是适合的,只有在特定地区才需要对土壤的 pH 进行调节。提高含氧量可促进微生物的氧化降解。温度决定生物修复进程的快慢,通常随温度下降,微生物活性降低,在 0 ℃时微生物活动基本停止。合理添加营养盐可以促进微生物的生长繁殖,也可改变土壤 pH,从而增强微生物降解。

(4) 土壤微生物修复的局限性:① 微生物不能降解污染环境中的所有污染物。② 一些低渗透性土壤往往不宜采用微生物修复技术。③ 特定微生物只降解特定的污染物类型,污染物形态一旦变化就难以被原有的微生物酶系降解。④ 场地条件和环境因素对微生物修复的效率影响较大,与物理法、化学法相比,微生物修复治理污染土壤的时间相对较长。⑤ 当有机污染物浓度太低不足以维持一定数量的降解菌时,残余的有机污染物会留在土壤中,因此微生物修复不能将有机污染物全部去除。⑥ 土壤中持久性有机污染物很难被一般的微生物所降解,在实际修复工程应用中,引进的高效降解微生物在土壤不灭菌条件下很难同土著菌竞争而保持降解所需的种群和数量。⑦ 低温和低含水率条件下,寒冷与干旱半干旱地区污染土壤的微生物修复效率较低,尚需进一步研究。

(5) 土壤微生物修复的原则:尽管微生物修复技术多种多样,生物修复的地点千差万别,但必须遵循三个原则,即使用适合的微生物、在适合的地点和适合的环境条件下进行。① 适合的微生物是指具有生理和代谢能力并能降解污染物的细菌和真菌。在许多情况下,修复位点处就有降解微生物存在,如果在反应器内处理高浓度有毒污染物,则需要加入外源微生物。② 适合的地点是指污染物和合适的微生物相接触的场所,如表层土壤中能降解苯系物的微生物但无法降解位于含水层中的苯系物,需要抽取污染水到地面用生物反应器内处理,或将合适的微生物引入污染的含水层中处理。③ 适合的环境条件是指要控制或改变环境条件,使微生物的代谢和生长活动处于最佳状态。

（二）植物修复

有机污染场地土壤的植物修复主要是利用植物及其根际微生物的吸收、挥发、转化、稳定或降解等作用来清除场地土壤中的有机污染物,实现场地土壤的净化、生态效应恢复的治理技术,对有机污染场地表层土壤修复较为有效。植物修复过程较为复杂,可能是多个过程的协同作用,如植物对污染物的直接吸收及累积作用,植物根部分泌的酶降解有机污染物,或将高毒的有机物变为低毒或无毒的有机物,或实现污染物的稳定化,或根际与微生物的联合代谢作用,从而吸收、转化和降解污染物等(刘世亮等,2003;林道辉等,2003)。

1. 植物去除技术

（1）植物提取:也称植物吸收,是利用专性植物吸收一种或几种污染物,并将所吸收的污染物转移并在植物体内储存或转化,从而清除或降低土壤中污染物的浓度,达到修复污染土壤的目的。植物对有机污染物的吸收与其疏水性有关,中等亲水性有机污染物($\lg K_{ow} = 0.5 \sim 3.0$)可被植物吸收,疏水有机污染物($\lg K_{ow} > 3.0$)易被植物根表强烈吸附而难以运输到植物体内,而易溶于水的($\lg K_{ow} < 0.5$)有机污染物可被运输到植物体内。进入植物体内的有机污染物大多以一种很少被生物利用的形式被束缚在植物组织中,普通的化学提取法无法将它们提取出来。植物也可将吸收的有机污染物在体内转化达到解毒效果,并通过木质化作用使其成为植物体的组成部分,部分有机污染物可通过代谢或矿化作用使其转化成CO_2和H_2O,或转化成为木质素等无毒性的中间代谢物,储存在植物细胞中,达到去除土壤中有机污染物的目的。土壤中大多数苯系物、含氯溶剂和短链的脂肪化合物都是通过这一途径去除的,部分有机氯农药和微量阿特拉津也可被植物直接吸收。

（2）植物净化:也称植物降解,植物根系分泌物直接降解根际圈内的有机污染物,从而达到修复有机物污染土壤的目的。植物根系对有机污染物的修复,主要是依靠根系分泌物对有机污染物产生的配合和降解等作用,以及根系释放到土壤中酶的直接降解作用得以实现。植物根和茎都有相当的代谢活性,即使在植物根以外或根际,其中一些代谢酶在植物修复技术中发挥重要作用。如植物根中的硝基还原酶和漆酶可降解含硝基的有机污染物;植物中的脱卤素酶和漆酶可降解含氯有机物及其他有机污染物。但不适宜的酸度、过高的金属浓度或细菌毒素都会使酶失活。应当指出的是,植物根死亡后向土壤释放的酶仍可继续发挥分解作用。

（3）植物挥发:是指利用植物去除土壤挥发性有机污染物的修复方法。植物将有机污染物吸收到体内后,通过植物蒸腾作用将挥发性有机物或其代谢产物,转化为气态物质并释放到大气中。适合植物挥发技术处理的有机污染物主要包括三氯甲烷、三氯乙烯、四氯化碳及石油烃等。植物挥发作用大小可通过以下两种方法测量:① 在密闭系统中,利用吸附剂吸收植物茎叶挥发出的有机气体,通过分析吸附有机物含量直接计算植物挥发量;② 开放系统中,通过测量体系中残留有机污染物的含量,间接计算出植物挥发量。需要注意的是,后者由于存在植物吸收、根际降解等作用,往往存在较大的误差。

（4）根际生物降解：实际上是植物－微生物的协同修复过程，通过植物根系分泌物、根际微生物与植物相互作用实现对有机污染物的降解作用，本质是植物根部辅助微生物降解，微生物在降解过程中起主导作用。根系分泌物营造了特殊的根际环境，影响了根际微生物的活性和有机污染物的生物可利用性。根系分泌物通过为根际微生物提供丰富的营养和能源，使植物根际的微生物数量、群落结构和代谢活力比非根际区高，增强了微生物对有机污染物的降解能力。根系还能增加微生物数量和根际特殊微生物区系的选择性，改善土壤的理化性质，增加共代谢过程中所需根系分泌物的排放量，从而提高有机污染物的生物有效性。在根际土壤中，植物和微生物的相互作用是复杂和互惠的，植物根际微生物的数量很大程度上取决于植物根系分泌物中所含的糖类、有机酸和氨基酸等物质的数量和种类，这些分泌物越多，微生物生长越旺盛。根系分泌物不仅能够提高根际已存在微生物的数量和活性，而且能选择性地影响微生物生长，使根际不同微生物的相对丰度发生改变，从而有利于根际周围有机污染物的降解。植物以多种方式帮助微生物转化、降解有机污染物，根际在生物降解中起着重要作用。植物提供微生物生长的生境，可向土壤环境释放大量分泌物（糖类、醇类和酸类等），其数量约占年光合作用产量的 $10\% \sim 20\%$，刺激了细菌的转化作用，使不能被细菌单独转化的持久性有机物降解。细根的迅速腐解也向土壤中补充了有机碳，这些都加强了微生物矿化有机污染物的速率，如阿特拉津的矿化与土壤中有机碳的含量有直接关系。根系分泌物还可改变持久性有机污染物的吸附特性，促进其与腐殖酸的共聚作用，从而提高植物对它的吸收、转运能力。

2. 植物稳定技术

植物稳定是指通过植物根系的吸收、吸附、沉淀作用等，稳定土壤中的污染物从而降低其生物有效性。植物稳定主要有两个功能：① 利用根系的作用，改变根系分布范围内土壤的微环境，促进污染物从溶解态向非溶解态转化；② 污染物在植物根表面的吸附或在植物根内部的吸收沉积，从而有效阻止污染物通过腐蚀、渗漏及扩散等作用在土壤中迁移。植物根系稳定有机污染物的作用机制主要包括：① 植物根部细胞壁在相关酶和蛋白质的作用下和污染物结合在一起，使其固定在细胞膜外面；② 部分酶能够促使某些污染物透过根部细胞壁和细胞膜进入细胞液泡中，从而起到固定作用。这一技术具有成本低的优势。

3. 植物修复技术的适应性

植物修复技术适用于有机污染场地土壤中特定的有机污染物（如石油烃、氯代有机物、PAHs、炸药等）。植物降解有机污染物的成功与否，取决于有机污染物的生物有效性，并与其物理化学性质如蒸气压、K_{ow}、分子大小、分子结构、半衰期及解离常数等有关。疏水性较强、蒸气压较大（$H > 10^{-4}$）的有机污染物主要以气态形式通过叶面气孔或角质层被植物吸收，土壤中半衰期小于 10 d、$H > 10^{-4}$ 的有机污染物不宜采用植物修复。根系内表皮含有一层浸满软木脂的不透水硬组织带，有机污染物必须通过这层疏水性的硬组织带，才能进入内表皮，达到管胞和导管组织，并进一步通过木质部向上转移。有机污染物的水溶性越强，通过硬组织带进入内表皮的能力越小，但进入内表皮后水溶性大的有机污染物更易随植物体内的蒸腾流或汁液向上迁移。有机污染物的分子量和分子结构会影响植物修复效率，植物根系一般容易吸收分子量小于 50 的有机污染物，分子量较大的非极性有机污染物因被根表面强烈吸附，不易被植物吸收转运。

植物种类是植物修复的关键因子，寻找和优选用于有机物污染土壤植物修复的特性植物是该领域研究的难点和前沿问题之一。植物对有机污染物的吸收可看作有机污染物在土壤固相-土壤水相、土壤水相-植物水相、植物水相-植物有机相一系列分配过程的组合,其动力主要来自蒸腾拉力。不同植物的蒸腾作用强度不同,对有机污染物的吸收转运能力不同。另外,由于组织成分不同,不同植物积累、代谢有机污染物的能力也不同。

土壤理化性质对植物吸收污染物具有显著影响。土壤颗粒组成直接关系到其比表面积的大小,进而影响其对有机污染物的吸附能力及有机污染物的生物有效性。土壤水分能抑制土壤颗粒对污染物的表面吸附能力,提高生物可利用性;但土壤水分过多时,会因根际氧分不足,而削弱微生物降解有机污染物的降解能力。土壤酸碱性不同,其吸附有机污染物的能力也不同;通常土壤 pH 适合大多数植物生长,但适宜不同植物生长的 pH 不一定相同。土壤中矿物质和有机质含量是影响有机污染物生物有效性的最重要的两个因素,矿物质含量高的土壤对离子性有机污染物吸附能力较强,降低其生物有效性;有机质含量高的土壤会吸附或固定疏水性有机物,降低其生物有效性。

植物修复最显著的优点是价格便宜,可作为物理/化学修复技术的辅助手段。植物修复是原位修复,不需要挖掘、运输土壤,也不需要巨大的处理场所,不破坏土壤生态环境,能使土壤保持良好的结构和肥力状态,无须进行二次处理即可种植其他植物。植物修复技术可增加地表的植被覆盖,控制风蚀、水蚀,减少水土流失,有利于生态环境的改善和野生生物的繁衍生境。对植物集中处理可减少二次污染;植物修复不会破坏景观生态,还能绿化环境。但修复植物对污染物的耐性是有限的,超过其耐性将对植物生长不利。修复植物吸收降解污染物的周期较长,植物通常要经过几个生长季节才能有效降低土壤中污染物的浓度。大多数植物根系多集中在土壤表层,对土层以下的污染物修复难以奏效。目前发现的修复植物只能吸收降解某种或某类污染物。因此,植物修复技术适用于浅层污染土壤中特定有机污染物的治理修复。

(三)植物-微生物联合修复及其强化技术

植物-微生物联合修复有机污染土壤是通过两者所组成的复合体系对污染物质产生富集、固定、降解等作用实现的。由于植物与微生物之间的互惠互利关系,使两者对污染物产生协同修复效果。植物-微生物联合修复有机污染土壤的过程中,植物与微生物之间可发生交互作用,促进有机污染物降解。

(1)土壤微生物对植物修复的促进作用:植物根际附近的微生物通过特有的代谢活动将土壤中有机污染物、植物根系分泌物等转化成自身可吸收的小分子物质,作为营养或能量来源,并可向土壤环境中分泌有机酸、铁载体等改变有机污染物在土壤中的赋存状态或氧化还原状态,降低有机污染物对植物产生的毒害作用,使这些有机污染物更易被植物吸收、转移和富集。

(2)植物对土壤微生物修复的促进作用:首先,植物为微生物提供了良好的生存环境,植物可以将氧气通过根系释放到根际区,使根际微生物的好氧呼吸作用能够正常进行。其次,植物根系可以延伸到土壤的不同层次中,使附着在根际的降解菌能够分布在不同土层中,有助于深层污染土壤的修复。最后,植物根系能释放如蛋白质、糖类、氨基酸、脂肪酸、有机酸等物质,极大地改善根际土壤的理化性质,改变根际土壤对有机污染物的吸附能力,提高根际微生物的活性,进而促进根际微生物对有机污染物的降解。

与单一的植物、微生物修复技术相比,植物-微生物联合技术可提高有机污染土壤的修复效果,在面对复杂有机污染土壤时可灵活衍生出多种修复方案。有机污染土壤植物-微生物联合修复技术主要包括植物-根际微生物、植物-菌根菌、植物-内生菌及植物-专性降解菌等四种联合修复体系。不同植物-微生物联合修复体系及对应有机污染物类型见表5-9。但由于植物-微生物联合修复有机污染土壤效率低、周期长,在实际有机污染土壤修复中可采用化学强化植物-微生物联合修复技术,以提高修复效率。

表 5-9 不同植物-微生物联合修复体系及对应有机污染物类型

有机污染物	修复主体
石油	耐性植物和根际促生菌-污染物降解细菌
高氯酸盐	高氯酸盐降解菌和植物根系分泌物
多环芳烃	紫花苜蓿-根瘤菌、高羊茅和蚯蚓-丛枝菌根真菌
菲	禾本科植物和柳树-假单胞菌属 PD1
柴油	白花草木樨-丛枝菌根真菌
毒死蜱	高丹草与毒死蜱降解菌 DSP-A
环三亚甲基三硝铵和环四亚甲基四硝铵	杨树-甲基杆菌 BJ001

资料来源:黄俊伟等,2017。表中内容从 8 种不同文献收集。

1. 化学强化植物-微生物联合修复技术

土壤中有机污染物的脱附和植物/微生物的生物可利用性是影响植物-微生物联合修复效率的主要因素。有机污染物进入土壤后可通过各种化学键与土壤有机、无机组分发生吸附或固定作用,低水溶性有机污染物可形成独立的非水相,浓度高和毒性大的污染物难以直接被微生物降解或植物吸收积累/降解,而疏水性强的有机污染物则极易吸附在土壤固相并形成结合残留态,这些作用均降低了有机污染物的植物/微生物可利用性及植物-微生物联合修复的效率。

表面活性剂强化植物-微生物联合修复技术,是利用表面活性剂增溶-洗脱吸附在土壤上的有机污染物,通过增强土壤微生物细胞的表面吸附、跨膜转运及胞内降解,显著增强微生物的降解,同时促进植物的吸收、转运和降解,进而提高植物-微生物联合修复有机污染土壤的效率。

2. 化学强化植物-微生物联合修复技术的适应性

表面活性剂强化植物-微生物联合修复技术应用中,增溶-洗脱是表面活性剂强化植物-微生物联合有机污染土壤的重要前提。土壤中加入少量表面活性剂,能增强土壤吸附固定有机污染物,阻控其在土壤-植物系统间的迁移积累;若加入较多量的生物表面活性剂或阴-非离子混合表面活性剂则可增溶-洗脱土壤有机污染物,并显著提高微生物降解、改善植物吸收积累有机污染物。另外,当表面活性剂浓度过高时会抑制微生物对有机污染物的降解,而疏水性有机物从土壤固相向水相的传质速率决定微生物及植物的生物可用性。因此,如何使用较低浓度表面活性剂提高有机污染物的生物可利用性,是实现增强植物-微生物联合修复的关键。在表面活性剂增效修复有机污染土壤的研究及工程实践中,人们普遍使用单一表面活性剂,其中阴离子表面活性剂易在土壤上产生沉淀损失,非离子表面活性剂易产生吸附损失,从而影响增溶洗脱土壤有机污染物的效率,一定程度上增加了该技术的修复成本和生态风险。因此,选择合适的表面活性剂体系,提高其增溶-洗脱土壤有机污染物的效率,可降低表面活性剂强化植物-微生物联合修复技术的成本和生态风险。此外,该技术比较适合修复有机污染场地的表层土壤,修复时间相对较长。

综上所述,常见的有机污染场地土壤修复技术有气相抽提、热脱附、化学淋洗、化学氧化及生物堆等,各修复技术适用的场地土壤类型、污染物浓度及分布见表 5-10 和表 5-11。

表 5-10 挥发性有机物污染场地土壤修复技术

修复技术	土壤类型		污染物分布		污染物浓度	
	沙壤土	黏土	深层土壤	浅层土壤	高	低
气相抽提	●	○	◎		●	○
热脱附	●/●	◎/●	◎/○	●/●	●/●	●/●
化学氧化	●/●	○/●	◎/○	●/●	●/●	●/●
水泥窑协同处置	●		●		●	◎
阻隔填埋	◎/○	●/●	●/○	○/●	●/●	◎/○
生物堆		●		◎	○	●

表 5-11 半挥发性有机物污染场地土壤修复技术

修复技术	土壤类型		污染物分布		污染物浓度	
	沙壤土	黏土	深层土壤	浅层土壤	高	低
热脱附	●/●	○/●	◎/○	●/●	●/●	○/○
化学淋洗	●/●	○/○	◎/○	●/●	●/●	●/●
化学氧化	●/●	○/●	◎/○	●/●	●/●	●/●
水泥窑协同处置	●	●	◎		●	
生物堆	●	●	◎	●	○	
植物修复	◎/○	◎/○		●/●	◎/○	◎/○

注:●表示非常适用;◎表示较为适用;○表示不适用。"/"左边表示原位修复,右边表示异位修复。

四、复杂有机污染场地土壤协同修复与安全利用

(一)复杂有机污染场地的多技术协同修复

有机污染场地土壤修复技术中的物理修复、化学修复、生物修复等均基于土壤中有机污染物的多介质界面行为及生物有效性调控。其中物理和化学修复技术主要基于有机污染物固-液/气界面行为的调控;生物、化学与生物相结合的修复技术主要基于有机污染物固-液-生物界面行为及生物有效性的调控。对复杂有机污染场地土壤修复,单一的物理、化学和生物修复技术在应用过程中会因受到外界参数影响而导致修复效果难以满足实际修复要求,从而限制其在工程领域的应用。此外,在工业污染场地的不同功能区,污染物的种类及浓度差异较大,难以用单一技术高效修复。因此,可基于有机污染物界面行为及生物有效性调控原理,综合集成有机污染场地土壤的物理、化学、生物修复技术,开展多技术协同修复。

1. 气相抽提-生物通风

场地污染土壤中挥发性有机污染物的修复通常采用土壤气相抽提技术,通过真空或注

入空气在受污染区域诱导产生气流,将被吸附的、溶解状态的或者自由相的有机污染物转变为气相,抽提到地面,然后再进行收集和处理。土壤气相抽提技术多适用于挥发性较强的有机污染物的去除,且能有效去除不饱和区的有机污染物,但低挥发性和疏水性有机污染物很难以完全去除,存在明显的拖尾现象。而且,土壤气相抽提技术可处理的污染土壤应具有质地均一、渗透能力强、孔隙度大、湿度小和地下水位较深的特点,低渗透性的土壤难以采用该技术进行修复处理。生物通风可去除气相抽提难处理的低挥发性有机污染物,同时该技术还能修复低渗透性、高含水率的土壤。

土壤气相抽提和生物通风的装置极为相似,但系统的适用情况、结构和设计目的有很大不同。两者之间最显著的差别在于生物通风技术注重修复过程中有机污染物的微生物降解因素,而气相抽提更注重有机污染物的挥发性。气相抽提将注射井和抽提井放在被污染区域的中心,而生物通风系统中注射井与抽提井放在污染区域的边缘往往更有效。生物通风系统中的气体流速比较低,使气体在土壤中停留时间增长,促进微生物降解有机污染物。

将气相抽提和生物通风联合使用能拓宽土壤中有机污染物的处理范围,既能有效处理高挥发性有机污染物,又能处理半挥发性有机污染物;通过生物通风技术联用,能够有效克服气相抽提修复过程中出现的拖尾效应,提高降解效率,缩短修复周期。气相抽提-生物通风联合修复可用于渗透性较低及高含水率的污染土壤,且有机污染物可被微生物降解,减轻了气相抽提的处理负荷。同时,气相抽提和生物通风的处理系统在很多方面具有相似性,两者可以共用同一布井和管路,区别之处在于把气相抽提的真空泵换成鼓风机,然后增加注入微生物和营养液的加料装置,关闭尾气处理装置开关即可。

2. 热脱附-化学氧化

原位化学氧化是一种较为常用的有机污染土壤修复技术,但存在处理不彻底、出现反弹等问题,尤其对渗透性较差的黏性污染土壤修复效果较差。由于实际修复工程现场的复杂性、地面下的低温环境及天气季节的原因,原位热脱附技术的热强化作用有助于提高原位化学氧化的处理效率:首先是对氧化剂进行活化,提高其处理效果;其次是改善土壤环境条件,增加有机污染物的生物可利用性。原位化学氧化与原位热脱附耦合可明显改善混合效率,加热可减少水的黏度、增加水的浮力,使得氧化剂与污染物接触混合,两者耦合作用可通过局部热活化-氧化实现重污染区域的修复。热强化的原位化学氧化耦合技术为有机污染土壤修复提供了一种新的思路。

3. 化学淋洗-微生物降解

疏水性有机污染物(如 PAHs、PCBs 等)极易吸附在土壤颗粒及有机质上,生物可利用性低,限制其在土壤环境中的微生物降解。表面活性剂可调控有机污染物的土壤-水-微生物等多介质界面行为,提高有机污染物的生物可利用性并促进微生物降解。化学淋洗与微生物降解耦合,可利用化学淋洗将土壤吸附态疏水性有机污染物洗脱到液相中,提高有机污染物的生物可利用性;表面活性剂还可调控疏水性有机污染物在微生物-水界面行为及降解过程,促进有机污染物的微生物降解。

4. 化学淋洗-化学氧化

在采用化学氧化技术修复土壤时,氧化剂对有机污染物的降解主要发生在水相中,大部分疏水性有机污染物被牢固吸附在土壤颗粒及有机质上而难以进入液相,从而限制其氧化降解效果。化学淋洗修复虽然在合适的条件下可高效去除有机污染物,但有机污染物仅是从土壤固相转移到淋洗液中,直接排放会造成二次污染,同时土壤淋洗需要消耗大量的表面活性剂,回收表面活性剂淋洗液可有效降低修复成本。化学淋洗与化学氧化联用在一定程度上能综合两种修复技术的优势,先利用化学淋洗将有机污染物从土壤固相转移至液相中,再通过化学氧化进一步去除液相中的有机污染物,可用于有机污染场地土壤的原位与异位修复。在有机污染场地土壤的化学淋洗-化学氧化原位修复过程中,向土壤中添加表面活性剂,通过增溶作用增加疏水性有机污染物的水溶性,并促进其向液相的迁移,从而增加与氧化剂的接触机会,增加其氧化降解效率。例如,利用纳米零价铁活化过硫酸盐处理 PAHs 污染土壤,在添加表面活性剂的条件下反应周期可以缩短,且蒽和苯并[a]蒽可以完全去除(Peluffo 等,2016)。

在有机污染场地土壤的化学淋洗-化学氧化异位修复过程中,通过化学淋洗将土壤中的有机污染物洗脱至淋洗液中,再利用化学氧化进一步降解淋洗液中的高浓度有机污染物,在去除土壤中有机污染物的同时实现淋洗液的回收利用,在避免淋洗液二次污染的同时降低修复成本。淋洗液中有机污染物的化学氧化处理方法主要有类芬顿氧化、臭氧氧化、活化过硫酸盐氧化及联合氧化技术。例如,应用吐温 80 淋洗菲污染土壤,10 g/L 吐温 80 对菲的洗脱效率为 85.7%,用紫外活化过硫酸盐氧化处理淋洗液,30 min 可降解淋洗液中 95.6%的菲,同时回收 80%的吐温 80(Bai 等,2019)。

(二)　复杂有机污染场地的多介质协同修复

1. 场地土壤-地下水有机污染的协同修复

土壤与地下水是相互依存的整体。场地污染土壤中的有机污染物可通过地表径流和雨水淋溶而渗滤污染地下水,地下水中的有机污染物也可通过地下水水位的波动或毛细作用进入土壤,由此引发土壤和地下水同时污染。全国首次重点行业企业用地土壤污染状况调查表明,我国部分地区场地土壤与地下水共同污染比例超过 50%。因此,在污染场地修复治理过程中,要实施土壤与地下水污染介质的协同修复,仅对土壤或地下水污染进行修复,难以从根本上解决场地土壤与地下水污染的问题。

土壤与地下水污染通常具有持久性、隐蔽性、复杂性和难修复等特点,一般无法依赖自净过程完成对污染物的消除。然而,土壤与地下水中的污染物往往种类复杂、污染程度差异大,单一的修复技术往往很难达到修复目的,可通过多技术耦合手段实现低成本高效修复,筛选适宜的修复技术并集成多技术联合原位修复,可有效提高复合污染场地的修复效果。基于原位与异位气相抽提、原位与异位热脱附、生物通风、化学淋洗、化学氧化/还原、渗透反应墙的联合修复技术已逐渐应用于污染场地土壤与地下水有机污染的协同修复。选择场地土壤-地下水污染协同修复技术需要确保修复效果满足土地与地下水安全利用的要求,在技术可行、时间充足、经济允许等条件下,应选择可降低污染物浓度、毒性及其迁移性的较为成熟的修复技术,避免二次污染。研发经济、长效、绿色的场地土壤与地下水复合污染多介质协同治理技术与智能装备是当前场地污染防治的重要方向。

2. 区域场地污染土壤-水-气多介质协同治理

不同尺度环境问题的交互影响和不同介质环境污染的相互作用是当前环境科学领域两大前沿问题。区域环境质量问题与气-水-土三个介质不可分割,区域环境质量改善的核心是跨介质复合污染的协同控制。鉴于我国场地土壤异质性强、污染物来源多样和过程复杂化等特点,以"多来源排放-多途径输送-多介质/界面迁移转化-多尺度累积"特征为主线,开展针对性的区域场地污染土壤-水-气多介质协同治理研究工作显得尤为重要,亟需加强场地土壤污染物"多来源、多途径、多介质、多界面、多尺度"环境过程和机理的综合研究。

土-水-气-生多介质/界面是污染物迁移转化等环境行为的重要场所,在实地采样监测和室内外模拟系统的基础上,耦合同位素示踪-原位形态表征联合技术,建立目标污染物在多介质/界面相互作用机制的同位素示踪体系,能精细描述污染物多介质/界面的关键过程(吸附解析、氧化还原、生物降解等)、迁移路径,阐释场地土壤污染物"源-汇"关系、累积通量、排放清单和迁移转化作用机理。

在"双碳"目标和绿色可持续修复理念交互下,促进绿色可持续修复功能材料和新技术的研究与发展。研发绿色、高效、环境友好、低廉的化学氧化还原药剂、土壤淋洗药剂、生物修复菌剂等修复功能材料,有效降低场地污染过度修复和次生污染效应的影响;考虑土地利用功能、土壤修复目标和研究对象的多元化,还需发展适用于土壤-水-气多介质复杂体系的污染协同修复治理技术。

(三)修复后有机污染场地土壤的安全利用

1. 有机污染场地土壤修复后的安全利用

场地污染土壤修复后再利用技术正处于不断研究中,因为土壤实际情况复杂,一些地区并没有明确推出污染土壤修复后再利用的标准,这增加了污染土壤再利用的难度。

污染土壤修复后的利用方式有原位利用和异位利用。原位利用是污染土壤修复后较为常见的再利用方式,要结合当地生态环境情况和人体健康风险标准,对修复后污染土壤进行严格的评估。污染土壤修复再利用的要求和前期风险评估指标要相符。同时,污染土壤修复后再利用要保证土壤基本指标及功能不变,修复后可以根据修复方案目标进行合理利用,同时要严格防范污染土壤修复再利用的风险。异位利用就是对修复后的土壤进行转移利用。一些污染土壤修复后,不适合进行原地利用,可以转移到其他地方利用处置,但这种利用方式不能确保土壤完全利用,会存在一定风险。必须进行严格的采样分析,对再利用地区的土壤进行调查,防止处理不当造成其他地区出现土壤污染,同时要做好风险管理,在确保安全后再进行污染土壤修复利用。

多样化利用是修复后土壤再利用的重要路径。污染土壤修复后一般会被应用于城市绿化、建筑工地回填、道路路基填充等,要重视污染土壤修复后的安全性评估,在土壤达到相关标准后,要合理选择利用方式,提高土壤的利用效果。例如,可以将修复后的土壤应用于道路建设中,但不能用于水源保护区附近的道路建设中,避免土壤中残留的污染物对水源造成污染,同时要对土壤内的管线进行防腐和防渗漏处理,避免土壤污染物对管线造成不利影响。如果将修复后的土壤应用于农用地表层土摊铺中,污染土壤需要经过生物修复处理,并保持土壤结构与生产功能,避免化学物质对植被造成不利影响。此外,污染土壤修复要有详细、明确的标准,制定科学的修复与再利用方案。

2. 修复后有机污染场地的可持续利用

有机污染场地修复后再开发安全利用是土地资源可持续利用的重要路径,但污染场地土壤修复后安全利用并不简单。首先,必须将场地土壤污染源阻断,根据场地开发利用的类型,构建科学的场地污染土壤修复再利用程序,要确保污染场地土壤修复达到安全利用的目标值,强化风险评估,确保修复后场地土壤不会对周围环境和人居安全造成不良影响。其次,要对污染场地土壤修复后的开发利用过程进行长期严格的风险监管。第三,创新场地土壤环境管理政策和管理机制,构建一套适合我国国情的绿色可持续修复的场地污染风险管控框架和政策体系,实现修复后场地土壤的可持续利用。

五、污染场地土壤修复技术发展趋势

近年来,我国污染场地土壤修复技术得到了较快的发展,有力支撑了土壤污染防治行动计划的实施,建设用地土壤环境安全得到基本保障。目前,我国污染场地土壤修复技术发展呈现如下趋势:从传统物理与化学修复为主转向绿色可持续修复,从单项修复技术转向多技术综合协同修复、从污染场地土壤修复发展到土壤与地下水协同治理、从单一场地修复转向区域场地污染综合治理、从退役场地风险管控转向在产及拟建场地污染防控等。

1. 从传统物理与化学修复为主向绿色可持续修复发展

近年来,尽管传统的物理化学修复技术在治理污染土壤研究及工程应用方面已取得较大进展,但面对碳中和目标,土壤污染防治技术必须进行重大变革。传统的物理与化学修复往往会改变土壤的理化性质、能耗与成本高,甚至会产生二次污染风险等,亟需发展绿色低碳可持续的污染土壤修复技术。发展基于土壤原生植物和微生物内源性的修复技术,利用物理化学修复技术联合植物修复、微生物修复、土壤动物修复及基于监测的综合土壤生态功能的自然生态修复与人工强化修复,在修复效率及成本上都有较大的优势;在修复污染土壤的同时,保持或恢复土壤的生态和生产功能,应是未来污染土壤修复的重要研究方向。

2. 从单项修复技术转向多技术与多介质协同修复发展

土壤中污染物种类多,复合污染普遍,污染组合类型复杂,污染程度与深度差异大。地球表层的土壤类型多,其组成、性质、水文地质条件的空间分异性明显。部分场地不仅污染范围大,存在多种不同理化性质的污染物,土壤与地下水同时受到污染,且修复后土壤再利用方式不同,使单项修复技术往往很难达到修复目标,应采用多种核心技术协同修复不同类型的复杂污染场地,实现经济高效、绿色低碳综合修复污染场地。

3. 从污染场地土壤修复向土壤与地下水协同治理发展

场地土壤污染物可随降水淋溶等进入地下水,并造成地下水污染。此外,物理化学技术修复污染土壤过程中,对土壤的扰动作用会影响污染物的迁移转化,因而土壤污染和地下水污染往往密不可分。因此,在修复场地土壤污染时,要考虑地下水污染情况。土壤与地下水同时受污染时,应以土壤与地下水污染协同修复为目标,制定合理可行的土壤与地下水污染协同修复方案。推进土壤与地下水污染协同防治,打通地上地下,有助于实现场地生态系统综合管理,对保护土壤与地下水环境安全具有重要而深远的意义。

4. 从单一污染场地修复向区域场地污染综合治理发展

长期以来,由于产业集群区、工业集聚区等经济发展模式,同时由于自然因素导致我国部分区域性连片场地污染风险突显,影响区域性退役场地的开发再利用,同时也对场地周边环境有较大生态风险,实现区域污染场地绿色高效修复与安全开发利用是目前亟需解决的关键问题。另一方面,工业园区减污降碳、协同增效是我国经济绿色低碳转型发展的重要基础。工业园区污染场地污染物种类繁多、场地污染物迁移特征存在差异、地层非均质等,增加了污染精准识别与溯源、风险管控、绿色修复、安全利用的难度。依据区域污染场地空间分布、污染程度、污染物种类及土地开发利用功能要求,制定区域场地污染分区分类分级分期的修复治理方案,比选并集成多种修复技术,提出并实施区域污染场地土壤与地下水污染综合修复治理方案,确保区域场地的安全与开发利用,同时使修复治理经济高效、绿色安全,综合碳排放达到最低。

5. 从退役场地风险管控转向在产拟建场地污染防控发展

　　土壤污染防控工作应遵循保护优先、预防为主、风险管控、系统治理的原则。对退役污染场地,应精准识别场地污染状况,分析判别污染来源及贡献率,以便追查污染责任,对暂时不开发利用的场地实现风险管控,对宜开发利用的场地要实现绿色修复、安全利用。对在产工业园区及场地,要实行边生产、边管控、边修复,做到面上风险防控、污染带上阻控、污染点上修复,确保园区场地环境安全,并消除或减少对周边生态环境的影响。而对拟建设场地,必须执行严格的污染预防措施,发展并强化新建企业场地土壤与地下水污染原位在线监测与风险监管,保障园区或企业的安全生产。

🗨 思考题与习题

1. 试述场地土壤污染的特征,并比较其与农田土壤污染的差异。
2. 举例说明场地土壤重金属污染物理阻隔修复技术原理及其适用性。
3. 如何利用玻璃化技术实现场地土壤重金属污染的阻控?
4. 试述污染场地土壤重金属固化/稳定化技术原理及适用性。
5. 举例说明氧化还原技术适用于哪些重金属污染场地的阻控修复,并简述其作用原理。
6. 试述场地土壤污染风险及其管控的基本原理、基本框架与主要内容。
7. 试述水泥窑协同处置场地污染土壤的技术原理及适用性。
8. 试述场地土壤污染气相抽提修复技术原理及适用性。
9. 试述有机污染场地土壤原位热脱附修复技术原理及适应性。
10. 试述有机污染场地土壤淋洗修复技术原理,并比较原位淋洗和异位淋洗的区别。
11. 简述有机污染场地土壤淋洗修复中淋洗液的回收利用技术及原理。
12. 举例说明有机污染场地土壤化学氧化修复技术的适应性及主要影响因素。
13. 试述零价铁还原修复有机污染场地土壤的局限性,简述零价铁改性的主要方式及其应用前景。
14. 简述表面活性剂强化微生物修复有机污染场地土壤的技术原理及适应性。
15. 试述场地土壤-地下水污染协同修复的必要性,并说明其如何实现。
16. 试述污染场地土壤修复技术的主要发展趋势。

📖 主要参考文献

[1] 李云祯,董荐,刘姝媛,等.基于风险管控思路的土壤污染防治研究与展望[J].生态环境学报,2017,26(06):1075-1084.

[2] 李笑诺,陈卫平,吕斯丹.国内外污染场地风险管控技术体系与模式研究进展[J].土壤学报,2022,59(1):38-53.

[3] 生态环境部土壤生态环境司,生态环境部南京土壤环境科学研究所.土壤污染风险管控与修复技术手册[M].北京:中国环境出版集团,2022.

[4] 朱雪强,韩宝平,许爱芹.污染场地绿色可持续修复:概念、框架及评估方法[C].中国环境科学学会学术年会论文集(第五卷),2013.

[5] He F,Gao J,Pierce E,et al. In situ remediation technologies for mercury-contaminated soil [J]. Environmental

Science and Pollution Research,2015,22(11):8124-8147.

[6] Rumayor M,Gallego J R,Rodriguez-Valdes E,et al. An assessment of the environmental fate of mercury species in highly polluted brownfields by means of thermal desorption [J]. Journal of Hazardous Materials,2017,325: 1-7.

[7] Lee W R,Eom Y,Lee T G. Mercury recovery from mercury-containing wastes using a vacuum thermal desorption system [J]. Waste Management,2017,60:546-551.

[8] Gong L,Wang J,Abbas T,et al. Immobilization of exchangeable Cd in soil using mixed amendment and its effect on soil microbial communities under paddy upland rotation system [J]. Chemosphere,2021,262:1-9.

[9] Zhao B,Peng T,Hou R,et al. Manganese stabilization in mine tailings by MgO-loaded rice husk biochar:Performance and mechanisms [J]. Chemosphere,2022,308:1-12.

[10] Enders A,Hanley K,Whitman T,et al. Characterization of biochars to evaluate recalcitrance and agronomic performance [J]. Bioresource Technology,2012,114:644-653.

[11] Gil-Diaz M,Pinilla P,Alonso J,et al. Viability of a nanoremediation process in single or multi-metal(loid) contaminated soils [J]. Journal of Hazardous Materials,2017,321:812-819.

[12] Yan X,Fei Y,Yang X,et al. Enhanced delivery of engineered Fe-Mn binary oxides in heterogeneous porous media for efficient arsenic stabilization [J]. Journal of Hazardous Materials,2022,424:1-9.

[13] Wang S,Mulligan C N. Occurrence of arsenic contamination in Canada:Sources,behavior and distribution [J]. Science of the Total Environment,2006,366(2-3):701-721.

[14] Liu F,Lu Y,Chen H,et al. Removal of Cr^{6+} from groundwater using zero-valence iron in the laboratory [J]. Chemical Speciation & Bioavailability,2003,14:75-77.

[15] 赵景联.环境修复原理与技术[M].北京:化学工业出版社,2006.

[16] 李玉双,胡晓钧,孙铁珩,等.污染土壤淋洗修复技术研究进展[J].生态学杂志,2011,30(3):596-602.

[17] Zhou W J,Wang X H,Chen C P,et al. Removal of polycyclic aromatic hydrocarbons from surfactant solutions by selective sorption with organo-bentonite [J]. Chemical Engineering Journal,2013,233:251-257.

[18] Zeng Y X,Zhang M,Lin D H,et al. Selective removal of phenanthrene from SDBS or TX100 solution by sorption of resin SP850 [J]. Chemical Engineering Journal,2020,388,1-8.

[19] 朱利中.土壤有机污染物界面行为与调控原理[M].北京:科学出版社,2015.

[20] 滕应,骆永明,李振高.污染土壤的微生物修复原理与技术进展[J].土壤,2007,39(4):497-502.

[21] Gill R T,Harbottle M J,Smith J W N,et al. Electrokinetic enhanced bioremediation of organic contaminants: a review of processes and environmental applications [J]. Chemosphere,2014,107:31-42.

[22] 刘世亮,骆永明,丁克强,等.土壤中有机污染物的植物修复研究进展[J].土壤,2003,35(3):187- 192.

[23] 林道辉,朱利中,高彦征.土壤有机污染植物修复的机理与影响因素[J].应用生态学报,2003,14(10): 1799-1803.

[24] 黄俊伟,闵绍闯,陈凯,等.有机污染物的植物-微生物联合修复技术研究进展[J].浙江大学学报(农业与生命科学版),2017,43(6):757-765.

[25] Peluffo M,Pardo F,Santos A,et al. Use of different kinds of persulfate activation with iron for the remediation of a PAH-contaminated soil [J]. Science of the Total Environment,2016,563:649-656.

[26] Bai X,Wang Y,Zheng X,et al. Remediation of phenanthrene contaminated soil by coupling soil washing with Tween 80,oxidation using the $UV/S_2O_8^{2-}$ process and recycling of the surfactant [J]. Chemical Engineering Journal,2019,369:1014-1023.

郑重声明

高等教育出版社依法对本书享有专有出版权。任何未经许可的复制、销售行为均违反《中华人民共和国著作权法》,其行为人将承担相应的民事责任和行政责任;构成犯罪的,将被依法追究刑事责任。为了维护市场秩序,保护读者的合法权益,避免读者误用盗版书造成不良后果,我社将配合行政执法部门和司法机关对违法犯罪的单位和个人进行严厉打击。社会各界人士如发现上述侵权行为,希望及时举报,我社将奖励举报有功人员。

反盗版举报电话　(010) 58581999　58582371

反盗版举报邮箱　dd@ hep. com. cn

通信地址　北京市西城区德外大街 4 号
　　　　　高等教育出版社知识产权与法律事务部

邮政编码　100120

读者意见反馈

为收集对教材的意见建议,进一步完善教材编写并做好服务工作,读者可将对本教材的意见建议通过如下渠道反馈至我社。

咨询电话　400-810-0598

反馈邮箱　hepsci@ pub. hep. cn

通信地址　北京市朝阳区惠新东街 4 号富盛大厦 1 座
　　　　　高等教育出版社理科事业部

邮政编码　100029

防伪查询说明

用户购书后刮开封底防伪涂层,使用手机微信等软件扫描二维码,会跳转至防伪查询网页,获得所购图书详细信息。

防伪客服电话　(010) 58582300

数字课程账号使用说明

一、注册/登录

访问 https://abooks. hep. com. cn,点击"注册/登录",在注册页面可以通过邮箱注册或者短信验证码两种方式进行注册。已注册的用户直接输入用户名加密码或者手机号加验证码的方式登录。

二、课程绑定

登录之后,点击页面右上角的个人头像展开子菜单,进入"个人中心",点击"绑定防伪码"按钮,输入图书封底防伪码(20 位密码,刮开涂层可见),完成课程绑定。

三、访问课程

在"个人中心"→"我的图书"中选择本书,开始学习。